燃料電池－原理與應用

Fuel Cells: The Principles and Applications

衣　寶　廉 編著

黃　朝　榮
文化大學材料科學與奈米技術研究所教授

林　修　正 校訂
長庚大學化工與材料工程學系教授

五南圖書出版公司 印行

中文繁體版出版前言

人類歷史經驗證明，能源動力系統每一次變遷都將帶來社會經濟生活的發展。鑽燧取火使人類告別蒙昧時代，蒸氣機的發明和使用導致人類使用的燃料從木材過渡到煤，引發了第一次工業革命，內燃機的發明與使用實現了從煤到石油的過渡，造就了現代工業文明。種種跡象表明 21 世紀上半葉孕育著一場深刻的革命；氫能與燃料電池將成為「後化石能源時代」主要能源動力系統並逐步建立氫能經濟。

燃料電池技術的發展，催生了氫能經濟。燃料電池汽車的發展是氫能經濟的突破口與火車頭。美國、歐盟與日本均制定了氫能經濟發展的路線圖，用 40～50 年實現向氫能經濟的過渡。布希於 2003 年 2 月宣布實施氫燃料計畫（Hydrogen Fuel Initiative），該計畫與 2002 年的 FreedomCAR（計畫總共投入 17 億美元），發展燃料電池車，燃料電池，氫的製備、儲輸和基礎設施。2003 年 2 月，美國還啟動了為期 10 年，總經費為 10 億美元的 FutureGen 計畫，旨在建立和示範世界上第一個 275 MW 級煤基、零排放、氫與電的聯產系統。美國加州州長宣布在加州主要高速公路上建設加氫站，期望到 2010 年每隔 20 公里有一個加氫站。2001 年歐盟啟動了 CUTE（Clean Urban Transport for Europe）示範專案，該專案計畫投入 30 輛燃料電池公共汽車，在 9 個不同條件的城市進行為期 2 年的示範運行。日本政府聯合幾大汽車製造商啟動了 JHFC（Japan Hydrogen & Fuel Cell Demonstration Project）示範工程，計畫利用 3 年時間，對氫能基礎設施、氫燃料電池車等進行全面測試和評估。

世界各大公司加大投入進行燃料電池核心技術開發，力爭形成核心技術的競爭力。如美國通用汽車公司，德國戴克公司，日本豐田、本田公司等均在加速進行燃料電池汽車的開發與示範。加拿大的巴拉德公司正在建質子交換膜燃料電池的生產線，德國西門子—西屋公司正在進行管型固體氧化物燃料電池與燃氣輪機聯合發電試驗。BP、美孚—埃克森、殼牌、德士古等能源公司已在全球建起 70 多座加氫站。杜邦、戈爾、3M、三菱重工等傳統公司也介入了燃料電池核心零元件的產業化。

我衷心期望本書在臺灣的出版與發行能對臺灣燃料電池技術發展與人才培養起到一定的促進作用。

我感謝臺灣的五南圖書公司與林修正博士、黃朝榮博士為本書在臺灣出版所作的辛勤勞動。

歡迎臺灣學者與同行對本書不當之處的指正。

衣寶廉

氫能時代的來臨（Hydrogen Economic）——燃料與電池的整合

過去60、70年來，石油曾經滿足人類在日常生活揮霍的需求，除了能源，更提供了各種各樣低廉的工業原料與材料，造就前所未有的文明生活。但油價的高漲，市場供需與原油供應原則的脫節，加上溫室氣體效應對地球氣候的影響，使人們終於認真傾聽石油世紀的暮鐘。大部分的地質專家與大油公司都認為我們還有 30 年左右的時間繼續用石油，繼續聽石油的暮鐘，但必須加緊尋找替身。

真的有這種替身嗎？他不但要讓車子跑、飛機飛，還要把鍋爐加熱，讓工廠可以生產加工，也可以發電，更要透過各種各樣的工業觸媒轉變為化工原料與工業材料。答案是沒有。沒有替身，只好尋找分身。目前所知的各種分身，大體上有天然氣、煤碳、氫能、風能、太陽能、洋流與潮流及有機生質。天然氣是最理想的替身，但本身的供應也有限，無法當作長期的替身。煤碳其次，但煤碳從生產到利用對地球生態的破壞，讓人有戚戚焉的感覺。氫能為其他幾項分身中較能扮演石油的替身，又能兼顧生態破壞與溫室效應的顧忌。事實上，氫氣是宇宙最豐富的元素，又是宇宙最重要的能源。

氫氣本身可扮演熱能的角色，更透過觸媒，可結合煤碳或生質燃料，來合成大部分的石化原料，扮演化工原料與工業材料的角色。但更重要的是，氫能在各種能源間扮演樞紐角色。透過燃料電池，氫氣把其化學能直接轉變為電能，更透過水的電解把電能轉為氫氣作為電能的轉運站。因此，風能或太陽能所得的電能，必要時可轉為氫氣加以儲存，再透過燃料電池轉回電能。在所有這些轉變過程中，氫能一直是清淨、環保而永續的綠色能源。這項重要性，使得氫能的開發，特別是燃料電池的開發在所有工業國家都積極推動，燃料電池的車輛與路邊的加氫站都紛紛透過示範實驗加以推動。這積極轉動的巨輪，可望在 2015～2020 間，進入商業發展的階段，而快速成為日常生活的一部分。

燃料電池所依據的化學變化是一種極為簡單的化學式，氫與氧反應生成水，同時釋放大量的化學能。燃料電池把這化學能直接轉為電能則需要觸媒、電化學、電極與薄膜材料。燃料電池的開發涵蓋氫氣的生產與儲存的觸媒製程及材料設計與製備，電極、觸媒、導離子膜的設計與製備，系統的整合與控制。因此氫能的各種應用開發，可望成為二十一世紀上半期的一項重要科技研發。臺灣的許多大學、研究所及廠商在近 5 年中也積極投入燃料電池與加氫站設備的研究與開發，已頗有成果。進一步的示範實驗也可望在未來 1、2 年間正式邁入。希望這股風氣與成果，能提供化工系學生一項有意義的追求目標。

本書是由中華人民共和國大連化學物理所資深的燃料電池權威專家衣寶廉教授所執筆完成的，除了介紹衣教授及其同仁的研究成果之外，也整理了各先進國家的研發成果於內，是一本優秀的入門專書。由於原書是以簡體字出版，對臺灣的讀者造成不便，因此長庚大學化材系的電化學專家林修正教授與通用汽車公司退休的燃料電池專家黃朝榮博士，決定把原書以繁體字在臺灣出版，讓臺灣有志於燃料電池的讀者得以獲益於衣教授的教誨。本書的重點在燃料電池的電池方面，對氫氣製備與儲存的介紹較為稀少，算是唯一的小瑕疵。其實大連化物所在這方面的觸媒研究也有優異的成果值得推介。希望再版時能加以擴充涵蓋，燃料電池一直是燃料與電池的整合，缺一不可。

雷敏宏博士

碧氫科技開發公司

燃料電池其實是一個縮小的化工廠

藉著到美國參加 2004 Fuel Cell Seminar 的空檔下筆，因著研討會的觀感發抒，或許可以提供讀者參考。Fuel Cell Seminar 是一個以催化燃料電池商業化為主軸的研討會，學術研討的氣氛較為不足；而集合了產官學各路人馬，說是拜拜也可，但感覺上似乎是藉著標記燃料電池商業化的阻力、尋求更多資源投入以排除阻力。其中，政府的決心與政策鼓勵與配合是一個主要的標竿，除了歐美已開發國家之外，本次會議中被認為有決心要投入燃料電池的亞洲國家有日本、南韓與大陸，很可惜臺灣的決心似乎還未被認同，這也可能是因為我們的起步較晚。起步較晚當然就要能借鏡前人的經驗，本書內容就提供了一個很好的彙整，可以避免不必要的重複工作，我想更必要的是以我們有限的資源，如何釐清應走的能源相關研發方向，以在可見未來的能源技術與市場變動中，掌握能源自主性。

燃料電池被視為是 21 世紀最有潛力、可能實用化的能源轉換裝置之一，而誠如衣寶廉院士在本書（回顧與展望文中的第四段）中提到，燃料電池其實是一個縮小的化工廠，其中的能源轉換效率的關鍵在於電化學反應步驟，因此其中的膜電極組（MEA）可說是低溫型燃料電池的心臟（參閱「科學發展月刊」2003 年七月號），燃料能源轉換成電能的效率就取決於 MEA 的效能，也因此 MEA 相關的研究發展是其中最重要的關鍵項目；不過要從 MEA 發展成電池組系統，還有很多的研究議題，例如燃料處理、雙極板、流道設計、水管理、熱管理、電能輸出調控、系統整合與控制等，這些項目也是影響燃料電池是否能實際應用的重要議題，但其主要目的都還是在避免因為（反應物與產物的）質量傳送、熱量傳送（溫度控制），或電能傳送過程中，因傳送效率不彰而導致系統的整體電能轉換效率下降。由此可見，燃料電池的研發工作所牽涉的層面極為廣泛，我們想在未來的燃料電池所及的廣大能源市場中，具有自主性並能掌握商機，就需要有一個清楚的全盤性思考，從燃料種類、燃料電池種類、技術關鍵研究議題等等，進行剖析辯證；本書中對這些主題有一個完整的陳述，可以讓我們在有限的資源中，掌握最關鍵的研發主題，來切入這個新世紀的重要能源市場。

回想我參加的第一個燃料電池學術研討會是 2001 年的 Gordon Research Conference（註）中以燃料電池為主題的研討會，記得當時有一些實際籌畫會議細節的「青壯派」學者，在會議中半開玩笑半抱怨的說：「資深派的學者在本次會議中最常提出的問題是『你的這個想法、作法我們 20、30 年前就嘗試過了，結果是如何如何，你現在報告的這個結果跟我們當年的結果相似，那你的創新想法為何？』。」，回想起來這句話是很深刻的描述了燃料電池相關的研究發展困境；這可見於自 1839 年的燃料電池最初發明至今，低溫型燃料電池的電極材料仍然是以白金為主成分，只不過在製作設計上更為精巧，使白金的使用效率更高，而即便如此，當 MTI 公司的知名學者 S. Gottesfeld 在本次 Fuel Cell Seminar 中，被問到 DMFC 現階段亟待突破的關鍵項目為何時，他回答說：「第一重要是觸媒、第二重要也是觸媒、第三重要還是觸媒。」由此可見，電化學能源轉換部分（MEA）的研究工作是需要長期的投入，若能在其中電解質、觸媒等材料的研發與電極的設計製作等部分有所突破，則可能會是推動燃料電池效率提升的重要關鍵，就如衣寶廉院士在書中提到，每次有適用於燃料電池的新材料開發成功，燃料電池就因而有顯著的進步。

基於燃料電池潛在的龐大商業利益，各國莫不加緊投入其研究發展的工作，尤其是與能源、材料領域相關的各大企業，也各以空前的資源挹注，期望在其中占到一席重要的地位。價格成本（cost）與操作壽命（durability）是公認的二個燃料電池商業化的最大阻力，以本次 Fuel Cell Seminar 提及的解決方案中，都是針對 MEA 的改進部分，有許多報告與討論都提到當 MEA 的設計製作最佳化之後，現在所知的一些流道、水熱管理、系統整合與控制等問題都會被簡化與重新定義。近年來國內對燃料電池的研究興趣愈見高漲，有愈來愈多的相關研發工作在籌劃與進行，國內出版的燃料電池書也有二本，但都屬於介紹性質，相較之下，本書在燃料電池的基礎原理與實施方法部分都做了深入的說明，適合要投身於燃料電池研發的從業人員閱讀，以確立研發的目標與想法。本書的付梓發行對於國內有志從事燃料電池研發的人員，會是一個獲取整體性思考與籌劃關鍵研發策略的一個參考資料，相信會對於國內有關燃料電池研發工作有所助益。

修訂者註：Gordon Research Conferencee 為相當具學術性的前瞻科學研討論壇（Frontier research in Science），每年藉由邀請及申請核定的程序，輕便穿著的年輕學者參與討論各項學科的前瞻議題。

林昇佃教授

元智大學　化工與材料系

修訂說明

中國國家科學院，大連化學物理所在1970年代擔任中國國家航太技術發展中的一項重要工作——鹼性燃料電池（Alkaline Fuel Cell/AFC）的發展，前後完成了以氫氣氧氣為燃料以及以聯氨（N_2H_2）為燃料的兩型鹼性燃料電池，作為衛星電源及其他航太應用的電源。衣寶廉先生是在這樣的背景下，孜孜不倦的工作著，在任務時間的壓力下，不敢回家，待在化物所夜以繼日的完成工作使命（衣先生，抽著煙，回憶這段往事）。到了最近10年，因著導質子高分子膜燃料電池（PEFC）的發展，他又領導研發團隊以及在大連的「新高特區」（科學園區）成立的公司負責商品化的工作。雖然長江後浪推前浪，不論是研發工作還是公司發展，已漸次交棒，衣先生仍以長期從事AFC及PEFC的工作經驗撰寫本書（我們相信，也因部分化物所的「內部參考資料」解密之故），相對於臺灣已出版之燃料電池相關書籍中（特別指PEFC），本書在實作技術層面的資訊，以及收集資料的詳盡，實為國內從事PEFC研發工作從業人員，可以參考的書籍，參考資料充足，亦可為進一步研討原始文獻的根據。

修訂者應五南出版公司邀請，也因與衣先生數面之緣，藉由簡體字至繁體字之詞彙用語的修訂，盼能達意幫助國內讀者更容易理解本書內容。並且藉由增訂的註解說明及英文資訊的更正，使國內讀者可以更進一步研習原始資料。更多的註解及說明，當在有更充裕的修訂時間，及應讀者的需要，或能下版增訂之。

修訂者謹誌

黃朝榮教授　文化大學　材料科學與奈米技術研究所
林修正教授　長庚大學　化工與材料系

目 錄

導 言

能源是國民經濟發展的動力，也是衡量綜合國力、國家文明發達程度和人民生活水準的重要指標。人類社會進步的歷史表明，每一次能源技術的創新突破都給生產力的發展和社會變革帶來了重大而深遠的影響。這既證明了能源科技其內涵的活力，也證明了它對形成新興產業的重要性。

對於當今時代來說，環境保護已經成為人類社會可持續發展戰略的核心，是影響當前世界各國的能源決策和科技導向的關鍵因素。同時，它也是促進能源科技發展的巨大推動力。20世紀所建立起來的龐大能源系統已無法適應未來社會對高效、清潔、經濟、安全的能源體系的要求，能源發展正面臨著巨大的挑戰。

能源的生產與消費和全球性的氣候變化以及地球上的溫室效應有密切的關係。導致溫室效應的原因，一半以上是來自全球目前的能源體系，即含碳化石燃料燃燒後所釋放的二氧化碳。這類燃料所提供的能量約占世界能源總量的4/5，而且目前每年還以3%的幅度在持續增長。因此，二氧化碳的排放量也以同樣的速度遞增，預計到2020年會增加近2倍，2025年增加將達到3倍。因此，提高能源的利用率和發展替代能源將成為21世紀的主要議題。

人類社會發展至今，絕大部分的能量轉化均是經過熱機過程來實現的。熱機過程受卡諾循環的限制，不但轉化效率低，造成嚴重的能源浪費，而且產生大量的粉塵、二氧化碳、氮氧化物和硫氧化物等有害物質以及噪音。由此所造成的大氣、水質、土壤等污染，嚴重地威脅著人類的生存環境。

燃料電池（FC）是一種電化學的發電裝置，不同於傳統常見的電池。

燃料電池等溫地按電化學方式直接將化學能轉化為電能。它不經過熱機過程，因此不受卡諾循環的限制，能量轉化效率高（40～60%）；環境衝擊小，幾乎不排放氮氧化物和硫氧化物；二氧化碳的排放量也比傳統發電廠減少 40% 以上。正是由於這些突出的優越性，燃料電池技術的研究和開發備受各國政府與大公司的重視，被認為是 21 世紀首選的潔淨、高效的發電技術。

燃料電池的最佳燃料為氫。當地球上化石燃料逐漸減少時，人類賴以生存的能量將是核能和太陽能。那時，可用核能、太陽能發電，以電解水的方法來製取氫。利用氫作為載能體，採用燃料電池技術將氫與大氣中的氧轉化為各種用途的電能，如汽車動力、家庭用電等，那時的世界即進入氫能時代。

1839 年，格羅夫（W. R. Grove）發表了世界第一篇有關燃料電池研究的報告。他研製的單電池用鍍製的鉑作電極，以氫為燃料、氧為氧化劑。他指出，強化在氣體、電解液與電極三者之間的相互作用是提高電池性能的關鍵。1889 年，蒙德（L. Mond）和朗格爾（C. Langer）採用浸有電解質的多孔非傳導材料為電池隔膜，以鉑黑為電催化劑，以鑽孔的鉑或金片為電流收集器組裝出燃料電池。該電池以氫與氧為燃料和氧化劑。當工作電流密度為 3.5 mA/cm^2時，電池的輸出電壓為 0.73 V。他們研製的電池結構已接近現代的燃料電池了。

此後，奧斯瓦爾德（W. Ostwald）等人想採用煤等礦物作燃料，利用燃料電池原理發電。由於礦物燃料的電化學反應速率過低，實驗沒有成功。與此同時，由於熱機過程的研究成功並迅速應用，使燃料電池在數十年內沒有大的進展。

1923 年，施密特（A. Schmid）提出了多孔氣體擴散電極的概念。在此基礎上，培根（F. T. Bacon）提出了雙孔結構電極的概念。他採用非貴金屬催化劑和自由電解質，開發成功了中溫（200℃）培根型鹼性燃料電池（AFC）。正是在此基礎上，20 世紀 60 年代普拉特—惠特尼（Pratt & Whitney）公司研製成功阿波羅（Apollo）登月飛船上作為主電源的燃料電池系統，為人類首次登上月球做出了貢獻。

1932 年黑斯（G. W. Heise）等以蠟為防水劑製備出排水電極。進入 50 年代，由於聚四氟乙烯的出現，美國的通用電氣公司（General Electric Co.）和聯合碳化物公司（Union Carbide Co.）分別用它作為多孔氣體擴散電極內的防水劑，製備出排水電極。

20 世紀 60 年代初，美國通用電氣公司研製出以離子交換膜為電解質隔膜，採用高鉑黑負載量電催化劑的質子交換膜燃料電池（PEMFC），並於

1960 年 10 月首次將該種燃料電池用於雙子星座（Gemini）飛船飛行，作為船上的主電源。

進入 70 年代，由於燃料電池在航太飛行中的成功應用和世界性能源危機的出現，提高燃料有效利用率的呼聲日高。經過 60 年代的研究，人們已經認識到，化石燃料只有經過重組或氣化轉化為富氫燃料，才適宜用於燃料電池發電。在這一時期，各國研究和發展的重點是以淨化重組氣為燃料的磷酸燃料電池（PAFC）和以淨化煤氣、天然氣為燃料的熔融碳酸鹽燃料電池（MCFC）。至今已有近百臺 PC25 磷酸燃料電池電站（200 kW）在世界各地運行。實驗證明，它們的運行高度可靠，能作為各種應急電源與不間斷電源廣泛使用。在此期間，熔融碳酸鹽燃料電池也有了很大的發展，目前已有 2 MW 實驗電站在運行。該類型的燃料電池現正處於商品化的前夕。固體氧化物燃料電池（SOFC）採用固體氧化物膜電解質，在 800～1000℃工作，直接採用天然氣、煤氣和碳氫化合物作燃料，餘熱與燃氣、蒸汽輪機構成聯合循環發電，已在進行數十千瓦和 100 kW 的固體氧化物燃料電池電站試驗。

60 年代初，杜邦（Du Pont）公司開發成功含氟的磺酸型質子交換膜。通用電氣公司採用這種膜組裝的質子交換膜燃料電池運行壽命超過了 57000 小時。但由於成本方面的原因，在美國太空飛行器的電源競標中失敗，使這種電池的相關研究漸趨低潮。1983 年，加拿大國防部看到這種可於室溫快速啟動的電池具有廣泛的軍用背景，斥資支持巴拉德動力（Ballard Power）公司研究這類電池。在各國科學家的努力下，相繼解決了電極結構立體化、大幅度降低催化劑的鉑用量、電極—膜—電極三合一組件（MEA）的熱壓合以及電池內水傳遞與平衡等一系列技術問題。目前，這種質子交換膜燃料電池組的質量比功率和體積比功率已分別達到或超過 1 kW/kg 和 1 kW/L，成為電動車和潛艇不依賴空氣推進的最佳動力源。各種以質子交換膜燃料電池為動力的試驗樣車已在運行，不但其性能可以和內燃機汽車相媲美，而且無污染。以質子交換膜燃料電池為動力的潛艇已在建造。迄今，質子交換膜燃料電池的研究已經成為諸類燃料電池研究潮流中的主流，有希望最快實現商業化，為提高燃料的利用率、降低全球的污染做出獨具特色的貢獻。

Chapter 1

燃料電池概述

1-1 原理、特點、分類與應用[1]

1 原理

燃料電池是一種能量轉換裝置。它按電化學原理，即電池（如日常所用的鋅錳乾電池）的工作原理，等溫地把儲存在燃料和氧化劑中的化學能直接轉化為電能。

對於一個氧化還原反應，如：

$$[O]+[R]\longrightarrow P$$

式中，[O]代表氧化劑，[R]代表還原劑，P 代表反應產物。原則上可以把上述反應分為兩個半反應，一個為氧化劑[O]的還原反應，一個為還原劑[R]的氧化反應，若 e^-代表電子，即有：

$$\begin{array}{l}[R]\longrightarrow[R]^{+}+e^{-}\\ \underline{[R]^{+}+[O]+e^{-}\longrightarrow P}\\ [R]+[O]\longrightarrow P\end{array}$$

以最簡單的氫氧反應為例，即為：

$$\begin{array}{l}H_2\longrightarrow 2H^{+}+2e^{-}\\ \underline{\frac{1}{2}O_2+2H^{+}+2e^{-}\longrightarrow H_2O}\\ H_2+\frac{1}{2}O_2\longrightarrow H_2O\end{array}$$

如圖 1-1 所示，氫離子在將兩個半反應分開的電解質內遷移，電子透過外電路定向流動、作功，並構成總的電的回路。氧化劑發生還原反應的電極稱為陰極，其反應過程稱為陰極過程，對外電路按原電池定義為正極。還原劑或燃料發生氧化反應的電極稱為陽極，其反應過程稱為陽極過程，對外電路定義為負極。

燃料電池與傳統電池不同，它的燃料和氧化劑不是儲存在電池內，而是儲存在電池外部的貯罐中。當它工作（輸出電流並作功）時，需要不間斷地向電

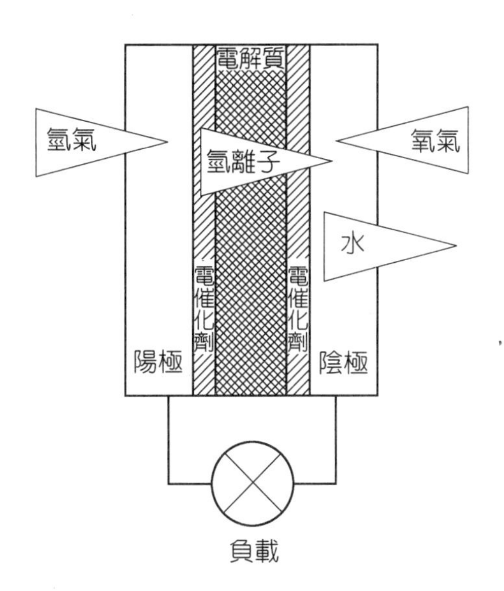

圖 1-1　燃料電池工作原理示意圖

池內輸入燃料和氧化劑，並同時排出反應產物。因此，從工作方式上看，它類似於傳統的汽油或柴油發電機。

由於燃料電池工作時要連續不斷地向電池內送入燃料和氧化劑，所以燃料電池使用的燃料和氧化劑均為流體（即氣體和液體）。最常用的燃料為純氫、各種富含氫的氣體（如重組氣）和某些液體（如甲醇水溶液）。常用的氧化劑為純氧、淨化空氣等氣體和某些液體（如過氧化氫和硝酸的水溶液等）。

2 特點

⑴高效

燃料電池按電化學原理等溫地直接將化學能轉化為電能。在理論上它的熱電轉化效率可達 85～90%。但實際上，電池在工作時由於各種極化的限制，目前各類電池實際的能量轉化效率均在 40～60%的範圍內。若實現熱電聯供，燃料的總利用率可高達 80%以上。

⑵環境衝擊低

當燃料電池以富氫氣體為燃料時，富氫氣體是透過礦物燃料來製取的，由於燃料電池具有高的能量轉換效率，其二氧化碳的排放量比熱機過程減少 40%以上，這對緩解地球的溫室效應是十分重要的。由於燃料電池的燃料氣在反應前必須脫除硫及其化合物，而且燃料電池是按電化學原理發電，不經過熱機的燃燒過程，所以它幾乎不排放氮氧化物和硫氧化物，減輕了對大氣的污染。當燃料電池以純氫為燃料時，它的化學反應產物僅為水，從根本上消除了氮氧化物、硫氧化物及二氧化碳等的排放。

⑶**安靜**

燃料電池按電化學原理工作，運動元件很少。因此它工作時安靜，噪音很低。實驗顯示，距離 40 kW 磷酸燃料電池電站 4.6 m 的噪音水準是 60 dB。而 4.5 MW 和 11 MW 的大功率磷酸燃料電池電站的噪音水準已經達到不高於 55 dB 的水準。

⑷**可靠性高**

鹼性燃料電池和磷酸燃料電池的運行均證明燃料電池的運行高度可靠，可作為各種應急電源和不間斷電源使用。

3 分類

迄今已研究開發出多種類型的燃料電池。最常用的分類方法是按電池所採用的電解質分類。據此，可將燃料電池分為鹼性燃料電池，一般以氫氧化鉀為電解質；磷酸型燃料電池，以濃磷酸為電解質；質子交換膜燃料電池，以全氟或部分氟化的磺酸型質子交換膜為電解質；熔融碳酸鹽型燃料電池，以熔融的鋰—鉀碳酸鹽或鋰—鈉碳酸鹽為電解質；固體氧化物燃料電池，以固體氧化物為氧離子導體，如以氧化釔穩定的氧化鋯膜為電解質。有時也按電池溫度對電池進行分類，分為低溫（工作溫度低於 100℃）燃料電池，包括鹼性燃料電池和質子交換膜燃料電池；中溫燃料電池（工作溫度在 100～300℃），包括培根型鹼性燃料電池和磷酸型燃料電池；高溫燃料電池（工作溫度在 600～1000℃），包括熔融碳酸鹽燃料電池和固體氧化物燃料電池。

各種燃料電池的技術狀態見表 1-1。

表 1-1 燃料電池的技術狀態

類型	電解質	導電離子	工作溫度（℃）	燃料	氧化劑	技術狀態	可能的應用領域
鹼性燃料電池	KOH	OH^-	50～200	純氫	純氧	1～100 kW 高度發展、高效	航太，特殊地面應用
質子交換膜燃料電池	全氟磺酸膜	H^+	室溫～100	氫氣， 重組氫	空氣	1～300 kW 高度發展 需降低成本	電動車和潛艇動力源，可移動動力源
直接甲醇燃料電池	全氟磺酸膜	H^+	室溫～100	CH_3OH 等	空氣	1～1000 W 正在開發。 攻關：高活性醇氧化電催化劑；阻醇滲透質子交換膜；微型電池結構	微型移動動力源
磷酸燃料電池	H_3PO_4	H^+	100～200	重組氣	空氣	1～2000 kW 高度發展 成本高，餘熱利用價值低	特殊需求，區域性供電
熔融碳酸鹽燃料電池	(Li, K) CO_3	CO_3^{2-}	650～700	淨化煤氣， 天然氣， 重組氣，	空氣	250～2000 kW 正在進行現場實驗，需延長壽命	區域性供電
固體氧化物燃料電池	氧化釔穩定的氧化鋯	O^{2-}	900～1000	淨化煤氣， 天然氣	空氣	1～200 kW 電池結構選擇，開發廉價製備技術。	區域供電，聯合循環發電

4 應用

燃料電池是電池的一種，它具有傳統電池（如鋅錳乾電池）的堆積特性，即可由多臺電池按串聯、並聯的組合方式向外供電。因此，燃料電池既適用於集中發電，也可用作各種規格的分散電源和可移動電源。

以氫氧化鉀為電解質的鹼性燃料電池已成功地應用於載人航太飛行，作為 Apollo 登月飛船和太空飛行器的船上主電源，證明了燃料電池高效、高比能量、高可靠性。

以磷酸為電解質的磷酸型燃料電池，至今已有近百臺 PC25（200 kW）作為分散電站在世界各地運行。不但為燃料電池電站運行取得了豐富的經驗，而且也證明燃料電池的高度可靠性，可以用作不間斷電源。

質子交換膜燃料電池可在室溫快速啟動，並且可按負載要求快速改變輸出功率，它是電動車、不依賴空氣推進的潛艇動力源和各種可移動電源的最佳候選者。

以甲醇為燃料的直接甲醇型燃料電池是單兵電源、筆記型電腦等供電的優選小型便攜式電源。

固體氧化物燃料電池可與煤的氣化構成聯合循環，特別適宜於建造大型、中型電站，如將餘熱發電也計算在內，其燃料的總發電效率可達 70～80%。熔融碳酸鹽燃料電池可採用淨化煤氣或天然氣作燃料，適宜於建造區域性分散電站。將它的餘熱發電與利用均考慮在內，燃料的總熱電利用效率可達 60～70%。燃料電池的工作原理告訴我們，當燃料電池發電機組以低功率運行時，它的能量轉化效率不僅不會像熱機過程那樣降低，反而略有升高。因此，一旦採用燃料電池組向電網供電，令人頭痛的電網調峰❶問題將得到解決。

1-2 電化學熱力學[2]*

*本篇節對燃料電池從業人員可以由基礎科學認識燃料電池的熱力學限制、電化學原理以及效率的知識。

1 電池電動勢與 Nernst 方程

對於一個氧化還原反應。可以將其分解為兩個半反應：還原劑的陽極氧化和氧化劑的陰極還原，並與適宜的電解質構成電池，按電化學方式可逆地實施該反應。由化學熱力學可知，該過程的可逆電功（即最大功）為：

$$\Delta G = -nFE \tag{1-1}$$

❶電網調峰指輸配電的電力供應中，調度離峰、尖峰用電的電力調度。

式中，E 為電池的電動勢；ΔG 為反應的 Gibbs 自由能變化；F 為法拉第常數（$F=96493$ C）；n 為反應轉移的電子數。該方程是電化學的基本方程，它是電化學與熱力學聯繫的橋樑。

以氫氧反應為例：

$$H_2+\frac{1}{2}O_2 = H_2O$$

當酸為電解質時，陽極過程為：

$$H_2 \longrightarrow 2H^+ + 2e^-$$

陰極過程為：

$$\frac{1}{2}O_2 + H^+ + 2e^- \longrightarrow H_2O$$

反應過程中轉移的電子數為 2。當反應在 25℃、0.1 MPa 下實施時，由熱力學手冊可查得若反應生成液態水，則反應的 Gibbs 自由能變化為−237.2 kJ；若反應生成氣態水，則為−228.6 kJ。根據式（1-1）可計算出電池的可逆電動勢分別為 1.229 V 和 1.190 V。

由化學熱力學可得知，當反應在恆壓條件下進行時，ΔG 隨溫度變化的關係為：

$$\left(\frac{\partial \Delta G}{\partial T}\right)_p = -\Delta S$$

代入式（1-1），可得：

$$\left(\frac{\partial E}{\partial T}\right)_p = \frac{\Delta S}{nF} \qquad (1\text{-}2)$$

由式（1-2）給出電池電動勢與溫度變化的關係。$\frac{\Delta S}{nF}$ 稱為電池電動勢的溫度係數。

ΔG 與反應的焓變 ΔH 和熵變 ΔS 之間的關係為：

$$\Delta G = \Delta H - \Delta S \qquad (1\text{-}3)$$

由式（1-3）可知，對於任一電池，該過程的熱力學效率（即最大效率）為：

$$f_{\mathrm{id}}=\frac{\Delta G}{\Delta H}=1-T\frac{\Delta S}{\Delta H} \qquad (1\text{-}4)$$

由式（1-4）可知，任一電池過程熱力學效率與100%的偏離取決於其過程熵變的大小和符號。由化學熱力學可知，化學反應的熵變主要由反應物與產物的氣態物質的量差值決定。若反應的總氣態物質的量減少，則熵變為負值，熱力學效率小於 100%，並隨著溫度的升高，電池電動勢減小，即電動勢溫度係數為負值；若反應氣態物質的量變化為零，則電池的熱力學效率接近 100%，電池的電動勢隨溫度的變化很小；若反應的氣態物質的量增加，則反應的熵變為正值，電池的熱力學效率大於 100%，即電池過程還吸收環境的熱作功，電池電動勢隨溫度的升高而增加。

由電化學熱力學可知，當反應過程的溫度變化時，如果參加反應的反應物與產物在溫度變化範圍內均無相變，則有：

$$\Delta S=\int\frac{\Delta c_p}{T}=\mathrm{d}T \qquad (1\text{-}5)$$

$$\Delta H=\int\Delta c_p\mathrm{d}T \qquad (1\text{-}6)$$

式中Δc_p為反應的定壓熱容變化。若某物質有相變，則在計算由T改變引起的ΔH變化時，需考慮相變潛熱ΔH_t和在相變過程中的熵變$\Delta H_t/T_t$（T_t為相變溫度，ΔH_t為相變潛熱）。在熱力學數據表中已給出了各種物質在25℃、0.1 MPa下的ΔH^0、ΔS^0、ΔG^0值和c_p與溫度的函數關係式：

$$c_p=a+bT+cT^2 \qquad (1\text{-}7)$$

$$c_p=a+bT+\frac{c'}{T^2} \qquad (1\text{-}8)$$

式中，係數為 a、b、c 與 c'。這樣，可以 25℃為始點，計算任一溫度下的ΔH與ΔS，進而計算ΔG，再依據式（1-1）、式（1-4）求出任一溫度下的電池電動勢、熱力學效率等參數。

表 1-2 為幾個典型反應在 25℃、0.1 MPa 下的熱力學與電化熱力學數據。

表 1-2　幾個典型反應的熱力學與電化熱力學數據

反　應	ΔH^0 ($kJ \cdot mol^{-1}$)	ΔG^0 ($kJ \cdot mol^{-1}$)	ΔS^0 ($J \cdot mol^{-1}$)	n	E^0 (V)	$\partial E^0 / \partial T$ ($mV \cdot K^{-1}$)	F_{id} (%)
$H_2 + 1/2\ O_2 \longrightarrow H_2O(l)$	−285.1	−237.2	−163.2	2	1.23	−0.85	83
$H_2 + 1/2\ O_2 \longrightarrow H_2O(g)$	−246.2	−228.6	− 44.4	2	1.19	−0.23	94
$C + 1/2\ O_2 \longrightarrow CO$	−110.5	−137.3	89.5	2	0.71	0.74	124
$C + O_2 \longrightarrow CO_2$	−393.5	−394.4	2.9	4	1.02	0.01	100
$CO + 1/2\ O_2 \longrightarrow CO_2$	−282.9	−257.1	− 86.6	2	1.33	−0.45	91

由化學熱力學可知，對於 i 種物質構成的體系，第 i 種物質的化學勢（chemical potential）μ與體系 Gibbs 自由能的關係為：

$$\mu_i = \left(\frac{\partial G}{\partial n_i} \right)_{T,p,n_i} \quad (1\text{-}9)$$

$$G_{T,p} = \sum_i \mu_i n_i$$

μ_i 可表示為：

$$\mu_i = \mu_i^0(T) + RT\ln a_i \quad (1\text{-}10)$$

式中，a_i 為第 i 物種的活度。對於理想氣體，a_i 等於氣體的壓力，即有：

$$\mu_i = \mu_i^0(T) + RT\ln p_i \quad (1\text{-}11)$$

μ^0 為 $a_i = 1$、對理想氣體 $p_i = 1$ 時的化學勢，稱為該物質在標準狀態下的化學勢。它僅是溫度的函數，與濃度和壓力無關。

對任一化學反應過程：

$$\sum v_i A_i = 0 \quad (1\text{-}12)$$

式中，v_i 是反應式中的計量係數（stoichiometric factor），對反應物取負值，對產物取正值。此化學反應過程的Gibbs自由能變化，依式（1-9）、式（1-10）有：

$$\Delta G=\sum_{i}\mu_i v_i \tag{1-13}$$

$$\Delta G=\sum_{i}\mu_i^0(T)v_i+RT\sum_{i}v_i\ln a_i \tag{1-14}$$

對氣體反應有：

$$\Delta G=\sum_{i}v_i\mu_i^0(T)+RT\sum_{i}v_i\ln P_i \tag{1-15}$$

式中，$\sum_{i}v_i\mu_i^0(T)$稱為標準 Gibbs 自由能變化，即反應各物質濃度或壓力均為 1 時 Gibbs 自由能改變，用ΔG^0表示。由化學熱力學可知：

$$\Delta G=-RT\ln K \tag{1-16}$$

式中，K 為上述反應的平衡常數。

利用式（1-1），由上述方程可得：

$$E=\frac{RT}{nF}\ln K-\frac{RT}{nF}\sum_{i}v_i\ln a_i=E^0-\frac{RT}{nF}\sum_{i}v_i\ln a_i \tag{1-17}$$

對氣體反應：

$$E=E^0-\frac{RT}{nF}\sum_{i}v_i\ln p_i \tag{1-18}$$

式中，$E^0=\frac{RT}{nF}\ln K$稱為電池標準電動勢。E^0僅是溫度的函數，與反應物的濃度、壓力無關。式（1-17）或式（1-18）即反映電池電動勢與反應物、產物活度或者壓力關係的 Nernst 方程。

2 電極電勢與標準氫電極

如前述，當用電解質將任一氧化還原反應分為兩個半反應時，一個為還原反應，一個為氧化反應（即構成一個電池），通稱半反應為半電池或電極。目前通用的表達方法從左至右為電池中兩個電極之一的材料，與其相接觸的電解液，與另一個電極相接觸的電解液，另一電極材料。用豎線或逗號表示相界。當兩電極的電解液不同時，若液體接界電位已消除，用雙實豎線表示，未消除用雙虛豎線表示。另外，寫在左邊的電極通常起氧化作用，為負極。在該負電極上進行還原劑的氧化反應，其過程稱為陽極過程。寫在右邊的電極起還原作用，為正極。在該正電極上進行氧化劑的還原反應，其過程稱為陰極過程。有時在反應物質的後面加括號表示其活度或濃度。

例如：

$$Pt, H_2 \mid H^+ \parallel Cu^{2+} \mid Cu$$

表示浸在酸性溶液中的氫電極和浸在二價銅鹽溶液中的銅電極，電池液體接界電位已消除。

對鹼性氫氧燃料電池可寫為：

$Pt, H_2\ (p=0.1\ MPa) \mid OH^-\ (a=1) \mid O_2(\ p=0.1\ MPa\ ), Pt$

而對酸性氫氧燃料電池可寫為：

$Pt, H_2\ (p=0.2\ MPa) \mid H^+\ (a=1) \mid O_2(\ p=0.3\ MPa\ ), Pt$

至今人們還不能用實驗測定或理論上計算電極電勢，但可以測定電池的電動勢。因此國際純粹和應用化學聯合會（IUPAC）建議並已被採用和承認，用標準氫電極為標準電極，它的電極電勢作為零，任何電極與同溫度下氫標準電極所組成的電池的電動勢均為該電極的電勢，並用 $\varphi_{[O]/[R]}$ 表示。[O]代表電極過程氧化態物質，[R]代表電極過程還原態物質。如在酸性氫氧燃料電池中的氧電極電勢表示為：$\varphi_{[H^+]/[O_2]}$。

人們將鍍鉑黑的鉑片放入含有氫離子的溶液中，並將氫氣不斷吹到鉑片上，這樣構成的電極作為氫電極。並把氫氣分壓為 0.1 MPa、氫離子活度 $a_H^+=1$ 時的氫電極作為標準氫電極，取其電極電勢為零，即 $\varphi^0_{[H^+]/[H_2]}=0$。上標「0」代表標準電極電勢。

按照慣例，將標準氫電極放在電池表示式的左側，與任一給定電極構成電池，並消除液接電位，測定的電池電動勢則為該電極以標準氫電極為標度的電極電勢。因此若給定電極上進行的電極反應為還原反應，則 φ 為正值；反之，若進行的反應為氧化反應，則 φ 為負值。因此這種慣例給出 φ 為還原電位。當給定的電池反應物與產物均處在標準狀態時，其值為標準電極電勢，即 φ^0。

例如在鹼性氫氧燃料電池中，對電極過程：

$$H_2 + 2OH^- \longrightarrow 2H_2O + 2e^-$$

$$\varphi^0_{[H_2]/[OH^-]} = -0.828\ V$$

對氧陰極還原過程：

$$\frac{1}{2}O_2 + H_2O + 2e^- \longrightarrow 2OH^-$$

$$\varphi^0_{[OH^-]/[O_2]} = 0.401\ V$$

各種電極過程的標準電極電勢已有表可查。因為均採用還原電勢，所以對由任何兩個電極構成的電池的標準電動勢 E^0 均等於：

$$E^0 = \varphi^0_{右（還原）} - \varphi^0_{左（氧化）}$$

例如對鹼性氫氧燃料電池：

$$Pt, H_2 \mid OH^- \mid O_2, Pt$$

$$E^0 = \varphi^0_{[OH^-]/[O_2]} - \varphi^0_{[OH^-]/[H_2]}$$

$$= 0.401\ V - (-0.828)\ V$$

$$= 1.229\ V$$

在已知標準電極電勢基礎上，可依據Nernst方程計算任一電極過程的電極電勢。例如對上述氧陰極還原過程有：

$$\varphi_{[OH^-]/[O_2]} = \varphi^0_{[OH^-]/[O_2]} - \frac{RT}{2F}\ln\frac{a^2_{OH^-}}{a_{H_2O} \cdot p^{1/2}_{O_2}} \tag{1-19}$$

一般取 $a_{H_2O} = 1$，並認為氧為理想氣體，則可依據分壓和鹼液濃度與溫度計算 $\varphi_{[OH^-]/[O_2]}$。

1-3 電極過程動力學[2, 3]*

*對電極動力學（Electrode Kinetics）的理解，可以進一步認識燃料電池的輸出電能（Power）為電流乘上電壓（$P=I\times V$），而如何降低電壓下降的極化現象而獲得輸出電流的較大值，是為研究工作的重點。

1 法拉第定律與電化過程速度

◎法拉第定律

當燃料電池工作，輸出電能、對外作功時，電池燃料（如氫）和氧化劑（如氧）的消耗與輸出電量之間的定量關係服從法拉第第一定律和法拉第第二定律。

法拉第第一定律：燃料和氧化劑在電池內的消耗量Δm 與電池輸出的電量Q成正比，即：

$$\Delta m=k_e\cdot Q=k_e\cdot I\cdot t$$

式中，Δm 為化學反應物質的消耗量；Q 為電量，等於電流強度I和時間t的乘積；k_e 為比例因子，表示產生單位電量所需的化學物質量，稱為電化當量。

電量的單位是庫侖，1 C＝1 A · s。電化當量對氫 $k_e^H=104\times10^{-5}$ g / (A · s)，而對氧 $k_e^O=8.29\times10^{-5}$ g / (A · s)。

法拉第第二定律反映燃料和氧化劑消耗量與其本性之間的關係。它告訴我們，氫氧燃料電池每輸出 1 法拉第常數的電量（26.8 A · h 或 96.5 kC），必須消耗 1.008 g 氫（燃料）和 8.000 g 氧（氧化劑）。

◎電化學反應速率

與化學反應速率定義一樣，電化學反應速率 v 也同樣定義為單位時間內物質的轉化量：

$$v=\frac{d(\Delta m)}{dt}=k_e\frac{dQ}{dt}=k_eI \tag{1-20}$$

即電流強度I可用來表示任何電化學反應的速率，當然也適用於燃料電池。

若F表示 1 法拉第常數的電量，則I/ZF（Z為反應轉移電子數）是用物質的量表示的電化學反應速率。

電化學反應均是在電極與電解質的界面上進行的，因此電化學反應速率與界面的面積有關。將電流強度I除以反應界面的面積S：

$$i=\frac{I}{S} \tag{1-21}$$

i稱為電流密度，即單位電極面積上的電化學反應速率。

燃料電池均採用多孔氣體擴散電極，反應可在整個電極的立體空間內的三相（氣、液、固）界面上進行，但對任何形式的多孔氣體擴散電極，均以電極的幾何面積除電流強度，稱為表觀電流密度，表示燃料電池的反應速率。

2 極化

◎概述

當燃料電池運行並輸出電能時，正如前述，輸出電量與燃料和氧化劑的消耗服從法拉第定律；同時，電池的電壓也從電流密度$i=0$時的靜態電勢E_s（它不一定等於電池的電動勢，原因後述）降為V，其值為電化學反應速率（即電流密度i）的函數。其差值：$E_s-V=\eta$，$V=E_s-\eta$，η稱為極化。V與I的關係圖稱為極化曲線，即伏—安（V-I或V-i）曲線。典型的低溫氫氧燃料電池的極化曲線如圖 1-2 所示。

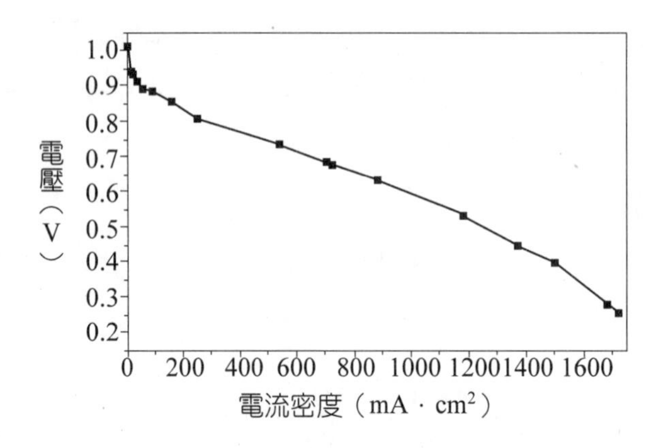

圖 1-2　低溫氫氧燃料電池的極化曲線

若在電池內加入參考電極，如標準氫電極，並測量氫電極與氧電極的電極電位，會發現當電池從$i=0$狀態轉入$i\neq 0$（即$I>0$）時，氫電極、氧電極的電位均發生了極化，並有：

$$\varphi_a(H_2)=\varphi_a^s(H_2)-\eta_a$$

$$\varphi_c(O_2)=\varphi_c^s(O_2)-\eta_c$$

以及

$$\eta=\eta_a+\eta_c+\eta_\Omega$$

$$V=E_s-\eta_a-\eta_c-\eta_\Omega \qquad (1\text{-}22)$$

式中，η_a稱為陽極極化；η_c稱為陰極極化；η_Ω稱為歐姆極化，主要由將陰極與陽極分開的電解質離子導電電阻引起。φ_a^s與φ_c^a為電極的靜態電位，它不一定等於電極電勢。它與電極電勢的差值有時稱為開路極化。

如前述，極化是電池由靜止狀態（$i=0$）轉入工作狀態（$i>0$）所產生的電池電壓、電極電位的變化。眾所周知，電壓與電流的乘積等於功率，再乘以電池運行時間即為輸出電能，所以極化表示電池由靜止狀態轉入工作狀態能量損失的大小。因此人們希望這部分能量損失越小越好，要做到這一點，必須研究極化產生的原因。

◎化學計算數與控制步驟

以氫氧化電極過程為例，對氫的氧化電極過程：

$$H_2 \xrightarrow{\text{催化劑}} 2H^+ + 2e^-$$

具體反應過程如下：

$$H_2(g) \xrightarrow{\text{擴散}} H_2\text{（催化劑表面）} \qquad (a)$$

$$H_2 \longrightarrow 2H_a \qquad (b)$$

$$H_a \longrightarrow H^+ + e^- \qquad (c)$$

$$H^+ \xrightarrow{\text{電遷移}} H^+\text{（電解質）} \quad \text{(d)}$$

即氫氣首先必須經過對流、擴散等質傳過程，遷移至電極的電催化劑附近，進而產生 H_2的解離吸附，生成 H_a；吸附的 H_a在電催化劑與電極電位的推動下進行電化學反應，生成 H^+ 與電子；生成的 H^+ 還需定向電遷移離開反應點進入電解液中。

日本學者堀內（Horiuchi）引入了化學計算數 v_s 的概念。 v_s 為完成電極反應（如 $H_2 \xrightarrow{\text{催化劑}} 2H^+ + 2e^-$）歷程中各基元反應必須發生的次數。如對上述假定的氫氧化反應歷程，反應（b）的 $v_s = 1$，而反應（c）的 $v_s = 2$。

當電極反應以恆定速度進行時，電極反應歷程中各串行步驟的反應速率與總反應速率的關係服從下式：

$$v_{\text{總}} = v_s^i \cdot v_i$$

即各基元反應速率（v_i）乘以它的化學計算數均應等於總反應速率，否則會產生中間物累積，反應不可能在穩態下進行。由於各串行基元過程本性不同，因而為維持該步驟以確定的速度進行所克服的阻力不一樣，即為維持該步驟進行所消耗的能量不同。阻力最大的步驟，其消耗能量（或所需推動力）最大，它的本徵反應速率最慢。所以對於一個多步串聯的電極過程，往往存在一個最慢的步驟，整個電極反應進行速度主要由這個最慢步驟進行的速度決定，此時整個電極反應所表現出的動力學特徵與這個最慢步驟的動力學特徵相同。我們稱這個最慢的步驟為控制步驟。若電極過程存在控制步驟，則電極過程所包括的其他各非控制步驟可近似地用熱力學參數（如平衡常數、吸附平衡常數等）處理；而控制步驟則必須用動力學參數（如反應速率常數等）處理。

◎濃差極化

遷移和純化學轉變均能導致電極反應區參加電化學反應的反應物或產物濃度發生變化，結果使電極電位改變，即產生濃差極化作用。僅當電化學反應為控制步驟時，才可忽略濃差極化作用。一般僅當電化學反應速率很小時，才呈現這種情況；而在高電流密度下，濃差極化不能忽略。

在沒有中間化學轉變的情況下，反應物遷移到電極反應區，或反應產物從電極反應區移開是透過對流、分子擴散和電遷移三種方式來實現的。

⑴**對流**

對流質傳是指物質的粒子隨流動的流體（液體、氣體）而移動。引起對流的原因是因濃度或溫度引起的密度差（自然對流），或是因攪拌、壓力差引起的流體流動（強制對流）。對第 i 種物質的對流引起的流量 $N_{對 i}$ 為：

$$N_{對 i}=\boldsymbol{V}_{c_i}=(V_x+V_y+V_z)c_i \tag{1-23}$$

式中，$\boldsymbol{V}$ 為流體速度矢量；V_x、V_y、V_z 為流體在直角坐標系 x、y、z 方向的速度；c_i 為物質 i 的濃度。

⑵**分子擴散**

其推動力為化學位梯度，也近似視為濃度梯度。對第 i 種物質，由分子擴散引起的流量為：

$$N_{擴 i}=-D_i\nabla c_i \tag{1-24}$$

式中，D_i 為物質 i 的擴散係數；∇ 為向量算符，

$$\nabla=\boldsymbol{i}\frac{\partial}{\partial x}+\boldsymbol{j}\frac{\partial}{\partial y}+\boldsymbol{k}\frac{\partial}{\partial z}$$

⑶**電遷移**

帶電粒子在電位梯度的推動下產生的遷移，$N_{電遷}$ 為：

$$N_{電遷}=\pm(E_x+E_y+E_z)u_i^0c_i \tag{1-25}$$

式中，E_x、E_y、E_z 為電場在 x、y、z 方向的場強；u_i^0 為第 i 種帶電粒子的「淌度」，即第 i 種帶電粒子在單位強度電場作用下的運動速度。正號用於荷正電的粒子，負號用於荷負電的粒子。

據此，當同時考慮三種遷移方式時，有：

$$N_i=\boldsymbol{V}c_i-D_i\mathrm{gradc}_i\pm Eu_i^0c_i \tag{1-26}$$

對於電極過程 $\mathrm{O}+ne^-\longrightarrow\mathrm{R}$，假定不發生對流、電遷移質傳，且氧化劑「O」向反應區擴散質傳過程為控制步驟，因此其他步驟均可

認為處在近似平衡態，則可用熱力學進行處理。進而假定擴散層厚度為δ，在擴散層內，濃度呈線性變化，「O」的溶液相濃度為c^0，表面濃度為c^S，進而有：

$$N_0 = D \cdot \frac{c^0 - c^S}{\delta}$$

$$\text{電化學反應速率}\ i = \frac{N_0}{nF} = \frac{D}{nF} \cdot \frac{c^0 - c^S}{\delta}$$

當$c^S \longrightarrow 0$時的電化學反應速率i稱為極限電流密度，用i_d表示，則有$i_d = \frac{D}{nF}\frac{c^0}{\delta}$。將此式代入上式可得：$c^S = c^0\left(1 - \frac{i}{i_d}\right)$；

電極電勢：

$$\begin{aligned}\varphi &= \varphi^0 + \frac{RT}{NF}\ln\frac{c_0^S}{c^R} \\ &= \varphi^0 + \frac{RT}{NF}\ln\frac{c_0}{c^R} + \frac{RT}{NF}\ln\left(1 - \frac{i}{i_d}\right) \\ &= \varphi^e + \frac{RT}{NF}\ln\left(1 - \frac{i}{i_d}\right) \qquad (1\text{-}27)\end{aligned}$$

式中，φ^e為電極電動勢。式$\frac{RT}{NF}\ln\left(1 - \frac{i}{i_d}\right)$為由氧化劑擴散質傳部分引起的極化，即擴散過電位。由式$\frac{RT}{NF}\ln\left(1 - \frac{i}{i_d}\right)$可知，電流密度$i$越小，濃差過電位越小；對不同電極結構或反應物、產物等，其極限電流密度i_d越大，由質傳引起的濃差過電位越小。

◎**電化學極化**

任何電極過程均一定包含一個或幾個反應質點接受電子或失去電子的過程，由這一過程引起的極化稱之為電化學過電位或活化過電位。

假定電化學過程 $O + ne^- \Longleftrightarrow R$ 為反應的控制步驟，則整個電極過程速度由這一步控制，其餘各步驟可視為在準平衡態。

假定電化學反應的活化能可分為化學的和電的兩部分。化學的活化能相當於電極電勢等於零的活化能，它與電催化劑的活性密切相關，用E表示；電的活化能部分相當於雙電層電場引起的活化能改變，而雙電層電場是與電極電勢相關的。依據Bronsted原理，假定由電極電勢引起的能量變化$nF\varphi$分配在正逆反應之間，表示影響正反應（陰極過程）的能量份數用α表示，影響逆反應（陽極過程）的能量份數為$\beta=(1-\alpha)$，稱α為傳遞係數。假定正反應（箭頭向右）、逆反應（箭頭向左）均服從一級反應動力學方程，則有：

$$\vec{i}=nF\vec{A}e^{-\frac{\vec{E}}{RT}}\cdot e^{-\frac{\alpha nF\varphi}{RT}}\cdot c_O=nF\vec{k}e^{-\frac{\alpha nF\varphi}{RT}}\cdot c_O \quad (1\text{-}28)$$

$$\overleftarrow{i}=nF\overleftarrow{A}e^{-\frac{\overleftarrow{E}}{RT}}\cdot e^{\frac{(1-\alpha)\alpha nF\varphi}{RT}}\cdot c_R=nF\overleftarrow{k}e^{\frac{(1-\alpha)\alpha nf\varphi}{RT}}\cdot c_R \quad (1\text{-}29)$$

式中，A 為指前因子；E 為化學部分活化能；電極電勢有關指數符號不同，表示電場能量加速一個反應，減慢另一個反應。

當電極電勢等於平衡電勢時，電極處於平衡態，對外工作電流為零，此時電極上進行的正向反應與逆向反應速率應相等，即：

$$i=\vec{i}-\overleftarrow{i}=0$$

$$i^0=\vec{i}-\overleftarrow{i}=nF\vec{k}e^{-\frac{\alpha nF\varphi^e}{RT}}\cdot c_O=nF\overleftarrow{k}e^{\frac{(1-\alpha)nF\varphi^e}{RT}}\cdot c_R \quad (1\text{-}30)$$

式中，i^0稱為交換電流密度。而當c_O與c_R均等於1時，i^0稱為標準交換電流密度。

電化學極化為：$$\eta_e=\varphi^e-\varphi$$

代入上述方程，則有淨陰極電流：

$$i=i^0[e^{\frac{\alpha nF\eta_e}{RT}}-e^{\frac{-(1-\alpha)nF\eta_e}{RT}}] \quad (1\text{-}31)$$

若令電極表面濃度分別為c_O^S和c_R^S，則有：

$$i=i^0\left[\frac{c_O^S}{c_O}e^{\frac{\alpha nF\eta_e}{RT}}-\frac{c_R^S}{c_R}e^{-\frac{(1-\alpha)nF\eta_e}{RT}}\right] \quad (1\text{-}32)$$

由式（1-32）可知，增加陰極極化，加速電極的陰極過程，減慢陽極過程，可增加電極對外輸出的電流密度i。

下面對兩種極端情況進行分析。

(1) $\boldsymbol{i \ll i^0}$

此時電極對外輸出電流i時，電極的極化過電位很小，即滿足：

$$\eta_e \ll \frac{RT}{\alpha nF} \quad 或 \quad \eta_e \ll \frac{RT}{(1-\alpha)nF}$$

據此，可將式（1-31）按級數展開，近似得：

$$i = i^0 \frac{nF}{RT}\eta_e \tag{1-33}$$

即電極工作電流密度 i 與電化學極化過電位 η_e 成正比，$i^0\frac{nF}{RT}$ 可視為等價電阻項。

(2) $i \gg i^0$

此時逆反應可忽略。

$$i = i^0 e^{\frac{\alpha nF\eta_e}{RT}}$$

取對數得：

$$\ln i = \ln i^0 + \alpha nF\eta_e / RT$$

$$\eta_e = -\frac{RT}{\alpha nF}\ln i^0 + \frac{RT}{\alpha nF}\ln i$$

令 $a = -\frac{RT}{\alpha nF}\ln i^0$，$b = \frac{RT}{\alpha nF}$，則有：

$$\eta = a + b\ln i \tag{1-34}$$

此即為 Tafel 方程。

1-4 多孔氣體擴散電極[1, 4]

1 原理與要求

燃料電池通常以氣體為燃料和氧化劑（如氫氣和氧氣）。氣體在電解質溶液中的溶解度很低，為了提高燃料電池的實際工作電流密度，減少極化，一方面應增加電極的真實表面積，另一方面應盡可能地減少液相質傳的邊界層厚度。多孔氣體擴散電極就是為適應這種要求而研製出來的。正是它的出現，才使燃料電池從原理研究發展到實用階段。由於多孔氣體擴散電極採用擔載型高分散的電催化劑，不但比表面積比平板電極提高了 3～5 個數量級，而且液相質傳層的厚度也從平板電極的 0.1 mm 壓縮到 0.001～0.01 mm，從而大大提高了電極的極限電流密度，減少了濃差極化。如何在多孔氣體擴散電極的內部保持反應區（通常稱這一反應區為三相界面）的穩定，是一個十分重要的問題。在培根型電池中，是以電極的雙孔結構來保持三相界面穩定的。而在黏合型氣體擴散電極內，為使電極具有一定的排水性，是採用添加排水劑（如聚四氟乙烯等）的辦法使三相界面形成並保持穩定的。聚四氟乙烯（簡稱 PTFE）的含量通常從百分之幾到百分之幾十。但排水劑的用量太大將使電極的導電能力下降，影響電池的性能。對於採用固體電解質的燃料電池（如質子交換膜燃料電池和固體氧化物型燃料電池），則在電極的電催化層內混入質子交換樹脂或氧離子導體的固體氧化物來擴展和穩定反應區。

下面以典型氧的電化學還原反應來具體說明多孔氣體擴散電極應具備的功能。在酸性介質中，氧的電化學還原反應為：

$$O_2 + 4H^+ + 4e^- \longrightarrow 2H_2O$$

由電極反應方程式可知，為使該反應在電催化劑（如鉑／碳）處連續而穩定地進行，電子必須傳遞到反應點，即電極內必須有電子傳導通道。通常，電子傳導通道的功能由導電的電催化劑（如鉑／碳）來實現。燃料和氧化劑氣體必須遷移擴散到反應點，即電極必須有氣體擴散通道。氣體擴散通道由電極內未被電解液填充的孔道或排水劑（如聚四氟乙烯）中未被電解液充塞的孔道充當。電極反應還必須有離子（如 H^+）參加，即電極內還必須有離子傳導的通道。離子傳導的通道由浸有電解液的孔道或電極內摻入的離子交換樹脂等構成。對於低溫（低於 100℃）電池，電極反應所生成的水必須使之迅速離開電極，即電極內還應當有液態水的遷移通道。這項任務由親水的電催化劑中被電解液填充的孔道來完成。

由上述分析可知，電極的性能不單單依賴於電催化劑的活性，還與電極內各組分的配比、電極的孔分佈及孔隙率、電極的導電特性等有關。也就是說，電極的性能與電極的結構和製備技術密切相關。

綜上所述，性能優良、以氣體為反應劑的多孔氣體擴散電極必須具備下述特點：

①高的真實比表面積，即為多孔結構；

②高的極限擴散電流密度，為此必須確保在反應區（氣、液、固三相界面處）液相質傳層很薄；

③高的交換電流密度，即採用高活性的電催化劑；

④保持反應區的穩定，即透過結構設計（如雙孔結構）或電極結構組分的選取（如加入聚四氟乙烯類排水劑）達到穩定反應區（三相界面）的功能；

⑤對於反應氣有背壓的電極，需控制反應氣壓力，或電解質膜具有很好的阻氣功能，以確保反應氣不穿透電極的細孔層到達電解液；

⑥對於反應氣體與電解液等壓或反應氣體壓力低於電解液壓力的電極，在電極氣體側需置有透氣阻液層。

2 結構與功能

在燃料電池發展過程中，已開發出多種結構的多孔氣體擴散電極。從電極的厚度上分，有厚度達毫米級的厚層電極，也有厚度僅為幾微米的薄層電極；從建立穩定的三相界面（反應區）上分，有雙孔結構電極，也有摻有 PTFE 類排水劑穩定三相界面的；還有依據氣體壓力與毛細力和電極與電解質隔膜的孔徑分佈相互配合來穩定反應區的。下面按電極反應區穩定方式進行簡單介紹。

◎雙孔結構電極

(1) Bacon 型雙孔結構電極

依據毛細力的公式（$\Delta p = \frac{2\sigma}{r}\cos\theta$，式中$\theta$為接觸角，$\sigma$為表面張力，$r$為孔半徑）可知，對浸潤型液體和兩種孔半徑不同的多孔體，控制氣體壓力，可達到孔半徑小的為浸潤型電解液填充，而孔半徑大的多孔體為氣體填充。英國劍橋大學的科學家 F. T. Bacon 依據這一原理，製備成功雙孔結構的多孔氣體擴散電極，並確保反應區的穩定。圖 1-3 為其結構示意圖。由圖可知，這種結構的電極可以滿足多孔氣體擴散電極的要求。細孔層內充滿電解液，具有一定的阻氣能力並可傳導導電離子。電解液在粗孔內浸潤，形成彎月面，浸潤層越靠近氣體側越

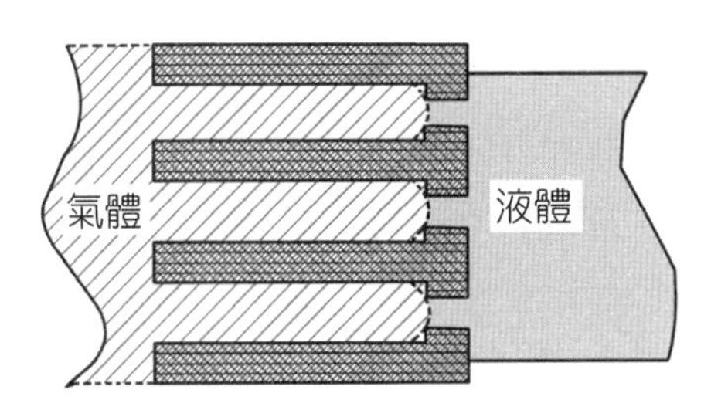

圖 1-3　雙孔結構電極示意圖

薄，厚度可達微米級，極大提高了反應氣體的質傳速率和極限電流密度。為確保在粗孔層內獲得較大的浸潤面積，即電極活性面積（反應區，即三相界面），除提高電極粗孔層孔隙外，電極還應有一定的厚度，一般為零點幾毫米厚。而高活性的電催化劑應擔載在粗孔層內。

Bacon用不同粒徑的羰基鎳粉製備了粗孔層孔徑 $\geq 30\,\mu$m、細孔層孔半徑 $\leq 16\,\mu$m 的雙孔結構鎳電極。Justi 等人採用雷尼合金製備了屬於雙孔結構型的雙骨架（DSK）電極。他們採用 Al：Ni（質量比）＝50：50的雷尼合金，該合金與羰基鎳粉比例為 1：2。粗孔層採用的粒度為 6～12 μm，細孔層的粒度為 6 μm，成型壓力為 372.7 MPa，並於 700℃ 燒結 30 分鐘。

⑵ **Shell 塑料電極**

Shell電極屬於薄催化層雙孔結構電極。在這種電極結構中，細孔層用微孔塑料膜，當其充滿電解液後，起傳導離子和阻氣作用。在微孔塑料膜塗催化層一側鍍 1 μm 的金層，起集流作用，所以採用這種電極組裝電池，電流從電極周邊導出受到限制，用這種電極難以組裝出大功率電池組。再在鍍金層上利用黏合劑（如聚四氟乙烯，PTFE）和電催化劑（如鉑黑與Pt/C電催化劑）製備幾微米厚的催化劑。由於這種電極在電催化層與反應氣之間無起集流和支撐作用的擴散層，所以這種電極特別適於用空氣和粗氫作反應劑，它消除了在擴散層內由質傳引起的濃差極化。實驗證實，當用空氣作氧化劑時，與用純氧作氧化劑電池工作電壓差接近由 Nernst 方程計算出的電勢差，即：

$$E_{0(\mathrm{O_2})} - E_{0(\text{空氣})} = \frac{RT}{2F}\ln\frac{p_{\mathrm{O_2}}}{p_{\text{空氣}}} = 0.02\ (\mathrm{V}) \tag{1-35}$$

式中，$P_{空氣}$代表空氣中的氧分壓。

◎PTFE 排水劑黏合型電極

在水溶性電解質中，各種導電的電催化劑（如Pt/C）可被電解質所浸潤，不但能提供電子通道，而且還可以提供液相（如水）和導電離子的通道。但它不能為氣體氣相質傳提供通道。諸如 PTFE 等排水劑，由於其排水特性，摻入其中可構成不被電解液浸潤的氣體通道。排水劑的加入除了能提供反應氣體氣相擴散的通道外，它還具有一定的黏合作用，能將電催化劑黏合到一起構成這種黏合型多孔氣體擴散電極。簡言之，在這種電極中由電催化劑構成的親水網絡為電解質完全潤濕，可提供電子、離子和水的通道，而由排水劑構成的排水網絡為反應氣的進入提供氣相擴散通道。圖 1-4 是這種結構電極的示意圖。由圖可知，由於電催化劑浸潤液膜很薄，所以這種結構的電極應具有較高的極限電流密度。另外，因為電催化劑是一種高分散體系，具有高的比表面，因此這種電極應具有較高的反應區（三相界面）。

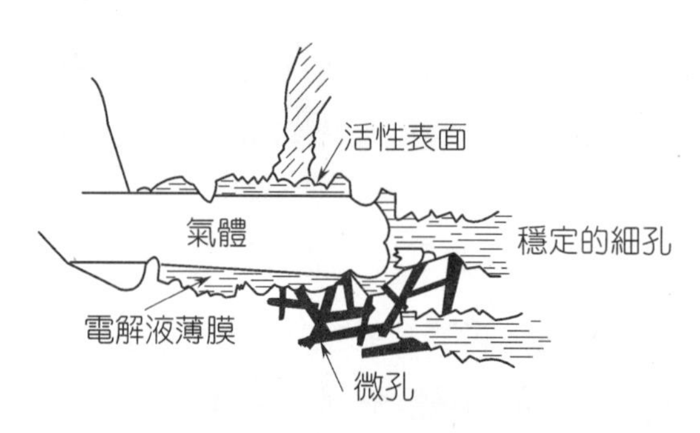

圖 1-4 PTFE 黏合型電極結構示意圖

由電催化劑摻入 PTFE 等排水劑製成的黏合型多孔氣體擴散電極，均為由 PTFE 構成的排水網絡和由電催化劑構成的親水網絡形成的雙網絡型電極。它既不具備阻氣性能也不具備阻液性能，因此當用其組成電池時，又形成了兩種結構組合方式：①當反應氣壓力高於電解液壓力時，它與石棉膜等微孔膜組合，形成類似雙孔電極結構，飽浸電解液的石棉膜微孔層起阻氣、傳導電解液和離子的功能。當採用一張飽浸鹼性電解液的石棉膜，兩側各置一片這種多孔氣體擴散電極時，即構成石棉膜型鹼性燃料電池；當採用兩張石棉膜及各一片電極組合時，在兩片石棉膜之間構成可自由流動的鹼腔，即為雙膜、自由介質型鹼性燃料電池。當將這種電極置於無孔不透氣的質子交換膜兩側時，無孔質子交換膜起著阻氣、傳導質子作用，即構成質子交換膜燃料電池。②當反應壓力等於或稍低於電解液壓力時，如在鋅空電池（Zn-Air Battery）中的空氣極，為防止電解液通過電極的滲漏，則必須在電極的氣室側加置排水透氣層。這種排水透氣層一般由良好的防水劑PTFE製備，並由Na_2SO_4等可溶性鹽來造孔，這種膜可稱為白膜。必須嚴格控制 PTFE 和造孔劑 Na_2SO_4 等的比例和 Na_2SO_4 的粒度，並嚴格防止在製備過程中Na_2SO_4的再結晶，掌握好PTFE乳液溫度和煉塑次數。由於這種白膜不導電，所以集流必須用導電集流網從側面進行。為使這類排水透氣膜具有導電性，可在 PTFE 乳液中加入一定比例的稍具排水性的乙炔黑，經煉塑製得的膜稱為黑膜。製備黑膜的煉塑次數應多於白膜，而且還需要用丙酮等有機溶劑抽提出由 PTFE 乳液帶入的少量親水乳化劑，以提高黑膜的排水性。

◎電極立體化

當採用液體電解質（如KOH水溶液、H_3PO_4水溶液或熔融的碳酸鹽）時，由於電解液對電催化劑的浸潤和毛細力的作用，電解液會進入電極的催化層並形成薄的浸潤液膜，不僅穩定了反應區（三相界面），而且確保在電極催化層內均可實現電化學反應，即實現電極的立體化。

而對於固體為電解質的燃料電池（如質子交換膜燃料電池），它以固體的全氟磺酸膜（如Nafion膜）為電解質隔膜；又如固體氧化物燃料電池，它以氧化釔穩定的氧化鋯（YSZ）為固體電解質。當將電極與固體膜組合為電池時，由於電解質不能進入電極的催化層，因此電極催化層內無法建立離子通道，不能起電催化作用，電化學反應僅能在膜與電催化層交界面處進行。為擴大反應界面，在製備電極時，可將離子導體（如質子交換膜燃料電池為全氟磺酸樹脂，對固體氧化物燃料電池為YSZ型氧離子導體）加入電極催化層內，以期在電極內建立離子導電通道。在電催化層內加入離子導體的技術稱為電極的立體化技術。

對由催化劑、排水劑 PTFE 和離子導體全氟磺酸樹脂構成的電催化層可視為三網絡結構的電極電催化層，即由電催化劑構成的親水網絡，起傳導電子和水的功能；由排水劑 PTFE 構成的排水網絡為氣體擴散提供通道；而由全氟磺酸樹脂構成的網絡起傳導質子和水的功能。

◎薄層親水電極

在上述的各種電極（如雙孔電極）內的粗孔層，加 PTFE 排水劑黏合型電極的由 PTFE 構成的排水網絡內，反應氣體靠氣相擴散質傳到達反應區，溶解進入很薄的電解液液膜，到催化反應點參加催化反應。而在質子交換膜燃料電池開發過程中，Willson 等人設計製備了反應氣靠在水或全氟磺酸樹脂中溶解擴散質傳的電極催化層，這種電極稱為親水電極。這種電極內可以沒有由排水劑構成氣體氣相擴散質傳通道。由於電極內靠反應氣體在水中或全氟磺酸樹脂中溶解擴散實現質傳，所以這種電極催化層很薄，一般為幾微米。簡要計算表明，當電極催化層厚度 $\leq 5\,\mu m$ 時，反應氣體在水中或全氟磺酸樹脂中的溶解擴散不會成為整個電極過程的控制步驟。這種電極用於質子交換膜燃料電池的優點是：①有利於電極催化層與膜的緊密結合，避免了由於電極催化層與膜的溶脹性不同所造成的電極與膜的分層；②使鉑／碳催化劑與 Nafion 型質子導體保持良好的接觸；③有利於進一步降低電極的鉑負載量（loading）。

1-5 電催化與電催化劑[3, 5]

1 原理與特點

電催化是電極與電解質界面上的電荷轉移反應得以加速的一種催化作用，可視為多相催化的一個分支。它的主要特點是，電催化的反應速率不僅僅由電催化劑的活性決定，而且還與雙電層內電場及電解質溶液的本性有關。

由於雙電層內的電場強度很高，對參加電化學反應的分子或離子具有明顯的活化作用，使反應所需的活化能大幅度下降。所以，大部分電催化反應均可在遠比通常的化學反應低得多的溫度（如室溫）下進行。例如在鉑黑電催化劑上，丙烷可在 150～200℃完全氧化為二氧化碳和水。

但是，由於電化學反應必須在適宜的電解質溶液中進行，在電極與電解質的界面上必然會吸附大量的溶劑分子和電解質，這就使電極過程與溶劑及電解質的本性密切相關。這一點不僅導致電極過程比多相催化反應更為複雜，而且在電極過程動力學的研究中也使許多對多相催化行之有效的研究工具受到限制。為此，近年來發展了一些適宜於研究電極過程的實驗方法，如電位掃描

（Potential sweep）技術、旋轉盤—環電極（Rotating ring-disk）技術和在電化學反應過程中觀測電極表面狀態的光學方法等。

由電極過程動力學方程：

$$i=i_0\left[e^{\frac{\alpha nF\eta}{RT}}-e^{\frac{-(1-\alpha)nF\eta}{RT}}\right] \tag{1-36}$$

可知，提高催化劑的活性，透過增加 i_0（即提高 i）可加速電化學反應速率；也可用改變極化 η 方法來改變電化過程速度。改變 η 的方法更為有效，因為它在指數項上，通常 η 改變 100 mV，i 可改變幾個數量級。但這種方法是有代價的，對燃料電池來說，增加 η 意味著降低燃料電池的能量轉化效率。因此在實際工作中，人們千方百計在一定的反應速率下，減少極化 η，以提高燃料電池的能量轉化效率。

在燃料電池中，採用多孔氣體擴散電極，一是增加真實的電化學反應區，提高多孔氣體擴散電極的表觀（幾何）電流密度 i；二是減薄液相質傳層厚度，提高反應區反應物濃度，增加 i_0。而提高 i_0 最有效的方法還是提高電催化劑的活性。

由於燃料電池採用的電解質為酸、鹼或熔鹽，所以用於燃料電池的電催化劑必須滿足下述要求：

①是電的良導體，若電催化劑本身的導電性欠佳，則必須擔載在電的良導體上，如活性碳或 WC（碳化鎢）等。

②在電極的工作電極電位範圍內，並且有氧化劑（如氧）或燃料（如氫）存在下，耐受電解質（如酸、鹼、熔鹽等）的腐蝕。

③對高溫電池（如固體氧化物燃料電池），電催化劑與電解質隔膜材料（如氧化釔穩定的氧化鋯）在電池工作條件下不應發生任何化學反應，即要具有化學相容性。

④這是最重要的，電催化劑應對其催化的電化過程具有高的催化活性。為此，應首先考慮反應物在催化劑上形成的吸附鍵強度應適中。吸附鍵強度太弱，不但催化劑吸附反應物太少，而且也難以活化反應物分子；反之，若吸附鍵強度太強，則其轉化的中間物或產物難以脫附，會阻滯反應的進一步進行。

對反應物在催化劑吸附或相互作用問題上的更深層次的考慮中，要注意所謂的「電子因素」（electronic factor）和「幾何因素」（geometric factor）。眾所周知，過渡金屬或其各種合金是高活性電催化劑，過渡金屬均具有空的 d 軌道，它可與吸附物生成具有各種特性的吸附鍵。依據 Pauling 金屬鍵理論，金屬鍵 d 特徵所占的比例（%）可作為原子空的 d 軌道生成化學吸附鍵的尺度。這是利用「電子因素」解釋金屬電催化活性的實例。至於「幾何因素」，可用氧分子在催化劑表面形成橋式吸附加以說明。研究發現，氧分子在催化劑上有幾種吸附形式，其中一種如圖 1-5 所示的橋式吸附。實現這種吸附需要催化劑表面的兩個活性中心具有適宜的距離，即「幾何因素」。同時要求兩個活性中心具有未充滿的 d 軌道，以與氧分子的π軌道成鍵，即「電子因素」。若形成的吸附鍵鍵強度適中，則吸附氧分子已達到充分活化，在 H^+（在酸性電解質中）的進攻下生成水；在活化水分子的進攻下（在鹼性介質中）則生成 OH^-，上述反應均可能不生成中間產物過氧化氫。

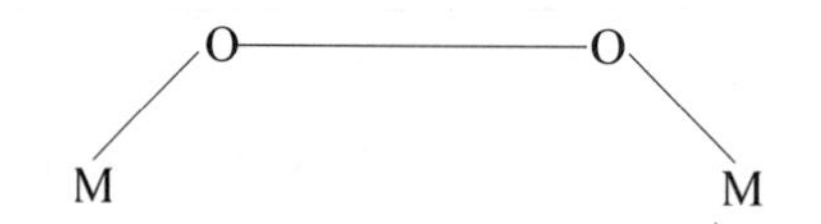

圖 1-5　氧分子吸附的橋式模型

由於電催化的特殊要求，早期對於酸性電池僅限於使用貴金屬及其合金作電催化劑。對鹼性電池除貴金屬外還可採用銀與鎳等。由於航太事業對高比能量電池的迫切需求，以及能源危機對提高燃料利用率的要求，各國對燃料電池的研究投入了大量的人力和財力。在燃料電池的研究與開發過程中，電催化劑的研究取得了很大進展，相繼發現並深入研究了 Pt/C、Pt-Ru/C、雷尼鎳、硼化鎳、碳化鎢、鈉鎢青銅、過渡金屬與卟啉、酞菁等的錯合物（Complex）❷、尖晶石型與鈣鈦礦型半導體氧化物以及各種晶間化合物等電催化劑，從而使電催化劑的種類大大增加，成本也大幅度下降。

---

❷常稱為大環錯合物（macro-cycle compounds），藉由中心過渡金屬（如同血紅素的鐵）如鈷可以吸附氧氣的能力作為電催化劑。

2 電催化劑簡介

◎貴金屬電催化劑

鉑、釕、鈀等鉑族和第一副族的銀、金等貴金屬，由於其良好的催化活性、導電性和抗腐蝕能力，是首選的各種低溫燃料電池的電催化劑。首次用於航太飛行作為飛船上主電源、由美國通用電器公司研製的以聚苯乙烯磺酸膜為電解質隔膜的千瓦級燃料電池就是以純鉑黑作電催化劑的。至今仍用作美太空飛行器機上主電源的鹼性石棉膜型氫氧燃料電池，則採用 Au-Pt 合金作氧電極的電催化劑，Pt 為氫電極電催化劑。中國科學院大連化學物理研究所在 20 世紀 70 年代研製航太用石棉膜型鹼性氫氧燃料電池則以純銀為氧電極的電催化劑、Pt-Pd 合金為氫電極的電催化劑。

鉑是首選的低溫燃料電池電催化劑，對氫的氧化，其交換電流密度可高達 $0.1 \sim 100\ mA/cm^2$。用其作電催化劑製備的多孔氣體擴散電極，當其工作電流密度高達每平方厘米幾百毫安時，極化僅有 1～20 mV，接近可逆電極。而將其用於氧的還原時，交換電流密度最高為每平方厘米幾微安，在室溫交換電流密度可低至 $10^{-10}\ A/cm^2$，因此氧電極是典型的不可逆電極。據此用純氫、純氧作燃料和氧化劑的氫氧低溫燃料電池，其極化主要產生在氧電極和電解質產生的歐姆電位降（歐姆極化）上。

(1)氧電極的開路極化

氫氧燃料電池的標準電動勢為 1.23 V。實測的低溫氫氧燃料電池的開路電壓（即輸出電流為零時的電壓值，也稱靜態電勢）在 1.0～1.20 V 之間，與標準電勢相差 100～250 mV，通稱這一差值為開路極化。

由於氫電極接近可逆電極，故這一開路極化歸因於氧電極。其原因，一是氧的電化學還原反應具有很低的交換電流密度；二是鉑類貴金屬在氧電極的工作條件下不完全是惰性，它可與氧生成 Pt-O 單層，Pt-O 單層也具有氧的還原電催化活性。

一般認為，這種開路極化的產生與氧電極呈現混合電位有關。如在酸性電池中，裸鉑可被水氧化，進行鉑陽極腐蝕反應：

$$Pt + H_2O \longrightarrow Pt\text{-}O + 2H^+ + 2e^- \qquad \varphi^0 = 0.88\ V$$

而在 Pt-O 表面又進行氧的陰極還原反應：

$$\frac{1}{2}O_2 + 2H^+ + 2e^- \longrightarrow H_2O \qquad \varphi^0 = 1.23\ V$$

在定態時，所測的開路電壓不是電池電動勢，而是上述兩反應的混合電位。這個混合電位數值與電催化劑的組成、製備技術，電極製備技術及前期史有關，在 1.0～1.20 V 之間。

對鉑電極進行預處理，就得Pt-O表面，已測得氫氧電池的開路電壓等於氫氧電池的電動勢。但是一旦電極極化到工作電流密度大於每平方厘米幾十微安後，這一氧化膜解體了。至今還無法獲得在實際工作電流密度範圍內消除開路極化的氧電極電催化劑。若能解決這一科學問題，燃料電池的能量轉化效率可提高 10～15%，意義十分重大。

⑵擔載型奈米級貴金屬電催化劑與碳載體

20 世紀 60 年代用於雙子星座飛行器的以聚苯乙烯磺酸型質子交換膜為電解質的氫氧燃料電池，電極 Pt 黑擔載量高達每平方厘米幾十毫克。而在 80 年代末，加拿大 Ballard 公司開發的以全氟磺酸質子交換膜為電解質隔膜的 Mark 500 型 5 kW 氫氧燃料電池，電極 Pt 黑的負載量也高達 2～4 mg/cm^2。採用高鉑黑擔載量製作的電極，不僅成本高，鉑的利用率也極低。為提高鉑的利用率，降低電池成本，又開發成功了主要以各種碳為載體、高分散型的碳載鉑或其他貴金屬電催化劑。貴金屬在高比表面積的碳上高度分散，Pt 原子簇粒徑僅有 1～3 nm。用這種鉑／碳電催化劑製備的多孔氣體擴散電極，鉑的擔載量已降至 0.1～0.5 mg/cm^2；而電極性能與每平方厘米幾毫克的 Pt 電極相當。用這種電催化劑製備的電極已廣泛用於磷酸燃料電池和質子交換膜燃料電池。

製備這種高分散的擔載型電催化劑的關鍵技術有二，一是電催化劑製備技術，二是載體的選擇與預處理。

①製備技術至今還是以化學法為主，但正在發展便於大量生產、重複性好的各種物理方法，如真空濺射、等離子噴塗等。

②用於製備這種高分散〔奈米（nm）級〕電催化劑的載體必須具備高

的電導、在電池工作條件下穩定以及高的比表面積，達到貴金屬高度分散並能阻止高分散的奈米級微晶再結晶。至今廣泛採用的碳載體為 Cabot 公司的 Vulcan XC-72R，它的比表面積約為 250 m^2/g，粒徑 20～30 nm。若採用更高比表面積的活性碳，一是難以達到貴金屬（如鉑）的均勻分佈，二是浸入碳微孔內 Pt 利用率降低，增加內擴散阻力。

在磷酸燃料電池開發過程中，已評價了各種碳，適用作載體的活性碳多為與 Vulcan XC-72R 類似由熱解法獲得的碳黑（如 Shawinigan 乙炔黑等）。在磷酸電池用作電催化劑載體的碳在水分子或磷酸進攻下會產生腐蝕，加速高分散 Pt 聚集，降低電催化劑的活性與電極的使用壽命。當電池氧陰極工作電壓 ≥ 0.8 V 時，載體碳的腐蝕速度成數量級增大。因此對磷酸電池應避免電池長時間開路或在低負荷下運行。對於質子交換膜燃料電池，由於電池工作溫度低和無含氧的自由酸，載體的腐蝕速度肯定比磷酸電池低，但氧陰極電位應控制的範圍以及這種腐蝕速度是否危及電池壽命等需進行深入研究。

為提高抗腐蝕能力，可採用水蒸氣或 CO_2 在 800～950℃對碳載體進行預處理。其目的一是利用水與 CO_2 的弱氧化能力，將碳載體中易氧化部分消除；二是 CO_2 與水均有擴孔作用，對原碳載體的孔結構進行調變，並適當增加碳載體的表面積。如用水蒸氣對 Shawingan 乙炔黑在 900～950℃進行處理，其比表面積可增加 4 倍，抗腐蝕能力也有成數量級的提高。

還可對碳載體在 1500～2200℃溫度範圍內進行石墨化處理，不但可提高碳載體的電導，而且還可提高它的抗腐蝕能力。這種處理還可導致碳載體的比表面大幅度下降。如對 Pearls 2000 爐法碳黑（簡稱爐黑）進行石墨化處理，它的比表面積從原來 2000 m^2/g 降至 214 m^2/g，其抗腐蝕能力比乙炔黑高 5 倍多。

◎合金電催化劑

⑴ 抗 CO 中毒的貴金屬合金電催化劑

當以烴類或醇類重組氣為燃料時，產生的富氫氣體一般含有百分之幾（體積比）的 CO。由於 CO 極易在 Pt 上吸附，生成很強的吸附鍵，在氫電極工作電壓下又不易氧化，它幾乎占據了全部Pt活性中心，導致 Pt 或 Pt/C 電催化劑中毒，極大地增加氫陽極的極化。

減小 CO 中毒影響的方法之一是提高電池工作溫度。磷酸燃料電池實驗證明，當電池工作溫度高於 135～150℃時，由於升溫導致CO吸附鍵強減弱，並易於被氧化，CO 中毒效應逐漸減弱甚至消失。如在190℃運行的磷酸燃料電池，可用 CO 含量高達 2%的富氫氣體作燃料，對電池性能無大的影響。

但對於在100℃以下運行的質子交換膜燃料電池，僅十萬分之幾的CO就會導致Pt或Pt/C催化劑的嚴重中毒。為此，人們開發了Pt-Ru、Pt-Sn、Pt-Mo、Pt-Ni 等雙組分催化劑，以改進電催化劑抗 CO 中毒的性能，並收到了一定效果。至今被廣泛使用、性能也較優的是雙貴金屬 Pt-Ru 或 Pt-Ru/C 抗 CO 中毒電催化劑，採用這種電催化劑製備氫電極，可在十萬分之幾 CO 的重組氣中穩定工作，但氫電極的極化還是要增加幾十毫伏（mV）。

對合金電催化劑（如 Pt-Ru）抗 CO 中毒的機理至今還有爭論，一般有兩種觀點：一是雙功能機理，即在Ru中心形成了$Ru(OH)_{吸附}$物種，進而氧化與之相鄰位置上吸附的CO，更新活性位，即：

$$M-(CO)_{吸附}+Ru-(OH)_{吸附}\longrightarrow CO_2+H^++e^-$$

式中，M 代表 Pt 或 Ru。另一種觀點認為，由於 Ru 進入 Pt 的晶格後使CO在合金表面的吸附狀態改變，減弱了吸附鍵的鍵強，活化CO，使它易於被氧化。

20世紀末，質子交換膜燃料電池取得了突破性進展，已處於商業化前夜。一旦商業化，以重組氣為燃料是必經之路。另外，直接以甲醇為燃料的電池也取得了重大進展，在蜂窩電話領域試用成功，極大地推動了這類電池的研究與開發工作。其研究的重點之一是尋找高活性甲醇陽極氧化電催化劑。研究已證明，在甲醇氧化過程中，會產生類CO中間物，導致Pt類電催化劑中毒。因此研製抗CO中毒的電催化劑，成為電催化劑研究重點和具有挑戰性的課題。

⑵ **Pt與過渡金屬合金電催化劑**

磷酸電池實踐已證實，採用Pt奈米級分散的Pt/C電催化劑製備電極，在電池運行過程中，鉑表面積會逐漸減少，導致電極性能下降，極化增大。其原因為：①雜質或磷酸陰離子在鉑上強吸附，覆蓋了鉑的活性表面；②鉑的溶解和再沉積過程，鉑可在濃磷酸中發生溶解，並可以從陰極通過 SiC 隔膜遷移至陽極再沉積；③因為奈米級分散鉑具有高表面能，鉑微晶或鉑原子會透過液相或碳表面遷移聚合，形成大的鉑晶粒，即發生燒結；④碳載體的腐蝕也導致鉑的活性表面損失。

為減緩甚至防止電極性能衰減的途徑之一是，提高奈米級鉑原子簇在載體碳表面上的穩定性並適當提高其催化活性。為此，人們廣泛研究了鉑與過渡金屬製備的各種合金電催化劑。依靠過渡金屬與鉑形成合金，對鉑起一定的固定作用；並依靠協同作用，還可對Pt/C電催化劑的電催化活性有一定提高。如已研究了Pt-V、Pt-Cr、Pt-Cr-Co、Pt-V-Co等電催化劑，用其製備氧電極，其初活性均比純鉑電催化劑高幾十毫伏，但其長期的穩定性還有待考核。實驗已發現過渡金屬有溶解發生，並能遷移到陽極再沉積。

質子交換膜燃料電池工作條件比磷酸電池優越許多，一是它的工作溫度低於 100℃；二是不採用帶一定氧化性的磷酸為電解質，而是採用全氟磺酸樹脂膜為電解質，它的磺酸基團固定在膜上，可移動的僅為氫離子。因此若採用鉑與過渡金屬合金電催化劑，過渡金屬腐蝕可大幅度減少，而它固定高分散的鉑和提高鉑活性的優點更具優勢，值得深入研究。但也有不利的一面，就是過渡金屬一旦有微量溶解，會沉積在質子交換膜內，導致膜電導下降，增大電池的歐姆極化。

◎**鎳基電催化劑**

鎳在酸中不穩定，因此不能作酸性燃料電池的電催化劑。由於鎳價廉，鎳基氧化物均是電良導體，已廣泛用作 Bacon 型（200℃）鹼性燃料電池和熔融碳酸鹽燃料電池的電催化劑。

在鹼性介質中作為氫的氧化電催化劑，鎳的活性比鉑約低 3 個數量級，因此對於低溫（小於 100℃）鹼性電池，早期曾進行了碳擔載鎳與鎳合金電催化劑的研究，並取得了一定進展。但一是由於鹼性電池最佳應用在航太、水下，均要求電極具有高催化活性，以提高電池體積比功率與質量比功率；二是由於Pt/C催化劑研究進展，用其製備的電極鉑負載量已降至0.1 mg/cm^2，甚至更低。現在這方面研究已很少，而研究重點已轉向高溫熔融碳酸鹽燃料電池（MCFC）的鎳基氫電極。

至今 MCFC 廣泛採用 Ni-Cr、Ni-Al 合金作陽極，加入 Cr 與 Al 的目的主要起彌散強化作用，改善電極抗蠕變性能。

對固體氧化物燃料電池（SOFC）則採用 Ni-YSZ 陶瓷陽極，加入 YSZ 的目的有：①在電極內加入氧離子導體，擴大反應界面，實現電極立體化；②調變陽極熱膨脹係數，與YSZ隔膜實現熱相容。目前研究重點是改進電極結構，減少濃差極化。

在 Bacon 型中溫鹼性燃料電池和 MCFC 中均以鋰化的 NiO 作氧電化還原的電催化劑。NiO 的鋰化生成半導體型複合氧化物，在中溫、高溫鹼性介質中不但具有很好的氧電化學還原的電催化活性，而且性能穩定。在 MCFC 電池中，由於採用含Li_2CO_3熔鹽作電解質，這一鋰化過程是在電池啟動升溫過程中完成的。

在 20 世紀 60～70 年代，也曾研究過 Ni-Ln、Ni-Co 等合金電催化劑與 Ni/C 電催化劑在低溫鹼性介質中的活性、結構、製備方法與電催化劑活性關係等，但均無用於實際鹼性電池的報導。

◎混合型氧化物電催化劑

⑴鈣鈦礦型氧化物

鈣鈦礦（perovskites）的通式為 RMO_3。式中 R 代表鹼土金屬，M 代表過渡金屬。

RMO_3在鹼中比純氧化物更穩定，能促進氧按橋式吸附，活化氧分子，以利於按四電子機理進行還原。實驗證實，鍶摻雜的鈷酸鑭$La_{1-x}Sr_x$-CoO_3以 45%KOH 為電解質，在室溫開路電壓可達 1.22 V，幾乎等於氫氧燃料電池的標準電動勢，而且開路電壓隨氧分壓的變化服從 Nernst 方程。但由於其極化隨電極工作電流密度增加上升太快，在實用的電流密度區間其活性遠低於鉑、銀等貴金屬，在低溫鹼性電池中還難於獲得實際應用。

RMO_3既具有電子導電性，又具有離子導電性。它的離子傳導特性源於晶格中的氧空位，氧空位濃度與摻雜濃度和氧分壓有關。SOFC 電池傳導離子為 O^{2-}，又由於 RMO_3具有較好的電子導電性和一定的催化氧電化學還原能力，所以它成為研製 SOFC 電池氧的還原電催化劑的重點並取得成功。至今鍶摻雜的亞錳酸鑭（LSM）$La_{1-x}Sr_xMnO_3$（一般 $x=0.1\sim0.3$）是首選的 SOFC 電池氧還原電催化劑。用它和 YSZ 製備 SOFC 的氧電極，YSZ 的加入一是實現電極立體化；二是調變 LSM 的熱膨脹係數，達到與 YSZ 隔膜的熱相容。

⑵**其他混合氧化物**

由於尖晶型（spinel）氧化物具有導電性和磁特性，作為氧還原電催化劑應具有一定的活性，在燃料電池開發過程中對其也進行了廣泛研究。但至今，還未發現適於低溫電池的性能良好的此類電催化劑，即既具有良好的導電性，也具有高的電催化活性和穩定性。

對 MCFC 這種高溫電池，由於鋰化的氧化鎳氧電極在電池運行過程中發生鎳的溶解，嚴重時導致電池短路。為尋找適於 MCFC 的穩定的氧還原電催化劑，人們已對 $LiFeO_2$、$LiMnO_2$和 $LiCoO_2$等混合氧化物進行了深入研究。

◎**鎢基電催化劑**

⑴ **WC 電催化劑**

由於 WC 在酸鹼中均穩定、有導電特性，並且具有類似鉑的電子結構，引起人們極大興趣，對其作為氫氧化與氧還原電催化劑進行了廣泛研究。

在酸性電解質（如 H_2SO_4、H_3PO_4）中，WC 對氫的電化學還原不但具有活性，而且其抗 CO 中毒性能還優於鉑，但極化要比 Pt/C 催化劑高上百毫伏。

鉑可以高分散擔載到 WC 上，這種 Pt/WC 電催化劑不僅是氫電化學氧化的良好電催化劑，而且是氧電化學還原的良好的電催化劑。但由於 WC 需由 W 化合物（如 WO_3）在高溫（如 600～700℃）用 CO/CO_2混合氣碳化製備，其成本要比 Pt/C 催化劑高。

⑵**鎢青銅（tungsten bronzes）等鎢化物**

鎢青銅類化合物通式為 M_xTO_3，式中 M 是鹼金屬或鹼土金屬，T 為過渡金屬。鎢青銅類化合物是非化學計量的、導電的化合物，如鈉鎢青銅當 $x=0.07$ 時，已測定其電導率為 0.11 $\Omega^{-1}\cdot cm^{-1}$。而報導的 Na_xWO_3 最高電導率已達 $2.5\times10^4\ \Omega^{-1}\cdot cm^{-1}$，它也具有一定的離子導電性，但比電子傳導低得多。這種化合物在酸中有很好的穩定性，在鹼中穩定性稍差。

鎢青銅類化合物電催化活性可能源於其表面的半導體特性，它的本體相具有金屬特性，而表面由於金屬離子的流失，生成具有一定催化活性的 n 型半導體表面層。

實驗證實，鎢青銅類化合物在酸性介質中具有氧的還原活性。有人指出，這種活性是由於在電催化劑製備過程中百萬分之一級的鉑污染引起的。實驗也證實，當向鈉鎢青銅摻入 800×10^{-6}鉑時，其催化氧的還原活性已與純鉑相當。受這種結果的啟發，A. C. Tseung（蔣振宇教授）等人已對 Pt/WO_3類型電催化劑進行了廣泛而深入的研究，期望用於直接醇類燃料電池，作為陽極電催化劑。

◎過渡金屬大環錯合物電催化劑

催化氧化研究發現，過渡金屬大環化合物可催化氧對有機物的氧化，而且這些大環化合物在酸鹼中是穩定的，促進了人們對大環化合物作為氧的電化學還原電催化劑的研究，期望找到貴金屬（如鉑）的替代物。

已廣泛研究了如圖 1-6 所示的酞菁、卟啉和 CoTAA 等過渡金屬大環化合物。它們的共同特點是具有平面構型的 MN_4 結構。已經證實它們確實具有氧還原的催化能力，而且其催化活性與中心金屬離子、配位體及載體等相關。如對酞菁過渡金屬大環化合物的研究發現，中心離子對氧的電化學還原催化能力影響排序為 Fe > Co > Mn > Zn。

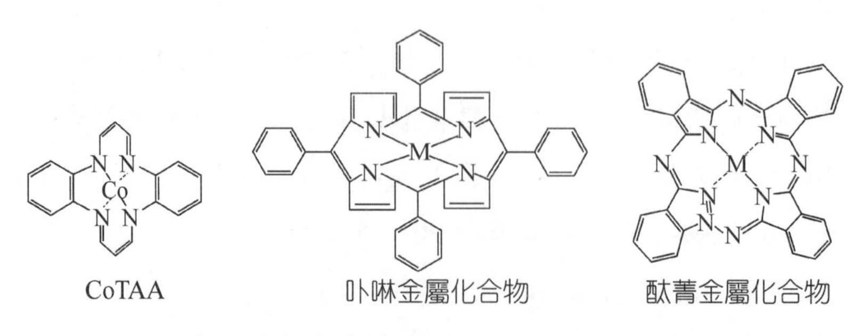

圖 1-6　一些大環催化劑的結構（macrocycle compounds）

由於上述大環化合物均不同程度地溶於水中，為防止它們的流失，可用共價鍵合的方法將它們鍵合在碳載體表面上，如將CoTAA共價鍵合於XC-72R碳載體，並製備電極。

用載於碳上的金屬大環化合物作電催化劑製備電極，當電極在實用的電流密度（如100 mA/cm^2）下工作時，其催化活性會呈現突降，限制了它的實際應用。在研究中發現，將金屬大環化合物擔載於碳上，並在300～1000℃、惰性氣氛下熱解，可獲得活性較高且穩定的氧的還原電催化劑。但其活性中心是什麼，至今仍未定論。人們期待這方面深入研究能獲得廉價、性能等於Pt/C甚至優於Pt/C的電催化劑。

1-6 電解質與隔膜[1, 6]

1 電解質

作為燃料電池的電解質必須滿足：①穩定，即在電池工作條件下不發生氧化與還原反應，不分解；②具有較高電導，以利減少歐姆極化；③陰離子不在電催化劑上產生強特殊吸附，防止覆蓋電催化劑的活性中心，影響氧還原動力學；④對反應試劑（如氧、氫）有高的溶解度；⑤對用PTFE等防水劑製備的多孔氣體擴散電極，電解質不能浸潤PTFE，以免降低PTFE等防水劑的排水性，阻滯反應氣在電極排水孔的氣相擴散質傳過程。

KOH是首選的鹼性電解質，它的水溶液已在低溫鹼性電池中獲得了廣泛應用。它具有高電導，其腐蝕性也較酸低得多。其陰離子OH^-是氧陰極還原的反應產物，在電催化劑上不產生特殊吸附。氧的電化學還原反應比在酸性介質中更易進行，其陰極極化也遠低於酸性電池。高濃度（85%，質量比）的氫氧化鉀在室溫為固態，它是Apollo航太飛行用的Bacon型電池選用的電解質。

濃磷酸已成功作為酸性電解質，用於磷酸燃料電池（PAFC）。由於濃磷酸在200℃有一定的縮合作用，減緩了陰離子特殊吸附。但其氧的陰極極化還是相當大的，當電池工作電流密度在150～300 mA/cm^{2}時，電池工作電壓僅為0.60～0.70 V，影響了電池能量轉化效率的提高。

在探索新型電解質的過程中，曾研究過三氟甲基磺酸（CF_3SO_3H）和它的二聚體等。發現用三氟甲基磺酸作電解質，室溫氧的電化學還原速度比85%磷酸快50倍，但由於它對微量雜質的敏感性和相對高的揮發度以及對PTFE浸潤性而不能代替磷酸用於實際燃料電池。

若將酸根固定於聚合物主鏈上，則酸根不會在電催化劑上產生特殊陰離子吸附。這已由通用公司研製的用於美國雙子星座飛行器的質子交換膜型氫氧燃料電池所證實。他們採用聚苯乙烯磺酸膜作電解質取得成功。但在電池工作條件下，主要由於陰極氧的電化學還原反應產生過氧化氫的氧化作用，聚苯乙烯磺酸膜產生分解，不但影響電池壽命，而且污染電池生成水。由於全氟磺酸膜的出現，才導致質子交換膜燃料電池的復興，並已成為燃料電池競爭的重點。

2 多孔膜

採用Bacon型雙孔結構電極、Shell塑料電極組裝電池，只要在陰、陽雙孔電極細孔層間構造一個電解質腔，控制反應氣（如氫、氧氣）工作壓力與電解液腔壓力在一定允許壓差範圍內，電池即可穩定地工作。這種結構電池的優點是循環電解液可同時起到排水與排熱的作用，而且當電解液有流失或污染時，很容易補加電解液或更新電解液；其缺點是電池結構複雜，需三個腔，即氧化劑（如氧氣）腔、還原劑（如氫氣）腔和電解液腔。而且由於結構上的原因，電解液腔不能設計得很薄，因此影響電池體積比功率的提高。

如前所述，對PTFE等排水劑黏合型氣體擴散電極，電極結構本身既不具備阻氣性能，也不具備阻液性能，因此採用這種結構的電極，對反應氣有背壓的電池，只能在電極靠向電解液側加一個細孔層，然後再按雙孔電極結構組裝電池。例如採用雙石棉膜的自由介質鹼性低溫氫氧燃料電池，即是按這種方式設計和組裝的。

按上述方式組裝電池，由於有一個不太薄的電解液腔和兩個細孔層，勢必導致電池內阻較大，增大了電池的歐姆極化，不利於電池在高電流密度下工作，影響電池體積比功率與質量比功率。

為減小電池內阻，簡化電池結構，有利提高電池的體積比功率和質量比功率，開發成功了僅採用一層「細孔層」（即多孔電解質隔膜）的隔膜型燃料電池，如低溫鹼性石棉膜型燃料電池，採用 SiC 多孔膜的中溫（200℃）磷酸型燃料電池和採用$LiAlO_2$多孔膜的熔融碳酸鹽型燃料電池。這些電池的一個共同特點是均採用一張多孔的飽浸電解液的隔膜作為電解質。

對構成多孔膜材料的要求是：①必須能耐受在電池工作條件下的電解質腐蝕，以保持其結構的穩定，確保電池長期穩定工作；②這種多孔膜不允許有電子導電性，否則會導致電池內漏電而降低電池效率，所以構成隔膜的材料應為無機絕緣材料或有機絕緣材料；③構成隔膜的材料中至少有一種主組分能為所採用的電解質液體很好地浸潤，靠毛細力作用能保存住電解液。

為減少電池內阻，多孔膜的厚度一般為 0.2～0.5 mm。膜太厚，內阻大；膜太薄，易導致氧化劑與燃料互竄，輕者影響電池性能，嚴重時電池不能正常運行。

依據 Yong-Laplace 公式：

$$p=\frac{2\sigma}{r}\cos\theta \tag{1-37}$$

式中，p 為穿透壓；r 為孔半徑；θ為電解液對隔膜材料的接觸角；σ為電解液的表面張力。由於燃料電池在啟動、運行、停工過程中，燃料和氧化劑的壓力會產生一定波動，導致產生一定壓差，因此多孔膜中最大的孔半徑的穿透壓一定要小於這一壓差。多孔膜的最大孔半徑可依據鼓泡法進行測定。依據 Mereolish-Tobias 公式：

$$\rho=\rho_{\mathrm{p}}(1-C)^{-2}$$

式中，ρ為飽浸電解液的多孔材料電阻率；ρ_{p} 為電解液的電阻率；$(1-C)$ 為多孔材料的孔隙率。為使ρ 和ρ_{p} 接近，多孔材料孔隙率應盡可能高，一般為 40～60%，孔隙率太高時，隔膜中出現最大孔的機率大增。

如前所述，隔膜從功能上講，還起到雙孔電極細孔層的作用。電解液在隔膜、電極中的分配依據公式（1-38）進行分配。

$$\sigma_{\mathrm{c}}\cos\theta_{\mathrm{c}}/r_{\mathrm{c}}=\sigma_{\mathrm{e}}\cos\theta_{\mathrm{e}}/r_{\mathrm{e}}=\sigma_{\mathrm{a}}\cos\theta_{\mathrm{a}}/r_{\mathrm{a}} \tag{1-38}$$

式中，角標 a、c、e 分別代表陽極、陰極和電解質隔膜。當電解液完全浸潤電極與電解質隔膜時，在陰極、陽極及電解質隔膜中接觸角和表面張力相差不大，所以可視為按平均孔半徑大小進行分配。為確保電解質隔膜中始終充滿電解液，確保電阻最小和阻氣能力最大，它的孔半徑應最小，一般 ≤ 1 μm。又由於氧氣質傳能力遠比氫小，所以對氫氧燃料電池，氧電極（即陰極）平均孔半徑應該最大，可達 4～8 μm，氫電極（即陽極）平均孔半徑居中。

從與隔膜匹配的電極角度看，又可分為兩類，一類採用 PTFE 類排水劑製備的排水黏合型多孔氣體擴散電極，對這類雙網絡電極，由 PTFE 構成的排水網絡是疏水的，電解液不能浸入。其實這類電極孔隙率是由兩部分構成的，一部分排水，電解液不能進入；另一部分親水，電解液可進入。因此嚴格講，在計算電解液在隔膜與電極間分配時，所使用的平均孔半徑應為親水部分平均孔半徑。這種電極反應界面（三相界面）的穩定性與氣體工作壓力關係不大。而對另一類無排水劑的金屬燒結電極，如 MCFC 電池鎳陽極和鋰化的氧化鎳陰極，由於電極內存在一定的孔分佈，原則上分為粗孔和細孔，靠調整反應氣壓力使大孔內充滿氣體，而細孔內則充滿電解液，形成穩定的反應區。這種結構的電極，反應界面會隨反應氣工作壓力的波動而有一定變化。

如前所述，隔膜型燃料電池與自由介質型燃料電池相比不僅易於組裝，而且電池內阻低，有利於提高電池質量比功率與體積比功率，已成為近代燃料電池的主流。但它也有缺點：①一旦電解質被污染，難於更換。因此它要求電池材料（如電極、隔膜、雙極板等）不應有腐蝕發生，即使有輕微腐蝕，其產物也不能嚴重污染電解質。同時，反應氣中雜質也不應污染電解質，如對鹼性隔膜電池。若採用空氣作氧化劑，空氣中所含的千分之幾的 CO_2 一定要脫除乾淨，否則影響電池的壽命。②電池在運行中有多種原因（如電解質揮發、電池材料的腐蝕，對低溫電池還因電池組脈衝排氣突然減壓產生閃蒸，水蒸氣夾帶電解質等）會導致電解質的流失。當電解質的流失達到一定程度而不能充滿電池隔膜中大孔時，會導致燃料與氧化劑互竄，影響電池性能，嚴重時導致電池死亡。為此，在各類隔膜電池中，均利用氫的高質傳與反應能力，將氫電極厚度加大，讓其儲存一定量的電解質，以備電解液體積減少時再轉移到隔膜中。

3 無孔膜——固體電解質

為進一步減薄電解質隔膜的厚度，減小歐姆極化和提高分隔燃料與氧化劑的性能，無孔的離子導體膜——質子交換膜和固體氧化物氧離子導體膜已成功地應用於燃料電池作為電解質隔膜。

◎質子交換膜

20 世紀 60 年代，美國通用電器（GE）公司採用聚苯乙烯磺酸膜作電解質隔膜，組裝千瓦級氫氧燃料電池並成功應用於載人雙子星座飛行器。但由於在電池工作條件下，主要由於氧陰極還原產生過氧化氫的氧化作用，聚苯乙烯膜發生分解，導致電池壽命縮短。

1962 年美國杜邦公司研製成功全氟磺酸型質子交換膜，1964 年開始用於氯鹼工業，1966 年首次用於氫氧燃料電池，從而為研製長壽命、高比功率的質子交換膜燃料電池提供了最關鍵的元件。

全氟磺酸型質子交換膜的製備首先採用聚四氟乙烯作原料，合成全氟磺醯氟烯醚單體，該單體再與聚四氟乙烯聚合，製備全氟磺醯氟樹脂，最後以該樹脂製膜。

質子膜越薄，其電阻越小。至今已有用 10～20 μm 全氟磺酸型質子交換膜進行實驗研究的報導。但膜越薄對電池結構設計與組裝技術的要求越高，操作條件控制也應更嚴格。

為降低全氟磺酸膜的成本，科學家們正在尋找它的廉價代用品，研製部分氟化和烴類等新型質子交換膜，已取得了進展。

◎固體氧化物電解質膜

從結構上分，固體氧化物電解質分為兩類。一類為螢石結構的固體氧化物電解質，如氧化釔（Y_2O_3）和氧化鈣（CaO）等摻雜的氧化鋯（ZrO_2）、氧化釷（ThO_2）、氧化鈰（CeO_2）、三氧化二鉍（Bi_2O_3）等。另一類是近年研究取得突破的鈣鈦礦結構（ABO_3）的固體氧化物電解質，如鍶鎂摻雜的鎵酸鑭（$LaGaO_3$）。

目前絕大多數固體氧化物燃料電池均以摩爾分數為 6～10%的三氧化二釔（Y_2O_3）摻雜的氧化鋯（ZrO_2）為固體電解質。常溫下的純氧化鋯屬單斜晶系，1150℃不可逆地轉變為四方結構，到 2370℃進一步轉變為立方螢石結構，並一直保持到熔點 2680℃。三氧化二釔（Y_2O_3）等異價氧化物的引入可以使立方螢石結構在室溫到熔點的整個溫度範圍內保持結構的穩定，同時能在氧化鋯晶格內形成大量的氧離子空位，以保持材料整體的電中性。每加入兩個 3 價離子，就可以產生一個氧離子空位。摻入能夠使氧化鋯穩定於螢石結構的最少數量雜原子，可獲得最大的離子電導。摩爾分數為 8% Y_2O_3摻雜的氧化鋯（YSZ）

是目前在固體氧化物燃料電池中廣泛採用的電解質材料，它在 950℃時的電導率約為 0.1 S/cm。已有以 5 μm、20 μm 厚的 YSZ 為 SOFC 電池隔膜的實驗結果報導，輸出功率密度高達 2 W/cm^2。

1-7 雙極板與流場[7]

1 雙極板的功能與要求

目前，隔膜型燃料電池已成為燃料電池的主流。絕大多數隔膜型燃料電池均是按壓濾機方式組裝的。起集流、分隔氧化劑與還原劑並引導氧化劑和還原劑在電池內電極表面流動的導電隔板通稱為雙極板。

對雙極板的功能與要求如下：

① 雙極板用以分隔氧化劑與還原劑，因此雙極板應具有阻氣功能，不能採用多孔透氣材料製備。如果採用多層複合材料，至少有一層必須無孔。

②雙極板具有集流作用，因此雙極板材料必須是電的良導體。

③雙極板必須是熱的良導體，以確保電池在工作時溫度分佈均勻並使電池的廢熱順利排除。

④雙極板必須具有抗腐蝕能力。迄今已開發出的幾種燃料電池，電解質多為酸（含有氫離子）或鹼（含有氫氧根離子），故雙極板材料必須在其工作溫度與電位的範圍內，同時具有在氧化介質（如氧氣）和還原介質（如氫氣）兩種條件下的抗腐蝕能力。

⑤雙極板兩側應加入或置入使反應氣體均勻分佈的通道（流場），確保反應氣在整個電極各處均勻分佈。

2 雙極板材料

◎鹼性電池雙極板材料

對鹼性電解質（如 Bacon 型中溫氫氧燃料電池），可採用鎳板作雙極板材料，因為鎳在鹼性燃料電池工作條件下是穩定的。

對用於航太飛行目的燃料電池，為大幅度提高電池的質量比功率，可採用鎂、鋁等密度小的金屬作雙極板材料。為防止腐蝕，可在加工雙極板流場後鍍鎳、鍍金，這樣做還可減小接觸電阻，有利於減小歐姆極化。但這樣勢必提高電池成本，僅在特殊場合（如航太領域）可被接受和應用。

◎酸性電池石墨雙極板

石墨材料在酸鹼中均穩定，可作酸性燃料電池雙極板材料，目前應用的有下述兩種：

⑴模注成型石墨雙極板

在 PAFC 研製過程中，開發成功由石墨粉和樹脂（如酚醛樹脂）模注成型製備雙極板的技術。這種雙極板不但價廉，而且適於大量生產。其缺點是內阻大，如當電池工作電流密度為 100 mA/cm^2 時，雙極板本身的歐姆電壓降達幾十毫伏。

由於質子交換膜燃料電池的工作電流密度高達每平方厘米安培級，所以無法採用 PAFC 用無孔模注成型的雙極板。目前各國科技工作者正在對該技術進行改進，以期減小其比電阻。眾所周知，減小這種材料電阻的有效方法是石墨化，製備無孔石墨板。

⑵無孔石墨雙極板

無孔石墨板一般由碳粉或石墨粉與可石墨化的樹脂製備。石墨化溫度通常高於 2500℃。石墨化需按嚴格的升溫程序進行，而且時間很長。所以，這一製造過程導致無孔石墨板價格的高昂。在石墨板上機械加工蛇形通道流場也是費工時而高價格的。因此，在巴拉德動力公司開發的 MK 55 kW 質子交換膜燃料電池的成本中雙極板費用占 60～70%。

◎表面改性金屬雙極板

採用薄金屬板製備雙極板，不僅易於大量生產，而且雙極板的厚度可大大降低，如可採用 0.1～0.3 mm 金屬板製作雙極板，能大幅度提高電池組的質量比功率與體積比功率。

但對 PAFC 這類採用強酸作電解質的電池，除貴金屬與幾種特殊金屬外，常用金屬材料（如特種鋼、合金鋁、鈦等）的穩定性無法滿足要求。但對近中性（如PEMFC）和偏鹼性（如MCFC等）電池採用金屬（如 310# 不銹鋼、316# 不銹鋼）作雙極板材料是有希望的。但即使在這種情況下，雙極板陰極側氧化膜也會逐漸增厚，陽極側會產生腐蝕，產物能污染電催化劑，並導致電池內阻增大、性能下降。因此若採用金屬作雙極板，必須對其表面進行改性處理，傳統的方法是鍍金、銀，但這會導致成本大幅度增加。目前各國正在廣泛深入地研究適於 PEMFC 應用的金屬表面改性技術。對 MCFC 可採用雙極板陽極側鍍鎳、密封部分鍍鋁的辦法加以改進。

3 流場

流場的基本功能是引導反應劑在燃料電池氣室內的流動，確保電極各處均能獲得充足的反應劑供應。氧化劑（如氧）和燃料（如氫）中總含有一定量的雜質，即使採用超純氣，氣體中也會有少量雜質（如氮、二氧化碳等），它們在電化學反應過程中並不消耗，通常靠排放少量電池尾氣將其排出電池，排放可採用連續和脈衝兩種方式。為提高電池反應氣體的利用率，通常排放尾氣越少越好，流場設計的好壞直接影響電池尾氣的排放量。也就是說，尾氣排放量由反應氣純度和流場兩個因素決定。

在低溫運行並以液態水排放電池反應產物的質子交換膜燃料電池，其液態水主要是靠氧化劑吹掃帶出電池的。此時流場的設計就更為重要。好的流場有利於水的排出，即可在低的尾氣排放量下排出電池生成水。因此在 PEMFC 發展過程中，各國研究人員一直在改進流場設計。

對採用雙極板、按壓濾機方式組裝電池組，雙極板還要起集流作用。而流場是加工在雙極板的兩側或置於雙極板的兩側，流場的另一面與電極相接觸。所謂流場均是由各種圖案的溝槽與脊構成，脊與電極接觸，起集流作用。溝槽引導反應氣體的流動，溝槽所占比例大小會影響接觸電阻。因此對流場設計而言，溝槽部分所占的比例（通稱開孔率）也是一個很重要的技術指標。它的大小與流場形狀、電極與雙極板材料及接觸電阻大小、電極的電阻率及孔隙率等均有關係。

至今已開發了點狀、網狀、多孔體、平行溝槽、蛇形、交指狀等多種流場，它們各具優缺點，需依據所研究電池類型與反應氣純度進行選擇。

1-8 電池組的相關技術

1 電池組的總體設計

目前絕大多數的燃料電池電池組是按壓濾機方式設計和組裝的。本節以這種類型電池組為例對電池設計相關技術進行簡介。

◎電池組的對數與電極工作面積的確定

以質子交換膜燃料電池為例，某用戶需要 28 V、1000 W 的一臺電池組。按目前的技術水準，這類電池在工作電流密度為 300～700 mA/cm^{2}時，單節電池的工作電壓為 0.6～0.8 V。選取設計點為 500 mA/cm^2，0.7 V（實際進行設計時，應依據單電池的 V-A 特性曲線進行）。這樣，依據總電壓 28 V，電池組應由 40 節單電池組成。當工作電壓為 28 V時，電池輸出電流應為 40 A，則電極的有效工作面積應為 80 cm^2。據此設計，一個電極工作面積為 80 cm^2，由 40 節單電池組成的電池組，工作電壓為(28 ± 4) V，輸出功率在 700～1400 W間變動，將會滿足用戶的要求。

◎共用管道形式的選定

壓濾機式燃料電池有兩種形式的共用管道結構——內共用管道與外共用管道，如圖 1-7 所示。

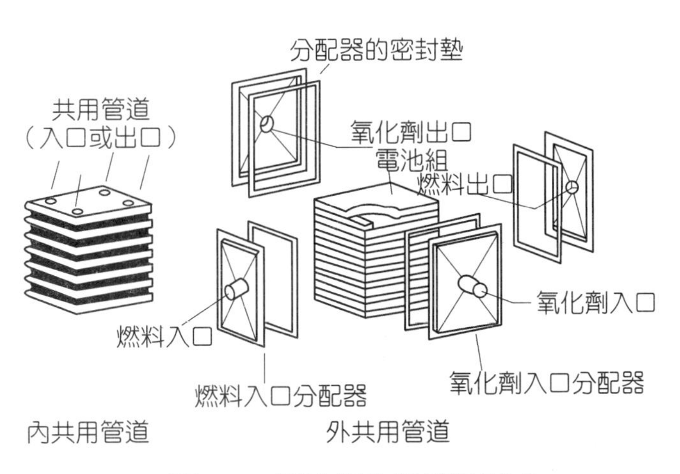

圖 1-7 電池組共用管道形式

由圖 1-7 可知，外共用管道型電池的雙極板有效利用率高，電池組結構相對簡單，僅需在進燃料（如氫）側實施氧化劑（如氧）氣室的密封，在進氧側實施燃料氣室的密封。但需增加氧化劑和燃料的進出口分配器。若在電池組運行過程中，電池組的密封結構由於密封元件老化發生變形，極易導致進出分配器與電池組側面的密封失效、漏氣。這種結構多用於中溫 PAFC 和高溫 MCFC 電池組中。對這種電池組，一般而言，宜採用剛性較強的密封結構。近年來即使對這類電池，採用內共用管道也逐漸增加。

內共用管道與外共用管道相比，其優點是無需反應氣進出分配器，允許電池的密封元件有一定的變形；缺點是雙極板有效利用率低，這是因為電池內共用管道和四周密封面占有很高比例所致。如對 100 cm^2 電極工作面積的千瓦級電池組，雙極板有效利用率僅為 60～70%。電極工作面積越大，雙極板有效利用率越高。

◎密封結構與材料

對內共用管道電池組，氧化劑與燃料氣室的周邊和共用管道均需密封。其目的是既要防止氧化劑與燃料氣互竄，又要防止反應劑外漏。對外共用管道電池組，對應氧化劑分配器的燃料室周邊和對應燃料分配器的氧化劑周邊均需密封，目的是防止燃料進入氧化劑氣室和氧化劑進入燃料氣室。對這種外共用管道的電池組，在電池組組裝好後，還要將氧化劑及燃料進出口分配器密封並置於電池組四邊。

從採用的密封結構上看，分為面密封與線密封兩類。採用面密封時，所需電池組的組裝力大，若採用彈性材料（如橡皮）密封，隨著電池組長時間運行，密封件會變形、老化，為確保電池組密封，需加自緊裝置跟蹤電池密封件的變形。若採用線密封，不但電池組的組裝力小，而且由於密封件變形量小，在結構設計合理時，可不加電池組自緊裝置，簡化了電池組結構。但採用這種密封結構，不但對雙極板和膜電極「三合一」組件（MEA）平整度要求高，而且對密封結構的加工精度要求也高。

對 PAFC、MCFC 中高溫電池，多採用飽浸濃磷酸和熔融碳酸鹽的 SiC 和 $LiAlO_2$ 隔膜本身作密封件，實現所謂的「濕密封」。從密封結構看，這種濕密封屬於面密封。若在製作雙極板（如 PAFC 模注石墨雙極板）時，在雙極板上模注出零點幾毫米的凸起密封線，在電池組組裝時壓入隔膜內，實現線密封，則密封會更加可靠。

2 電池組內的氣體分配

要實現燃料電池組穩定和連續發電，必備條件之一是電池組內的各節單電池均能獲得充足的燃料（如氫）和氧化劑（如氧）的供應。

電池組的各節單電池能否獲得充足的反應氣供應取決於電池組結構、反應氣的純度、尾氣排放量或進入電池組反應氣與離開電池組的排放氣的體積（質量）比。

◎電池組反極

由 n 節單電池串聯構成的電池組，當電池組在一定電流輸出穩定工作時，電池組工作電壓 V 為：

$$V=\sum_{i=1}^{n} V_i$$

式中，V_i 為第 i 節電池的工作電壓。

下面以鹼性電池為例，不管因何種原因導致正在工作的第 i 節單電池燃料（如氫）氣室內已無氫氣供應，即為惰性氣體如 CO_2、N_2 等填充，則為維持電池組電的導通，第 i 節電池的電極過程將產生下述變化：

	有氫供應時（燃料電池）	無氫供應時（氧遷移）
陽極：	$H_2+2OH^- \longrightarrow 2H_2O+2e^-$	$2OH^- \longrightarrow H_2O+\frac{1}{2}O_2+2e^-$
陰極：	$\frac{1}{2}O_2+H_2O+2e^- \longrightarrow 2OH^-$	$\frac{1}{2}O_2+H_2O+2e^- \longrightarrow 2OH^-$

即由燃料電池（將化學能轉化為電能）過程轉變為消耗電能，將氧由陰極室（氧腔）遷移至陽極室（氫腔）的過程。此時電池組輸出的電流不變，但工作電壓變為：

$$V=\sum_{j=1}^{n} V_j-|V_i|(j \neq i) \tag{1-39}$$

此時 V_i 包括：①陰極氧還原過電位 η_i^c；②陽極析氧過電位 η_{O_2}；③歐姆電位降；

④由兩室氧濃度差引起的濃差電位。①與③的值與按燃料電池工作時一致，依據電池工作電流密度的大小，在 0.2～0.5 V 之間變化。若用電壓表測量第 i 節電池電位，可以發現它從按電池工作正常電壓（如 0.70～0.90 V）逐漸下降，降至「0」後逐漸變負，依據工作電流密度可降至−0.5～−0.2 V，因此電池組工作的總電壓下降 1.2～1.5 V。因發生惰性氣體累積導致第 i 節單電池電壓從正到負的變化過程，我們稱之為「反極」。

若電池組發生「反極」，仍讓它繼續工作，則第 i 節在氫腔析出氧氣，經電池組共用管道會進入它相鄰單電池，導致電池組電壓大幅度下降；嚴重時，由於氫氧氣混合在電池組共用管道或單電池氣腔內發生爆炸，導致電池損壞。

對鹼性電池，若因某種原因第 i 節氧氣室內充滿惰性氣體，則電極過程發生下述變化：

	燃料電池	無氧供應時（氫遷移）
陽極：	$H_2+2OH^- \longrightarrow 2H_2O+2e^-$	$H_2+2OH^- \longrightarrow 2H_2O+2e^-$
陰極：	$2e^-+\frac{1}{2}O_2+H_2O \longrightarrow 2OH^-$	$2e^-+2H_2O \longrightarrow 2OH^-+H_2$

即氫由陽極室遷移至陰極室。由於氫的氧化與析氫的極化遠小於氧的還原與析氧，所以此時第 i 節電池由燃料電池正常工作電壓（如 0.70～0.90 V）變至−0.10～−0.20 V，電池總電壓僅下降 0.8～1.0 V。

一臺燃料電池組一旦出現反極，就會導致電池組損壞，因此一定要防止電池組出現反極。一是在電池運行時，監測電池組每節電池的電壓，一旦某節電池電壓降至某一確定值（如 0～0.1 V）時，將電池組開路，並且進行檢查，尋找該節出現電壓大幅度下降的原因。若因操作條件引起，如排放尾氣量小，則加大尾氣排放後再啟動電池。二是從電池組結構與運行條件上確保不出現反極現象。

◎反極原因分析

燃料電池一般按壓濾機方式組裝，採用最多的是氣路大並聯的結構，按氣體分配管又區分為內共用管道和外共用管道兩類，圖 1-8(a)和圖 1-8(b)分別是外共用管道和內共用管道電池組影響反應氣分配的電池阻力係數示意圖。

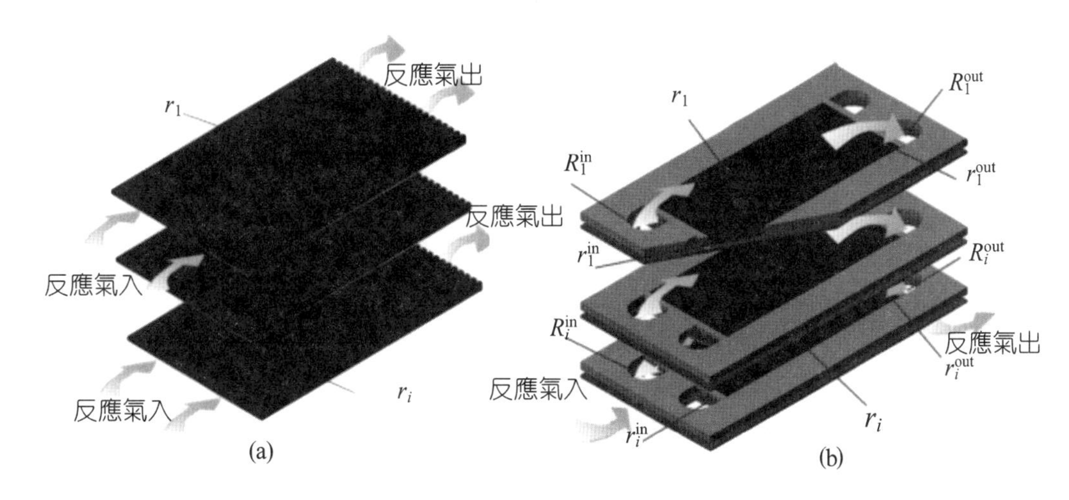

圖 1-8 阻力分佈示意圖

對外共用管道電池組，一般採用平行溝槽流場，這種流場，流體阻力降很小。當加工達到一定精度時，各節電池阻力係數相差也小；而反應氣在各節電池分配的均勻性與這一阻力係數密切相關。而且採用外共用管道結構的電池組多為中高溫電池（如PAFC、MCFC），它們均採用空氣作氧化劑，空氣中氧的利用率約 50%。用烴類重組富氫氣體作燃料，排放的燃料尾氣返回重組部分利用，因此尾氣排放量均高，一般燃料利用率控制在 60～80%。所以這類電池無需採用改進結構設計，也不能出現反極。

對採用內共用管道組裝的電池組，反應劑分配能否均勻取決於各節電池阻力係數的均勻性。由模型計算可知，當 $r_i \gg R_i$ 時，有利於反應氣均勻分配，因此在電池組設計時，共用孔道的截面積不要太小；但也不能太大，太大則降低雙極板利用率。各節單電池阻力則應集中在出口（r^{out}）或電池流場部分 r_i（這也是 PEMFC 多採用蛇形流場的原因之一），若能做到 $r_i \gg r_i^{in}$ 或 $r_i \gg r_i^{out}$，$r_i \gg R_i^{in}$ 或 $r_i \gg R_i^{out}$，而且各節電池的 r_i 基本相等，則能保證反應氣在電池組各節間的均勻分配。

對於採用彈性材料（如橡皮）按面密封組裝的電池組，在設計與製訂組裝技術時應重點考慮密封件變形不但會影響 R_i 的均勻性，而且更嚴重的是一旦密封件變形導致 r^{in} 或 r^{out} 產生大的變化，則很難保證反應氣在各節電池間均勻分配。電池壓深（密封件的變形量）需嚴格控制，否則由於各節電池壓深不同，r_i 也會產生較大差異。據此，若設計技術上有可能，電池組最好採用線密封。

3 電池組的水、熱管理

至今絕大多數的燃料電池均以純氫或富氫氣體作燃料，空氣或純氧作氧化劑，電化學反應均產生水。電池效率一般在 40～60%之間，因此仍有 60～40%化學能以熱的形式產生。為維持電池組穩定、連續工作，則必須以與產物水和廢熱生成速度相等的速度將產物水和廢熱排出電池，這就是電池組水、熱管理的主要內容與目的。

對於中高溫電池，生成氣態水。如對 PAFC，水在陰極側生成；而對 MCFC、SOFC，水均在陽極側生成，生成的氣態水蒸氣隨電池組排放尾氣排出電池組，排水問題相對簡單。而對低溫電池（如 AFC 與 PEMFC），因工作溫度低於 100℃，電池生成水以液態形式存在，同時這兩種電池電解質膜（如全氟磺酸型質子交換膜和飽浸 KOH 水溶液的石棉膜）的電導均與含水量有關。對石棉膜型 AFC 電池，若排水不及時，將導致鹼液體積增大，引起鹼流失，嚴重時會導致電池氧化劑與還原劑互竄。對 PEMFC，當質子交換膜失水時，將失去氫離子傳導能力等。因此對於低溫電池組，水平衡是確保電池組穩定運行的最重要條件之一。

電池組產生的廢熱必須及時排出，否則因電化學反應速率隨溫度升高而加快，局部過熱會引起該處電流密度升高，電流密度升高產生的廢熱會更多，這種惡性循環會在電池內部產生「熱點」，嚴重時會燒壞電池的電極或隔膜，導致電池組失效。這種現象對高溫電池更為明顯。

◎電池組的水管理

⑴鹼性燃料電池（AFC）電池組的水管理

對 AFC 電池組，至今已發展了鹼液循環排水、氫循環動態排水和靜態排水等三種排水方法。

① AFC 鹼液循環排水

這種排水的方法僅適用於採用雙孔電極或雙隔膜（如石棉）和PTFE黏合型多孔氣體擴散電極組裝的帶鹼腔的AFC電池組。對這種電池組，利用鹼液循環實現電池組的排水和排熱。在電池組外部利用蒸發或滲透裝置對循環鹼液濃度進行控制，達到循環鹼液濃度保持在一定的區間。

採用這種結構的電池組，由於存在兩個細孔層和一個鹼腔，所以內阻較大，其能量轉化效率不如僅採用一張隔膜的AFC高；但它系統簡單，水、熱管理簡單。因此地面與水下應用的大功率AFC電池組採用這種結構較合理，如德國曾採用這種結構的 100 kW AFC 電池堆作為 U_1 艇動力，成功地進行了實驗。

② AFC 動態排水

因為鹼性電池水在陽極（即氫極）側生成，故可採用風機循環含水蒸氣的氫氣，並透過外置冷凝器將電池生成水排出，這種排水方法稱為動態排水。電池組採用動態排水時，還可同時完成電池組排熱。同時，由於氫氣的循環量是電池消耗氫量的幾倍到幾十倍，所以不但確保電池組內各節電池均能得到充足的氫氣供應，而且消除了因某節單電池氫氣室內惰性氣體累積引起反極。採用這種排水方法的缺點，一是風機動力增加了電池組的內耗；二是風機的設計、加工有一定的難度。美國 Apollo 登月飛行用的 Bacon 型中溫 AFC 和太空飛行器用的鹼性石棉膜型 AFC 均採用動態排水方法。

③ AFC 靜態排水

靜態排水是依據水低壓蒸發的原理，將電池生成水排出電池。為此需在每節電池氫腔側增加一張導水阻氣的隔膜（如石棉膜），並構建一個水腔。它特別適用於航太飛行的電池，此時可利用太空的真空條件。這種排水方法的優點是無需氫循環風機，減少了電池系統的動元件，不但提高了電池系統的可靠性，而且減少了電池的內耗。其不足一是電池組結構複雜，重量增加；二是電池生成液態水蒸發僅能排出電池組 1/3 左右的廢熱，為維持電池組的熱平衡，需增加附加的排熱措施。

⑵質子交換膜燃料電池（PEMFC）電池組水管理

對 PEMFC 電池組，水在氧電極生成，至今已開發出兩種排水方法：一是靠氧腔排放尾氣吹掃方法將液態水排出，稱為動態排水；二是靠多孔導水阻氣材料的毛細力將電池生成的液態水導入水腔排出，稱為靜態排水。

① PEMFC 動態排水

在氧電極催化層生成水，透過氧電極的擴散層，在電極擴散層表面以細小水滴形式存在，這些細小水滴在氧氣的吹掃下，通過電池組共用管道與排放尾氣一起排出電池組。為提高氧氣的吹掃能力，在流場設計時應盡可能提高氧氣在流場內的線速度，所以對 PEMFC 電池組，多採用蛇形流場，以提高氧氣的線速度。

② PEMFC 靜態排水

靜態排水需在電池組各節單電池的氧電極側增加一個水腔，在氧氣室與水腔之間加由多孔材料構成的流場板，多孔材料的平均孔半徑應小於氧電極擴散層的平均孔半徑，這樣依靠毛細力將電化學反應在氧陰極生成水轉移至多孔材料內，再依靠氧氣室氧壓與水腔循環冷卻水的壓差將水排入水腔。

③ PEMFC 電池組反應氣的增濕

用作 PEMFC 全氟磺酸型質子交換膜的電導與其水含量密切相關。當膜中每個磺酸根結合的水分子少於 4 時，膜已不能傳導質子。因此對PEMFC，必須採取措施以確保質子交換膜處於水的飽和狀態，保持較高的電導。

依據 PEMFC 工作原理，水在氧電極（陰極）側生成。研究證明，水在 MEA 內遷移有下述三種方式：①電遷移，水分子伴隨質子從陽極向陰極電遷移，電遷移的水量與電流密度和質子水合數有關；②反擴散，由於 PEMFC 水在陰極生成，在水濃度梯度推動下，水由陰極向陽極反擴散，反擴散的水量正比於水的濃度梯度和膜內水的擴散係數；③壓力遷移，在 PEMFC 運行中，一般陰極反應氣（如氧氣）工作壓力高於陽極反應氣（如氫氣）的工作壓力，在氣體壓力差推動下，水由陰極側向陽極產生宏觀流動，即壓力遷移，壓力遷移的水量正比於壓力梯度和水在膜中的滲透係數，反比於水在膜中的黏度。

若進入電池的反應氣不增濕，尤其在採用厚的 Nafion 膜（如 Nafion 117[3] 膜）時，由於在氧電極側生成的水向氫電極側反擴散的不足，易造成氫電極側

[3] Nafion 為杜邦導質子膜的商品名，源自於 Na 及 F 的離子（ion），而 1100 或 1000 當量數的氫離子則命名編號為 Nafion 117 或 Nafion 105，尾數 7 或 5 代表 mil 厚度單位。

（特別是入口處）質子交換膜失水變乾。當用空氣作氧化劑時，由於通過電池的氣量很大，氧電極入口處的質子交換膜亦會被吹乾，造成電池的內阻大幅度上升，甚至難以工作。因此，進入電池組的反應氣必須進行增濕處理。

至今對 PEMFC 電池組反應氣增濕採用內增濕和外增濕兩種方法；對採用純氫為燃料和純氧為氧化劑的電池組，還可採用尾氣循環增濕。正在開發的新技術是自增濕。

◎電池組的熱管理

電池組熱管理包括：① 排出電池組廢熱，防止電池組內呈現熱點而損壞電池組，保證電池組穩定恆溫運行；② 有效利用排出電池組的廢熱，提高燃料利用率。

為防止電池組呈現熱點，應盡可能用導熱良好的材料製備電池組的零元件，尤其是雙極板和流場。至今一般用金屬或石墨製作電池組的雙極板和流場，在電池組未出現異常（如對 PEMFC，由於排水不正常，氧電極被水淹或增濕失效，大部分膜失水；對MCFC，因鹽流失導致電池局部微竄氣等）時電池組內不會出現熱點（hot spot）[4]。

由於燃料電池能量轉化效率一般在 40～60%之間，因此為保持電池組恆溫運行必須排出 60～40%廢熱，否則電池工作溫度將爬升。為此，對中低溫電池，依據實測單電池傳熱係數，通常在電池組內每 2～3 節單電池間加一塊排熱板，在排熱板內通水、空氣或絕緣油對電池組進行冷卻，排出電池組廢熱。如對 PAFC，最常用的是水冷。水冷又分沸水冷卻與加壓水冷卻。採用沸水冷卻時，電池的廢熱利用水的汽化潛熱被帶出電池。由於水的汽化潛熱很大，所以冷卻水的用量較低。而採用加壓水冷卻時，則要求水的流量較大。採用水冷時，為防止腐蝕的發生，對水質要求頗高。如水中的重金屬含量需低於百萬分之一，而氧的含量要在十億分之一以下。採用空氣強制對流冷卻，不但系統簡單，同時操作也穩定可靠。但由於氣體比熱容低，空氣循環量大，消耗動力過大，通常僅適用於中小功率的電池組。採用絕緣油作冷卻劑，其排熱原理、結構和加壓水冷卻均相似，其優點是避免了對水質的高要求，但由於油的比熱容

---

[4] 燃料電池為一電化學反應器，任何化學反應器，因熱管理失效而產生hot spot的局部過熱，常導致極為嚴重的 Thermal runaway 而引起反應器失控。

小於水，相應地需要流量亦大。

對於 MCFC、SOFC 等高溫燃料電池，電池能量轉化效率可達 50～60%，有 50～40%的廢熱需排出。若以烴類和天然氣為燃料，還可採用內重組，因為重組反應為吸熱反應，在電池組內實現重組吸熱反應和燃料電池放熱反應的耦合。此時為維持電池的恆溫運行，需排出廢熱約為直接以重組氣為燃料時的一半。

對高溫電池，尤其是 SOFC，可採用反應氣低利用率，利用反應氣將電池組廢熱排出電池，電池反應尾氣與反應氣換熱後進入燃氣輪機，實現聯合循環發電，提高總的熱一電轉化效率。

1-9 燃料電池系統

燃料電池按電化學原理將化學能轉化成電能，但是它的工作方式卻與內燃機相似。它在工作（即連續穩定地輸出電能）時，必須不斷地向電池內部送入燃料與氧化劑（如氫氣和氧氣）；與此同時，它還要排出與生成量相等的反應產物，如氫氧燃料電池中所生成的水。目前燃料電池的能量轉化效率僅達到 40～60%，為保證電池工作溫度的恆定，必須將廢熱排放出去。如有可能，還要將該熱能加以再利用，如高溫燃料電池可與各種發電裝置組成聯合循環，以提高燃料的利用率。

燃料電池的內阻較大，千瓦級質子交換膜型燃料電池組的內阻在 100 mΩ 左右。高內阻的優點是它的抗短路性能好。但是，當負載大幅度變化時，其輸出電壓變化幅度也較大。因此，對於要求在負載變化時輸出電壓穩定的用戶，需要加置穩壓系統。

燃料電池與各種化學電池一樣，輸出的電壓為直流。對於交流用戶或需要和電網並網的燃料電池電站，必須將直流電轉換成交流電，即需要電壓逆變系統。

由上可知，燃料電池系統應包括以下五個分系統：①電池組，它是整個電池系統的心臟，承擔將化學能轉化成電能的任務；②燃料與氧化劑供給分系統；③電池組水、熱管理分系統；④輸出電能的調整分系統，包括直流電壓的穩定、過載保護和對交流用戶需要的直流變交流的逆變分系統；⑤自動控制分系統。因為燃料電池系統應是一臺自動運行的發電設備，所以自動控制分系統的功能是對上述各分系統的關鍵控制參數進行檢測、調整和控制，以確保電池系統穩定、可靠地運行。這一系統還應包括電池系統的啟動、停車程序和故障時停車措施等。從硬體角度看，自動控制系統由多種傳感元件（如溫度、壓力傳感器等）、執行元件（如多種電磁閥和減壓穩壓閥等）及執行控制的軟體構成。

為提高燃料的利用率，必須對電池系統的廢熱加以再利用，即餘熱利用系統。尤其是對高溫燃料電池，它的餘熱可與燃氣輪機、蒸汽輪機構成各種聯合循環，增加熱—電轉換總效率。

圖 1-9 為燃料電池系統方塊圖，它表示各分系統之間的關係。

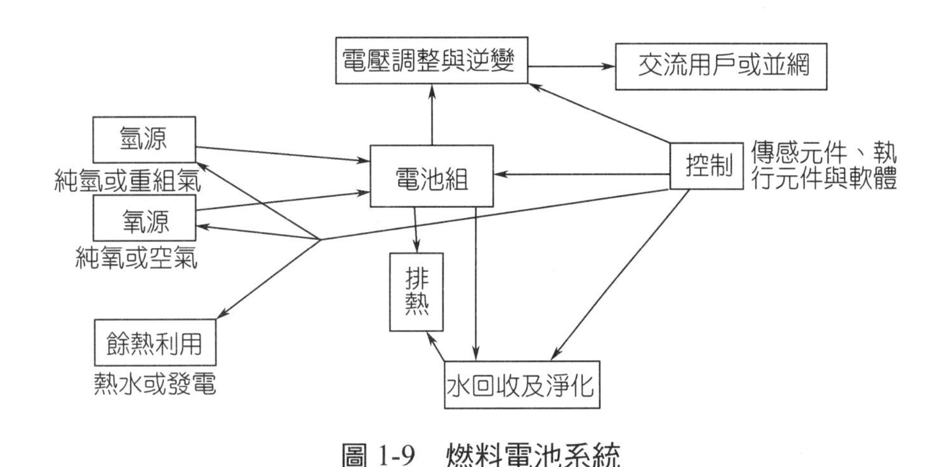

圖 1-9　燃料電池系統

1-10　燃料電池的效率*

*燃料電池的效率基於「by pass」熱機循環的熱損失，而實際上，因電池操作的各種極化現象的熱損失，可藉由全系統廢熱回收的方式獲得較高的全系統效率。因此燃料電池的效率應分為燃料電池反應器本身的子系統效率及全系統效率。

將燃料電池視為一個「黑匣子」，藉由它將燃料的化學能轉化為電能，如圖 1-10 所示。進入燃料電池的燃料的熱焓為ΔH，燃料電池輸出的電能為IVt。正如前述，燃料電池在工作時，一定要將燃料中的惰性雜質排除掉，與此同時也會排出少量燃料，定義f_g 為燃料的利用率，$(1-f_g)\Delta H$ 為經尾氣排放的燃料帶走的熱焓，Q 為燃料電池黑匣子與環境熱交換的熱量。

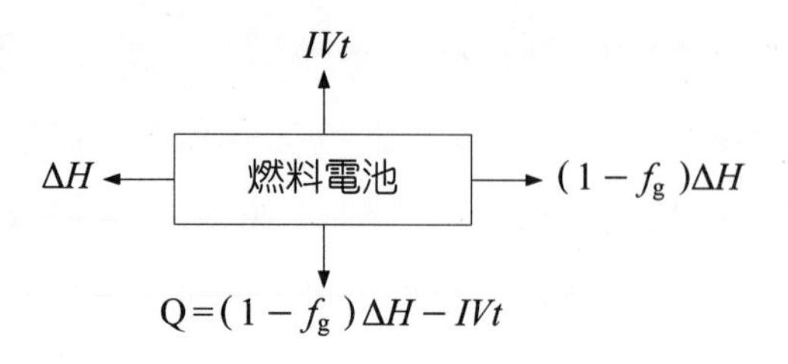

圖 1-10　燃料電池的能流圖

定義燃料電池熱——電轉換效率為進入電池燃料的熱焓與輸出電能的比，即：

$$f_{FC}=\frac{IVt}{\Delta H}$$

低溫燃料電池一般以純氫或重組富氫氣體為燃料，中溫、高溫電池也可直接以烴類或醇類為燃料。這些燃料的最終反應產物均為水和二氧化碳。在計算 ΔH 時，若按液態水計算，則獲得的燃料電池效率稱為高熱值效率（HHV），若按氣態水計算，則獲得的燃料電池效率為低熱值效率（LHV）。

對 $f_{FC}=IVt/\Delta H$ 進行下述變換：

$$f_{FC}=\frac{IVt}{\Delta H}=\frac{\Delta G}{\Delta H}\cdot\frac{V}{\frac{\Delta G}{nF}}\cdot\frac{It}{f_g nF}\cdot f_g \tag{1-40}$$

依據電化熱力學，$\frac{\Delta G}{\Delta H}$ 為熱力學效率 f_T；因為 $\frac{\Delta G}{nF}=E$ 即電池的熱力學電動勢，所以稱 $\frac{V}{\frac{\Delta G}{nF}}=\frac{V}{E}$ 為電壓效率 f_V；It 為電池輸出電量，而 $f_g nF$ 為依據法拉第定律應產生的電量，所以稱 $\frac{It}{f_g nF}$ 為電流效率或法拉第效率 f_I。即：

$$f_{FC}=f_T\,f_V\,f_I\,f_g \tag{1-41}$$

一些可能用於燃料電池的化學反應標準熱焓與自由能變化、標準熱力學電動勢與標準熱力學效率見表 1-3。

表 1-3 燃料和氧化劑氧化反應的標準熱焓與自由能變化及相應的標準熱力學電動勢和標準熱力學效率

燃料	反 應	n	$-\Delta H^0$ (kJ · mol^{-1})	$-\Delta G^0$ (kJ · mol^{-1})	E^0_{rev} (V)	f_T (%)
H_2	$H_2 + 0.5O_2 \longrightarrow H_2O(l)$	2	286.0	237.3	1.229	82.97
	$H_2 + Cl_2 \longrightarrow 2HCl(aq)$	2	335.5	262.5	1.359	78.33
	$H_2 + Br_2 \longrightarrow 2HBr(aq)$	2	242.0	205.7	1.066	85.01
CH_4	$CH_4 + 2O_2 \longrightarrow CO_2 + 2H_2O(l)$	8	890.8	818.4	1.060	91.87
C_3H_8	$C_3H_8 + 5O_2 \longrightarrow 3CO_2 + 4H_2O$	20	2221.1	2109.3	1.093	94.96
$C_{10}H_{22}$	$C_{10}H_{22} + 15.5O_2 \longrightarrow 10CO_2 + 11H_2O(l)$	66	6832.9	6590.5	1.102	96.45
CO	$CO + 0.5O_2 \longrightarrow CO_2$	2	283.1	257.2	1.066	90.86
C	$C + 0.5O_2 \longrightarrow CO$	2	110.6	137.3	0.712	124.18
	$C + O_2 \longrightarrow CO_2$	4	393.7	394.6	1.020	100.22
CH_3OH	$CH_3OH + 1.5O_2 \longrightarrow CO_2 + 2H_2O(l)$	6	726.6	702.5	1.214	96.68
$CH_2O(g)$	$CH_2O(g) + O_2 \longrightarrow CO_2 + H_2O(l)$	4	561.3	522.0	1.350	93.00
HCOOH	$HCOOH + 0.5O_2 \longrightarrow CO_2 + H_2O(l)$	2	270.3	285.5	1.480	105.62
NH_3	$NH_3 + 0.75O_2 \longrightarrow 1.5H_2O(l) + 0.5N_2$	3	382.8	338.2	1.170	88.36
N_2H_4	$N_2H_4 + O_2 \longrightarrow N_2 + 2H_2O(l)$	4	622.4	602.4	1.56	96.77
Zn	$Zn + 0.5O_2 \longrightarrow ZnO$	2	348.1	318.3	1.650	91.43
Na	$Na + 0.5H_2O + 0.25O_2 \longrightarrow NaOH(aq)$	1	326.8	300.7	3.120	92.00

對隔膜型電池（如石棉膜型 AFC、PEMFC 等），儘管隔膜具有良好的阻氣性能，但反應氣通過隔膜均有微量滲透發生；而對於自由介質型AFC電池，通過鹼共用管道的內漏電，對 SOFC 由於氧離子導體具有一定電子導電特性，導致電池內漏電等。這些內漏電均導致電池電流或法拉第效率小於 100%。但除了直接甲醇燃料電池外，由上述原因導致的燃料損失均在 1 mA/cm^{2}左右，而這些電池的工作電流密度均大於 100 mA/cm^2，因此$f_I \geq 99\%$，所以在計算燃料電池的效率時，一般取f_I 為 100%。

對$f_{FC}=\frac{IVt}{\Delta H}$進行下述變換：

$$f_{FC}=\frac{IVt}{\Delta H}=\frac{V}{\frac{\Delta H}{nF}}\cdot\frac{It}{f_g\,nF}\cdot f_g=\frac{V}{\frac{\Delta H}{nF}}\cdot f_I\cdot f_g \qquad (1\text{-}42)$$

如前所述，一般取f_I為 100%，$\Delta H/nF$ 為按化學反應焓變計算得到的虛擬電池電動勢，當以氫為燃料時，在標準狀態下若生成液態水，其值為 1.48 V；若生成氣態水，其值為 1.25 V。這樣一來，燃料電池高熱值效率（HHV）等於單電池工作電壓除以 1.48 再乘以燃料利用率；而低熱值效率（LHV）則等於單電池工作電壓除以 1.25，再乘以燃料利用率。

當以純氫為燃料時，可採用電池尾氣循環，或特殊電池組結構設計（如反應氣路並聯、串聯），提高氫的利用率，此時氫利用率可達 99%。當以甲醇為燃料時，對於在≥200℃工作的燃料電池（如PAFC），或採用高溫質子交換膜的PEMFC，電池廢熱可用於水與甲醇的氣化，電池尾氣可返回CH_3OH重組反應氣燃燒為甲醇重組反應提供能量，更進一步還可改進電池結構設計，實現在電池組內進行重組，實現更佳的吸熱、放熱反應耦合。此時若視重組過程與電池發電過程為一個黑匣子，並假定燃料利用率可達 90%，因為對甲醇而言，生成氣態水時$\Delta H^0/nF$等於 1.103，則其低熱值效率（LHV）等於$\frac{V}{1.103}\times 0.9$；若電池工作電壓為 0.73 V，則LHV＝59.56%。同理，對MCFC或SOFC，當以甲烷為燃料時，若假定燃料利用率達到 80%，則其低熱值效率等於$\frac{V}{1.039}\times 0.8$；若平均單電池工作電壓也選取定為 0.73 V，則其低熱值效率 LHV＝56.2%。

由上述可知，當以烴類為燃料時，燃料電池系統的效率與電池廢熱和尾氣燃燒熱如何高效地與重組製氫系統耦合密切相關；而對內重組電池，電池結構設計十分重要。

參考文獻

1. 衣寶廉。燃料電池——高效、環境友好的發電方式。北京：化學工業出版社，2000。
2. Antropov, L. I.。理論電化學。吳中達譯。北京：高等教育出版社，1982。
3. 查全性等。電極過程動力學。第二版。北京：科學出版社，1987。
4. Austin, L. G., Edited. Fuel Cells. US Government Printing Office, 1967.
5. Appleby, A. J., Foulker, F. R., Edited. Fuel Cell Handbook. New York: VAN NOSTRND REIHOLD, 1989.
6. 于景榮，邢丹敏，劉富強，劉建國，衣寶廉。「燃料電池用質子交換膜性能的研究進展」。電化學，2001，7(4)：385～395。
7. 侯明，吳金鋒，衣寶廉。「PEM 燃料電池流場板」。電源技術，2001，25(4)：294～298。

Chapter 2

鹼性燃料電池

2-1 原理與概況*

*鹼性燃料電池是為最早成熟發展的燃料電池，因著航太的應用，以及地面上應用有二氧化碳碳酸化（Carbonation）的疑慮，一直被視為不宜在地面上使用。而事實上，因著 PEFC 商用發展的成本障礙以及去除二氧化碳技術的進步，使低材料成本的鹼性燃料電池在商品化應用上，開始引起研發上的注意。

1 原理

鹼性燃料電池（Alkaline Fuel Cell, AFC）以強鹼（如氫氧化鉀、氫氧化鈉）為電解質，氫為燃料，純氧或脫除含有微量二氧化碳的空氣為氧化劑，採用對氧電化學還原具有良好催化活性的Pt/C、Ag、Ag-Au、Ni等為電催化劑製備的多孔氣體擴散電極為氧電極，以 Pt-Pd/C、Pt/C、Ni 或硼化鎳等具有良好催化氫電化學氧化的電催化劑製備的多孔氣體電極為氫電極。以無孔碳板、鎳板或鍍鎳甚至鍍銀、鍍金的各種金屬（如鋁、鎂、鐵等）板為雙極板材料，在板面上可加工各種形狀的氣體流動通道（稱流場， flow field）構成雙極板。

圖 2-1 為鹼性石棉膜型氫氧燃料電池單電池（single cell）的工作原理圖。

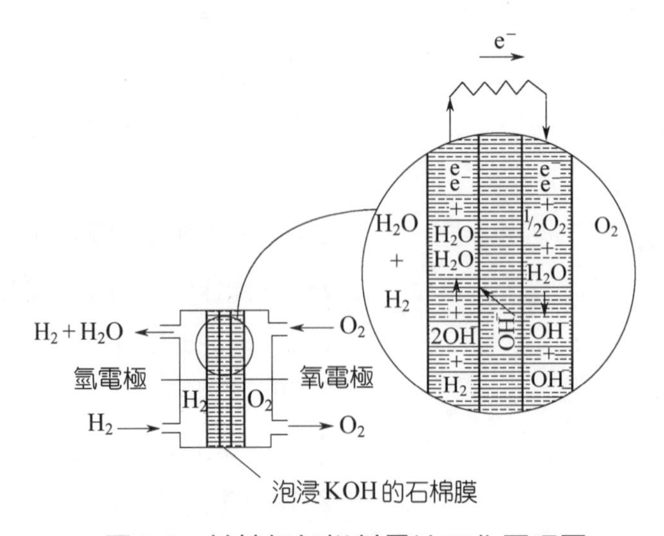

圖 2-1 鹼性氫氧燃料電池工作原理圖

在陽極，氫氣與鹼中的OH^-在電催化劑的作用下，發生氧化反應生成水和電子：

$$H_2 + 2OH^- \longrightarrow 2H_2O + 2e^- \qquad \varphi^0 = -0.828\ V$$

電子透過外電路到達陰極，在陰極電催化劑的作用下，參與氧的還原反應：

$$\frac{1}{2}O_2 + H_2O + 2e^- \longrightarrow 2OH^- \qquad \varphi^0 = 0.401\ V$$

生成的OH^-通過飽浸鹼液的多孔石棉膜遷移到氫電極。

為保持電池連續工作，除需與電池消耗氫氣、氧氣等速地供應氫氣、氧氣外，還需連續、等速地從陽極（氫極）排出電池反應生成的水，以維持電解液鹼濃度的恆定；排除電池反應的廢熱以維持電池工作溫度的恆定。

一個單電池，工作電壓僅 0.6～1.0 V，為滿足用戶的需要，需將多節單電池組合起來，構成一個電池組（stack）。首先依據用戶對電池工作電壓的需求，確定電池組單電池的節數；再依據用戶對電池組功率的要求，和對電池組效率及電池組質量比功率與體積比功率的綜合考慮，確定電池的電極工作面積。

以鹼性燃料電池組為核心，構建燃料（如氫）供給的分系統，氧化劑（如氧）供應的分系統，水、熱管理分系統和輸出直流電升壓、穩壓分系統。如果用戶需要交流電，還需加入直流—交流逆變部分構成總的鹼性燃料電池系統。因此一臺鹼性燃料電池系統相當於一個小型自動運行的發電廠，它高效、環保地將儲存在燃料與氧化劑中的化學能轉化為電能。

2 概況

20 世紀 60～70 年代，由於載人航太飛行對高比功率、高比能量電源需求的推動，在美國和國際上形成了鹼性燃料電池研製的高潮[1]。在 1960～1965 年期間，美國 Pratt-Whitney 公司受美國宇航局（NASA）的委託，在英國 Bacon 教授工作的基礎上，為 Apollo 登月飛行開發成功了 PC3A 型鹼性燃料電池系統，其外貌見圖 2-2。PC3A 電池組的主要參數見表 2-1。

由表 2-1 可知，PC3A 電池組正常輸出功率可達 1.5 kW，過載能力可達

2.3 kW。54 臺電池已 9 次用於 Apollo 登月飛行、太空實驗室（skylab）和 Apollo-Soyus 飛行，總工作時間已達 10750 小時。

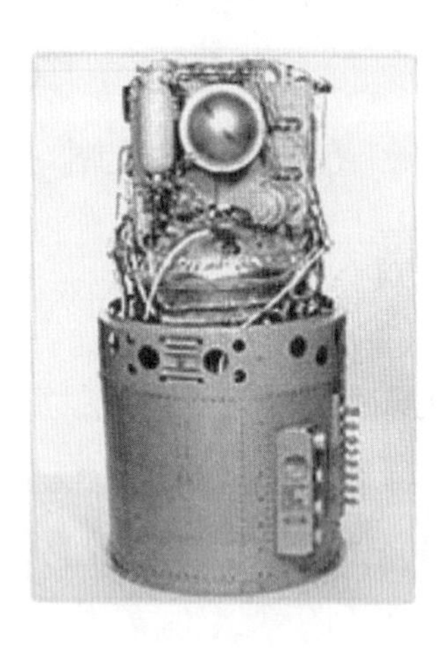

圖 2-2 PC3A 型 AFC 系統

表 2-1 PC3A 電池組的主要參數

項目	參數
電池組中單電池數（節）	31
電池壓力（MPa）	0.345
工作溫度（℃）	204
反應氣壓力（MPa）	0.414
排水與排熱方式	藉助於氫氣循環
電壓（V）	27～31
功率（W）	563～1420
船上工作時間（小時）	400
最大功率	2295 W/20.5 V
氫氧化鉀濃度（質量比）（%）	80
體積	直徑 57 cm，高 112 cm
質量（kg）	約 100

在 20 世紀 70 年代，美國聯合技術公司（United Technology Corporation, UTC）在 NASA 的支持下，又開發成功太空飛行器（shuttle）用的石棉膜型鹼性燃料電池系統，並於 1981 年 4 月首次用於航太飛行[2]。

該鹼性燃料電池系統陽極採用 Pt-Pd（80：20）作電催化劑，採用聚四氟乙烯（PTFE）黏合型多孔氣體擴散電極，用鍍銀的鎳網作電極的集流與支撐網，電極 Pt-Pd 負載量為 10 mg/cm²。陰極用 Au-Pt（90：10）作電催化劑，也是PTFE黏合型多孔氣體擴散電極，催化劑負載量為 20 mg/cm²，用鍍金的鎳網作電極的集流和支撐網。為減輕電池組的質量，採用鍍銀的鎂板作雙極板，將質量比為 35～45%的 KOH 水溶液浸入多孔石棉隔膜中作為電解質隔膜，電池組採用氫循環的動態排水方法。為防止在負荷變化時產生鹼流失，在氫電極氣室側，加入穿孔的燒結鎳板，後改為多孔碳板作為電解液儲存板。氫氣、氧氣的工作壓力為 0.40～0.44 MPa，電池的工作溫度為 92℃。為排出電池廢熱，維持電池溫度的恆定，每 2～4 節單電池加入排熱板，靠冷劑循環排熱。該電池組的主要參數見表 2-2，電池系統的外貌見圖 2-3。

表 2-2　Shuttle 用鹼性石棉膜型燃料電池組主要參數

項　　目	參　　數
正常輸出功率（kW・臺$^{-1}$）	7.0
峰值輸出功率（kW・臺$^{-1}$）	12.0
工作電壓（V）	27.5～32.5
整機質量（kg）	91
整機體積（cm³）	101 × 35 × 38
壽命（小時）	2000
工作溫度（℃）	85～105
氫氧工作壓力（MPa）	0.418
電流密度①（mA・cm^{-2}）	66.7～450
KOH 濃度（質量比）（%）	30～50

①正常輸出功率時的電流密度。

至今美國國際燃料電池（IFC）公司生產的第三代太空飛行器仍用鹼性石棉膜型氫氧燃料電池，單組電池系統的正常輸出功率已提高到 12 kW，峰值功率為 16 kW。電池輸出電壓為 28 V，電池效率高達 70%。單組電池系統質量約 117 kg。太空飛行器用鹼性石棉膜型氫氧燃料電池已飛行了 93 次，工作時間超過 7000 小時，充分證明這種電源的可靠性。

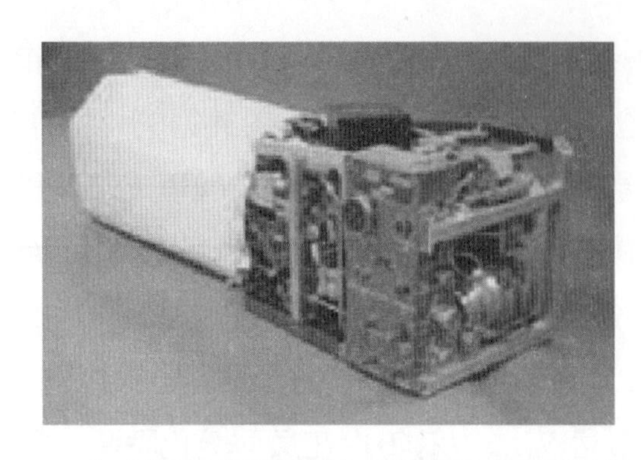

圖 2-3　太空飛行器用鹼性石棉膜型氫氧燃料電池

鹼性燃料電池在載人航太飛行中的成功應用，不但證明了鹼性燃料電池具有高的質量比功率和體積比功率、高的能量轉化效率（50～70%）；而且運行高度可靠，展示出燃料電池作為一種新型、高效、環保的發電裝置的可能性。

在鹼性燃料電池發展的過程中，美國 Allis Chalmers Corp. 發明了如圖 2-4 所示的靜態排水方法（static water vapor control）。這種利用水低壓蒸發排水技術對負荷變化具有良好的跟蹤特性。Union Carbide Corp. 發展了如圖 2-5 所示的固定反應區電極（fixed zone electrode），該電極靠近鹼電解質側為細孔，飽

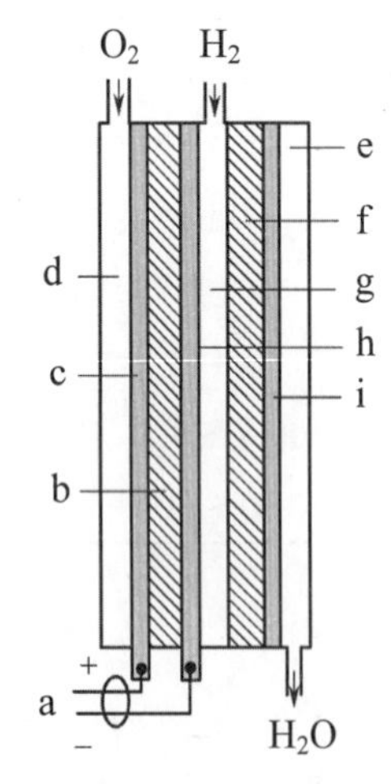

a—電輸出；b—飽浸鹼液的多孔膜；c—多孔氧電極；d—氧腔；e—水腔；f—導水膜；g—氫腔；h—多孔氫電極；i—多孔支撐板

圖 2-4　靜態排水結構圖

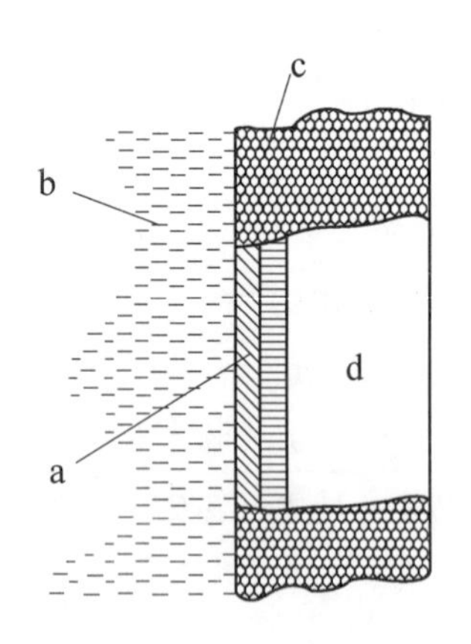

a—溶液充滿的孔；b—KOH 電解質溶液；c—半濕潤的孔；d—乾氣充滿的孔

圖 2-5　固定反應區電極結構示意圖

浸電解液，具有阻氣性能，而居中部分則部分浸入電解質的為擔有催化劑的反應層，靠近氣室一側為起支撐、集流作用的反應氣擴散層。

歐洲航太局（European Space Agency, ESA）在 20 世紀 80～90 年代資助發展鹼性燃料電池作為載人空間飛行動力。表 2-3 為ESA對鹼性燃料電池動力源（power plant）的要求。

表 2-3　ESA 對鹼性燃料電池動力源的要求[3]

功率，最小／平均／最大／過載	1 kW/2 kW/6.5 kW/10 kW（1 秒）
電壓，平均／最大	75 V/115 V
效率，在 1 kW/4 kW/6.5 kW 時	60%/55%/40%
效率	60%
質量／體積	100 kg/156 L
壽命，儲存時間／運行時間／重啟動次數	4000 小時／8900 小時／200
廢熱，最大	5.3 kW
水質，最低／最高	pH 6.5/8.5
洩漏，最大 $H_2/O_2/H_2O/KOH$	$1\ mg \cdot h^{-1}/100\ mg \cdot h^{-1}/10\ mg \cdot h^{-1}/1\ \mu g \cdot h^{-1}$
開機，最長	外電源，10 秒
關機，最長	10 秒安全關機

在 20 世紀 70 年代，中國由於航太事業的推動，形成了一個鹼性燃料電池研製的高潮。在此期間，中國科學院大連化學物理研究所研製成功了兩種型號（A 型和 B 型）航太用、靜態排水、石棉膜型 H_2-O_2 鹼性燃料電池[4]。A 型用液氫、液氧作燃料和氧化劑，帶有水的回收和淨化分系統。B型以 N_2H_4 現場分解的 N_2-H_2 混合氣作燃料和液氧作氧化劑。這兩種型號的鹼性燃料電池外貌見圖 2-6 和圖 2-7。天津電源研究所在此期間也研製成功了動態排水、石棉膜型 H_2-O_2 鹼性燃料電池。上述三種型號鹼性燃料電池性能特徵見表 2-4。

鹼性燃料電池在航太方面的成功應用，曾推動人們探索它在地面和水下應用的可行性。但是由於它以濃鹼為電解液，在地面應用必須脫除空氣中的微量 CO_2。而且它只能以純氫或 NH_3、N_2H_4 等分解氣為燃料，若以各種碳氫化合物重組氣為燃料，則必須分離出混合氣中的 CO_2。人們曾試驗採用 Pd-Ag 分離膜分離氫氣，但均導致鹼性燃料電池系統的複雜化和成本增加。

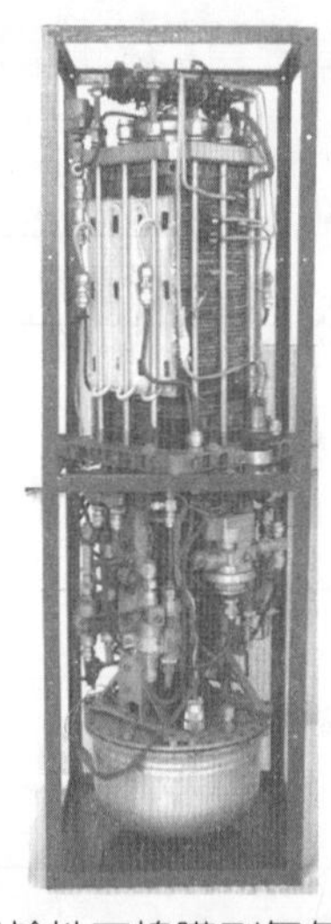

圖 2-6　A 型 AFC 電池系統

圖 2-7　B 型 AFC 電池系統

表 2-4　中國研製的航太用鹼性石棉膜型氫氧燃料電池系統性能

項　　目	大連化學物理研究所（A 型）	大連化學物理研究所（B 型）	天津電源研究所[5]
正常輸出功率（$kW \cdot 臺^{-1}$）	0.50	0.30	0.3～0.5
峰值輸出功率（$kW \cdot 臺^{-1}$）	1.0	0.6	0.7
工作電壓（V）	28±2	28±2	28±2
整機質量（kg）	40	60	50
整機體積（cm^3）	22 × 22 × 90	39 × 29 × 57	50 L
壽命（小時）	>450	>1000	>500
電池工作溫度（℃）	92±2	91±1	87±1
氫氧氣工作壓力（MPa）	0.15±0.02	0.13～0.18（區間）	0.2±0.015
氫氣純度（%）	>99.5	≥ 65①	99.95
工作電流密度（$mA \cdot cm^{-2}$）	100	75	125
KOH 濃度（質量比）（%）	40	40	
排水方式	靜態	靜態	動態
啟動次數	>10	>10	>10

① N_2H_4 在線分解氣。

20 世紀 60 年代普拉特—惠特尼公司曾經研製出以天然氣或汽油為燃料的 500 W 和 4 kW 鹼性燃料電池系統。該系統由兩部分構成，一個裝置是天然氣或汽油重組製氫，產生的粗氫經鈀一銀管分離出純氫作為燃料電池的燃料；另一個裝置是鹼性燃料電池系統，它以重組得到的氫為燃料，以淨化空氣為氧化劑，根據電池的工作溫度，嚴格控制空氣流量，以實現其水平衡。里索那（Leesona）公司 、能量轉化（Energy Conversion）與普拉特一惠特尼等公司也曾試驗過以薄鈀一銀膜為氫電極，在電極氣室置入鎳催化劑，並讓醇類在鎳催化劑上進行重組反應，產生的氫作為燃料電池的燃料；而二氧化碳因其無法通過鈀一銀膜，不會與電解質發生反應。這一系統被稱為內重組的千瓦級鹼性燃料電池。

英國的電力儲存（Electric Power Storage）公司曾用 4 kW 鹼性電池（質量約 286 kg），以氣瓶裝高壓氫、氧為氣源，設計、組裝並試驗了電拖車（electric towing-truck）。美國通用汽車（General Motor）公司利用 32 kW 的鹼性電池，以液氫、液氧為燃料，設計、製造並試驗了休旅車（electric van），整車質量約 3200 kg，比內燃機車重 1 倍多。該車佈局如圖 2-8 所示。

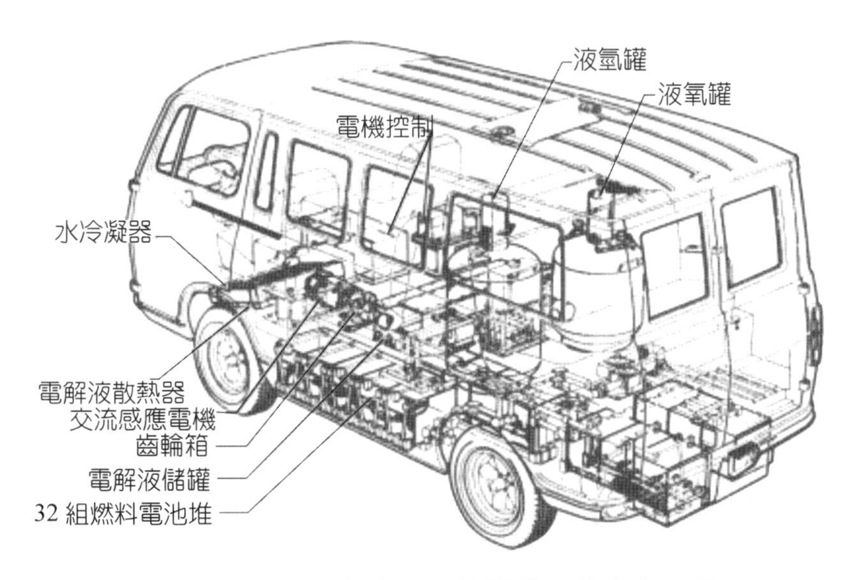

圖 2-8　通用汽車公司的電動休旅車佈局圖

20 世紀 80 年代末以後❶，由於質子交換膜型酸性燃料電池（PEMFC）的技術突破而得到快速進展，尋求地面與水下應用的燃料電池工作已轉向 PEM-

❶事實上到了 90 年代後期，如前蘇聯的 Energia 公司、美國的 Ocean Power 公司，以及英國、以色列都有公司投入 AFC 的商品化發展，未來可能也會仍有商品化發展的潛力。

FC。但鹼性燃料電池在各種移動動力源和電汽車動力源方面的經驗和技術積累正在大力推進PEMFC在各種可移動動力源和電汽車動力源方面的開發與應用。

2-2 電催化劑與電極及其製備技術

1 電催化劑

在選擇鹼性燃料電池的電催化劑時，首要條件有二，一是電催化劑對氫的電化學氧化和氧的電化學還原的催化活性；二是在濃鹼中電催化劑於電極工作電位範圍內的穩定性。當然電催化劑最好是電的良導體，當電催化劑是半導體或電的絕緣體時，則必須將電催化劑高分散地擔載到具有良導電性的載體（如活性碳）上。當然對導電良好的電催化劑（如貴金屬鉑），為減少催化劑用量、提高電催化劑的利用率，也經常要將其擔載到導電良好的碳載體上。

對於鹼性電池，強鹼的陰離子為OH^-，它既是氧電化學還原反應的產物，又是導電離子。因此在電化學反應過程中不存在酸性電池中出現的陰離子特殊吸附對電催化劑活性和電極過程動力學的不利影響。鹼的腐蝕性比酸低得多，所以鹼性電池的電催化劑不僅種類比酸性電池多，而且活性也高。

對於Bacon型中溫（約200℃）鹼性燃料電池，多採用雙孔結構的鎳電極，即用鎳作為電催化劑。而對於採用 PTFE 黏合型多孔氣體擴散電極的鹼性燃料電池，由於在航太應用中要求高比功率與高比能量，為達到高電催化活性，多採用貴金屬（如 Pt、Pd、Au、Ag 等）及其合金作電催化劑，既可用高分散的貴金屬粉，也可採用將其擔載到碳上。

在探索鹼性燃料電池在地面或水下應用時，為降低電池成本，曾對各種過渡金屬及其合金（如Ni-Mn、Ni-Cr、Ni-Co等）進行了廣泛研究。也曾研究過WC、硼化鎳（Ni_2B）、Na_xWO_3、各種尖晶型（如鈣鈦礦型）氧化物、過渡金屬大環化合物（如CoTAA、Fe酞菁、Mn卟啉）等電催化劑。但由於電催化劑活性與壽命均低於貴金屬電催化劑，並且採用碳載型貴金屬電催化劑電極的貴金屬負載量的大幅度降低，進而降低了電催化劑成本，上述電催化劑很少在實用的電池組中應用。

中國科學院大連化學物理研究所在 20 世紀 70 年代研製的鹼性石棉膜型氫

氧燃料電池採用 Pt-Pd/C 作氫電極電催化劑，銀為氧電極電催化劑。

⑴氫電極 Pt-Pd/C 電催化劑

選擇活性碳為載體，考察了天津棉子皮碳（BET 比表面 400 m^2/g）和青島 $104^{\#}$ 木碳（BET 比表面 1000 m^2/g），最終選定青島 $104^{\#}$ 碳。

考慮到 Pd 對氫吸附能力和 Pt 對氫電化學氧化的高催化活性，經試驗確定採用 Pt：Pd＝1：1（質量比）為電催化劑組分。原料為氯鉑酸（$H_2PtCl_6 \cdot 6H_2O$）和氯化鈀（$PdCl_2$）。

還原劑考察了硼氫化鉀（KBH_4）、水合聯胺（$N_2H_4 \cdot H_2O$）、甲醛（CH_2O），最終選用水合聯胺。

⑵氧電極電催化劑

用純 Ag 或 Ag-Au 作氧電極催化劑。採用 $AgNO_3$ 加入 NaOH 快速沉澱法製備高分散的氧化銀。若需加入少量 Au 改善 Ag 的電催化活性，則在製備好的 AgO 粉料上再浸入氯金酸（$HAuCl_4$）。為提高電極的孔隙率，先利用 AgO 粉料和 PTFE 製備多孔氣體擴散電極，之後採用電還原法將 AgO 和 $HAuCl_4$ 還原為 Ag 和 Au。

用 60 目 Ni 網作集流網，用製得的 AgO 粉與一定量的 PTFE 製成電極作負極，用 Ni 網作正極，電解液採用濃度為 1 mol/L 的 KOH，外加電壓 ≤1.6 V，控制電流密度在 50～100 mA/cm^2 之間，當工作電流逐漸衰減至「0」時，AgO 全部還原為銀。

2 電極結構與製備技術

◎雙孔結構電極

F. T. Bacon[6]採用雷尼合金製備雙孔結構電極，其粗孔層孔徑 ≥ 30 μm，細孔層孔徑 ≤16 μm，電極厚度約為 1.6 mm。電池工作時，只要控制反應氣與電解液壓差在一定範圍內，就可有效地將反應區穩定在粗孔層內。

Justi 等人發展了雙孔結構電極製備技術，主要技術參數見表 2-5。

為提高雙孔電極的電催化活性，可將高催化活性的組分引入雙孔電極的粗孔層，例如用氯鉑酸或 $AgNO_3$ 溶液浸漬雙孔電極粗孔層，再用還原劑如水合聯胺還原，即可製備出粗孔層表面擔有高電催化活性組分的雙孔結構電極。

從功能上看，雙孔電極的細孔層在浸入電解液後，起阻氣和傳導導電離子作用。因此可採用微孔塑料作細孔層，如孔徑為 5 μm 的聚氯乙烯薄膜，在其表面先用化學鍍或真空鍍膜法鍍一層 Ag 或 Ni 層，進而電鍍多孔催化層，如 Pt、Ag、Ni、Au 等。當然這種雙孔結構電極只適用於低溫燃料電池。

表 2-5　DSK 電極製備技術參數

項　目	參　數	項　目	參　數
雷尼合金	Al：Ni（質量比）=50：50	成孔壓力（MPa）	372.7
粗孔層粒度（μm）	6～12	燒結溫度（℃）	700
細孔層粒度（μm）	6	燒結時間（分鐘）	30
混合比	雷尼合金：碳酸鎳（質量比）=1：2		

◎摻有聚四氟乙烯等防水劑的黏合型電極[7]

在水溶液電解質中，某些擔有各種電催化劑的活性碳等材料可被浸潤，同時又是電的良導體。這樣的材料可提供電子導電與液相質傳的通道，但它無法提供反應氣傳遞的氣體通道。諸如 PTFE 防水劑，由於其排水的特性，摻入其中可以構成氣體通道。圖 2-9 為幾種常用防水劑的接觸角與電解液表面張力的關係。防水劑的摻入除了提供氣體通道外，還有一定的黏合作用，可使分散的電催化劑（包括載體）聚集體牢固結合。這種由電催化劑與防水劑構成的電極稱之為黏合型氣體擴散電極。它可簡單地視為在微觀尺度上相互交錯的雙網絡體系。由防水劑構成的排水網絡為反應氣的進入提供了電極內部通道；由電催化劑構成的另一親水網絡可為電解質所完全潤濕，從而提供了電子與液相離子傳導通道，並在電催化劑上完成電化學反應，圖 2-10 為其結構示意圖。由圖 2-10 可見，這種黏合型電極由於電催化劑外液膜很薄，其極限電流（i_{lim}）可以相當高。電催化劑是一種高分散體系，只要確保電解液一定的浸入深度，這種電極就能具有較大的真實表面積 S，即具有高的反應區。

下面以中國科學院大連化學物理研究所在 20 世紀 70 年，代研製成功的鹼性石棉膜型氫氧燃料電池所用PTFE黏合型電極實例，說明這種電極的製備技術。

將一定質量的催化劑粉料（如AgO或Pt-Pd/C），與一定體積的PTFE（質量比為 60%的 PTFE 乳液需用去離子水稀釋 2～3 倍）混合、攪拌，直至 PTFE 凝膠，此時電催化劑已與 PTFE 均勻混合並成團狀，倒出清液。在平板型滾壓機上將其滾壓到所需厚度，如 0.3～0.5 mm，再與作集流與支撐作用的 60 目 Ni

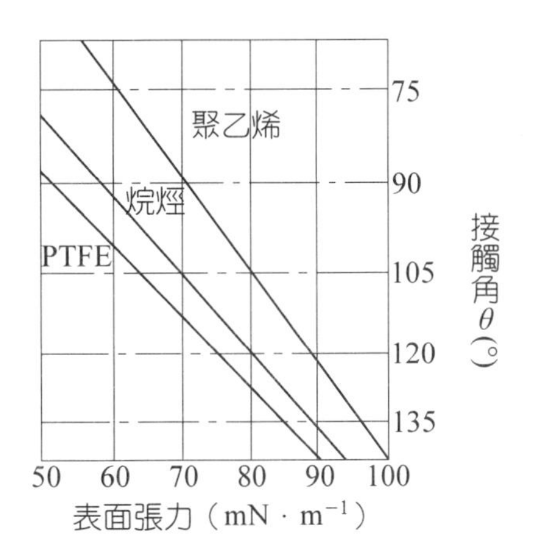

圖 2-9　幾種典型防水劑的接觸角和表面張力的關係

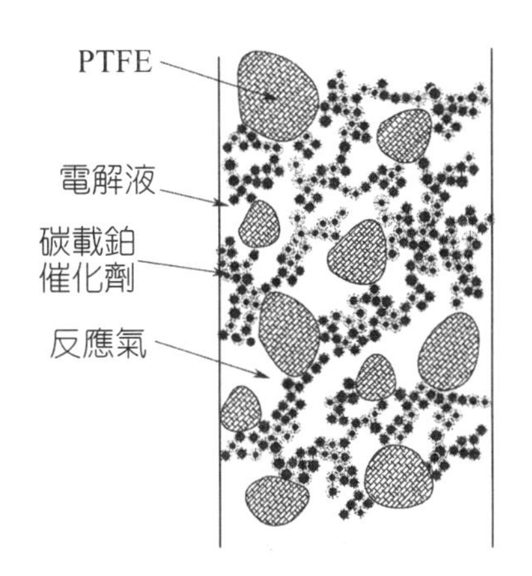

圖 2-10　PTFE 黏合型電極結構示意圖

網壓合，讓 Ni 網進入電極內，再在 60～80℃烘箱內將電極烘乾。有時為增加電極的防水性能，可將上述電極在 320～340℃焙燒 20～30 分鐘。

如前所述，PTFE 在電極中除起黏合作用外，主要是構成疏水網絡，為反應氣擴散質傳提供通道。但 PTFE 不導電，因此電極中 PTFE 含量過高會導致電極電阻增大，增加電極的歐姆極化損失；PTFE 含量過少，由於氣體質傳阻力增加，增加電極的濃差極化損失，尤其是電極在高電流密度工作時更為明顯。據此，對某種特定的電極，均應存在一個 PTFE 含量最優區間。另外，電極內由催化劑構成的親水網絡與由 PTFE 構成的疏水網絡的比例實質是體積比，所以對由銀、鉑黑作電催化劑的電極，由於金屬粉密度大，電極內 PTFE 質量比一般為 10～20%；而對由 Pt/C 等作電催化劑製備的電極，由於 Pt/C 催化劑密度小，電極內 PTFE 的質量比一般在 30～50%之間。

表 2-6 為純銀電極內PTFE含量對電極結構與電性能的影響[4]。由表 2-6 可知，隨著電極內 PTFE 含量的增加，電極的孔隙率和曲折係數變化不大，而孔徑有變小的趨勢，PTFE質量比在12.6～17.8%範圍內對電極活性無顯著的影響。

表 2-7 為定型的氫電極和氧電極的結構參數。

表 2-6　不同 PTFE 含量的氧電極孔結構和電性能

電極編號	PTFE 含量（質量比）（%）	孔隙率（%）	曲折係數	平均孔徑（μm）	初活性（V）		50 小時後性能（V）（150 mA · cm^{-2}）
					100 mA·cm^{-2}	150 mA·cm^{-2}	
A-6-7	12.6	—	—	—	0.976	0.940	0.921～0.924（50～73 小時）
A-6	14.6	58	1.1	0.58	0.982	0.949	0.923～0.911（50～212 小時）
A-6-6	15.8	59	1.3	0.34	0.971	0.940	0.925～0.306（50～204 小時）
A-6-5	16.7	56	1.2	0.30	0.977	0.944	0.924～0.928（20～200 小時）
A-6-3	17.8	53	1.3	0.30	0.966	0.931	0.917～0.889（50～375 小時）

表 2-7　電極的結構參數

電極	集流網	厚度（mm）	電催化劑	催化劑負載量（mg · cm^{-2}）	電極組成（質量比）
氫電極	60 目 Ni 網	0.56±0.03	Pt-Pd/C	6.4	Pt：Pd：C：PTFE =1：1：5：6
氧電極	60 目 Ni 網	0.60±0.03	Ag	1125.4	Ag_2O：PTFE=6：1
電極	**PTFE 質量比（%）**	**孔隙率（%）**	**曲折係數**	**平均孔半徑（μm）**	**孔半徑範圍（μm）**
氫電極	46.1	55	2.1	0.36	0.17～1.55
氧電極	14.6	57	1.2	0.47	0.19～0.70

2-3 石棉膜

在石棉膜型鹼性燃料電池中，飽浸鹼液的石棉膜的作用有二，一是利用其阻氣功能，分隔氧化劑（氧氣）和還原劑（氫氣）；二是為OH^-的傳遞提供通道。因此它是隔膜型鹼性燃料電池的關鍵元件。

利用國產一級石棉，按造紙法製備的石棉膜特性見表 2-8。

表 2-8 特一級石棉膜的物性測試結果[4]

石棉膜組成（以純石棉為100%計）（%）	穿透壓①（MPa）	孔隙率（%）	濕強度		乾厚（mm）	濕厚（mm）	平均孔半徑 $\bar{r}$（nm）	膜面電阻②（Ω · cm^2）
			縱張力（N）	橫張力（N）				
特一級石棉膜 100	1.0～1.3	75～82	0.35	0.98	0.47	1.25	90～70	0.30～0.40

①室溫質量比 48%KOH 塗鹼 1：1.4（膜鹼質量比）。
② 25℃，48%（質量比）KOH 塗鹼 1：1.4（膜鹼質量比）。

微孔石棉膜由於其孔徑為百奈米級，當其飽浸濃鹼液後，具有良好的阻氣性能。如表 2-8 中特一級純石棉膜，飽浸濃鹼液後，氣體穿透壓（最大鼓泡壓力）>1.0 MPa。但是氣體會在鹼液中溶解，經濃差擴散至另一側再逸出，即氣體透過溶解擴散會有少量通過飽浸濃鹼石棉膜的遷移。氫氣經溶解擴散遷移速率與膜厚度、溫度及鹼濃度的關係見圖 2-11。

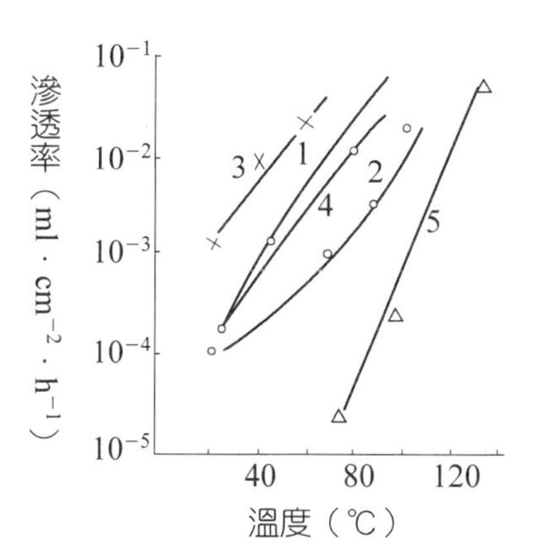

序號	膜厚（mm）	KOH 濃度（質量比）（%）
1	0.76	30
2	0.50	50
3	0.45	30
4	0.88	30
5	0.80	46

圖 2-11 特一級石棉膜滲氫率

由圖 2-11 可知，滲氫率隨石棉膜的減薄、KOH 溶液濃度的降低、溫度的升高而增加，其中溫度影響最為顯著。

對 0.5 mm 厚的特一級石棉膜（平均孔半徑在 70～90 nm 間），飽浸 48% 濃度（質量比）KOH，在 90℃滲氫量為 5×10^{-2} ml/（$cm^2\cdot h$），據此對一臺由 33 節單電池構成的電池組，每節電池膜電極「三合一」組件面積為 143 cm^2，通過 33 張石棉膜滲氫總量 $\leq$ 80 ml/h，當電池工作電流密度 $\geq$ 50 mA/cm^2時，它僅占電池耗氫量的 0.1%以下，也就是說電池的法拉第效率 $\geq$ 99.9%。膜透氫的影響可忽略不計。

石棉的主要成分為氧化鎂和氧化矽（分子式為 $3MgO\cdot 2SiO_2\cdot 2H_2O$），為電絕緣體。長期在濃鹼的水溶液中浸泡，其酸性組分與鹼反應生成微溶性的矽酸鉀（K_2SiO_3）。純特一級石棉用造紙法製備的石棉膜在 48%KOH 中腐蝕失重如圖 2-12 所示。由圖 2-12 可知，膜的腐蝕失重在 10%左右。表 2-9 為腐蝕實驗前後石棉化學組成的變化。

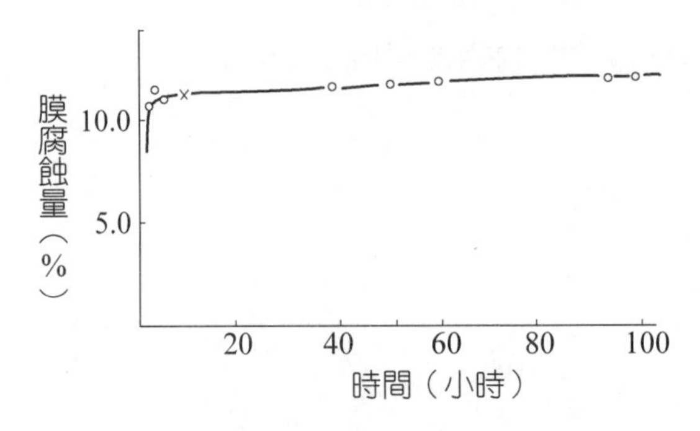

圖 2-12 特一級膜在鹼液中的腐蝕量

表 2-9 石棉膜鹼腐蝕前後的化學組成

組成	x①（MgO）（%）	x①（SiO_2）（%）	x①（H_2O）（%）	x①（Al_2O_3）（%）	x①（CaO）（%）	x①（Fe_2O_3）（%）
腐蝕前	38.8	32.2	17.2	1.36	8.83	2.19
腐蝕後	42.2	35.0	15.16	0.38	3.54	1.91

① x 為摩爾分數。

由表 2-9 可知，腐蝕後石棉膜中 Si、Mg 的含量提高，而 Al、Ca、H_2O 等含量下降。

為減少石棉膜在濃鹼中的腐蝕，可在石棉纖維製膜之前用濃鹼處理，也可以在塗入石棉膜的濃鹼中加入百分之幾的矽酸鉀，抑制石棉膜的腐蝕，減小膜在電池中因腐蝕而導致的結構變化。

因為石棉對人體有害，而且在濃鹼中緩慢腐蝕，為改進鹼性隔膜電池的壽命與性能，已開發成功鈦酸鉀微孔隔膜，並已成功地用於美國太空飛行器用鹼性燃料電池中。

2-4 雙極板與流場

在鹼性燃料電池工作條件下，性能穩定、比較廉價的雙極板材料是鎳和無孔石墨板。

美國普拉特—惠特尼公司為Apollo登月飛行研製的鹼性燃料電池即採用鎳作雙極板材料，在其上加工出放置密封件的溝槽和簡單的蛇形流場，如圖 2-13所示，雙孔燒結鎳片焊接在鎳支撐板上，在右圖所示的結構中，保證氣體分配的凸稜被加工在支撐板上；在左圖所示的結構中，凸稜是被加工在多孔燒結鎳片上。

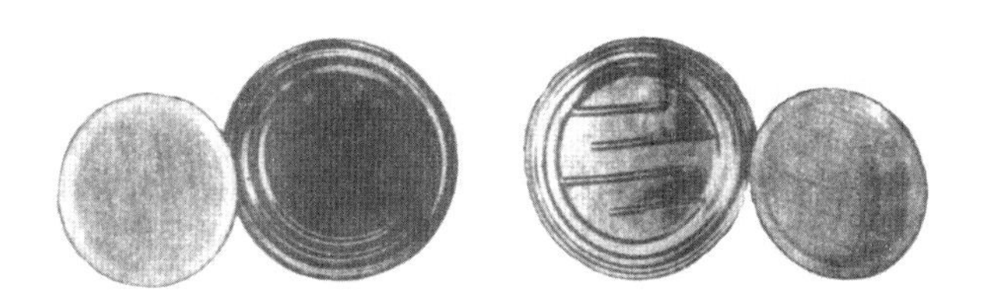

圖 2-13　普拉特—惠特尼公司的電池雙極板

作為航太電源，要求具有高的質量比功率和體積比功率，因此多採用厚度為毫米級的鎂、鋁等輕金屬製備雙極板。如美國用於太空飛行器（shuttle）的動態排水石棉膜型鹼性燃料電池即採用鎂板鍍銀或鍍金作雙極板。

中國科學院大連化學物理研究所在 20 世紀 70 年代研製的靜態排水、石棉膜型鹼性燃料電池，採用鋁板作雙極板材料，用腐蝕加工的方法加工點狀流場與進出氣通道，在其表面先鍍鎳後鍍金。氧—水雙極板厚 1.5 mm，氫極板厚 0.5 mm，其外貌如圖 2-14 和圖 2-15 所示。

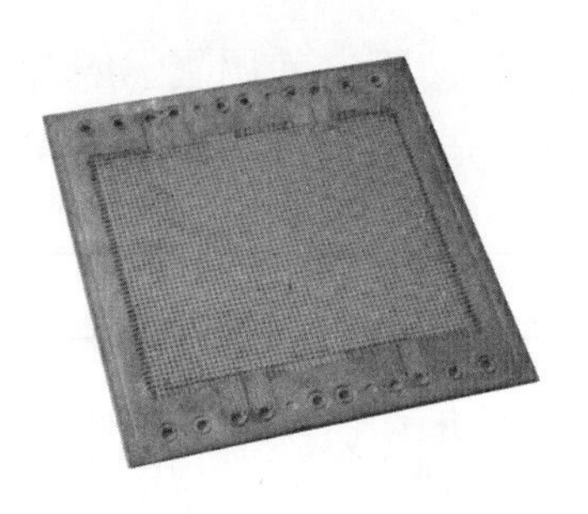

圖 2-14　氧一水雙極板

圖 2-15　氫極板

對地面和水下應用，可採用無孔石墨板或鐵板鍍鎳作雙極板。採用 3 mm 厚的鐵板作雙極板材料，用腐蝕加工技術製備點狀或平行溝槽流場，再鍍鎳作為鹼性燃料電池的雙極板。

2-5 單電池結構與密封

眾所周知，燃料電池的關鍵元件為陽極、陰極、電解質腔和表面帶有流場（引導反應氣體在電極表面的流動）的極板。若電解質腔圖 2-16 自由介質型鹼性燃料電池單電池結構由飽浸濃鹼的微孔膜（如石棉膜）擔當，則將陽極、陰極與隔膜組合構成「三合一」組件。

圖 2-16 為帶有鹼腔（自由介質型）鹼性燃料電池結構圖。這種結構的電池，防止氫、氧互竄的阻氣功能由飽浸 KOH 溶液的細孔層承擔，它可以是雙孔結構電極的細孔層（如 Bacon 型電極那樣），也可以由微孔隔膜（如石棉膜

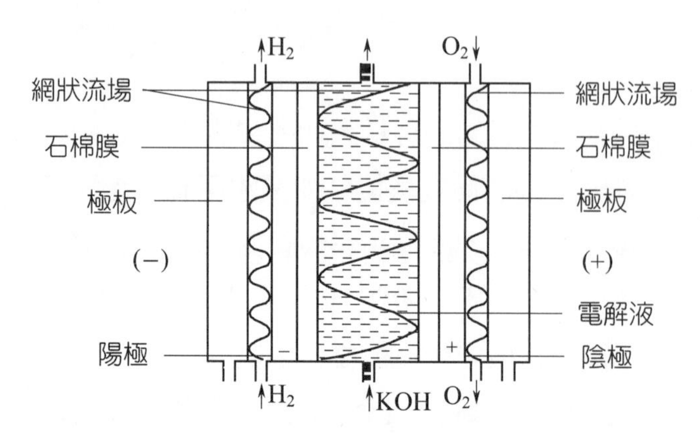

圖 2-16　自由介質型鹼性燃料電池單電池結構

或微孔塑料膜）承擔。

這種自由介質型鹼性燃料電池的優點是，循環的鹼液可同時將電池生成水和廢熱排出，即它能同時起到排出電池產物——水和廢熱的功能，而且電解液易於更新，有利於電池長時間運行。這種電池的缺點是，電池內離子導電部分由鹼腔和兩層充滿鹼液的細孔層構成，內阻較大，即增加電池的歐姆極化，降低了電池的能量轉化效率。

圖 2-17 為石棉隔膜型鹼性燃料電池結構圖。這種結構和上述自由介質型鹼性燃料電池相比，不但電池結構簡單，而且電池內阻小。當採用高負載量的貴金屬電催化劑和鍍金、鍍銀的鎂、鋁雙極板時，由這種結構組裝的電池組的體積比功率和質量比功率均是至今最高的。這種電池的明顯缺點也在於微孔石棉內儲存的鹼有限，一旦流失或污染及其以空氣為氧化劑時與微量二氧化碳反應生成 K_2CO_3，不僅會導致電池性能大幅度衰減，嚴重時還會導致隔膜兩側氫氣、氧氣互竄而使電池失效。為緩解這一技術問題，可在氫電極側加入一張作蓄鹼板的多孔鎳板、石墨板，或燒結、鍍鎳、鍍銀、鍍金的微孔塑料板。蓄鹼板的平均孔半徑要大於石棉膜的平均孔半徑、小於氫電極的平均孔半徑。它不但增加了電池內鹼的總儲存量，而且能起到水庫式的調節作用，調節電池膜電極「三合一」組件內的鹼液體積，確保石棉隔膜內有充足的鹼，防止氫氣、氧氣互竄和歐姆電阻增加，確保在氫氧電極內有足夠大的三相反應界面。

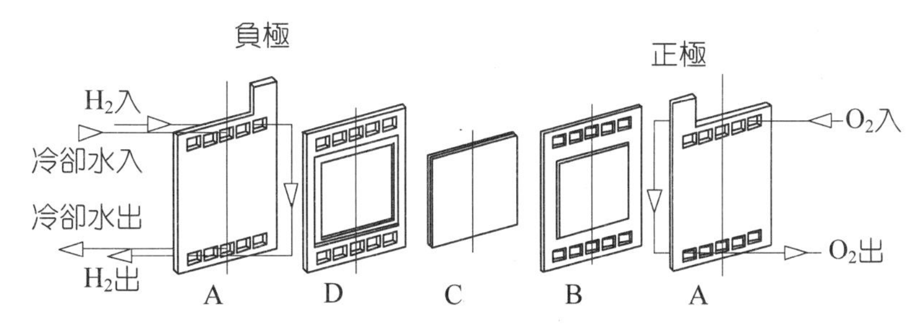

A—雙極板；B—密封件平皮；C—膜電極「三合一」組件；D—密封件臺皮

圖 2-17 石棉隔膜型鹼性燃料電池結構圖

中國科學院大連化學物理研究所在 20 世紀 70 年代研製石棉膜型鹼性燃料電池採用的密封結構如圖 2-18 所示。由圖 2-18 可知，密封件由一張臺皮與一張平皮構成。臺皮臺的高度 b 乘以橡皮組裝壓縮量（如 20%）等於石棉隔膜乾厚，而密封件中平皮厚度 a 和臺皮厚度 c 乘以橡皮組裝時的壓縮量（如 20%）分別等於氫電極的厚度、氧電極的厚度。

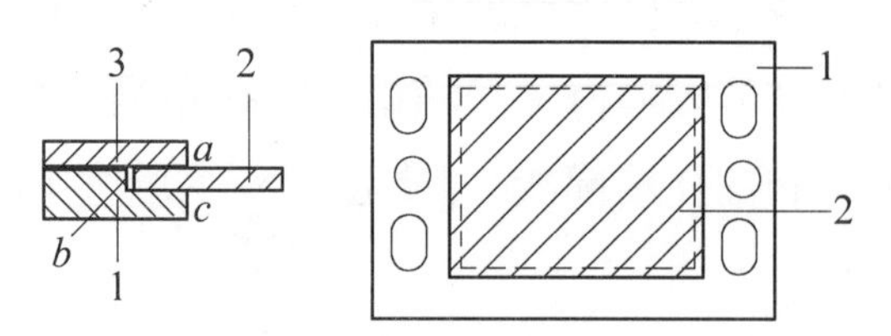

1—帶進出氣通道的密封件臺皮；2—膜電極「三合一」組件；3—密封件平皮
a—平皮厚度；b—臺皮臺的高度；c—臺皮水平部分的厚度

圖 2-18　雙密封結構示意圖

採用這種密封結構將石棉膜密封在電池內，防止了由於透過石棉膜鹼液外擴散引起的鹼液損失和漏電的發生。

採用這種密封結構，在電池組裝時，要嚴格控制密封件的壓深（變形量）。壓深過大、大於設計值時，不但會影響反應氣在電極內的擴散質傳，而且電極嵌入流場，影響反應氣在電池內的分佈，影響電池性能。壓深過小、小於設計值時，不但密封效果不佳，有時可能會導致電池反應氣的互竄或外漏，而且導致電極與極板間接觸電阻增大，加大歐姆極化，電池性能變壞。

2-6　排　水

為確保電池連續穩定的運行，必須以與電池生成水相等的速度將反應產物水排出。對石棉膜型 H_2-O_2 燃料電池，至今已發展了動態排水與靜態排水兩種排水方法。

1 動態排水

對鹼性氫氧燃料電池，水是在氫電極生成的。所謂動態排水，是用風機循環氫氣，在氫電極生成的液態水蒸發至氫氣中，遷移至電池外的冷凝器，冷凝後分離；氫氣再與由氫源來的純氫混合返回電池。流程如圖 2-19 所示。

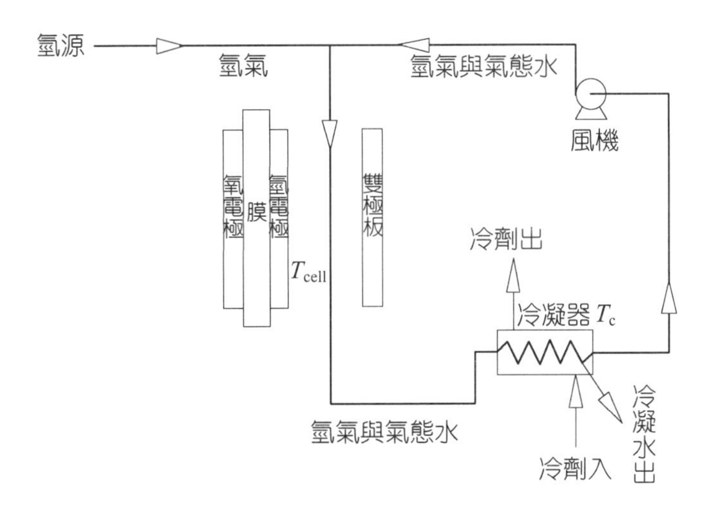

圖 2-19　動態排水流程圖

因為水的蒸發、冷凝速度快，所以可近似地認為均處在熱力學平衡狀態，即電池內氫腔中的水蒸氣分壓$p_{cell}^{H_2O}$由電池石棉隔膜內鹼濃度和電池工作溫度決定，並等於冷凝器入口的水蒸氣分壓，而冷凝器出口的氫氣中水蒸氣分壓$p_C^{H_2O}$由冷凝器溫度決定。

在定態下氫氣循環比n與p_Σ、$p_{cell}^{H_2O}$、$p_C^{H_2O}$的關係為：

$$n=\frac{V_R}{V_H}=\frac{1}{\dfrac{p_{cell}^{H_2O}}{p_\Sigma-p_{cell}^{H_2O}}-\dfrac{p_C^{H_2O}}{p_\Sigma-p_C^{H_2O}}} \qquad (2\text{-}1)$$

式中，p_Σ為系統總壓；V_R 為氫氣循環量；V_H 為電池氫消耗量（按體積計）。依式（2-1）計算的循環比n與電池石棉隔膜內鹼液濃度的關係如圖 2-20 所示。由圖可知，僅當氫氣循環比大於 25 時，電池石棉膜內的鹼液濃度才與n幾乎無關。也就是說，隨著電池負荷的改變，無需改變V_R，電池石棉膜內的鹼液濃度可基本保持不變。但若循環比太大，則循環泵功耗增加，增加了電池系統的內耗。當電池在 100 mA/cm^2 工作時，此時$n=20$；當電池負荷增至 200 mA/cm^{2}時，若不相應調整氫氣的循環量V_R，而維持原 100 mA/cm^2 工作時的循環量，則循環比n下降為 10，由圖 2-20 可查到電池石棉膜內鹼的濃度（質量比）會從 41%降至 32.5%，由於鹼液變稀、鹼液體積增大，這將導致電池鹼流失。而隨負荷變化跟蹤調整氫的循環量給控制增加了難度。正如前述，為解決這一難

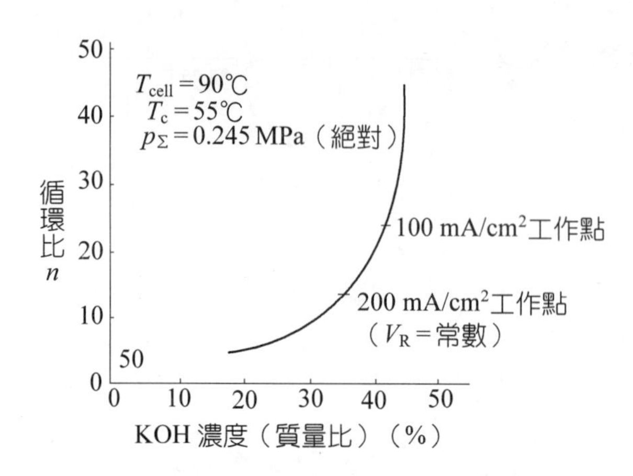

圖 2-20　氫氣循環比與石棉膜內鹼濃度的關係

題，可在氫電極靠氣腔側增加穿孔的多孔燒結鎳板或碳板，它能起到水庫的作用，確保在固定的氫氣循環量V_R下，電池負荷改變時防止電池隔膜中的鹼流失。採用動態排水，電池結構簡單，但要使用氫的循環泵，泵的功耗與氫循環量V_R和電池組壓力降Δp成正比，$W=kV_R\Delta p$。氫循環泵的效率一般$\leq 5\%$，一臺 0.5～1.0 kW的電池組，泵的實際功耗應在 10 W左右。泵的採用增加了電池系統的動元件，會降低電池系統的可靠性。美國太空飛行器用H_2-O_2石棉膜型燃料電池和中國天津電源研究所在 20 世紀 70 年代研製的鹼性燃料電池均採用這種動態排水方法。中國科學院大連化學物理研究所在 20 世紀 70 年代曾組裝了兩臺千瓦級動態排水的 H_2-O_2 石棉膜型燃料電池，並進行了性能考察，後來轉而採用下述的靜態排水方法。

2 靜態排水

靜態排水是在電池氫電極側增加一張飽浸 KOH 液的微孔導水膜（如石棉膜），將電池的氫腔與水蒸氣腔分開，如圖 2-21 所示。水蒸氣腔維持負壓，水真空蒸發。電池反應在氫電極側生成的液態水蒸發至氫氣室，透過擴散遷移至導水膜一側冷凝，依靠濃差擴散遷至導水膜的另一側，即水蒸氣腔，再真空蒸發，靠壓差遷移至電池外冷凝分離器冷凝回收。因為水蒸發、冷凝和氣相擴散速度均較快，所以整個排水過程的速度由導水膜內的水濃差遷移的速度決定，即由導水膜兩側的鹼濃度差決定。

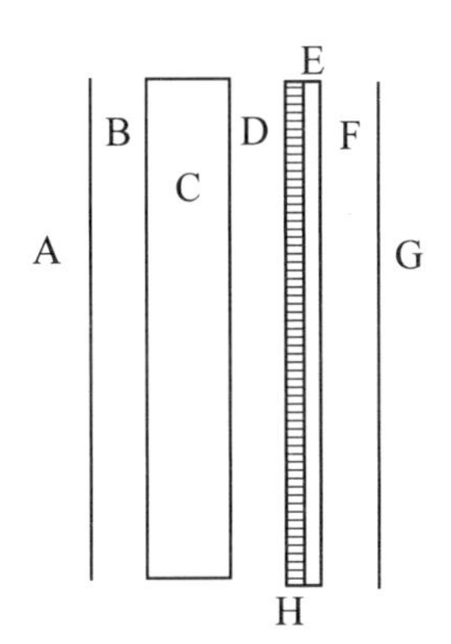

A—帶流場的氧水板；B—氧腔；C—膜電極「三合一」組件；D—氫腔；
E—飽浸氫氧化鉀的導水膜；F—水蒸氣腔；G—下一個單電池的帶流場的氧水板；
H—帶流場的穿孔的氫極板

圖 2-21 靜態排水原理圖

由於導水膜面積遠遠大於其厚度，故水在膜內遷移可用一維擴散方程處理，即：

$$\overline{W}=D\frac{s}{l}\Delta c \qquad (2\text{-}2)$$

式中，$\overline{W}$ 為導水量，g/h；D 為水在導水膜內有效擴散係數，cm^2/h；s 與 l 分別為導水膜面積與厚度，cm^2，cm；Δc 為導水膜兩側鹼的濃度差，g/cm^2。

水在 90℃，質量比為 40%KOH 水溶液中的擴散係數為 3.5×10^{-4} cm^2/s。又知多孔介質對擴散係數與對電導的影響相似，實測飽浸 KOH 水溶液的特一級石棉膜的電阻為自由介質的 3 倍，據此可推算水在飽浸 40%KOH 水溶液的特一級石棉膜中的有效擴散係數為 1.17×10^{-4} cm^2/s。35～40%KOH 水溶液的密度為 1.4 g/cm^3。對每平方厘米導水膜，假定膜兩側鹼的濃度差為 x（%）時，上述數據代入式（2-2），可得：

$$\overline{W}=11.7\ (g/h)\times x\ (\%) \qquad (2\text{-}3)$$

再依據法拉第定律計算電池在不同電流密度下工作時生成水量，可知當濃度差為 1%時對應 340 mA/cm^2，2%對應 680 mA/cm^2。即導水膜在很小的濃差下即可導出電池生成水。

導水膜水腔側的鹼濃度由電池的工作溫度與水腔真空度決定。中國科學院大連化學物理研究所研製的鹼性燃料電池工作溫度為 90℃，導水膜鹼濃度（質量比）在 40%，水腔真空度控制在 18.7 kPa。此時當電池負荷由 100 mA/cm^2 增至 200 mA/cm^2 時，導水膜氫腔側的鹼濃度僅增加了 0.3%，這是允許的。電池組實驗也證實，在不加蓄鹼板時，當電池負荷由 100 mA/cm^2 增至 400 mA/cm^2 時，才有輕微的鹼流失。為防止電池在啟動、停車和大倍數過載時的鹼流失，可在導水膜任何一側加入一片穿孔的微孔石墨板作蓄鹼板。

靜態排水應答能力優於動態排水，僅需控制水腔真空度，易於實施。在過載 2～3 倍時不加蓄鹼板也不導致鹼流失。但是每節電池要增加一個水腔，電池結構比動態排水複雜。依 20 世紀 70 年代中國科學院大連化學物理研究所達到的技術水準，一臺由電極工作面積 143 cm^2、33 節單電池組成的電池組，電池組增加質量約 4.6 kg。若動態排水循環泵的功耗按 10 W、電池效率按 60% 計，液氫、液氧容器與儲液質量比按 1：1 計，對電池系統整機質量而言，在不考慮氫循環泵質量時，電池連續工作超過 400～500 小時，採用靜態排水的電池系統總質量已優於動態排水（在利用太空真空的條件下）。

2-7 電池組結構與相關技術

鹼性燃料電池電池組一般按壓濾機方式組裝。電池組主體為膜電極「三合一」、雙極板和密封件等若干重複單元，兩頭為帶集流輸出的單極板（一頭為氫板，另一頭為氧板），為維持電池內溫度分佈均勻，有時在單極板外加置隔熱板（由熱導率低的工程塑料製備）和兩端夾板，由一定數目的螺桿壓緊。圖 2-22 和圖 2-23 分別為動態排水和靜態排水的電池組結構圖。

1 密封與自緊裝置

設計、組裝電池組首先要考慮的問題是在確保電池組良好的密封（即反應氣不外漏也不互竄）的同時，又能保證膜電極「三合一」組件與雙極板接觸良好，減少接觸電阻。對石棉膜型鹼性燃料電池，同時還要使膜電極「三合一」組件有一定的壓深，其壓深直接關係到作為電解質的鹼液在電極與隔膜間的初始分配、電極與石棉膜接觸的好壞。為此，在進行電池組的設計之前，要用交流阻抗法（AC impedance measurement）測定膜電極「三合一」組件壓深與膜

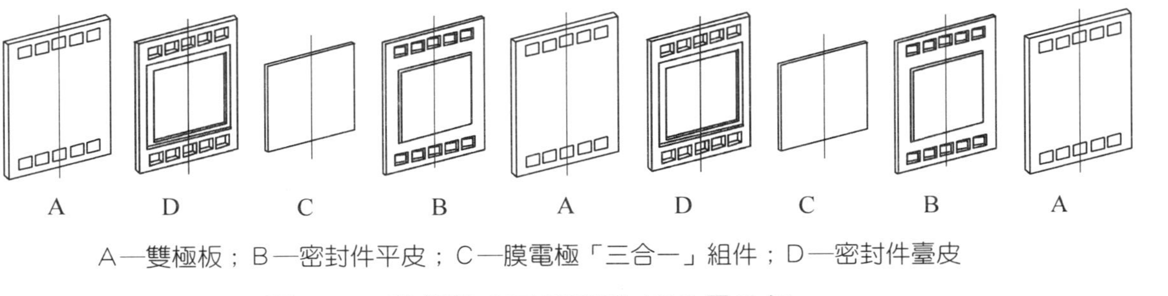

A—雙極板；B—密封件平皮；C—膜電極「三合一」組件；D—密封件臺皮

圖 2-22 動態排水石棉膜型 AFC 電池組

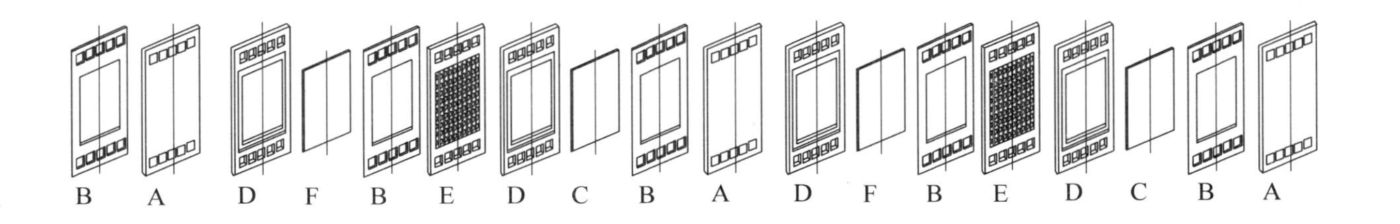

A—帶流場的氧水板；B—密封件平皮；C—膜電極「三合一」組件；D—密封件臺皮；E—帶溝狀孔流場的氫極板；F—阻氣透水膜

圖 2-23 靜態排水石棉膜型 AFC 電池組

電極「三合一」組件阻抗的關係，確定適宜的「三合一」組件壓深範圍。對於中國科學院大連化學物理研究所 20 世紀 70 年代研製的鹼性燃料電池所採用的 0.5 mm 厚純銀氧電極、0.5 mm 厚 Pt-Pd/C 氫電極與 0.4 mm 厚特一級石棉膜，在隔膜擔鹼量為 1：1.4（膜與鹼液質量比）時，膜電極「三合一」組件的適宜壓深約 0.1～0.2 mm，即「三合一」組件的壓深控制在 15%左右。

為在電池組組裝時確保膜電極「三合一」組件的壓深，在設計密封結構時，需滿足密封件厚度乘以其適宜的變形量（如對用橡膠作密封材料時可取其值為 20～30%）應等於「三合一」組件壓緊後的厚度，即：

$$a_i(1-f)=h_i(1-\eta) \qquad (2\text{-}4)$$

式中，a_i 為密封件厚度；f 為密封件的壓縮變形量；h_i 為「三合一」組件的厚度；η 為「三合一」組件的壓縮變形量，$h_i \times \eta$ 為其壓深。一般簡稱這種關係為匹配。

在組裝電池組時，必須將上述密封件的變形量轉為可測量與可控制的量。一臺電池組由硬體（如雙極板、隔熱板）、軟體（如密封件）以及膜電極「三合一」組件構成，因此電池組壓深前的自然高度應等於：

$$H_1=\sum_i b_i+\sum_i a_i \qquad (2\text{-}5)$$

式中，H_1 為電池組壓緊前的自然高度；Σb_i 為所有硬體的高度；Σa_i 為所有軟體（即密封件）的高度。電池組逐步加壓壓緊，最終應達到：

$$H_2=\sum_i b_i+\sum_i a_i(1-f) \qquad (2\text{-}6)$$

這樣，在組裝電池組時，只需控制壓緊後的電池總高度即可。但要注意，為使電池組內各密封件能均勻地被壓縮，最終均能滿足關係式（2-4），電池加壓過程需緩慢進行。

電池組組裝完成後需進行試漏：將電池組的氫腔、氧腔（若採用靜態排水時還要包括水腔）均充入氮氣，壓力控制在電池氫氣、氧氣的工作壓力或稍低，檢查電池組是否有漏氣。也可通入氫氣或氦氣，用氫傳感器或氦質譜儀檢測是否有漏氣。若有漏氣，一般需將電池組再壓緊一下，至不漏氣為止。之後要試竄，即從電池組的一個氣腔送入氮氣，壓力 ≤ 0.05 MPa，檢查另一個氣腔有沒有氣泡排出，若竄氣，也需要壓緊一下電池組。

若電池組緊到密封件變形量 ≥ 40%時，仍有漏氣或竄氣發生，則需拆開電池組進行檢查。漏氣或竄氣的原因一般為：①組裝錯誤；②石棉膜有孔；③密封設計或匹配設計不合理。不論何種原因引起，均需改正後重裝電池組。

在電池組運行過程中，密封件會發生老化，影響電池組的密封；膜電極「三合一」組件也可能發生微小的變形，導致電池的接觸電阻增加，為此，需跟蹤電池組的變化，維持電池組始終處於良好的密封和電接觸狀態。對短期運行電池組（如幾百小時），可在自緊螺桿上加入疊形彈簧，跟蹤電池組高度變化；而對長時間工作的電池組，則要加入自緊裝置，用氫氣的壓力永遠保持電池組的組裝時用力恆定，跟蹤電池組密封件和膜電極「三合一」組件等的變化。中國科學院大連化學物理研究所在 20 世紀 70 年代研製的鹼性燃料電池組均採用活塞式自緊裝置，活塞的最大行程可達 10 mm，實際應用證明效果良好，活塞行程有 2～3 mm 已足夠了。

2 並串聯與內增濕

不論採用什麼純度的氫、氧反應劑，即使採用液氫、液氧作燃料和氧化劑，反應氣中總會有少量（如百萬分之一級）的雜質（如氮），這類雜質不參與電化學反應，隨著電池的運行，雜質會在電池組內積累。又由於為提高電池組的質量比功率和體積比功率，電池的氣腔死體積均很小，一般為毫升級。因此電池需連續或間歇排出尾氣，以便將雜質排到電池組外。而在排出雜質的同時也將燃料和氧化劑排出，降低了反應劑的利用率，一般尾氣的排放量均較小。但此時若採用如圖 2-24 所示的全並聯結構，由於電池組的零元件（如電極隔膜厚度、密封件等）微小差異和組裝時各節單電池的膜電極「三合一」組件的壓深與密封件變形量的差異會導致各單節電池氣路阻力的不均，而惰性氣體會在阻力大的單電池氣腔積累，嚴重時會使電池組內某一節單電池反極，進而損壞電池組。

當然，可以採用尾氣循環方法解決反應氣在電池各節單電池間分配不均的問題，如採用動態排水的鹼性燃料電池氫回路。採用這種方法一是增加動元件，降低電池系統的可靠性，二是增加電池系統的內耗。而且此時循環尾氣中

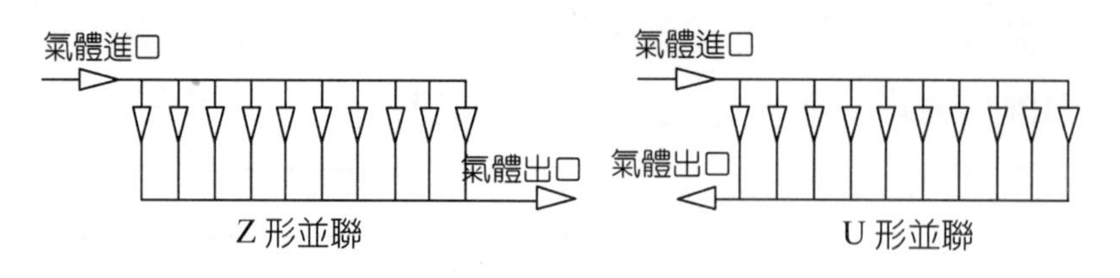

圖 2-24　電池組的全並聯氣路結構

若惰性雜質含量過高（如達到 50%）再排放，會導致整個電池組內參與電極反應的反應氣濃度下降，增加了濃差極化，降低了電池組能量轉化效率。中國科學院大連化學物理研究所 20 世紀 70 年代研製的石棉膜型靜態排水鹼性燃料電池組內採用了如圖 2-25 所示的並串聯方式，有效地解決了這一技術問題。假定電池組由 31 節單電池組成，第一組為 16 個單電池並聯，第一組單電池的尾氣作為第二組 8 節並聯單電池的進氣，依此類推，得到 16、8、4、2、1 的並串結構，最後一節單電池作為尾氣排放的控制單電池。採用這種並串聯的氣路結構，除最後一節單電池外，其餘每節單電池進出氣量比均為 2：1，即排出氣量和它電化學反應消耗的氣量相等，有力地克服了反應氣在各單電池間分配不均和惰性氣體積累的問題。可依據反應氣的純度和設定負荷（如 100 mA/cm^2 時），將末節指示電池的最低工作電壓定為 0.60～0.70 V 作為惰性氣體排放量的控制參數。排氣可採用兩種方式，一為連續恆速排放；二為脈衝排放。採用脈衝排放反應氣，利用率比連續、恆速排放高，但由於末節電池在脈衝排放時的突然降壓，有可能導致微小的鹼流失。在中國科學院大連化學物理研究所 20 世紀 70 年代研製的鹼性燃料電池中，採用連續恆速排放為主，當採用液氫、

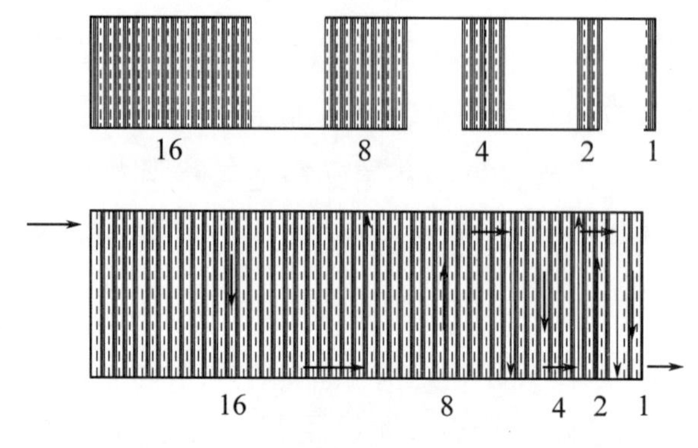

圖 2-25　電池組的並串聯氣路結構

液氧為反應氣時，連續排放量約為 100 mA/cm^2 工作時單電池反應氣化學計量的 1/2，而輔以脈衝排放，此時反應氣的有效利用率可高達 ≥ 98%。

K. Strasser[8]在 1990 年所發表的關於鹼性燃料電池的設計一文中也給出了電池組氣路的並串聯（cascading manner）設計。與中國科學院大連化學物理研究所不同的是，在他的設計中，氫氣與氧氣在電池組內逆向流動，並將兩個單節電池（末節與第一節）分別作為排放氫中與排放氧中惰性氣體的控制電池。

乾燥的氫氣、氧氣直接進入電池組，電池運行一段時間後，在各節單電池入口處會呈現白色結晶，這是由於在入口的鹼液中水分向乾氣中蒸發，致使鹼濃度過高而結晶析出。在採用並串聯的電池組中，第一個並聯組由於通過乾氣量的加大，這種現象更為嚴重。這種鹼的結晶析出，不但減小了電極的有效工作面積，而且由於進口阻力發生變化，會影響電池組內各單電池間的氣體分配，嚴重時還會導致氫氣、氧氣互竄，危及電池安全運行。為此，在中國科學院大連化學物理研究所 20 世紀 70 年代研製的鹼性燃料電池中，在乾的反應劑進入各節單電池前，利用電池生成水對其進行增濕。裝於電池組內的增濕器結構如圖 2-26 所示。

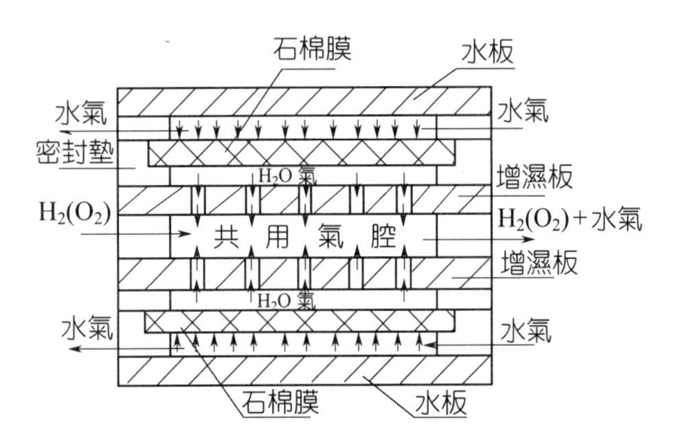

圖 2-26　反應氣內增濕原理與結構

3 分室結構

由前所述，按壓濾機方式組裝電池組，電池組內各節單電池在電路上全部串聯，在電池組工作時，各節電池工作的平均電流密度均一致；單電池間性能差異表現在各節單電池的工作電壓大小，因此在評價一臺電池組的優劣時，各節單電池電壓的均勻性是一個重要指標。由於各節單電池串聯，只要電池組內一節單電池失效，最終均導致整臺電池的失效。

當電池組內某一節單電池失效或性能大幅度減小時，能否使電池組不但不失效，運行良好，而且總電壓也變化極小，對電池組輸出功率無大影響呢？分室結構是解決這一問題的一種有效方法。分室結構的極板如圖 2-27 所示。

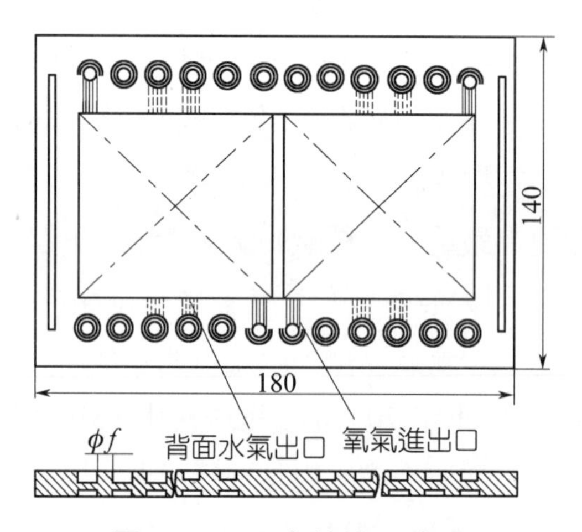

圖 2-27　分室結構示意圖

由圖 2-27 可知，所謂分室結構，是在一塊雙極板上，裝入兩個膜電極「三合一」組件（即兩個單電池），它們在電路上相互並聯，而氣路與水路完全獨立。

採用這種分室結構組裝的電池組，從外形看是一臺電池組。當電池運行時，由於某種原因（如惰性氣體積累）導致某一節單電池性能下降時，與其相鄰、電路並聯的另一個單電池則自動增加負荷，確保電池組正常工作和輸出功率無明顯變化。極端時，電路並聯的兩個單電池中一個不工作，另一個則以加倍的電流密度工作，確保電池組穩定運行。而並聯兩個單電池同時失效的機率幾乎為「0」，因此採用分室結構能大大提高電池組可靠性，但代價是電池組的氣路與水路的複雜化和電極工作面積稍許減少。

可採用圖 2-28 所示的模擬實驗來證明這一原理，並預測在分室結構電池組兩個並聯單電池一個失效時，另一單電池電壓的變化和電池總電壓的變化。實驗結果如表 2-10 所示。由表 2-10 實驗結果可知，當某節電池工作電流密度加倍時，單電池與總電壓僅下降 0.06～0.07 V。對 (28±2) V 的總電壓來講，這一數值在電壓允許的變化範圍之內。

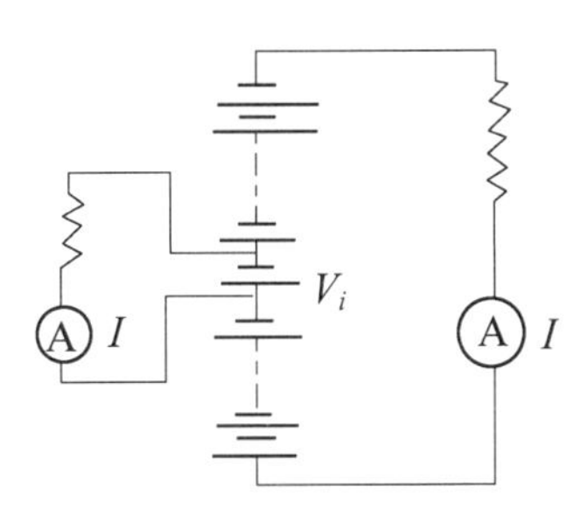

圖 2-28 分室結構模擬實驗電路圖

表 2-10 分室結構模擬實驗結果①

單電池序號	V_i(mV) (I=14 A)	I(A)	V_{I+i} (mV)
V_9	970	13.5	900
V_6	967	13.5	910
V_{30}	971	13.5	903
V_{29}	970	13.5	904

①原料氫的摩爾分數為 65%。

在 20 世紀 70 年代，中國科學院大連化學物理研究所採用這種結構組裝了千瓦級以 N_2H_4 在線分解氣為燃料（氫含量 ≥ 65%）的石棉膜型靜態排水的鹼性燃料電池。

2-8 操作條件對電池性能的影響

1 反應氣工作壓力對電池性能的影響

從熱力學角度來看，依據鹼性燃料電池總反應 $2H_2 + O_2 \longrightarrow 2H_2O$ 可知，其 Nernst 方程為：

$$E = E^0 + \frac{RT}{nF}\ln\frac{p_{O_2}p_{H_2}^2}{a_{H_2O}^2} \tag{2-7}$$

式中，p_{H_2} 與 p_{O_2} 分別為氫氣、氧氣的分壓；a_{H_2O} 為水的活度。由 Nernst 方程可知，隨著 p_{H_2} 與 p_{O_2} 壓力的增加，電池的電動勢增加，即升高反應氣壓力能提高電池電壓，而且其增加值應與反應氣壓力對數成正比。

從動力學角度看，依據電極過程動力學方程：

$$i = i_0\left[\exp\frac{(1-\alpha)\,nF\eta}{RT} - \exp\frac{-\alpha Fn\eta}{RT}\right] \quad (2\text{-}8)$$

式中，i_0 為交換電流密度，在恆溫下它是反應劑濃度的函數，一般可寫為：

$$i_0 = kp^x \quad (2\text{-}9)$$

式中 x 為反應級數。對氧電化學還原過程和氫電化學氧化過程，一般取 $x=1$。在鹼性燃料電池工作電流密度 ≥ 50～100 mA/cm^2 時，逆反應可略去。在恆溫與恆電流密度時，電極的化學極化與反應氣工作壓力也成對數關係。

圖 2-29 為中國科學院大連化學物理研究所研製的靜態排水鹼性燃料電池的反應氣（氫、氧）工作壓力與電池電壓的關係。實驗時氫氣、氧氣壓力同步改變的原因是為了減少電池工作壓差。

在選定的電池工作的壓力範圍（0.15～0.20 MPa），大量的實驗數據證明，反應氣工作壓力每升高 0.01 MPa，平均每節單電池的工作電壓升高 1 mV。

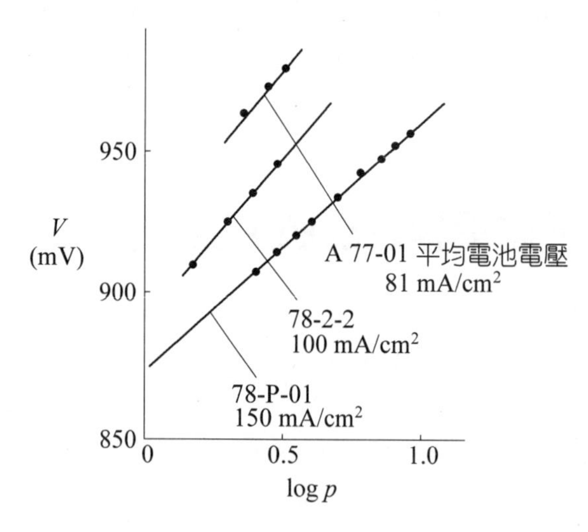

圖 2-29　反應氣壓力與電池電壓的關係

2 電池工作溫度對電池性能的影響

從電化學熱力學考慮，氫氧燃料電池可逆電動勢的溫度係數為負值，為

$\partial E_r^0/\partial T = -0.84$，即隨著電池溫度的升高，電池的可逆電勢下降。

從電極過程動力學看，電池溫度升高一能提高電化反應速率，從而減小化學極化；二能提高質傳速率，減少濃差極化；三能提高 OH^- 導電離子遷移速度，減小歐姆極化。總之，從動力學角度看，電池溫度升高，能減小電池極化、改善電池性能。

圖 2-30 為石棉膜型靜態排水鹼性燃料電池工作電壓與溫度的關係。由圖可知，在實驗範圍內，動力學因素大於熱力學因素，電池工作電壓隨著電池工作溫度的升高而增加，而且電池工作電流密度高時增加幅度大。

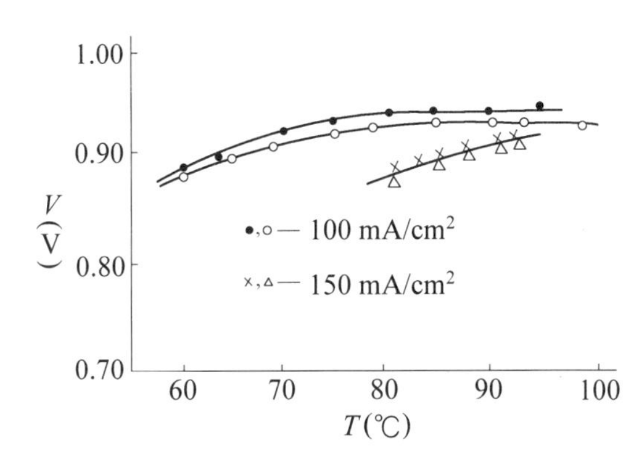

圖 2-30　電壓與溫度的關係

3 靜態排水電池水腔真空度對電池性能的影響

水腔真空度與電池工作溫度決定了靜態排水鹼性燃料電池導水膜水腔側鹼的濃度。而在電池一定工作電流密度範圍內，這一濃度對確定的電池結構則決定了膜／電極「三合一」組件中石棉膜中鹼的濃度。石棉膜內鹼的濃度大小與其電導密切相關，也就是說它影響電池歐姆極化的大小。因此，對確定的電池結構設計和選定的電池工作溫度，電池工作電壓是水腔真空度的函數。對中國科學院大連化學物理研究所 20 世紀 70 年代研製的鹼性燃料電池，實驗結果如圖 2-31 所示。

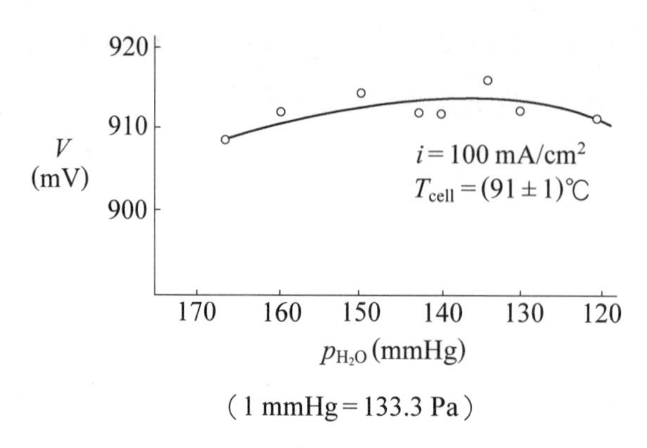

（1 mmHg = 133.3 Pa）

圖 2-31　水腔真空度和電池性能的關係

由圖 2-31 可知，對這種確定的電池結構，水腔真空度在 (18.7±0.7) kPa 區間為佳。此時對應的導水膜鹼濃度（質量比）約為 40%。對 KOH 水溶液，鹼濃度與鹼體積的關係為：

$$V_{KOH} = G(1.15\, W^2 + 0.939\, W)^{-1} \tag{2-10}$$

式中，V_{KOH} 為鹼液體積；G 為鹼液中 KOH 質量；W 為鹼的濃度（質量比）。由式（2-10）可知，當鹼濃度發生變化時，會導致鹼體積的改變，因此水腔真空度的變化、電池工作溫度的變化、電池電流密度的大幅度變化均會引起鹼體積變化，這種變化太大時會導致鹼流失，對鹼性石棉膜型燃料電池是十分有害的，會縮短電池壽命。為此，把水腔真空度和電池工作溫度分別控制在 (18.7±0.7) kPa 和 (90±1)℃，而且電池組輸出功率變化 ≤ 2 倍。

為了減少上述參數的控制精度和允許電池輸出功率發生幾倍變化而又不產生鹼流失，需在電池膜電極「三合一」組件氫腔側和導水膜水腔側加入穿孔的微孔碳板作貯鹼板。

4 反應氣中雜質氣體的影響

◎氫氣中氮和氨等的影響

對於採用 N_2H_4、NH_3 在線分解製備氮—氫混合氣作燃料的鹼性燃料電池，需考察氫氣中大量 N_2 對尾氣排放與燃料利用率的影響和微量 NH_3 對電池性能的影響。

(1) **N_2 的影響**

N_2 為惰性氣體，當採用 N_2H_4 在線分解氣為燃料時，H_2 中 N_2 含量高達 35%，對採用並串聯的鹼性燃料電池，尾氣排放量決定末節單電池的工作電壓。尾氣排放量和排放氣中氫濃度的關係見表 2-11。由表可知道，當末節電池氫濃度（摩爾分數）為 10%左右、電流密度為 100 mA/cm^2 時，末節電池的工作電壓 ≥ 0.70 V，這一數值選定為連續排氣的設定電壓，而以 0.60 V 作為脈衝排氣控制電壓，此時電池組的燃料利用率在 90～97%之間。若將末節電池排氣控制電壓下調，燃料利用率還可提高。

(2) **NH_3 的影響**

當採用 N_2H_4、NH_3 分解製備氮氫混合氣作燃料時，混合氣中均含有 0.5～1.0%的 NH_3。電池組的性能測試與 1000 小時壽命實驗結果均證明，混合氣中含有的小於 1%的 NH_3 對鹼性燃料電池電池性能與壽命無影響。

表 2-11　氫濃度對電池性能的影響

$\sum_{i=1}^{33} V_i$ (V)	電流密度（$mA \cdot cm^{-2}$）	燃料氣中氫濃度（摩爾分數）（%）	放氣量（$L \cdot h^{-1}$）	$\overline{V}_i$ (mV)	氣路末節電池電壓 (V_{17})(mV)	尾氣中 H_2 濃度（摩爾分數）（%）	
						分析	計算
30.70	50.0	65.0	57	932	916	8	5
29.55	77.0	65.0	102	896	840	11	12.7
28.66	100.0	65.0	130	870	724	—	12.0

◎**CO_2 的影響**

若 CO_2 與反應氣一起進入電池，CO_2 將會與 KOH 反應生成 K_2CO_3。因 K_2CO_3 的水溶液電導遠低於 KOH，所以會導致電池歐姆極化增加，性能下降。而且 K_2CO_3 水溶液的蒸汽壓高，K_2CO_3 生成還會導致隔膜失水、鹽結晶析出，嚴重時隔膜失去阻氣性能，氫、氧互竄而導致電池失效。對採用內增濕的鹼性燃料電池，因為全部反應氣均通過內增濕段，對 CO_2 的控制更為嚴格。因此對採用空氣作氧化劑的鹼性燃料電池，空氣中微量 CO_2 一定要消除到百萬分之一級。當用僅含 $17\times10^{-6}CO_2$ 的氧氣作氧化劑時，電池工作幾百小時後拆開電池時，會發現電池組的增濕膜已被碳酸鹽化，如圖 2-32 所示。

圖 2-32　增濕膜的碳酸鹽化

5 單電池的伏—安（電壓—電流）曲線與電池效率

典型石棉膜型靜態排水的氫氧燃料電池伏—安曲線如圖 2-33 所示。圖中 η_0 稱為開路極化，即當電池無電流輸出時的電池電壓與可逆電勢的差值，其產生原因是氧的電化學還原交換電流密度太低，因而產生混合電位。η_Ω 為電池內阻引起的歐姆極化，包括隔膜電阻、電極電阻與各種接觸電阻，伏—安曲線的直線部分的斜率由它決定，電池電流密度的工作區間就選在此段，通稱這一段斜率為電池的動態內阻。

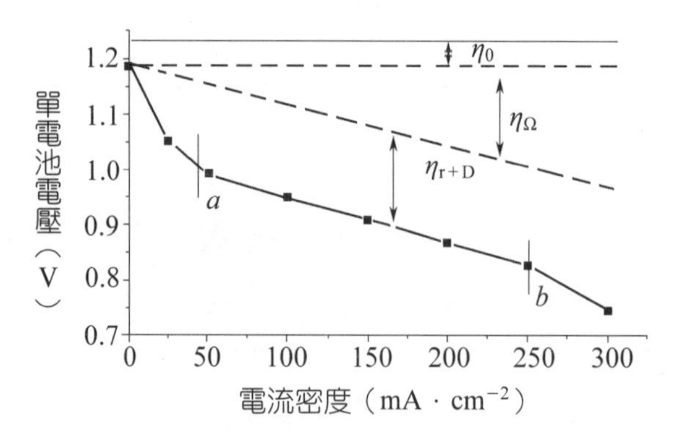

圖 2-33　石棉膜型靜態排水的氫氧燃料電池伏—安曲線

燃料電池的效率：

$$f = f_T \cdot f_V \cdot f_I \cdot f_g \tag{2-11}$$

式中，f_T 為熱力學效率，即$\Delta G/\Delta H$，等於 0.83；f_V 為電壓效率，是電池工作電壓與可逆電勢（1.23）之比；f_I 為電流效率，對石棉膜型電池，由前所述，接近 100%；f_g 為反應氣利用效率，如前所述對採用液氫、液氧為燃料的電池，當採用並串聯結構時，$f_g \geq 98\%$，按 98%計。據此，當電池在 100 mA/cm² 工作時，從圖 2-33 可查得 $V = 0.95$ V，計算得到的電池效率$f = 62.8\%$（HHV）。

2-9 電池組性能

1 電池組伏一安（電壓一電流）特性

在 20 世紀 70 年代，中國科學院大連化學物理研究所組裝了兩種類型石棉膜型 H_2/O_2 鹼性燃料電池。一類稱為 A 型，以純氫（液氫）、純氧（液氧）為燃料和氧化劑，電池組採用並串聯，內增濕，由 33 節單電池構成。其中兩節電池在低負荷運行時空載不工作，高負荷時接入工作（詳見電池系統部分）。電池組外貌見圖 2-34。電池組額定輸出功率為 500 W，峰值 1000 W。輸出電壓穩定在(28±2) V。電極工作面積 143 cm²，外形尺寸 230 mm × 230 mm × 400 mm，質量 19.5 kg。電池組的 V-I 特性曲線見圖 2-35。由圖可求得電池組的動態內阻為 0.2 Ω。

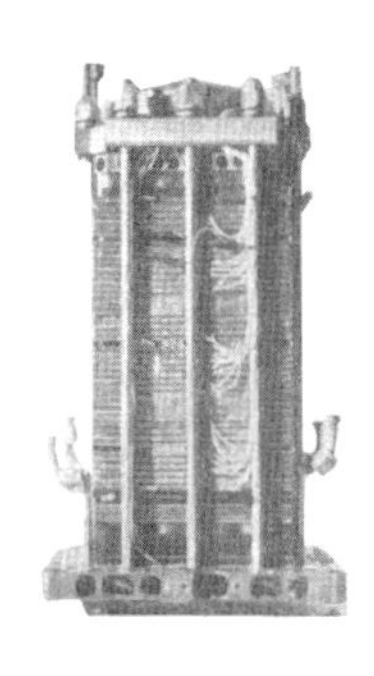

圖 2-34　A 型電池組

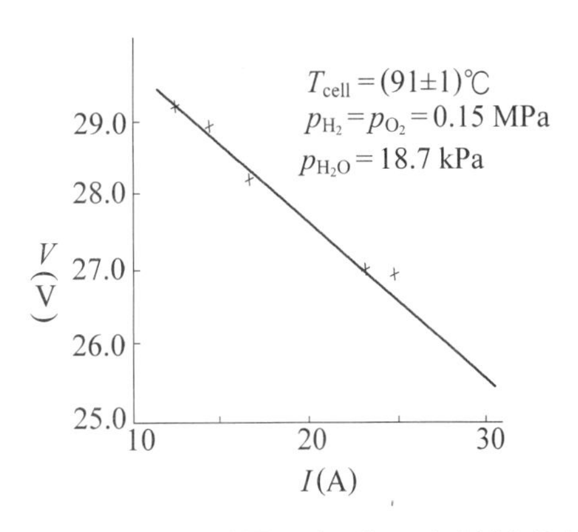

圖 2-35　A 型電池組伏一安特性曲線

組裝的另一類型電池組稱為 B 型。它以在線 N_2H_4 分解氣為燃料，空分氧或純氧為氧化劑。電池組也採用並串聯和內增濕。由於燃料氣濃度低，為提高電池組的可靠性，B型電池採用分室結構。電池組電極工作面積為 $67.5 \times 2\ cm^2$，由電路並聯氣路獨立的 33 節單電池構成，兩節單電池作為電壓控制電池。電池組的外形尺寸為 300 mm × 260 mm × 450 mm，質量 29 kg，額定輸出功率 300 W，峰值為 500～600 W；電池組輸出電壓為 (27±2.5) V。圖 2-36 為其外貌，圖 2-37 為其 V-I 特性曲線；由伏—安特性曲線可求得該類電池的動態內阻為 0.3 Ω。

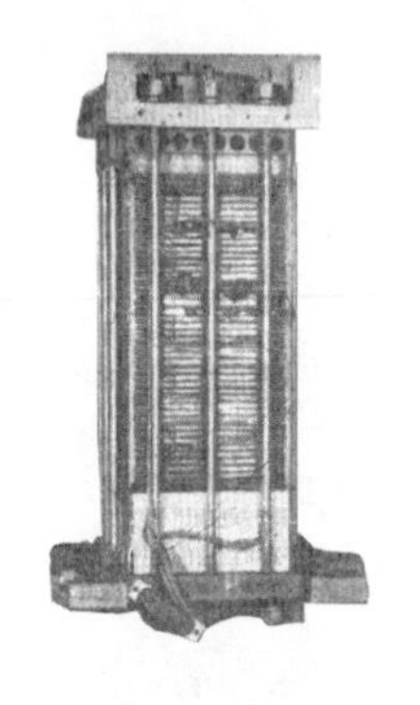

圖 2-36　B 型電池組

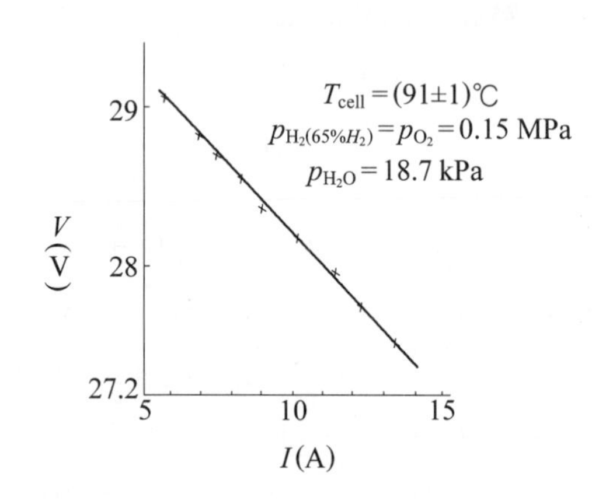

圖 2-37　B 型電池組伏—安特性曲線

2 負載特性與短路對電池性能的影響

用純電阻、燈泡、電機作電池組的負載，用 16 線示波器記錄的燃料電池輸出電壓與時間的關係見圖 2-38。由圖可知，當以純電阻作負載時，燃料電池輸出電壓逐漸由初值降至穩定值；而當以燈泡或電動機作負載時，電池瞬時

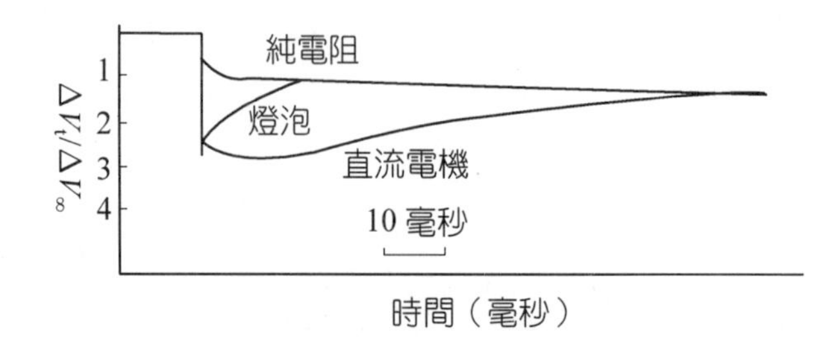

圖 2-38　負載特性對電池瞬時電壓降的影響

電壓降很大，可達採用純電阻作負載時電壓降的幾倍，而後又逐漸升至穩定值。對燈泡負載滯後時間為十幾毫秒，而對電機則長達幾百毫秒。其外在原因是燈泡冷時電阻小，而電機啟動時扭矩大，加載時電池組瞬間輸出功率達穩定時負荷的幾倍。其內在原因為燃料電池動態內阻較大，對負載的跟蹤能力弱。正是由於燃料電池的動態內阻較大，所以它具有很好的抗短路能力。圖 2-39 為 16 線示波器記錄的燃料電池組短路試驗結果。電池短路電流 > 100 A，是正常輸出的 4～5 倍，短路時間為 0.95 秒。當短路取消後電池輸出電壓逐漸恢復正常，對電池性能無任何影響。

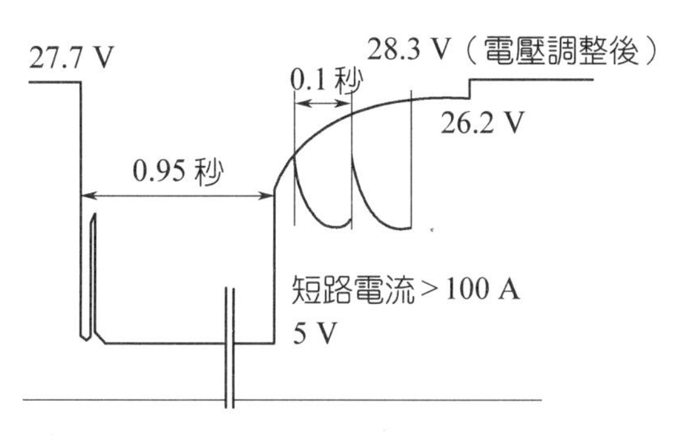

圖 2-39　電池短路試驗結果

3 電池組的並聯

在燃料電池的使用中，有時為了增加工作電流以提高輸出功率，或為了提高電池系統的可靠性，常常把幾組電池並聯使用。

中國科學院大連化學物理研究所用兩組電池考察了並聯電池組的特性。其方法是選擇電池性能相近和電性能相差較大的兩組電池（stack I 與 stack II）分別進行並聯，測得各單組電池並聯前後的伏—安曲線進行比較，考察燃料電池的並聯使用性能，其結果見圖 2-40 和圖 2-41 所示。由圖 2-40 和圖 2-41 可知，不管兩組電池的性能相近或者不同，均可並聯使用，並聯後各自按自己的伏—安特性工作，說明燃料電池組之間具有良好的並聯使用特性。

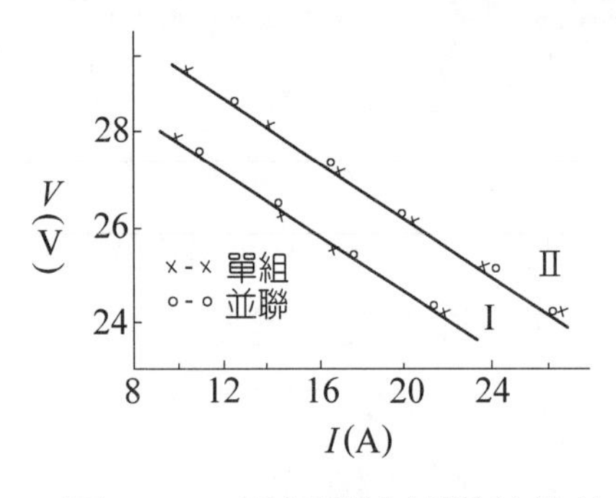

圖 2-40　單組電池並聯前後的伏—安曲線（性能不同）

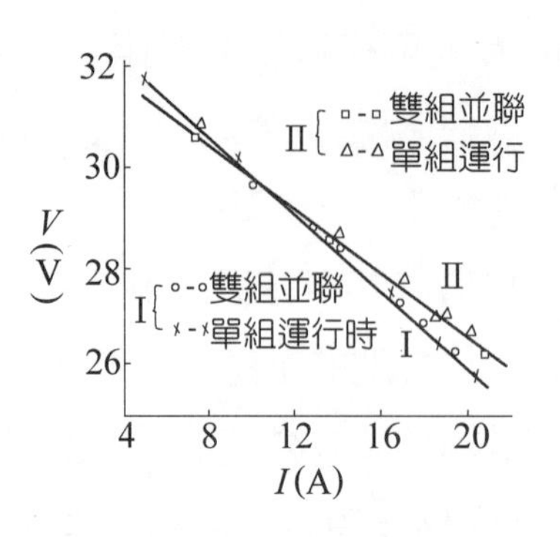

圖 2-41　單組電池並聯前後的伏—安曲線（性能相近）

2-10　電池系統

燃料電池工作方式與內燃機類似，要保持燃料電池連續輸出電能，必須連續地將燃料（如氫）和氧化劑（如氧）送入電池組，並連續或間斷地將反應氣中的雜質（如氮）排出電池組，即需要反應氣供給與尾氣排放分系統。氫氧燃料電池內的電化學反應要生成水，為了維持電池的連續運行，必須以與電池組內生成水相等的速度將產物水排出電池。對宇航應用，產物水最好能為宇航員提供飲用水，因此需要有水排出、淨化與回收分系統。燃料電池的能量轉化效率一般在 50～70%之間，因此當電池工作時，要產生 50～30%的廢熱，為了維持電池工作溫度的恆定，需要有排熱分系統。一般用戶均要求當負載變化時電池工作電壓能穩定在一定區間，如(28±2) V，而有時用戶還需要交流電力，因此電池系統還應包括電壓調整和直流—交流變換分系統。另外燃料電池需全自動運行，所以需有控制分系統，它由各種傳感元件、執行元件和各種閥件和依據啟動、運行、停車程序而設計的軟體構成。闡明各分系統間關係的電池系統的方塊圖如圖 2-42 所示。

1　水的回收與淨化分系統

當電池組採用靜態排水時，水的回收與淨化分系統如圖 2-43 所示。

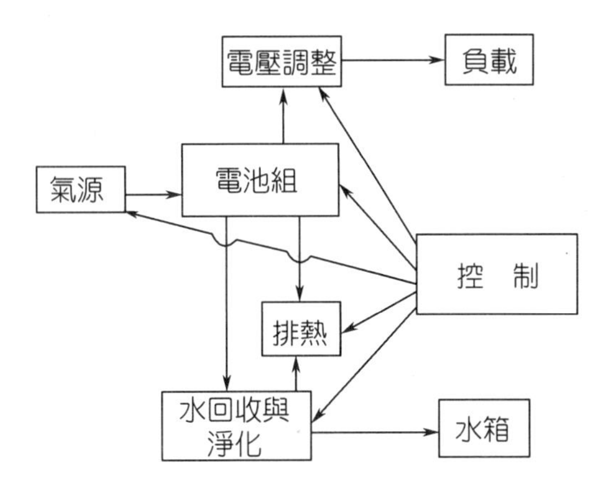

圖 2-42 燃料電池系統

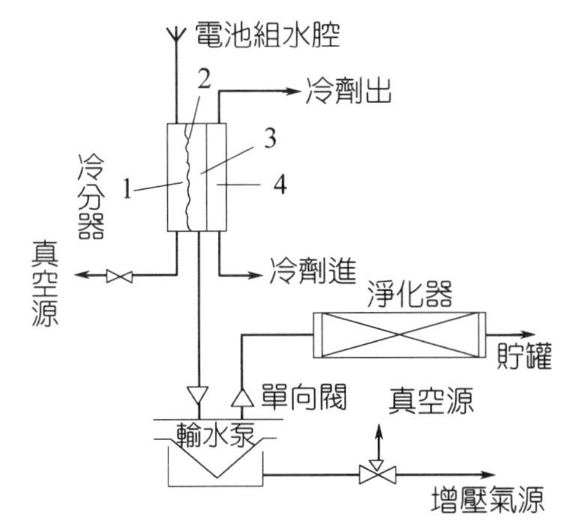

圖 2-43 水回收與淨化分系統流程圖

電池組水腔中的水蒸氣和少量氫氣在壓差推動下，遷移至冷分器的汽腔，水蒸氣在微孔石棉膜上冷凝；在壓力差推動下，水通過導水阻氣的微孔石棉膜進入冷分器水腔；冷分器水腔中的水靠壓差推動，流入輸水泵皮囊內。定時用高壓氫氣將水泵皮囊內的水增壓，經水質淨化器送入貯水罐中。

◎水的回收

被水完全潤濕的石棉膜是良好的導水、阻氣材料，可用它作冷分器的水汽分離膜。平均孔徑為 90～70 nm 的特一級石棉膜的導水能力與汽水腔壓力差和冷卻水的平均溫度的關係見圖 2-44。由圖可得下述方程：

$$v = 13 \times 10^{-3}(1 + 0.0425\,\overline{T})\,\Delta p \qquad (2\text{-}12)$$

式中，v 為導水量，ml/(cm^2 · h)；Δp 為導水石棉膜兩側水蒸氣腔與水腔的壓力差，mmHg (1 mmHg = 133.322 Pa)；$\overline{T}$ 為冷卻水進出口溫度的算術平均值，℃。

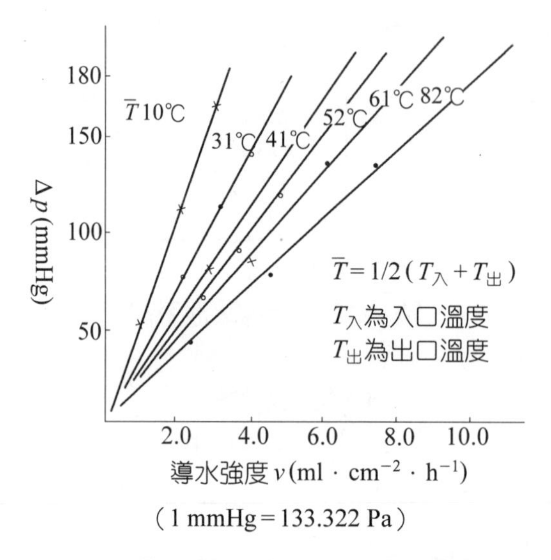

圖 2-44　石棉膜導水能力與溫度和壓差的關係

冷分器可用鍍鎳鋁板製備。圖 2-45 為其結構圖。它由 4 片 ϕ86（單位為 mm）石棉膜構成導水阻氣膜。

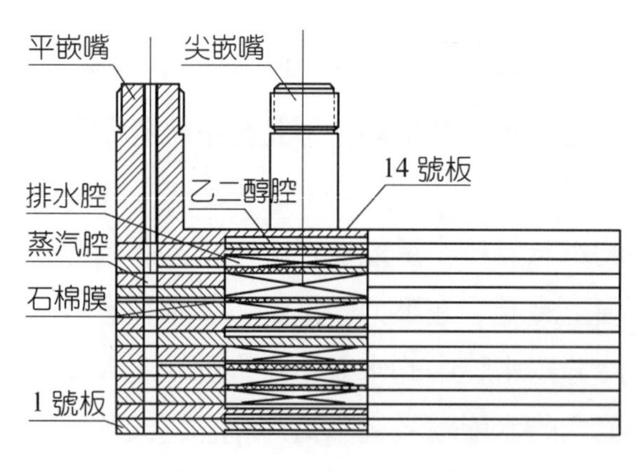

圖 2-45　A 型冷分器結構

水回收系統的輸水泵由泵殼、泵座、皮囊、導向環與單向閥構成。圖 2-46 為其結構圖。

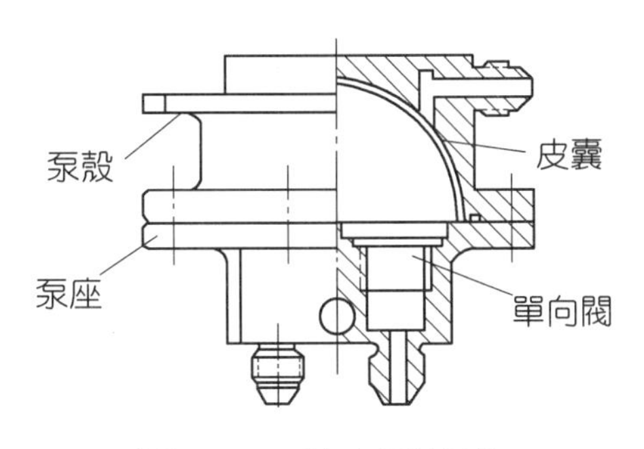

圖 2-46　輸水泵結構

當電池運行時，皮囊氣腔側為真空，它為冷分器水腔提供抽力，水由冷分器的水腔流入皮囊內。當皮囊內充滿水時，皮囊上觸點與泵殼上的觸點接通，此時三通閥動作，由電池燃料氫氣作為泵增壓，將水泵出，流經淨化器輸入貯水器。

◎水的淨化

電池組由各種有機材料與無機材料構成，因此電池生成水中含有微量有機雜質與無機雜質。對鹼性燃料電池，由於電解質為強鹼，生成的水為鹼性。冷分器導水膜儘管為很好的阻氣材料，但也有微量的氫氣透過，對孔徑為 70～90 nm 的特一級石棉膜，在冷分器工作條件下，其透氫量為μl/(cm^2・h)這一數量級。水中還有微量的溶解氫。因此水淨化的任務是消除水中有機雜質與無機雜質、水中氣態氫與溶解氫，調節其 pH 值至 7 左右（中性），達到飲用標準。

可用水中總碳和化學耗氧量（COD）作為水中有機物總量指標，用水的電阻率與 pH 值作為水中無機離子的總指標來表徵水的淨化程度。

用 CuO-Pd/C 催化劑作為水中溶解氫與氣泡氫的脫除劑，Pd 為催化劑和微量氫的吸收劑 ，而 CuO 為氫的氧化提供 O_2 源，在 Pd/C 的催化作用下，它在室溫即可氧化水中的氫。

以活性碳為吸收劑，脫除水中的各種有機物。為提高活性碳的吸附能力，可將活性碳用水蒸氣在 350℃下進行活化處理。

用陰離子交換樹脂、陽離子交換樹脂脫除水中的金屬離子。由於陽離子（如 K^+）的脫除量遠大於陰離子脫除量，所以可多用陽離子交換樹脂。中國科學院大連化學物理研究所採用的陽離子交換樹脂與陰離子交換樹脂的體積比為 5：2。

裝入電池系統的淨化器對電池生成水的淨化結果見圖 2-47。經淨化的水完全達到飲用水指標，用淨化水進行的動物飲用實驗效果良好。

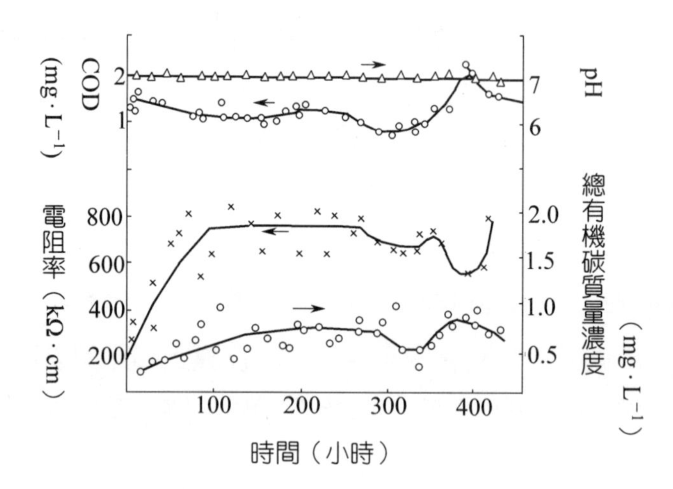

圖 2-47　電池運行時間對淨化水質的影響

2 排熱分系統

鹼性燃料電池組的能量轉化效率一般在 50～70%之間，因此當電池連續運行時，有 30～50%的廢熱需排出。

對石棉膜型燃料電池不管採用靜態排水還是採用動態排水，電化學反應生成的液態水均需蒸發變成氣態。這部分電化學生成水的氣化潛熱一般占電池廢熱的 25～30%，能減小電池排熱負荷的 1/4～1/3。

對較大功率的鹼性燃料電池組，一般在電池組中每 2～4 節單電池間加入一塊排熱板，藉由排熱冷劑（如水與乙二醇的混合液）將電池廢熱排出電池組。美國太空飛行器用的鹼性燃料電池組即採用這種排熱方法。

對於採用動態排水的小功率石棉膜型鹼性燃料電池，電池組內不加排熱板，靠循環氫氣排出電池廢熱。

鹼性燃料電池採用導熱良好的表面改性的金屬材料（如鎂、鋁、鎳等）作雙極板。電池產生的廢熱可由雙極板傳導至周邊，再從周邊排出。一種方法為在雙極板周邊帶有排熱翅片，採用氣體循環方法將電池廢熱排出。另一種方法在電池一面或兩面加上有冷劑流過的排熱板，將電池廢熱排出，中國科學院大連化學物理研究所在 20 世紀 70 年代研製的千瓦級鹼性燃料電池就採用這種方法排熱。用室溫硫化的矽橡膠為基體，加入一定比例不同黏度的白剛玉粉作導熱膠，將排熱板貼在電池的兩個寬面上。當電池工作溫度高於設定的溫度上限時，電磁閥打開，冷劑通過排熱板，排出電池廢熱；當電池溫度低於設定溫度時，電磁閥關閉。其優點一是電池結構比在電池組內置排熱板簡單；二是冷劑進入排熱板，溫度無需嚴格控制。

3 電壓調整分系統

由於燃料電池內阻大，加之電池在長時間運行時電池性能還有一定的衰減，而用戶則要求在電池負荷成倍變化時，工作電壓又要穩定在一定電壓範圍之內〔如 (28±2) V〕，為此必須加入電壓調整分系統。

一般採用 DC-DC 變換方法穩定燃料電池輸出電壓。DC-DC 變換的效率可達 98%左右，有一定的能量損失。

對靜態排水，並串聯和內增濕鹼性燃料電池系統，採用電池組內空載兩節單電池方法達到確保電池輸出電壓的穩定。電池組由 33 節單電池組成，其中 31 節單電池始終工作，空載兩節單電池。當電池輸出電壓低於 (26.5±0.15) V 時接入電池組；而當電池組輸出電壓高於 (29.8±0.15) V 時切除。利用與這兩節單電池並聯的二極體確保當切入與切除空載的兩節單電池的繼電器動作時，電池組對外電路無毫秒級斷電。圖 2-48 為其原理方框圖。

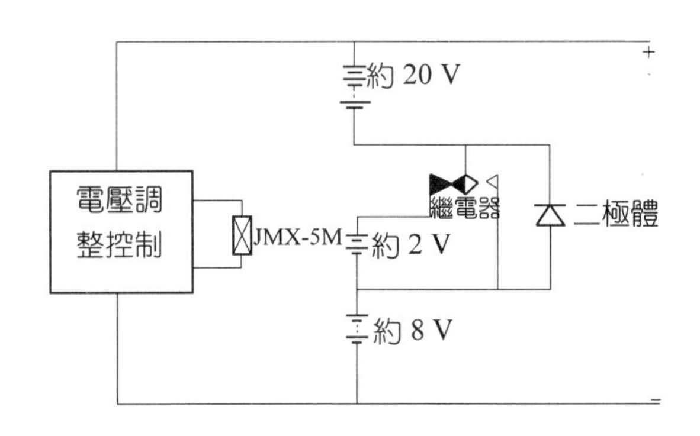

圖 2-48　電壓調整控制方框圖

電池組壽命實驗結果表明（詳見 2.11 電池系統的性能），當空載的兩節電池（V_{27}、V_{28}）接入工作時，其工作電壓與電池組各節電池平均電壓相差極小，證明空載單電池可正常工作。電池組輸出電壓的示波器顯示證明，當電壓調整繼電器動作時，電池組輸出電壓無毫秒級開路。這種方法的顯著優點是提高了電池系統的能量轉化效率。

4 電池控制分系統

◎傳感（感測）元件

電池溫度傳感（感測）器採用RC-32型熱敏電阻，置於電池組中部，控制精密的恆溫水槽模擬試驗達±0.20℃；用於電池系統能達到電池組溫度恆定在±1℃的要求。

水腔真空度傳感（感測）器採用CYI-3型電感式微壓差傳感（感測）器，用於電池系統控制時，能達到(19.3±0.7) kPa的要求。反應氣壓力採用CYI型電阻式壓力傳感（感測）器。電流傳感器是霍爾元件，轉換靈敏度為10 mV/A。電池輸出電壓調整採用電池輸出電壓作為控制信號。

◎執行元件

(1)減壓穩壓器

液氫罐的壓力為3～5 MPa，液氧罐的工作壓力為6～7 MPa，在線聯胺分解器的工作壓力為 0.5～1.0 MPa。而電池組的工作壓力為 0.15 MPa（表壓）。當電池組輸出功率變化時，進入電池組的反應氣量也必須跟隨著變化，為此必須在氣源與電池組之間加入減壓穩壓器。減壓穩壓器採用自力式結構。金屬膜片兩側的調壓彈簧力和閥桿的復位彈簧力，在閥允許的進出口壓制力範圍內達到力的平衡。

減壓穩壓器分為兩級，一級將氣源壓力 10～15 MPa 減至 1 MPa，二級由 1.0 MPa 減至 0.25 MPa（絕對），供給電池。

(2)電磁閥

常閉電磁閥用於水腔真空度控制，補充排氣和電池組的溫度控制。常開電磁閥用於關閉進入電池的反應氣，而二位三通電磁閥用於水的淨化與回收分系統作為執行元件。

(3)單向閥

氣體單向閥結構如圖2-49所示。它用於太空船起飛，鹼性燃料電池電池系統與地面真空系統脫離後防止大氣進入電池靜態排水的真空分系統。該單向閥在氮氣流量為 400 ml/h時的壓力降僅為 0.01 MPa，當反向壓力 ≥ 0.02 MPa 時，閥門關閉。

水的單向閥用於靜態排水的水回收分系統。當用高壓氫為皮囊泵增壓將皮囊內的水送入淨化器時，防止皮囊內的水返回冷分器的水腔。該單向閥採用自由膜片式單向結構，如圖 2-50 所示。當閥片兩側呈現壓力差時，閥片緊貼閥座單孔端面時，閥關閉；而閥片緊貼閥座多孔端面時閥開啟。實驗證明當反向壓力大於 0.1 MPa 時，每次增壓，單向閥水倒流量小於 0.4 ml。

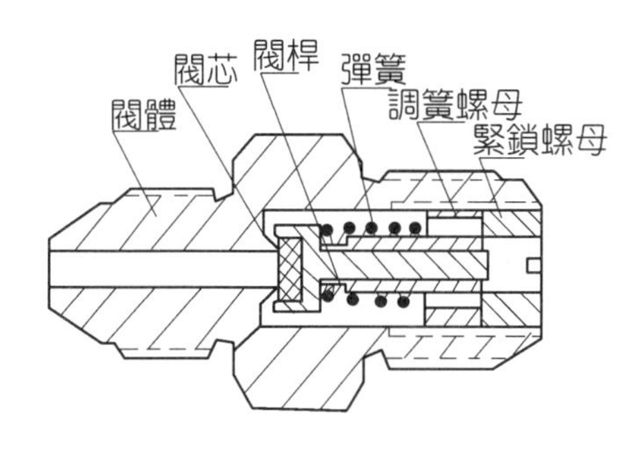

圖 2-49　單向閥結構和外形

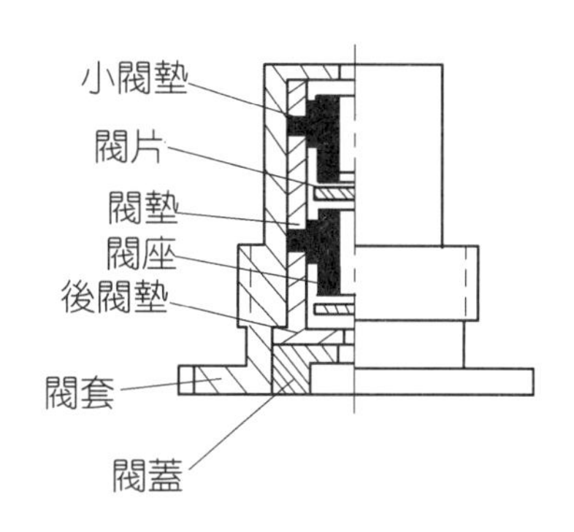

圖 2-50　水單向閥的結構

5 電池系統的流程

A 型電池系統的流程見圖 2-51，B 型電池系統的流程見圖 2-52。

在A型電池系統中，由液氫罐和液氧罐提供純氫和純氧，經與電池端板換熱後，溫度高於 0℃。進入氫、氧減壓穩壓器，減壓至 0.15 MPa（表壓），分別進入電池組。氫氣、氧氣在電池組中反應後，少量含有惰性雜質的尾氣經阻力器連續排入太空（地面聯試時排入真空源或大氣中）。在恆定的真空度〔水腔絕對壓力為(18.7 ± 0.7) kPa〕下，反應生成的水由氫氣腔經導水膜遷移至電池水腔，離開電池組，在冷分器中冷凝成液體，並藉輸水泵的皮囊外真空抽吸作用進入輸水泵的皮囊內。輸水泵以電池反應用的 0.15 MPa 氫氣為動力，定時地把皮囊中的水增壓進入淨化器，在淨化器的出口即得淨化後的純水。來自電池系統外的冷卻液經冷分器和電池組，吸收了水蒸氣冷凝熱和電池反應廢熱後離

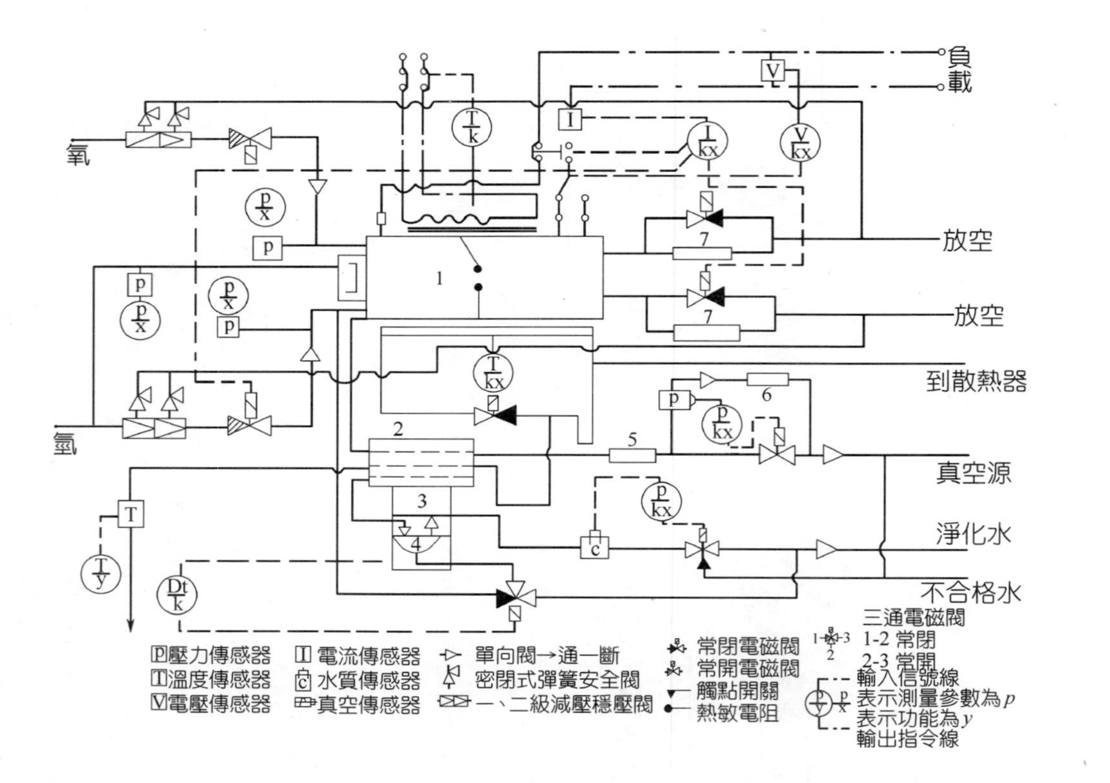

1—電池組；2—水冷凝分離器；3—水淨化器；4—水泵；5—吸水罐；6—真空罐；7—電池放氣阻力管；

p—壓力；T—溫度；t—時間；I—電流；C—電導；V—電壓

圖 2-51　A 型電池系統流程圖

開電池系統。電池系統的自控分系統控制電池的工作溫度、壓力及排水真空度的恆定，控制電池啟動時的預熱溫度，定時使輸水泵增壓或抽空，鑑別水質並將電池系統的主要運行參數以電壓訊號輸出，電池系統還附有穩定罐和單向閥以適應電池由地面至入軌階段的需要。

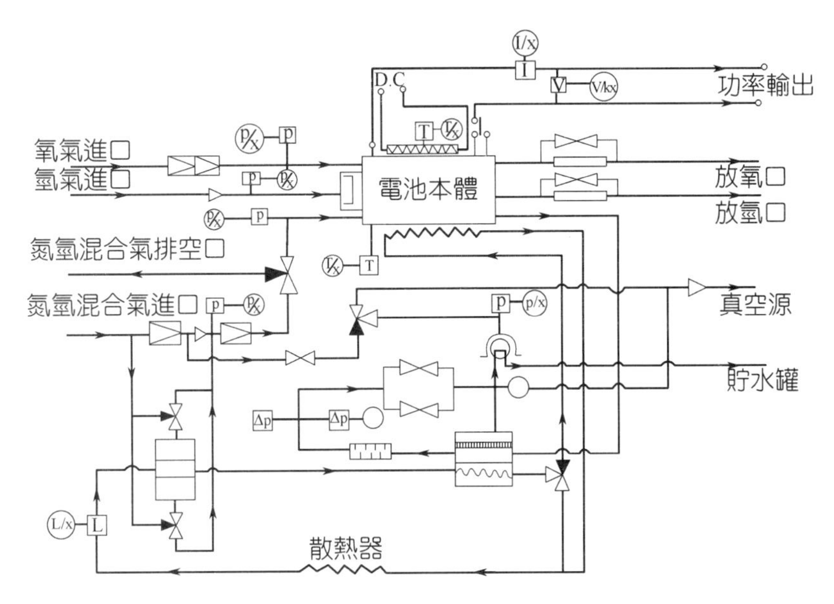

圖 2-52 B 型電池系統流程圖

B 型電池系統的流程和 A 型大致相似，主要的不同點是：

①沒有水淨化器和水質鑑別控制部分；

② 冷卻液不是來自電池外部，而是以電池的氣源壓力為動力，由兩個皮囊泵進行內部循環（需要外接輻射冷卻器）；

③可用體積分數低至 65%的氫氣（聯胺分解造氣）作燃料，適於較長時間工作；

④主要控制單元都是雙組，以提高電池系統的可靠性。

2-11 電池系統的性能

1 電池系統壽命

對 A 型電池，以純氫、純氧〔純度（體積分數）>99.9%〕為燃料和氧化劑，反應氣利用率控制在 ≥ 98%，電池組正常輸出功率為 350～400 W，峰值（加載）負載為 800 W左右，連續運行 450 小時，典型的結果見表 2-12。電池組性能穩定，各次實驗平均單電池衰減速率均在 30 μV/(節．小時) 至 7 μV/(節．小時)。

對B型電池，以現場 N_2H_4 分解氣為燃料〔含氫（體積分數）≥ 65%〕，空分氧〔氧含量（體積分數）≥ 99.5%〕為氧化劑。燃料利用率控制在 90～95%，在電池工作電流密度 50～100 mA/cm^2 範圍內，每 1.5 小時加載一次，每次 5 分鐘，連續運行 1000 小時，實驗結果見表 2-13。1000 小時內平均單節電池衰減率 ≤ 60 μV/(節．小時)。

表 2-12　A 型電池組壽命考察結果

累計時間（小時）	電流（A）	電流密度（mA．cm^{-2}）	總電壓（V）	工作單電池節數 n	單電池平均電壓（V）	氣路末節單電池電壓（V）	電壓調節單電池電壓（mV）		累計加載次數 N
							V_{27}	V_{28}	
10	14.0	100	29.0	31	0.935	0.968	1.120	1.120	
50	12.0	84	29.0	31	0.939	0.956	1.130	1.130	
100	12.0	84	29.16	31	0.943	0.955	1.130	1.130	
150	12.0	84	29.08	31	0.939	0.955	1.108	1.104	
200	12.0	84	29.00	31	0.938	0.948	1.130	1.130	
250	29.6	207	27.31	31	0.828	0.855	0.813	0.820	87
300	17.8	125	27.85	31	0.900	0.913	1.113	1.116	
350	12.1	84	29.04	31	0.958	0.945	1.124	1.124	
400	12.0	81	29.00	31	0.936	0.944	1.120	1.120	
450	11.6		29.18	31	0.942	0.948	1.130	1.130	133

註：電池工作條件　$T_{cell} = (91 \pm 1)$℃（中心），$p_{H_2} = p_{O_2} = 0.15 \sim 0.20$ MPa，$p_{H_2O} = 18.7$ kPa。

電池組在壽命試驗時，各節單電池電壓分佈比較均勻，均無個別嚴重衰減的單電池出現。一般電池組內 $V_{單電池}^{max} - V_{單電池}^{min} \leq 60$ mV。A 型電池的電池組各節單電池電壓分佈與時間關係見表 2-14。

2 電池系統的能量效率

對於整個電池系統而言，它的熱效率是由輸出 1 kW．h 的電能時，所消耗的燃料和氧化劑的多少決定的。知道了這個數值，就為設計包括燃料、氧化劑

表 2-13　B 型電池組壽命考察結果

累計時間（小時）	電流（A）	電流密度（$mA \cdot cm^{-2}$）	總電壓（V）	工作單電池節數 n	單電池平均電壓（V）	氣路末節單電池電壓（V）	電壓調節單電池電壓（mV）		累計加載次數 N
							V_{27}	V_{28}	
1	6.6	50	28.7	29	0.990	0.974	1.124	1.126	
100	6.3	47	28.2	29	0.974	0.977	1.106	1.105	
200	12.65	94	27.9	31	0.902	0.948	0.905	0.911	49
300	6.6	50	29.5	31	0.952	0.964	0.950	0.956	
400	12.80	95	27.3	31	0.883	0.933	0.902	0.892	172
510	6.90	51	29.5	31	0.952	0.944	0.916	0.901	
600	6.15	45	27.7	29	0.894	0.976	1.113	1.115	
700	12.8	95	26.7	31	0.862	0.894	0.890	0.866	365
800	6.35	47	29.0	31	0.936	0.907	0.933	0.935	
880	12.5	93	26.6	31	0.859	0.880	0.882	0.864	537
900	6.4	47	28.8	31	0.930	0.871	0.925	0.931	
1000	7.6	56	28.4	31	0.919	0.924	0.931	0.925	

註：電池工作條件　N_2H_4 分解燃料氣（H_2 含量 66～65%），空分氧（O_2 含量 99.5%），$T_{cell}=(91\pm 1)$℃（中心），$p_{H_2}=p_{O_2}=0.15\sim0.20$ MPa，$p_{H_2O}=18.7$ kPa。

表 2-14　電池組單電池電壓分佈的均勻性

累計運行時間（小時）	電　流（A）	總電壓（V）	單電池電壓分佈（節）		
			0.90～0.92 V	0.92～0.94 V	0.94～0.96 V
50	12.0	29.10	2	11	18
400	12.0	29.00	3	10	18

及其容器在內的整個電池系統提出了根據。

用A型電池進行實驗，電池系統置於真空室內，以純氫、純氧為燃料和氧化劑〔氣源純度為 99.5%（體積分數）〕，氫、氧的消耗量按實際氣體狀態方程進行計算：

$$\Delta n=\frac{V}{R}\left(\frac{p_1}{Z_1T_1}-\frac{p_2}{Z_2T_2}\right) \tag{2-13}$$

式中，V 為氣瓶體積，實驗前預先進行測定；R 為氣體常數；Z 為氣體的壓縮因子；p、T 為氣體的壓力和溫度。

對氧氣的消耗量，還輔以稱重法進行比較。

對氧進行了質量平衡，實驗共進行了 24 小時，結果見表 2-15。

表 2-15　氧的質量平衡

時　間	氣瓶壓力 (MPa)	溫度 (K)	Z值	$\frac{p}{ZT}$	$\Delta\frac{p}{ZT}$	O_2消耗量 (mol)	
						計算	稱重
16 日 14:00	8.48	297.5	0.956	0.2982	0.2427	118.8	119.7
17 日 14:00	1.62	295.3	0.989	0.0555			

實驗電池系統淨輸出電流 16.2 A，淨輸出電壓為 28.4 V（31 節單電池工作），輸出功率為 460 W。由輸出電流按法拉第定律計算每小時用於發電的氧氣為 4.70 mol，排放尾氣由濕式流量計記錄，每小時放氧量為 0.11 mol。因此，24 小時用於發電的和尾氣排放的氧氣為 115.4 mol。

由平衡數據可知，實際耗氧量較理論耗氧量僅高 3%。

實驗時電池的自控系統供電直接由電池系統供給，不經過測量表，電池自控箱自控耗電 5.6 W。當閥工作時，耗功還要增加，因此用於電池內耗的氧量約占 1～1.5%。考慮到內耗，實際耗氧僅比理論值高 1.5～2%。由此可見，隔膜電池的法拉第效率很高，接近 100%。

對氫質量平衡與氧同時進行，但因實驗過程中，有三次向已測量過體積的實驗用氣瓶內充氫氣，所以僅取 19 小時的數據，結果見表 2-16。由表 2-16 可知，19 小時共耗氫 187.5 mol。

表 2-16　氫的質量平衡

時　間	氣瓶壓力 (MPa)	溫度 (K)	Z值	$\frac{p}{ZT}$	$\Delta\frac{p}{ZT}$	H_2消耗量 (mol)
16 日 14:00	3.78	297.5	1.022	0.124 33	0.1176	59.3
20:00	0.27	296.0	1.001	0.026 75		
22:00	3.30	296.0	1.021	0.109 20	0.078 22	39.5
17 日 2:00	0.92	295.5	1.005	0.030 98		
4:00	4.74	295.0	1.028	0.1563	0.099 24	50.1
9:00	1.70	295.0	1.010	0.0570		
10:00	5.94	295.0	1.035	0.194 55	0.078 46	38.6
14:00	3.50	295.0	1.022	0.116 09		

根據電池放電電流，按法拉第定律計算，用於發電的氫為 178.0 mol。由濕式流量計測得的 19 小時放氫量為 1.55 mol。氫還用於輸水泵增壓，由輸水泵體積、增壓壓力和每小時動作次數計算得 19 小時用於輸水泵增壓的氫量為 1.40 mol。實驗表明，實測耗氫量較理論耗氫量偏高 3%，同樣，若考慮到自控的內耗，僅偏高 1.5～2.0%。考慮到實驗的測量誤差，這樣的結果是比較一致的。

根據實驗結果，每小時電池系統淨輸出的電能為 0.46 kW · h，而每小時耗氫為 19.7 g，耗氧為 158 g，因而每淨輸出 1 kW · h 的電能，電池系統耗氫為 43 g，耗氧為 344 g，總量為 387 g。據此，依據$H_2(g)+\frac{1}{2}O_2(g)\longrightarrow H_2O(l)$的$\Delta H$為 286.2 kJ，計算的電池系統能量轉換效率按氧為 58.9%，按氫為 59.06%。

3 電池系統的熱平衡

電池系統的熱平衡方程為：

$$Q=IV\cdot\frac{1-f}{f}=Q_{H_2}+Q_{O_2}+Q_{H_2O}+Q_E+Q_1+Q_h \qquad (2\text{-}14)$$

式中，Q 為電池產生的廢熱；I 為電池的工作電流；V 為電池工作電壓；f 為電池的能量轉化效率；Q_{H_2} 和 Q_{O_2} 為反應氣進入電池時的溫度升至電池工作溫度吸收的熱量；Q_E 為向環境散熱；Q_{H_2O} 為電池生成液態水在電池內汽化吸收的熱量；Q_1 為流經排熱板的冷劑帶走的熱量；$Q_h=MC_{cell}\Delta T$ 為當排熱能力不足時電池組溫升所吸收的熱量，M 為電池組質量（約 20 kg），C_{cell} 為電池組構成材料的平均熱容，ΔT 為溫升。

進入電池組的氫氣量、氧氣量和電池生成水量依法拉第定律計算。電池組的能量轉化效率依據電池組單電池平均工作電壓按下式計算：

$$f=\frac{\Delta G}{\Delta H}\cdot\frac{\overline{V}}{E}\cdot f_I f_{fuel} \qquad (2\text{-}15)$$

式中，f_I 為電流效率，取 100%；f_{fuel} 為燃料和氧化劑的利用率，取 98%。在一級近似下，取 $C_p^{O_2}=29.5$ J/(mol · ℃)，$C_p^{H_2}=28.7$ J/(mol · ℃)，反應氣進入電池組的溫度取值 25℃，電池工作溫度為 90℃，水在 18.7 kPa、90℃下的氣化潛熱為 2.36 kJ/g。

實驗在真空容器（13.3 Pa）和大氣中兩種條件下進行。實驗時調整電池的輸出電流至I_0，此時排熱電磁閥不啟動。即熱平衡方程中的$Q_1=0$，並且此時電池恆溫運行，所以$Q_h=0$，可按式（2-14）計算電池系統向環境的散熱量。實驗與計算結果見表 2-17。

表 2-17　電池熱平衡數據

對數	電流（A）	電壓（V）	Q	Q_{H_2}	Q_{O_2}	Q_{H_2O}	Q_E	環境條件
31	12.94	27.98	197.0	3.08	1.58	75.8	116.5	15℃，常壓
31	10.06	28.59	149.0	2.39	1.22	58.9	86.5	15.5℃，真空
31	6.84	29.4	97.0	1.63	0.83	40.2	54.3	15.0℃，真空，電池保溫
31	7.80	29.33	110.0	1.86	0.96	45.7	61.5	12.5℃，常壓，電池保溫

實驗時升高電池組輸出電流至I_b，此時溫控閥常開，而電池組仍恆溫，即$Q_h=0$，在假定電池排熱有無冷劑通過時電池系統向環境散熱量Q_E相等，則可求出排熱系統最大排熱能力Q_1^{max}，在常壓時，當輸出電流為 28.44 A，電池工作電壓為 27 V，排熱電磁閥常開，電池組無溫升，據此可求得電池貼板的最大排熱能力為 941.1 kJ/h。在進行上述實驗達穩態後，可突然加大電池工作電流，在高值穩定 5～10 分鐘，觀測電池的溫升，據此可求得電池組材料的平均熱容為 0.892 kJ/(kg・℃)。

4 電池系統的儲存與多次啟動

中國科學院大連化學物理研究所進行的儲存和多次啟動實驗是按照最簡單的程序進行的，沒有附加任何特殊的條件，每次電池系統按啟動程序由控制臺控制進行啟動、運轉，按停機程序停機。待電池溫度降至 40℃以下時，切斷氣源，將電池的氫氣腔、氧氣腔放至常壓，水腔真空放至常壓，再將電池全部進出氣口封死，擱置存放。

對 A 型、B 型電池多次儲存與啟動的實驗表明，電池系統可經受 1 年以上的儲存和 10 次以上的多次啟動，全部輔助系統工作正常，性能指標無明顯變化，電池性能略有衰減。實驗結果見表 2-18 和表 2-19。

表 2-18　A 型電池系統的儲存與多次啟動對電池性能的影響

啟動日期	累計運行時間（小時）	累計啟動次數①	輸出電流（A）	輸出電壓②（V）
1975/04/25	63	1	14.1	28.84
1975/04/25	145	2	14.8	28.40
1975/06/09	202	3	14.0	28.5
1975/07/09	204	4	14.2	28.35
1975/07/12	211	5	14.0	28.57
1975/07/28	215	6	14.0	28.70
1975/08/12	224	7	14.8	28.5
1975/08/18	229	8	14.0	28.70
1975/08/26	232	9	13.8	28.22
1976/01/28	236	10	14.8	28.31

①電池組試運轉時間為 1974/09/12，該電池系統在第二次啟動前經受了衝擊和振動試驗。
② 31 節單電池輸出的總電壓。

表 2-19　B 型電池系統儲存與多次啟動對電池性能的影響

啟動日期	啟動次數① n	燃料中 H_2 體積分數（%）	輸出電流（A）	總電壓（V）	單電池平均電壓（V）
1977/01/14	1	66.2	6.6	30.80	0.993
1977/01/18	2	66.2	6.6	30.29	0.977
1977/01/20	3	65.9	6.6	30.30	0.977

①電池組試運行時間是 1976/10/15。

考慮到將來使用時環境溫度可能低於－40℃，因此還進行了 3 節單電池組合件冷凍試驗。先將電池冷凍至－50℃，保持 24 小時，再升溫解凍，然後進行實驗，結果見圖 2-53。

由圖 2-53 可見，電池每冷凍一次，電池性能要下降 20 mV 左右，這種影響從 KOH 水溶液的相圖分析可知。46% KOH 冷至－20℃時，就開始析出固體鹼，因此這種冷凍—解凍循環過程，就是鹼的結晶和溶解過程，這顯然會對電極中「三相界面」造成損害，進而影響到電性能。基於這種分析，作者認為電池系統的儲存溫度一般應不低於－20℃。

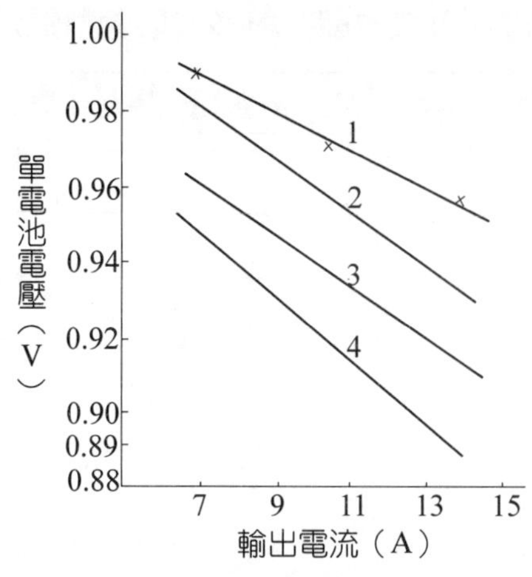

1—空白；2, 3, 4—數字為冷凍次數

圖 2-53　冷凍對電池性能的影響

2-12　氫氧燃料電池系統質量的最佳化[9]

一般用燃料電池系統的質量比能量、體積比能量（kW・h/kg，kW・h/L）來表示電池系統性能；用質量比功率、體積比功率（kW/kg，kW/L）來表示燃料電池系統的心臟——實現化學能向電能轉化的電池組的性能。但是這 4 個指標均是電池運行條件、特別是電池工作電流密度的函數，隨著電流密度選取的不同在一定範圍內變化。

從深層次看，決定電池組性能的一是在選定的電池運行條件（如反應氣工作壓力、電池工作溫度等）下的伏一安特性曲線，它表徵了電池的電化學性能；二是在特定技術設計和電池組密封結構，如選用的雙極板、夾板的材料與厚度等與每平方厘米膜電極「三合一」組件相匹配的質量，它表徵了電池組達到的技術水準。

燃料電池的伏一安特性曲線如圖 2-33 所示。實際工作區間選在歐姆極化控制的直線段，因此可用下列線性方程來表示：

$$V=a-bi \qquad (2\text{-}16)$$

式中，b 為電池動態內阻；a 為線性段外推至 $i=0$ 時的電壓值，它比電池的開路電壓要低一些。

電池的功率密度 W 為：

$$W = IV = (a - bi)\,i = ai - bi^2 \tag{2-17}$$

對式（2-17）求極值可得最大功率密度時的工作電流密度，

$$\frac{\partial W}{\partial i} = a - 2bi_{\mathrm{ms}} = 0 \tag{2-18}$$

$$i_{\mathrm{ms}} = -\frac{a}{2b}$$

也就是說，當電流密度選為 i_{ms} 時，每平方厘米電池輸出功率最大，對於特定的電池組，它的膜電極「三合一」組件面積最小，因此電池組質量最小。

電池系統的質量還需包括燃料（如氫）、氧化劑（如氧）的質量及其相關容器（如航太用液氫罐、液氧罐）的質量。燃料的消耗是與其理論貯能量和電池組的能量轉化效率相關的。燃料電池的能量轉化效率 f 如式（2-11），為：

$$f = f_T f_I f_V f_{\mathrm{g}}$$

式中，f_T 為熱力學效率，等於電化反應的 $\Delta G^0 / \Delta H^0$；f_I 為電流效率，一般接近 100%；f_{g} 為燃料利用效率，對採用純氫、純氧為燃料與氧化劑的電池，$f_{\mathrm{g}} > 98\%$；f_v 為電壓效率，它與電池的伏一安特性曲線和電流密度的選擇密切相關。

$$f_V = V/E^0 \tag{2-19}$$

對氫氧燃料電池，$E^0 = 1.229\ \mathrm{V}$ 為常數，所以 f_V 與電池工作電壓成正比，而 $V = a - bi$ 是電流密度的線性函數，所以僅從燃料消耗角度看，選用的工作電流密度越低，燃料利用率越高，電池組輸出同樣能量所消耗的燃料越少。

電池輔助系統質量在選定的技術流程（如排水、排熱與自動控制等）中僅與電池系統設定的功率 P 有關，與電流密度無關。一般而言，在一定的設定功率區間（如 1～2 kW），它的質量是恆定的，也就是說電池輔助系統的質量隨電池系統設定的功率增加呈階梯式增加。而對確定的功率輸出，可視它與電流密度無關，僅與選定的技術流程和技術程度相關。

基於上述分析，

$$M_s = M_{st} + M_{se} + M_F \tag{2-20}$$

式中，M_s 為系統總質量；M_{st} 為電池組質量；M_{se} 為輔助系統質量；M_F 為燃料與氧化劑及其貯罐的質量。

對設定功率為P、運行時間為t的電池系統，有：

$$M_s = \frac{Pm}{W} + M_{se}(P) + \frac{Pt}{E_F f}(1+\beta+\delta+\gamma\beta)$$

$$= \frac{Pm}{ai+bi^2} + M_{se}(P) + \frac{1.229Pt(1+\beta+\delta+\gamma\beta)}{E_F f_T f_i f_g (a+bi)} \tag{2-21}$$

式中，m 為表徵電池組技術水準的參數；E_F 為燃料的理論能量密度；β 為氧化劑與燃料消耗的質量比，對 H_2-O_2 電池，$\beta=8$；δ 為燃料容器與所裝燃料的質量比；γ 為氧化劑容器與所裝氧化劑的質量比。對採用空氣為氧化劑的電池，β 與 $\gamma\beta$ 項均消失，在輔助系統質量 $M_{se}(P)$ 中需增加風機的質量。令 $A=Pm$，

$$B = \frac{Pt(1+\beta+\delta+\gamma\beta)\times 1.229}{E_F f_T f_i f_g}$$

則有：

$$M_s = \frac{A}{ai+bi^2} + \frac{B}{a+bi} + M_{se}(P) \tag{2-22}$$

將式（2-22）對i求極值，得：

$$i_m = -\frac{A}{B} \pm \sqrt{\left(\frac{A}{B}\right)^2 - \frac{A}{B}\cdot\frac{a}{b}} \tag{2-23}$$

即選定電池工作電流密度為 i_m 時，電池系統的質量最小。

下面以中國科學院大連化學物理研究所在 20 世紀 70 年代研製的A型AFC為基礎，計算上述各參數。A型AFC的電池本體質量 20 kg，由 33 節電極工作面積為 143 cm^2 單電池組成，據此可求得表徵電池技術水準參數 $m=4.24\times10^{-3}$ kg/cm^2。依據電池組的伏—安曲線可求得電池組的動態內阻為 0.2 Ω，據此可求得 $b=-0.922\times10^{-3}\ \frac{V}{mA}\ cm^2$，而 $a=1.0\ V$。查表可知對氫，$E_F=40\ kW\cdot h/kg$。

試製時的液氫、液氧容器與所裝液氫、液氧質量比（裝填率為 95%）分別為 $\delta=7$、$\gamma=0.6$。

當整個電力系統由 3 臺 500 W 電池組並聯，輸出總功率為 1500 W，工作時間為 150 小時，利用上述參數，可算得：$A=6.36$ W · kg/cm^2，$B=176.78$ kg · V，$\frac{A}{B}=36$ mA/cm^2，$\frac{a}{b}=-1.08\,\mu$A/cm^2。將 A、B、a、b 值代入式（2-23）可得：

$$i_m = 164.4 \text{ mA/cm}^2$$

將 i_m 代入式（2-22），可求得 $M_s=45.43+208.34+M_{se}$，當時研製的 AFC 電池，輔助系統質量與電池組質量近似相等，據此 $M_{se}=45.43$ kg，可得 $M_s=299.2$ kg。

2-13 自由介質型鹼性燃料電池

1 Bacon 型鹼性燃料電池

英國劍橋大學的培根（Bacon）在 20 世紀 50 年代採用雙孔結構電極，研製成功了實用型鹼性自由介質燃料電池[6]。他採用最大孔徑為 16 μm的多孔鎳為細孔層、孔徑為 30 μm 的多孔鎳為粗孔層的雙孔結構電極作為氫電極。鋰化的雙孔鎳電極作氧電極，具有半導體性質的黑色鋰化的氧化鎳在鹼性介質中不但抗腐蝕，而且性能穩定。用鎳板製作雙極板。採用質量比為 45% KOH 水溶液作電解質。電池反應產物水與廢熱均由循環的電解液排出。圖 2-54 為Bacon 型單電池系統的流程圖。

為提高電池的性能，氫氣、氧氣的工作壓力早期為 4.1 MPa，後期為 2.7 MPa，電池工作溫度為 200～300℃。單電池性能達到：工作電流密度為 230 mA/cm^{2}時，輸出電壓為 0.80 V。在此基礎上，在培根領導下，1956 年組裝了直徑為 12.7 cm、由 6 節單電池構成的電池組，輸出功率達到 150 W。1959 年又成功地組裝了直徑為 15.24 cm、由 40 節單電池構成的電池組，輸出功率達 6 kW。

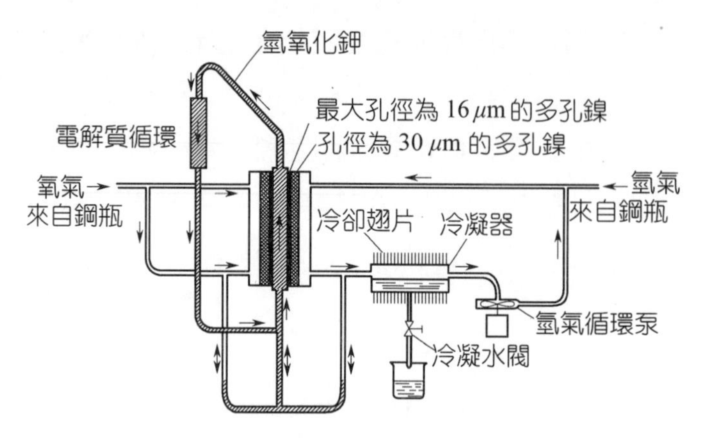

圖 2-54　培根型單電池流程圖

2 石棉膜作細孔層的自由介質鹼性燃料電池

如前所述，可用微孔膜（如石棉膜）作細孔層，與 PTFE 黏合型多孔氣體擴散電極組合構成雙孔結構電極，組裝自由介質型鹼性燃料電池。但此時，在兩側均為石棉膜，鹼自由流過的鹼腔內必須為強支撐結構，一是確保靠電池組裝力，將電極與石棉膜壓緊，以減小接觸電阻，二是在鹼流的沖刷下，防止石棉進入電解液中。

◎電池組與電池系統

在 20 世紀 80 年代中國科學院大連化學物理研究所研製的如圖 2-55 所示雙石棉膜自由介質型鹼性燃料電池中[10]，用抗腐蝕的聚碸材料作鹼板，先注塑成 3 mm 厚的平板，再機加工成開孔率為 75%的鹼板。並用前述純銀電極作氧電極，Pt-Pd/C 為電催化劑的氫電極，組裝了由 40 節單電池構成的千瓦級自由介質型鹼性燃料電池組。為提高電池組的可靠性，電池組採用分室結構。為提高反應氣的利用率，電池組氣路採用並串聯結構。

圖 2-56 為電池系統的流程圖。該流程的特點是：①電池組的排水、排熱與啟動升溫、停工降溫等均由鹼循環擔當；②電池組尾氣採用恆速、連續排放，並讓兩組氣路獨立的電池組尾氣分別進入置於電池組端板內催化氫氣、氧氣複合成水的反應器。調整電池組尾氣排放量達到氫與氧之摩爾比為 2：1。尾氣反應生成的水送入集水罐，這種尾氣排放方法特別適於電池在水下應用。

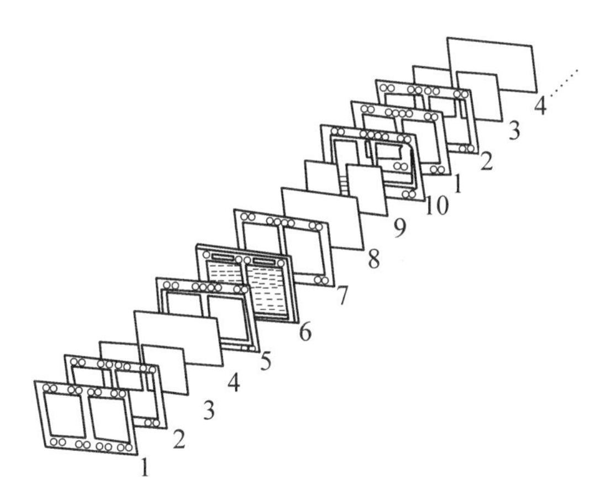

1—氫氧板；2, 5, 7, 10—橡皮墊；3, 9—電極；4, 8—石棉膜；6—聚碸鹼板

圖 2-55 電池組裝圖

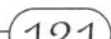

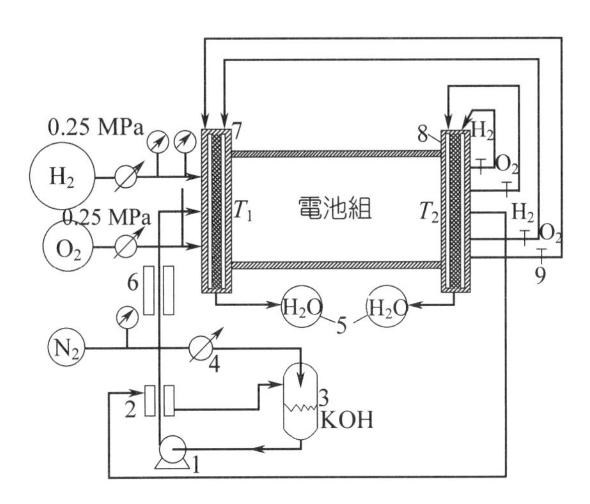

1—鹼泵；2—換熱器；3—鹼罐；4—減壓穩壓閥；5—集水罐；
6—啟動升溫器；7—夾板；8—催化劑；9—調節閥

圖 2-56 電池系統流程圖

◎自由介質型燃料電池的內漏電

對於採用內共用鹼道的 AFC 電池組，內共用鹼道由雙極板上的孔道與密封件孔道構成。眾所周知，當直流電壓大於 1.8～2.0 V 時，水會發生電解，生成氫氣和氧氣。因此對由 3 節以上單電池構成的電池組，在鹼液流經的共用管道內，於雙極板開孔處會發生水電解，生成的氫、氧混合氣隨循環鹼液離開電池，進入鹼貯罐。這種漏電電解反應的發生，不但降低了電池組的輸出功率，而且在鹼罐累積的氫、氧混合氣有爆炸的危險，危及電池系統的安全。為此在設計自由介質型 AFC 時，必須消除這種共用管道內發生的電解。解決的辦法一是在雙極板的鹼孔道處加入由絕緣體〔如聚碸（Polysulfone）〕製備的絕緣環；二是在雙極板的鹼孔道部分採用絕緣的無孔塗層。其原理是加入絕緣環或絕緣塗層後，切斷了電化學反應的電子傳遞，因而不發生電化學反應，也就消除了這種漏電現象。

對於自由介質型 AFC，還存在如圖 2-57 所示的一種內漏電，這種內漏電只能儘量減少而不能徹底消除。由圖可知，在相鄰兩節單電池鹼腔存在電位差，它等於 H_2-O_2 燃料電池的開路電壓（當 $i=0$ 時）或工作電壓。這一電位差為鹼腔離子傳導提供動力，因此由一節電池氧電極經雙極板和下一節電池的氫電極透過共用鹼路構成一個回路，從而產生漏電電流。上述 4 節電池構成的電池組透過鹼共用管道漏電的等效電路如圖 2-58 所示。圖中 r 為相鄰兩節單電池共用管道的鹼液電阻；R 為鹼板至鹼腔的支管鹼液電阻；r_m 為電池的內阻。

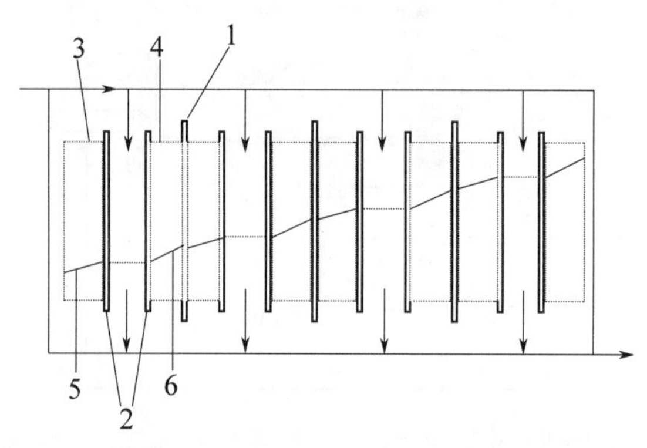

1—雙極板；2—石棉膜；3—氫電極；4—氧電極；5—氫電極電極電位躍；6—氧電極電極電位躍

圖 2-57　電池內漏電示意圖

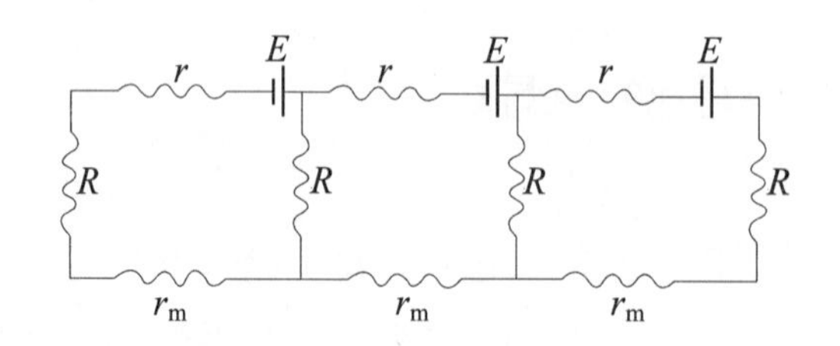

圖 2-58　漏電等效電路

對於由 $n+1$ 節單電池構成的電池組，按圖 2-58 的等效電路，依據克希荷夫第二定律，可列出如下漏電代數方程組：

$$E_1=(2R+r+r_m)I_1-RI_2 \qquad (2\text{-}24_{\mathrm{I}})$$

$$E_2=(2R+r+r_m)I_2-RI_3-RI_1 \qquad (2\text{-}24_{\mathrm{II}})$$

$$\vdots$$

$$E_{n-1}=(2R+r+r_m)I_{n-1}-RI_n-RI_{n-2} \qquad (2\text{-}24_{n-1})$$

$$E_n=(2R+r+r_m)I_n-RI_{n-1} \qquad (2\text{-}24_n)$$

為簡化計算，假定$E_1=E_2=\cdots=E_n$，即在電池組開路時，各節單電池開路電壓相等；當電池工作時，各節單電池工作電壓相等。並進一步假定各節單電池共用管道與鹼液支管電阻和內阻也均相等。對於一個設計與組裝良好的電池組，這一假定是可以接受的。這樣可將上述代數方程組寫成矩陣方程：

$$\begin{Bmatrix} E \\ E \\ \vdots \\ \vdots \\ \vdots \\ E \end{Bmatrix} = \begin{Bmatrix} 2R+r+r_m & -R & 0 & 0 & \cdots\cdots & 0 \\ -R & 2R+r+r_m & -R & 0 & \cdots\cdots & \\ 0 & -R & 2R+r+r_m & -R & & \\ \vdots & & \ddots & & & \\ \vdots & & & \ddots & & -R \\ 0 & 0 & 0 & \cdots & -R & 2R+r+r_m \end{Bmatrix} \begin{Bmatrix} I_1 \\ I_2 \\ \vdots \\ \vdots \\ \vdots \\ I_n \end{Bmatrix} \qquad (2\text{-}25)$$

由式（2-25）可知，只有加大漏電電阻才能減小漏電電流。電池內阻是不能加大的，否則電池歐姆極化會大幅度增加。最有效的方法是加大由鹼共用管道進入電池鹼腔分配支管的電阻R。

中國科學院大連化學物理研究所在20世紀80年代研製的自由介質型鹼性燃料電池，聚碸鹼板上進出鹼液的支管結構如圖2-59所示。

取質量比為40%KOH在85～90℃時的電阻率為6.5 mΩ．m，再依據圖2-59的支管結構，可計算得支管電阻$R=79.5\ \Omega$。電池共用管道結構如圖2-60所示。

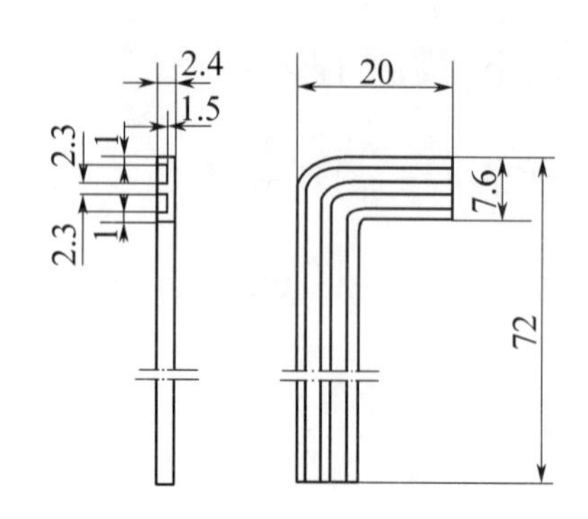

圖 2-59　鹼板上支管與橋片結構

由圖 2-60 可計算得這種結構的電池共用管道電阻 $r = 3.56\ \Omega$。由 40 節單電池構成的電池組動態內阻約為 0.2 Ω，所以單電池內阻 r_m 比 r 和 R 小 2～3 個數量級，可忽略不計。依據上述數據，取 $E = 0.90$ V，計算的電池組漏電電流分佈如表 2-20 所示。由表可知，漏電電流中間高、兩頭小，呈對稱分佈。平均漏電電流 190 mA，因電池組工作時，各節單電池的平均電壓小於 0.9 V，實驗漏電電流比 190 mA 稍小。因電池組採用分室結構，所以存在 4 個等同的漏電回路，因此電池組總的平均漏電電流 $\leq 0.19 \times 4 = 0.76$ (A)。據此，當電池組輸出電流 ≥ 28 A 時，電池組的電流效率 $\geq 97.3\%$。

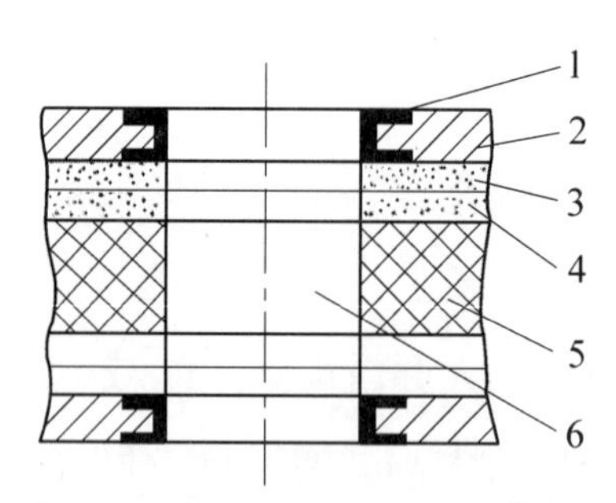

1—絕緣塗層；2—集流板（1.5 mm 厚）；3—密封膠墊（0.6 mm 厚）；4—密封膠墊（1.1 mm 厚）；5—聚碸鹼板（3 mm 厚）；6—共用鹼道（ϕ4 mm）

圖 2-60　電池共用管道結構圖

◎電池組的性能

電池組的伏—安曲線如圖 2-61 所示。由圖可知，當電池組輸出電流 ≥ 30 A（電極工作電流密度 ≥ 107 mA/cm^2）時，電池輸出功率 ≥ 1 kW。電池組的動態內阻為 0.21 Ω。電池組內各節單電池工作電壓的均勻性見表 2-21。

表 2-20　漏電電流的計算結果

回路序號	漏電電流（mA）	回路序號	漏電電流（mA）	回路序號	漏電電流（mA）
1	48.08	14	238.39	27	235.50
2	87.00	15	240.64	28	231.86
3	118.50	16	242.36	29	227.28
4	143.99	17	243.62	30	221.57
5	164.61	18	244.29	31	214.48
6	181.29	19	244.99	32	205.68
7	194.78	20	245.15	33	194.73
8	205.68	21	244.99	34	181.29
9	214.48	22	244.49	35	164.61
10	221.57	23	243.62	36	143.99
11	227.28	24	242.36	37	118.50
12	231.86	25	240.64	38	87.00
13	235.50	26	238.39	39	48.08
平均漏電電流（mA）		192.58			

表 2-21　電池組內各節單電池工作電壓的均勻性

輸出電流（A）	工作電壓（V）	單節電池電壓（mV）					V_i^{min} (mV)	V_i^{max} (mV)	V^{mean} (mV)	$V_i^{max}-V^{mean}$ (mV)	$V^{mean}-V_i^{min}$ (mV)
		V_1	V_{10}	V_{20}	V_{30}	V_{40}					
20.00	36.07	866	924	903	885	895	866	924	902	22	36
25.00	34.99	835	899	878	857	860	835	905	875	30	40
28.00	34.28	832	880	859	836	841	822	880	857	23	35
30.00	33.80	822	871	843	824	836	802	872	845	27	23

由表 2-21 可知，當電池輸出電流 ≥ 30 A 時，電池組內各節單電池的工作電壓均大於 800 mV。各節單電池電壓與平均單電池電壓差小於 40 mV，相對偏差小於 4.0%，說明電池組內各節單元電池電壓分佈還是比較均勻的。但與採用相同電極的石棉膜型、靜態排水燃料電池的性能相比，在相同的電流密度下，單電池平均電壓下降了 100 mV。

電池工作溫度對電池性能的影響見圖 2-62。由圖可知，隨著電池工作溫度的升高，電池性能提高。

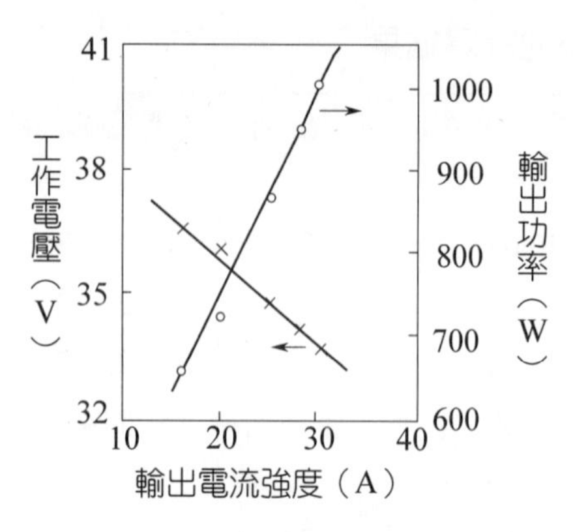

圖 2-61　電池組工作電壓、輸出功率與輸出電流的關係

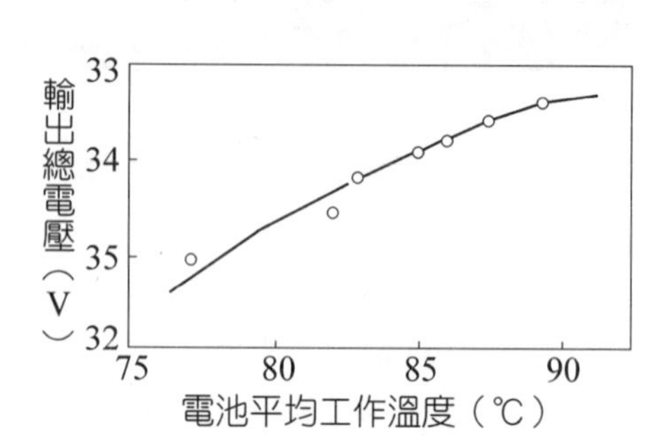

圖 2-62　電池工作溫度對電池性能的影響

◎電池組能量轉化效率

電池組能量轉化效率f依據式（2-11）計算：

$$f = f_T f_V f_I f_g \tag{2-11}$$

式中，f_T 為熱力學效率，f_T 為 $\Delta G^0/\Delta H^0 = 0.83$；$f_V$ 為電壓效率，當電池輸出功率為 1 kW 時，平均單電池電壓為 0.845 V，據此$f_V = 0.845/1.229 = 69\%$；f_I 為電流效率，依據前述漏電電流理論計算$f_I = 97.3\%$；f_g 反應氣利用效率，實際尾氣排放量控制在$f_g \geq 98\%$。代入式（2-11）得：

$$f = 0.83 \times 0.69 \times 0.97 \times 0.98 = 57\%$$

◎電池系統性能與特徵

自由介質型鹼性燃料電池特別的優點是可以靠鹼循環實現電池組的排水與排熱。電池系統實驗證實，當循環鹼液濃度（質量比）在 30～40%之間變化時，電池組輸出電壓幾乎不變；而當循環鹼液濃度小於 20%時，電池組輸出電壓下降快。據此，電池系統循環鹼濃度（質量比）≤ 30%時，停止電池運行，更換鹼液；也可採用真空蒸發辦法將鹼液貯罐中的鹼液濃縮，這需要外加真空系統。

K. Strasser[8]在鹼性燃料電池的設計一文中發表了利用壓濾機式平板膜分離器實現自由介質型鹼性燃料電池水分離，圖 2-63 為其原理圖。圖中多孔膜可採用微孔石棉膜或親水有機高分子膜。當氫氣壓力大於循環鹼液壓力時，鹼液不能進入水一氮氣腔，而水蒸氣可蒸發至水一氮氣腔，經冷凝後冷凝水與氮氣一起進入氣水分離器，分出的純水進入水貯罐。

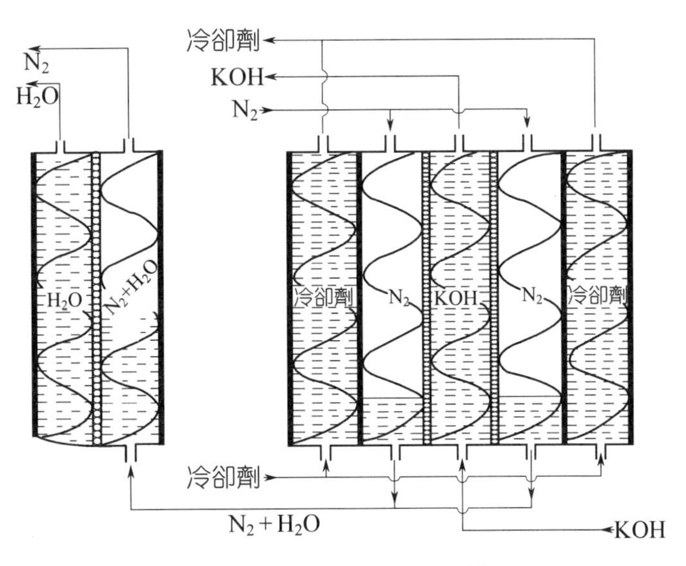

圖 2-63　鹼性燃料電池水分離原理圖

電池組廢熱由循環鹼液帶出電池組後，可由鹼貯罐散至環境，也可加入冷卻器，循環鹼液與冷劑換熱。

電池系統每次連續運行 4～6 小時後停止運行，降溫、更換鹼液、再啟動運行的多次啟動與排熱實驗結果見表 2-22。由表可知，這種自由介質型鹼性燃料電池性能很穩定，經歷 13 次啟動運行後電池性能未見有衰減趨勢。

表 2-23 是該電池系統的特徵與性能彙總表。

表 2-22　多次啟動結果

啟動次數	工作電壓（V）				電池工作溫度（℃）			備註
	20 A	25 A	28 A	30 A	T_1	T_2	$(T_1+T_2)/2$	
1	36.05	34.91	34.27	33.86	86	93	89.5	未加冷卻器，向鹼罐外表面灑水冷卻
2	—	—	33.25	—	88	92	90.0	
3	36.26	35.03	34.36	33.84	82	97	89.5	
4	35.69	34.36	33.60	33.09	85	94	89.5	

表 2-22　多次啟動結果（續）

啟動次數	工作電壓（V）				電池工作溫度（℃）			備註
	20 A	25 A	28 A	30 A	T_1	T_2	$(T_1+T_2)/2$	
5	35.11	33.67	32.82	32.29	81	89	85.0	加冷卻器
6	34.33	32.88	31.69	31.17	80	85	82.5	
7	34.16	32.56	31.57	30.93	79	87	83.0	
8	35.26	33.91	33.05	32.53	82	85	83.5	
9	35.73	34.34	33.60	33.07	82	85	83.5	
10	35.26	33.91	33.05	32.53	88	89	88.5	
11	36.01	34.77	34.04	33.52	88	88	88.0	
12	35.60	34.25	33.48	32.96	86	88	87.0	
13	34.62	33.05	32.36	31.75	83	88	85.5	

表 2-23　電池系統性能與特徵

項　　目	性能與指標	項　　目	性能與指標
電池組平均功率	1 kW	氫氧氣工作壓力	0.15 MPa
電池數量	40 節	鹼腔氮氣壓力	0.10 MPa
電池組尺寸	40 cm×30 cm×21 cm	鹼液濃度（KOH 質量比）	30～40%
電池組質量	55 kg	電池工作溫度	60～100℃
電池組輸出電流	25～35 A	啟動升溫器功率	500 W
電極工作電流密度	87～122 mA/cm^2	電池啟動升溫時間	≤1.5 小時
電池組輸出電壓	35～33 V	電池停工所需時間	≤0.5 小時
氫氣純度	>99.9%	鹼泵功耗	≤30 W
氧氣純度	>99.9%		

參考文獻

1. Marshy, M., Prokopius, P., “The fuel cell in space: Yesterday, Today and Tomorrow.”, J. Power Sources, 1990, 29(1/2): 193～200.
2. Mcbryar, H., “Technology status- fuel cell and electrolysis.” N19-10/22, 1979.
3. Kordesch, K., Simader, G., Fuel cell and their applications. VCH, 1996.
4. 中國科學院大連化學物理研究所。科學技術成果報告「航太氫氧燃料電池系統」。北京：科學技術文獻出版社，1980 年 7 月。
5. 邱瑞珍。4002 航太氫氧燃料電池組研製總結 。天津電源研究所內部資料，1981 年 1 月。
6. Bacon, T. T., “Fuel Cell, Past. Present and Future.”, Electrochim Acta, 1969, 14: 569～585.
7. Niedrach, L. W., Alford, H. R., “A New High Performance Fuel Cell Employing Conducting-porous Teflon Electrodes and Liquid Electrolytes.”, J. Electrochem Soc, 1965, 112(2): 117.
8. Strasser, K., “The design of Alkaline fuel cell.”, J. Power Sources, 1990(29): 149～166.
9. 張振武。氫氧燃料電池系統重量的優化。中國科學院大連化學物理研究所內部資料，1978。
10. 衣寶廉，梁炳春，曲天錫，張恩浚。「千瓦級水下用氫氧燃料電池」。化工學報，1992，43(2)：205。

Chapter 3

磷酸型燃料電池

鹼性燃料電池在載人航太飛行中的成功應用，證明了按電化學方式直接將化學能轉化為電能的燃料電池的高效與可靠性。為提高能源的利用效率，人們希望將這種高效發電方式用於地面發電。但是，如將鹼性電池在地面應用，以空氣代替純氧作氧化劑時，必須消除空氣中微量的二氧化碳。當採用各種富氫氣體（如天然氣重組氣等）代替純氫作燃料時，必須去除其中所含有的百分之幾十的二氧化碳，不但導致電池系統的複雜化，而且提高了系統的造價。為此，20 世紀 70 年代，世界各國致力於燃料電池研究與開發的科學家們開始研究以酸為導質子電解質的酸性燃料電池。

3-1 原理與技術現況

1 原理

圖 3-1 為磷酸型燃料電池（Phosphoric Acid Fuel Cell, PAFC）的原理圖。當以氫氣為燃料、氧氣為氧化劑時，在電池內發生的電極反應和總反應為：

陽極反應：$$H_2 \longrightarrow 2H^+ + 2e^-$$

陰極反應：$$\frac{1}{2}O_2 + 2H^+ + 2e^- \longrightarrow H_2O$$

總反應：$$\frac{1}{2}O_2 + H_2 \longrightarrow H_2O$$

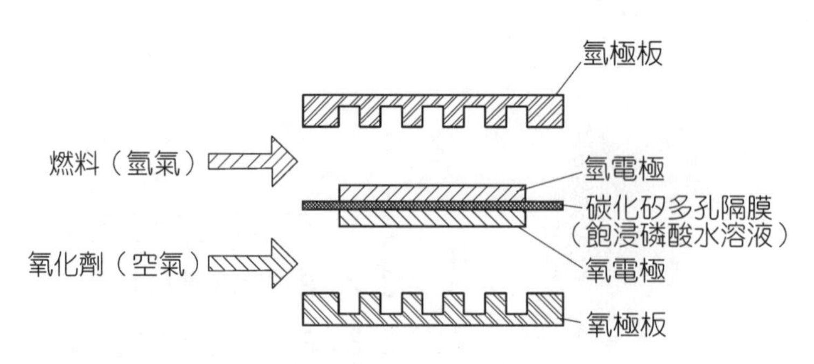

圖 3-1 磷酸型燃料電池原理圖

與鹼性燃料電池相比，酸性燃料電池研究與開發遇到了兩大難題。一是在酸性電池中，由於酸的陰離子特殊吸附等原因，導致氧的電化學還原速度比鹼性電池中慢得多❶。因此為減少陰極極化、提高氧的電化學還原速度，不但必須採用貴金屬（如鉑）作電催化劑，而且反應溫度需提高，如已開發成功的PAFC，工作溫度一般在 190～210℃之間。二是酸的腐蝕性比鹼強得多，除貴金屬外，現已開發的各種金屬與合金材料（如鋼等）在酸性介質中均發生嚴重的腐蝕。乙炔碳黑作電催化劑的載體和石墨化碳材作雙極板材料的研製成功，為酸性燃料電池的研製與開發提供了物質基礎。

2 PAFC 的技術狀態[1]

PAFC 的主要技術突破是採用碳黑和石墨作電池的結構材料。至今還未發現除碳材外的任何一種材料不但具有高的電導而且在酸性條件下具有高的抗腐蝕能力和低費用。因此可以說，採用非碳材、製備費用合理的酸性燃料電池是不可能的❷。

將奈米級的鉑擔載到乙炔碳黑載體上，極大地提高了鉑的利用率。至今PAFC陽極鉑負載量已降至 0.1 mg/cm^2，陰極為 0.5 mg/cm^2。採用模注成型的石墨化碳材作電池電極擴散層和雙極板材料，大幅度降低了電池成本。從 20 世紀 60 年代中期到現在 PAFC 技術進展見表 3-1。

表 3-1 PAFC 的技術進展

元 件	至 1965 年	至 1975 年	當前的狀態
陽極	PTFE 黏合的鉑黑	PTFE 黏合的 Pt/C	PTFE 黏合的 Pt/C
		Vulcan XC-72	Vulcan XC-72
	9 mg/cm^2（Pt 負載量）	0.25 mg/cm^2（Pt 負載量）	0.1 mg/cm^2（Pt 負載量）
陰極	PTFE 黏合的鉑黑	PTFE 黏合的 Pt/C	PTFE 黏合的 Pt/C
		Vulcan XC-72R	Vulcan XC-72
	9 mg/cm^2（Pt 負載量）	0.5 mg/cm^2（Pt 負載量）	0.5 mg/cm^2（Pt 負載量）

❶也就是說，以鉑為電催化劑時在酸性系統的氧還原之交換電流密度（Exchange Current density），遠低於鉑在鹼性系統的交換電流密度數個數量級。

❷電池的結構材料使用石墨材質，特別因 PAFC 有磷酸滲漏的可能性，而 PEFC 則因使用固態電解質，如義大利的 DeNora 公司採用處理過的金屬材質。

表 3-1 PAFC 的技術進展（續）

元　件	至 1965 年	至 1975 年	當前的狀態
電極支撐體	鈦網	碳紙	碳紙
電解質支撐體	玻璃纖維紙	PTFE 黏合的 SiC	PTFE 黏合的 SiC
電解質	85% H_3PO_4	95% H_3PO_4	100% H_3PO_4

至今，4.5 MW 和 11 MW PAFC 已成功運行，200 kW（PC25）已實現了商業化，可以向國際燃料電池公司（IFC）訂購[3]。發展 PAFC 的目的一是建造 5～20 MW 的以天然氣重組富氫氣體為燃料的分散電站；二是建造 50～100 kW 的電站，為旅館、公寓和工廠實現熱－電聯供，燃料的利用率可提高到 70～80%。

為提高 PAFC 性能，至今電池的工作溫度已提高到 200℃，反應氣工作壓力有的已達 0.8 MPa。這些措施在提高了 PAFC 性能的同時，也加速了電池主要結構材料碳材的腐蝕，尤其是電催化劑載體碳的腐蝕，這一腐蝕不但導致了電極結構參數的變化，而且導致鉑電催化劑晶粒的增大，活性降低。為減緩這類腐蝕，對 PAFC 應防止在低電流密度下工作（電池工作電壓 ≥ 0.8 V）和在反應氣氛下開路。

3-2 PAFC 結構材料[2, 3]

1 電催化劑

◎Pt/C 電催化劑

一般採用化學法製備 Pt/C 電催化劑。其技術關鍵為在高比表面積的碳黑上負載奈米級高分散的 Pt 微晶。鉑源一般採用鉑氯酸，按製備路線可分為兩類不同的方法：一是先將鉑氯酸轉化為鉑的錯合物，再由鉑錯合物製備高分散 Pt/C 電催化劑；二是從鉑氯酸的水溶液出發，採用特定的方法製備奈米級高分散的 Pt/C 電催化劑。

Prototech 公司 1977 年申請專利（USP4044193）可作為採用鉑錯合物方法

---

[3] IFC 公司組成 ONSI 子公司專門負責 200 瓩磷酸燃料電池現場型發電機組為 PC25C 型，與日本東芝（Toshiba）公司產品為相同的技術來源。

製備奈米級 Pt/C 電催化劑典型方法。該方法先用碳酸鈉溶液中和鉑氯酸溶液，生成橙紅色的 Na_2PtCl_6 溶液；再用亞硫酸鈉溶液調整 pH 值至 4，溶液先轉化為淡黃色直至無色，再加入碳酸鈉調整 pH 值至 7，則生成白色 $Na_6Pt(SO_3)_4$。將沉澱物調成漿狀，經兩次與氫型離子交換樹脂進行交換，製得亞硫酸根錯合的鉑酸化合離子 $H_2Pt(SO_3)_4$。在空氣中 135℃加熱這一錯合物，製得黑色玻璃狀物質；將其分散於水中得膠體狀態鉑溶膠；再將其負載到適宜的碳載體（如 Vulcan XC-72R 碳黑）上，即製得鉑微晶在 1.5～2.5 nm 的 Pt/C 電催化劑。

◎碳載體

碳是非金屬元素，其單質（同素異形體）以三種型態存在：金剛石（diamond）、石墨（graphite）和無定形碳（amorphous carbon）。由於碳導帶與價帶的交疊，使其具有許多金屬性質（如良好的導電性等），碳的典型物理性質見表 3-2。

表 3-2　碳的物理性質

性質		數值
三相點		－4020 K，約 11 MPa
熔點		4470～5070 K
密度（$g \cdot cm^{-3}$）	金剛石	3.515
	石墨	2.266
	無定形碳	1.8～1.9
C—C 鍵長		0.154 nm
電阻率		35～46 $\mu\Omega \cdot m$

由熱力學碳水體系的 Pourbaix 電位 pH 平衡圖可知，在 25℃，當電極電位 ＞50 mV 時，碳應氧化為 CO_2 或 HCO_3^-、CO_3^{2-} 等。而實際上，碳氧化由於動力學阻滯作用（即氧化速度慢），除在高溫下，碳是相對穩定的。

碳材料的化學穩定性不僅與其存在形式（如金剛石、石墨、無定形碳）有關，而且還與碳材前處理（如製備方法、熱處理等）有關。實驗證明，石墨化碳材（如乙炔碳黑）在 PAFC 工作條件下是相對穩定的。而作為 Pt/C 電催化劑的載體必須具有高的化學與電化學穩定性、良好電導、適宜的孔體積分佈、高的比表面積以及低的雜質含量。在各種碳材中僅無定形的碳黑具有上述性能。目前廣泛用作 Pt/C 電催化劑載體的碳黑是 Cabot 公司由石油生產的導電型電爐黑 Vulcan XC-72R，由氮吸附法測定的比表面積為 250～220 m^2/g，平均粒徑為 30 nm。

為提高碳載體的抗腐蝕性，可以採用在惰性氣氛下，高溫（如 1500～2700℃）下熱處理，增加碳材長程有序性（即石墨化程度）。如 Vulcan XC-72 經這種處理其抗腐蝕性大為改善，但是其比表面積由 250 m^2/g 降為 80 m^2/g 左右，因而在負載膠體鉑時，鉑微晶粒度稍有增加。

另一種方法是採用蒸汽或 CO_2 活化處理，去除碳載體中的易氧化的部分，同時也適當增加碳載體的表面積。如將 Shawinigan 乙炔黑在 900～950℃經水蒸氣活化處理，其比表面積可增加幾百倍，達到 > 200 m^2/g，並易於負載膠體鉑，在 PAFC 條件下其抗腐蝕性也優於 Vulcan XC-72R 碳。

碳載體的腐蝕速度還與電極工作電位、磷酸濃度密切相關。當陰極工作電位在 0.7～0.8 V/NHE（相對標準氫電極）時，碳黑類載體腐蝕速度是小的；而當陰極電位提高到 0.8～0.9 V/NHE時，碳腐蝕速度增加一個數量級。圖 3-2 為玻璃狀碳與 Vulcan XC-72 碳等在 200℃磷酸中的腐蝕電流和電位的關係。

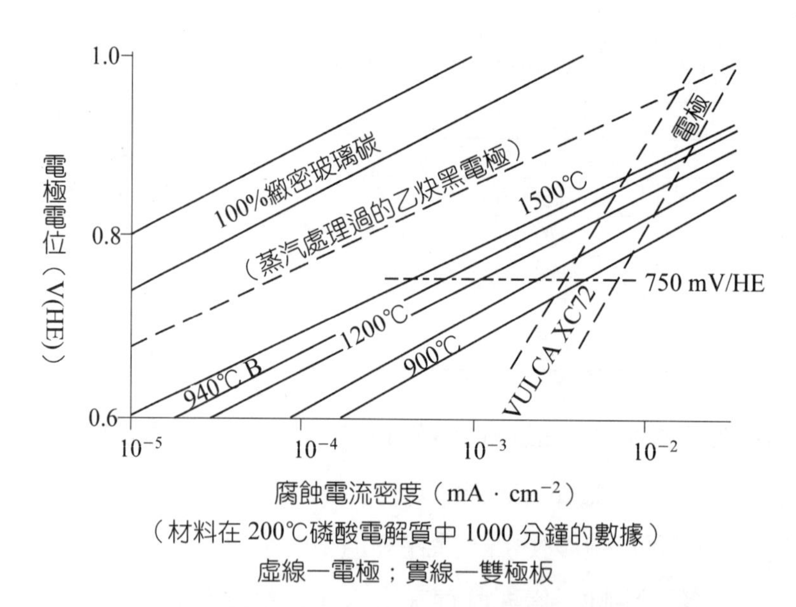

圖 3-2　各種碳材料的腐蝕電流和電極電位的關係

因此，PAFC 應避免在低電流密度下運行，開路時應用氮氣稀釋或置換氧化劑（純氧或空氣）。磷酸濃度對Shawinigan乙炔黑腐蝕速度的影響見圖 3-3。

由圖 3-3 可知，當磷酸的濃度低時，碳腐蝕速度增大，它證明水是碳氧化的進攻試劑；而對濃磷酸，由於聚磷酸的生成和水蒸氣分壓減小，碳腐蝕速度大幅度減小。

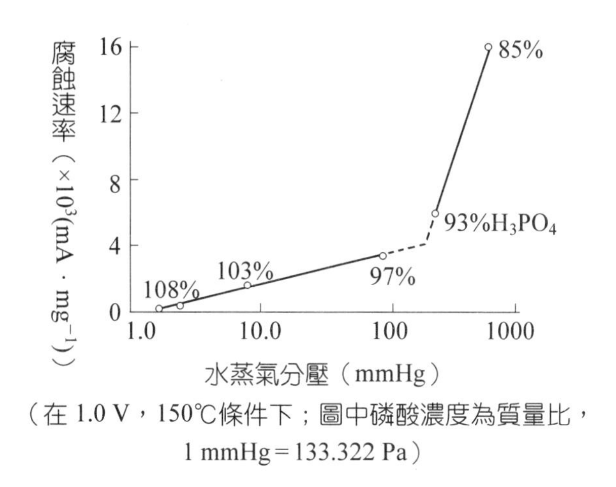

（在 1.0 V，150℃條件下；圖中磷酸濃度為質量比，
1 mmHg = 133.322 Pa）

圖 3-3 濃磷酸中水蒸氣分壓對 Shawinigan 乙炔黑腐蝕速率的影響

◎Pt/C 催化劑鉑表面積的減小

奈米級鉑微晶的 Pt/C 電催化劑，在 PAFC 工作條件下，鉑的表面積會逐漸減小，除因磷酸電解質和反應氣中雜質和磷酸本身與陰離子在鉑表面吸附結塊導致鉑的有效活性表面積減少外，主要由鉑溶解—再沉積和鉑在碳載體表面遷移和再結晶引起的。研究發現，奈米級鉑微晶在 PAFC 工作條件下產生溶解並從陰極遷移至陽極再沉積，而且亞鐵、銅等能加速這一過程。另外，由於鉑微晶與碳載體間結合力很弱，小的鉑微晶可經碳表面遷移、聚合，生成大的鉑微晶導致鉑表面積下降。為防止因鉑微晶的溶解和遷移、聚合導致鉑表面積損失，科學家們想辦法將鉑錨定在碳載體上，如美國聯合技術公司（United Technologies Co., UTC）[4]採用在 260～649℃溫度下，用 CO 處理 Pt/C 電催化劑，因 CO 裂解沉積在鉑微晶周邊的碳起著錨定鉑微晶的作用。

◎鉑與過渡金屬合金電催化劑

在 20 世紀 80 年代，科學家們廣泛研究了鉑與過渡金屬（主要是 V、Cr、Co 等）的合金作為 PAFC 氧還原陰極電催化劑。二元合金為面心立方 Cu_3Au 型（如 VPt_3）金屬間化合物。採用這種電催化劑製備氧陰極時，氧的電化學還原交換電流密度可提高 2～3 倍。在 200～300 mA/cm² 電流密度下工作的 PAFC，電池工作電壓與同樣鉑負載量的純鉑電極相比可提高 20～40 mV。典型結果如圖 3-4 所示。

[4] UTC 為 IFC 的母公司。

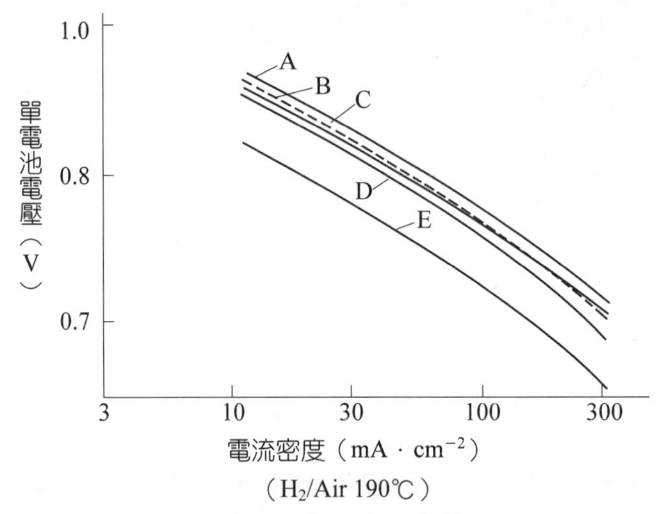

圖 3-4　鉑與過渡金屬合金電催化劑製備氧陰極 PAFC 電池性能

電催化劑的製備方法一是在已製備好的奈米級Pt/C電催化劑上浸漬劑量的過渡金屬鹽（如硝酸鹽或氯化物），再經在惰性氣氛下高溫處理，製備鉑合金電催化劑。二是將鉑氯酸與過渡金屬的氯化物或硝酸鹽水溶液利用還原劑同時沉澱到碳載體上，再焙燒製鉑合金電催化劑。第二種製備方法的典型代表是Johnson Mathey公司專利（USP5068161）。該專利給出的碳載鉑合金（合金元素以Cr、Mn、Co、Ni為主）電催化劑的鉑含量為20～60%；鉑與合金元素的質量比一般在65：35至35：65之間；電化學比表面積大於3.5 m^2/g。製備過程為先將金屬化合物（鉑氯酸、金屬硝酸鹽或氯化物）溶於水中，再加入碳載體的水基溶漿，有時還加入碳酸氫鈉，再用水合聯胺、甲醛或甲酸作還原劑將金屬沉積在碳載體上。將沉澱物過濾、洗滌與乾燥後，在惰性或還原氣氛下於600～1000℃進行熱處理，即可製得高活性的鉑合金電催化劑。

當採用鉑合金電催化劑製備 PAFC 陰極時，實驗已發現在 PAFC 工作條件下，鉑合金中的過渡金屬能發生溶解，如對Pt-V合金電催化劑已在陽極檢測到釩。至今關於在 PAFC 中採用鉑合金電催化劑時，其穩定性與壽命仍無定論。關於鉑與過渡金屬合金電催化劑提高氧的電化學還原活性的觀點有二：一是認為由於過渡金屬的溶解對鉑產生雷尼效應，增加鉑的表面積與穩定性；二是更多的人則認為由於過渡金屬的摻入，使鉑晶格產生收縮，因此 Pt 與 Pt 原子之間的距離更適於O_2產生橋式吸附，有利於O—O鍵的斷裂，提高了電催化劑的活性。

2 電極結構與製備技術

◎電極結構

PAFC採用的電極與AFC一樣，均屬多孔氣體擴散電極。為提高鉑的利用率、降低鉑負載量，在開發PAFC過程中，在電極結構方面取得了突破性進展，研製成功如圖 3-5 所示的多層結構電極。該電極分為三層：第一層通常採用碳紙。碳紙的孔隙率高達 90%，在浸入 40～50%（質量比）的聚四氟乙烯乳液後，孔隙率降至60%左右，平均孔徑為12.5 μm，細孔為3.4 nm。它起著收集、傳導電流和支撐催化層的作用，其厚度為0.2～0.4 mm，通稱擴散層或支撐層。為便於在支撐層上製備催化層，需在碳紙的表面製備一層由 XC-72 碳與 50%（質量比）聚四氟乙烯乳液的混合物所構成的整平層，其厚度僅為 1～2 μm。在整平層上製備由鉑／碳電催化劑和30～50%（質量比）聚四氟乙烯乳液構成的催化層。該催化層的厚度約為 50 μm。一般而言，電極製備好以後需經過滾壓處理，壓實後在320～340℃燒結，以增強電極的防水性。這種多層電極的鉑負載量對氫電極約為 0.10 mg/cm^2，對氧電極約為 0.50 mg/cm^2。

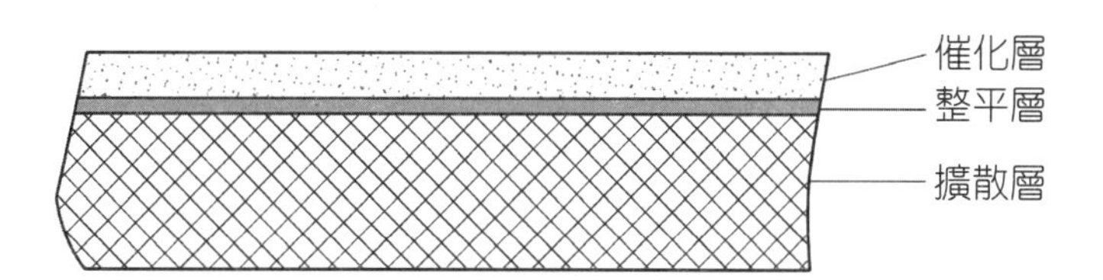

圖 3-5　多孔氣體擴散電極結構示意圖

◎製備技術

(1)擴散層

用直徑約為 10 μm 的碳纖維與可石墨化的樹脂（如酚醛樹脂）製備基膜，再經2700℃石墨化處理，製得碳紙孔隙率高達80～90%。用其製備電極擴散層時，需經排水化處理，其過程為將其多次浸入 5～10% PTFE 乳液中，再經 320～340℃焙燒並依據稱重法確定碳紙中 PTFE 含量，一般 PTFE 含量控制在 30～50%之間。

(2)整平層與催化層

整平層和催化層可採用噴塗法或刮膜法製備。

製備整平層時，先將 XC-72 碳或其他已預處理過的乙炔碳黑型碳與 PTFE 乳液用水或水與乙醇的混合溶劑配成 PTFE 占 30～50%的乳液，用超音波振盪使其混合均勻，再靜置、沉降，除去上層清液後，將沉澱物用噴塗或刮塗法載於已經過排水處理的碳紙上，其厚度 1～2 μm。其作用有二：一是整平碳紙表面凸凹不平，利於製備催化層；二是防止在製備催化層時，Pt/C 電催化劑進入擴散層內部，而降低鉑的利用率。

採用刮膜法製備催化層的流程如圖 3-6 所示。圖 3-7 為刮膜法製備催化層的多孔氣體擴散電極結構示意圖。

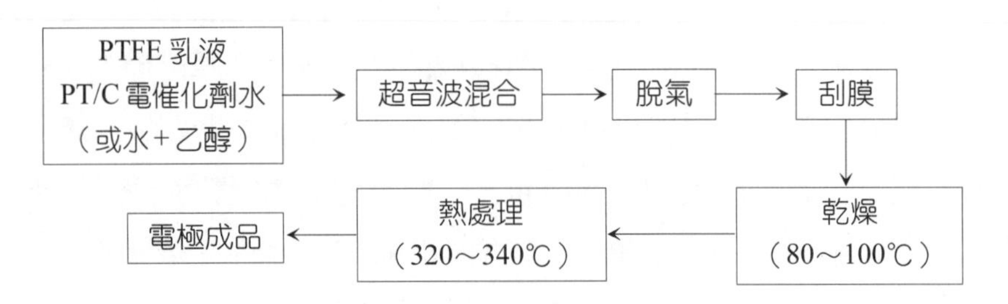

圖 3-6　刮膜法製備催化層流程圖

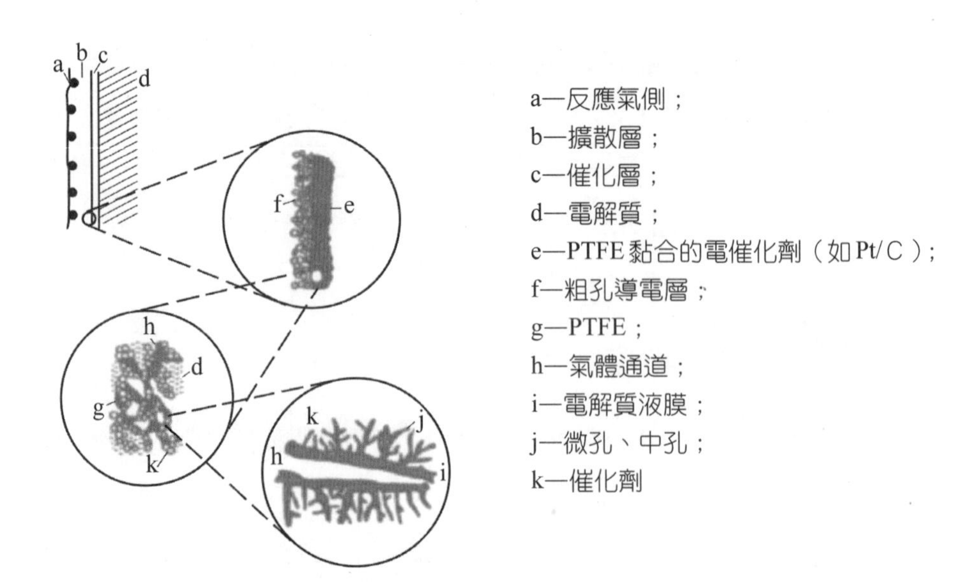

圖 3-7　多孔氣體擴散電極結構示意圖

電催化層中 PTFE 的含量（質量比）在 20～50%之間，刮膜法製備的催化層厚度在 30～50 μm 之間。

3 碳化矽多孔隔膜

在 PAFC 工作條件下，SiC（碳化矽，silicon carbon）是惰性的，具有很好的化學穩定性，PAFC 均選用 SiC 作為隔膜材料。在 PAFC 中碳化矽隔膜與其兩側的氫、氧多孔氣體擴散電極構成膜／電極「三合一」組件。飽浸磷酸的碳化矽隔膜一是起離子傳導作用，為減少其電阻它必須具有盡可能大的孔隙率，一般為 50～60%，為確保濃磷酸優先充滿碳化矽隔膜，它的平均孔徑應小於氫、氧氣體擴散電極的孔徑；二是飽浸濃磷酸的碳化矽隔膜還應起到隔離氧化劑（如空氣）和燃料（如富氫氣體）的作用。考慮到 PAFC 電池啟動、停工和運行過程中氣體工作壓力的波動，碳化矽隔膜最小鼓泡壓力應達到 0.05～0.10 MPa，所以隔膜的最大孔徑應小於幾微米，其平均孔徑應 ≤ 1 μm。

可用小於 1 μm [5]的碳化矽粉和碳化矽纖維（whiskers）並加入少量的 PTFE，用造紙法製備碳化矽隔膜。但由於碳化矽纖維難以製備、成本高，更適宜的方法是僅用碳化矽粉製備碳化矽隔膜。一般先將小於 1 μm 的碳化矽粉與 2～4%PTFE 和少量（＜0.5%）的有機黏合劑（如環氧樹脂膠黏劑）配成均勻的溶漿，用絲網印刷的方法在氫、氧氣體擴散電極的催化層一側製備厚度 0.15～0.20 mm 的碳化矽隔膜，在空氣中乾燥，於 270～300℃燒結。在製備膜／電極「三合一」組件時或組裝電池時，將氫、氧電極上碳化矽隔膜壓合到一起，得到 300～400 μm 厚的碳化矽隔膜。為減少隔膜的歐姆電阻，隨著製膜技術的進步，隔膜厚度逐漸減至 100～130 μm。美國專利 US 4000006 表述了採用絲網印刷法在電極表面製備薄而均勻碳化矽膜的方法。

4 雙極板

20 世紀 80 年代初，採用模鑄技術由石墨粉和酚醛樹脂製備如圖 3-8 所示的帶流場的雙極板。

---

[5]通常選用二種以上的顆粒大小，作為製備較緊密堆積的目的，以黏合劑製作防止氣體滲透的隔膜。

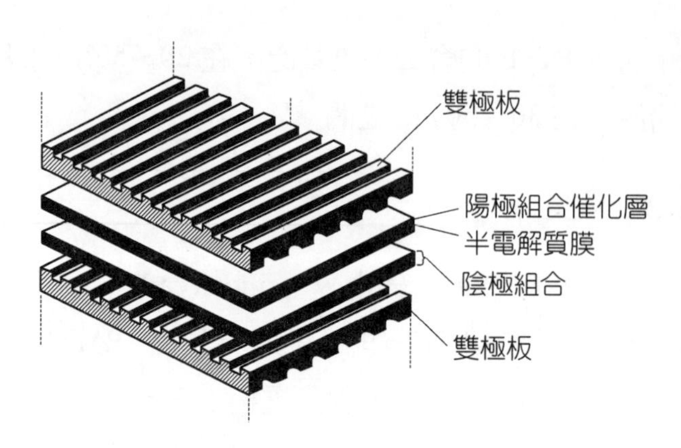

圖 3-8　UTC 公司 PAFC 電池結構

作為 PAFC 的雙極板，最重要的性能是它的比電導、與電極之間的接觸電阻（由其表層性能決定）和在電池工作條件下〔濃磷酸，200℃，氧化氣氛（如空氣）和工作電位〕的穩定性。而對模鑄雙極板，上述性能由石墨粉粒度分佈、樹脂類型與含量、模鑄條件與焙燒溫度等決定。

一般採用兩種不同粒度的石墨粉，加入百分之幾到百分之幾十的樹脂（如酚醛樹脂），在一定的溫度和壓力下模鑄成型，再經更高溫度的焙燒，使其進一步石墨化。如美國能量研究公司（Energy Research Corporation, ERC）[6]在 AD A092814（1980）報告中採用質量比為 17～33%的酚醛樹脂與兩種粒度（50 μm 與 6 μm，其比例為 11：4）石墨粉於 177℃、2.96 MPa 下模鑄製備 0.3 mm 帶平行溝槽流場的石墨雙極板，並經 204℃後處理。製備的雙極板的電阻率與其中樹脂含量的關係見圖 3-9。由圖可知，雙極板電阻率隨樹脂含量的增加而增大。

實驗還發現，模鑄石墨板與碳紙間接觸電阻高於石墨本身的電阻幾倍。增加模鑄板的處理溫度與時間，能減小這一接觸電阻，其原因是減少了模鑄石墨板表層的樹脂含量。用這種技術製備的石墨雙極板用於常壓運行的 PAFC，運行幾千小時後，雙極板無明顯腐蝕發生。

為提高 PAFC 性能，電池工作溫度與反應壓力逐漸升高，此時即使將後處理溫度提高到 900℃，雙極板內未石墨化的樹脂也很快分解。當將後處理溫度

[6] ERC 公司後來的發展主力在 MCFC 燃料電池，目前已改名為 Fuel Cell Energy 公司，從事多項燃料電池技術的開發。

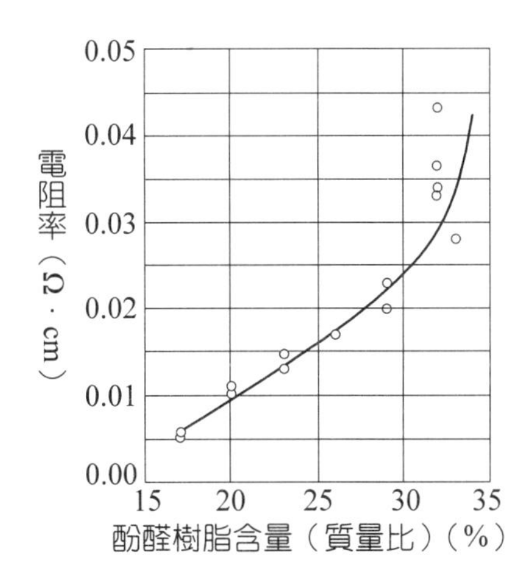

圖 3-9　雙極板材料的電阻率與樹脂含量的關係

提高到 2700℃（石墨化）時，雙極板的腐蝕電流可降低 1～2 個數量級。此時不僅製備技術的難度加大，而且大大增加了雙極板的製備費用。美國聯合技術公司（UTC）1 MW PAFC 的雙極板由石墨和聚苯硫醚樹脂製備；而為提高抗腐蝕能力，延長電池壽命，4.5 MW PAFC 已採用純石墨雙極板。

3-3　PAFC 結構與電池組[2, 3]

1 電池結構與密封

◎電池結構

PAFC 電池組一般採用外共用管道。圖 3-10 為電池組內的一節單電池結構圖。

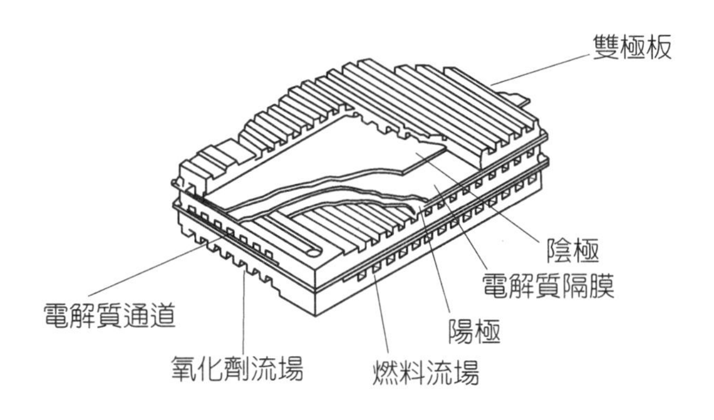

圖 3-10　PAFC 單電池結構圖

電池組按壓濾機方式組裝，發電部分為雙極板與膜／電極「三合一」的重複單元。兩端是由鋁或不銹鋼製成的端板，在端板與集流板之間加入由工程塑料（如玻璃鋼）製成的絕緣板。起外共用管道作用的氣體分配器一般也由工程塑料製備。

◎電池密封

因採用外共用管道，所以電池密封分兩部分。一是每節單電池氧化劑（如空氣）與燃料（如重組氣）相鄰兩個周邊的密封。二是燃料腔與空氣相鄰兩個周邊的密封和外共用管道與電池組的密封。

對於乾裝（碳化矽隔膜不預浸磷酸）的電池，可將碳化矽隔膜需密封邊（一般為 5～10 mm）浸入氟密封膠（fluoroeleastomer cement），並使其滲入隔膜內部，完成隔膜阻氣外滲和實現與雙極板之間的密封。而對濕裝（預先將濃磷酸浸入碳化矽隔膜）的電池，則無需再加密封膠，濃磷酸即可起密封膠的作用。

而外共用管道與電池組間的密封，一般採用 Viton 橡皮作密封墊，該橡皮在PAFC工作溫度下具有輕微流動性，有助於實現外共用管道與電池組間密封。

2 電解質的管理

PAFC 的碳化矽隔膜厚度僅幾百微米，儲存的磷酸有限，在電池長時間運行過程中，由於磷酸揮發和電池材料腐蝕等原因導致磷酸損失，不但影響電池性能，嚴重時還會引起燃料與氧化劑互竄。

為確保 PAFC 的碳化矽隔膜中有充足的磷酸，已發展了兩種技術。一是ERC發展的技術，預先將濃磷酸儲存在電池內，靠燈芯將酸導至膜電極「三合一」組件中，實現 PAFC 運行過程中的補酸。同時輔以在電池負荷改變時相應調整電池工作條件：溫度與反應氣工作壓力，儘量保持電解質體積的恆定，防止電解質磷酸的流失。如當電池工作電流密度從 325 mA/cm^2 降至 74 mA/cm^2 時，電池工作條件也從 0.48 MPa 和 190℃調為 0.26 MPa 和 170℃。

另一種方法是 UTC 發展的在電池組內加蓄酸板，實現磷酸的補充和當酸體積改變時防止酸流失。在其專利（USP4064322 等）中提出，在電極的擴散層內或電極靠氣室側加入親水的多孔材料，主要為碳多孔材料（如碳紙），有時也可含有一定量的碳化矽以增強其貯液能力。圖 3-11 為僅在一個電極（如氫電極）側加電解質儲存多孔材料結構的示意圖。

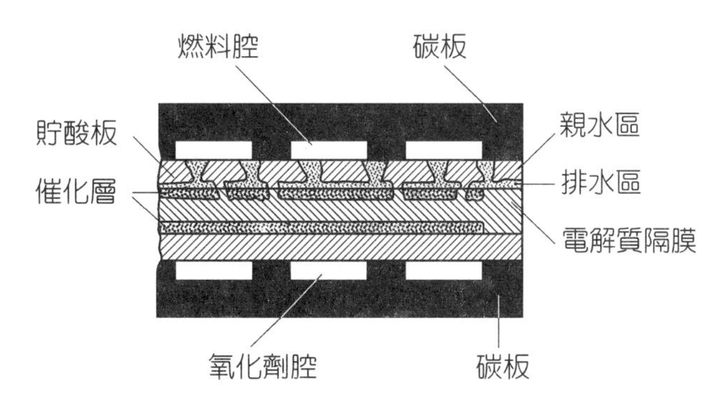

圖 3-11 帶貯酸板的電池結構示意圖

電極的擴散層僅 0.3 mm 左右，所儲存的電解液有限。若在擴散層靠氣室側再增加碳紙，貯酸量能有所增加，但增加了電池內阻（主要是多層碳紙間的接觸電阻）。

為提高電池內儲存電解液的能力，UTC 又開發成功採用肋形電極支撐體（ribbed substrates）的電池結構，如圖 3-10 和圖 3-12 所示。UTC 採用厚度為 1.8 mm的多孔碳材，並具有平行溝槽流場的電極支撐體，在平面上製備催化層與一個半碳化矽隔膜。在組裝電池時，兩個半碳化矽隔膜組合構成電池碳化矽隔膜，並在平行溝槽流場側加入一片 1 mm 厚的無孔碳板作氧化劑與燃料的分隔板。這種電池的儲存電解液的能力是利用擴散層儲存電解液能力的 5 倍多，足以補充電池運行 4 萬小時電解液的損失。UTC 的 4.5 MW PAFC 即採用這種電池結構。其主要不足之處是 1 mm 碳分隔板與帶流場的肋形電極支撐體間接觸電阻稍大，同時 1 mm 無孔石墨板難於加工製備。

3 電池組排熱

PAFC 的效率在 40～50%，因此在 PAFC 運行時，為維持電池工作溫度的恆定，需連續、等速地將電池廢熱排出電池組並加以利用，以提高燃料總的能量利用效率。

因電池組內雙極板、電極等均是熱的良導體，為簡化電池結構，一般為 4～8 節單電池加一片排熱板，利用冷卻劑（如水或導熱油，有的電池組也用空氣）將電池組的廢熱排出。

圖 3-12 為 UTC 發展水冷的 PAFC 電池結構示意圖[7]。

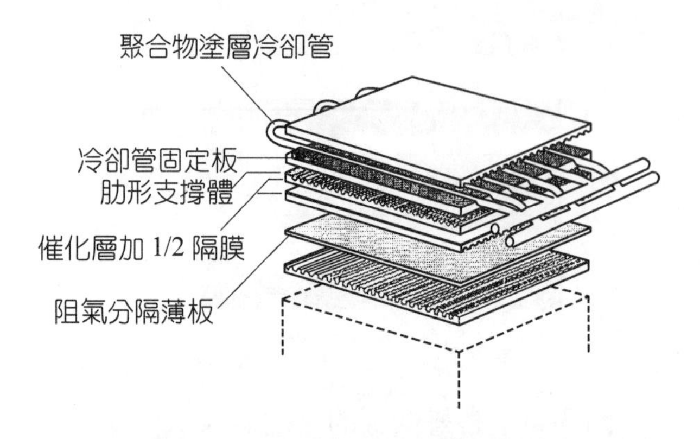

圖 3-12　UTC 水冷式電池結構

如圖 3-12 所示，為防腐與絕緣，將一組平行（或蛇形）薄壁銅（或鋼）金屬管外表面塗覆 PTFE 薄膜並固定在冷卻板上，置於電池組內。

當採用水冷時，有兩種冷卻方式可以運用：①低壓水蒸發冷卻，此時水流量小，電池廢熱主要靠水蒸發潛熱排出；②採用高壓水冷卻，此時要注意冷卻水管的耐壓能力，防止排熱水管破裂損壞電池。為防止冷卻管腐蝕，冷卻水氧含量需降至十億分之一級，對水質要求很高。

英國 Engelhard 公司發展 PAFC，採用絕緣油作冷卻劑，優點是避免了對水質的高要求，但由於油的比熱容比水小，流量比水大。

PAFC 廢熱排出也可採用空氣冷卻，有兩種方式可供選擇。一是不加排熱板，用過量的氧化劑（空氣）冷卻，但由於電池氣室流道流過空氣量大，阻力降也大，將導致電池組輔助動力損耗增大。另一種方式是如圖 3-13 所示，在 PAFC 電池組內每 3～5 節單電池加入一片排熱板，讓冷卻空氣流過排熱板排出電池廢熱，由於冷卻板空氣流動通道比電池氣室大，所以用於排熱的動力消耗相對較少。

PAFC 電池組液體與空氣排熱技術對比見表 3-3。

[7] 因著水冷式 PAFC 電池結構為 UTC 公司專利，迫使 ERC 等發展 PAFC 的公司必須採用效果較差的氣冷式設計，是為專利智權在商品競爭之另一例。

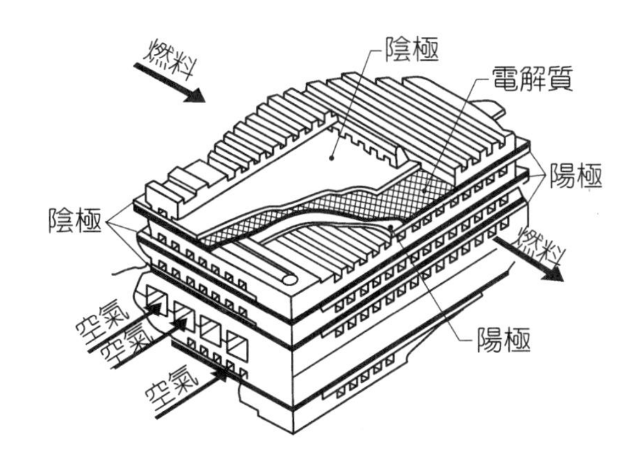

圖 3-13　ERC 開發的雙空氣流道排熱電池結構示意圖（氣冷式）

表 3-3　PAFC 不同排熱方式優缺點

系統特性	單氣路空冷	雙氣路空冷	液體冷卻
結構的簡繁	簡單	簡單	複雜
電解液損失	高	低	低
可靠性	高	高	低
冷卻系統占電池組成本的比例（%）	5	5	25～50
冷卻劑的壓降（kPa）	0.87	0.10	0.10

為提高升壓工作 PAFC 電池系統的效率，減少輔助系統的功耗，用於冷卻和氧化劑的空氣應分別管理。為此在 Westinghouse 和 Energy Research 公司開發的 PAFC 中應用了如圖 3-14 所示的「Zee」形流場，這樣，反應劑空氣與燃料的外共用管道分配器各占電池組短邊的一半，對流流動。而電池組長邊加置排熱空氣的分配器，每 5 節單電池加入一塊如圖 3-15 所示的排熱板，採用這種流場的排熱板能使電池溫度分佈更加均勻。圖 3-16 為採用這種結構的 375 kW PAFC 電池模組（module）外貌。每個電池模組內有 4 個電池組（stack），每個電池組由 400 節單電池構成，每 5 節單電池置入一片排熱板，每個單電池面積為 30 cm × 43 cm。整個模組高 3.35 m，置於直徑 1.4 m 的圓筒內，質量在 4500～5500 kg 之間。

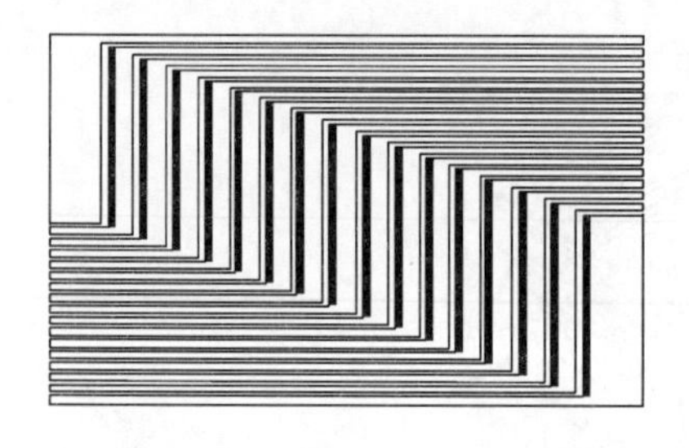

圖 3-14 「Zee」形流場

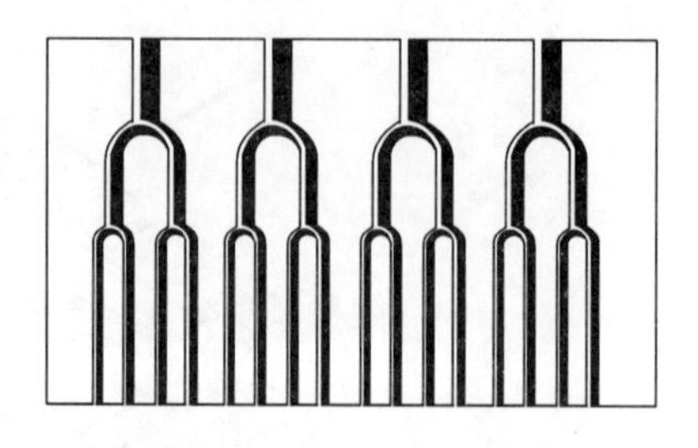

圖 3-15 冷卻板流場

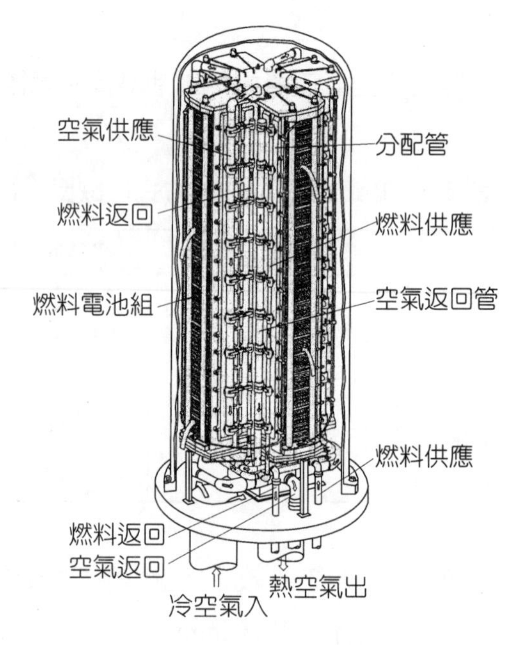

圖 3-16 W-ERC 設計的 375 kW PAFC 模組外貌

3-4 PAFC 性能[1]

電池性能是電池工作溫度、反應氣工作壓力、組成與利用率的函數。

1 性能與進展

◎電池性能

圖 3-17 為陽極和陰極鉑負載量分別為 0.5 mg/cm^2、180℃、0.1 MPa、100% H_3PO_4 工作條件下的極化曲線。

由圖 3-17 可知，極化主要產生於陰極，即氧的電化學還原過程。當用空氣代替純氧作氧化劑時，由於氧分壓的降低，增加了質傳阻力，加大了濃差極化，陰極極化明顯增大，而且隨著電池工作電流密度的增加，與純氧的差距增大。陽極極化與隔膜的歐姆降均較小，在 100 mA/cm^{2}時，分別為 4 mV 和 12 mV。

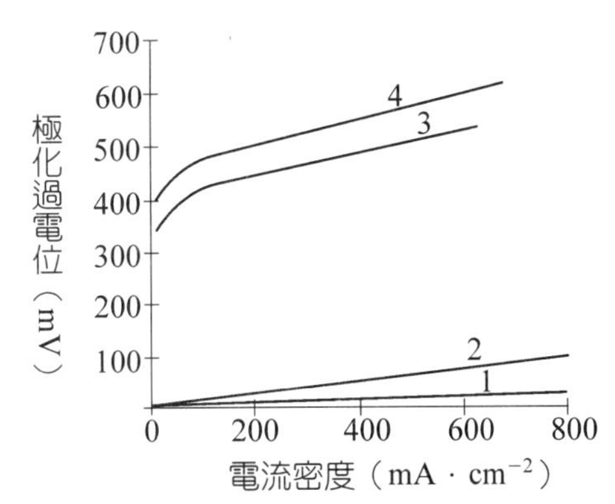

1—陽極極化過電位；2—歐姆極化過電位；3—純氧作氧化劑時陰極極化過電位；4—空氣作氧化劑時陰極極化過電位

圖 3-17　PAFC 極化曲線

典型的 PAFC 工作在電流密度 100～400 mA/cm^2，單電池的工作電壓為 800～600 mV。表 3-4 為三種先進 PAFC 的性能。

表 3-4　三種先進 PAFC 的性能

PAFC 類型	平均單電池電壓（V）	電流密度（mA · cm^{-2}）	功率密度（W · cm^{-2}）
IFC① 加壓型			
設計目標	—	—	0.188
單電池性能	0.75～0.66	431～645	0.323
電池組性能	0.71	431	0.307
11 MW 電站	0.75	190	0.142
IFC 常壓型			
單電池性能	0.75	242	0.182
電池組性能	0.65	215	0.139
日本三菱電機常壓型			
單電池性能	0.65	300	0.195

① IFC 為國際燃料電池公司。

◎研究進展

PAFC 電池性的進展如圖 3-18 所示。由圖可知，隨著電池工作溫度和反應氣工作壓力的升高及技術進步，電池性能已有了大幅度的提高。

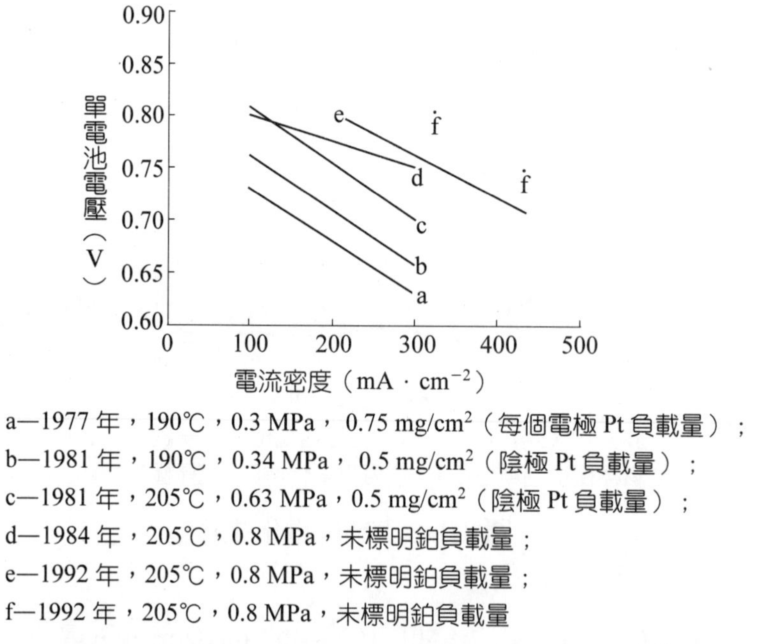

圖 3-18　富氫氣體作燃料、空氣為氧化劑的 PAFC 電池性能進展

對 PAFC，隨電池工作溫度的升高，碳材（包括雙極板、電催化劑載體和擴散層碳紙）的腐蝕加速，同時高分散的鉑電催化劑發生燒結的速度也加快，這些因素均導致電池性能衰減加快，影響電池的壽命。因此對實際應用的PAFC 電池組，電池工作溫度、壓力與電流密度的選擇均是電池組性能與壽命的同時優化的結果。

2 操作條件對電池性能的影響

◎壓力的影響

對 PAFC，依據電化熱力學的能斯特方程有：

$$E = E^0 + \frac{RT}{nF}\ln\frac{p_{H_2}^2 p_{O_2}}{p_{H_2O}^2} \qquad (3\text{-}1)$$

當電池工作時，一般反應氣為等壓操作，即$p_{H_2}=p_{O_2}$，而水蒸氣分壓p_{H_2O}由電池工作溫度與電解質 H_3PO_4的濃度決定，在此假定當改變反應氣工作壓力時它保持不變。依據式（3-1），當反應氣工作壓力由p_1變到p_2時有：

$$\Delta V_p(\text{mV})=\frac{RT}{2F}\cdot 3\ln\frac{p_2}{p_1} \quad (3\text{-}2)$$

當電池於 190℃工作時，提升反應氣工作壓力，熱力學貢獻為：

$$\Delta V_p(\text{mV})=138\log\frac{p_2}{p_1} \quad (3\text{-}3)$$

在 150℃，當電池工作電流密度為 323 mA/cm^2時，實驗獲得的反應氣工作壓力的影響經驗方程為：

$$\Delta V_p(\text{mV})=146\log\frac{p_2}{p_1} \quad (3\text{-}4)$$

由上述兩式的對比可知，增加反應氣工作壓力，對電池工作電壓的升高，除熱力學貢獻外，還有動力學貢獻。即隨著氧工作分壓的升高，加速了質傳過程，減少了陰極濃差極化，同時由於氧的電化學還原反應速率一般與氧分壓一次方成正比，升壓也加快了氧的電化學還原反應速率，氧還原活化極化也有所降低。實驗還發現，電池工作電流密度越高，反應氣工作壓力的影響越大，這也與上述動力學分析一致。

◎溫度的影響

依據電化學熱力學：

$$\left(\frac{\partial E}{\partial T}\right)_p=\frac{\Delta S}{nF} \quad (3\text{-}5)$$

對氫氧反應 ΔS 為負值，所以隨著溫度的升高，PAFC 電池熱力學可逆電勢下降。在標準條件下，對PAFC因為生成水為氣態，按式（3-5）計算可得電池熱力學可逆電勢的溫度係數為－0.27 mV/℃。即溫度每升高 1℃，電池的電動勢下降 0.27 mV。

從動力學看，隨著溫度的升高，在鉑電催化劑上氧的電化學還原速度加快，氧陰極極化減小。

綜合上述兩種影響，對 PAFC，當電池在中等電流密度（約 250 mA/cm²）下工作時，隨著電池工作溫度的升高，電池工作電壓升高，經驗公式為：

$$\Delta V_T = a(T_2 - T_1)℃ \tag{3-6}$$

式中，a 為一個正的係數，它與電池具體工作條件有關。當電池工作溫度在 180～250℃時，a 一般在 0.55～1.15。

當採用含 CO 的重組氣或淨化煤氣為燃料時，由於電池工作溫度升高，能改善電催化劑的抗 CO 中毒能力，電池性能對電池工作溫度就更為敏感。

但 PAFC 電池工作溫度升高也增加碳材腐蝕速度、高分散的鉑電催化劑的燒結與電解質磷酸的揮發與分解，所以實用 PAFC 的工作溫度的選擇是電池性能與壽命優化的結果。

◎氧化劑的組成和利用率的影響

當用空氣代替純氧作氧化劑時，陰極極化增加，如圖 3-17 所示。

當以空氣為氧化劑時，陰極極化隨氧利用率的增加而增加，陰極極化的增加如圖 3-19 所示。由圖 3-19 可知，當空氣中氧的利用率為 50%時，陰極極化比空氣中氧的利用率為「0」時增加 15 mV 左右。式（3-7）和式（3-8）為由實驗數據得到的經驗方程：

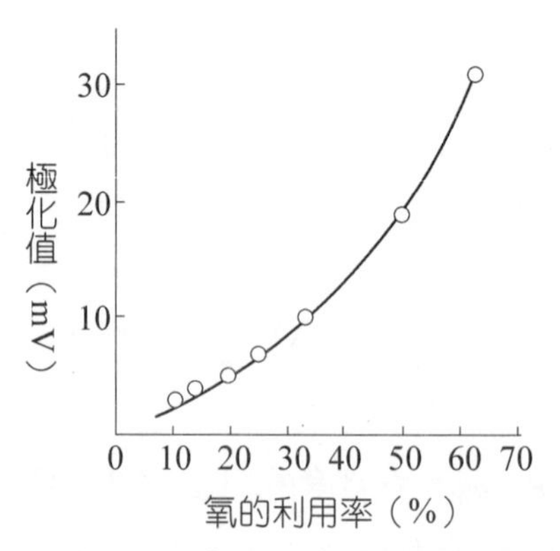

191℃，100% H_3PO_4，300 mA/cm²，0.1 MPa，0.52 mg/cm²（陰極 Pt 負載量）

圖 3-19　陰極極化與空氣中氧的利用率的關係

$$\Delta V_{陰極}(\mathrm{mV}) = 148 \log \frac{(\overline{p_{O_2}})_2}{(\overline{p_{O_2}})_1}$$

$$0.04 \le \frac{\overline{p_{O_2}}}{p_\Sigma} \le 0.20 \tag{3-7}$$

$$\Delta V_{陰極}(\mathrm{mV}) = 96 \log \frac{(\overline{p_{O_2}})_2}{(\overline{p_{O_2}})_1}$$

$$0.20 < \frac{\overline{p_{O_2}}}{p_\Sigma} < 1.0 \tag{3-8}$$

式中，$\overline{p_{O_2}}$ 為電池內平均氧分壓；p_Σ 為總壓力。式（3-7）適用於空氣作氧化劑，而式（3-8）適用於富氧氣體作氧化劑。

◎燃料的影響

當以高分散鉑為電催化劑時，H_2 的陽極氧化幾乎是可逆的，富氫氣體中的惰性組分（如 N_2、CH_4、CO_2 等）對電池性能影響很小。隨著氫的利用率的增加，陽極極化有所增加，在毫伏級，絕對值也很小。但當 H_2 的利用率大於 90% 時，陽極極化會大幅度增加。

式（3-9）為由實驗結果得到的陽極極化變化與氫濃度及利用率的關係。

$$\Delta V_{陽極}(\mathrm{mV}) = 55 \log \frac{(\overline{p_{H_2}})_2}{(\overline{p_{H_2}})_1} \tag{3-9}$$

式中，$\overline{p_{H_2}}$ 為電池陽極平均氫分壓。

3 反應氣中雜質對電池性能的影響

◎CO 的影響

眾所周知，CO 是鉑電催化劑的催化氫氧化的毒物，它的存在導致陽極極化的增加；CO這種毒化作用隨電池工作溫度增高而減弱。不同氫分壓與CO濃度對 PAFC 陽極極化的影響見圖 3-20。

Benjamin 等在 269 mA/cm^2 電流密度下，獲得的陽極極化與 CO 濃度的關係為：

$$\Delta V_{CO}(\mathrm{mV}) = k(T)\{[CO]_2 - [CO]_1\} \tag{3-10}$$

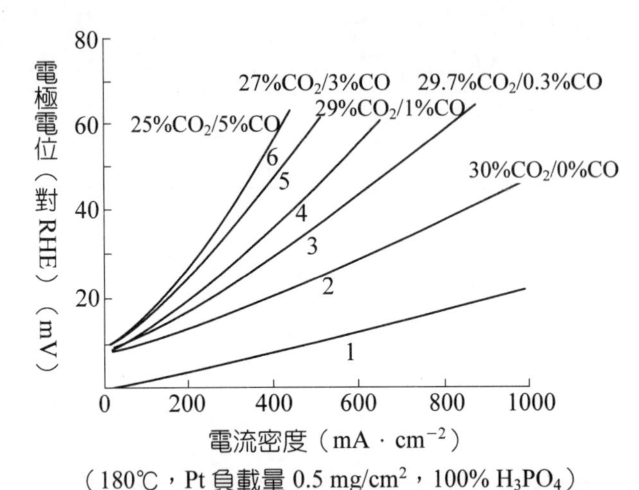

（180℃，Pt 負載量 0.5 mg/cm^2，100% H_3PO_4）

曲線 1—純氫；曲線 2～6—70%H_2，CO_2/CO 為摩爾分數

圖 3-20　CO 濃度對陽極極化的影響

式中，[CO] 為一氧化碳的摩爾分數；$k(T)$ 為係數，是電池工作溫度的函數，也與電池工作電流密度有關。Benjamin 等獲得的 $k(T)$ 見表 3-5。

表 3-5　$k(T)$ 與溫度的關係

溫度（℃）	$k(T)(\mathrm{mV}\cdot(\%)^{-1})$①	溫度（℃）	$k(T)(\mathrm{mV}\cdot(\%)^{-1})$①
163	−11.1	204	−2.05
177	−6.14	218	−1.30
190	−3.54		

①電極鉑負載量 0.35 mg/cm^2，269 mA/cm^2。

◎硫化物的影響

重組氣和煤氣中均含有以 H_2S 為主的硫化物。吸附在鉑電催化劑表面上的 H_2S 電化學氧化為硫，並吸附在 Pt 上，使鉑失去對 H_2 電化學氧化的催化活性。而吸附在鉑電催化劑表面的硫，僅能在充分高的電位下才能氧化為 SO_2，脫附後使鉑恢復對氫電化學氧化的催化活性。硫化物的這種毒化作用隨 PAFC 工作溫度升高而減小。

實驗還發現，當反應氣中含有 CO 時，H_2S 的毒化作用增強，即呈現出協同效應（synergistic effect）。圖 3-21 為燃料氣中有 CO 或無 CO 時，H_2S 濃度對陽極極化的影響。

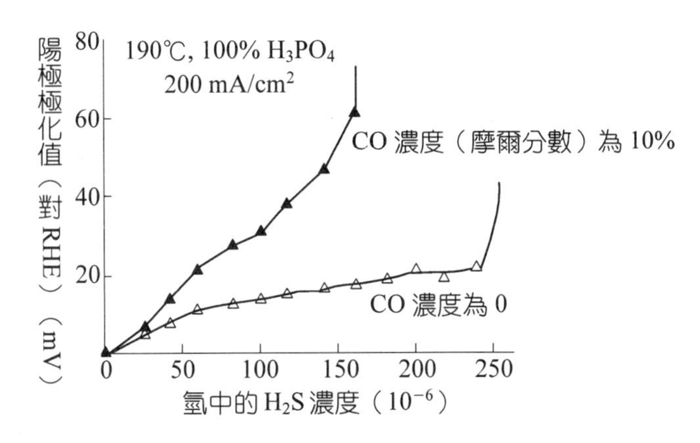

圖 3-21 H_2S 濃度對陽極極化的影響

對 PAFC，一般允許燃料氣中含有約 20×10^{-6} 的 H_2S，而當 H_2S 濃度大於 50×10^{-6} 時，陽極極化會迅速增加。

◎**NH_3 的影響**

對 PAFC，燃料和氧化劑中的 NH_3 會與電解質 H_3PO_4 反應生成 $(NH_4)H_2PO_4$。當 H_3PO_4 電解質中 $(NH_4)H_2PO_4$ 的摩爾分數 $<0.2\%$ 時，PAFC 可正常工作，超過此濃度會引起電池性能下降。

3-5 PAFC 系統

以 PAFC 電池組為核心，構建如圖 3-22 所示的 PAFC 電池系統。

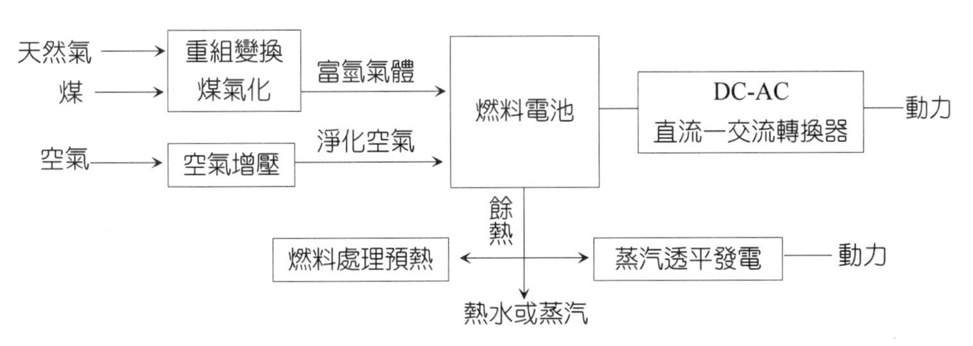

圖 3-22 磷酸燃料電池系統方塊圖

1 主要分系統

◎燃料供給

實用的 PAFC 均以天然氣為或低碳烴經蒸汽轉化製備富氫氣體作燃料。以天然氣為例，製氫的各單元功能見表 3-6，流程見圖 3-23。

表 3-6 天然氣製氫單元操作的功能與條件

作用	脫　硫	天然氣加水轉化為氫與一氧化碳	一氧化碳轉化為二氧化碳
反應式	$R—SH+H_2R \longrightarrow H+H_2S$ $H_2S+ZnO \longrightarrow ZnS+H_2O$	$CH_4+H_2O \longrightarrow CO+3H_2$	$CO+H_2O \longrightarrow CO_2+H_2$
催化劑	鈷─鉬催化劑 氧化鋅脫硫劑	鎳／水泥	中溫變換：鐵─鉻 低溫變換：鋅─鉻─銅
反應溫度	300～400℃	約 700℃	中溫變換：300～400℃ 低溫變換：200～300℃

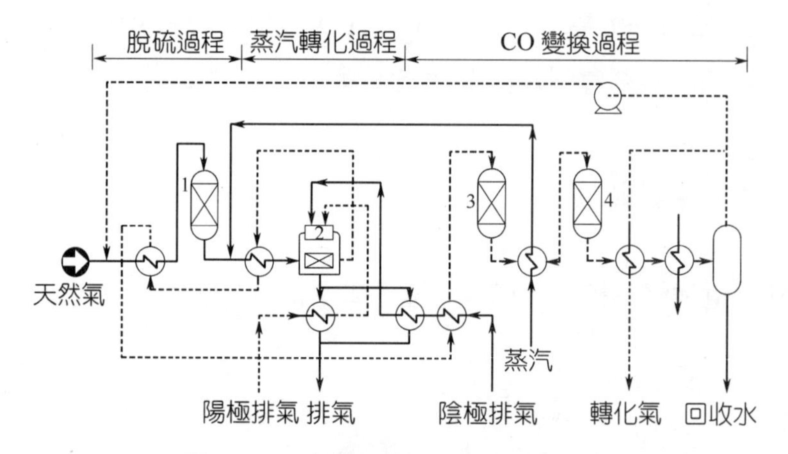

圖 3-23 天然氣蒸汽轉化製氫流程

烴類重組製氫反應為吸熱反應，為提高 PAFC 系統的能量效率，均將電池組陽極排放尾氣返回重組系統作燃料，為重組反應器供熱。

◎空氣增壓

為提高 PAFC 電池的能量轉化效率，氧化劑空氣的工作壓力逐漸升高，而空氣通過電池組的壓力損失又很小，為回收這部分能量、減小空氣壓縮機的電耗，可將電池陰極排放的壓力空氣通過膨脹機與空氣壓縮機的電動機共同為空氣壓縮機提供動力。

◎餘熱利用

由於 PAFC 的工作溫度僅 200℃左右，餘熱大部分以熱水或低壓蒸汽形式實現綜合利用；僅對大型兆瓦級 PAFC 電站，可以考慮利用低壓蒸汽透平實現聯合發電。

◎電輸出與控制

由於燃料電池的內阻較大，所以當負荷變化時，輸出電壓變化較大。為滿足用戶對電壓精度的要求，一般加DC/DC變換，實現直流工作電壓穩定輸出；而對交流用戶，還要加入 DC/AC 變換，將直流電轉換為交流電。此外還要加入防止過載或短路的保護裝置。

◎**200 kW PAFC**

在美國能源部（DOE）和煤氣（瓦斯）研究院（GRI）的資助下，由國際燃料電池公司的子公司ONSI公司研製了PC25A-200 kW的磷酸燃料電池電站。

在 1992～1994 年間，200 kW 的磷酸燃料電池電站已進入商業化前期的試驗階段，ONSI 公司生產了 56 臺 PC25A 電站在世界各地進行試驗。

表 3-7 與圖 3-24、圖 3-25 是日本東京電力公司生產的 200 kW 空冷與水冷磷酸燃料電池電站的特徵參數與流程[4]。

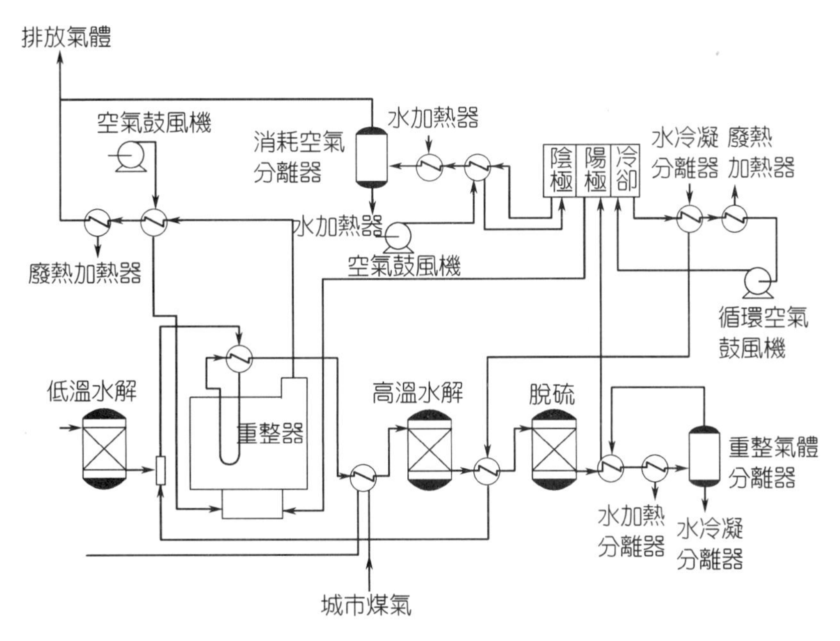

圖 3-24　200 kW 空冷磷酸燃料電池電站流程圖

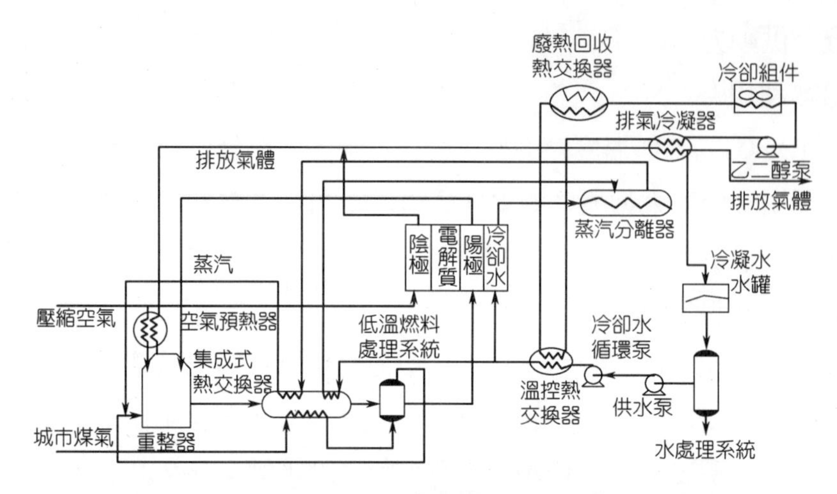

圖 3-25　200 kW 水冷磷酸燃料電池電站流程圖

表 3-7　200 kW 磷酸燃料電池電站的特徵參數

項　　目	空冷 N200	水冷 PCX
額定功率（交流，總）（kW）	220	200
輸出電壓（交流）（V）	210	210
最小功率（交流，總）（kW）	50	50
控制功率範圍（%）	22.7～100	25～100
電效率（總，HHV①）（%）	35	35～38
廢熱回收率（%）	40	45
總熱效率（%）	75	80～83
燃料	城市煤氣或重組氣	城市煤氣
額定功率時燃料消耗（$m^3 \cdot h^{-1}$）	60	45～48
冷啟動時間（小時）	4	5
氮化物排放（10^{-6}）	≤30	≤25
電站區域的噪音水準（dB）	≤50	≤50

① HHV 為高熱值。

圖 3-26 是在日本進行的 200 kW 磷酸燃料電池電站連續運行的實驗結果[5]。由圖可知，一次運行時間絕大部分超過 3000 小時，最長達到 6000 小時，距一年的時間相差不遠。電站運行 40000 小時，允許電壓衰減 10%。相應於每運行 1000 小時，電池的電壓衰減為 0.25%。圖 3-27 示出 200 kW 電站的電壓衰減實驗結果。第六臺是最好的，而第一臺是最差的。但無論哪一個電站均優於設計

的衰減指標。對已實驗的 20000 小時進行外推，電站壽命可達 40000 小時。由圖 3-26 還可知，電站的電壓衰減主要發生在事故時的緊急停車過程中，電站穩定連續運行的衰減每 1000 小時僅為 0.10%。這就要求進一步提高電站各元件的運行可靠性，儘量減少突然停車，以期延長電站壽命。

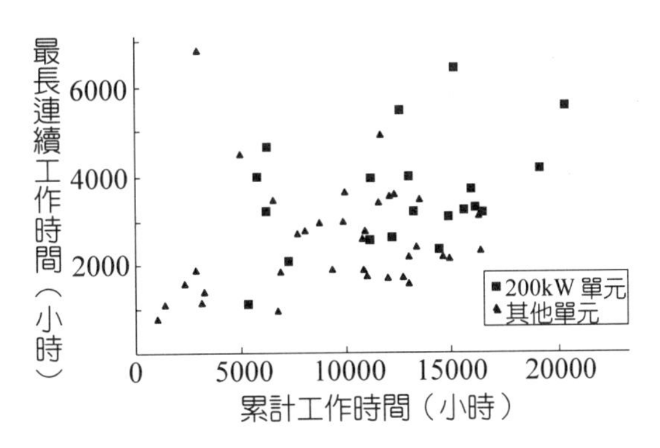

圖 3-26　200 kW 磷酸燃料電池電站連續運行實驗結果

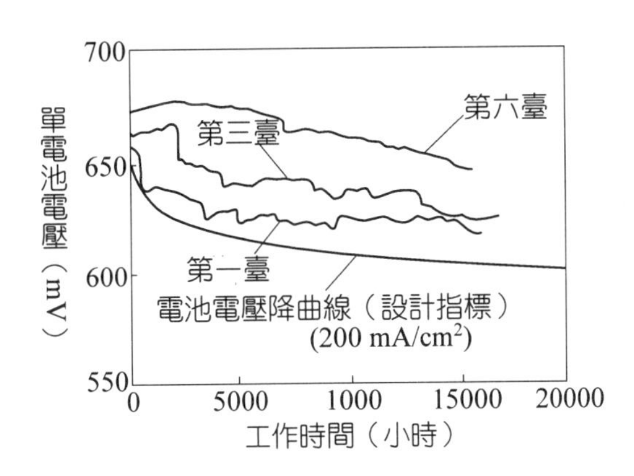

圖 3-27　200 kW 磷酸燃料電池電站電壓衰減

參考文獻

1. Fuel Cell Handbook (5th Edition). EG & G Services Parsons Inc., October, 2000.
2. Appleby, J., Energy, 1986, 11(1, 2): 13～94.
3. Kordesch, K., Simader, G., "Fuel Cell and their Applications", VCH, 1996.
4. Asada, T., Usame, Y., "Tokyo Electric Power Company Approach to Fuel Cell Power production", J. Power Sources, 1990, 29: 97.
5. Hojo, N., "Phosphoric Acid Fuel Cell in Japan", J. Power Sources, 1996, 61: 73.

Chapter 4

質子交換膜燃料電池

4-1　概　述
4-2　電催化劑的製備與表徵
4-3　電　極
4-4　質子交換膜
4-5　雙極板與流場
4-6　單電池
4-7　電池組
4-8　電池系統
4-9　質子交換膜燃料電池模型研究
4-10 質子交換膜燃料電池的應用

4-1 概 述[1]

1 工作原理

質子交換膜型燃料電池（Proton Exchange Membrane Fule Cell, PEMFC）以全氟磺酸型固體聚合物為電解質，鉑／碳或鉑－釕／碳為電催化劑，氫或淨化重組氣為燃料，空氣或純氧為氧化劑，帶有氣體流動通道的石墨或表面改性的金屬板為雙極板。圖 4-1 為 PEMFC 的工作原理示意圖。

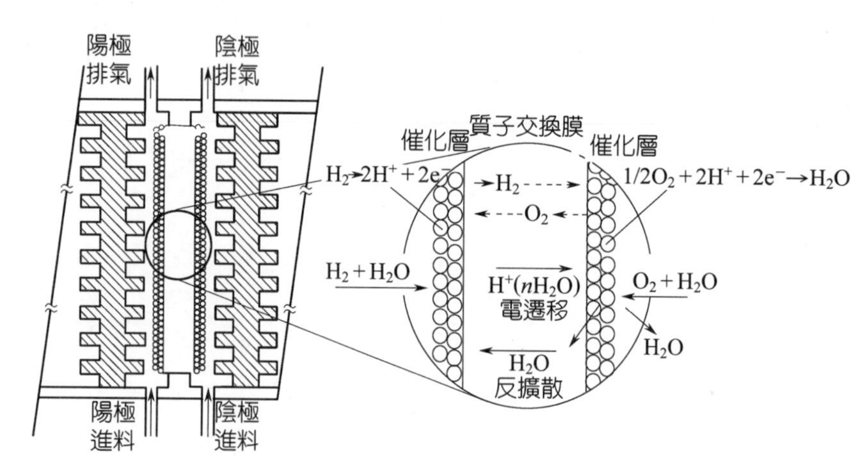

圖 4-1　PEMFC 的工作原理示意圖

PEMFC 中的電極反應類同於其他酸性電解質燃料電池。陽極催化層中的氫氣在催化劑作用下發生電極反應

$$H_2 \longrightarrow 2H^+ + 2e^-$$

該電極反應產生的電子經外電路到達陰極，氫離子則經質子交換膜到達陰極。氧氣與氫離子及電子在陰極發生反應生成水

$$\frac{1}{2}O_2 + 2H^+ + 2e^- \longrightarrow H_2O$$

生成的水不稀釋電解質，而是通過電極隨反應後之尾氣排出。

由圖 4-1 可知，構成 PEMFC 的關鍵材料與元件為電催化劑、電極（陰極與陽極）、質子交換膜和雙極板。

2 發展簡史

20 世紀 60 年代，美國首先將 PEMFC 用於雙子星計畫之太空飛行。該電池當時採用的是聚苯乙烯磺酸膜，在電池工作過程中該膜發生了分解（即退化分解）。膜的分解不但導致電池壽命的縮短，而且還污染了電池的生成水，使太空人無法飲用。其後，儘管奇異公司（GE）曾採用杜邦公司的全氟磺酸膜，延長了電池壽命，解決了電池生成水被污染的問題，並用小電池在生物實驗衛星上進行了搭載實驗。但在美國太空飛行器用電源的競爭中未能中標，讓位給石棉膜型鹼性氫氧燃料電池（AFC），造成PEMFC的研究長時間內處於低谷。

1983 年，加拿大國防部資助了巴拉德動力公司（Ballard Power Systems）進行PEMFC的研究。在加拿大、美國等國科學家的共同努力下，PEMFC取得了突破性進展。首先，採用薄的（50～150 μm）高電導率的 Nafion 和 Dow 全氟磺酸膜，使電池性能提高數倍。接著又採用鉑／碳催化劑代替純鉑黑，在電極催化層中加入全氟磺酸樹脂，實現了電極的立體化，並將陰極、陽極與膜熱壓到一起，組成電極-膜-電極「三合一」組件（即Membrane-Electrode-Assembly, MEA）。這種技術減少了膜與電極的接觸電阻，並在電極內建立起質子通道，擴展了電極反應的三相界面，增加了鉑的利用率。不但大幅度提高了電池性能，而且使電極的鉑負載量降至低於 0.5 mg/cm^2，電池輸出功率密度高達 0.5～2 W/cm^2，電池組的質量比功率和體積比功率分別達到 700 W/kg 和 1000 W/L[2]。

3 特點與用途

PEMFC除具有燃料電池的一般特點（如能量轉化效率高、對環境友好等）之外，同時還具有可在室溫快速啟動、無電解液流失、水易排出、壽命長、比功率與比能量高等突出特點。因此，它不僅可用於建設分散型電站（dispersed power stations），也特別適宜於用作可移動動力源，是電動車和不依靠空氣推進❶潛艇的理想候選電源之一，是軍、民通用的一種新型可移動動力源，也是

❶ Air Independent Propulsion, AIP

利用氯鹼廠副產物氫氣發電的最佳候選電源。在未來的以氫作為主要能量載體的氫能時代，它是最佳的家庭動力源。

4-2 電催化劑的製備與表徵[3]

由於 PEMFC 的工作溫度低於 100℃，至今均以鉑為電催化劑。為提高鉑的利用率和減少鉑的用量，鉑均以奈米級顆粒形式高分散地擔載到導電、抗腐蝕的載體上，至今所採用的載體均為乙炔碳黑。有時為增加載體的石墨特性，需經高溫處理。為增加載體表面的活性基團和孔結構，也可用各種氧化劑如 $KMnO_4$、HNO_3 處理，或用水蒸氣、CO_2 高溫處理。目前應用最廣的載體是 Vulcan XC-72R 碳黑，它的平均粒徑約為 30 nm，比表面積為 250 m^2/g。

1 Pt/C 電催化劑

將鉑高分散地擔載到載體上，主要有兩類方法：化學法與物理法。至今廣泛應用的 Pt/C 類電催化劑主要以化學法製備，物理法則正處在發展中。

(1)膠體鉑溶膠法

Prototech 公司 1977 年申請的專利（USP4044193）提出了先製備鉑的亞硫酸根錯合物的方法：用碳酸鈉溶液中和鉑氯酸溶液，生成橙紅色的 $Na_2Pt(Cl)_6$ 溶液，再以亞硫酸氫鈉調整溶液 pH 值至 4，溶液先轉為淡黃色直至無色，再加入碳酸鈉調 pH 值至 7 即生成白色沉澱。將沉澱物與水調成漿狀物，經兩次與氫型離子交換樹脂進行交換，可製得亞硫酸根錯合鉑酸化合離子。在空氣中於 135℃加熱這一錯合物，得到黑色的玻璃狀物質，將其分散於水中，即製得膠體狀態鉑溶膠，其鉑粒子絕大部分在 1.5～2.5 nm 之間。將其按一定比例擔載到碳載體（XC-72R）上，即製得高分散的鉑／碳電催化劑。

(2)離子交換法[4]

首先用各種氧化劑（如 $KMnO_4$、濃 HNO_3 或限定條件下的氧氣）對碳載體進行處理，使碳表面生成強、弱兩種酸性官能團，再與 $[Pt(NH_3)_4]^{2-}$ 離子進行交換，製備奈米級高分散的 Pt/C 電催化劑。如將 5g XC-72R 碳置於 2 mol/L $KMnO_4$ 和 63% HNO_3 的 2：1 混合液中，室溫攪拌 16 小時，再加熱至 70℃，保溫 4 小時，降溫過濾，用去離子水洗滌至無 MnO_4^- 和 NO_3^-，再置於 4 mol/L 的濃 HCl 中，室溫攪拌 17 小時，洗滌過濾至無 Cl^-，110℃烘乾，氮氣氛下保存。將上述製備的碳載體在室溫下置於 $Pt(NH_3)_4Cl_2$ 溶液（Pt 負載量 10 g/L）中攪拌 1 小時，讓 $Pt(NH_3)_4^{2-}$ 與擔體酸性功能團的 H^+ 進行交換，再洗滌過濾，100℃乾燥。並於 180℃用 H_2 氣還原 4 小時。製備的 Pt/C 電催化劑 Pt 粒子的平均直徑在 0.75～1.70 nm 之間。

(3) **H_2PtCl_6 直接還原法**

H_2PtCl_6 是最易得的鉑源，但當直接用 H_2PtCl_6 作原料製備 Pt/C 時，因為 $PtCl_6^{2-}$ 在碳表面易聚集吸附，不但使製得的 Pt/C 催化劑鉑粒子大（有時達幾十奈米）而且分佈不均。中國科學院大連化學物理研究所在專利[99112700.5]中，提出一種直接用 H_2PtCl_6 作原料製備高分散 Pt/C 電催化劑的方法。該方法的特點在於用高比例的異丙醇水溶液作溶劑，防止 $PtCl_6^{2-}$ 聚集吸附；用甲醛作還原劑，反應在惰性氣氛（如純氮）保護下進行，防止受大氣中氧的影響，生成大的鉑晶粒；還原反應在 50～90℃進行幾個小時，反應結束後，用 CO_2 調整 pH 值，以加速 Pt/C 電催化劑的沉澱。

圖 4-2～圖 4-5 是用該法製備的質量比為 20%和 40%Pt/C 催化劑的 TEM 照片和 Pt 粒子的粒徑分佈。由圖可知，20% Pt/C 催化劑 Pt 粒子的平均直徑為 3.0 nm，40% Pt/C 催化劑 Pt 粒子的平均直徑為 3.7 nm，粒徑分佈範圍還是比較窄的。

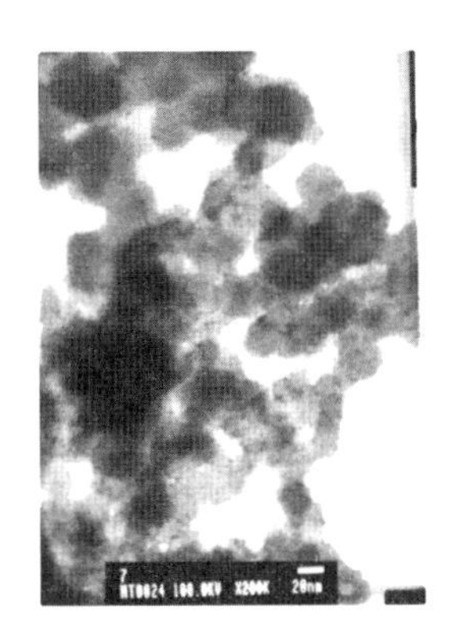

圖 4-2　質量比為 20%的 Pt/C TEM

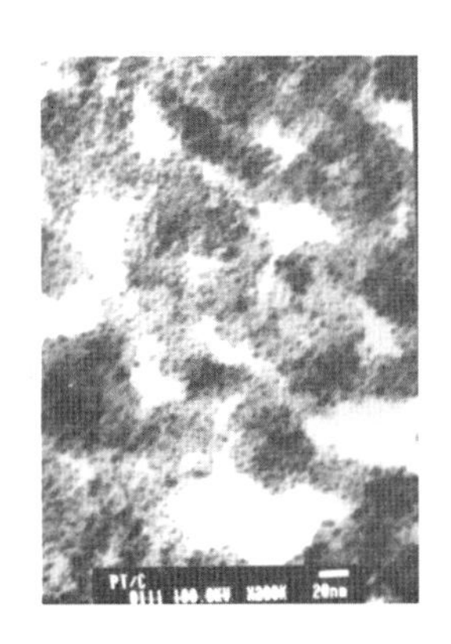

圖 4-3　質量比為 40%的 Pt/C TEM

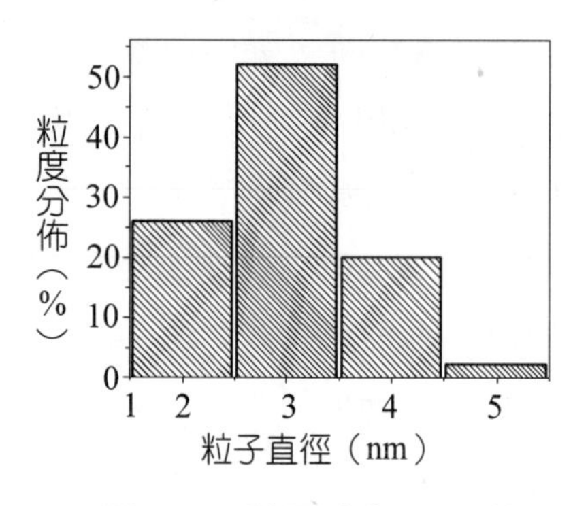

圖 4-4　質量比為 20%的 Pt/C 鉑粒子粒徑

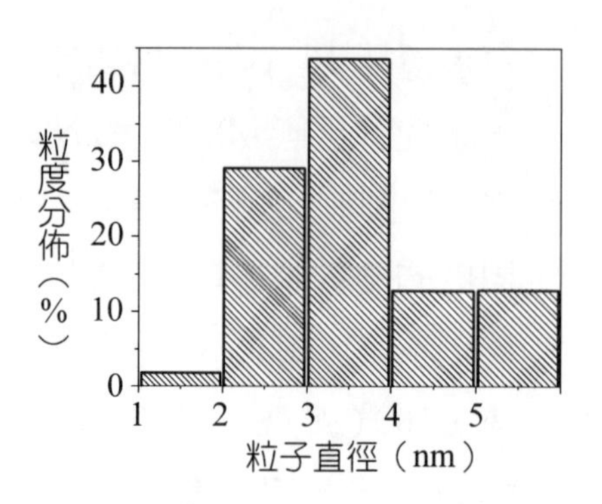

圖 4-5　質量比為 40%的 Pt/C 鉑粒子粒徑

圖 4-6 為用該方法製備的質量比為 20% Pt/C 催化劑的 XDR 圖譜。與 Pt 的本相 XDR 圖譜對比可知，Pt 的[111]晶面是清晰的，而其他晶面因 Pt 晶粒太小難以辨認。

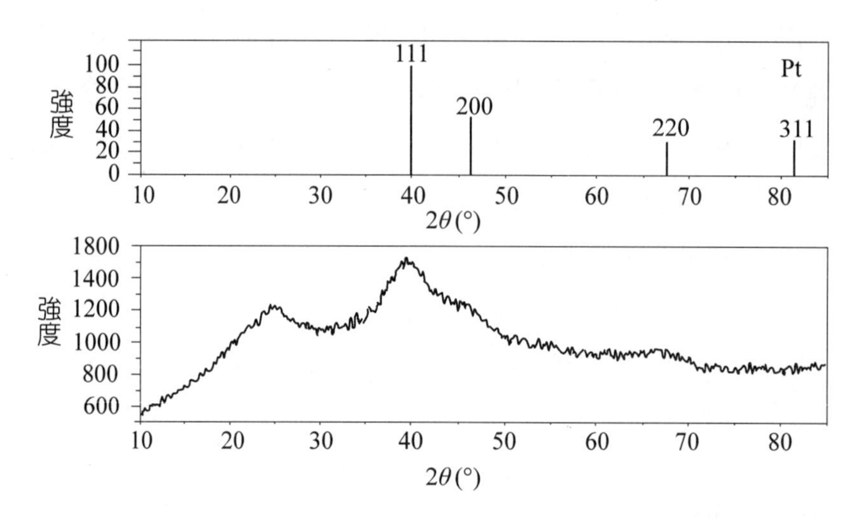

圖 4-6　質量比為 20%Pt/C 催化劑的 XDR 圖譜

圖 4-7 為用該方法製備的質量比為 20%Pt/C 催化劑的 XPS 圖譜。依據鉑的 $4f_{7/2}$ 和 $4f_{5/2}$ 的鍵合能和 Ar^+ 刻蝕前後無變化，可確定高分散在碳載體上的奈米 Pt 為「0」價態。

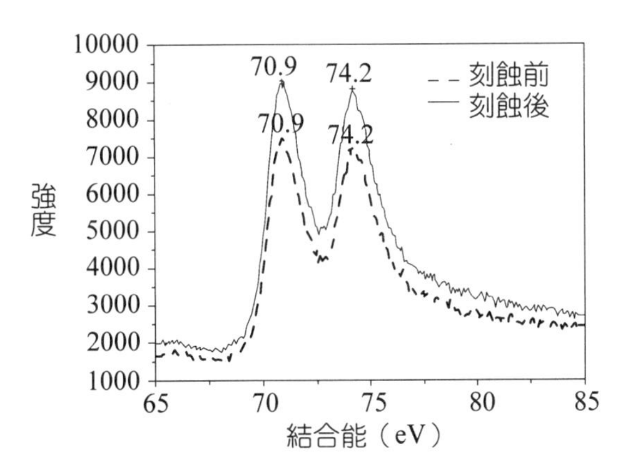

圖 4-7 質量比為 20%Pt/C 催化劑的 XPS 圖譜

圖 4-8 為 Pt/C 催化劑的循環伏一安圖。由圖可知，該催化劑對氫電化學氧化和電化學還原均具有較好的活性。尤其是對氫的電化氧化過電位很低，接近可逆電極（圖中 a 與 a'）。依據 Ticianelli 方法[5]，按氫吸附峰面積，可確定鉑的電化學比表面積，結果如表 4-1 所示。

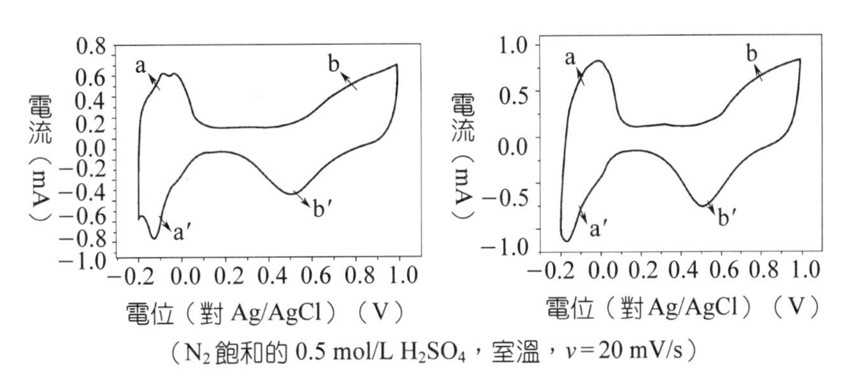

圖 4-8 質量比 20%（左）和質量比 40%（右）Pt/C 催化劑的循環伏一安圖

表 4-1 催化劑的電化學比表面積

項目	Pt/C 質量比為 20%	Pt/C 質量比為 40%
積分面積（mA · V）	0.102	0.135
比表面積（$m^2 \cdot g^{-1}$）	102	67.5

圖 4-9 為用該方法製備的質量比 20%的 Pt/C 電催化劑製備的厚層排水電極與 Nafion 112 膜組裝的 5 cm^2 單電池的伏一安曲線。由圖可知，

該電催化劑具有較高活性。

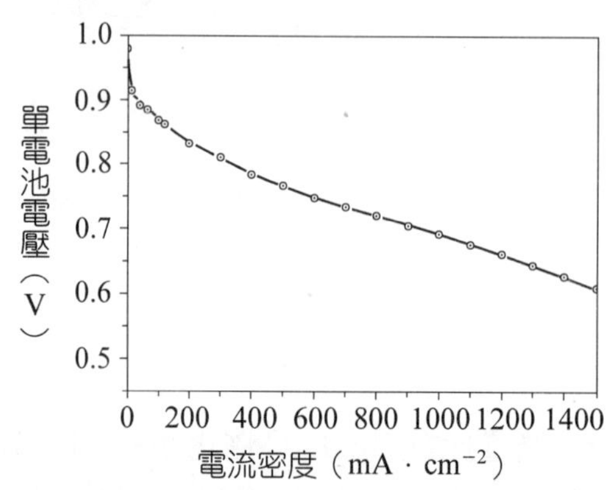

（陽極：Pt 負載量 0.3 mg/cm^2；陰極：Pt 負載量 0.5 mg/cm^2；
T_{cell} = 80℃；T_{hum} = 80℃；p_{H_2} = p_{O_2} = 0.2 MPa）

圖 4-9　採用 DICP Pt/C 催化劑的 5 cm^2 單電池的伏—安曲線

(4)真空濺射法

真空濺射法是成熟的物理學方法。它以要濺射的金屬（如鉑）為濺射源，作為陰極，被濺射物體（如作為電極擴散層的碳紙）為陽極，在兩極間加以高壓，可使濺射源上Pt粒子以奈米級粒度濺射到碳紙上。為改善濺射到碳紙上的鉑粒子的分散度和增加電極的厚度，以適應電極在工作時反應界面的移動，也可採用離子刻蝕的方法，在碳紙表面製備一薄層奈米級的碳鬚（whisker），然後再濺射奈米級的鉑。

文獻[6]採用 99.99%鉑片為濺射靶，碳紙擴散層為陽極，濺射電壓為 3000 V，控制濺射真空度、濺射電流與時間，製備 PEMFC 用電極。其鉑負載量根據掃描電鏡和能譜分析，約為厚層排水氫電極（鉑負載量為 0.3 mg/cm^2）的 1/5（GDL1）和 1/20（GDL2）。用此電極作陽極與鉑負載量為 0.3mg/cm^2 排水厚層氧電極和 Nafion 112 膜組裝成 5 cm^{2}PEMFC 電池，在電池溫度 80℃，反應氣 H_2、O_2 壓力均為 0.2 MPa 的條件下該電池的伏—安曲線如圖 4-10 所示。

由圖 4-10 可知，單電池具有與鉑負載量為 0.3 mg/cm^2 的排水電極相近的性能。單電池在 500 mA/cm^2 電流密度下運行 17 小時，性能穩定。

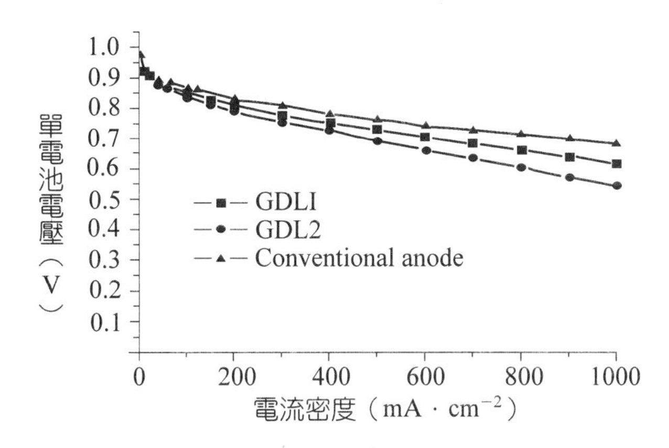

圖 4-10 濺射電極和傳統電極的性能比較

上述實驗證明，採用適於大量生產的真空濺射法製備含奈米級鉑電催化劑電極，極具發展潛力，它可以大幅度降低 PEMFC 的鉑用量。

2 Pt/c 電催化劑中 Pt 的分散度對電池性能的影響

Pt/C 電催化劑中 Pt 的分散度對氧電化還原反應的影響，各國學者已進行了廣泛的研究，但實驗結果並不一致，而且有時還相互矛盾。美國學者 Kinoshita❷[7] 已對在液體電解質 H_2SO_4 或 H_3PO_4 中實驗結果進行評述，他依據鉑微晶不同晶面對氧還原具有不同的活性，且隨 Pt 晶粒變化，導致不同晶面份額發生變化，對已有實驗結果作出解釋。

眾所周知，電解質中陰離子在電催化劑上的特性吸附對電極過程動力學是有影響的。PEMFC 採用固體電解質，如 Nafion 膜，它的陰離子是固定在膜的主鏈上的，難於產生特殊吸附，此時 Pt/C 電催化劑中 Pt 的分散度對氧的電化還原與氫的電化氧化有何影響呢？是否越分散電化活性越高呢？

在中國科學院大連化學物理研究所的實驗室，採用 XC-72R 碳為載體，H_2PtCl_6 為鉑源，甲醛為還原劑，控制催化劑的製備條件，製備了不同鉑分散度、Pt 質量比為 20%和 40%的 Pt/C 電催化劑。並採用透射電子顯微鏡（TEM）和循環伏一安法對電催化劑進行了表徵，測定鉑微晶的粒度和比表面積，結果見表 4-2。含不同粒度 Pt 的 Pt/C 電催化劑的循環伏一安圖見圖 4-11。

---

❷ Kinoshita 為日裔二代。

表 4-2 由循環伏—安曲線和 TEM 得到的 Pt/C 中 Pt 的粒度

項目＼序號	1	2	3	4	5
粒度（用 TEM①）（nm）	未獲得	4.5	2.5	4.8	6.0
比表面積（用 CV②）（$m^2 \cdot g^{-1}$）	36.6	53.7	86.4	52.1	44.4
粒度（用 CV③）（nm）	7.3	5.0	3.1	5.2	6.1

①由透射電鏡照片得到。

②由電化學活性表面積求得。

③由循環伏—安曲線氫吸附峰面積求得。

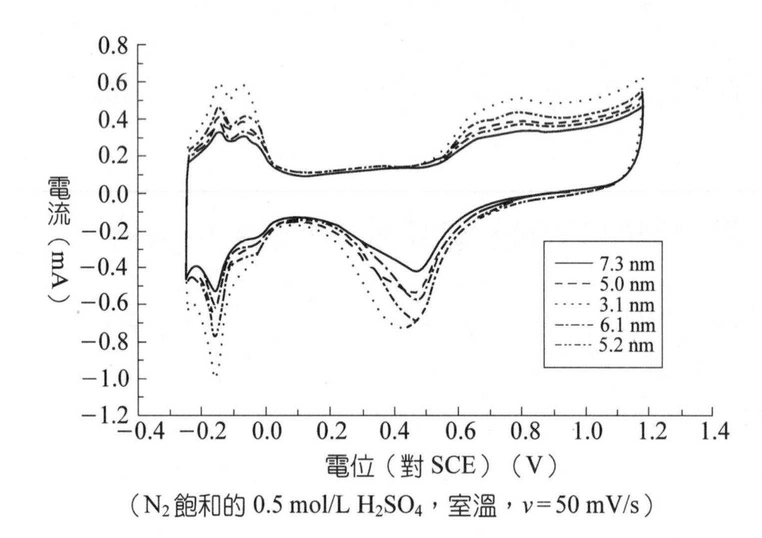

（N_2 飽和的 0.5 mol/L H_2SO_4，室溫，v = 50 mV/s）

圖 4-11 不同粒度的 Pt/C 電催化劑的循環伏—安圖

由表 4-2 可知，由 TEM 和循環伏—安法測得的 Pt 的晶粒體積結果是一致的。由圖 4-11 可知，隨著 Pt/C 電催化劑中 Pt 晶粒的減小，氧電化還原峰負移，說明當 Pt 晶粒減小時，Pt 對氧電化還原的活性降低。

用上述 Pt 不同分散度的 Pt/C 電催化劑製備鉑負載量為 0.4 mg/cm² 電極並與市售的 E-TEK 電極和 Du Pont 公司的 Nafion 115 膜組裝 5 cm² 單電池，電池運行條件為：工作溫度 80℃，氫氧壓力為 0.3 MPa，反應氣增濕溫度為 80℃，不同 Pt 分散度的 Pt/C 電催化劑製備的電極分別為陽極（氫電極）和陰極（氧電極）時單電池的伏—安曲線見圖 4-12 與圖 4-13。

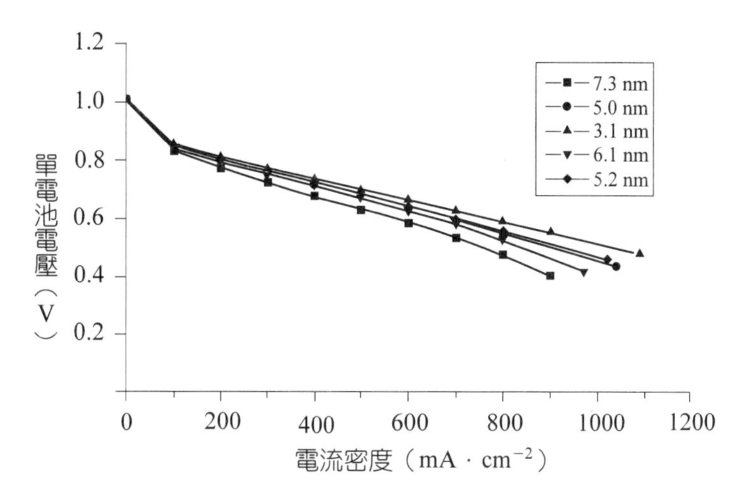

圖 4-12　採用不同陽極電催化劑的單電池極化曲線

由圖 4-12 可知，隨著 Pt 晶粒的減小，電池性能提高，尤其是在中高電流密度時。因為氫電化氧化活化過電位很小，所以當反應過程處在活化極化區時，不同Pt分散度的電催化劑對電池性能影響難以區分；而到中、高電流密度區時，由於電極催化層內反應區向靠膜一側收縮，此時電極單位體積內的活性點隨Pt分散度的增加而增加。因此採用高分散的鉑（即小鉑微晶）的電催化劑製備的電極的活性高。

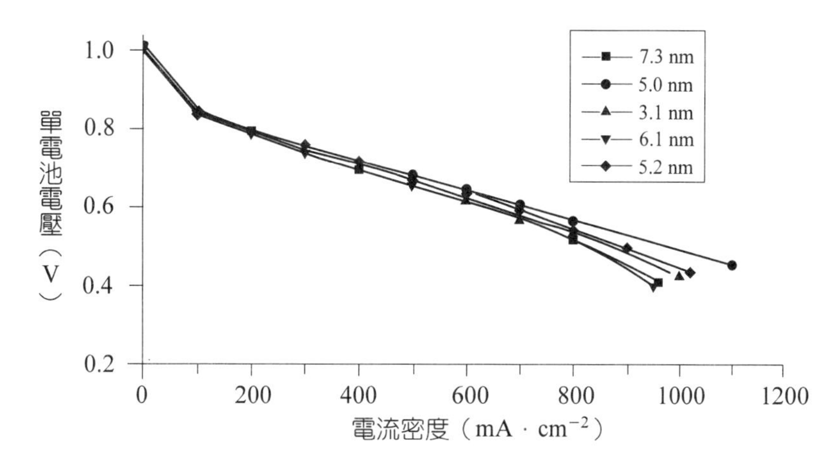

圖 4-13　採用不同陰極電催化劑的單電池極化曲線

由圖 4-13 可知，當採用不同 Pt 分散度的 Pt/C 電催化劑製備的電極作陰極時，用 Pt 粒子平均直徑為 5 nm 的電催化劑製備的電極活性最佳。按表 4-2 由循環伏—安測定的 Pt 的比表面積，計算當電池工作電壓為 0.90 V 與 0.85 V 時 Pt 真實表面積的活性（即電催化劑的比活性），結果如圖 4-14 所示。

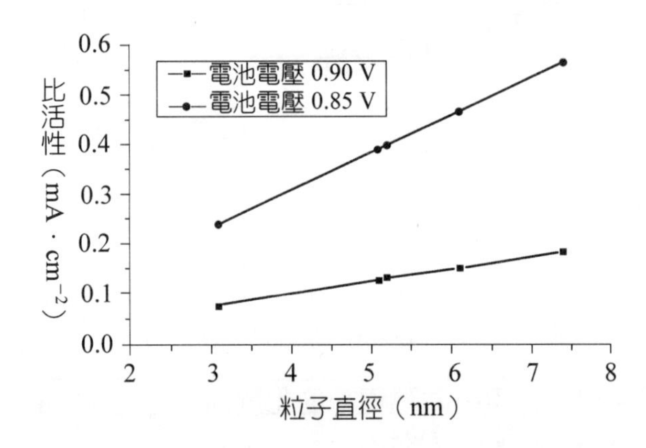

圖 4-14　不同 Pt 粒度的 Pt/C 電催化劑陰極的比活性

由圖 4-14 可知，Pt 晶粒對氧的電化學還原反應的比活性隨 Pt 微晶的增大而增加，這與氧的電化學還原反應是電催化劑結構敏感反應結論是一致的，即電催化劑對氧的電化學還原的活性不僅與電催化劑本性有關，而且還與電催化劑的結構密切相關。考慮到隨著Pt晶粒的增大，其真實比表面積減小，在上述比活性與真實比表面兩種因素的影響下，對氧的電化學還原反應，隨著電催化劑 Pt 分散度的變化，電極活性一定會呈現最優值。

由 4.2.1 節可知，採用不同的 Pt/C 電催化劑製備方法，Pt 微晶大小順序為 H_2PtCl_6 直接還原法＞膠體法＞離子交換法。當採用離子交換法時，Pt/C 電催化劑 Pt 微晶直徑僅 1 nm 左右，特別適於作氫電極的電催化劑。而由於氧的電化學還原反應是電催化劑結構敏感反應，要求Pt微晶有一定的粒度，所以適於採用嚴格控制製備條件的 H_2PtCl_6 直接還原法製備。

表 4-3 為 E-TEK 公司出售的幾種 PEMFC 用 Pt/C 電催化劑的物理特性。

表 4-3　E-TEK 公司 Pt/C① 電催化劑物理特性

Pt/C 電催化劑中 Pt 質量比（%）	平均 Pt 粒徑（nm）	Pt 的比表面積（$m^2 \cdot g^{-1}$）	堆密度（$g \cdot ml^{-1}$）
10	2.0	140	0.225
20	2.5	112	0.257
30	3.2	88	0.304
40	3.9	72	0.346
60	8.8	32	0.445
80	25	11	0.590
100（純 Pt 黑）	100	28	0.900

①採用 Vulcam XC-72R 碳作載體。

3 抗 CO 電催化劑[8]

以各種烴類或醇類的重組氣作為 PEMFC 的燃料時，重組獲得的富氫氣體中含有一定濃度的 CO。CO 可導致 Pt 電催化劑的中毒，增加氫電化氧化的過電位，尤其是對工作溫度不超過 100℃的 PEMFC。

對PEMFC以重組氣（Reformate）為燃料，至今已研究過陽極注入氧化劑、重組氣預淨化消除 CO 和採用抗 CO 電催化劑三種方法解決或緩解陽極電催化劑CO中毒問題。陽極注氧是在重組燃料氣中摻入少量的氧化劑（如O_2、H_2O_2），它們可在電極中 Pt 催化劑的作用下除去燃料氣中的少量 CO，使電池性能得以提高。而重組氣的預淨化是讓重組氣通過淨化器，使 CO 甲烷化或與注入的氧反應生成 CO_2 來去除 CO。上述兩種方法均需在重組氣中注入一定量的氧或空氣，這不僅有安全問題，而且均導致電池系統的複雜化。當然，採用 CO 甲烷化方法消除 CO，無需在重組氣中摻入氧化劑，但因甲烷化所需溫度較高，需消耗一定電能用於加熱反應器，降低了電池系統的效率。因此，最好的方法是採用抗 CO 電催化劑，致使抗 CO 電催化劑的研究成為 PEMFC 開發的重點之一。國內外學者在這方面已進行了大量的工作，研究工作主要集中在Pt-M（M 是貴金屬或過渡金屬）二組分合金或多組分合金電催化劑抗 CO 性能，比較成功並已獲實際應用的是 Pt-Ru/C 電催化劑。文獻[9]簡要綜述了這方面的工作。

(1) Pt-Ru/C 電催化劑

以 H_2PtCl_6 和 $RuCl_3$ 作為 Pt 源和 Ru 源，XC-72R 碳作載體，甲醛作還

原劑，採用與中國專利[99112700.5]類似的方法製備 Pt-Ru/C 電催化劑。製備的電催化劑中鉑含量（質量比）為 20%、Ru 含量（質量比）為 10%。

圖 4-15 為上述 Pt-Ru/C 電催化劑的 TEM 圖。圖 4-16 為由 TEM 圖獲得的貴金屬粒子直徑的分佈，由圖可得平均粒子直徑為 2.9 nm，貴金屬的分散度是比較好的。

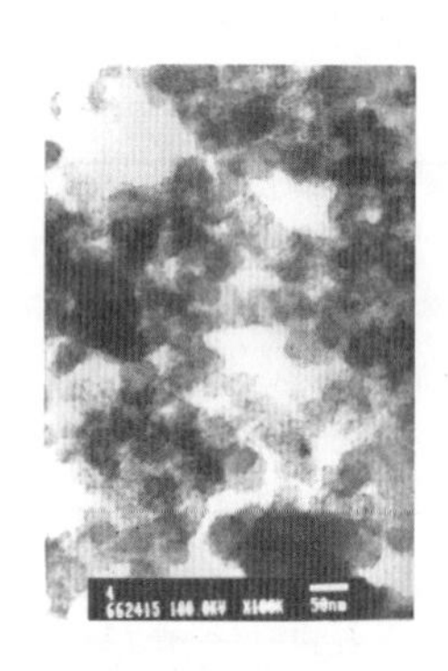

圖 4-15 Pt-Ru/C 電催化劑的 TEM 圖

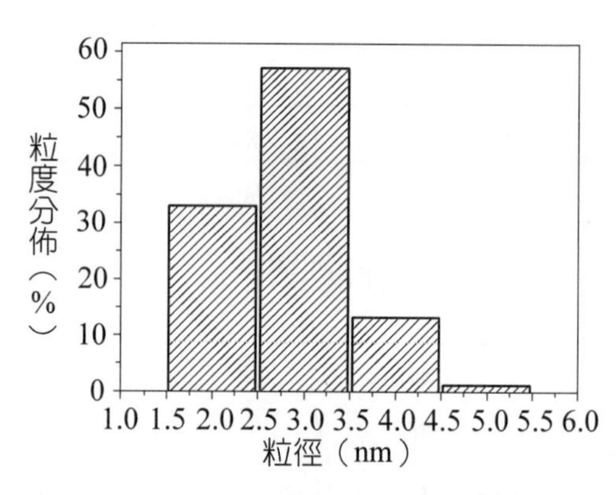

圖 4-16 Pt-Ru/C 電催化劑中貴金屬的分佈

圖 4-17 為用上述 Pt-Ru/C 電催化劑製備的電極在 CO 飽和的 H_2SO_4 溶液中的循環伏一安圖。由圖可知，在第一次循環時，氫吸附峰消失，吸附在催化劑上的 CO 氧化對 Pt/C 催化劑在 0.5 V、對 Pt-Ru/C 在 0.25 V 開始，證明用 Pt-Ru/C 電催化劑代替 Pt/C 電催化劑能大幅度降低吸附 CO 氧化的過電位。依據第二次循環時吸附氫峰的面積，計算得到對 Pt/C 電催化劑比表面積為 89 m^2/g，而對 Pt-Ru/C 電催化劑為 55 m^2/g。說明 Pt-Ru/C 電催化劑對氫電化氧化的活性不如 Pt/C 電催化劑。

圖 4-18 和圖 4-19 為用 Pt/C 與 Pt-Ru/C 電催化劑製備陽極，按 Pt 計 Pt 負載量均為 0.3 mg/cm^2，即對採用 Pt-Ru/C 電催化劑製備的陽極，每平方厘米還擔有 0.15 mg 的 Ru。分別用純氫和含 50×10^{-6} CO 的氫氣作燃料時 5 cm^2 單電池伏一安曲線。由圖 4-18 可知，儘管採用 Pt-Ru/C 電催化劑製備陽極，多用了 0.15 mgRu/cm^2，當用純氫作燃料時，它的性能不如 Pt/C 電催化劑，這一結果與上述循環伏一安實驗結果一致。而當採用含 50×10^{-6}CO 的氫作燃料時，由圖 4-19 可知，Pt-Ru/C

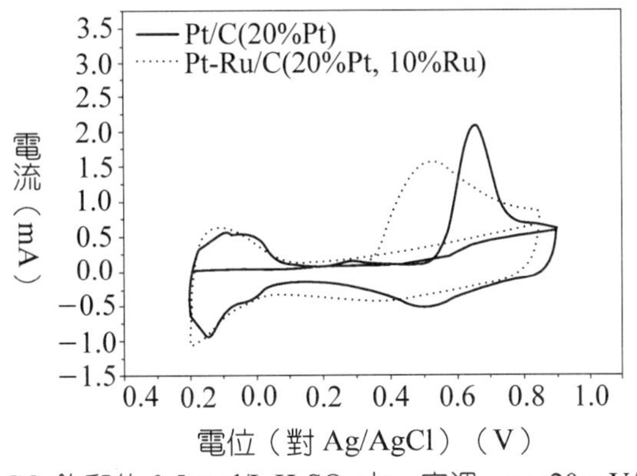

（CO-飽和的 0.5 mol/L H_2SO_4 中，室溫，$v = 20$ mV/s）

圖 4-17　Pt/C 和 Pt-Ru/C 的循環伏一安圖

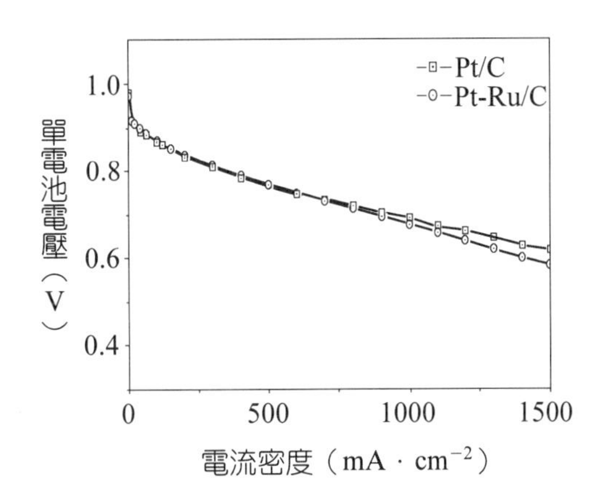

圖 4-18　以純氫為燃料的電池性能

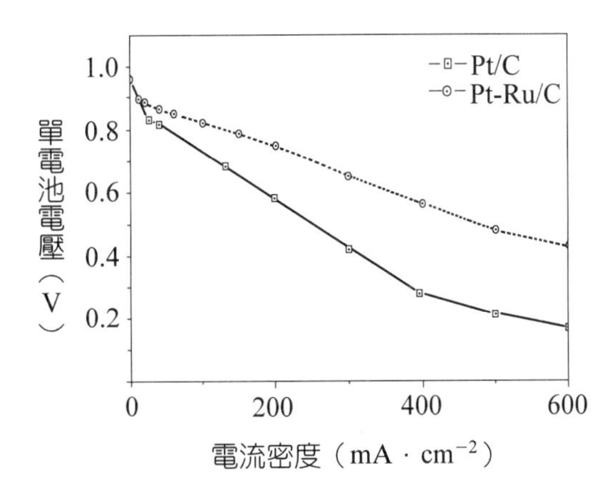

圖 4-19　以 $H_2/5 \times 10^{-5}CO$ 為燃料的電池性能

電催化劑明顯優於Pt/C電催化劑，但是當電池在500 mA/cm^{2}工作時，輸出電壓小於0.6 V，性能遠未達到高於0.7 V的要求。

⑵ **Pt-Ru-H_xWO_3/C 電催化劑**

用鹽酸調整Na_2WO_4溶液的pH值，生成膠體H_xWO_3沉澱，加入適量的XC-72R碳載體，製備H_xWO_3/C複合載體，再根據上述Pt-Ru/C電催化劑製備方法製備Pt-Ru-H_xWO_3/C電催化劑，催化劑中Pt含量（質量比）20%、Ru 含量（質量比）10%，按 W 計負載量為 7.3%（質量比）。

圖4-20為該電催化劑的TEM圖。圖4-21為催化劑貴金屬的晶粒體積分佈圖，由圖4-21可知平均粒徑為3.2 nm，與上述的Pt-Ru/C電催化劑接近。說明採用H_xWO_3-C複合載體，對Pt-Ru晶體分佈影響不大。

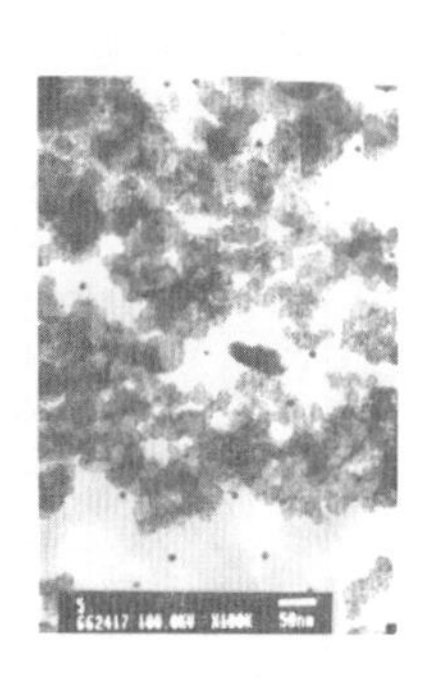

圖 4-20　Pt-Ru-H_xWO_3/C 電催化劑 TEM 照片

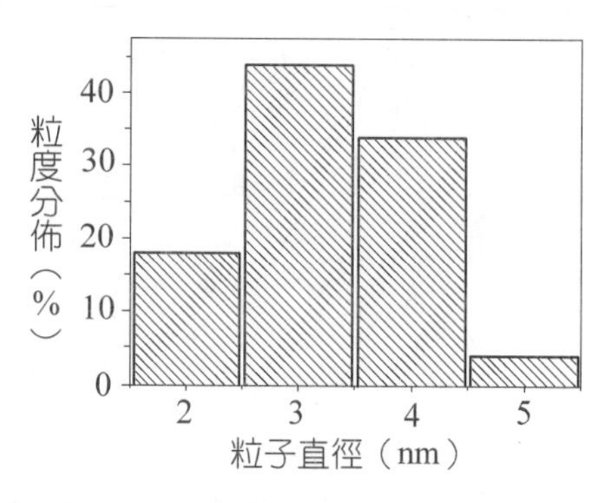

圖 4-21　Pt-Ru-H_xWO_3/C 電催化劑粒度分佈

圖4-22為Pt-Ru/C與Pt-Ru-H_xWO_3/C兩種抗CO電催化劑在CO飽和的 H_2SO_4溶液中的循環伏一安圖，圖4-23是 CO 氧化部分的放大圖。由圖可知，在Pt-Ru-H_xWO_3/C電催化劑上CO開始氧化的電位比在Pt-Ru/C上低得多，說明它具有更好的抗CO性能。但它的氫吸附峰的面積比Pt-Ru/C小，說明它對氫電化氧化的活性比Pt-Ru/C低。

圖4-24為僅按Pt負載量計，用上述電催化劑製備的陽極組裝5 cm^{2}單電池的伏一安曲線。由圖可知，採用Pt-Ru-H_xWO_y/C電催化劑製作的陽極，當以含50×10^{-6}CO的氫為燃料時，電池性能獲得進一步改善。

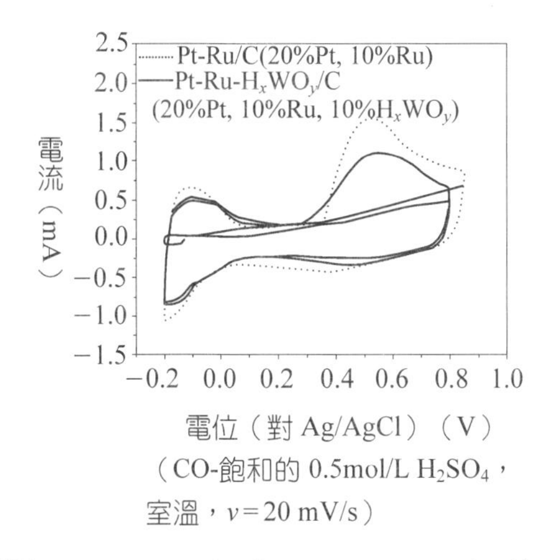

（CO-飽和的 0.5mol/L H_2SO_4，室溫，v = 20 mV/s）

圖 4-22　Pt-Ru/C 和 Pt-Ru-H_xWO_y/C 的循環伏一安圖

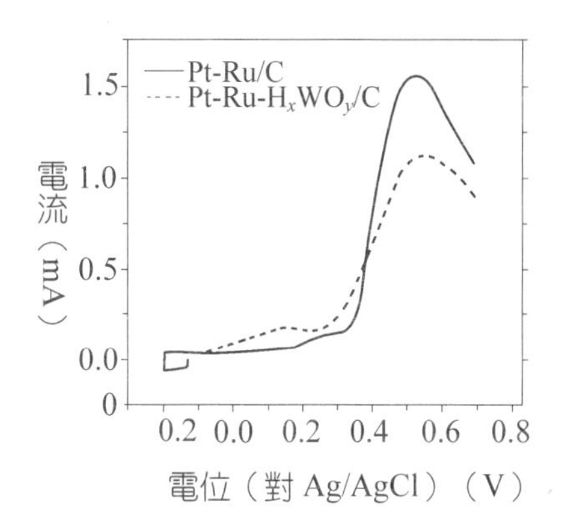

圖 4-23　Pt-Ru/C 和 Pt-Ru-H_xWO_y/C 上的 CO 溶出伏一安圖

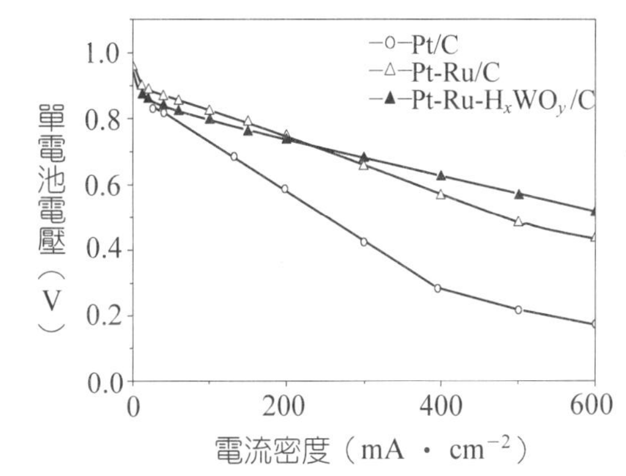

（陽極：Pt 負載量 0.3 mg/cm^2；陰極：Pt 負載量 0.5 mg/cm^2；T_{cell} = 80℃；T_{humi} = 80℃；$p_{H_2} = p_{O_2}$ = 0.2 MPa）

圖 4-24　$H_2/5 \times 10^{-5}CO$ 為燃料的電池伏一安曲線

4 Pt-M/C❸氧電化學還原電催化劑[10]

低溫 H_2-O_2 燃料電池的極化主要在氧電極，為減少氧電極的極化，需提高氧電化學還原電催化劑（如 Pt/C）的活性和改進電極結構。在 PAFC 的開發過程中已證實，採用 Pt 與過渡金屬（如 Cr、Co、Ni、V、Ti、Mn、Fe 等）合金作電催化劑，氧電化學還原的交換電流密度 i_0 有數量級的提高，減小氧電化學

❸ M 為過渡金屬。

還原的化學極化。但因 PAFC 的工作溫度較高（200℃左右）和 H_3PO_4的腐蝕性，已發現電催化劑合金中的過渡金屬隨電池運行逐漸溶解，活性下降。PEMFC 工作溫度低於 100℃，且由於採用固體電解質，腐蝕性很弱，採用 Pt-M/C 電催化劑應不但能提高氧電化學還原的活性，而且電催化劑的壽命也應延長。但是一旦過渡金屬腐蝕、溶解，重金屬離子進入質子交換膜將嚴重影響膜的質子傳導能力。至今各國科學家在這方面已進行了廣泛研究，雖已取得了較好結果，但若把 Pt-M/C 電催化劑用於實用電池組，仍需進行深入而細緻的研究。

⑴ **Pt-M/C 電催化劑的製備**

Pt-M/C電催化劑可採用化學法（如共沉澱法）和物理法（如真空濺射法）等多種方法製備。

化學法製備 Pt-M/C 電催化劑主要有兩種技術路線。

①共沉澱法

典型代表是Johnson Matthey公司在專利US 5068161 中敘述的方法。該方法先將金屬化合物（如鉑氯酸、金屬硝酸鹽或氯化物）溶於水中，再加入碳載體的水基溶漿，並用碳酸氫鈉調整pH值，再用肼❹（hydrazine）、甲醛、甲酸作還原劑，將金屬沉積到碳載體上。將沉澱物過濾、洗滌與乾燥後，在惰性與還原性氣氛下於600～1000℃進行熱處理，可製備含鉑為 20～60%（質量比），鉑與合金比例在（65：35）～（35：65）之間的Pt-M/C電催化劑。電催化劑電化學比表面積＞3.5 m^2/g。

②以 Pt/C 電催化劑和過渡金屬鹽水溶液為原料製備 Pt-M/C 電催化劑

如Myoung-ki Min等[11]將一定量的$CoCl_2$、$Cr(NO_3)_3 \cdot 9H_2O$和$NiCl_2$水溶液緩慢加入Johnson Matthey公司製備的 10%（質量比）Pt/C電催化劑中，超音波振盪攪拌 1 小時，在 110℃乾燥 2 小時；製得的粉料在還原性氣氛（10%H_2和 90%N_2）和一定溫度（如 700℃）下熱處理 2.5 小時。

Takako Toda[12]等採用 Ar 同時濺射純 Pt 與 Ni 靶，製備 Pt-Ni 合金電催化劑。

❹肼為聯胺 NH_2NH_2 hydrazine 之學名。

(2) Pt-M/C 電催化劑的表徵與性能

從晶體結構角度看，Pt與Cr等過渡金屬合金組成面心立方的超晶格，熱力學穩定相為Pt_3M、PtM和PtM_3，其晶格參數在純Pt與純M之間隨合金組成而變化。

Sanjeev Mukerjee[13]等採用美國E-TEK公司製備的Pt+Cr、Pt+Ni、Pt+Co以XC-72R碳為載體的電催化劑，並經900℃惰性氣氛下熱處理，促進其合金化，並用這些電催化劑製備鉑負載量為0.3 mg/cm^{2}的電極，詳細研究了電催化劑的特徵與電性能。下面主要以他的結果為例，對Pt-M/C電催化劑的特徵與性能作一簡介。

表4-4是用XRD方法測定的電催化劑晶格參數與平均粒徑。

表4-4 Pt/C和Pt-M/C晶格參數與平均粒徑

電催化劑	組成（%）	主相	次相	晶格參數（nm）	平均粒徑（nm）
Pt+C	—	Pt	—	0.3927	3.5
Pt+Ni	75(Pt)/25(Ni)	$Pt_3Ni(Ll_2)$	$PtNi(Ll_0)$ 25%	0.3812	4.8
Pt+Cr	75(Pt)/25(Cr)	$Pt_3Cr(Ll_2)$	$PtCr(Ll_0)$ 20%	0.3877	6.6
Pt+Co	75(Pt)/25(Co)	$Pt_3Co(Ll_2)$	$PtCo(Ll_0)$ 25%	0.3854	7.5

利用循環伏一安法確定電極的電化學表面積，並利用方程

$$E = E_0 - b\log i - Ri \quad (4\text{-}1)$$

$$E_0 = E_r + b\log i_0 \quad (4\text{-}2)$$

擬合單電池實驗數據，求氧電化學還原的交換電流密度i_0、Tafel斜率b、動態內阻R和E_0值。式中，E為單電池工作電壓；E_r是H_2-O_2電池熱力學電位。實驗結果見表4-5。

表 4-5　電極動力學參數

電催化劑	E_0 (mV)	b (mV)	R (Ω · cm^{-2})	i_0 (mA · cm^{-2}) × 10^4	i_{900} (mA · cm^{-2})	粗糙因子（cm^2 × 10^{-2}）	i_{900}① (mA · cm^{-2})	$i_0$① (mA · cm^{-2}) × 10^5
Pt	982	63	0.14	3.46	22.1	61	0.36	0.57
Pt＋Ni 合金	1009	66	0.10	12.5	47.6	56	0.85	2.23
Pt＋Cr 合金	997	62	0.10	5.6	52.4	48	1.09	1.16
Pt＋Co 合金	1007	65	0.09	10.7	45.9	35	1.31	3.05

①用電化學表面積歸一化。

由表 4-5 可知，Tafel 斜率 b 不變，說明在 Pt/C 與 Pt-M/C 上氧電化學還原機理不變；而交換電流密度 i_0 有幾倍的提高，證明過渡金屬的加入提高了氧電化學還原反應速率。

對在電池中運行 400～1200 小時後，拆下電極與未運行電極的X射線螢光分析結果顯示，合金元素 Cr、Ni、Co 損失在 3～5%之間。證明對 PEMFC 採用 Pt-M/C 作氧電化學還原的電催化劑有很好的穩定性。

(3) **Pt-M/C 電催化劑活性提高的幾種解釋**

氧的電化學還原是一個複雜的過程，至今一致認為有兩條還原路線（如圖 4-25 所示）。

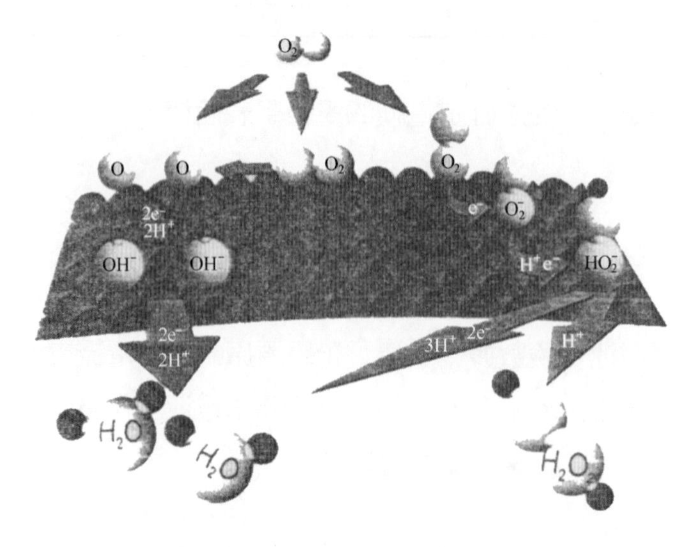

圖 4-25　酸性介質中氧電化學還原的反應途徑

一條路線如圖 4-25 左側所示，O_2 分子在催化劑表面雙位吸附並解離為氧原子與 H^+ 反應，氧被還原為水。另一條路線如圖 4-25 右側所示，O_2 分子在催化劑表面單位吸附，即氧分子軸線垂直於催化劑表面，此時氧分子並不解離而是與 H^+ 反應生成中間物過氧化氫陰離子（HO_2^-）。如圖所示，HO_2^- 可被進一步還原到 H_2O，也可以進一步與 H^+ 反應生成過氧化氫，脫附離開催化劑表面。

① 結構或幾何因素（structural or geometrical factor）

氧分子在電催化劑表面產生雙位吸附與催化劑表面活性位結構密切相關。僅當兩個活性位間距與氧分子鍵長接近時才易於產生雙位吸附，進而活化氧分子，促進氧解離為原子並與 H^+ 進行還原反應。據此，一種觀點認為在 Pt-M/C 電催化劑中，由於 Pt 與過渡金屬 M 合金化，導致 Pt 晶格收縮（即 Pt-Pt 距離減少），有利於氧分子吸附、解離，從而提高了 Pt-M/C 電催化劑的活性。M. k. Min[11] 等用 EXAFS 方法測定 Pt-M/C 合金電催化劑中 P t-Pt 的間距，並與電催化劑的比活性相關聯，證明隨著合金電催化劑中 Pt-Pt 間距的減小，電催化劑的活性升高。

②電子因素（electronic factor）

Takako Toda 等[12]對用濺射法製備的 Pt-Ni 合金電催化劑用重量法或 EDX 方法測定合金電催化劑本相組成，用 XPS 方法測定催化劑在電池中工作前後的表面組成。證明經過電池運行後導致在 Pt-Ni 合金電催化劑表面存在小於 1 nm 的純 Pt 層。

據此，他們提出的解釋是由於合金化，增加了合金電催化劑皮層 Pt 原子的 d 空位，增強了皮層 Pt 原子的 d_z^2 軌道或兩個相鄰 Pt 原子的 d_{xz} 或 d_{yz} 軌道與吸附氧分子 π 軌道的相互作用，促進了氧分子吸附、解離，進而增加氧與 H^+ 還原反應速率，提高了合金電催化劑的活性。

③雷尼效應（Raney 效應）

Pt-M/C 電催化劑最早用於 PAFC，由於 PAFC 電池工作溫度高和 H_3PO_4 的腐蝕性，已發現合金電催化劑中的過渡金屬逐漸溶解、流失。據此，一些研究者提出合金電催化劑活性提高源於過渡金屬 M 的溶解增加了電催化劑表面的粗糙度，即產生雷尼效應，進而提高

Pt 的電催化活性。對 PEMFC，由於工作環境緩和，這種效應一定減弱甚至消失。我們知道，Pt-M 電催化劑熱處理溫度越高，合金化越好，但電催化劑的比表面積下降越大。因此，K. T Kim 等人[14]提出可在稍低溫度（如 400～500℃）和惰性氣氛下對 Pt-M/C 進行燒結，之後對電催化劑進行酸處理，讓未合金化的過渡金屬溶解掉，確保電催化劑由 Pt-M 合金和 Pt 微晶構成，同時也防止了電催化劑比表面積過多的降低，這是一種可行的方法。

4-3 電 極

PEMFC 電極均為氣體擴散電極，它至少由兩層構成，如圖 4-26 所示。一層為起支撐作用的擴散層，另一層為電化學反應進行的場所——催化層。依據催化層的製備技術和厚度，一般將 PEMFC 用電極分為傳統厚層排水電極、薄層親水電極與超薄催化層電極三種類型。

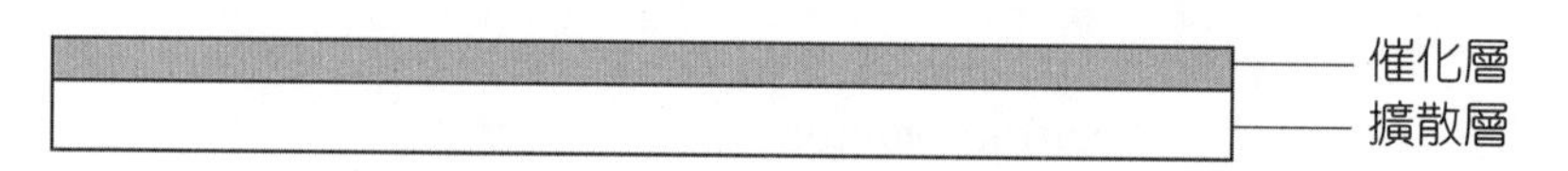

圖 4-26 電極結構示意圖

1 擴散層

◎擴散層功能

①擴散層首先起著支撐催化層的作用，為此要求擴散層適於擔載催化層，擴散層與催化層的接觸電阻要小。催化層主要成分為 Pt/C 電催化劑，故擴散層一般選用碳材製備。在電池組裝時，擴散層與雙極板流場接觸，依據流場結構的不同，對擴散層的強度要求存在一定差異，如採用蛇形流場對擴散層強度要求高於採用多孔體和網狀流場。

②反應氣需經擴散層才能到達催化層參與電化學反應，因此擴散層應具備高孔隙率和適宜的孔分佈，有利於質傳。

③陽極擴散層收集燃料的電化學氧化產生的電流，陰極擴散層為氧的電化

學還原反應輸送電子，即擴散層應是良好的電子導體。因為 PEMFC 工作電流密度高達 1 A/cm^2，擴散層的電阻應在 mΩ · cm^2 的數量級。

④ PEMFC 效率一般在 50%左右，極化主要在氧陰極，因此擴散層尤其是氧電極的擴散層應是熱的良導體。

⑤擴散層材料與結構應能在 PEMFC 工作條件下保持穩定，即在氧化或還原氣氛下，在一定的電極電位下，不產生腐蝕與分解。

擴散層的上述功能採用石墨化的碳紙或碳布是可以達到的，但是 PEMFC 擴散層要同時滿足反應氣與產物水的傳遞，並具有高的限定電流，則是擴散層製備過程中最難的技術問題。

◎擴散層材料與製備

PEMFC 電極的擴散層一般採用石墨化碳紙或碳布，原則上擴散層越薄越有利於質傳和減小電阻，但考慮到對催化層的支撐與強度的要求，一般其厚度選在 100～300 μm。表 4-6 為目前廣泛採用的日本 Toray 公司生產和銷售的碳紙的物性參數。

表 4-6 TGP-H 碳紙的物理特性

項目 \ 代號		TGP-H-030	TGP-H-060	TGP-H-090	TGP-H-120	TGP-H-510
厚度（mm）		0.09	0.17	0.26	0.35	1.5
密度（g · cm^{-3}）		0.42	0.49	0.49	0.49	0.51
孔隙率（%）		75	73	73	73	72
電阻率（Ω · cm）	厚度方向	0.07	0.07	0.07	0.07	0.05
	平面方向	0.005	0.005	0.005	0.005	0.005
熱傳導率（J · cm^{-1} · s^{-1} · ℃$^{-1}$）		(25×10^{-3})	(25×10^{-3})	(25×10^{-3})	(25×10^{-3})	(25×10^{-3})
彎曲強度（MPa）		(25.5)	(25.5)	(25.5)	(25.5)	(25.5)

註：（ ）裡的值是由厚碳紙實測值推測的值。

由表 4-6 可知，若採用 TGP-H-030 或 TGP-H-060（即厚度為 0.09 mm 或 0.17 mm 的碳紙）作擴散層，由厚度方向的電阻率可知，當電極工作在 1 A/cm^2 電流密度下，由碳紙擴散層產生的電壓損失在 6～17 mV 之間。

為在擴散層內生成兩種通道——排水的反應氣體通道和親水的液態水傳遞通道，需要對作擴散層的碳紙用 PTFE 乳液做排水處理。

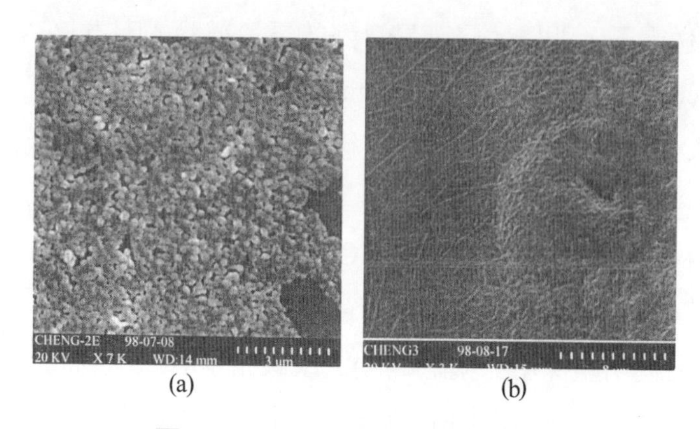

(a) (b)

圖 4-27 PTFE 的掃描電鏡照片

圖 4-27 為將 5%PTFE 乳液噴塗在玻璃板上，並加熱至 240℃，移去溶劑並經 340℃熱處理的掃描電鏡照片。由圖 4-27(a)可知，溶劑揮發後，生成的PTFE圓球直徑為 0.2 μm。據此可以認為，當用PTFE乳液處理碳紙時，PTFE主要浸入 > 0.2 μm 的孔內，當然，在乳液狀態也可能存在少量 < 0.2 μm 的 PTFE 粒子進入 < 0.1μm 的孔，但不會起主導作用。經熱處理後，正如圖 4-27(b)所示，浸入大孔內，PTFE會熔融並在大孔的壁上生成排水的PTFE纖維或薄膜，構建排水的反應氣通道。而原碳紙中 < 0.1 μm 的微孔，由於毛細力的作用和碳的親水性，構建反應產物生成水的通道。

由上述分析可知，若用碳紙製備性能優異的擴散層，其決定因素一是碳紙的原始孔分佈。從原理上看，最好為雙峰分佈，大孔為微米級，小孔為 10～100 nm。因素二是聚四氟乙烯乳液中 PTFE 的平均粒子直徑的分佈應儘量窄，而且粒徑應在 0.1～0.3 μm 之間，選擇 PTFE 僅進入微米級孔，而不進入奈米級孔。

當用碳布（如美國E-TEK公司生產、銷售的「A」cloth編織布，116 g/m^2，厚 0.35 mm；「B」cloth 編織布，221 g/m^2，厚 0.65 mm），或孔隙率 > 90%碳紙製備擴散層時，首先將碳紙或碳布多次浸入 PTFE 中，對其作排水處理，用稱重法確定浸入 PTFE 的量。再將浸好 PTFE 的碳紙或碳布，置於溫度為 330～340℃烘箱內焙燒，使浸漬在碳紙或碳布中的聚四氟乙烯乳液所含的表面活性劑被除掉，同時使聚四氟乙烯熱熔燒結並均勻分散在碳紙或碳布的纖維上，從而達到良好的排水效果。焙燒後的碳紙中聚四氟乙烯的含量（質量比）

約為 50%。由於碳紙或碳布表面凸凹不平，對製備催化層有影響，因此需要對其進行整平處理。其技術過程為：用水或水與乙醇的混合物作為溶劑，將乙炔黑或碳黑與PTFE配成質量比為 1：1 的溶液，用超音波震盪，混合均勻，再使其沉降。清除上部清液後，將沉降物塗抹到進行過排水處理的碳紙或碳布上，使其表面平整。

2 厚層排水催化層電極[15]

所謂厚層排水電極是指將一定比例的Pt/C 電催化劑與 PTFE 乳液在水和醇的混合溶劑中超音振盪，調為墨水狀，若黏度不合適可加少量甘油類物質進行調整。然後採用絲網印刷、塗佈和噴塗等方法，在擴散層上製備 30～50 μm 厚的催化層。採用Pt/C 電催化劑的Pt質量比在 10～60%之間，通常採用 20%（質量比）Pt/C 電催化劑，氧電極 Pt 負載量控制在 0.3～0.5 mg/cm^2，氫電極在 0.1～0.3 mg/cm^2 之間。PTFE 在催化層中的質量比一般控制在 10～50%之間。

在製備催化層時加入的PTFE，經 340～370℃熱處理後，PTFE熔融並纖維化，在催化層內形成一個排水網絡。由於 PTFE 的排水作用，電化學反應生成的水不能進入這一網絡，正是這一排水網絡為反應氣質傳提供了通道。而在催化層內，由Pt/C催化劑構成的親水網絡為水的傳遞和電子傳導提供了通道。因此這兩種網絡應有一個適當的體積比。而在製備催化層時，控制的是 PTFE 與 Pt/C 催化劑的質量比，由於不同 Pt/C 電催化劑 Pt 占的質量比不同，其堆密度會改變。由表 4-3（E-TEK 公司銷售 Pt/C 電催化劑堆密度與鉑含量關係）可知，隨著 Pt/C 電催化劑中 Pt 含量的增加，堆密度增加，即同樣質量的電催化劑，體積減少，因此在製備催化層時，隨著採用的 Pt/C 電催化劑中 Pt 含量的增加，選用 PTFE 質量比應減小。當採用質量比 20%的 Pt 電催化劑製備催化層時，PTFE 的質量比一般控制在 20～30%之間。若採用 Pt 質量比為 40～60%電催化劑，PTFE 質量比要減小，如質量比 10～15%才能達到排水與親水兩種網絡適宜的體積比，因此在電極相同 Pt 負載量時，製備出的催化層應比採用質量比 20%Pt 的電催化劑製備的催化層薄。

當上述由 Pt/C 與 PTFE 製備電極用於 AFC 或 PAFC 時，鹼或酸會浸入由 Pt/C 電催化劑構成的親水網絡，為離子傳遞提供通道。但由於 PEMFC 採用固體電解質，它的磺酸根固定在構成質子交換膜的樹脂上，不會浸入電極內，因

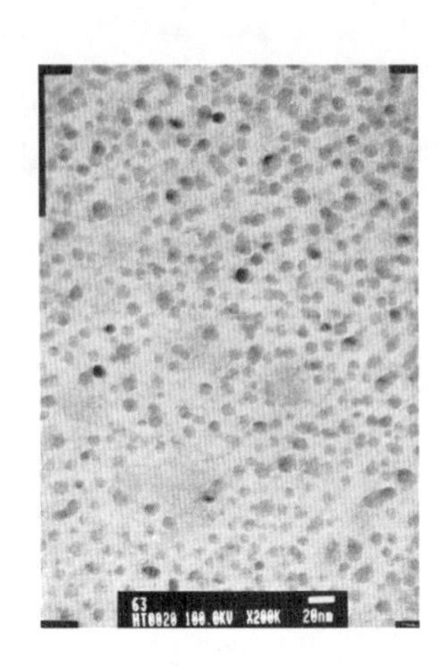

圖 4-28 純 5%（質量比）Nafion 溶液的 TEM 圖

此為確保反應在電極催化層內進行，必須在電極催化層內建立離子通道。為此需用質子交換樹脂溶液，如Nafion樹脂溶液，浸漬或噴塗催化層，在催化層的由 Pt/C 電催化劑構成的親水網絡內建立一個由樹脂構建的 H^+ 傳導網絡，稱這一過程為電極催化層的立體化。將 5%（質量比）Nafion 樹脂低醇溶液塗在玻璃板上，蒸發掉溶劑。圖 4-28 為它的TEM圖，由圖可知Nafion樹脂主要由直徑 4～10 nm 圓球構成，還可看到直徑 2～3 nm 的Nafion粒子。若將 5%（質量比）Nafion 樹脂稀釋到 0.25%（質量比），在 TEM 圖上已看不到 4～10 nm 的圓球，僅能看到 2～3 nm 的 Nafion 樹脂的粒子。另外，由於 Nafion 樹脂含有親水基團，與Pt/C電催化劑顆粒有良好的浸潤性，所以它很容易進入由Pt/C電催化劑構成的親水網絡，吸附於 Pt/C 電催化劑的碳上構成 H^+ 傳導的網絡。

Nafion 樹脂的負載量，依據電極催化層的厚度不同，一般控制在 0.6～1.2 mg/cm^2 的範圍內。

這樣一來，在完成立體化的催化層內存在三種組分：Pt/C電催化劑、PTFE和Nafion樹脂，並在催化層內構建了三種網絡，分別承擔著反應氣體的傳遞、水和電子的傳遞與 H^+ 的傳遞。三者的質量比是關鍵，而且與選用的製備技術也密切相關。S. Escribano 等[13]研究認為對氧電極三者的最佳組成為：Pt/C：PTFE：Nafion=54：23：23（質量比）。他們製備的催化層孔半徑在 10～35 nm 之間，平均孔半徑為 15 nm，沒有檢測出<2.5 nm 的孔。

S. Escribano 和中國科學院大連化學物理研究所的研究組均探索過將 Pt/C 電催化劑、PTFE 和 Nafion 樹脂配成墨水狀乳液，製備催化層，但這種催化層不但性能欠佳，而且運行穩定性也不好。其原因有二：一是加入 Nafion 樹脂後，催化層不能進行 340～370℃熱處理，即PTFE不能熔融和纖維化以構成良好排水的氣體傳遞通道；二是由Nafion樹脂與Pt/C電催化劑和PTFE混合，難於像浸入 Pt/C 電催化劑網絡那樣形成 H^+ 導電網絡，從而減弱了電催化層離子傳導能力，若加大 Nafion 樹脂用量，又會影響電催化層的電子導電能力。

綜上所述，製備厚層排水電極的技術流程如圖 4-29 所示。

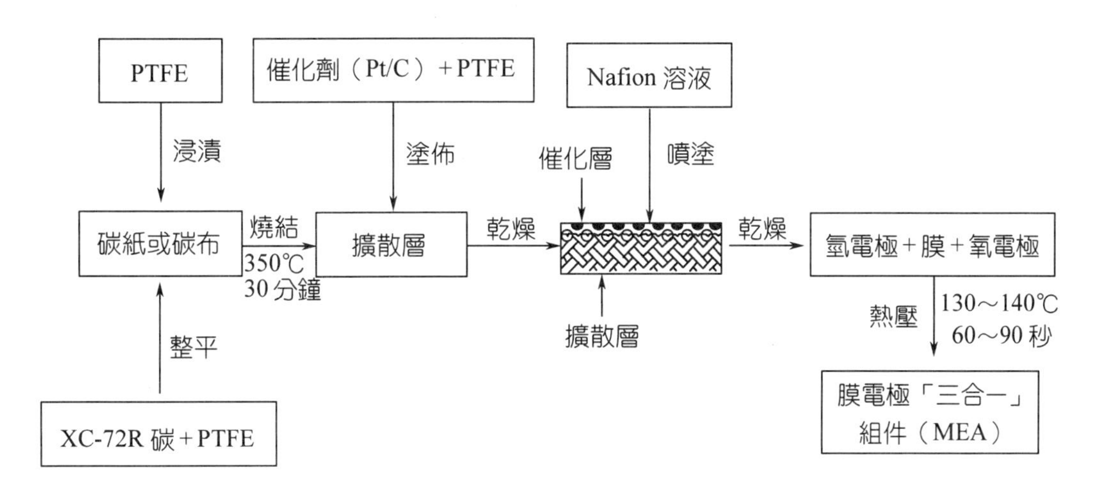

圖 4-29 厚層排水電極的技術流程

至今組裝的 PEMFC 電池組，採用的電極絕大部分為按上述技術製備的厚層排水催化層。這種催化層至少還有兩個問題需改進，一是催化層內由浸入Nafion 樹脂構成的離子傳導網絡導電能力低，Springer[17] 預測僅為 Nafion 膜電導 0.1 S/cm 的 1/10，因此當電極在高電流密度工作時，反應界面向催化層靠膜的一側移動，Pt利用率下降；二是由催化層至膜的Nafion變化的梯度大，儘管經熱壓，也不利於Nafion膜與電極催化層黏合，導致在電池長時間運行時，電極與膜局部剝離，增加接觸電阻。

在對上述電極催化層製備技術進行改進研究中，Johnson Matthey 公司的 Hard 等在專利（US 5501915）中提出，先將 Pt/C 電催化劑分別與 PTFE 和 Nafion 樹脂溶液混合，乾燥去除水分與溶劑，將製得的混合物在低溫（如 −30℃）研磨成 5～30 μm 顆粒；再將這兩種粉末混合，滾壓到擴散層上製備催化層。這種方法除技術複雜外，與 PTFE 混合的 Pt/C 電催化劑由於難與 Nafion

樹脂接觸，Pt 的利用率極低。從原理分析，應該用碳和 PTFE 預混合製備排水的氣體傳遞網絡。這種方法由於預先將 Nafion 與 Pt/C 混合，能提高 H^+ 傳導能力和改進 Nafion 樹脂與 Pt/C 電催化劑的接觸。

另一種改進方法是Uchida[18]提出的，他們將Nafion溶液加入乙酸乙酯中，形成 Nafion 膠體。將 PTFE 和表面活性劑 Triton、碳粉在膠體磨中磨成分散的懸浮液，並於 290℃加熱，製備 PTFE/C 粉末。最後再將 Pt/C 電催化劑與這種PTFE/C粉末加入到Nafion膠體中並超音波振盪，由於膠體的聚合作用，Pt/C、PTFE/C與Nafion生成一種糊（paste），再將糊塗於擴散層上構成電極催化層。這種方法除催化層製備技術比傳統方法複雜外，由於Nafion預先生成膠體，所以 Nafion 樹脂難於進入 Pt/C 電催化劑團簇中，從而導致 Pt 與 Nafion 接觸差，不利於電化學反應進行。

3 薄層親水催化層電極[19]

為了克服厚層排水催化層離子電導低和催化層與膜間樹脂變化梯度大的缺點，美國 Los Alamos 國家實驗室 Wilson 等[20,21]提出一種薄層（厚度小於 5 μm）親水催化層製備方法。

該方法的主要特點是催化層內不加排水劑 PTFE，而用 Nafion 樹脂作黏合劑和 H^+ 導體。具體製備方法是：首先將質量比為 5%的 Nafion 溶液與 Pt/C 電催化劑混合，Pt/C 電催化劑與 Nafion 樹脂質量比控制在 3：1 左右。再在其中加入水與甘油，控制 Pt/C：H_2O：甘油（質量比）=1：5：20，超音波振盪混合均勻，使其成為墨水狀態。將此墨水分幾次塗到已清洗過的 PTFE 膜上，並在 130℃烘乾，再將帶有催化層的PTFE膜與經過預處理的質子交換膜熱壓合，並剝離PTFE膜，將催化層轉移到質子交換膜上。圖 4-30 為上述製備過程的流程圖。

採用上述方法製備催化層，由Pt/C電催化劑構成的網絡承擔電子與水的傳遞任務，而由Nafion樹脂構成的網絡構成H^+的通道，並且由於催化層中Nafion含量的提高，其離子電導會增加，接近 Nafion 膜的離子電導。但因無排水劑PTFE，催化層的孔應全部充滿水，所以反應氣（如氧）只能先溶解於水中或溶解於 Nafion 中，並在 Nafion 樹脂構成的通道或由 Pt/C 構成的充滿水的孔中傳遞。溶解氧在水中的擴散係數為 10^{-4}～10^{-5} cm^2/s 的數量級。而在 Nafion 中擴

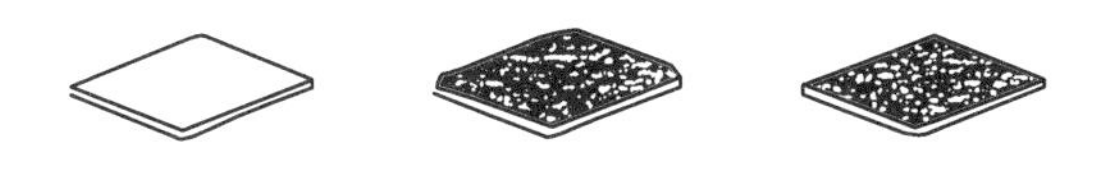

圖 4-30 薄層親水電極的製備技術流程圖

散係數在 10^{-5} cm^2/s 數量級，比氣相 N_2-O_2 的擴散係數小 2～3 個數量級，因此這種親水催化層必須很薄，否則靠近膜的一側催化層由於反應氣不能到達而無法利用。M. S. Wilson 等人的計算和實驗均證明，這種由 Pt/C 與 Nafion 樹脂構成的親水催化層厚度應小於 5 μm。這種薄層親水催化層與上述排水厚層催化層相比，Pt 負載量可大幅度降低，一般在 0.1～0.05 mg/cm^2 之間。

邵志剛等提出不用甘油，採用水與乙二醇的混合溶劑配製Pt/C與Nafion樹脂的墨水，同時還可加一定比例的造孔劑和排水劑（如草酸銨和PTFE乳液），採用噴塗等方法可製備更均勻、更薄的親水催化層。造孔劑或 PTFE 的加入在一定程度上改善了催化層的反應氣體的傳遞能力。

上述新方法與Wilson方法製備親水薄層催化層電極的性能對比見圖4-31。由圖可知，兩種方法製備的親水催化層性能在 600 mA/cm^2 以前一致，而在 >600 mA/cm^2 時新方法優於 Wilson 的方法。

圖 4-32 為按新方法製備的薄層親水催化層中 Pt/C 電催化劑與 Nafion 的不同比例關係對電池性能的影響。由圖可知，與 Wilson 的結果一致，當 Pt/C：Nafion（質量比）=3：1 時，電極性能最佳。當 Nafion 含量（質量比）$>50\%$，尤其是達到 80%時，部分或大部分電催化劑被 Nafion 包裹，由於 Nafion 不傳導電子，切斷了電子通道，這部分電催化劑不能催化氧的電化學還原或氫的電化學氧化反應。當 Nafion 含量（質量比）$\leqq 10\%$時，尤其是為「0」時，不能形成良好的 H^+ 傳導網絡，也阻礙了電化學反應的進行。儘管由於載體表面含有微量的酸性基團，在有水存在的條件下能離解出H^+，但離子導電能力仍很低。

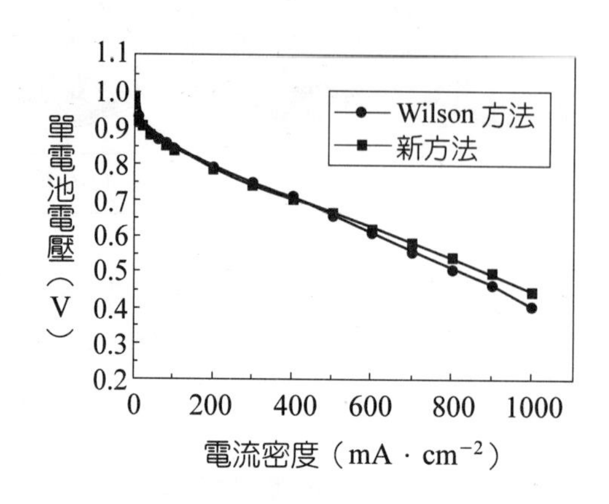

圖 4-31　電極催化層製作方法的比較

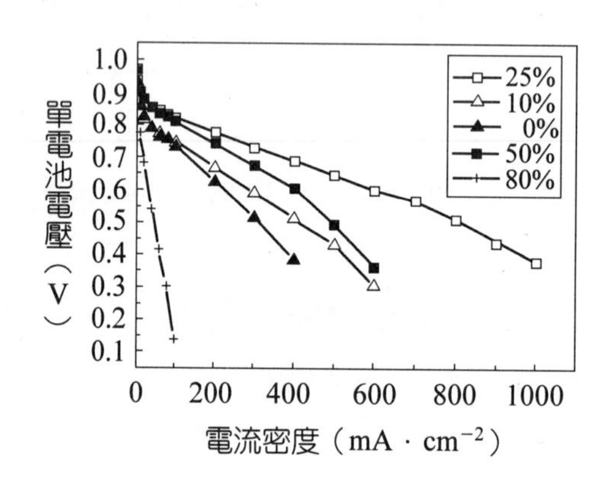

圖 4-32　Nafion 含量（質量比）對電池性能的影響

圖 4-33 為在 Pt/C 電催化劑與 Nafion 質量比為 3：1 時，造孔劑草酸銨 $(NH_4)_2C_2O_4$ 加入量對電極性能的影響。由圖可知，當 Pt/C：$(NH_4)_2C_2O_4$ 的質量比為 1：1 時，電池性能最佳。其原因可能是因為 $(NH_4)_2C_2O_4$ 在水與乙醇的混合溶劑中為微溶，即一小部分以分子形式溶於溶劑中，大部分以微晶型態與 Pt/C、Nafion 樹脂混合，當加熱分解時，溶解部分產生小孔，而微晶部分製造大孔，形成雙孔結構，能改善催化層的氣、水質傳。

4 超薄催化層電極[6]

超薄催化層一般採用物理方法（如真空濺射）製備，將 Pt 濺射到擴散層上或特製的具有奈米結構的碳鬚（whiskers）的擴散層上。Pt 催化層的厚度 $<1\,\mu m$，一般為幾十奈米。

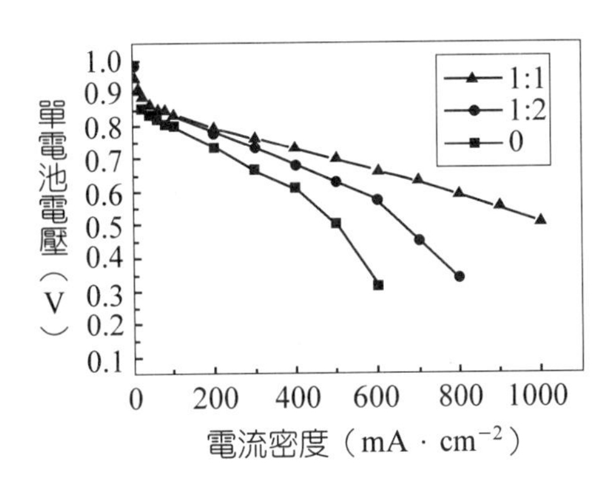

圖 4-33　電極中電催化劑與造孔劑含量比（質量比）對其電池性能的影響

S. Hirano 等[22]採用真空濺射沉積法在 E-TEK 公司銷售的擴散層上沉積 1 μm 厚 Pt 催化層（Pt 負載量為 0.1 mg/cm^2），實測電極性能與 E-TEK 公司厚層排水電催化層電極（Pt 負載量為 0.4 mg/cm^2）相近。

俞紅梅等採用真空濺射法（sputtering），在擴散層上濺射 Pt 製備超薄催化層。圖 4-34 為擴散層濺射 Pt 前後的掃描電鏡圖。由圖 4-34(a)和圖 4-34(b)對比可知，擴散層經濺射後，其表面層已濺射上的一層發亮物質即 Pt，依據表層 EDX 能譜分析結果，Pt 負載量 $<$ 0.1 mg/cm^2。

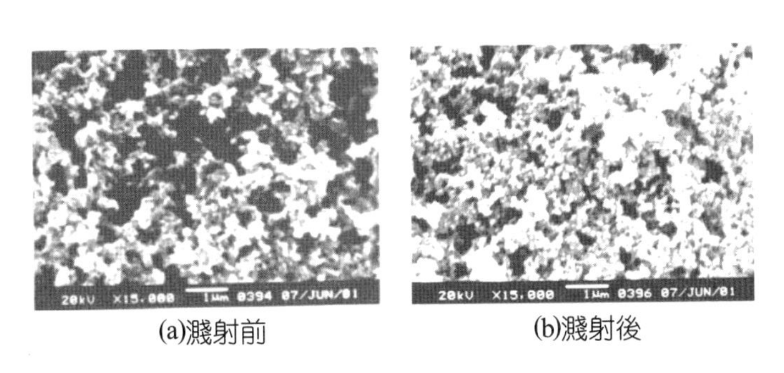

(a)濺射前　(b)濺射後

圖 4-34　擴散層濺射 Pt 前後的掃描電鏡圖

以濺射超薄 Pt 催化層電極作陽極，並噴塗 1.0 mg/cm^2 Nafion，厚層排水電極作陰極（0.5 mg/cm^2）與 Nafion 112 膜製備 MEA，用 0.2 MPa 純氫、純氧作燃料和氧化劑，80℃工作時，單電池的性能與壽命見圖 4-35(a)與圖 4-35(b)。由圖可見，採用這種超薄催化層作陽極時，電池性能與壽命均較好。

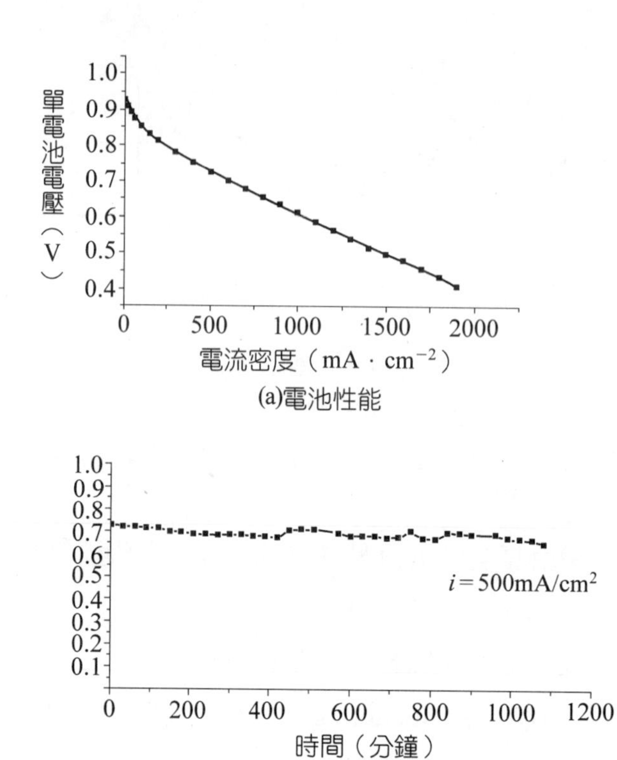

圖 4-35　超薄催化層作陽極時單電池性能與壽命

美國 3M 公司[23]採用奈米結構的碳鬚（whiskers）作支撐體，在其表面塗上一層 Pt，製備 Pt 負載量可在 0.02～0.2 mg/cm^2 間的超薄催化層。圖 4-36 是 3M 公司的這種 whiskers 支撐體與塗 Pt 催化層的掃描電鏡圖。這種電極具有極好的初始性能，但未見有關該種電極壽命實驗的報導。

5 雙層催化層電極[6]

由PEMFC工作溫度低於 100℃，當以重整氣（reformate）❺為燃料時，CO 是 Pt 的毒物，當用 Pt/C 作電催化劑時，百萬分之幾的 CO 也能導致電池性能大幅度下降。正如前述，已開發各種抗 CO 的電催化劑，至今 PEMFC 廣泛採用的抗 CO 電催化劑為 Pt-Ru/C。

❺重整氣（reformate）（亦稱重組氣／改質氣）為甲醇或其他碳氫化合物，經轉化作用而成為含氫的混合氣，此混合氣通稱為重整氣。

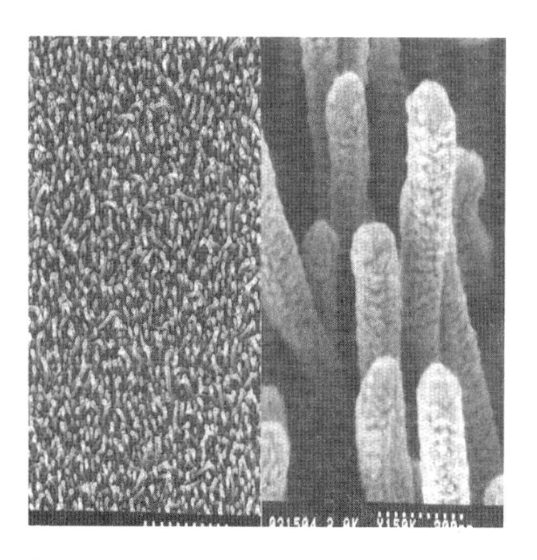

圖 4-36 奈米結構碳鬚支撐體上 Pt 塗層的掃描電鏡圖

圖 4-37 是以 Pt/C 和 Pt-Ru/C 為電催化劑製備的厚層排水催化層電極，以氫和 53×10^{-6} 的 CO/H_2 為陽極燃料氣的電池性能伏—安曲線；圖 4-38 為以 Pt/C 電催化劑製備的厚層排水電極與薄層親水電極的實驗結果。

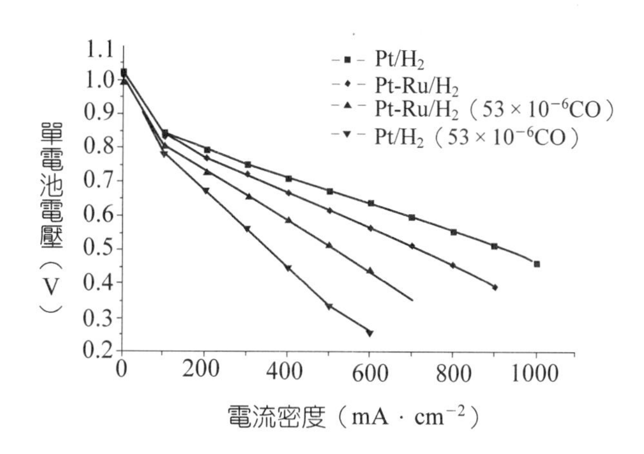

圖 4-37 Pt/C 與 Pt-Ru/C 為陽極催化劑，以純氫及 53×10^{-6} 的 CO/H_2 時電池的性能比較

由圖 4-37 可知：①當以純氫為燃料時，以 Pt/C 為陽極電催化劑的電池性能優於以 Pt-Ru/C 為電催化劑的電池；②當用含 53×10^{-6}CO 的氫氣為燃料時，薄層親水電極由於催化層薄，鉑負載量低，性能最差。以 Pt-Ru/C 為電催化劑的電池性能較好，但與以純氫為燃料時電池性能差距較大，必須改進抗 CO 電催

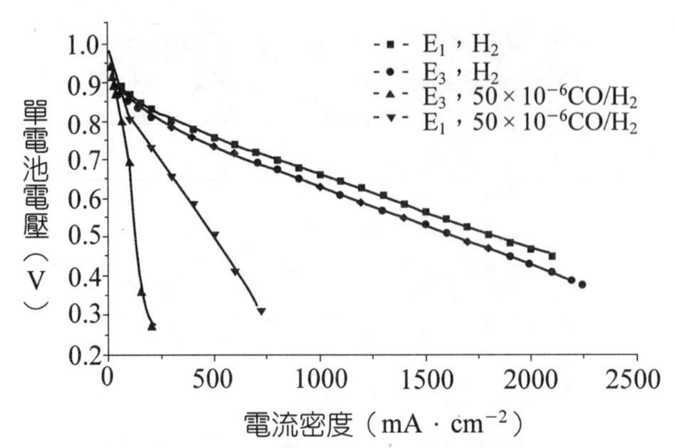

E_1：厚層排水電極，厚 40 μm，Pt 負載量 0.3 mg/cm^2；

E_3：薄層親水電極，厚 < 5 μm，Pt 負載量 0.02 mg/cm^2

圖 4-38　厚層排水與薄層親水電極以純氫及 53×10^{-6}CO/H_2 時的電池性能

化劑或電極結構，以提高含 CO 的 H_2 為燃料時電池的性能。

眾所周知，H_2 氣在多孔介質中的質傳速度快於 CO，CO 在 Pt-Ru/C 電催化劑上的吸附又強於 H_2，即 CO 優先吸附於 Pt-Ru/C 電催化劑上。據此，可設計如圖 4-39 所示的雙催化層的多孔氣體擴散電極結構[24]。

圖 4-39 中與擴散層相鄰的外催化層採用抗 CO 的 Pt-Ru/C 電催化劑製備，在此催化層，除進行氫氣的電化學氧化外，依靠 Pt-Ru/C 電催化劑雙功能催化特性，燃料氣中微量 CO 被氧化。與質子交換膜相鄰的內催化層，由 Pt/C 電催化劑製備，利用 Pt/C 電催化劑對純氫電化學氧化的高活性和 H_2 的高質傳能力，提高氫電極性能，減小氫電極的極化。考慮到膜電極熱壓黏合與 Nafion 在膜和兩層催化層內的梯度變化，俞紅梅[24] 等提出內層催化層採用親水薄層電催化

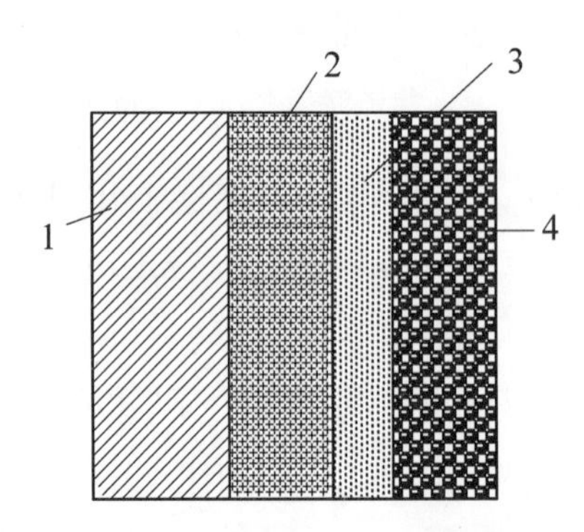

1—氣體擴散層；2—外層催化層；3—內層催化層；4—Nafion 膜

圖 4-39　陽極複合催化層結構

層，Pt 負載量為 0.02 mg/cm^2，厚度小於 5 μm；外催化層採用厚層排水催化層，採用質量比為 20%Pt、10%Ru 的 Pt-Ru/C 電催化劑製備，厚度約為 40 μm。

圖 4-40 是這種結構的雙層催化層電極（E_5）與僅由 Pt-Ru/C 電催化劑製備的單層排水催化層電極（E_2），以純氫為燃料時的電池性能比較。由圖可知，雙催化層電極性能優於由 Pt-Ru/C 電催化劑製備的單層排水催化層電極。與圖 4-37 對比，可知採用這種雙層催化層電極，當以純氫為燃料時，性能與由 Pt/C 電催化劑製備的單層電極性能相當，克服了採用純氫作燃料，僅以 Pt-Ru/C 製備單層催化層時電池性能降低的問題。

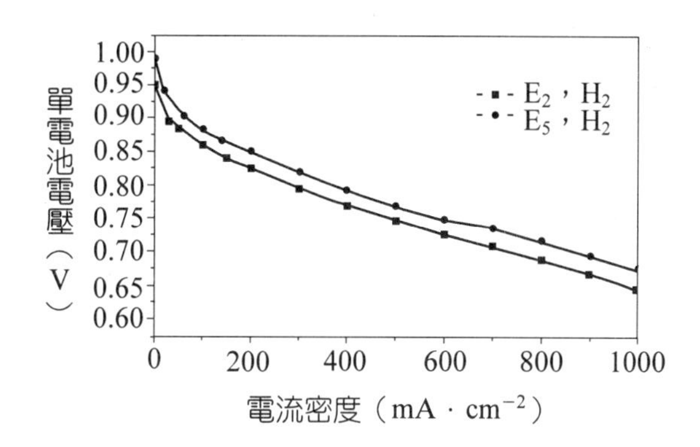

圖 4-40　單催化層 E_2 和雙催化層 E_5 電極性能比較（純氫燃料）

圖 4-41 為用含 50×10^{-6}CO 的氫作燃料時的電池性能。由圖可知，採用上述雙催化層的電極作陽極的電池性能明顯高於僅以抗 CO 的 Pt-Ru/C 電催化劑製備的單層陽極。

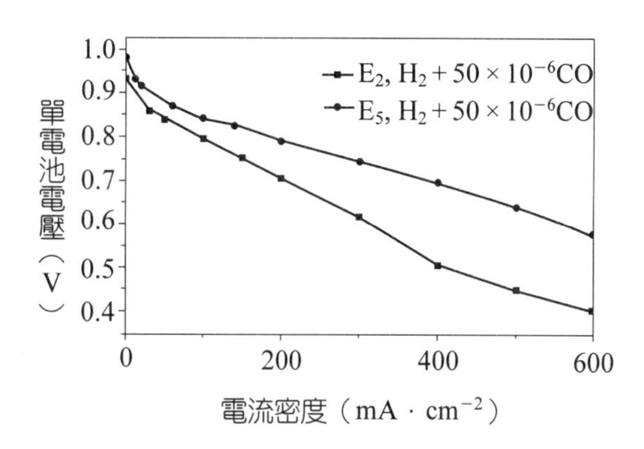

圖 4-41　單催化層 E_2 和雙催化層 E_5 電極性能比較（$H_2+50\times10^{-6}$CO）

4-4 質子交換膜[25, 26]

質子交換膜是PEMFC關鍵元件，它直接影響電池性能與壽命。用於PEMFC 的質子交換膜必須滿足下述條件：

①具有高的 H^+ 傳導能力，一般電導率要達到 0.1 S/cm 的數量級；

②在PEMFC運行的條件（即在電池工作溫度、氧化與還原氣氛和電極的工作電位）下，膜結構與樹脂組成保持不變，即具有良好的化學與電化學穩定性；

③不論膜在乾態或濕態（飽吸水）均應具有低的反應氣體（如氫氣、氧氣）的滲透係數，保證電池具有高的法拉第（庫侖）效率。一般膜的氣體滲透係數 $< 10^{-8}$ $cm^3 \cdot cm \cdot cm^{-2} \cdot s^{-1} \cdot cmHg^{-1}$（1 cmHg = 1.33 kPa）；

④在膜樹脂分解溫度之前的某一溫度〔如玻璃化溫度（glassy temperature）或接近玻璃化溫度〕，膜表面具有一定黏彈性，以利在製備膜電極「三合一」組件時電催化劑層與膜的結合，減少接觸電阻；

⑤不論在乾態或濕態，膜均應具有一定的機械強度，適於膜電極「三合一」組件的製備和電池組的組裝。

20 世紀 60 年代，美國通用電氣公司（GE）為雙子星太空飛行器研製的PEMFC，採用聚苯乙烯磺酸膜，在電池工作過程中，膜發生分解（degradation），電池壽命僅幾百小時。1962 年美國 Du Pont 公司研製成功全氟磺酸型質子交換膜，1964 年開始用於氯鹼工業，1966 年開始用於燃料電池，從而為研製長壽命、高功率密度PEMFC創造了堅實物質基礎。至今各國試製PEMFC電池組用的質子交換膜仍以 Du Pont 公司生產、銷售的全氟磺酸型質子交換膜為主，其商業型號為Nafion。但由於Nafion膜售價高達 500～800 美元/m^2，為降低 PEMFC 成本，各國科學家正在研究部分氟化或非氟質子交換膜。

1 全氟質子交換膜[27]

至今 Du Pont 公司的 Nafion 膜是僅有商品化的質子交換膜。它的製備過程為四氟乙烯與 SO_3 反應，再與 Na_2CO_3 縮合（condensation），製備全氟磺醯氟烯醚單體，該單體與四氟乙烯共聚（copolymerization），獲得不溶性的全氟磺醯氟樹脂。該樹脂熱塑成膜，再水解並用 H^+ 交換 Na^+，最終獲得 Nafion 系列質子交換膜。

Nafion 膜的化學結構如圖 4-42 所示。其中 $x=6\sim10$，$y=z=1$。

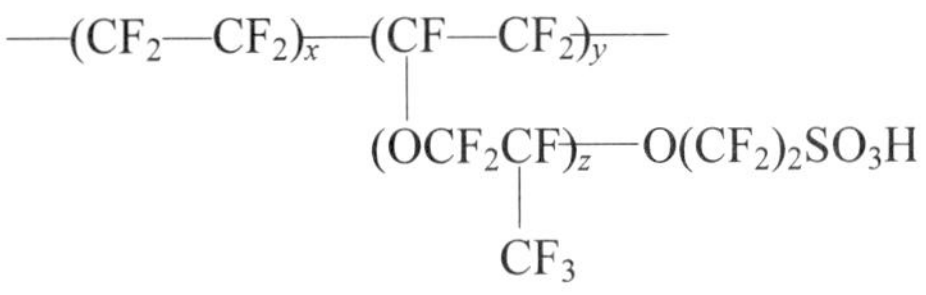

$$-(CF_2-CF_2)_x-(\underset{|}{C}F-CF_2)_y- \quad O(CF_2\underset{|}{C}F)_z-O(CF_2)_2SO_3H \quad CF_3$$

圖 4-42　Nafion 膜的化學結構式

Nafion的摩爾質量（舊稱當量重量，EW值，Equivalent Weight）即表示含 1 mol 磺酸基團的樹脂質量（g），一般為 1100 g/mol❻。調整 x、y、z 可改變樹脂的 EW 值。一般而言，EW 值越小，樹脂的電導越大，但膜的強度越低。

日本旭化成（Asahi Chemical）與旭硝子公司（Asahi Glass）也生產與 Nafion 類似的這種長側鏈的全氟質子交換膜，代號為 Flemion® 和 Aciplex®。用來製膜的樹脂的 EW 值在 900～1100 g/mol 之間。

Dow Chemical❼公司採用四氟乙烯與乙烯醚單體聚合，製備了如圖 4-43 所示的 Dow 膜，其中 $x=3\sim10$，$y=1$。由圖可知，與 Nafion 膜化學結構相比，Dow 膜化學結構的明顯特點是 $z=0$，即側鏈縮短。這種樹脂的 EW 值在 800～850 g/mol 之間，比電導在 0.20～0.12 S/cm。Dow 膜用於 PEMFC 時，電池性能明顯優於用 Nafion 膜的電池，但由於 Dow 膜的樹脂單體合成比 Nafion 膜的單體複雜，膜成本遠高於 Nafion 膜。

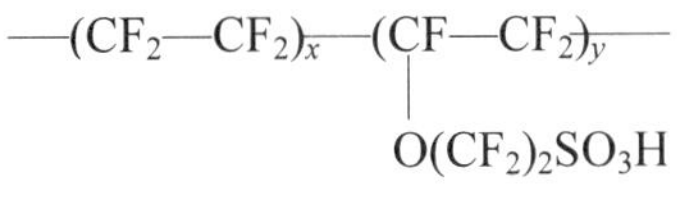

$$-(CF_2-CF_2)_x-(\underset{|}{C}F-CF_2)_y- \quad O(CF_2)_2SO_3H$$

圖 4-43　Dow 膜的化學結構

至今關於全氟膜的微觀結構普遍接受的是反膠囊離子簇（cluster-network）

❻考慮到行業習慣，本書仍用 EW 值及其單位 g/mol。

❼ Dow 公司不再生產 Dow 膜，但 Du Pont 公司可代合成製造。

模型，如圖 4-44 所示。疏水的氟碳主鏈形成晶相疏水區，磺酸根與吸收的水形成水核反膠囊離子簇，部分氟碳鏈與醚支鏈構成中間相。直徑大小為 4.0 nm 的離子簇分佈於碳氟主鏈構成的疏水相中，離子簇間距約為 5 nm，各離子簇之間由直徑約為 1 nm 的細管相連接。在這種模型中吸收的水形成近球形區域，在球形表面磺酸根構成固定電荷點，水合氫離子是反離子。膜內的酸濃度是固定的，不為電池生成水所稀釋，其酸度通常以樹脂的 EW 值表示，也可用交換容量（即IEC，每克乾樹脂中所含磺酸基團的物質的量，單位為mmol/g）表示。EW 和 IEC 互為倒數。隨著膜的 EW 值的增加，膜中離子簇的直徑、磺酸根固定點的數目及每個磺酸根固定點的水分子數目均減小；而隨著膜的 EW 值增加，膜的結晶度及聚合物分子的剛性增強。

膜內離子簇的間距與膜的 EW 值和含水量密切相關。膜的 EW 值增加，離子簇間距增加。

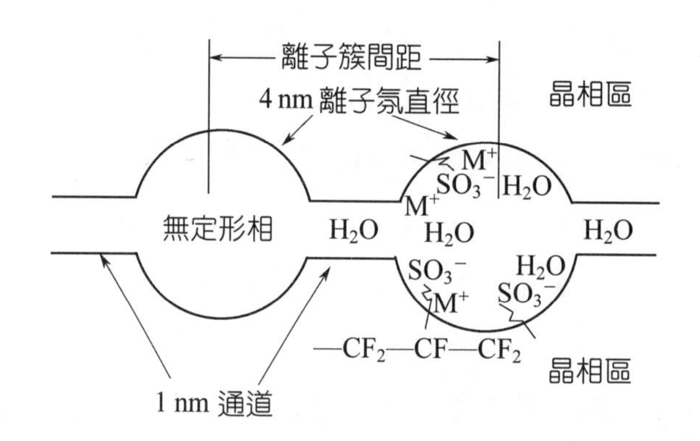

圖 4-44 全氟膜的微觀結構反膠囊離子簇模型

全氟磺酸膜傳導質子必須有水存在。其電導率與膜的水含量 λ 呈線性關係，如圖 4-45 所示。對於 Nafion 膜而言，實驗證實當相對濕度小於 35%時，膜電導顯著下降，而在相對濕度小於 15%時，Nafion 膜幾乎成為絕緣體。

膜含水量與溫度的關係[28] 如圖 4-46 所示。

在高水含量情況下，相應的高頻阻抗譜顯示一條簡單的連續曲線（它與實軸的截距給出膜電阻），相當於一個純電阻；此時水核離子簇相是足夠均一的，允許質子在兩個相鄰離子簇間自由通過，而且質子在同一離子簇內兩個固定磺酸根位之間的遷移能壘與在兩個相鄰離子簇之間的遷移能壘相近。當膜

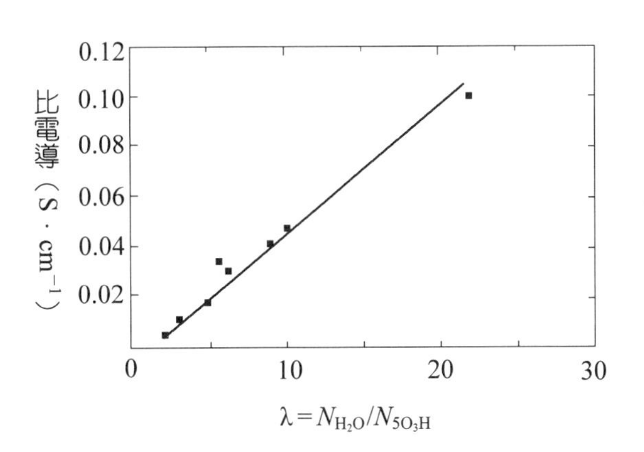

圖 4-45 Nafion 117 電導率與含水量的關係

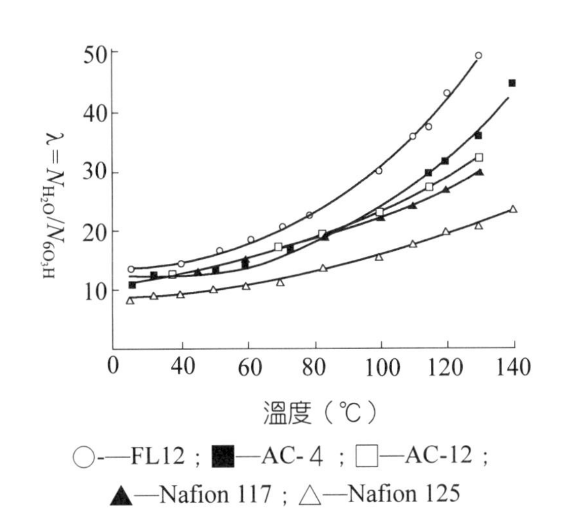

圖 4-46 膜含水量與溫度的關係

的水含量低時，其高頻阻抗譜呈現一個半圓，質子在一個離子簇內兩個磺酸根位之間遷移時所克服的能壘，遠小於在相鄰兩離子簇之間遷移所需克服的能壘，導致質子在離子簇間通道的兩頭積累，從而產生電容阻抗，整個膜電阻由離子簇內的純電阻與離子通道的電容阻抗構成。

各種全氟磺酸膜性能概況見表 4-7。

幾種不同 Nafion 膜組裝的 PEMFC 電池工作性能見圖 4-47[29]。由圖可知，膜的厚度不僅影響 PEMFC 電池性能，而且也決定電池的極限工作電流密度，膜越薄，電池工作的極限電流密度越高。

表 4-7　各種全氟磺酸膜的性能

性　　能	範　　圍
EW（$g \cdot mol^{-1}$）	800～1500
電導率（$S \cdot cm^{-1}$）	0.20～0.50；如：400 EW＝0.10，850 EW＝0.15
電導（$S \cdot cm^{-2}$）	2～20；如：1100 EW（175 μm 和 50 μm 的膜）分別為 5 和 17
尺寸穩定性	x、y 方向 10～30%，50%相對濕度（液態水）（如 25℃，1000 EW，膨脹 16%）
已被證明的壽命	Nafion®、Flemion® 和 Aciplex®＞5000 小時，Dow®＞10000 小時
厚度（μm）	50～250

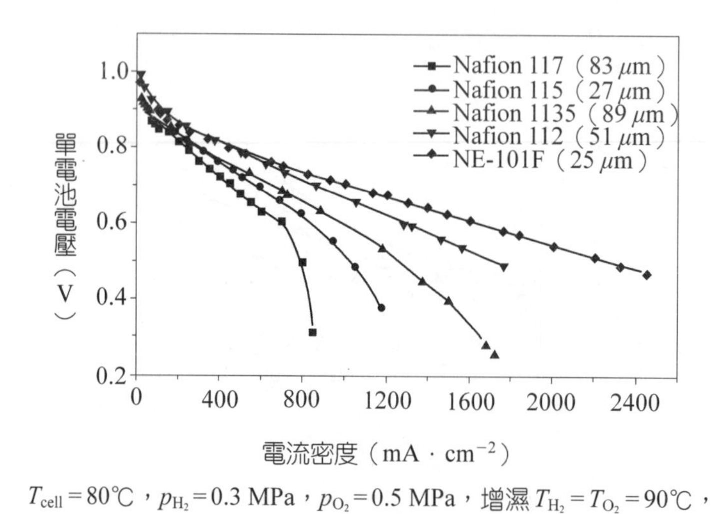

$T_{cell}=80℃$，$p_{H_2}=0.3$ MPa，$p_{O_2}=0.5$ MPa，增濕 $T_{H_2}=T_{O_2}=90℃$，$V_{H_2out}=15$ mL · min^{-1}，$V_{O_2out}=30$ mL · min^{-1}

圖 4-47　不同厚度 Nafion 膜組裝 PEMFC 的工作性能比較

圖 4-48 是 Nafion 112 膜和 Aciplex 1002 膜單電池性能對比，兩種膜的厚度相等，EW 值稍有差異，單電池性能相近，因 Aciplex 膜的 EW 值比 Nafion 膜稍低，所以高電流密度時性能略優。由圖還可以預測，全氟膜性能主要由製膜樹脂的 EW 值（摩爾質量）和厚度決定，與製膜技術關係不大。

圖 4-49 是 Nafion 1135 與 Flemion SH80 膜的單電池性能。兩種膜厚度相近，但 Flemion 膜樹脂的 EW 值明顯小於 Nafion 膜，因此 Flemion 膜在高電流密度時的性能明顯優於 Nafion 膜。

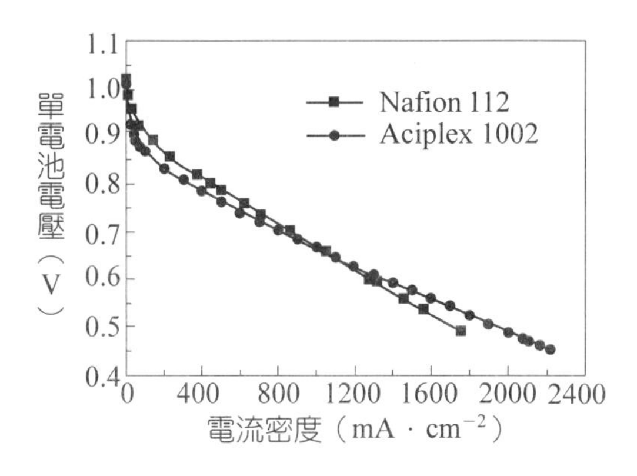

圖 4-48 Nafion 112 膜和 Aciplex 1002 膜電池性能比較

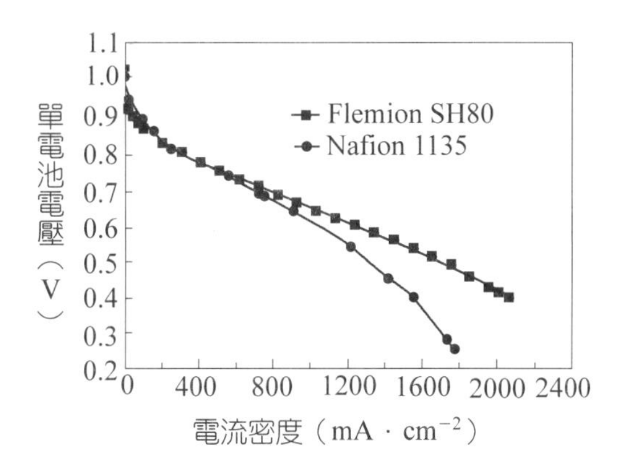

圖 4-49 Nafion 1135 與 Flemion SH80 膜單電池性能對比

2 以 PTFE 多孔膜為基底的複合膜

為適應 PEMFC 的需求，許多研究者均在開發聚四氟乙烯多孔膜和全氟磺酸樹脂構成的複合膜。這種複合膜不但能改善膜的機械強度、尺寸穩定性，而且由於膜可以做得很薄（5～50 μm），減少了全氟樹脂的用量，降低了膜的成本；由於膜很薄，還改善了膜內的水傳遞與分佈，增加了膜的電導，提高了電池性能。

製備這種複合膜的技術關鍵是如何降低全氟磺酸樹脂在 PTFE 多孔膜的孔中表面張力和增加全氟磺酸樹脂的浸潤性，確保全氟磺酸樹脂浸入到 PTFE 多孔膜的孔中，形成緻密的複合膜。

Gore Associates 公司已推出這種複合膜，商業型號為 Gore-select^{TM}，並用於 PEMFC，但至今未宣佈其具體製備方法。採用 EW（當量數）值 1100

g/mol 全氟磺酸樹脂製備的 20 μm厚的 Gore-select™膜的脫水收縮僅為 Nafion 117 膜的 1/4，尺寸穩定性明顯改善。該膜的乾強度與Nafion 117 膜相近，而濕強度明顯優於 Nafion 117 膜，說明這種複合膜儘管較薄但其機械強度增加。採用 EW 為 900 g/mol 的全氟磺酸樹脂製備的 12 μm厚 Gore-select™膜，電導為 80 S/cm^2，高於 Nafion 112 膜（50 μm，EW＝1,100 g/mol）的 7 S/cm^2，和 Dow 膜（100 μm，EW＝800 g/mol）的 15 S/cm^2。採用 12 μm厚的 Gore-select™膜（EW＝900 g/mol）組裝的 5 cm^2 單電池，用氫作燃料，空氣作氧化劑，輸出功率密度已達 0.45～0.80 W/cm^2。

在中國專利 01136845.4 中劉富強等人提出，採用 Du Pont 公司 5%（質量比）Nafion 樹脂低醇溶液，或者用全氟磺酸樹脂、Nafion 膜的邊角料在水與低碳醇（甲醇、乙醇、異丙醇等）溶液中，在 200℃於高壓反應容器內反應十幾個小時，製備全氟磺酸樹脂低醇溶液，採用孔徑為 0.1～0.8 μm（最好為 0.2～0.5 μm）、厚 5～50 μm的PTFE 多孔膜製備這種複合膜。為改善 PTFE 多孔膜的潤濕性，需將多孔 PTFE 預浸在低碳醇（如乙醇）溶液中，去除有機物並使其適當溶脹。為改善複合膜的柔韌性和緻密性，需在全氟磺酸樹脂低碳醇溶液中加入一定量的高沸點的溶劑，如 *N*，*N*-二甲基甲醯胺、*N*，*N*-二甲基乙醯胺、二甲基亞碸、1-甲基-2-吡咯烷酮等，並採用加熱升溫方法降低全氟磺酸樹脂溶液的表面張力，促進全氟磺酸樹脂浸入 PTFE 多孔膜的孔中。之後要在全氟磺酸樹脂玻璃化轉變溫度與熔融溫度之間（120～200℃）的某一個溫度和真空條件下處理複合膜，調節全氟磺酸膜的結晶度，使其具有良好的柔韌性、機械強度和在高溫溶劑中的不溶性。

圖 4-50 為 15 μm厚 PTFE 多孔膜的掃描電鏡（SEM）照片，該 PTFE 膜表面較粗糙，孔隙率高達 84%，由 SEM 圖可知，平均孔徑為 0.3 μm，而且許多小孔相互連接。圖 4-51 是這種複合膜表面與斷面的 SEM 照片。由圖可知，全氟磺酸樹脂不但浸入到 PTFE 基膜的孔中，而且在 PTFE 多孔膜表面形成連續的薄膜。膜的總厚度為 25 μm。

將 25 μm（C-325#）和 45 μm（C-345#）複合膜與 Nafion 膜在熱水中放置 8 小時後，尺寸穩定性測試結果見表 4-8[30]。由表 4-8 可知，複合膜尺寸穩定性明顯優於 Nafion 膜，而且由於成膜方法不同和 PTFE 多孔膜的支撐作用，複合膜在飽吸水後長寬方向尺寸變化相近，而 Nafion 膜相差很大。

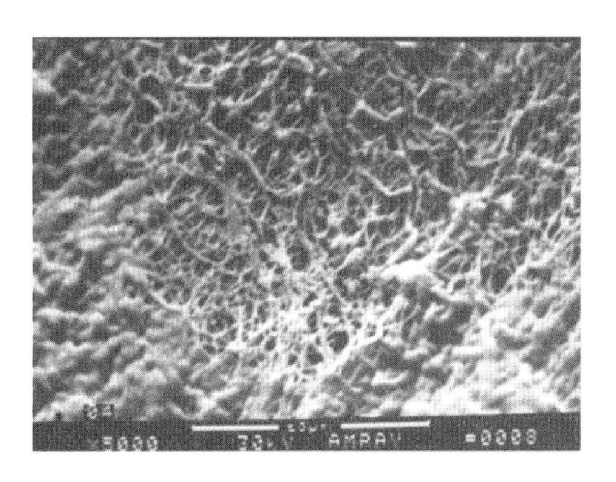

圖 4-50 PTFE 多孔膜的掃描電鏡（SEM）照片

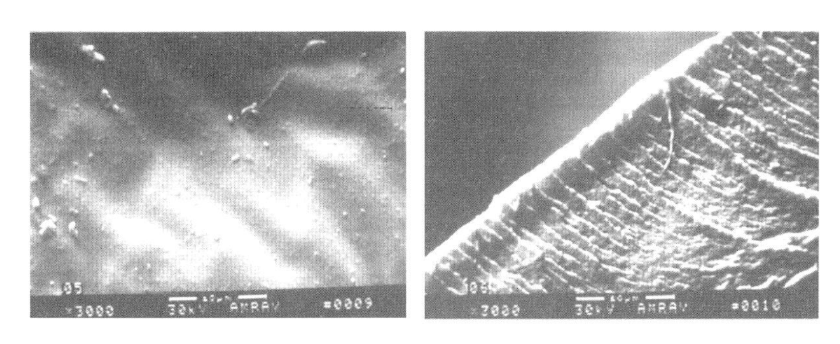

圖 4-51 複合膜表面與斷面的 SEM 照片

表 4-8 複合膜與 Nafion 膜尺寸穩定性比較

膜	尺寸改變（%）		
	長度	寬度	厚度
C-325#	6.3	5.1	12.0
C-345#	9.1	7.9	15.3
Nafion® 112	17.0	6.0	25.5
Nafion® 1135	11.5	4.2	37.7

25 μm（C-325#）和 45 μm（C-345#）複合膜與 Nafion 膜乾濕機械強度實測結果見表 4-9。

由表 4-9 可知，由於PTFE多孔膜的增強作用，複合膜的機械強度優於 Nafion 膜，尤其是濕態的機械強度。

25 μm（C-325#）和 45 μm（C-345#）複合膜與 Nafion 115 膜（乾厚 125 μm）水含量與溫度的關係見圖 4-52。由圖可知，兩種膜的水含量均隨溫度的增加而

表 4-9 複合膜與 Nafion 膜乾濕機械強度

膜		最大強度（MPa）	斷裂強度（MPa）
C-325#	乾	41.4	36.5
	濕	38.2	32.7
C-345#	乾	27.0	25.5
	濕	25.6	25.0
Nafion®112	乾	26.6	23.5
	濕	19.1	16.8

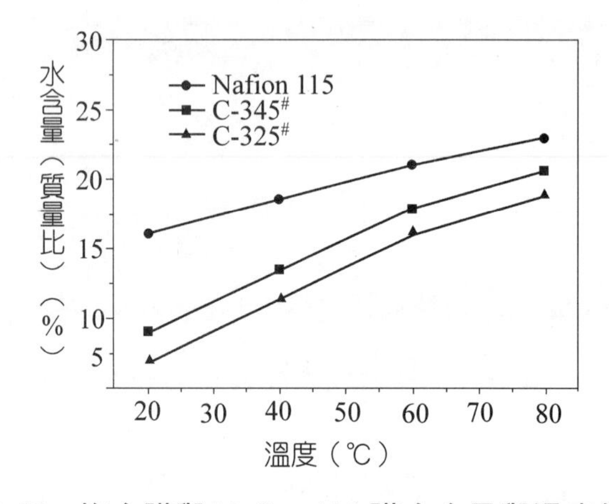

圖 4-52 複合膜與 Nafion 115 膜水含量與溫度的關係

增加，但複合膜的水含量低於 Nafion 膜。其原因一是複合膜基膜為 PTFE 多孔膜，PTFE 排水，當然導致複合膜水含量低；二是在製備複合膜時，全氟磺酸樹脂經受了在玻璃化溫度與熔融溫度之間的熱處理，可導致樹脂中氟碳鏈融合在一起，擴大晶相區，降低膜的吸水能力。

利用氣相色譜法測定的複合膜與 Nafion 115 膜的氧滲透係數（oxygen permeability coefficients）與溫度的關係見圖 4-53。由圖可知，兩種膜的氧滲透係數均隨溫度升高而增加。但是薄的複合膜氧滲透係數大於 Nafion 115 膜。這一結果與日本學者 M.Yoshitake[31] 的假設一致。他們認為氧在膜中的擴散主要透過聚合物氟碳主鏈，即膜的排水部分，因為複合膜比 Nafion 膜有更大的 PTFE 含量，所以它的氧滲透係數比 Nafion 膜高。

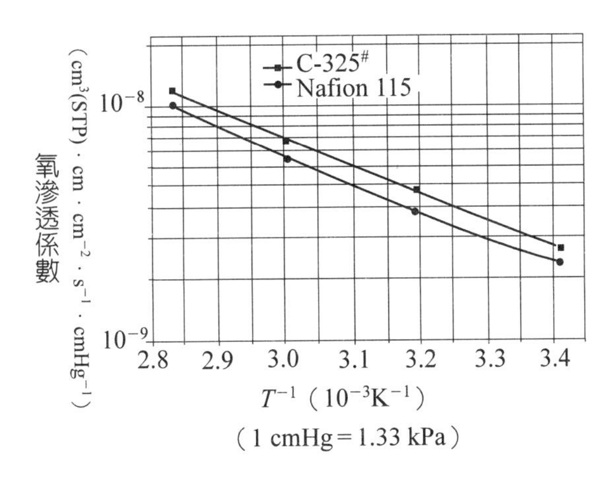

圖 4-53 複合膜與 Nafion 115 膜的氧滲透係數

用 25 μm 複合膜與 Nafion 115 膜和鉑負載量為 0.3 mg/cm^2 的排水厚層電極製備膜電極「三合一」組件，5 cm^2 單電池的伏一安曲線見圖 4-54。

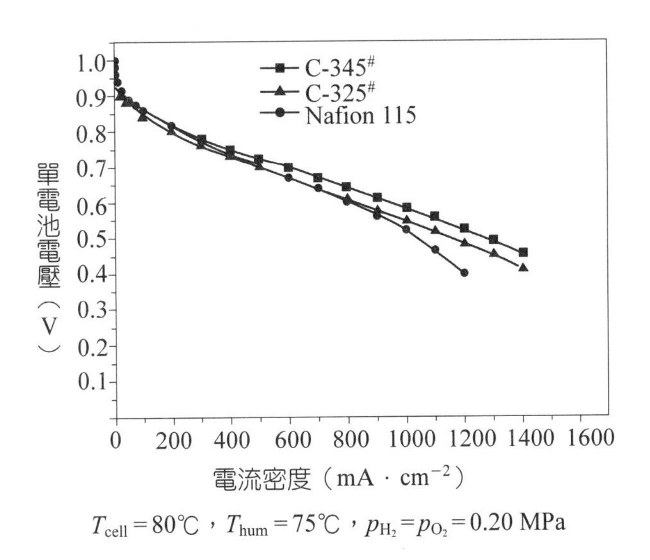

圖 4-54 採用 Nafion 115 膜和 C-325#、C-345#複合膜的電池伏一安曲線

圖 4-55 為 25 μm 複合膜 500 mA/cm^2 穩定運行實驗結果。由圖可知，25 μm 複合膜用於 PEMFC 性能優於 Nafion 115 膜，而且性能穩定。

3 部分氟化的質子交換膜

儘管全氟磺酸膜基本達到了 PEMFC 對膜的要求，但其成本高是導致 PEMFC 成本高的原因之一。為降低 PEMFC 成本，近 10 年來，各國科技工作者對

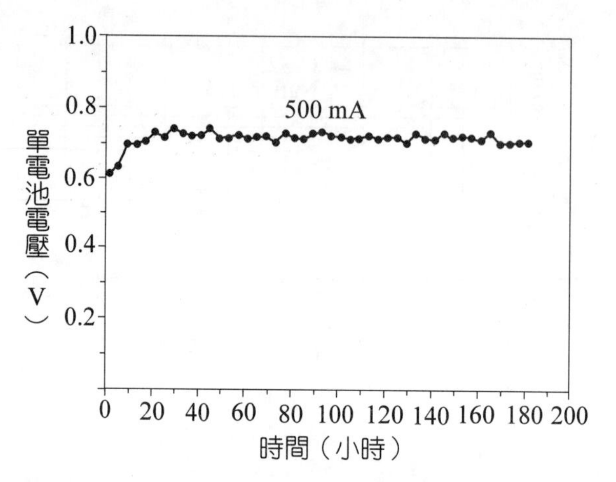

圖 4-55　採用 C-325# 複合膜的電池壽命試驗

低成本的部分氟化或非氟新型質子交換膜廣泛地進行了探索。其中 Ballard 部分氟化的質子交換膜 BAM3G 的性能與壽命均取得了較好的結果。

BAM3G[8]樹脂由 α，β，β-三氟苯乙烯與取代的同系物共聚，再經磺化獲得。這種樹脂製備過程與膜的結構式如圖 4-56 所示。依據磺化度的不同，樹脂的EW值在 375～920 g/mol之間。利用這種樹脂可製備與Nafion膜一樣的均質膜和以多孔 PTFE 為支撐的複合膜。

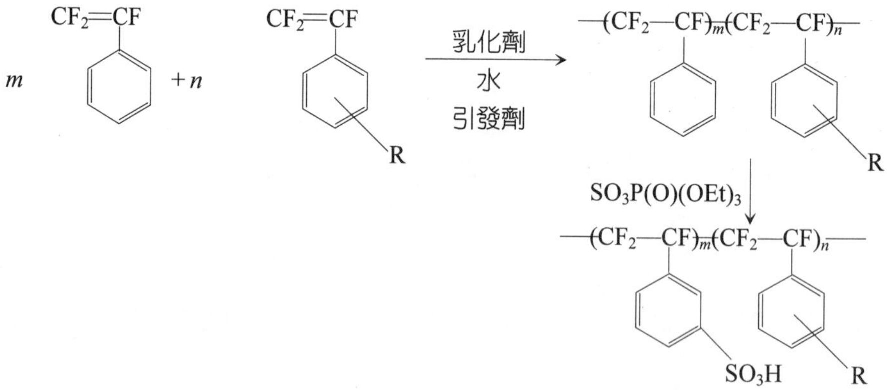

m $CF_2{=}CF$–Ph $+ n$ $CF_2{=}CF$–C_6H_4R $\xrightarrow{\text{乳化劑、水、引發劑}}$ $-(CF_2-CF(Ph))_m-(CF_2-CF(C_6H_4R))_n-$

$\xrightarrow{SO_3P(O)(OEt)_3}$ $-(CF_2-CF(C_6H_4SO_3H))_m-(CF_2-CF(C_6H_4R))_n-$

圖 4-56　BAM3G 樹脂製備過程與膜的結構式

圖 4-57 為 BAM3G 膜與 Nafion 膜和 Dow 膜的水含量與製膜用樹脂 EW 值關係。由圖可知，由於B AM3G的EW值較小，所以其水含量一般高於 Nafion

[8] BAM3G (Ballard Advanced Membrane Third Generation)

或 Dow 膜。但當其 EW 值與 Nafion 或 Dow 膜相等時，其水含量低於 Nafion 或 Dow 膜。

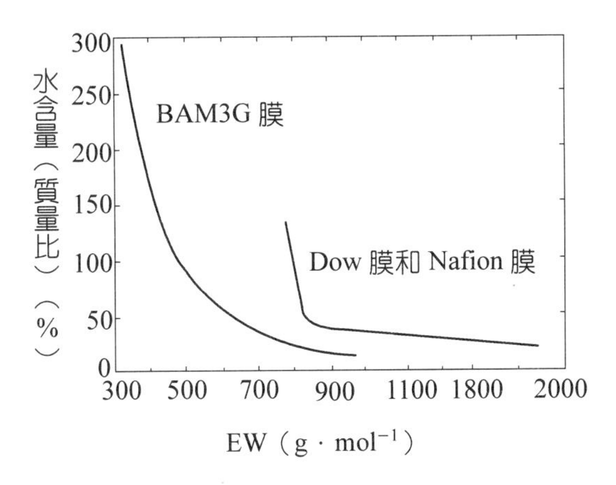

圖 4-57　BAM3G 膜、Nafion 膜和 Dow 膜的水含量與樹脂 EW 值關係

製備這種膜的樹脂，主鏈與全氟膜相似，均為類似於聚四氟乙烯的氟碳結構，具有較高的化學穩定性與電化學穩定性。同時由於氟的高電負性降低了支鏈苯環上的電子雲密度，提高了苯環側鏈的穩定性（如抗氧化性），使這種膜在 PEMFC 工作條件下呈現較好的穩定性。圖 4-58 為用 BAM3G 膜和各種全氟

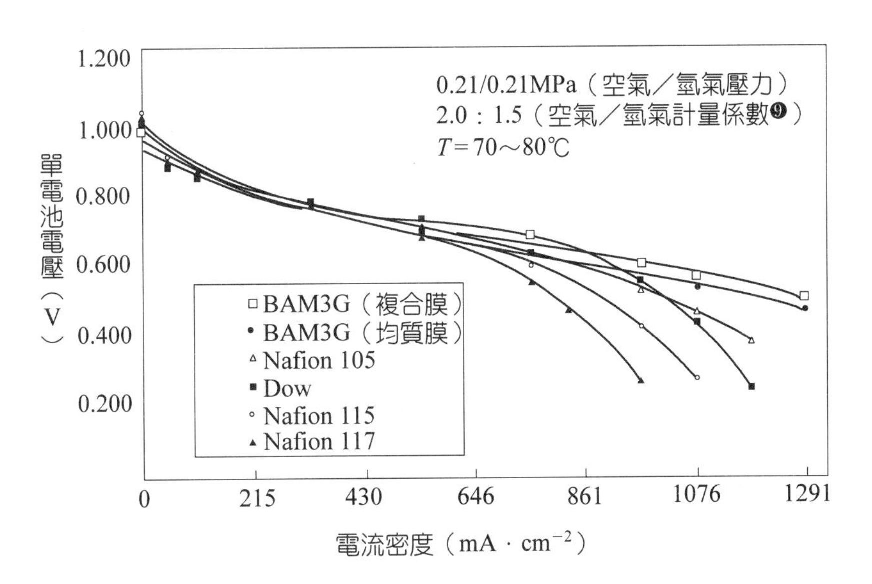

圖 4-58　用 BAM3G 膜和各種全氟膜組裝的單電池性能對比

❾計量係數（Stoichiometry Coefficient，依據化學方程式算出之理論量之倍數）

膜組裝的單電池在相同運行條件下性能對比。

由圖 4-58 可知，在小於 500 mA/cm^2 的低電流密度時，用各種膜組裝的單電池性能相近；當電流密度增高後，BAM3G 膜的電池性能明顯優於各種全氟膜。圖 4-59 為用 BAM3G 組裝的 PEMFC 單電池壽命實驗結果。由圖可知，單電池連續運行 14000 小時，性能穩定，說明這種膜可用於 PEMFC 電池組。

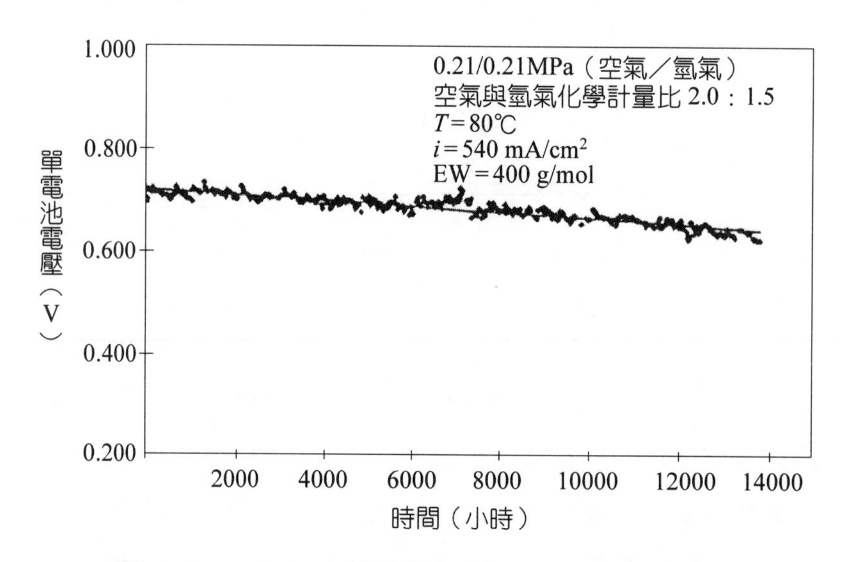

圖 4-59　BAM3G 組裝的 PEMFC 單電池壽命實驗

4 非氟化的質子交換膜

全氟磺酸膜在 PEMFC 中的成功應用，不但提高了 PEMFC 的性能，而且也加速了 PEMFC 的發展。但是由於全氟磺酸膜製備技術複雜、成本高，也阻礙了 PEMFC 的商業化。為降低膜的成本，且考慮氟化膜在製備時氟化過程可能對環境的影響等，人們一直在進行非氟化的質子交換膜的研發，並已取得了可喜的進展。

美國 Dais 公司開發了磺化苯乙烯／乙烯基丁烯／苯乙烯三嵌段共聚物膜（styrene/ethylene-butylene/styrene triblock polymer）[23]，它的結構如圖 4-60 所示。

製備這種膜的樹脂已有商品，代號為 Kraton G1650，對其進行磺化，磺化度達 50%時，其電導率已優於同厚度的 Nafion 膜，當磺化度為 60%時，達到電性能與機械性能的平衡。採用 Pt 負載量為 0.5 mg/cm^2 的電極與這種膜製備 MEA 的電池性能見圖 4-61。由圖可知，當電池工作電壓為 0.5 V時，電池輸出

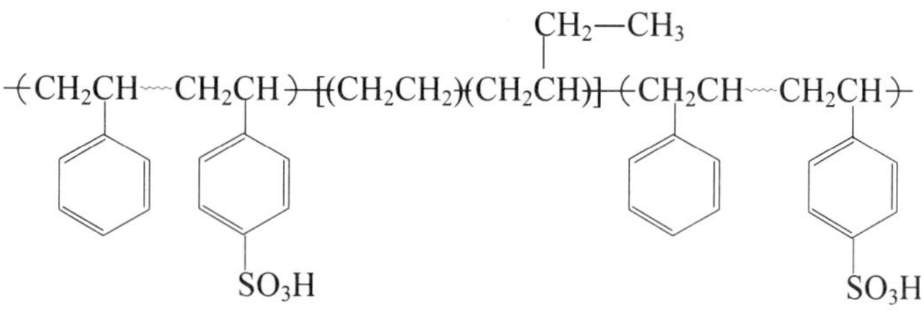

$-(CH_2CH\sim CH_2CH)-[(CH_2CH_2)(CH_2CH)]-(CH_2CH\sim CH_2CH)-$ （CH_2-CH_3 側基；SO_3H）

圖 4-60　Dais 公司膜的樹脂分子結構式

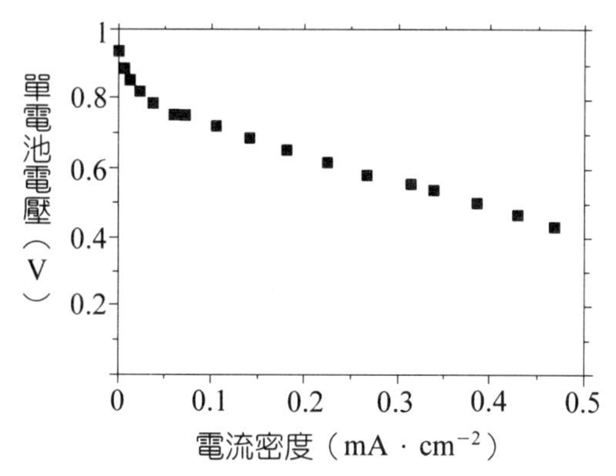

Dais 膜的磺化度為 60%，電池工作溫度 40℃，$p_{H_2-Al}=0.1$ MPa（常壓）

圖 4-61　採用 Dais 膜的電池性能

功率可達 200 mW/cm^2。這種膜特別適於小功率、室溫工作的PEMFC，預計在這種工作條件下，膜的壽命可達 4000 小時。

加拿大的 Ballard 公司在開發部分氟化的 BAM3G 之前，已開發了 BAM1G 與 BAM2G 非氟磺酸膜。這兩種膜的樹脂分別由聚苯基喹喔啉和聚聯苯酚經磺化製備，其化學結構見圖 4-62。用這兩種膜製備的 MEA 單電池性能與 Nafion 117 膜、Dow 膜和 BaM3G 膜的對比結果見圖 4-63。

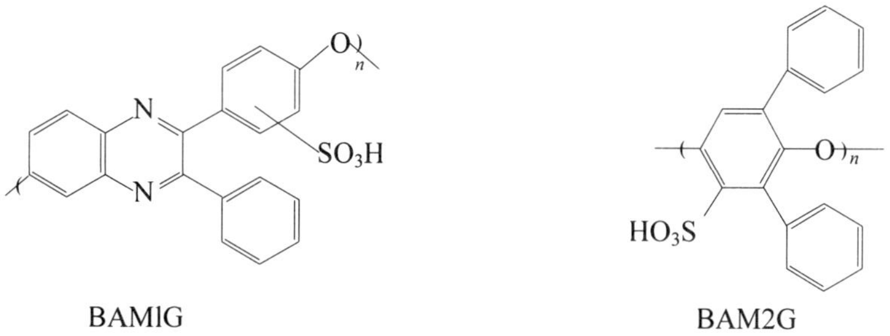

BAMlG　　BAM2G

圖 4-62　BAMlG 與 BAM2G 膜樹脂的化學結構式

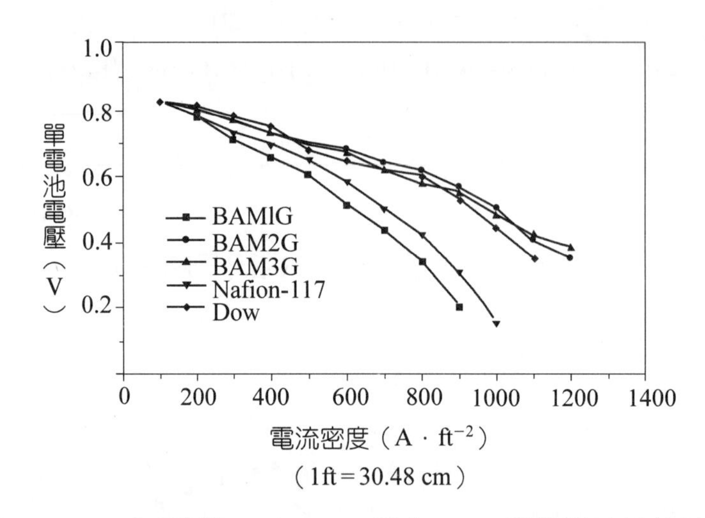

圖 4-63　BAM 膜與 Nafion 117 膜和 Dow 膜的電池性能比較

由圖 4-63 可知，BAM2G膜的性能已優於Nafion 117 膜，與Dow膜相當，但電池壽命小於 500 小時，才迫使 Ballard 公司發展部分氟化的 BAM3G 膜。

此外人們還對具有優良的熱穩定性和化學穩定性、機械強度好的高分子材料〔如聚醚醚酮（PEEK）、聚醚碸（PES）、聚碸（PS）、聚醯亞胺（PI）和聚醯胺亞胺（PAI）等〕進行了廣泛的研究。這些化合物均可在其芳香苯環上透過選擇適宜的磺化劑和磺化條件引入磺酸根基團，使其具有 H^+ 離子傳導能力。一般而言，磺化度提高，則膜的電導與吸水能力增強，但機械性能下降。

儘管上述高分子材料本身均是很好的抗氧化工程塑料，但是它們經過磺化改性後，可能因為離子化基團對分子的電荷分佈產生很大影響，加上 C—H 鍵的鍵能（86 kJ/mol）不到 C—F 鍵鍵能（485 kJ/mol）的 1/5，用已研究過的如磺化聚碸、磺化聚醯亞胺等樹脂採用鑄膜（casting）技術製備的離子交換膜在 PEMFC 工作條件下，壽命從幾十到幾百小時，最長也僅達到幾千小時，遠低於 BAM3G 部分氟化膜，更無法與全氟膜相比。

5 烴類質子交換膜分解機理與複合膜

只有了解了烴類質子交換膜在PEMFC中分解機理，並提出相應解決方法，才能利用烴類膜價廉、易於製備等優點促進 PEMFC 商品化。

至今學者們均以聚苯乙烯磺酸膜（PSSA）為樣板，進行烴類膜分解機理研究，已提出兩種觀點：一種觀點認為氧氣經過膜滲透到陽極側，在陽極Pt催化劑作用下，形成HO_2·自由基，這種自由基進攻聚苯乙烯磺酸膜α碳上的叔氫，而導致膜分解。另一種觀點認為，氧在陰極還原時產生 H_2O_2中間物，在微量金屬離子作用下產生 HO·和 HO_2·等氧化性自由基，這些自由基進攻聚合物膜，導致其分解。

于景榮等對這一問題進行了深入研究[33]。首先，用聚苯乙烯磺酸膜組裝了單電池（電極 Pt 負載量為 0.4 mg/cm^2），壽命試驗結果如圖 4-64 所示。

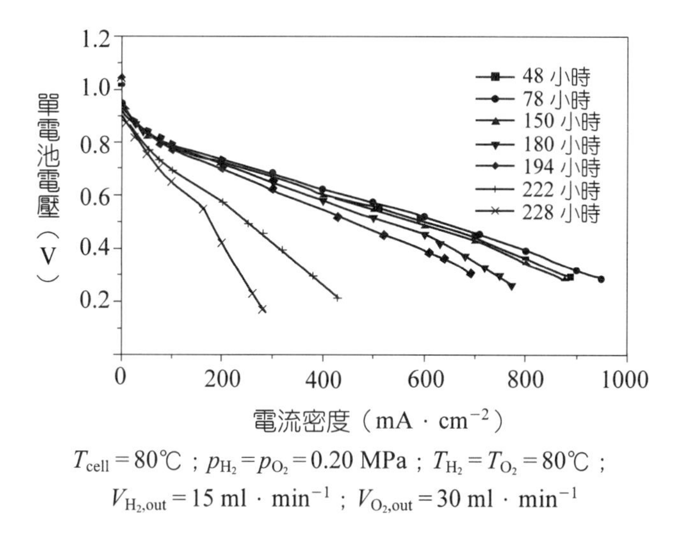

圖 4-64　聚苯乙烯磺酸膜組裝 PEMFC 單電池工作性能隨時間變化

由圖 4-64 可知，在 48～78 小時期間，電池性能稍有提高，原因可能是膜在運行過程中水合狀態改善，電導提高。當電池運行時間大於 228 小時後，性能大幅度下降。

在電池運行時間，連續收集從陰極、陽極排出的水，陰極收集 106.06 g，陽極收集 6.39 g。即水主要從陰極排出，其質量是陽極的 16 倍之多。用高效液相色譜儀對收集水中膜的脫落物（如對羥基苯磺酸、對羧基苯磺酸等）進行分析，結果見圖 4-65。由圖可知，儘管陰極排出水是陽極的 16 倍，但陰極排出水中分解物濃度比陽極高近 1 個數量級，足以證明膜的分解主要發生在膜的陰極側。

取下經過壽命試驗的 MEA，放入無水乙醇中將膜與電極剝離，再將運行後的聚苯乙烯膜置於液氮中脆裂，對斷面用能譜分析硫元素的分佈，結果如圖

4-66 所示。由圖可知，運行後的膜陰極側 S 含量明顯下降，與電池生成水分析結果一致，證明分解主要發生在陰極。而且測量運行前後膜的厚度發現，膜經過 228 小時壽命試驗減薄約 20 μm。

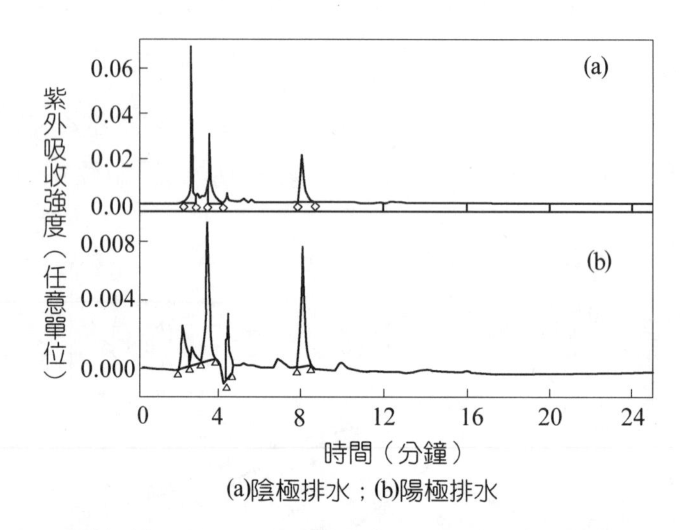

(a)陰極排水；(b)陽極排水

圖 4-65　PSSA 膜組裝 PEMFC 的陰極排水和陽極排水的液相色譜分析譜圖

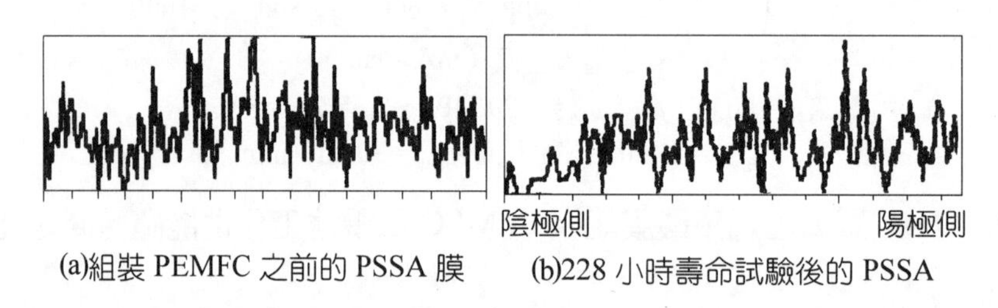

(a)組裝 PEMFC 之前的 PSSA 膜　(b)228 小時壽命試驗後的 PSSA

圖 4-66　電池反應前後聚苯乙烯磺酸膜斷面的硫元素含量能譜分析譜圖

為進一步驗證上述觀點和發展新型複合膜，中國科學院大連化學物理研究所用 Du Pont 公司生產的 25 μm Nafion 101E 膜和用 Nafion 溶液採用鑄膜法製的 10 μm 全氟磺酸膜與上述聚苯乙烯磺酸膜，在膜 Na^+ 型化後，在 160℃熱壓合製備聚苯乙烯與全氟磺酸複合膜，將 Nafion 膜置於陰極側，製備 MEA。單電池運行結果如圖 4-67 所示。由圖可知，這種複合膜經 835 小時或 240 小時連續運行，電池性能穩定，證明在複合膜中的聚苯乙烯膜並未發生分解。因為在陰極側氧的電化學還原反應產生的 H_2O_2 在到達聚苯乙烯磺酸膜前已經分解。

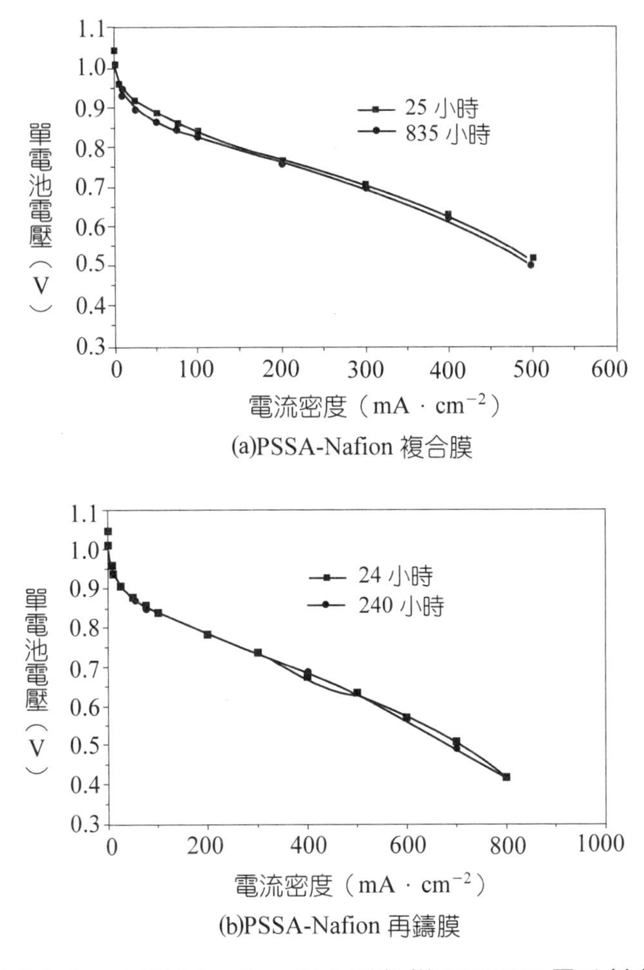

圖 4-67　PSSA-Nafion 複合膜組裝 PEMFC 電池性能

由圖 4-67 還能發現，用這種複合膜製備 MEA 性能很低。為提高這種複合膜的性能，減少全氟膜的厚度（用量），以利於降低成本，應進行下述研究：①選擇玻璃化溫度與全氟磺酸樹脂相近、但電導率高的烴類磺化樹脂製備薄的（50～100 μm）的烴類膜；②可在全氟磺酸樹脂中加入少量 H_2O_2 分解催化劑（如奈米級的 Ni/SiO_2、Ag/SiO_2、Pt/SiO_2 等），利用烴類膜作載體，在其表面製備幾微米的全氟膜，但加入的催化劑不能構成電子通道，即切斷這層膜的電子傳導，確保滲入 H_2O_2 在催化劑作用下快速分解，不能到達烴類膜。

6 無機酸與樹脂的共混膜

無機酸（如濃磷酸和各種雜多酸）具有很強的酸性，將其與具有弱鹼性的樹脂（如 PBI、聚苯並吡唑）共混，或將雜多酸加入到各種磺化樹脂（如全氟磺酸樹脂），製備質子交換膜，不但可以提高膜的電導，而且有可能提高其工作溫度；不但減少 PEMFC 的電化學極化，而且當以重組氣為燃料時，還可提高陽極 Pt/C 或 Pt-Ru/C 電催化劑的抗 CO 中毒能力。

加拿大的 Ecole Polytechnique 大學的 B.Tazi 等將適量的矽鎢酸[H_4（$SiW_{12}O_{40}$）]加入到 2.5%（質量比）Nafion 溶液中，採用鑄膜法製備全氟磺酸樹脂與這種雜多酸共混膜（NASTA），若再在上述溶液中加入適量的液態噻吩（thiophene），則製備含增塑劑噻吩的共混膜 NASTATH[34]。鑄膜先經 45～60℃乾燥 24 小時，再在 130～170℃烘乾 4 小時。測定了膜的吸水量。並經與 Nafion 膜類似條件即 5% H_2O_2 水溶液和 1 mol/L H_2SO_4 80℃處理後，測定了膜的電導。再與 E-TEK 公司生產的 Pt 負載量為 0.35 mg/cm^2 的電極經 145℃、110 MPa 熱壓合 4 分鐘製備 MEA（但電極在熱壓前不浸 Nafion 溶液），並進行單電池性能測定。單電池實驗結果見圖 4-68。

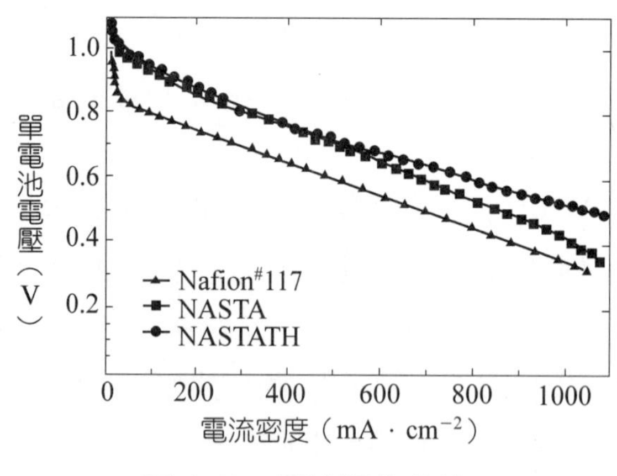

圖 4-68　電池極化曲線

由圖 4-68 可知，NASTA 膜與 NASTATH 膜性能明顯優於 Nafion 117 膜，而且開路電壓也高，說明膜的透氣量低於 Nafion 膜。測定的膜電導率與面電導及由上圖伏—安曲線求得的電池動力學參數見表 4-10 與表 4-11。

表 4-10 共混膜和 Nafion 117 膜在 25℃下的面電導和離子電導率

膜	厚度（μm）	離子電導率（$\Omega^{-1}\cdot cm^{-1}$）	面電導（$\Omega^{-1}\cdot cm^{-2}$）
Nafion®117	180	1.23×10^{-2}	0.68
NASTA1	100	2.05×10^{-2}	2.10
NASTA2	420	10.10×10^{-2}	2.41
NASTATH1	120	9.50×10^{-2}	4.60
NASTATH2	280	9.15×10^{-2}	3.30

表 4-11 各種膜在 PEMFCs① 中的物理化學參數和電極動力學參數

膜	乾態厚度（μm）	EW（SO_3^-）（$g\cdot mol^{-1}$）	水含量（質量比）（%）	i_{900}（$mA\cdot cm^{-2}$）	i_{600}（$mA\cdot cm^{-2}$）	R（$\Omega\cdot cm^2$）
Nafion®117	180	1100	30	14	640	0.35
NASTA	175	1100	60	136	695	0.10
NASTATH	170	1100	40	156	810	0.08
Nafion®112	50	1100	36	40	1100	0.15
Nafion®115	75	1100	35	40	800	0.15

① PEMFCs 工作條件：T=90℃，p_{H_2}/p_{O_2}=0.3 MPa/0.5 MPa。

用這種膜組裝的單電池當工作電流密度為 200 mA/cm²，經 1000 小時運行性能穩定。

B. Tazi 等對 NASTA 與 NASTATH 兩種膜表面進行了 XPS 分析，證明此膜中存在 WO_3 與 C—W 鍵，正因為矽鎢酸與 Nafion 樹脂間發生鍵合生成了 C—W 鍵，才能解釋為什麼水溶性很好的矽鎢酸加入 Nafion 樹脂中，鑄膜後經 80℃、5% H_2O_2 和 1 mol/L H_2SO_4 80℃熱處理和在電池運行中未流失。但發生了什麼反應，如何生成 C—W 鍵及噻吩的作用機理等有待深入研究。

聚苯並咪唑（PBI）的化學結構式見圖 4-69。這種聚合物具有優良的抗氧化性、熱穩定性與機械加工性能，是一種鹼性高分子，可以摻雜無機酸組成單相的聚合物電解質。

磷酸摻雜的 PBI 膜一般有兩種製備方法：一種是用 PBI 溶液先鑄膜，然後浸入磷酸中；另一種是用 PBI 與磷酸混合液直接鑄膜。混合液直接鑄膜法製備的膜可具有高的磷酸含量，所以電導率也高，在 150℃其電導率與 Nafion 膜相近，但其機械強度不如浸磷酸法製備的膜好。

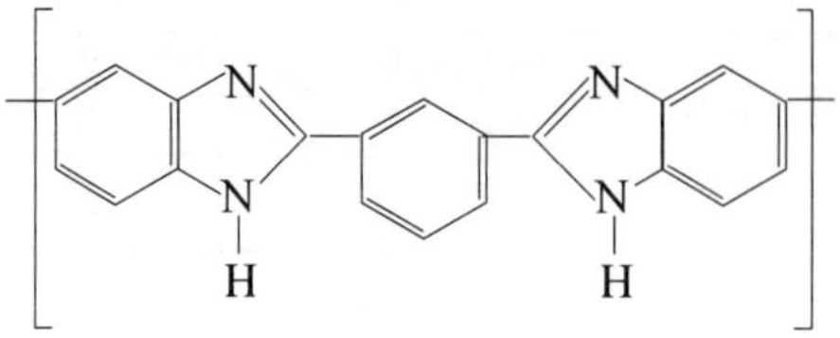

圖 4-69　PBI 的化學結構式

D. Weng 等[35]對磷酸摻雜的 PBI 膜電滲拖動係數（electro-osmotic-drag coefficent），即在濃度梯度不存在時，與導電 H^+ 一起遷移的水或甲醇等摩爾數進行了測定。結果證明，對磷酸摻雜的 PBI 膜的電拖動係數極小。因此這種膜與 Nafion 類膜結構不同，它可在低水蒸氣分壓下正常工作，它的 H^+ 傳導機理與 Nafion 膜不同，而與 PAFC 電池中磷酸導電機理一致。

李慶峰等[36]研究了採用這種膜時氧還原動力學，認為與 PAFC 相比，由於採用磷酸摻雜的 PBI 膜，抑制了磷酸陰離子在 Pt 催化劑上的吸附和增加了氧的溶解度，改善了氧還原動力學。他們測得的不同工作溫度下，用 80 μm 磷酸摻雜的 PBI 膜組裝單電池性能見圖 4-70。

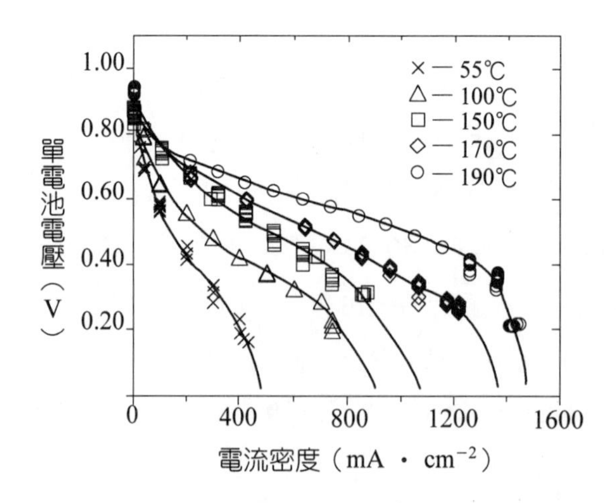

圖 4-70　採用磷酸摻雜的 PBI 膜的 PEMFC 單電池性能曲線

眾所周知，提高電池工作溫度到 120℃以上，可以明顯改善陽極抗 CO 中毒能力。採用磷酸摻雜的PBI膜，PEMFC電池工作溫度可提高到 150～200℃，此時，以烴類或醇類經重組、變換製備的富氫氣體中僅含有 1～3%的 CO，無需進一步淨化即可用作燃料電池的燃料，大大簡化了重組製氫系統。圖 4-71 是李慶峰的實驗結果[37]。

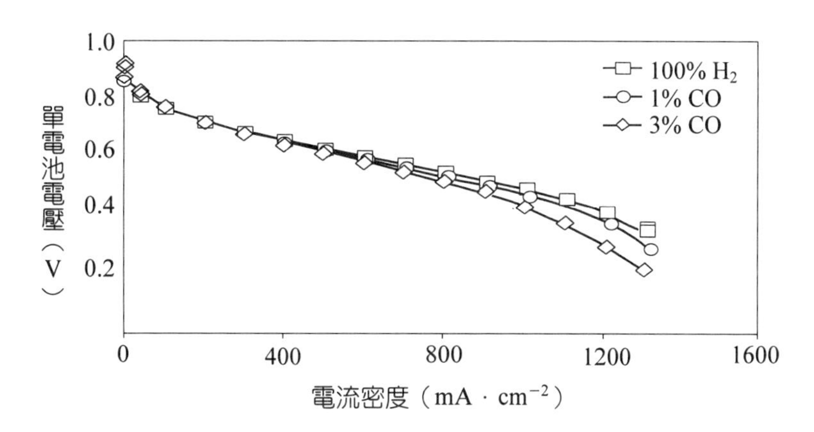

圖 4-71 採用磷酸摻雜 PBI 膜的燃料電池在 170℃性能曲線

為改進這種磷酸摻雜的 PBI 膜機械強度和在電池工作條件下的穩定性，正在進行 PBI 與其他高分子共混膜的研究。圖 4-72 是 C. Hasiotis 等[38]對磷酸摻雜的 PBI 與磺化聚碸共混膜的實驗結果。

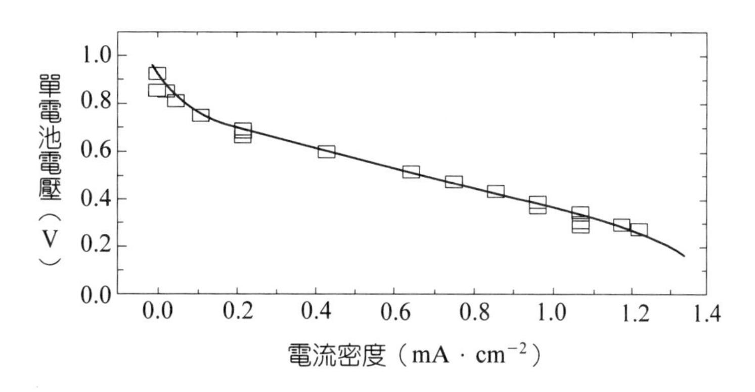

圖 4-72 磷酸摻雜的 PBI 與磺化聚碸共混膜的實驗結果

至今未見採用磷酸摻雜的PBI膜在PEMFC中壽命實驗的報導。採用摻雜、共混或複合膜方法改進它在 PEMFC 運行條件下穩定性，使其工作壽命達到可實用的程度，至今還是一個挑戰。

4-5 雙極板與流場[39]

PEMFC 電池組一般按壓濾機方式組裝，如圖 4-73 所示。由圖可知，雙極板必須滿足下述功能要求：

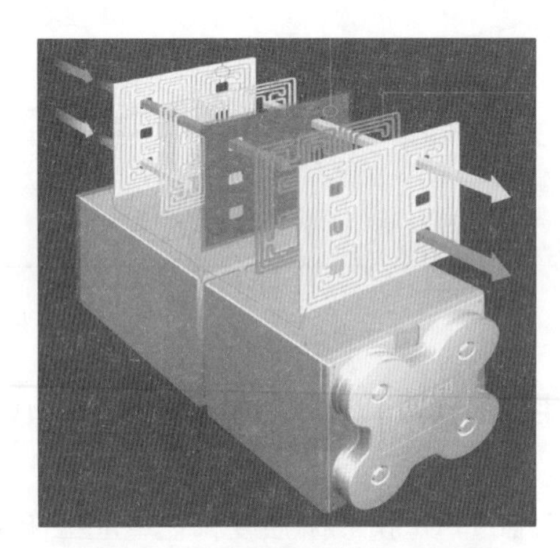

圖 4-73 電池組結構示意圖

①實現單電池之間的電的聯結，因此，它必須由導電良好的材料構成。

②將燃料（如氫）和氧化劑（如氧）透過由雙極板、密封件等構成的共用孔道，經各個單電池的進氣管導入各個單電池，並由流場均勻分配到電極各處。

③因為雙極板兩側的流場分別是氧化劑與燃料通道，所以雙極板必須是無孔的；由幾種材料構成的複合雙極板，至少其中之一是無孔的，實現氧化劑與燃料的分隔。

④構成雙極板的材料必須在PEMFC運行條件下（一定的電極電位、氧化劑、還原劑等）抗腐蝕，以達到電池組的壽命要求，一般為幾千小時至幾萬小時。

⑤因為 PEMFC 電池組效率一般在 50%左右，雙極板材料必須是熱的良導體，以利於電池組廢熱的排出。

⑥為降低電池組的成本，製備雙極板的材料必須易於加工（如加工流場），最優的材料是適於用大量生產技術加工的材料。

至今，製備PEMFC雙極板廣泛採用的材料是石墨和金屬板。而對金屬板，為改善其在電池工作條件下的抗腐蝕性能，必須進行表面改性。

1 石墨雙極板

◎純石墨雙極板

在磷酸燃料電池（PAFC）開發中已證明，石墨具有優良的抗腐蝕性能⑩，已廣泛用作 PAFC 的雙極板材料。以 Ballard 公司為代表的 PEMFC 研究者，已成功開發了如圖 4-74 所示的採用蛇形流場的石墨雙極板。加拿大 Ballard 公司生產的 Mark 500（5 kW）、Mark 513（10 kW）和 Mark 700（25～30 kW）的 PEMFC 電池組均是採用這種石墨雙極板組裝的。

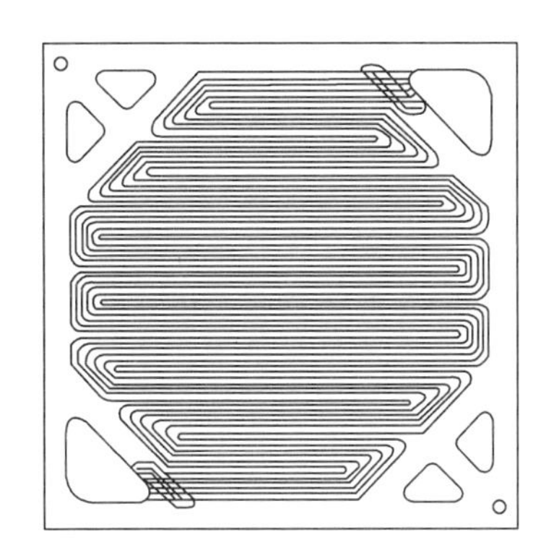

圖 4-74　採用蛇形流場的石墨雙極板

一般採用石墨粉、粉碎的焦碳與可石墨化的樹脂或瀝青混合，在石墨化爐中嚴格按一定的升溫程序，升溫至 2500～2700℃，製備無孔或低孔隙率（不大於 1%）僅含奈米級孔的石墨塊，再經切割和研磨，製備厚度為 2～5 mm 的石墨板，機械加工共用孔道和用電腦刻繪機在其表面刻繪需要的流場。這種石墨雙極板的製備技術不但複雜、耗時、費用高，而且難以實現大量生產。

◎模鑄雙極板

為降低雙極板成本和適於大量生產，在美國能源部資助下，Los Alamos 國家實驗室[40] 等均在發展採用模鑄法製備帶流場的雙極板。此法是將石墨粉與熱塑性樹脂（如乙烯基醚，vinylester）均勻混合，有時還需加入催化劑、阻滯

⑩碳材從熱力學的觀點來看，在酸液中是不穩定的（參考 Pourbaix diagram），但腐蝕反應很慢才能採用。

劑、脫模劑和增強劑（如碳纖維），在一定溫度下衝壓成型，壓力高達幾兆帕至近十兆帕。

採用這種模鑄法製備雙極板，由於樹脂未實現石墨化，雙極板的本相電阻要高於石墨雙極板，而且雙極板與電極擴散層的接觸電阻也比純石墨大。但改進黏合樹脂材料、與石墨粉配比及模鑄條件，可以減小模鑄板的這兩種電阻。表 4-12 是 Energy Partners 發展的第二代模鑄雙極板的本相電阻、接觸電阻和在 PEMFC 中電阻實測值；為進行對比，也列入了純石墨雙極板的測試結果[41]。

表 4-12　模鑄和石墨雙極板電阻率、接觸電阻與電池電阻

項目	電阻率（mΩ · cm）	面電阻（$m\Omega \cdot cm^2$）			
材料	本相①	本相②	本相＋接觸③	本相＋接觸＋支撐層③,④	運行的電池電阻
模鑄雙極板	6.8	2.04	40.2	42.3	＞200⑤,⑥
模鑄雙極板	2.9	0.87	17.1	28.2	155⑤,⑦
石墨雙極板	1.4	0.42	5.7	19.7	125⑤,⑦

①由 4 點探針法測得。
②對 3 mm 厚平板計算得。
③金接觸點，接觸壓力 1.9 MPa。
④ ELAT 支撐層。
⑤採用 0.3 mm 厚雙極板，用電流切斷法測定，包括離子與電子電阻。
⑥ 780 cm^2 電極，多節電池組。
⑦ 300 cm^2 電極，10 節電池組。

圖 4-75 是 Energy Partners 公司用模鑄石墨雙極板與石墨雙極板組裝的電池

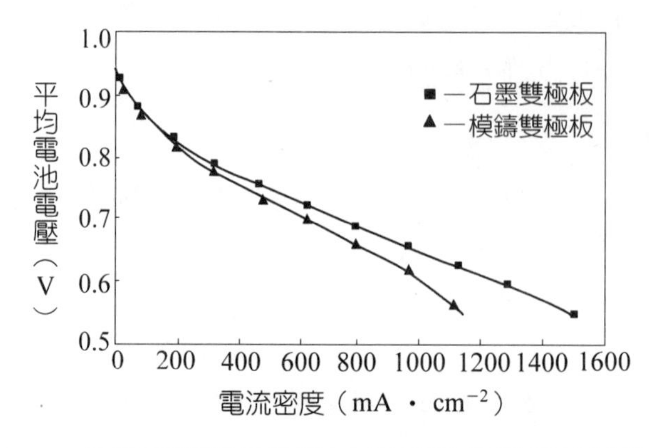

圖 4-75　模鑄石墨雙極板與石墨雙極板單電池性能比較

組單電池伏一安曲線。由圖可知，模鑄石墨雙極板的單電池在 1 A/cm^2 電流密度工作時，電壓比石墨雙極板低 30 mV。

圖 4-76 為 Los Alamos 國家實驗室用 68%石墨粉與 Hetron 922 乙烯基醚樹脂模鑄製備的雙極板與不銹鋼雙極板單電池伏一安特性。由圖可知，這種模鑄雙極板單電池性能已接近不銹鋼雙極板。

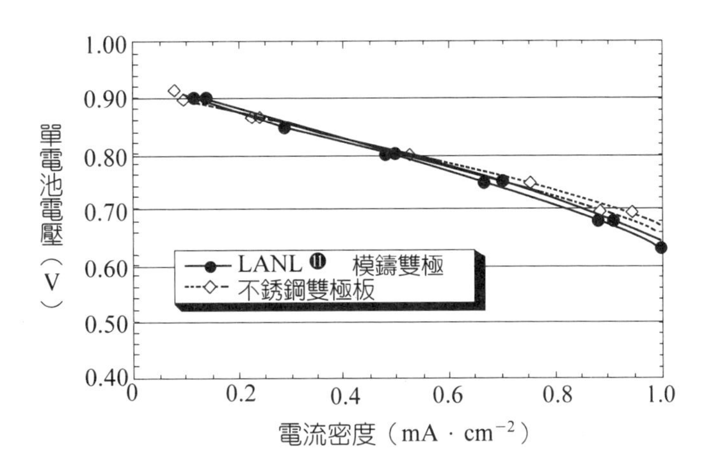

圖 4-76　模鑄雙極板與不銹鋼雙極板單電池性能比較

Ballard公司在專利WO00/41260 中提出可採用質量比為 70～90%的高純石墨粉與 30～10%的聚偏二乙烯或氟化樹脂採用模鑄法製備帶流場雙極板。

模鑄雙極板除需進一步改進配方和製備技術、降低本相及與電極擴散層的接觸電阻外，還應仔細研究脫模劑帶入的微量金屬（如鈣、鎂等）是否對電催化劑和膜的電導有影響，選用的黏合樹脂因在模鑄過程中不能石墨化，其在電池運行條件下的穩定性是否會對電池壽命有影響。

◎膨脹石墨雙極板

加拿大Ballard公司在專利WO00/41260 中提出用膨脹石墨採用衝壓（stamping）或滾壓浮雕（roller embossing）方法製備帶流場的石墨雙極板。膨脹石墨已廣泛用作各種密封材料，它的透氣率很小，尤其是壓實後透氣率更小；它還具有良好的導電與導熱能力。石墨在 PE MFC 運行條件下是穩定的，因此膨脹石墨特別適於大量生產廉價的石墨雙極板。

⓫ LANL (Los Alamos National Laboratories)

為提高雙極板的阻氣能力和改進強度，還可以用低黏度的熱塑性樹脂溶液浸漬由膨脹石墨經衝壓或滾壓浮雕製備的雙極板。

圖 4-77 為 Ballard 公司在專利中提出的雙極板的結構圖。圖 4-77 中 A 和 B 兩片用導電膠黏合，構成一個完整的帶冷卻腔的石墨雙極板。

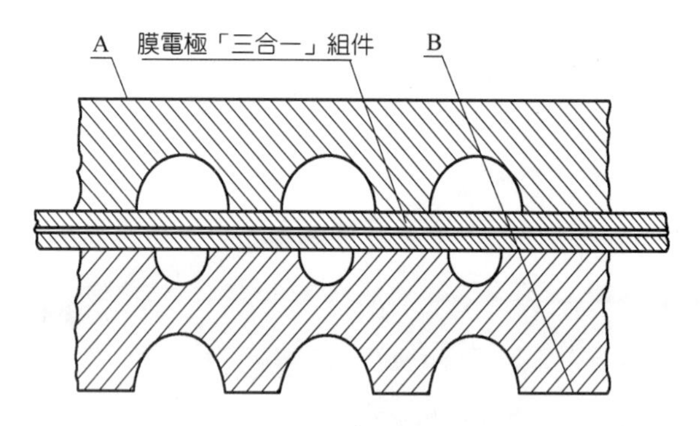

圖 4-77　Ballard 公司的雙極板結構示意圖

圖 4-78 是雙極板的進出氣共用孔道與流場的示意圖。

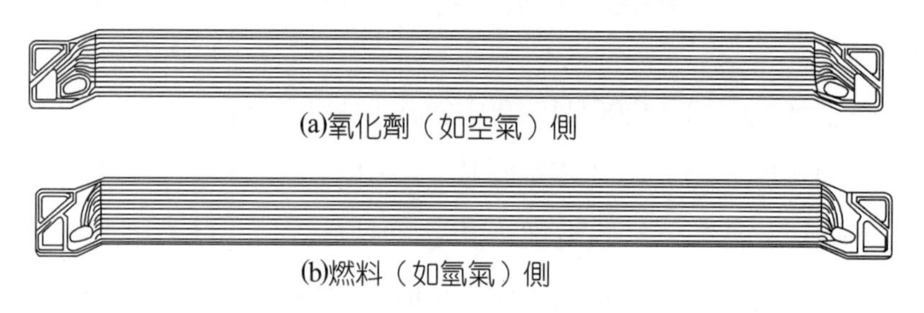

圖 4-78　雙極板流場結構示意圖

2 金屬雙極板

用薄金屬板作雙極板材料突出的優點是特別適於大量生產，如採用衝壓技術製備各種構形的雙極板。因此世界各大公司（如德國 Siemens 公司）、研究所和中國科學院大連化學物理研究所均在開發採用金屬板作雙極板的 PEMFC。

採用薄金屬板製備雙極板遇到第一個難題是它在 PEMFC 工作條件（氧化、還原氣氛，一定的電位與弱酸性電解質）下的穩定性（即抗腐蝕性問題）。Siemens 公司[42]以 0.1 mol/L 過氯酸為電解質的電位掃描實驗已證實，當 304 L 不銹鋼與 316 L 不銹鋼的掃描電位大於 700 mV 時已開始腐蝕。第二個難題是與電極擴散層（如碳紙）的接觸電阻大。圖 4-79 為 Siemens 公司的測量結果。

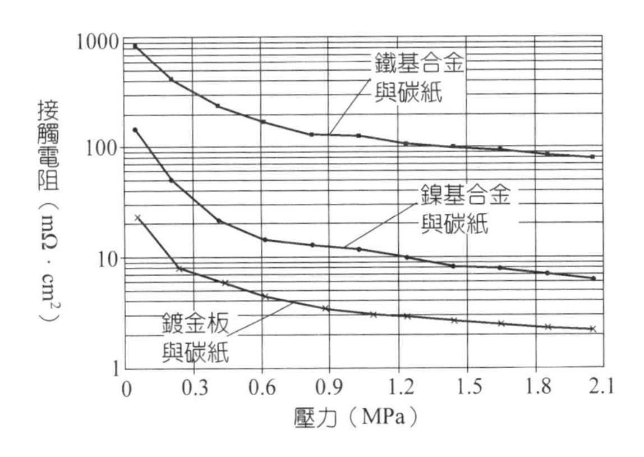

圖 4-79　不同材料的接觸電阻與壓力的關係

由圖 4-79 可知，即使經過表面拋光處理，Ni 基與 Fe 基合金與碳紙接觸電阻也遠高於鍍金板與碳紙的接觸電阻。將此數據與表 4-12 相比可知，鍍金板與碳紙接觸電阻與石墨板與碳紙接觸電阻為一個數量級。圖 4-80 為 Paul Adcock 等[43]測定各種材料的面電阻（為兩片相同材料如不銹鋼間接觸電阻）與夾緊力間的關係。由圖可知，POCO 石墨板最低，高 Ni 合金次之，不銹鋼中 904LSS 最小。儘管測量方法不一樣，但這一結果與 Siemens 公司的結果一致。

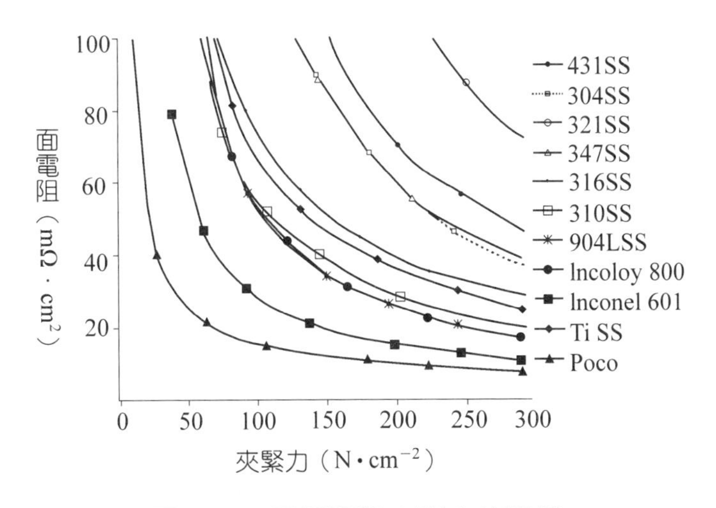

圖 4-80　面電阻與夾緊力的關係

解決金屬板在 PEMFC 工作條件下腐蝕的問題，當然可以用改變合金組成與製備技術的方法。如 Siemens[42]在 0.1 mol/L 過氯酸電位掃描中已發現一種鐵基合金，當電位達1000 mV時，仍處於鈍化狀態。但是這種抗腐蝕均是靠表層的氧化膜保護的，這層氧化膜很可能導致與碳材接觸電阻增大。因此研究金屬雙極板的公司與研究所均把重點放在金屬板的表面改性上，即在薄金屬板（如不銹鋼板）表面製備一層導電、防腐、與碳材接觸電阻小的保護膜。

Thomas等在專利WO00/22689中提出，在對用不銹鋼或鈦板製備的雙極板時，可以採用熱噴、絲網印刷、物理蒸汽沉積（PVD）、化學汽相沉積（CVD）、電鍍、化學鍍等方法，在雙極板表面塗一層RuO_2或RuO_2與PtO、Sb_2O_3、Ta_2O_5、PdO、CeO、Co_3O_4中至少一種氧化物的混合物；最好是 RuO_2與 TiO_2、SnO_2、IrO_2中至少一種氧化物的混合物，混合物中 RuO_2的含量（摩爾分數）為 5～90%，塗層厚度為 0.5～400 g/m^2，最優為 1～90 g/m^2。實測電池的電壓效率比未加塗層的提高 13～17%。

中國科學院大連化學物理研究所測量了採用化學鍍、磁控濺射等方法對不銹鋼表面進行改性後與碳紙間接觸電阻，結果見圖 4-81。由圖可知，經表面改性後，與碳紙的接觸電阻均比未經表面改性的不銹鋼大幅度減小，可以滿足PEMFC 要求，其關鍵問題是壽命如何需進一步考察。

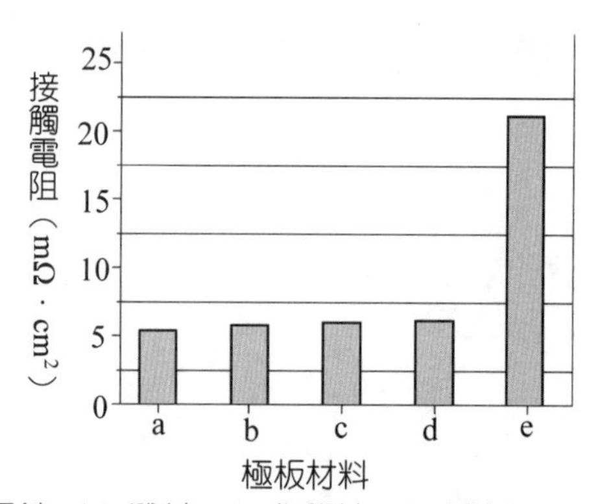

a—電鍍；b—濺射；c—化學鍍；d—濺射；e—不銹鋼

圖 4-81　五種方法進行表面改性時接觸電阻的比較

Philip L. Hentall 等[44]採用 316L 不銹鋼、316L 不銹鋼鍍金和石墨板雙極板與同樣MEA組裝單電池，實驗結果見圖 4-82。由圖可知，鍍金的 316L 不銹鋼雙極板性能稍優於純石墨板。

至今在金屬雙極板研究方面已取得可喜進展，並已組裝了千瓦級電池組。但詳細的表面改性方法均高度保密，有時專利也不申請。總的看來，對金屬板

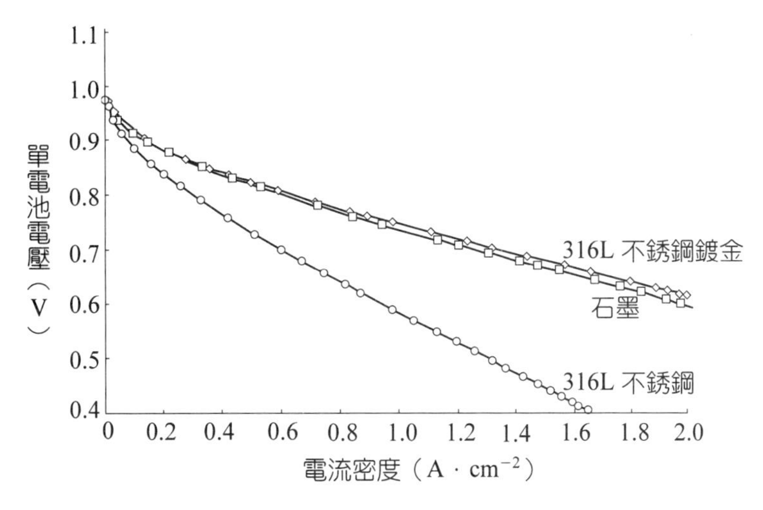

圖 4-82 不同不銹鋼雙極板性能比較

的表面改性有下述幾種方法：

①電鍍或化學鍍貴金屬（如金、鉑）或其氧化物具有良好的導電性能的金屬（如銀、鉛、錫等）；

②磁控濺射貴金屬（如鉑、銀）和導電化合物（如 TiN 等）；

③採用絲網印刷和焙燒，即類似用於氯鹼工業 RuO_x/Ti 陽極製備方法，製備導電複合氧化物塗層。

當然，採用濺射方法在金屬表面製備一層碳膜或用電聚合方法製備一薄層聚苯胺類有機導電膜均是值得探索的。

3 複合雙極板

O. J. Murphy 等[45]提出如圖 4-83 所示的複合雙極板。由圖可知，這種複合

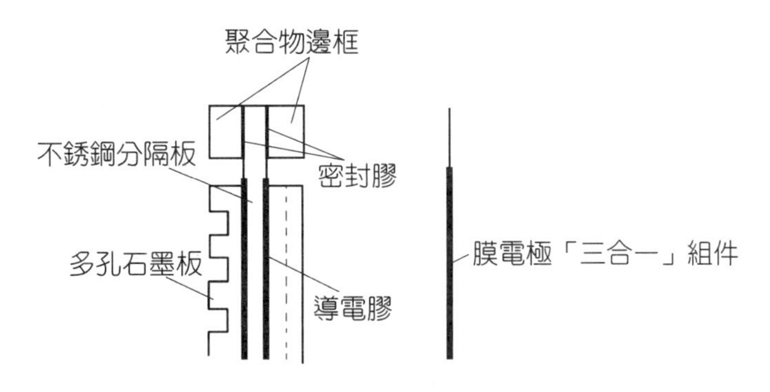

圖 4-83 複合型層狀雙極板結構示意圖

雙極板採用廉價的多孔石墨板製備流場。由於這層多孔石墨流場板在電池工作時充滿水，既有利於膜的保濕，也阻止反應氣（如氫和氧）與作為分隔板的薄金屬板（如 0.1～0.2 mm 的不銹鋼板）接觸，因而減緩了它的腐蝕。

這種複合雙極板技術的關鍵是儘量減少多孔石墨流場板與薄金屬分隔板間的接觸電阻。

4 流場[46]（Flow field）

流場的功能是引導反應氣流動方向，確保反應氣均勻分配到電極的各處，經電極擴散層到達催化層參與電化學反應。至今已開發點狀、網狀、多孔體、平行溝槽、蛇形和交指狀流場，圖 4-84 是它們的結構示意圖。

由多孔體〔如多孔碳與多孔金屬（如泡沫鎳）〕加工的多孔體流場和由各種金屬網構造的網狀流場要與分隔氧化劑與燃料的導電板組合構成雙極板，與可加工為一體的其他流場相比，必須注意降低流場與分隔板之間的接觸電阻。這兩種流場的明顯優點是它對電極擴散層強度要求低，可用碳布作電極的擴散層，而且當反應氣通過這種流場時，易形成局部湍流而有利於擴散層的質傳，減小濃差極化。

點狀流場結構簡單，特別適於用純氫、純氧，汽態排水的燃料電池（如鹼性氫氧燃料電池）。對主要以液態水排出的 PEMFC，由於反應氣流經這種流場難以達到很高線速度，不利於排出液態水，則很少採用。

至今 PEMFC 廣泛採用的流場以平行溝槽流場和蛇形流場為主。對於平行溝槽流場可用改變溝與脊的寬度比和平行溝槽的長度來改變流經流場溝槽反應氣的線速度，將液態水排出電池。對蛇形流場可用改變溝與脊的寬度比、通道的多少和蛇形溝槽總長度來調整反應氣在流場中流動線速度，確保將液態水排出電池。

交指狀流場是一種正在開發的新型流場，它的優點是強迫反應氣流經電極的擴散層強化擴散層的質傳能力，同時將擴散層內水及時排出。但這種流場在確保反應氣在電極各處的均勻分配與控制反應氣流經流場的壓力降方面均需深入研究，並與相應技術開發相配合。

上述各種流場的脊部分靠電池組裝力與電極擴散層緊密接觸，而溝部分為反應氣流的通道，一般稱溝槽部分面積與脊部分面積之比為流場的開孔率。這

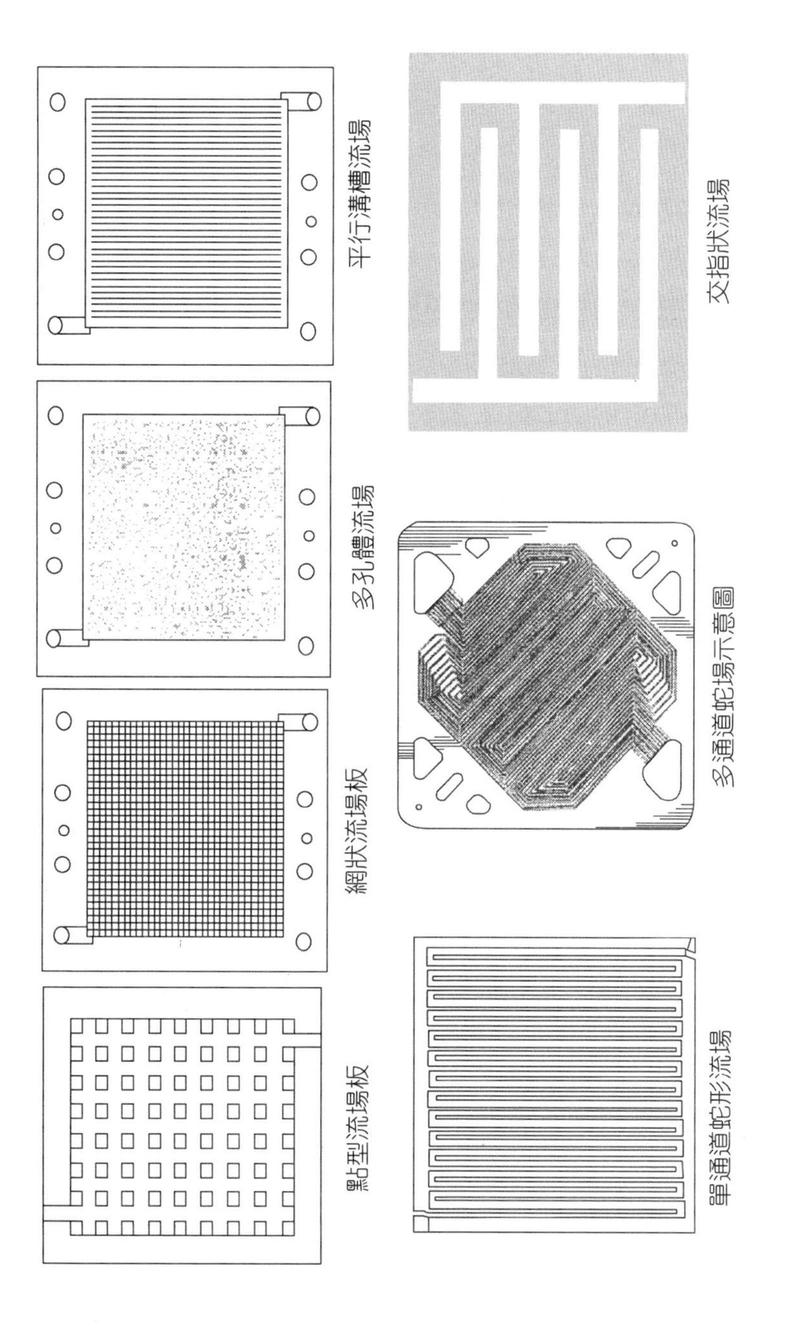

圖 4-84　各種流場示意圖

一開孔率過高，不但降低反應氣流經流場的線速度，而且減少了與電極擴散層的接觸面積，增大了接觸電阻。開孔率降得過低，將導致脊部分反應氣擴散進入路徑過長，增加了質傳阻力，導致濃差極化的增大。一般而言，各種流場的開孔率控制在 40～50%之間。對蛇形與平行溝槽流場溝槽的寬度與脊的寬度之比控制在 1：（1.2～2.0）之間。通常溝槽的寬度為 1 mm 左右，因此脊的寬度應在 1～2 mm 之間。溝槽的深度應由溝槽總長度和允許的反應氣流經流場的總壓降決定，一般應控制在 0.5～1.0 mm 之間。

4-6 單電池（Single cell）

單電池是構成電池組的基本單元，電池組的結構設計，要以單電池的實驗結果為基礎。各種關鍵材料（如電催化劑、電極、質子交換膜）的性能與壽命等最終必須經過單電池實驗的考核。為改進電池關鍵材料的性能和為電池結構提供指導，還需利用單電池進行各種動力學參數的測定。因此單電池的研究在燃料電池開發過程中起著承上啟下的關鍵作用。

1 膜電極「三合一」組件的製備

對於採用液體電解質的燃料電池（如石棉膜型鹼性電池、磷酸型電池），其多孔電極與飽浸電解液的隔膜在電池組裝力的作用下，不但能形成良好的電接觸，而且電解液靠毛細力能浸入多孔氣體擴散電極。在排水黏合劑（如聚四氟乙烯）的作用下，於電極內可形成穩定的三相界面。而對質子交換膜燃料電池來說，由於膜為高分子聚合物，僅靠電池組的組裝力，不但電極與質子交換膜之間的接觸不好，而且質子導體也無法進入多孔氣體電極的內部。

因此，為實現電極的立體化（Three dimensionalized），必須向多孔氣體擴散電極內部加入質子導體（如全氟磺酸樹脂）。同時，為改善電極與膜的接觸，通常採用熱壓的方法：即在全氟磺酸樹脂玻璃化溫度（Glassy temperature）下施加一定壓力，將已加入全氟磺酸樹脂的氫電極（陽極）、隔膜（全氟磺酸型質子交換膜）和已加入全氟磺酸樹脂的氧電極（陰極）壓合在一起，形成電極—膜—電極「三合一」組件，或稱 MEA。

電極—膜—電極「三合一」組件的具體製備技術如下：

①對膜進行預處理，以清除質子交換膜上的有機與無機雜質。首先將質子交換膜在 80℃、3～5%的過氧化氫水溶液中進行處理，以除掉有機雜質；取出後用去離子水洗淨，再於 80℃稀硫酸溶液中進行處理，去除無機金屬離子；然後以去離子水洗淨，置於去離子水中備用。

②將製備好的多孔氣體擴散型氫電極、氧電極浸漬或噴塗全氟磺酸樹脂溶液，通常控制全氟磺酸樹脂的擔載量為 0.6～1.2 mg/cm^2，於 60～80℃下烘乾。

③在質子交換膜兩側分別安放氫、氧多孔氣體擴散電極，置於兩片不銹鋼平板中間，送入熱壓裝置中。

④在溫度 130～135℃、壓力 6～9 MPa 之下熱壓 60～90 秒，取出，冷卻降溫。

上述 MEA 製備技術適於採用厚層排水電極。製備過程的關鍵之一是在電極催化層浸入Nafion溶液實現電極立體化的過程，即步驟②。對此步操作，除要控制Nafion樹脂的擔載量分佈均勻外，還應防止Nafion樹脂浸入到擴散層。一旦大量的Nafion樹脂浸入到擴散層，將降低擴散層的排水性，增加反應氣體經擴散層傳遞到催化層的質傳阻力，即降低極限電流，增加濃差極化。為使Nafion樹脂均勻浸入催化層，可將Nafion溶液先浸入多孔材料（如布、各種多孔膜）中，再用壓力轉移方法，控制轉移壓力，定量地將多孔膜中的Nafion溶液轉移至催化層中。這種方法宜於控制，但技術比刷塗或噴塗複雜一些。

為改善電極與膜的結合程度，也可事先將質子交換膜與全氟磺酸樹脂轉換為Na^+型。這樣，可將熱壓溫度提高到 150～160℃。若將全氟磺酸樹脂事先轉換為熱塑性的銨鹽型[12]（如採用四丁基氫氧化胺與樹脂交換等），則熱壓溫度可提高到 195℃。但熱壓後的「三合一」組件需置於稀硫酸中，將樹脂與質子交換膜再重新轉換為氫型。

2 密封結構

對採用內共用管道的電池組，電池的密封功能有二：一是防止反應氣與冷卻劑外漏；二是防止燃料與氧化劑或冷卻劑與反應氣透過共用管道互竄。對 PEMFC 或 AFC 這種低溫燃料電池，一般採用橡膠或低溫可固化的膠作為密封

[12] Ammonium salts，如 NH_4^+。

材料，與適宜的密封結構實現電池的密封。對PEMFC，密封結構與MEA結構和雙極板結構密切相關。

將密封結構置於 MEA 上，其典型代表為 Ballard 公司在專利（US, 5284718）表述的結構，MEA與雙極板的外形尺寸一樣大，並在MEA上開有反應氣與冷卻劑流通的共用孔道。在各孔道與 MEA 的四周的電極部分均勻磨切（或雷射切割）出溝槽，以放置由橡膠製備的密封件（可由平板橡皮衝剪成型或模壓成型）。當 MEA 熱壓製備好之後，可將橡膠密封件嵌入上述溝槽內，即得帶密封件的 MEA。其密封結構與密封件如圖 4-85 所示。這種密封結構的缺點一是不適於薄膜，一般僅適用於採用 Nafion117 或 Nafion115 厚膜；二是膜的利用率低。

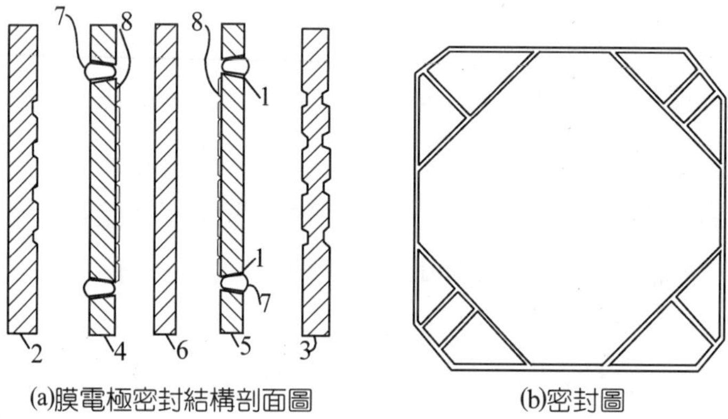

(a)膜電極密封結構剖面圖　　(b)密封圖

1—溝槽；2，3—流場板；4，5—碳紙擴散層；6—膜；7—密封圈；8—催化層

圖 4-85　單密封結構示意圖

另一種將密封結構置於雙極板上，在雙極板與共用孔道的周邊開有放置密封件的溝槽，密封件可由適宜厚度的平板橡皮衝剪或模壓製備。此時與之匹配的 MEA 有兩種結構形式。

一種結構如圖 4-86 所示。這種 MEA 結構，質子交換膜與雙極板尺寸一樣大，與雙極板流場對應的部分為電極，與雙極板密封面對應部分為無孔的塑料片。製備這種 MEA 的技術難點在於選擇一種膠，能將質子交換膜與塑料片黏合，而無滲氣、滲液發生。

另一種結構為選擇一種熱塑性樹脂溶液，對擴散層與雙極板密封面對應的部分進行處理，達到堵死多孔碳紙的孔，再在圖 4-86 電極部分塗製催化層，進

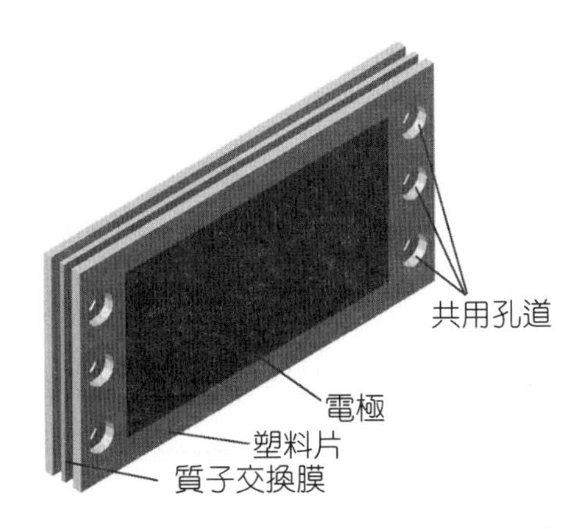

圖 4-86 帶塑料密封邊的 MEA 結構

而製備 MEA，並用模具衝壓相應的共用孔道。這種技術的難點在於能否達到將擴散層與雙極板密封面對應的部分孔全部堵死而無滲透氣、滲液發生，而且一旦樹脂膠浸入對應電極部分擴散層將影響擴散層質傳能力，增加濃差極化。

第三種密封方式是採用橡皮組件密封，其典型代表為中國科學院大連化學物理研究所專利（99112701.3）所述方法。採用這種方法，MEA 尺寸比雙極板小，僅比雙極板流場部分稍大，MEA 的四個周邊與所有反應氣與冷卻液孔道周邊的處理可採用上述兩種密封方法中任何一種。為提高密封效果和減少組裝力，最好在模壓平板橡膠時在密封元件加置一兩條密封線。圖 4-87 為其結構示意圖。這種密封方法的優點是大大提高了膜的利用率，其缺點是要同時完成氣室、共用孔道和 MEA 周邊的密封。

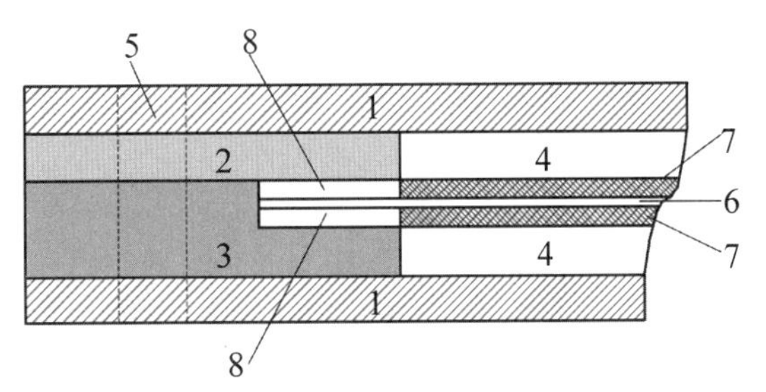

1—雙極板；2—平皮；3—臺皮；4—流場；5—共用孔道；
6—膜；7—電極；8—PTFE 膜或無孔塑料片

圖 4-87 雙密封結構示意圖

3 單電池結構與性能

單電池用於考察各種關鍵材料的性能，尤其是電極結構、流場結構、電池的動力學參數等，為改進電池結構與各種關鍵材料提供指導，為電池組的結構設計、操作條件的選定提供基礎數據，同時還要利用單電池進行各種關鍵材料的壽命考核。為此，已發展了電極工作面積僅為 1～5 cm^2 的帶參考電極的小型單電池，主要用於電池關鍵材料性能與電池動力學參數的測定。圖 4-88 是這種單電池結構示意圖。這種帶參考電極的單電池的特點是在一片質子交換膜上製備兩個 MEA，小的 MEA 兩側電極均通入增濕的氫氣作參考電極用。在設計時要注意，兩個 MEA 不能相距太遠，一般僅幾個毫米，並在運行時保證膜的濕潤，此時它允許微安級的測試電流透過，而不產生大的電壓降。另一種為電極面積大於 100 cm^2 的單電池，只有用這種單電池，才能考察流場結構對電池性能的影響，為電池組設計提供可靠的基礎數據。圖 4-89 是這種電池結構的示意圖。

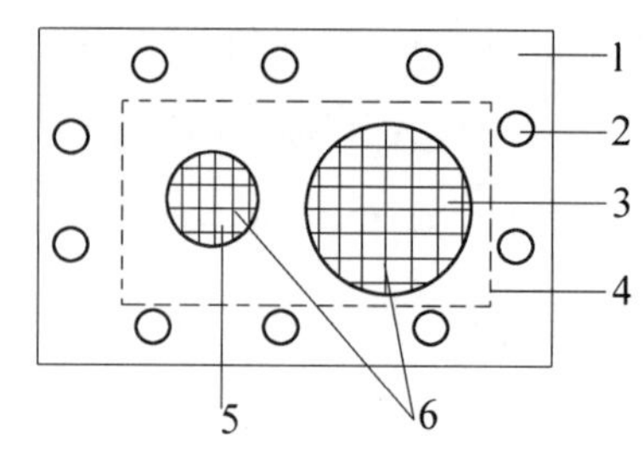

1—聚碸端板；2—固定孔；3—工作電極；4—密封面；5—參考電極；6—帶流場的集流板

圖 4-88 帶參考電極的小電池結構示意圖

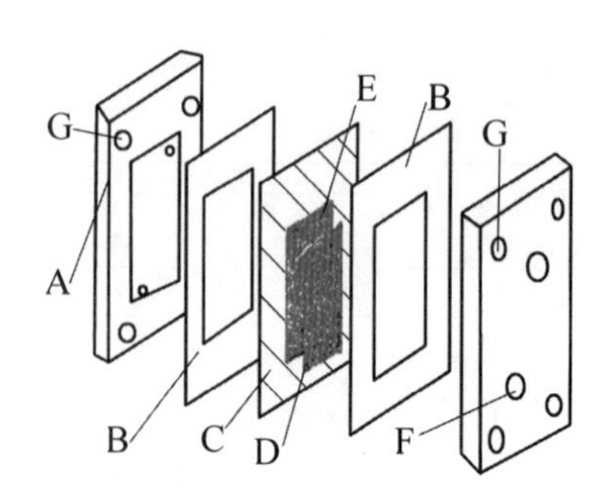

A—不銹鋼端板；B—聚四氟乙烯框；C—膜；D—氫電極；
E—氧電極；F—氣孔；G—固定孔

圖 4-89 大電池結構示意圖

對未加參考電極的單電池的伏—安曲線，可根據半經驗方程，採用曲線擬合方法求相關的動力學參數[47]：

$$E = E_0 - b\ \log i - Ri \tag{4-3}$$

$$E_0 = E_r - b\ \log i_0 \tag{4-4}$$

式中，E_r 為電池可逆電勢；i_0 與 b 是氧的電化學還原反應的交換電流密度和Tafel斜率；E 與 i 是電池工作電壓與電流密度，即伏—安曲線的兩個變量。此式僅適用於伏—安曲線的化學極化和歐姆極化控制區，即不適用於濃差極化控制區。並假定氫電極的極化很小，與氧電極極化和膜的歐姆極化相比，可忽略不計。

圖 4-47 是採用系列 Nafion 膜和圖 4-90 是採用 Nafion 膜與中國科學院上海有機化學研究所實驗膜，與鉑負載量為 0.4 mg/cm^2 的厚層排水電極按相同技術製備 MEA 的單電池實驗結果。上述質子交換膜樹脂的 EW 值除 Nafion 101 為 1000 g/mol 外，其餘均為 1100 g/mol。用式（4-3）和式（4-4）擬合伏—安曲線，求得的參數見表 4-13。

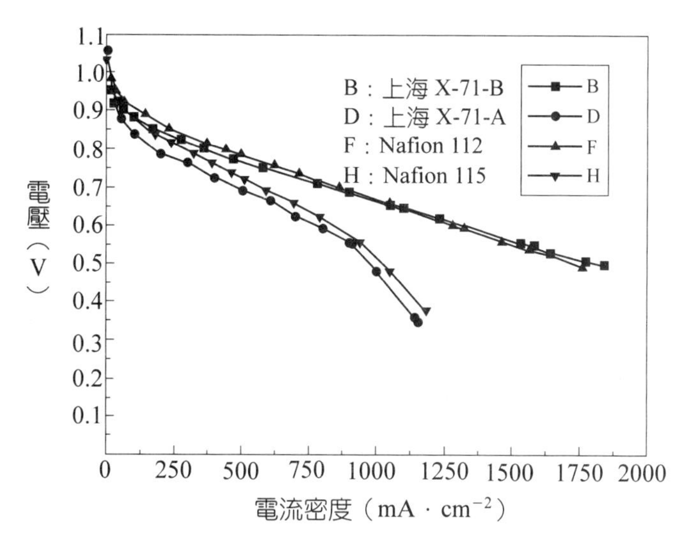

圖 4-90 質子交換膜對電池性能的影響

由表 4-13 數據可知，基膜厚度小，E_0 值偏小，這與膜滲透氫、影響氧電極電位有關。而各種膜 Tafel 斜率基本在 0.048～0.065 之間，變化不大，因為都是採用 Pt/C 電催化劑，與氧電化還原機理一致；但電池電阻 R 隨膜厚度增加而增大。

表 4-13　Nafion 系列膜動力學參數與膜厚度

膜的類型	E_0（V）	b（mV）	R（$\Omega \cdot cm^2$）	d_m（mm）
Nafion 101	0.993	48	0.15	0.025
Nafion 112	1.053	61	0.20	0.050
Nafion 1135	1.017	59	0.23	0.080
Nafion 115	1.030	61	0.28	0.125
Nafion 117	1.037	66	0.36	0.175
上海 X-71-A	1.001	51	0.18	0.050
上海 X-71-B	0.999	65	0.26	0.100

圖 4-91 為電池電阻 R 與膜厚度關係圖。由圖可知，電池電阻與膜厚度成線性關係。將直線外延至膜厚度為 0，此時電池電阻為 0.125 $\Omega \cdot cm^2$，它是催化層、雙極板等電阻與各種接觸電阻，尤其是擴散層與雙極板間的接觸電阻。用於上述試驗的雙極板為不銹鋼，由前面雙極板與流場一節可知，它與碳紙間接觸電阻比無孔石墨與碳紙間的接觸電阻約大 50 $m\Omega \cdot cm^2$，約占 0.125 $\Omega \cdot cm^2$ 一半弱。由此可知上述實驗若採用無孔石墨雙極板，或鍍金不銹鋼雙極板，電池性能還會提高。

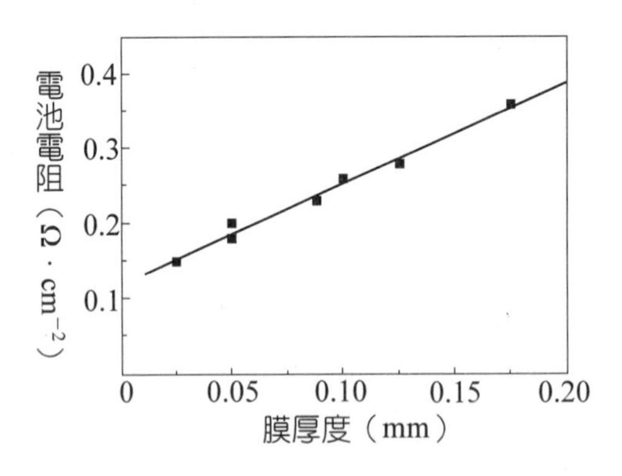

圖 4-91　電池電阻 R 與膜厚的關係

4 評價裝置與運行條件

◎評價裝置

圖 4-92 為 PEMFC 單電池實驗室實驗裝置流程圖。電池反應氣的增濕一般採用鼓泡增濕器，可透過預實驗，測定在增濕器不同溫度、氣體不同流速時的

氣體增濕度，求出校正係數。反應氣採用二級減壓穩壓器減壓，利用背壓閥調節電池尾氣的排氣量，精確控制單電池工作溫度，可在電池端板內加置恆溫水流道，採用恆溫水循環達到。各種溫度、壓力測量除顯示儀表外，一般均採用壓力與溫度傳感器，並與電腦相連，以利記錄、處理和控制。

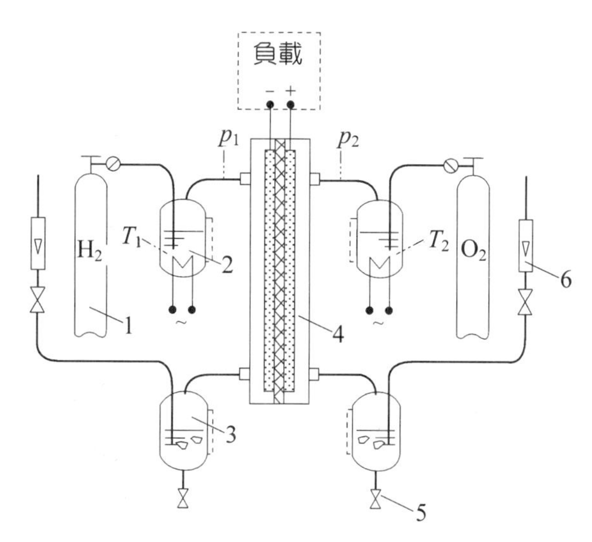

1—氣源；2—增濕器；3—汽水分離器；4—單電池；5—排水閥；6—流量計

圖 4-92　PEMFC 實驗裝置流程圖

電池負載可採用簡單的電阻，但需手動改變電池的負荷，最好採用電子負載，由電腦按預定的試驗程序進行實驗。

將組裝好的單電池接入實驗裝置後，首先要對單電池內的 MEA 進行增濕處理。因為在 MEA 製備過程中需透過熱壓步驟，此時膜已乾，不預增濕，電阻很大。在用氮氣經增濕器增濕幾個小時後，可切入反應氣，觀察開路電壓是否正常，一般開路電壓應在 0.95～1.05 V 之間，採用厚膜（如 Nafion 117）開路電壓高，而採用薄膜（如 Nafion 112）開路電壓低。

電池在進行伏—安曲線測定與壽命考核之前，應首先在較低電流密度（如 200 mA/cm^2）運行 24 小時，進一步增濕質子交換膜和消除電極在製備過程中帶入的微量影響電池性能的雜質。之後應經過短時間（如 1 小時）的大電流放電衝擊，如電流密度可達 1～2 A/cm^2，確保質子交換膜內有充足的含水量。在此之後方可進行操作條件影響的實驗和伏—安曲線測定和壽命考核。一般在進行單電池壽命考核時，最好中間插入伏—安曲線測量。

◎操作條件對電池性能的影響

對 PEMFC，操作條件除電池工作溫度、壓力外，還有一個反應氣增濕程度，它們均會對電池性能有影響。操作條件對電池性能的影響還與具體的電極結構、電池結構等因素有關，因此對具體的電極與電池結構，均需依據一般原則，以實驗為主，對電池操作條件進行優化。

(1)電池工作溫度對電池性能的影響

依據電化學熱力學，對於 H_2-O_2 燃料電池，升高電池工作溫度，會導致電池電動勢下降。但是依據電化學動力學，升高電池工作溫度，會加速氫電化學氧化，尤其是氧電化學還原速度，降低化學極化。而且電池工作溫度的升高，還能增加質子交換膜的電導，減少膜的歐姆極化。對 PEMFC 這種低溫 H_2-O_2 燃料電池，動力學因素起主導作用，升高電池工作溫度，能提高電池性能，提高化學能至電能的轉化效率。

目前，組裝 PEMFC 廣泛採用 Nafion 膜，它的玻璃化溫度在 130℃左右，而且它傳導質子必須有水存在。同時隨著電池工作溫度的升高，在固定反應氣工作壓力時，由於水蒸氣分壓的升高，會降低反應氣分壓，因此儘管人們很希望將PEMFC工作溫度提高到 > 150℃，以提高電催化劑抗 CO 的能力，進一步實現甲醇內重組，但新型質子交換膜研製成功之前還無法實現。目前採用全氟磺酸樹脂製備的質子交換膜（如 Nafion 膜）組裝的 PEMFC 電池運行溫度一般在 0～80℃之間，最高不超過 100℃。

圖 4-93 為在不同操作溫度下，採用厚層排水電極（Pt 負載量為 0.4 mg/cm^2）組裝的單電池的伏─安曲線。由圖可知，當電池工作溫度由 40℃升至 80℃時，電池性能逐步改善，但是 70℃與 80℃時的性能已很接近。說明隨著溫度升高、水蒸氣分壓也升高等不利因素已逐漸抵消了電池極化的降低，導致電池性能隨電池工作溫度升高的獲益。

圖 4-94 是低 Pt 負載量（0.06 mg/cm^2）薄層親水電極的實驗結果。由圖可知，對這種薄層親水低Pt負載量電極，溫度效應比上述厚層排水電極顯著。對圖 4-94 的實驗結果，可採用下述經驗方程進行擬合。

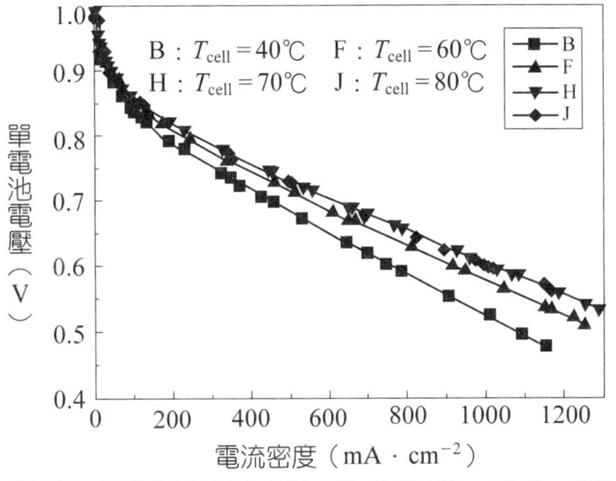

（氫氣／氧氣操作壓力 0.31 MPa/0.45MPa，Nafion 112）

圖 4-93 溫度對電池性能的影響

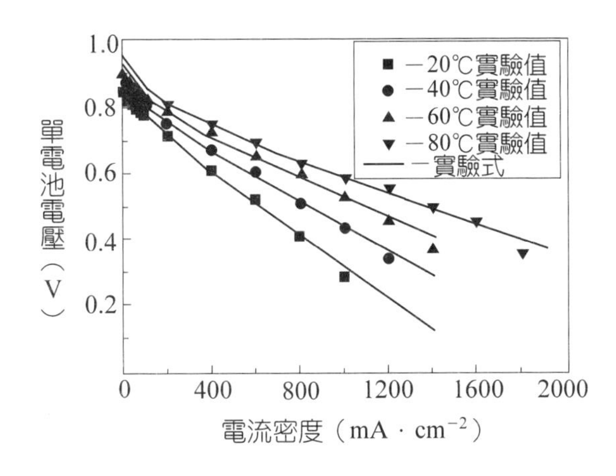

圖 4-94 溫度對電池性能的影響模擬值與實驗值比較

$$V = 0.5633 + 1.27 \times 10^{-3}T - \frac{2.303RT}{2F}\log i - (5.4683 - 0.02813T + 3.75 \times 10^{-5}T^2) \cdot \frac{i}{1000} \quad (4\text{-}5)$$

式中，T 為絕對溫度；V 的單位為 V；i 的單位為 mA/cm^2。圖 4-94 中的實線即為按式（4-5）的計算值。由圖可知，在擴散控制之前，基本與實驗點相吻合。這種方程對預測電池組性能、進行電池系統模擬仿真是十分有用的。當然採用不同結構、製備方法的電極與電池結構的差異等均會對式（4-5）中的係數有影響。

⑵反應氣工作壓力對電池性能的影響

從電化學動力學與電化學熱力學看，提高反應氣壓力均能改善電池性能。但反應氣壓力的提高，不僅增加電池密封難度，而且當採用空氣為氧化劑時會增加空氣壓縮機的功耗，所以對 PEMFC 而言，反應氣工作壓力均選在常壓到零點幾個兆帕之間。

圖 4-95 是採用厚層排水電極，電極 Pt 負載量為 0.4 mg/cm^2 時，反應氣工作壓力對電池伏—安曲線的影響。由圖可知，與理論預測一致，電池性能隨反應氣壓力升高而改善，而且電池工作的電流密度越高，工作電壓增加越大。這是因為反應氣壓力增加，能改善反應氣通過電極擴散層向催化層的質傳，減小濃差極化。由圖還可知，隨著電池反應氣工作壓力的升高，電池性能改善幅度減小，因此對 PEMFC，反應氣工作壓力一般選在 0.2～0.3 MPa 之間。

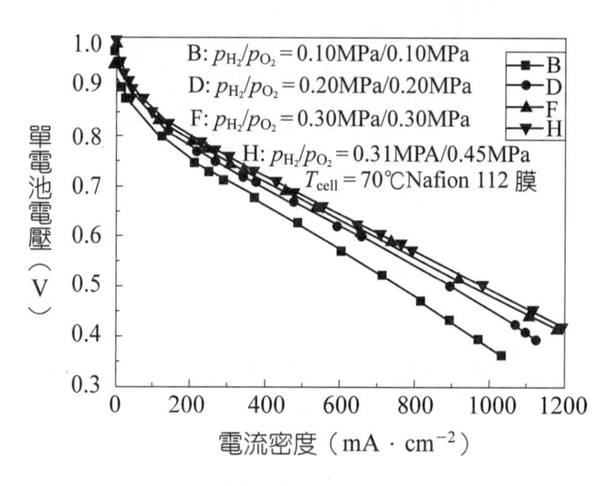

圖 4-95 操作壓力對電池性能的影響

圖 4-96 為採用薄層親水電極、電極 Pt 負載量為 0.06 mg/cm^2 製備 MEA，反應氣工作壓力對電池性能影響的實驗結果。由圖可知，反應氣工作壓力對電池性能影響的趨勢與厚層排水電極一致，但影響更顯著，這不僅與其電極結構有關，而且還與電極Pt負載量低密切相關。可採用下述方程對實驗數據進行擬合。

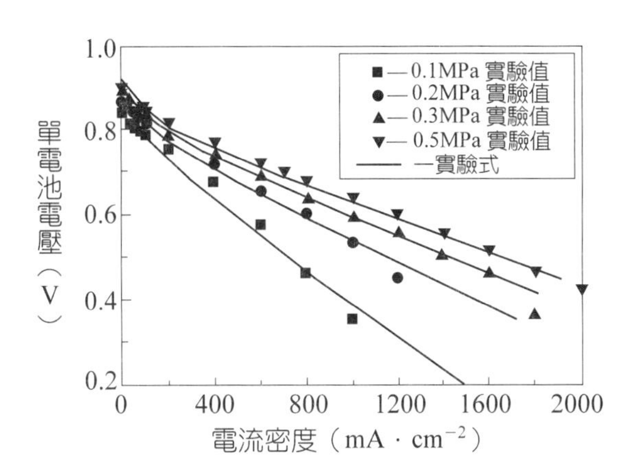

圖 4-96 壓力對電池性能的影響模擬值與實驗值比較

$$V=0.8863+0.036p-3.2\times10^{-3}p^2-0.063\log i-(0.175+0.1937e^{-\frac{p-2}{0.894}})\cdot\frac{i}{1000} \quad (4\text{-}6)$$

式中，p的單位為 0.1 MPa；i的單位為 mA/cm^2；V的單位為 V。圖中實線為按式（4-6）的計算結果。由圖可知，在擴散控制之前與實驗數據吻合良好。這種方程可用於電池組性能預測和電池系統的模擬仿真。當然當電極與電池結構改變時，式（4-6）中的係數依據實驗結果要進行適當調整。

(3)反應氣預增濕對電池性能的影響

單電池主要供研究者對電池材料、流場性能與壽命進行研究之用。因此在進行單電池實驗時，一般採用反應氣預增濕溫度高於電池工作溫度，以確保實驗時質子交換膜在良好的水合狀態下工作。

水在質子膜內遷移有三種方式：一是與導電 H^+ 一起由膜的陽極側遷移至陰極側；二是因為水在陰極側生成，水濃差擴散至陽極側；三是當氧化劑（如氧氣或空氣）工作壓力高於燃料（如氫氣）的工作壓力時，還存在水由陰極側向陽極側的壓差遷移。上述過程與質子膜厚度密切相關，因此反應氣的預增濕程度對電池性能的影響還和採用膜的類型及厚度密切相關。一般而言，對同類型的膜，膜的厚度越小，反應氣的增濕程度可越低。

圖 4-97 是採用厚層排水電極、Pt 負載量為 0.4 mg/cm^2 時，反應氣增濕

與否對電池性能影響的實驗結果。由圖可知，對厚的Nafion 115和Nafion 117 膜，反應氣預增濕可明顯改善電池性能。而且當反應氣為乾氣、不預增濕、電池工作溫度高於 60℃時，電池已不能穩定運行。而對薄的Nafion 112膜（50 μm），反應氣預增濕與否對電池性能影響很小。

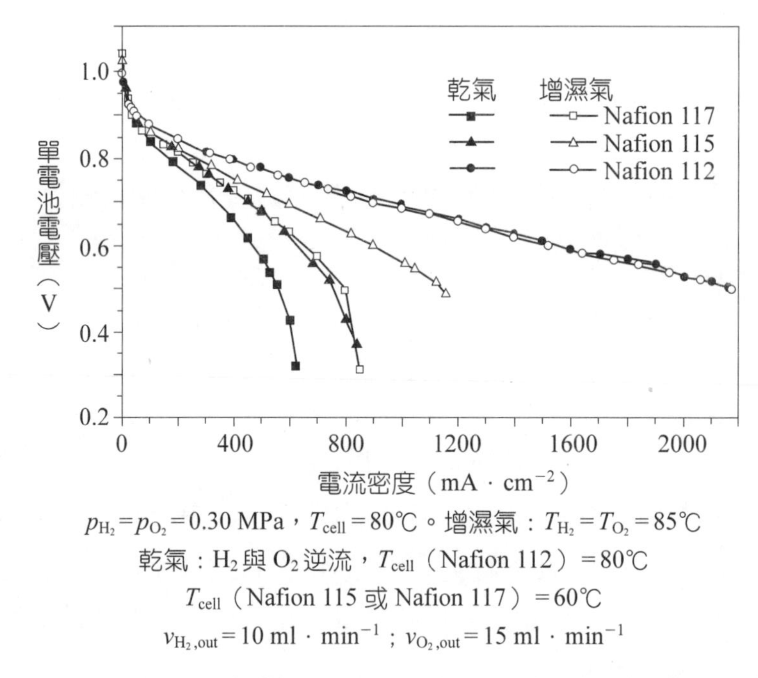

圖 4-97　不同厚度 PEM 組裝 PEMFC 自增濕逆流和外增濕操作的性能比較

圖 4-98 為採用薄層親水電極（Pt負載量為 0.06 mg/cm^2）與Nafion 115膜製備 MEA，反應氣預增濕溫度對電池性能的影響。由圖可知，隨著反應氣預增濕溫度的升高，電池性能逐步提高。

◎電池壽命實驗

在完成 PEMFC 關鍵材料（如電催化劑、碳紙、雙極板等）試製、選定和性能表徵，並已確定了電極、MEA、雙極板流場等製備技術與結構，經單電池性能測試，達到了預定指標之後，還需對上述各種關鍵材料和結構的穩定性透過單電池實驗進行考核，通稱為電池壽命實驗。

PEMFC的壽命，從實用角度看需達到幾萬小時，全部在實驗室進行時間太長，難度太大，一般在實驗室透過高電流密度運行 500～1000 小時，預測電池關鍵材料和電極、MEA 結構的穩定性，再與用戶試用相結合，考核電池的壽命。

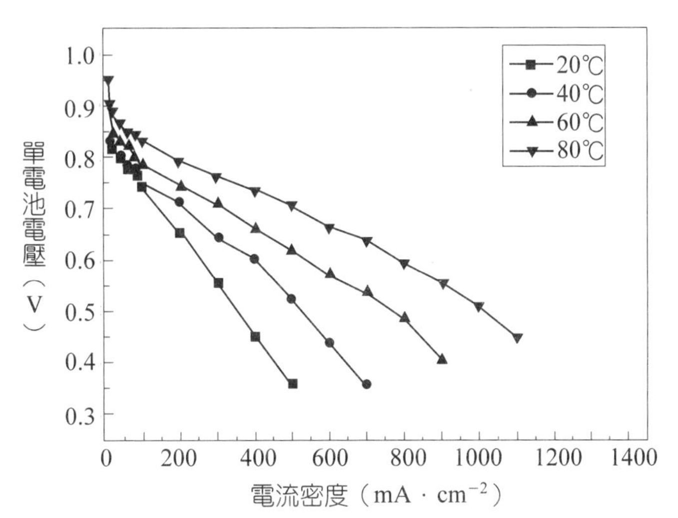

（Nafion115，Pt 負載量 = 0.06 mg/cm²，80℃，H_2/O_2 壓力為 0.3 MPa / 0.5 MPa）

圖 4-98 電池反應氣增濕溫度對電池性能的影響

圖 4-99 為兩個單電池，採用兩種不同電極，Pt 負載量均為 0.4 mg/cm²，與 Nafion 膜製備 MEA 的單電池壽命實驗結果。兩個電池均採用表面改性的不銹鋼作雙極板，流場一致。實驗採用間歇方式進行，每天啟動、停工一次，每天運行約 10 小時。在壽命實驗結束後，拆開電池，用掃描電鏡拍攝 MEA 斷面，證明膜、電催化層及擴散層結合良好，無分層現象發生。

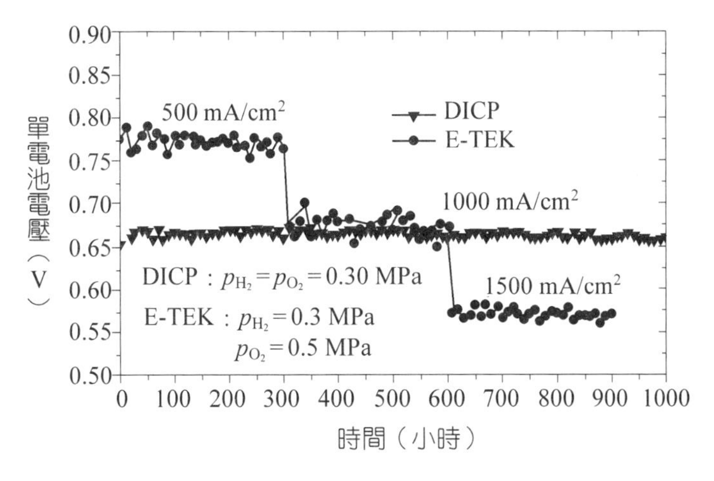

圖 4-99 電池壽命實驗

由圖 4-99 還可知，兩個單電池經過 900～1000 小時運行，在相同電流密度下，電池工作電壓穩定，微小的波動與每天操作條件的微小變化有關，證明組裝電池的關鍵材料和電催化劑、擴散層、膜、雙極板在 PEMFC 工作條件下是穩定的。電池製備技術與電池結構、MEA 的製備技術可行，能確保電池在 500～1500 mA/cm^2 條件下穩定工作，其壽命大於 1000 小時。

4-7 電池組（Cell Stack）

至今，絕大多數 PEMFC 電池組是按壓濾機方式組裝的，而且大多採用內共用管道形式，如圖 4-100 所示。由圖可知，電池組的主體為MEA、雙極板及相應的密封件單元的重複，一端為氧單極板，可兼作電流導出板，為電池組的正極；另一端為氫單極板，也兼作電流導入板，為電池組的負極。與這兩塊導流板相鄰的是電池組端板，也稱夾板，在其上除佈有反應氣與冷卻液進出通道外，周邊還均佈一定數目的圓孔。在組裝電池組時，圓孔內穿入螺桿，給電池施加一定的組裝力。若兩塊端板用金屬（如不銹鋼、鈦板、超硬鋁等）製作，還需在導流板與端板之間加入由工程塑料製備的絕緣板。

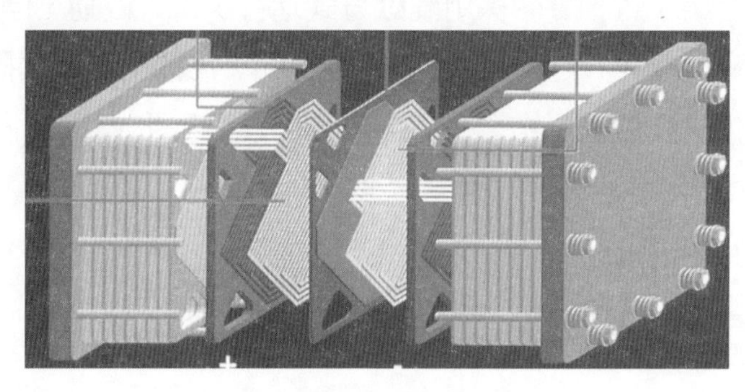

圖 4-100　電池組結構示意圖

1 電池組設計原則與組裝

◎電池組的設計準則

(1)效率與比功率

電池組有兩個重要指標，一是電池組在標定功率下運行時的能量轉化效率，二是電池組在標定功率下運行時的質量比功率和體積比功率。對用於民用發電（如家庭電源或分散電站），能量轉化效率更為重要。而對體積功率比與質量功率比的要求居次要地位，因此，在依據用戶對電池組工作電壓的要求確定串聯的單電池節數時，一般單電池工作電壓選在 0.70～0.75 V 之間，這樣在不考慮燃料利用率時，電池組的效率可達 0.560 或 0.60（LHV）。再依據單電池的實驗伏一安曲線，確定電池組工作電流密度，進而依據用戶對電池組標定功率的要求確定電極工作面積。在確定電池組工作面積時，一定要考慮電池系統的內耗。

對於用於電動車的 PEMFC 發動機或各種可移動動力源，則對電池組的質量比功率與體積比功率的要求更顯得重要。為提高電池組的質量比功率與體積比功率，在電池關鍵材料與單電池性能已定的前提下，只有提高電池工作電流密度（即降低單電池的工作電壓）。此時一般選定單電池工作電壓為 0.60～0.65 V，再依據用戶對電池工作電壓的需求確定電池組單電池節數，進而依據單電池的伏一安曲線確定電極的工作面積。

(2)壽命與關鍵材料

不同的用途，對電池組壽命要求是不同的。如用於民用發電，一般要求電池組壽命需達幾萬小時，而用於車用的燃料電池發動機，則電池組壽命 ≥ 5000 小時已可滿足需求。由於對電池組壽命的要求不同，在關鍵材料選取上也是不一致的。如對膜的選取，對車用電池組可以選用 Nafion 112 或更薄的膜，以便提高電池性能；而對民用發電電池組，重要的是長壽命，則需選擇 Nafion 115 或更厚的膜。

(3)反應氣純度與流場

PEMFC 工作溫度低於 100℃，電池反應生成液態水，大部分水是靠反應氣吹掃出電池的。只有反應氣在電池流場內流動的速度達到幾米每秒，有時為十幾米每秒時，才能確保電池生成水的有效排出。對於採用高純度的反應氣（如純氧作氧化劑、純氫作燃料）電池組流場設計極為重要。對採用純氣作反應氣的電池組，當採用多通道蛇形流場時，通道個數一般小於 4；而且流場脊與溝槽寬度比要大，可達 2～3。為提高反應氣利用率，需採用電池組尾氣循環，這樣不僅能提高流場內反應氣線速度，而且能同時解決反應氣預增濕，並改善反應氣在電池組內各單電池間的分配。

而對採用空氣作氧化劑和重組氣作燃料的電池組，若採用多通道蛇形流場，通道數要多，如 4～8 個，流場脊與溝槽的寬度比一般為（1～1.5）：1 之間。

流場結構對 PEMFC 電池組十分重要，而且與反應氣純度、電池系統的流程密切相關。因此在設計電池組結構時，需根據具體條件〔如反應氣純度、流程設計（如有無尾氣回流，若有，回流比為多少）等〕進行化工計算，各項參數（如反應氣線速度等）均要達到設計要求，並經單電池實驗證實可行後方可確定。

⑷**電池組密封**

電池組的密封要求是：按照設計的密封結構，在電池組組裝力的作用下，達到反應氣、冷卻液不外漏，氧化劑、燃料和冷卻液不互竄。

正如前述，對 PEMFC 電池組，電池組的密封結構與 MEA 的結構密切相關。但總的趨勢是儘量採用線密封，這樣可以減小組裝力。密封件可由平板橡皮衝剪、模壓製備或注入特製密封膠。放置密封件的溝槽儘量開在雙極板上，以簡化 MEA 結構，利於 MEA 大量生產。

在電池組運行過程中，電池組內的密封件會老化，密封性能變差，尤其是對要求運行幾萬小時的長壽命電池組更為嚴重，又不能像傳統機械密封件那樣，到一定時間更換新的。為確保電池組的密封良好，需在電池組結構中增加自緊裝置。可採用在 AFC 一章介紹的活塞自緊裝置，也可在端板與絕緣板之間加入幾個碟形彈簧，跟蹤電池密封件的變化，確保電池組密封良好和保證 MEA 與雙極板接觸始終處於良好狀態。

◎電池組的組裝

⑴**定位**

對採用內共用孔道的電池組，因為內共用孔道是由雙極板、MEA 與密封件在電池組組裝時形成的，因此組裝時 MEA 與雙極板位置的相對移位不但會導致共用孔道壓力損失增加，而且會嚴重影響反應氣在各單電池間的分配，所以在製備雙極板和MEA時，均應置有定位孔。在組裝電池組時，依靠定位機構的定位作用，確保電池組內各雙極板、MEA 無相對移位發生，形成比較光滑的供反應氣流動與分配的共用孔道。

⑵匹配

組裝電池組技術與過程要確保電池組密封，電池組各節單電池的MEA與雙極板有良好的接觸，即接觸電阻應盡可能地小。為此在電極製備技術已定型後，應將電極與帶流場的雙極板或其一部分進行壓緊力與接觸電阻的實驗，對不同的雙極板材料一般結果如圖 4-101 所示。由圖可知，當壓緊力達到一定值後，接觸電阻保持常值。此時再測量雙極板與電極的厚度，會發現其值還隨壓緊力的增加有一微小的減小，這是因為電極由擴散層與催化層構成，隨壓緊力增加它們會有微小收縮。另外，若流場為剛性，它也會輕微壓入電極；若流場為多孔材料（如膨脹石墨），隨著壓力增加，它也會輕微收縮。在計算時，可將這種在壓緊力作用下的厚度減少僅歸結為 MEA，這樣一來，MEA 與流場相接觸的部分，在確保接觸電阻最小時的厚度為：$b_{M_1}(1-f_M)$。式中，b_{M_1} 為 MEA 對應電極部分的厚度；f_M 為達到雙極板與 MEA 接觸電阻最小時 MEA 收縮率。如圖 4-102 所示，若密封材料的壓縮率 f_r 在 30～60%之間均可實現密封，在組裝電池組時應滿足下述關係：

$$2d(1-f_r)-2C+b_{M_2}=b_{M_1}(1-f_M) \tag{4-7}$$

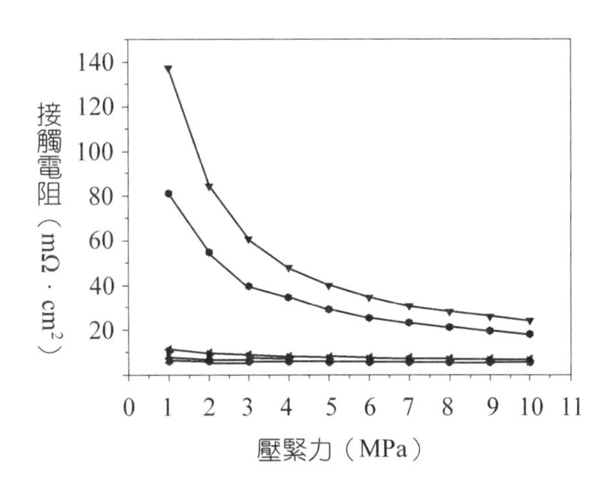

圖 4-101　壓緊力與接觸電阻的關係

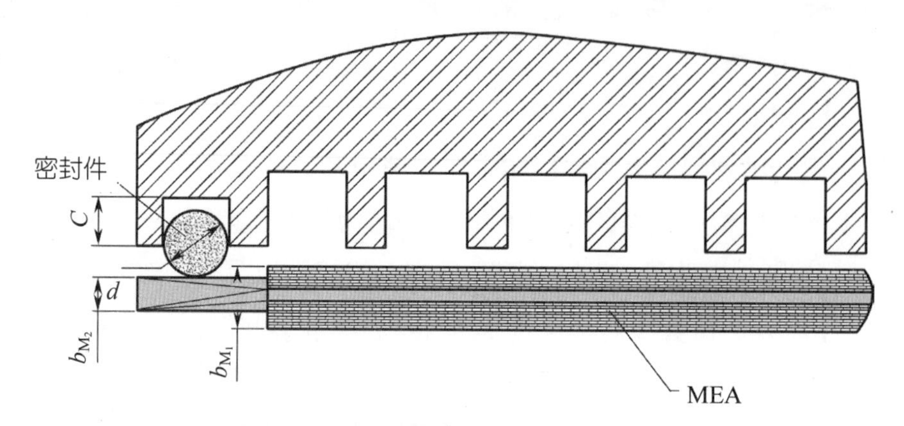

C—雙極板密封槽深度；d—密封件直徑；b_{M_1}—MEA 對應密封部分的厚度；b_{M_2}—MEA 對應電極部分的厚度

圖 4-102　電池組密封與接觸電阻的匹配關係

此時f_r 值應在可實現有效密封的區間內，如 30～60%之間。通稱上述關係為匹配。

在組裝電池組時，最後要用螺桿或液壓機械將電池組緊至良好的密封狀態。一般按壓緊後的高度控制電池組密封件的收縮率，同時確保 MEA 與雙極板間接觸電阻最小。最終電池組高度 h 可由下式確定：

$$h_1=[b_{M_1}(1-f_M)+b_b]\cdot n+K \tag{4-8a}$$

$$h_2=[2d(1-f_r)+(b_b-2C)+b_{M_2}]\cdot n+K \tag{4-8b}$$

式中，b_b 為雙極板的厚度；n 為電池組中單電池節數；K 為其他硬體如絕緣板等的厚度。式（4-8a）和式（4-8b）中可調節f_r ，使$h_1=h_2=h$，此時f_r 應在密封件具有良好密封性能的壓縮率範圍內。

◎電池組氣密性檢查

⑴外漏檢查

將組裝好的電池組燃料腔、氧化劑腔、冷卻劑腔或水腔充入氮氣，至電池工作壓力（如 0.2 MPa），保壓停留一段時間後，切斷氣源，觀察氣壓是否下降，若不降，說明電池組無外漏。若下降，有條件時可通入氦氣，用氦質譜檢漏儀查找漏處；也可充入氫氣，用氫傳感器檢查漏處。若出現輕微外漏，可適當壓緊一下電池，再檢查，直至不漏為止。若出現大漏氣，則必須重裝電池。

⑵**內竄檢查**

分別在燃料腔、氧化劑腔或水腔充入 0.05 MPa的氮氣，用皂沫流速計檢測各腔之間有無竄氣發生。理論上若密封結構合理、密封件壓縮率控制合適，燃料腔、氧化劑腔與水腔之間應無任何竄氣發生。

因為燃料腔與氧化劑腔是靠質子交換膜（如 Nafion 系列全氟質子交換膜）分隔的，在室溫至 80℃之間，Nafion 系列膜的氧滲透係數（oxygen permeability coefficient）在 10^{-9}～10^{-8} cm^3（STP）cm · cm^{-2} · s^{-1} · mmHg（1 mmHg＝133 Pa），由此值估算可得到對 50 μm 厚的 Nafion 112 膜每平方厘米膜透氣量在 10^{-4} cm^3（STP）的數量級。可依據電極工作面積與電池組單電池節數估算，在電池組密封良好時這兩腔之間的滲透量即最小竄氣量。例如，對由電極面積 500 cm^2、100 節單電池構成的電池組，這一最小竄氣量應為 5 cm^3/s。實測值應大於此值，如 10 cm^3/s，則認為電池組密封合格；若高於此值太多，如達到 30～50 cm^3/s，則應壓緊一下電池後再測；若仍不減小，則應反思密封結構設計是否存在缺點，或密封件、雙極板製備存在不均勻等，應重裝電池。

世界各大 PEMFC 研發單位均在尋找一種測試方法，判斷這部分超過膜滲透量的氧化劑腔與燃料腔間的竄氣量是均勻地分佈在電池組內各節單電池間，還是集中在某一兩節單電池。中國科學院大連化學物理研究所已掌握了這種技術。

2 電池組的水管理[48]

至今用於組裝 PEMFC 電池組的質子交換膜（如 Nafion 系列膜），均需有水存在才能傳導質子，一般採用反應氣預增濕方法，保證膜處於良好的水合狀態，但這樣做又會導致電池系統的複雜化。為簡化電池系統，各國科學家正在研究自增濕的操作方式。

由於 PEMFC 工作溫度低於 100℃，電池反應生成水以液態存在，一般採用適宜流場，確保反應氣在流場內流動線速度達到一定值（如幾米每秒以上），依靠反應氣吹掃出電池反應生成水。但大量液態水的存在，會導致氧陰極擴散層內氧質傳速度的降低，增加濃差極化，降低電池性能。因此人們在尋找適宜的操作條件，使電池生成水的90%以上能以氣態水形式排出電池。這樣不但能增加氧陰極氣體擴散層內氧質傳速度，而且還會減少電池組廢熱排出的熱負荷。

◎**質子交換膜內的水傳遞**

水在質子交換膜內的傳遞有三種方式：

(1)**電遷移**

水分子與 H^+ 一起，由膜的陽極側向陰極側遷移。電遷移的水量與電池工作電流密度和質子的水合數有關。

(2)**濃差反擴散**

因為PEMFC為酸性燃料電池，水在陰極生成，因此膜陰極側水濃度高於陽極側，在水濃差的推動下，水由膜的陰極側向陽極側反擴散。反擴散遷移的水量正比於水的濃度梯度和水在質子交換膜內的擴散係數。

(3)**壓力遷移**

在 PEMFC 運行過程中，一般使氧化劑（如空氣或氧氣）壓力高於還原劑（如氫）的壓力，在反應氣壓力梯度推動下，水由膜的陰極側向陽極側產生巨觀流動，即壓力遷移。壓力遷移的水量正比於壓力梯度和水在膜中的滲透係數，與水在膜中的黏度成反比。

水在質子交換膜內的遷移可用 Nerst-Plank 公式定量表達：

$$N_{W,m} = n_d \frac{i}{F} - D_m \Delta C_{W,m} - C_{W,m} \frac{K_p}{\mu} \Delta p_m \tag{4-9}$$

式中，n_d 表示水的電遷移係數；D_m 為水在膜中的擴散係數；K_p 為水在膜中的滲透係數；μ 為水在膜中的黏度；$\Delta C_{W,m}$ 為膜中水濃度差；i 為電流密度；F 為法拉第常數；Δp_m 為膜兩側壓力差。對於PEMFC，在陰極催化層內電化反應生成水，由式（4-9）可知：①陰極室〔即氧化劑（如氧氣或空氣）〕的工作壓力高於陽極室〔即燃料（如氫氣或重組氣）〕工作壓力，有利於水從膜的陰極側向陽極側的傳遞。但這種壓力差不能過大，因為受電池結構設計和 MEA 機械強度的制約，同時若用空氣作氧化劑，提高空氣壓力也增加了空壓機的功耗；

②膜越薄越有利於水由膜的陰極側向陽極側的反擴散，有利於用電池反應生成水潤濕膜的陽極側；③當電池在低電流密度下工作時，由於膜內的遷移質子少，隨質子電遷移的水也少，有利於膜內水濃度均勻分佈。

葛善海[49]與于景榮[48]等採用二維等溫模型對PEMFC電池內水傳遞與平衡進行了研究。圖 4-103 為反應氣不同增濕程度對膜陽極側水含量的影響。由圖可知，當採用低增濕度反應氣（如氣體相對濕度 RH 為 0.05）時，電池進口處膜的水含量很低，因此膜的電阻增大，這必然導致此處工作電流密度的降低。對不同反應氣增濕程度、電流密度分佈變化的計算結果見圖 4-104。由圖 4-103 和圖 4-104 可知，儘管採用 Nafion 112 膜，但反應氣不增濕時，膜進口處含水量低，膜電阻增大，導致進口處工作電流密度低。

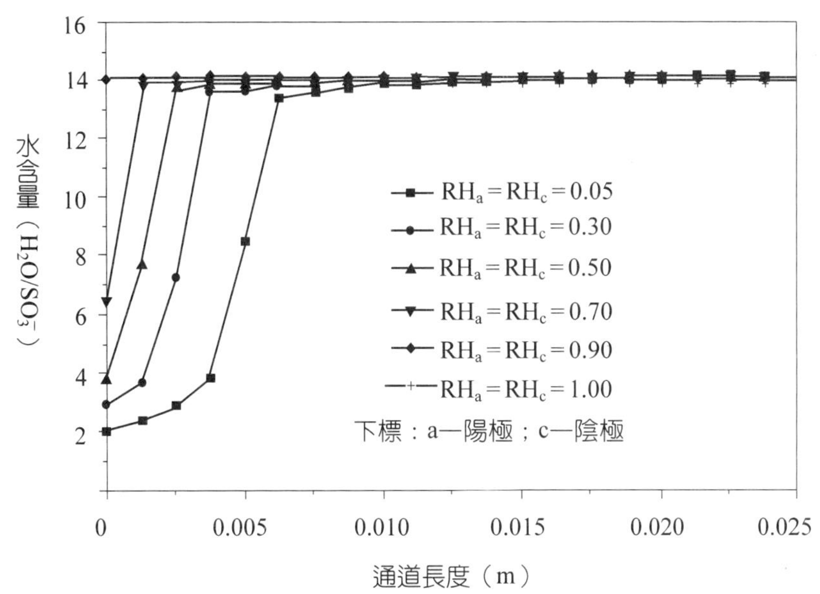

實驗條件：5 cm^2 活性面積，Nafion 112 膜，H_2 與 O_2 並流，

$I = 600\ mA \cdot cm^{-2}$，$T_{cell} = 333\ K$，

$p_{H_2} = p_{O_2} = 0.30\ MPa$，$\zeta_a = 1.5$，$\zeta_c = 2.5$

圖 4-103　反應氣體增濕程度對陽極側 PEM 表面水含量的影響

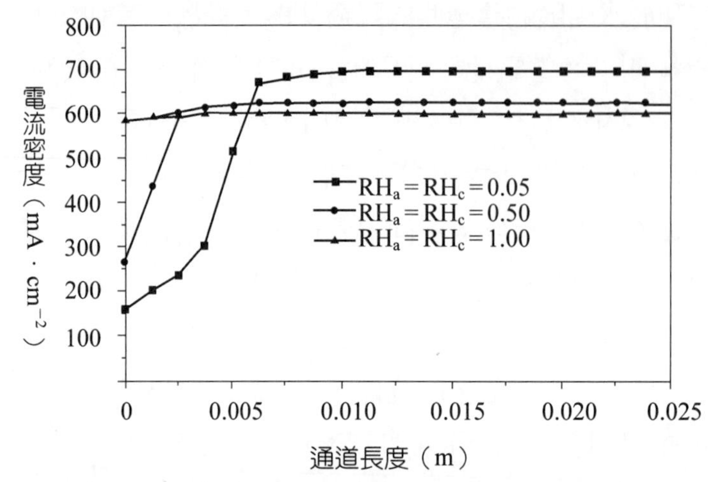

實驗條件：5 cm^2 活性面積，Nafion 112 膜，H_2 與 O_2 並流，
$I = 600$ mA · cm^{-2}，$T_{cell} = 333$ K，
$p_{H_2} = p_{O_2} = 0.30$ MPa，$\zeta_a = 1.5$，$\zeta_c = 2.5$

圖 4-104　反應氣體增濕程度與電流密度的分佈關係

◎反應氣的預增濕方法

在 PEMFC 發展早期，即 20 世紀 80 年代末 90 年代初，一般採用 Nafion 117 或 Nafion 115 組裝電池組。由於膜較厚，為確保電池組性能，反應氣必須預增濕，一般均採用在電池組內增加一個增濕段的方法為反應氣增濕。增濕段結構與電池類似，如圖 4-105 所示。由圖可知，這種增濕原理是水依靠濃差，由膜的水側遷移到氣側，再汽化，提高反應氣的相對濕度。從結構上可分單膜型與雙膜型。為保護膜，一般在膜兩側均加入親水多孔支撐體，其厚度與電極擴散層相當，約為 100～300 μm，可採用碳紙或無紡布製備。起反應氣或水導流、分隔相鄰的氣室作用的導流板可採用組裝電池用的雙極板，也可採用塑料板製備，因在增濕段它無傳導電流要求。對雙膜型內增濕單元，兩側反應氣最好為同一種反應氣，這樣有利於提高增濕段的安全性。

圖 4-106 為 Ballard 公司在專利（US 5382478）中給出的採用這種內增濕結構電池組外貌與反應氣流動路線圖。

一般使電池組冷卻水流經增濕段，為內增濕段提供水源與熱源。內增濕能力由水的溫度與壓力、反應氣流量、膜的結構與厚度決定。一般採用 Nafion 膜作增濕膜。

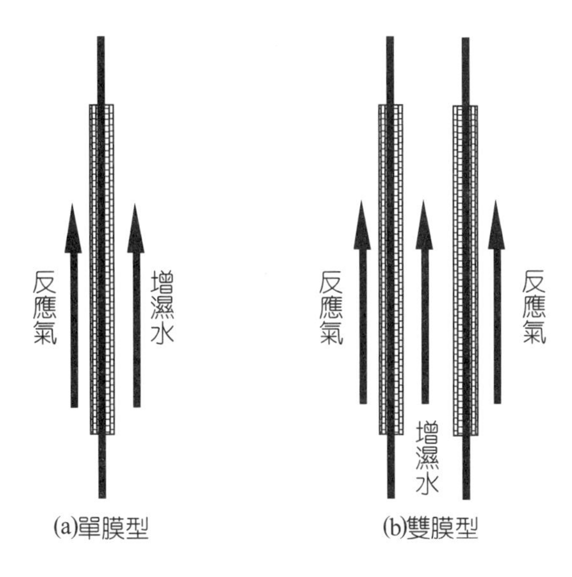

圖 4-105　內增濕器結構

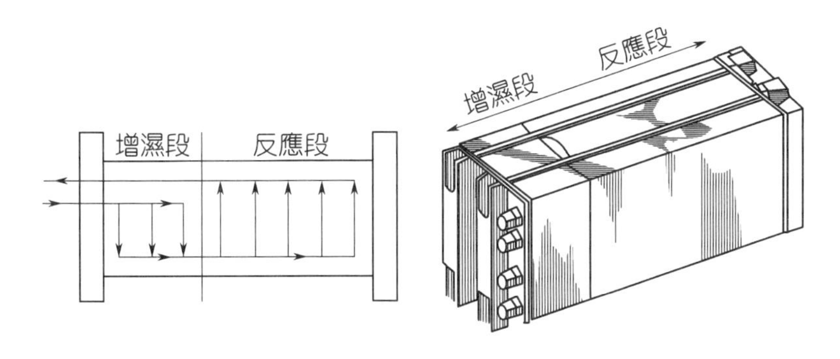

圖 4-106　內增濕電池組

上述電池組內增濕方法已獲得成功應用，但它增加了電池組的質量與體積，並使電池組結構複雜化。為此，人們又開發了更簡單、實用的尾氣循環增濕方法及中空纖維型外增濕器，並正在發展各種自增濕方法。

(1)尾氣循環反應氣增濕方法

由於PEMFC電化學反應生成的水和水在電池內傳遞，PEMFC電池組排出尾氣的濕度已達到或接近100%，因此只要像AFC動態排水那樣將電池尾氣循環，與新進入尚未增濕的反應氣混合，再進入電池組，即可達到對反應氣增濕的目的。電池組進口反應氣的濕度則由循環尾氣濕度與循環比（循環的尾氣量與電池組電化學反應消耗的反應氣量之比）決定。例如，當尾氣濕度達到 100%、循環比為 1 時，進口反應氣的相對濕度 RH 接近 50%。這種尾氣循環當然可像動態排水的 AFC 一樣採用風機進行，但勢必增加電池系統的內耗。對採用高壓氣作氣源的 PEMFC，最佳方案是採用外形如圖 4-107 所示的噴射泵進行。這種增濕方法特別適宜於採用高壓氫氣、高壓氧氣為反應氣的燃料電池，此時以氣源壓力作動力，利用尾氣循環，不但能實現反應氣增濕、提高反應氣入口處工作電流密度，而且還可以改進電池組內各節單電池間的氣體分配和提高氧氣在流場的內線速度，有利於電池組電化學反應生成水的排出。

⑵中空纖維型增濕器

中空纖維型分離器已廣泛用於各種化工過程（如氣體分離、反滲透、滲透蒸發），不但製備技術成熟，而且它還具有填充密度高、分離界面大、易於操作等突出優點，是一種高效反應氣體增濕器件，特別是對以空氣為氧化劑的大功率 PEMFC 電池組。

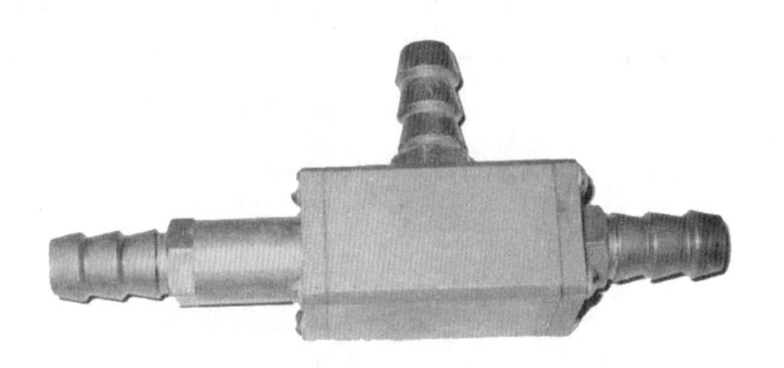

圖 4-107　尾氣循環噴射泵照片

圖 4-108 為中空纖維型增濕器原理圖。增濕器內的中空纖維束是親水材料（如離子交換樹脂）製備的均質無孔中空纖維束。此時水經濃差擴散由中空纖維外側擴散至內側，並蒸發至反應氣中，為反應氣增濕。其增濕原理與上述置於電池組內平板型內增濕器相同，增濕能力由水在中空纖維壁內擴散係數、氣液界面（即中空絲表面積）和操作條件、增濕水溫度與反應氣流量決定。由於中空纖維具有高填充密度與表面積，所以這種增濕器具有更大的增濕能力。

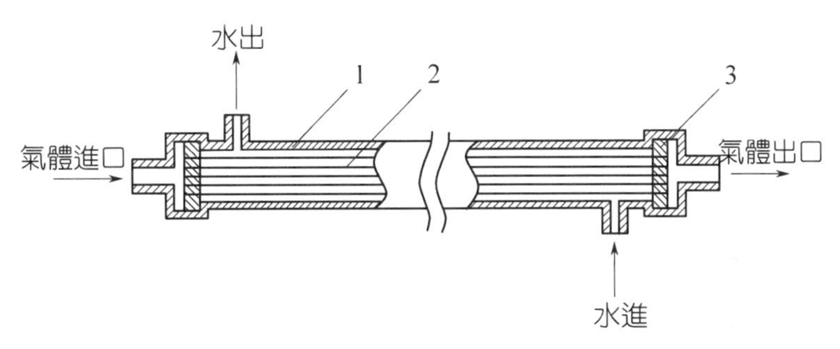

1—耐壓外殼；2—中空纖維；3—封頭

圖 4-108 中空纖維型增濕器原理圖

增濕器內也可填充類似用於超濾的微孔中空纖維束。這種微孔中空纖維束一般也由親水材料（如離子交換樹脂、纖維素）製備，其壁上孔徑一般控制在 $10^{-5} \sim 10^{-4}$ cm，水靠毛細力浸入中空纖維微孔內，並蒸發至反應氣中為反應氣增濕，其增濕能力由反應氣的工作壓力、增濕水溫度與反應氣流速決定。其增濕能力遠大於上述壁上無孔的中空纖維型增濕器，但為防止反應氣鼓泡進入水腔，要依據下式計算允許壓差。

$$\Delta p = \frac{2\sigma\cos\theta}{r} \qquad (4\text{-}10)$$

式中，σ 為水的表面張力；θ 為水與中空纖維壁孔間接觸角；r 為中空纖維壁孔最大孔徑。若反應氣壓力與增濕水壓力的差值大於 Δp，需提高增濕水壓力。也可在上述微孔、中孔纖維的表面塗覆一薄層（幾微米）親水樹脂無孔皮層，防止反應氣鼓泡進入水腔。為利用電池組冷卻水作為增濕水源，同時利用電池廢熱作為增濕器熱源，在製備增濕器時，應依據電池組反應氣的工作壓力，控制增濕器內中空纖維壁孔徑 r，進而達到控制 Δp 大於反應氣工作壓力與冷卻水之間的壓差。圖 4-109 為中國科學院大連化學物理研究所研製的這種增濕器照片，它可為上百千瓦 PEMFC 的空氣氧化劑進行增濕。

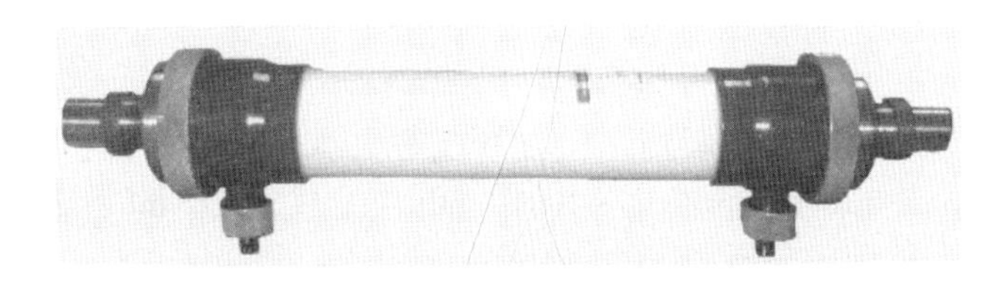

圖 4-109 中空纖維型增濕器照片

◎自增濕

不管採用何種反應氣預增濕技術，均會導致電池系統的複雜化或增加電池組的質量和體積。因此最理想的方法是利用電池反應的生成水和水在質子交換膜內的傳遞特性，實現膜的自增濕，確保電池組的穩定高效運行。近年在這方面的工作已取得了突破性進展，一是採用薄的質子交換膜，反應氣逆流流動，實現電池穩定運行；二是利用膜的微量反應氣滲透特性，使透過膜的氧在質子交換膜的氫側與氫化學複合為水，為膜增濕，與此同時還能提高電池的開路電壓和減小氧電極的極化。

⑴利用水的濃差擴散實現膜的自增濕[48]

由於電化學反應的水在氧電極側生成，所以膜陰極側水的濃度高於陽極側，由於濃差擴散作用，水要由膜的陰極側向陽極側反擴散。這一反擴散水的遷移量對於由一定樹脂製備的膜（如Nafion系列膜）與膜的厚度成反比，即膜越薄，反擴散的水量越多。因此採用薄的質子交換膜組裝的電池組，易於實現由電池反應生成水增濕膜的陽極側。

圖 4-110 為不同厚度Nafion膜對採用乾氣逆流操作時單電池性能的影響。由圖可知，乾氣反應氣逆流操作對薄的（50 μm）Nafion 112 膜電池性能很好，而厚的 Nafion 115 膜（125 μm）和 Nafion 117 膜（175

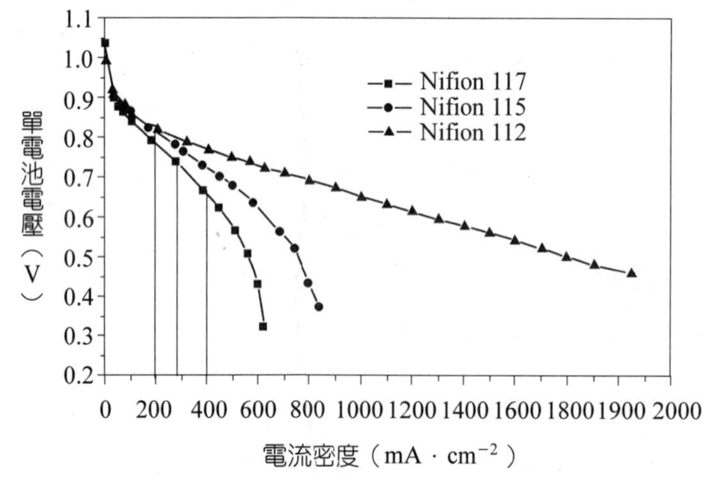

實驗條件：5 cm^2 活性面積，H_2與O_2乾氣逆流，$T_{cell}=60$℃，$p_{H_2}=p_{O_2}=0.30$ MPa，$V_{H_2,out}=10$ ml · min^{-1}，$V_{O_2,out}=15$ ml · min^{-1}

圖 4-110 Nafion 膜厚度對乾氣逆流操作 PEMFC 性能的影響

μm）電池性能已明顯下降，再升高電池工作溫度已不能穩定運行。對 Nafion 112 膜，採用乾氣逆流操作，電池工作溫度升至 80℃時，電池不但能穩定運行，而且性能提高。其不同溫度運行性能的比較如圖 4-111 所示。

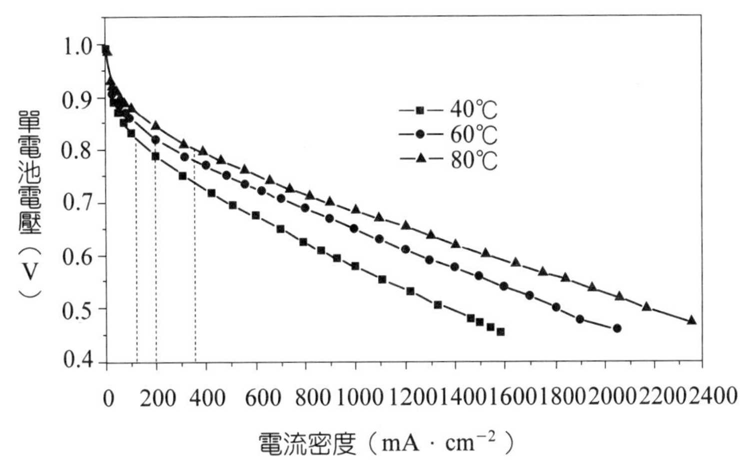

實驗條件：5 cm^2 活性面積，H_2 與 O_2 乾氣逆流，
$p_{H_2} = p_{O_2} = 0.30$ MPa，$V_{H_2, out} = 10$ ml · min^{-1}，$V_{O_2, out} = 15$ ml · min^{-1}

圖 4-111　Nafion 112 膜組裝 PEMFC 乾氣逆流操作在不同溫度運行性能比較

由前述的模型研究可知，當採用不增濕乾氣作反應氣時，反應氣一進入電池，膜中的水就會汽化，使反應氣濕度增加；但膜中含水量會下降，膜電阻增大，導致反應氣進口處工作電流密度偏低。進氣量大（如對大面積電池），或以空氣作氧化劑的電池，這一影響會更加顯著。圖 4-112 為採用乾氣逆流操作時 140 cm^2 電池的性能。由圖可知，電池可穩定運行，證明除反應氣入口處外，膜的陽極側可以靠電化學反應生成水的反擴散實現自增濕。

⑵ **H_2-O_2 複合自增濕**

PEMFC 單電池開路電壓在 0.90～1.10 V 之間，製備 MEA 採用的質子交換膜越薄，開路電壓越低。其原因是反應氣氫與氧滲透通過膜，氫到達氧電極，氧到達氫電極，均產生短路電流。但由於氫電極交換電流密度大，這一毫安級短路電流對氫電極電位幾乎無影響；而氧還原的交換電流密度很小，這一毫安級的短路電流能導致氧電極電位下降，產生混合電位，進而導致電池開路電壓下降（如圖 4-113 所示）。

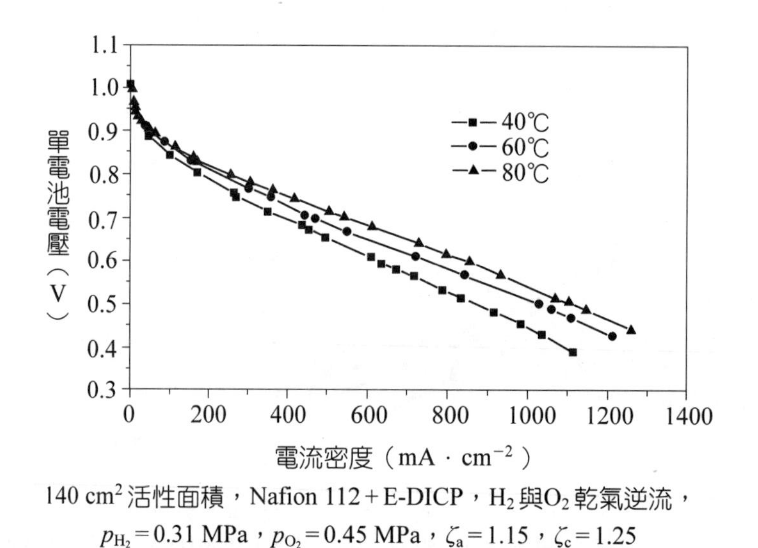

140 cm^2 活性面積，Nafion 112 + E-DICP，H_2 與 O_2 乾氣逆流，

p_{H_2} = 0.31 MPa，p_{O_2} = 0.45 MPa，ζ_a = 1.15，ζ_c = 1.25

圖 4-112　Nafion 112 膜組裝的 PEMFC 在不同溫度時工作性能比較

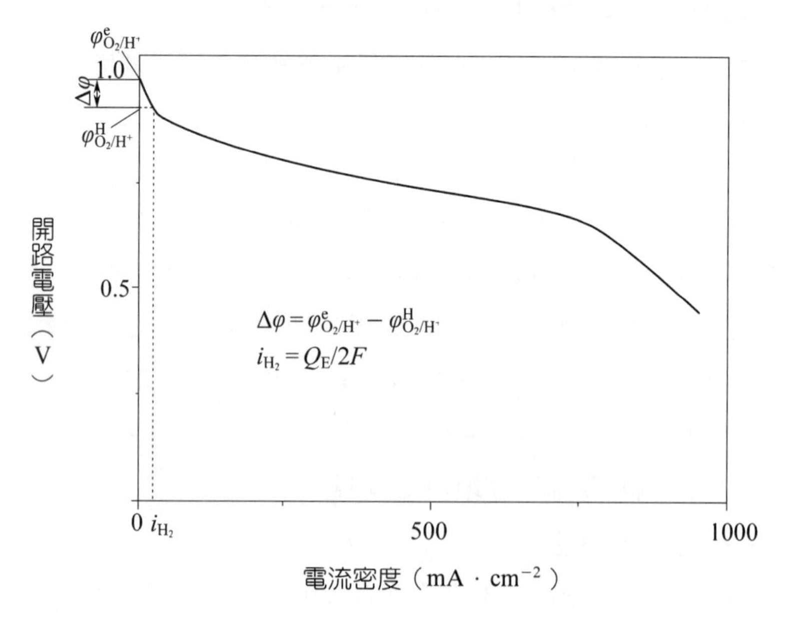

圖 4-113　由於膜滲透氫氧電極產生混合電位原理圖

圖 4-113 中，$i_{H_2}=\frac{Q_H}{2F}$，Q_H 是單位時間通過每平方厘米膜通透到氧電極的氫量。

M.Watanabe 等[50] 採用化學鍍方法在質子交換膜內形成高分散鉑或採用奈米級鉑與親水性氧化物和 Nafion 溶液鑄膜作為 PEMFC 電解質膜，使滲透進入膜的H_2與O_2複合為水，為膜增濕。同時也防止氫滲透到氧電極產生混合電位，達到提高 PEMFC 開路電壓的目的。加入親水性氧化物的作用是當 PEMFC 在低電流密度工作時，它吸收水；在高電流密度工作時，它釋放水，調節膜內水平衡。圖 4-114 為其工作原理示意圖。

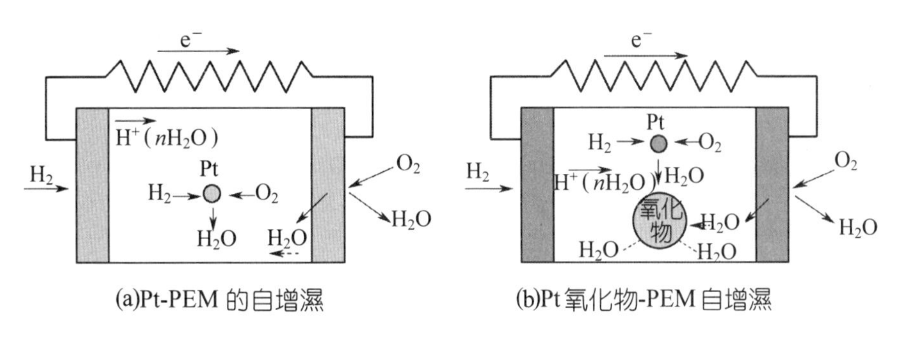

圖 4-114　Watanabe 的H_2-O_2複合自增濕 PEMFC 工作原理示意圖

于景榮等[48] 在 Nafion 膜的氫電極側噴塗一層自增濕層，它由 Pt/C 電催化劑與 Nafi on 溶液構成，Pt/C 電催化劑的 Pt 負載量為 0.04 mg/cm^2，Nafion 樹脂質量與 Pt/C 電催化劑的質量比為 5：1。此時絕大多數 Pt/C 電催化劑已被 Nafion 樹脂包圍，即無法形成電子傳導通道；但它可催化由氧電極側經 Nafion 膜擴散過來的氧與氫催化複合為水，達到增濕質子交換膜氫電極側的目的。圖 4-115 是採用 Nafion 115 膜的實驗結果。

如前所述，對 Nafion 115 膜採用水反擴散的方法實現自增濕時，電池工作溫度超過 60℃已不能穩定運行。加入自增濕層後，電池可在 80℃下穩定運行，但性能仍低於外增濕電池。劉富強等[51] 在用孔隙率高達 84.7%、厚度為 15 μm 的 PTFE 多孔膜，浸入 Nafion 溶液製備複合質子交換膜時，將 Pt/C 電催化劑加入到 Nafion 溶液中，再浸入上述聚四氟乙烯多孔膜，製得複合膜厚度 35 μm，複合膜內 Pt 負載量為 0.006 mgPt/cm^2。並用 EDX（Energy Dispersive of X-Ray，能量色散 X 射線分析）對此斷面元素分佈進行測試，結果如圖 4-116 所示。由圖可知，在製得複合膜過程中，靠近 PTFE 多孔基膜處的 Pt 含量較高。

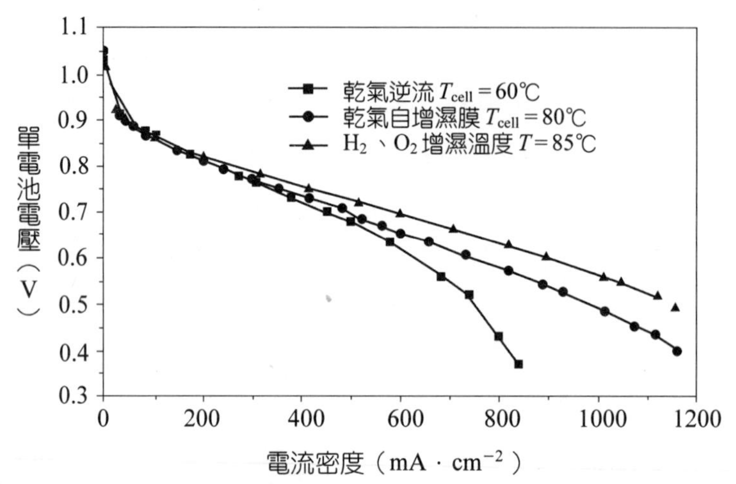

實驗條件：5 cm^2 活性面積，$p_{H_2} = p_{O_2} = 0.30$ MPa，Nafion 115 膜，

$V_{H_2,out} = 10$ ml · min^{-1}，$V_{O_2,out} = 15$ ml · min^{-1}

圖 4-115　H_2-O_2 複合自增濕、反應氣逆流自增濕和外增濕 PEMFC 的性能比較

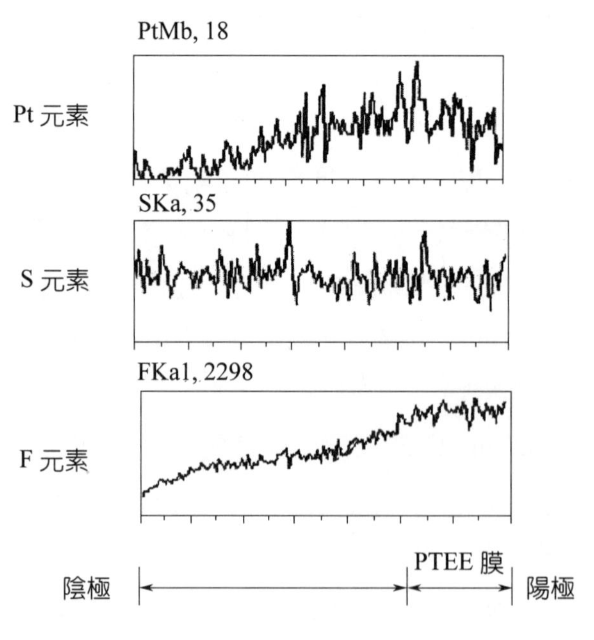

圖 4-116　複合膜元素 EDX 分析結果

用上述複合膜與 Pt 負載量 0.3 mg/cm^2 的電極製備 MEA，並組裝 5 cm^2 小電池，圖 4-117 為實驗結果。由圖可知，當 Pt/C 電催化劑分佈峰在陽極側時，電池伏-安曲線明顯優於集中在陰極側，也就是說在電池高電流密度運行時，在膜的陽極側產生氫氧複合為水對潤濕膜最有效。但與外增濕時性能相比，性能仍有待提高。

總之，在製備質子交換膜時，能在膜的一側加入少量能催化氫氧複合為水的催化劑（如 Pt/SiO_2、Ni/SiO_2、Pt/C、Ni/C 等），不但能提高電池開路電壓，而且能對膜的陽極側有一定的自增濕作用，再與水的濃差反擴散相結合，即盡可能利用薄膜，有可能解決電池自增濕運行問題。

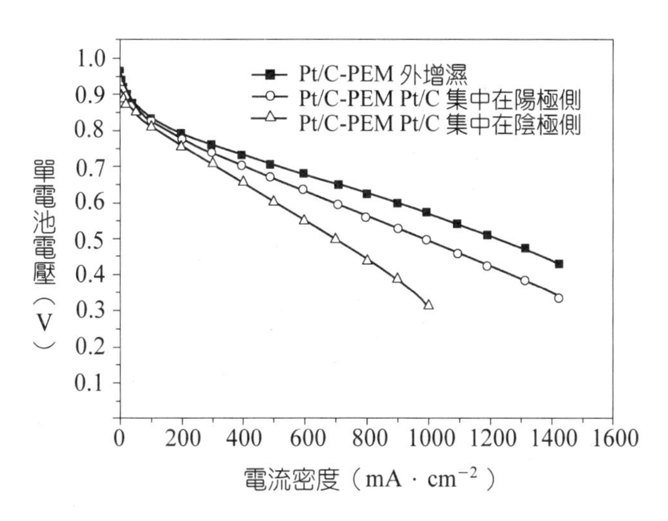

圖 4-117　複合膜製備 MEA 和傳統膜 MEA 的極化曲線比較（無外增濕）

◎電池排水

PEMFC 工作溫度一般低於 100°C，氧的電化學還原反應生成的水為液態水。生成的水可以兩種方式排出，一種為氣態，若反應氣的相對濕度小於 1，即反應氣中水蒸氣分壓未達到相應電池工作溫度下水蒸氣分壓時，水可汽化，隨電池排放的尾氣離開電池；另一種方式為液態排水，此時反應氣的相對濕度已達到 1，在電極催化層生成的液態水靠毛細力和壓差推動，傳遞到擴散層氣相側，液態水滴由反應氣吹掃出電池。一般而言，兩種排水方式均存在，其比例與電池操作條件和氧化劑類型是空氣還是純氧、進口反應氣的預增濕程度、反應氣的工作壓力、氧的利用率和電池工作溫度等有關。

當以純氧作氧化劑時，正如前述，一般採用尾氣回流方式實現反應氣增濕，改進電池組各單節電池間氣體分配和提高氧的利用率，回流比一般可達0.75～1.0，即電池進口反應氣相對濕度在40～50%之間。此時儘管電池出口可能有一定溫升，電池反應生成水絕大部分以液態水排出。因此為防止液態水覆蓋電催化層的活性位和阻滯電極擴散層內氧質傳速度而增加濃差極化，應注意增加以純氧為氧化劑的電池氧電極催化層的排水性，即應適當提高電極內PTFE的含量和適宜的溫度處理，嚴防在擴散層內形成水膜，阻滯氧擴散質傳，甚至導致電極水淹（flooding）的出現。

因絕大部分水以液態排出，在流場設計時，應確保反應氣在流場內流動的線速度，一般要達到幾米每秒的速度，以利於將液態水吹掃出電池。若反應氣流速太低，流場內或各節單電池出口處液態水的累積會嚴重影響電池組內各節單電池間的氣體分配的均勻性，嚴重時電池組難於穩定運行。

當以空氣為氧化劑時，由於氧氣質傳更加困難，在選擇電池運行條件時，應盡可能增加氣態排水份額，這樣做不但有利於減少擴散層內液態水量，有利於氧質傳；而且還可利用水蒸發潛熱，減小電池排熱負荷。

由於水蒸發、冷凝是一個快速的物理過程，可視為處在熱力學平衡狀態，可依據質量平衡方程計算電池在各種操作條件下氣態排水份額。計算結果如圖4-118所示，圖中 RH 為空氣的相對濕度；p 為空氣工作絕對壓力；r 為空氣中氧利用率；T 為電池工作溫度。由圖可知，影響氣態排水份額的主要操作參數為空氣工作壓力、空氣中氧的利用率、電池進口空氣的預增濕的程度及電池工作溫度。低空氣工作壓力、低氧利用率和低的預增濕、高的電池工作溫度有利於氣態排水份額的提高。

考慮到可能有少量電化學反應生成水經反擴散遷移到陽極，其遷移量由MEA 中膜的厚度和氫氣增濕程度決定，對採用 Nafion 112、Nafion 1135 膜組裝的電池，當氫氣增濕的相對濕度在50%左右時，實驗證明約有3～5%的電池反應生成水遷移至陽極，由陽極排出。另外，因質子交換膜在水飽和狀態下才能具有良好的傳導質子的能力，所以陰極側也必須有少量液態水存在。同時考慮到電池出口處的溫度升高和因流場阻力引起的電池出口處空氣壓力下降，控制陰極氣態排水份額在80～90%間為優。

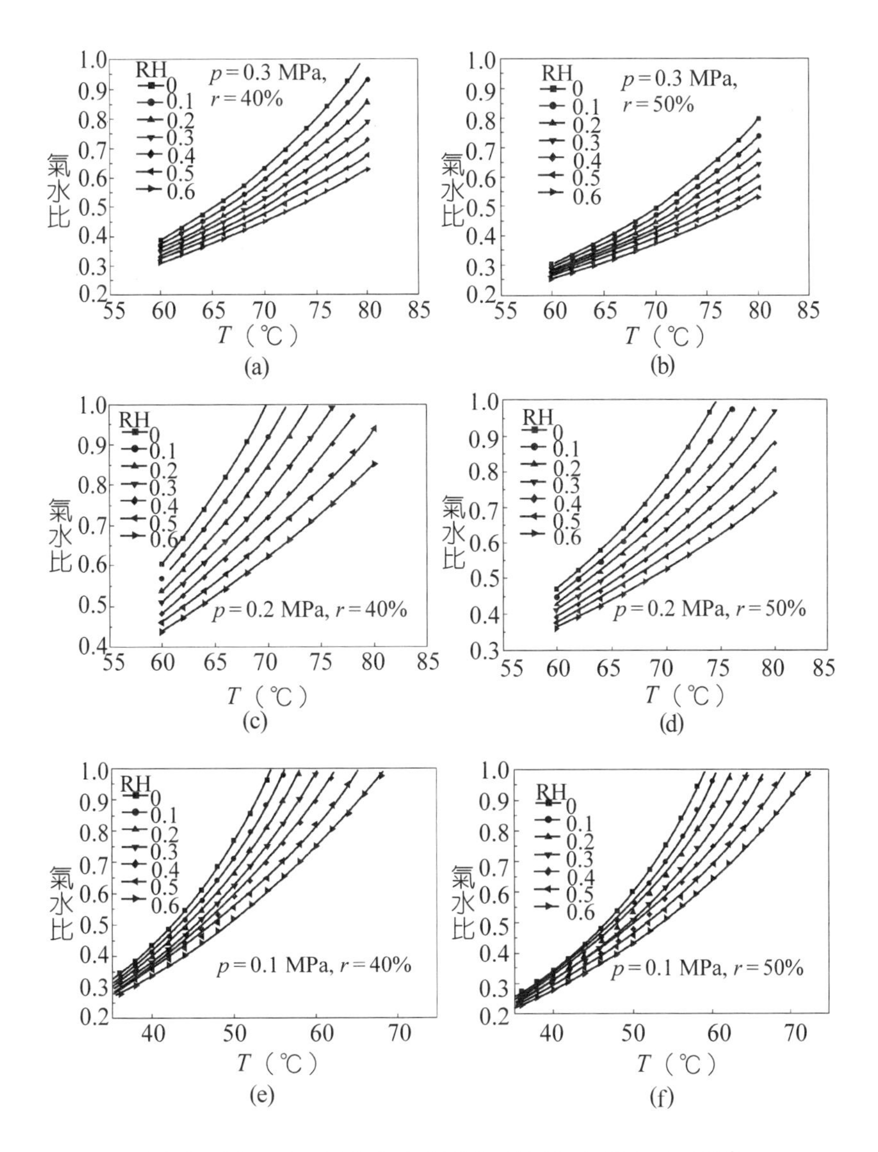

圖 4-118 電池操作條件對氣態排水份額的影響

由圖 4-118 可知，當空氣工作壓力為 0.3 MPa（相對壓力為 0.2 MPa）、空氣中氧的利用率為 50%時，依據電池進口處空氣相對濕度變化，在電池工作溫度為 80°C 時，氣態排水份額在 50～80%間變化。然而當空氣中氧利用率降至 40%時，進口空氣相對濕度必須大於 0.1，否則電池中質子交換膜將失水變乾，導致電池難於穩定運行。因此在採用空氣作氧化劑時，可利用尾氣部分循環或利用中空纖維型外增濕器對空氣進行適當增濕，使其相對濕度達到 0.3 左右為宜，這樣做也可緩解電池空氣進口處膜失水問題。

由圖 4-118 還可知，當以空氣為氧化劑的電池常壓（$p=0.1$ MPa）操作時，電池生成水氣態排水份額對電池工作溫度更為敏感，當電池進口空氣的相對濕度小於 0.5、空氣中氧的利用率為 40%時，電池工作溫度不宜超過 55℃；空氣中氧化利用率為 50%時，電池工作溫度不宜超過 60℃。

3 電池組的熱管理

PEMFC 電池組在高功率運行時，設計的能量轉換效率在 40%左右；在低功率運行時，能量轉換效率可達 60%上下。因此在 PEMFC 電池組工作時，有 40～60%的廢熱必須排出，以維持電池組工作溫度恆定。至今對 PEMFC 電池組廣泛採用的排熱方法是冷卻液循環排熱，冷卻液是純水或水與乙二醇的混合液。對小功率的 PEMFC 電池組，也可採用空氣冷卻方式。液體（如乙醇）蒸發排熱方法已在發展中。

◎冷卻液循環排熱

採用冷卻液循環排熱，要在 PEMFC 電池組內加置排熱板。對低電流密度運行的電池組，如電流密度最大不超過 500 mA/cm^{2}時，可 2～3 節單電池加置一塊排熱板。由於 PEMFC 技術的進步，其工作電流密度已逐步提高到 1 A/cm^2，此時為防止電池組內溫度分佈的不均勻，必須每節單電池加置排熱板。

在排熱板內要設計冷卻液流動通道，即流場。流場的作用是引導冷卻劑流動路徑，防止在冷卻液流經冷卻腔內形成死角，導致單電池局部溫度升高。

圖 4-119 為一種單通道的蛇形流場，這種流場阻力降大。為減少冷卻液壓力損失，也可採用多通道蛇形流場或平行溝槽流場。排熱板的另一面為電池雙極板流場，加工完成後需將兩塊排熱板採用導電膠黏合或焊接成一體，構成帶

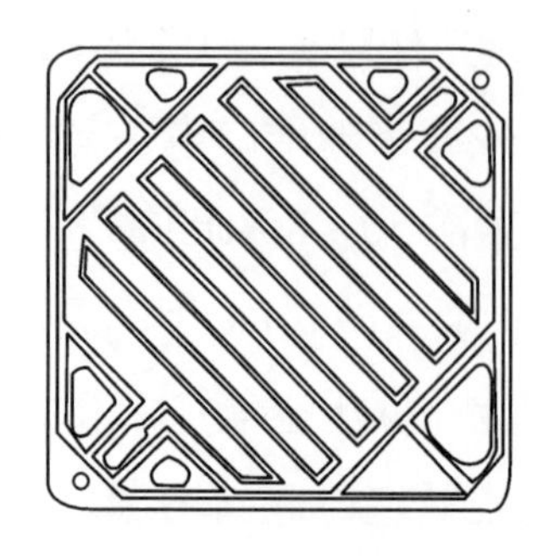

圖 4-119　排熱板流場與結構示意圖

排熱腔的雙極板。當然也可採用密封組件，將兩塊這種板靠電池組裝力壓合密封構成帶排熱腔的雙極板，但此時一定要保證兩塊板之間接觸電阻達毫歐姆每平方厘米級。

在電池組排熱設計時，應依據電池組的排熱負荷，在確定的電池組進出口循環冷卻液最大壓差的前提下，依據冷卻液的比熱容，計算冷卻液的流量。為確保電池組溫度分佈的均勻性，進出口冷卻液溫差一般不超過 10℃，最好為 5℃。這樣一來，冷卻水流量是比較大的，為減小冷卻水泵的功耗，應儘量減少冷卻液流經電池組的壓力降，因此帶排熱腔的雙極板最好採用導熱良好的材料（如金屬或石墨）製備，並採用阻力小的平行溝槽流場。

若採用水作冷卻劑，則必須採用去離子水，對水的電導要求非常嚴格。一旦水受到污染，電導升高，則在電池組的冷卻水流經的共用管道內要發生輕微的電解，產生氫氧混合氣，影響電池安全運行；同時也將產生一定的內漏電，降低電池組的能量轉化效率。詳細的理論分析可參閱自由介質型鹼性燃料電池的分析。

若採用水與乙二醇混合液作為冷卻劑，冷卻劑的電阻將增大，但冷卻劑的比熱容將降低，循環量要增大，而且冷卻劑一旦被金屬離子污染，其去除比純水難度大大增加，因為水中的污染金屬離子可簡單地透過離子交換法去除。

◎空氣冷卻

對千瓦級尤其是百瓦級 PEMFC 電池組，可以採用空氣冷卻，即空冷排除電池的廢熱。此時為解決與電池組水管理的矛盾，最好把作為氧化劑用的空氣與作為冷卻用的空氣分開，分別控制。

圖 4-120 為一種採用常壓空氣冷卻的雙極板結構原理圖。它由兩個單面的流場板與中間的金屬波紋板構成，中間的流經排熱空氣的波紋板可為矩形，也可為波紋形，構成的空間可由風扇強制空氣通過，控制空氣的流量即可達到排出適量電池組廢熱的目的。此時要特別注意減小波紋板與單面流場板之間的接觸電阻。

◎液體蒸發冷卻

眾所周知，液體蒸發的潛熱很大，非常適合用於 PEMFC 電池組的排熱。中國科學院大連化學物理研究所在專利（中國專利申請號 98114175.7）中提出一種利用液態蒸發潛熱排出 PEMFC 電池組廢熱的方法。採用液體蒸發排熱的

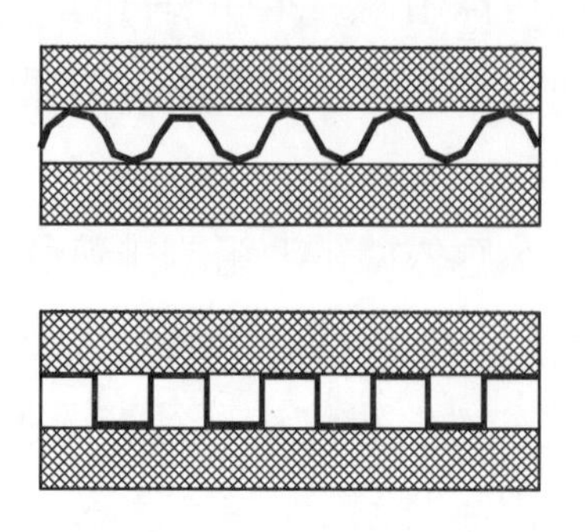

圖 4-120 常壓空氣冷卻的雙極板結構示意圖

帶排熱腔的雙極板結構與前述用冷卻液循環排熱的類似，其特點是可將冷卻腔的蛇形或平行溝槽流場改為多孔體流場，如高孔隙率的泡沫鎳或幾種不同目數的金屬網構成的網狀流場。在 PEMFC 電池組工作前，可用泵或依靠重力讓各帶冷卻腔的雙極板的冷卻腔內充滿冷卻蒸發液體（如乙醇），當電池工作溫度升高至其沸點時，液體會氣化，離開電池組並帶出電池廢熱。透過外置冷凝器使氣化液體冷凝，可依靠重力或泵再將其返回電池組。用這種冷凝方法已成功運行了千瓦級電池組，其工作溫度恆定，控制也很簡單。但在設計這種電池組的密封結構時，要十分注意，嚴防冷卻液通過共用管道滲入反應氣腔，一旦滲入有可能影響氧還原或氫氧化的動力學，降低電池組的能量轉化效率。

若能研製成功在高於 100℃下穩定工作的質子交換膜，可採用水的蒸發潛熱排出電池組的廢熱，即使水微量滲入反應氣腔，也不會對電池性能帶來任何不利影響，而且也會提高家庭用 PEMFC 的餘熱利用價值，提高燃料總的能量利用效率。

4 電池組與性能

對 PEMFC 電池組，主要採用內共有管道向電池組內各節單電池送入燃料與氧化劑。又因為在電池氣室與共用管道內存在氣液兩相流，所以難於採用在 AFC 發展過程中開發的並串聯結構，一般均採用各節單電池大並聯的氣路結構。對採用純氫、純氧作燃料與氧化劑的 PEMFC 電池組，均採用尾氣回流方法改進電池組內各節單電池間氣流分配，提高反應氣在流場內的線速度，以利於吹掃電化學反應生成水，同時為進入電池的反應氣實現預增濕。

對採用常壓空氣作氧化劑的 PEMFC 電池組，有時也採用外共用管道為電池組內各節單電池提供氧化劑空氣供應。對瓦級微型氫／空氣 PEMFC，可採用空氣自然對流方式為電池組提供空氣氧化劑。

對採用加壓空氣為氧化劑的電池組，一般採用內共用管道向電池組內各節單電池供應氧化劑。可採用中空纖維外增濕器為空氣增濕，也可以採用部分空氣尾氣回流方式實現增濕。

為提高電池組性能和充分利用電化學反應生成水從陰極向陽極反擴散為膜的氫電極側增濕，在電池組採用 MEA 與密封結構和組裝技術允許的條件下，採用薄的質子交換膜（如 Nafion 112 或更薄的膜）組裝電池組。為改進電池組內各 MEA 水的均勻分佈與平衡，反應氣一般採用逆流方式。

◎H_2-O_2 燃料電池組

中國科學院大連化學物理研究所燃料電池工程中心發展了由表面改性薄金屬板製備的帶冷卻腔的雙極板，採用這種雙極板組裝了千瓦級系列電池組。圖 4-121 為其結構示意圖。

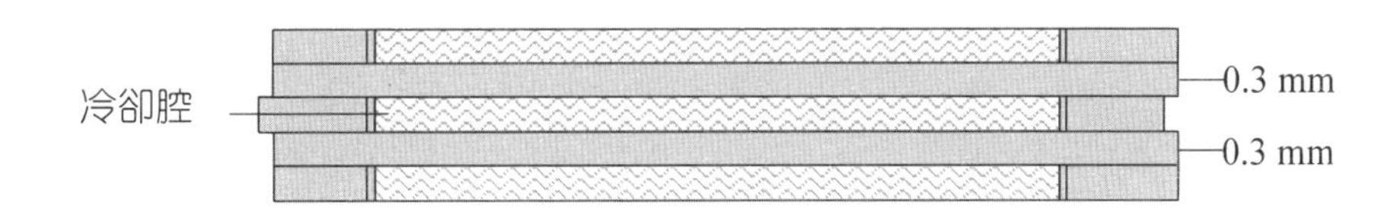

圖 4-121 帶冷卻腔的薄金屬雙極板

(1) **1 kW 電池組**

電池組由 25 節單電池組成，電極工作面積為 130 cm^2，採用質量比為 20%Pt 含量 Pt/C 電催化劑，Pt 負載量為 0.4 mg/cm^2，與 Nafion 112 膜製備 MEA，採用純氫、純氧作反應氣，逆流流動。反應氣尾氣回流增濕，回流比控制在 0.5～0.8 之間。運行時氫氧利用率控制在 ≥ 98%。圖 4-122 為電池組照片，圖 4-123(a)為電池組伏—安曲線，圖 4-123(b)為各節單電池電壓分佈。

圖 4-122　1 kW 電池組

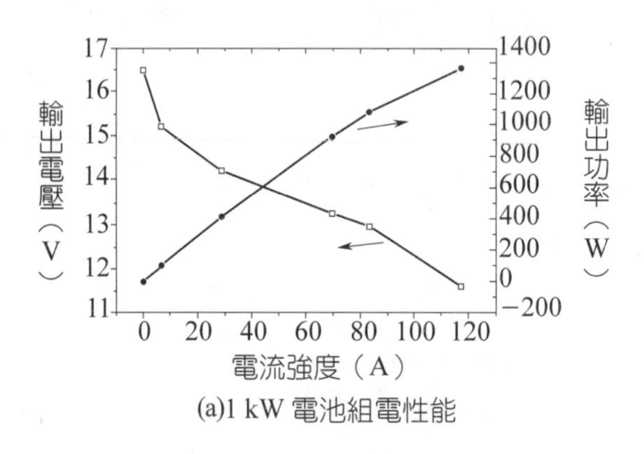

(a)1 kW 電池組電性能

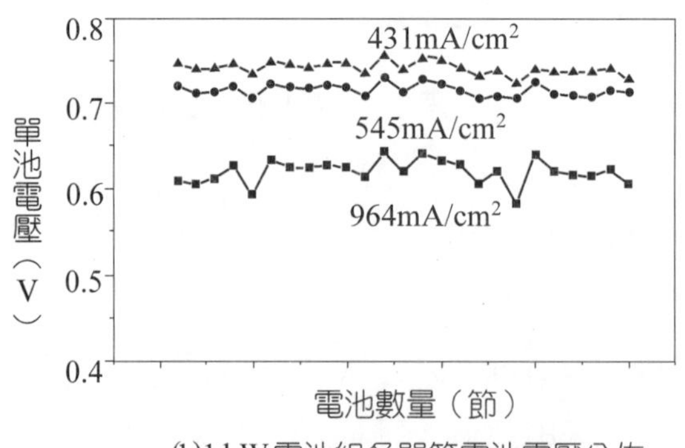

(b)1 kW 電池組各單節電池電壓分佈

（T_{cell} = 70℃，p_{H_2} = 0.20 MPa，p_{O_2} = 0.22 MPa）

圖 4-123　1 kW 電池組電性能

⑵ **5 kW 電池組**

電池組由 74 節單電池組成。電極工作面積為 220 cm^2，電極 Pt 負載量，氧電極為 0.4 mg/cm^2，氫電極為 0.2 mg/cm^2。採用 Nafion 1135 膜與上述電極製備 MEA。

圖 4-124(a)為帶內增濕的 5 kW 電池組，圖 4-124(b)為採用尾氣回流實現增濕的電池組。在工作時，控制純氫與純氧利用率 ≥ 98%。圖 4-125 為 5 kW 電池組性能曲線。

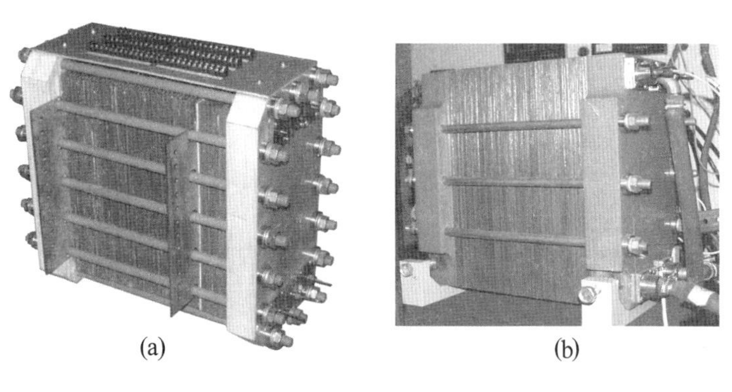

圖 4-124 5 kW 電池組

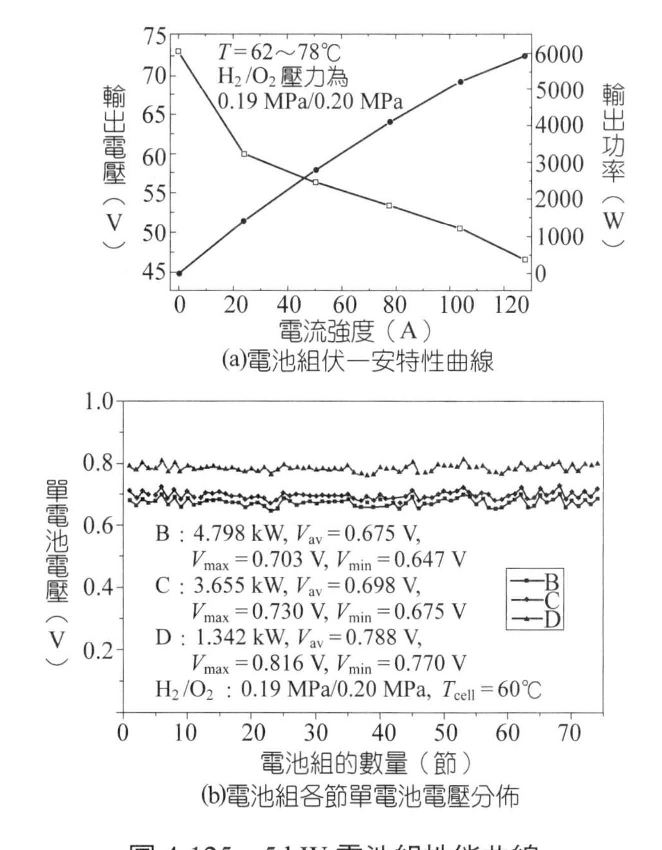

圖 4-125 5 kW 電池組性能曲線

(3) **30 kW 電池組**

30 kW 電池組由 200 節單電池組成，電極工作面積為 500 cm^2，電極 Pt 負載量氧電極為 0.4 mg/cm^2、氫電極為 0.2 mg/cm^2。採用 Nafion 1135 膜與上述電極製備 MEA。氫、氧均採用尾氣回流增濕，控制純氫與純氧利用率 ≥ 98%。

圖 4-126 為電池組外貌。圖 4-127(a)為電池組的伏─安曲線，圖 4-127(b)為電池組各節單電池電壓分佈。

圖 4-126　30 kW 電池組照片

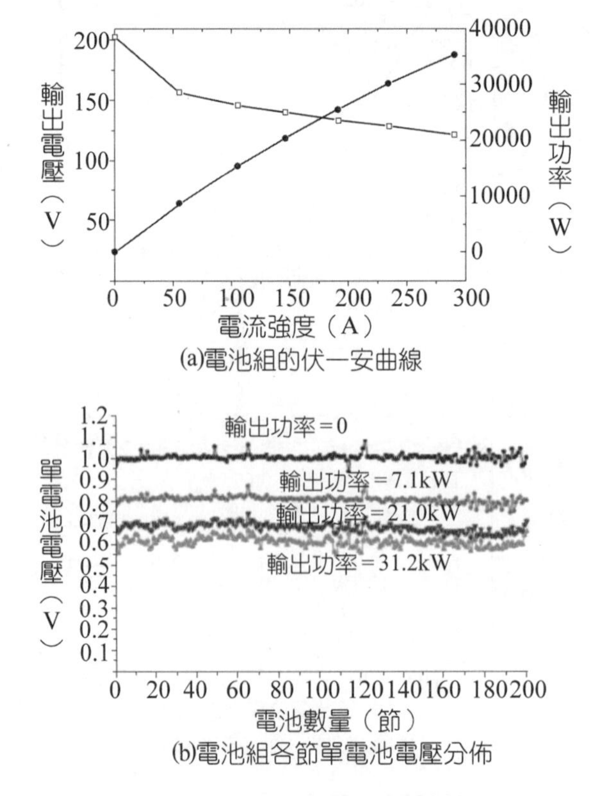

圖 4-127　30 kW 電池組性能

◎H_2-空氣燃料電池組

與氫氧燃料電池組類似，中國科學院大連化學物理研究所採用表面改性金屬板製備帶排熱腔的金屬雙極板，並採用多孔石墨製備平行溝槽流場，在優化空氣電極結構的基礎上，試製了 5 kW、20 kW H_2-空氣燃料電池組。

(1) **5 kW H_2／空氣電池組**

電池組由 30 節單電池構成，電極工作面積為 573 cm^2，氧電極採用 Pt 含量（質量比）為 46～50%的 Pt/C 電催化劑製備，Pt 負載量為 0.4～0.6 mg/cm^2。氫電極仍採用 20%（質量比）Pt/C 電催化劑製備，Pt 負載量為 0.2 mg/cm^2。用上述電極與 Nafion 1135 膜製備 MEA。氫氣與空氣逆流操作，氫的利用率控制在 ≥ 98%，空氣中氧的利用率控制在 40～50%之間。氫氣採用尾氣回流增濕。空氣採用外增濕器增濕。圖 4-128 為 5 kW H_2／空氣電池組外貌。圖 4-129 為電池組的伏一安曲線。

圖 4-128　5kW 氫／空氣電池組

(2) **20 kW H_2／空氣燃料電池組**

電池組由 128 節單電池構成，其他與上述 5 kW H_2／空氣燃料電池組相同。圖 4-130 為 20 kW H_2／空氣電池組外貌。圖 4-131(a)為電池組伏一安曲線，圖 131(b)為電池組內各節單電池的電壓分佈。

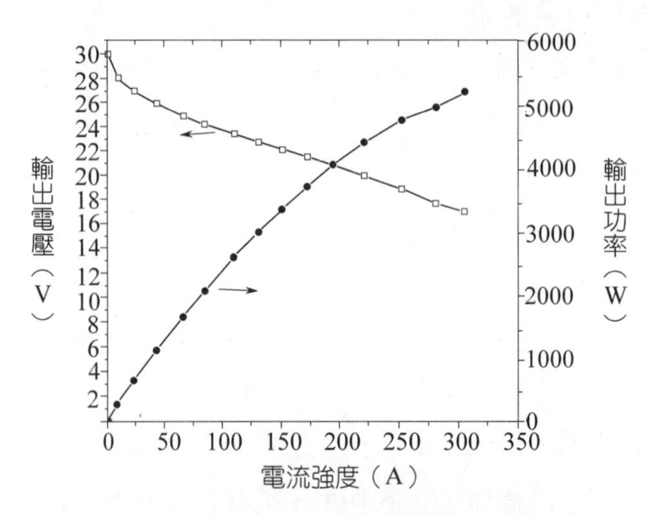

圖 4-129　5 kW 氫／空氣電池組的電性能

圖 4-130　20 kW 氫／空氣電池組

由圖 4-131(b)可知，各節單電池電壓分佈較均勻，最大與最低單電池電壓相差 ≤ 30 mV。依據伏一安曲線圖可查得在電池額定功率 20 kW 時，每節單電池的平均電壓為 0.72 V。因此，對以氫氣為燃料的電池組，其低熱值的能量轉化效率f_L 為：

$$f_L = \frac{V}{1.25} \cdot f_g = 56.5\%$$

式中，f_g 為燃料利用率，計算時取值 0.98。其高熱值的能量轉化效率為：

$$f_H = \frac{V}{1.48} \cdot f_g = 47.6\%$$

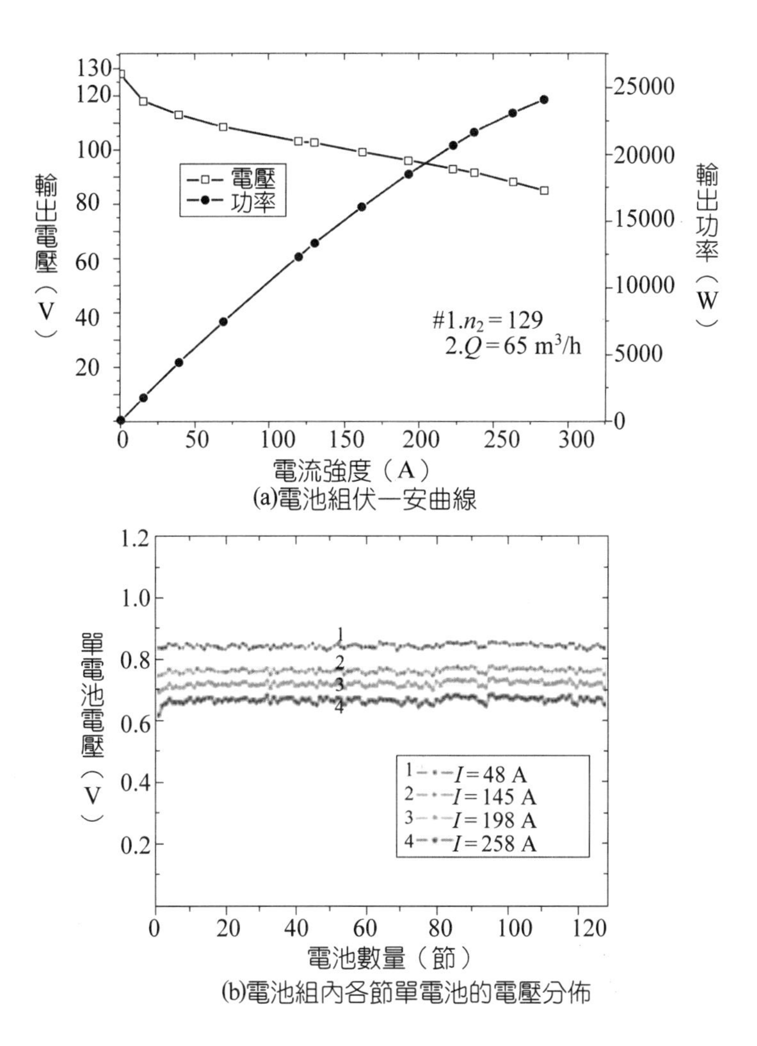

圖 4-131　20 kW 氫／空氣電池組電性能

5 電池組失效的原因

一臺 PEMFC 電池組，在長時間工作過程中，除因電催化劑中毒與老化，質子交換膜的老化、腐蝕與污染，導致其能量轉化效率低於設定值而必須更換外，有時在啟動、停工、運行，尤其是負荷大幅度變化時，電池組內某節或某幾節電池會失效，甚至發生爆炸燒燬，導致整臺電池組失效，主要原因有下述兩種。

◎反極導致電池組失效

正如第 1 章 1-8 節以鹼性電池為例分析指出，當電池組在工作時，若電池組某個單電池不能獲得相應於工作電流下化學劑量的燃料供應，氧化劑會經隔膜遷移至燃料室，以維持電池組內電流的導通。若某節單電池不能獲得相應化學劑量的氧化劑供應，則為了維持電池組電流的導通，燃料將經隔膜遷移到氧化劑室。一旦發生這兩種情況的任何一種，均會導致燃料與氧化劑在一個氣室的混合，在電催化劑的作用下可能產生燃燒、爆炸，進而燒燬一節或幾節單電池，導致電池組失效。

對PEMFC電池組，當某節單電池發生反極[13]時，電化學反應的變化如下：

(a)燃料 H_2 氣供應不足，在陽極側：

正常電化學反應　　　　　　　　反極時的電化學反應

$$H_2 \longrightarrow 2H^+ + 2e^- \xrightarrow{\text{氫氣供應不足}} H_2O \longrightarrow 2H^+ + 2e^- + \frac{1}{2}O_2$$

(b)氧化劑氧氣供應不足，在陰極側：

正常電化學反應　　　　　　　　反極時的電化學反應

$$\frac{1}{2}O_2 + 2e^- + H^+ \longrightarrow H_2O \xrightarrow{\text{氧氣供應不足}} 2H^+ + 2e^- \longrightarrow H_2$$

對 PEMFC 電池系統，發生某節單電池氧化劑或燃料供應不足有下面幾種原因：

(1)供氣系統故障

如氫的減壓穩壓器突然失效，空壓機故障導致供氣量減少或停止工作等，若此時電池組對外輸出不斷開，電池組內一定要發生某節單電池首先反極。

(2)電池排氣系統故障或與原料氣純度不匹配

如氫氣排氣電磁閥失靈，導致氫氣長時間無排放，或原設定排氣量不適應偶然使用過低氫濃度的反應氣。這種情況一旦發生，也終將引起電池組某節單電池由於惰性氣體積累，首先發生反極。

(3)雙極板流場加工不均勻性

MEA製備的不均勻性和組裝時密封件變形和MEA壓深的不均勻性等導致電池組內各節單電池阻力分配不均，一旦出現阻力過大或阻力過

[13] 反極（Reverse electrode reaction），相反之電極反應。

小的單電池，在電池組高功率運行時或過載時，阻力過大的單電池可能呈現反極。

⑷**反應氣氣速過低**

對 PEMFC，正如水管理一節所述，一般總存在部分或大部分電化學反應生成水以液態水排出，反應氣室內為兩相流。若流場設計時不能確保反應氣具有一定的線速度（如小於 5 m/s），即反應氣氣速過低，不能及時將反應生成的液態水吹掃出電池，導致液態水在某節單電池流場內累積，尤其嚴重的是在單電池出口處累積，導致該節單電池阻力增大，嚴重時不能獲得充足的氧化劑（如氧）的供應而出現反極。

消除電池組某節單電池反極，要從提高單元元件（如供氫減壓穩壓器、尾氣排氣電磁閥、空壓機等）的可靠性，改進電池關鍵元件製備（如流場、MEA）的均勻性，改進流場設計、電池組密封結構和組裝技藝入手，盡可能使電池組內各節單電池阻力分配均勻，並使液態水不在電池組內累積等。加強應用基礎研究與技術開發，並選用可靠的單元元件，應能減少反極發生的機率。

加強檢測與控制，這種反極導致電池組失效的事故是可以避免的。因為電池組某節單電池呈現反極的時候，它變為電池組的負載，其工作電壓由正常發電時的正值變為內負載時的負值，即其電壓值變化必定通過「0 V」。所以在電池組工作時，監測電池組內各節單電池的工作電壓，一旦電池組內某節單電池的工作電壓達到「0 V」，立即切斷電池的負載，則這種反極導致電池組失效的事故就不會發生。但因電池組內各節單電池的氣室體積均很小（一般為毫升級），當以空氣為氧化劑或以重組氣為燃料時，這種反極過程為秒級，因此要避免電池組反極發生，要求監測電池組各節單電池電壓的巡檢儀（包括數據處理與切斷負荷的執行過程）應在幾十毫秒至幾百毫秒內發現異常情況並完成切斷電池負載的操作。

◎質子交換膜損壞導致電池組失效

眾所周知，質子交換膜在 PEMFC 中除起傳導質子功能外，還起分隔燃料與氧化劑作用。一旦某種原因導致某節單電池質子交換膜局部損壞（如破裂），必然導致燃料與氧化劑的混合，在電催化劑的引發下必將產生燃燒與爆炸，燒燬電池組內某節或幾節單電池，導致電池組失效。可能導致 PEMFC 電池組內某節單電池 MEA 中質子交換膜突然損壞的原因有下述幾種：

(1)熱點擊穿

對 PEMFC 電池組，其工作電流密度設計點越來越高，有時高達 1 A/cm^2。由於電池組內各節單電池間和每節單電池的電極各處排水或反應氣供應不均，均會導致在電極各處電流密度分配不均，進而產生電極某處工作電流密度過高，若電池組排熱系統不能及時將這些部位因局部電流密度過高而產生的過量廢熱排出，將導致電極局部溫度升高，出現熱點，最終導致質子交換膜熔化擊穿。這種情況一般在 PEMFC 電池組高功率運行或過載條件下發生。為避免和消除這種情況的發生，除採用高熱導率的材料（如金屬）製備流場與雙極板外，對設計高電流密度運行的 PEMFC 電池組，應每節單電池均加置排熱板，改進冷卻腔流場，做到冷劑在各節單電池間與每節單電池 MEA 各處分配均勻。

(2) MEA 製備時機械損傷與反應氣壓力波動

PEMFC 發展趨勢是採用越來越薄的膜組裝電池組，如採用 Nafion 112 膜（50 μm）或厚度 25 μm 的質子交換膜，以提高水的反滲透量，增濕陽極側與減少膜電阻，提高電池的工作電流密度與輸出功率。在採用薄膜製備 MEA 時，尤其在熱壓過程中，極有可能對膜產生一定損傷。在 PEMFC 電池組運行過程中，不管是氫壓高於氧壓，還是氧壓高於氫壓，均會對 MEA 施加一定的作用力，導致 MEA 極輕微的變形。在 PEMFC 電池組啟動與停工過程中，這種壓力差有時會更大。若電池組工作過程中，由於脈衝排氣或其他原因經常出現 $p_{H_2} > p_{O_2}$ 和 $p_{H_2} < p_{O_2}$，也極易導致 MEA 與雙極板邊緣密封處相鄰部位薄的質子交換膜損傷，尤其是在 MEA 製備時已有損傷的部位。

為防止由上述原因導致膜破損進而使電池組失效，一是應控制在 PEMFC 電池組啟動、停工與運行時均不產生過高的氫氧壓差，更重要的是不產生壓力差反向（即一會兒氫壓高於氧壓，一會兒氧壓高於氫壓）。二是應對製備的 MEA 進行預檢查，去除膜已有損傷的 MEA。一種可行的方法是在 MEA 一側通氫，另一側置於大氣中，用紅外線掃描儀測試 MEA 各處溫度分佈，有熱點的 MEA 證明其膜已有損傷，應剔除。

⑶膜的水含量急驟變化導致膜損傷

目前組裝 PEMFC 電池組廣泛採用的質子交換膜（如 Nafion 系列膜）尺寸穩定性（Dimensional Stability）較差，一般膜吸水時要溶脹，失水時要收縮，變化幅度高達 10～20%。若 MEA 製備條件不合適，或在電池啟動、停工過程中引起膜的水含量大幅度急驟變化，或電池運行過程預增濕能力不足，甚至反應氣不增濕條件下突然大量排放尾氣等，均會導致 MEA 中膜的尺寸急驟變化。因 MEA 在電池組中已由電池組的密封結構固定，這種因膜中水含量急驟變化導致 MEA 中膜的溶脹與收縮將有可能導致膜的破裂，使電池組失效。

為防止膜中水含量突變，對長時間不運行的電池組，在啟動時要慢慢增加電池的負荷。電池組長時間停止運行，要用乾氮氣吹掃電池組，氮氣的流速不能太高。儘量減少電池組在運行過程中的突然大排氣，尤其是能導致電池組反應氣壓力大幅度下降的大排氣，因為這種大排氣會導致電池組 MEA 中水分的快速蒸發，極易使膜快速失水，嚴重時膜收縮破損。

4-8 電池系統

燃料電池是一種能量轉換裝置，它以電化學的方式發電，與各種電池類似；但它的工作方式則與內燃機類似，即它要把化學能轉化為電能，必須連續不斷地向電池送入燃料（如氫氣）和氧化劑（如空氣）；並連續排出反應產物水和一定的廢熱，以維持電池的物料與熱的平衡。電池組的水、熱管理在前幾節已闡述，本節以燃料、氧化劑供應系統、電池系統控制和輸出電的管理等為主。圖 4-132 是大連新源動力股份有限公司研製的轎車用燃料電池發動機照片。圖 4-133 為 PEMFC 電池系統的流程。圖 4-134 是 PEMFC 車用燃料電池發動機輸出特性曲線。發動機在 27 kW 額定功率下工作時的低熱值效率 f_L = 35%。H_2 利用率 ≥ 97%。

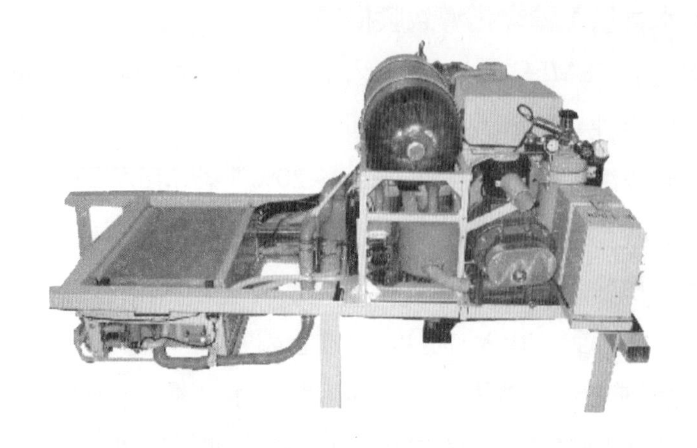

圖 4-132　燃料電池發動機

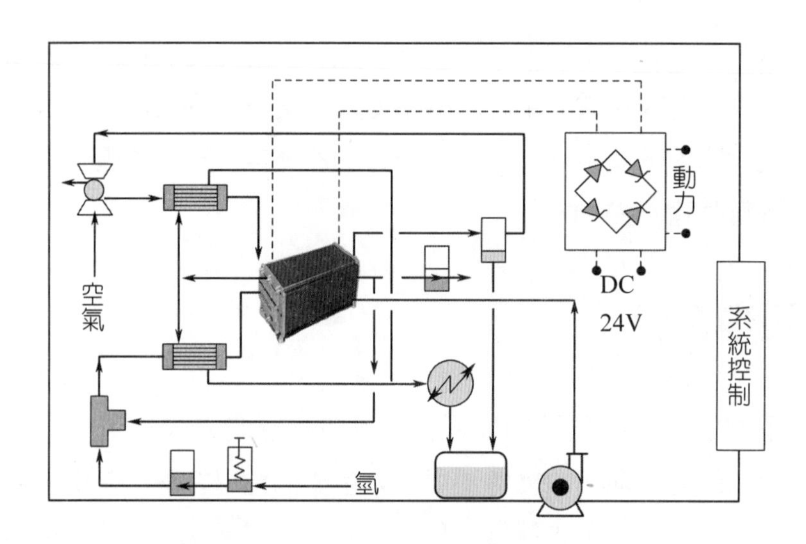

圖 4-133　PEMFC 電池系統流程

1 氫源

氫在地球上以化合物的形式（如水、碳氫化合物）存在。氫在化工過程（如各種加氫過程）中已獲得大量成功的應用，製氫技術是成熟的。工業過程中大規模製氫過程是各種烴類的蒸氣重組過程，如天然氣重組製氫、煤氣化製氫等。氯鹼工業和氯酸鹽工業還有大量的副產物氫氣。氫的純化過程（如膜分離過程和變壓吸附過程）技術也相當成熟。

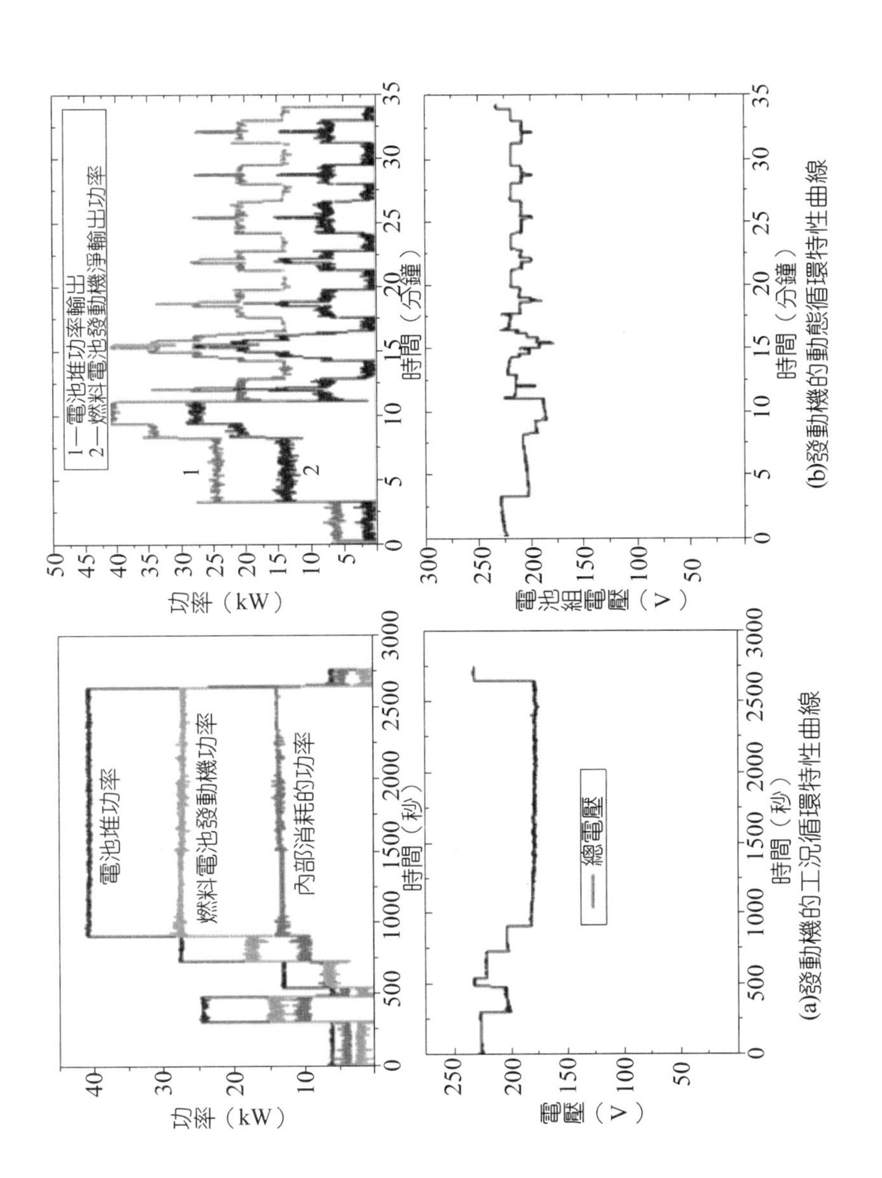

(a)發動機的工況循環特性曲線

(b)發動機的動態循環特性曲線

圖 4-134 車用燃料電池發動機工況曲線

由於氫的液化溫度是−252.6℃，在室溫下氫以氣態存在。對化工過程用氫，均現場製造。若將氫作為一種高效能量載體，利用燃料電池將氫能轉化為電能，則氫的儲存與輸送是必須解決的技術與工程問題。

◎貯氫

氫的儲存有多種形式。目前主要的是以氣態（即高壓氣瓶）貯氫、液態（即以液氫形式）儲存、可逆金屬氫化物和不可逆金屬氫化物形式儲存。正在開發的有碳奈米管貯氫、低溫多孔碳吸附儲存氫等。

(1)高壓氣瓶貯氫

目前廣泛採用高壓鋼瓶貯氫，氫的儲存壓力為 15 MPa，體積約 40 L，貯氫約 6 m^3，其貯氫密度僅為 1%。正在發展質量輕、耐高壓的複合材料貯氫氣瓶（如玻璃纖維增強的鋁瓶、碳纖維增強的鋁瓶等），其貯氫壓力可增至 30MPa，貯氫密度可達 3%左右。但氫瓶貯氫壓力越高，加壓氫氣耗能越高。充氫壓力為 30.0～50.0 MPa時，加壓氫氣能耗約為氫能的 7%左右。至今各國開發的燃料電池電汽車，有近半數是採用高壓氫瓶，如德國的 DC 公司 1997 年開發 Nebus 客車即採用玻璃纖維增強的鋁瓶貯氫，貯氫壓力 30 MPa。貯氫系統由 7 個 150 L 的氫瓶構成，可以儲存 21 kg 氫，供 250 kW PEMFC 驅動客車行駛 250 km。

(2)液態貯氫

由於氫在室溫下為氣體，液化溫度為−252.6℃，所以液氫必須儲存在類似杜瓦瓶（Dewar bottle）的液氫貯罐內。液氫貯罐分為內外兩層，為減少輻射傳熱，兩層之間加入多層反射層（如鍍鋁滌綸薄膜），為減小對流傳熱，兩層之間還必須抽真空。為適應抗衝擊、抗振動的要求，兩層間還必須採用低熱導率的工程塑料製備的支撐球進行多點支撐等。即使這樣，也還會有一定熱量由環境傳入貯罐內，使液氫氣化，這部分氣化的液氫不排出，會導致貯罐壓力升高。因此對運輸用的液氫儲存瓶，要求氣化氫儘量少，即貯氫瓶的絕熱性要好。而當以液氫貯罐為車用 PEMFC 提供燃料時，因為 PEMFC 工作時要消耗氣氫，這部分氣化氫可減小電池系統內耗。也就是說，對液氫貯罐絕熱性要求要依據使用情況確定，並非絕熱性越高越好。

液態貯氫的最大優點是儲存等量氫時體積與質量均遠小於高壓貯氫。但是氫的液化要消耗氫能 20～30%，而且技術複雜（如液氫貯罐製備技術），加上要得到液態氫必須使用高純氫，這會增加氫淨化過程的難度與能耗。

液氫儲存已成功用於太空飛行用燃料電池的燃料氫供應，DC 公司開發 Necar 4 和通用公司（GM）開發的氫動 I 號電汽車都採用液氫作為 PEMFC 發動機的燃料。

⑶**可逆金屬氫化物貯氫**

所謂可逆金屬氫化物貯氫即利用金屬氫化物（如 $LaNi_5$）貯氫，這類合金可在一定條件下吸收氫生成金屬氫化物，而在一定的溫度與壓力下，又能將吸收的氫釋放出來。

採用金屬氫化物貯氫的主要優點是貯氫密度高，與液氫貯氫相當，而且充氫壓力也比較低，僅 1.0 MPa 左右，氫加壓功耗低。其不足之處是要求氫的純度高，增加了氫淨化的難度和功耗，而且由於合金密度大，單位質量貯氫能力低。

目前廣泛研究與應用的貯氫材料主要有稀土系、鈦系與鎂系。鎂系貯氫合金主要是 MgNi 與 Mg_2Cu，Ni 和 Cu 的加入可增加貯氫合金的吸放氫速度。氫的儲存主要以 MgH_2 為主，其貯氫量可達 7.6%（質量比），但由於 MgH_2 吸放氫溫度高達 280～320℃，大大高於低溫電池（如 PEMFC）的工作溫度，不能使用。

適於 PEMFC 應用的貯氫材料為 $LaNi_5$ 合金。它在室溫就有很好的吸放氫性能，平臺特性好，製備技術成熟，但由於合金的密度大，貯氫量僅達 1.4%（質量比）。鈦系貯氫材料主要是 TiFe 和 TiMn 合金，貯氫量可達 2.0%（質量比），仍偏低，其優點是比稀土合金價廉，但製備技術不如稀土合金成熟。日本豐田公司開發了用 100 kg Ti 系貯氫合金貯氫容器，貯氫 2 kg，用作車用 20 kW PEMFC 發動機的燃料。

貯氫合金貯氫特別適於小功率便攜式 PEMFC。表 4-14 是加拿大 Ballard 公司開發的與 25W PEMFC 配套的不同貯能量的貯氫器質量與尺寸。

表 4-14 Ballard 公司 PEMFC 便攜式電源貯氫器貯能量與質量

電池系統元件	尺寸（mm）	質量（kg）	功率（W）	貯能（W · h）
電池組	85 × 85 × 235	1.7	25(12V)	—
貯氫器	85 × 85 × 120	1.6	—	250
貯氫器	85 × 85 × 200	2.8	—	500
貯氫器	85 × 85 × 365	5.0	—	1000

(4)不可逆金屬氫化物貯氫

這類氫化物（如 LiH、$NaBH_4$ 、KBH_4 ）與水反應可產生氫：

$$LiH + H_2O \longrightarrow LiOH + H_2 \uparrow$$

$$NaBH_4 + 4H_2O \longrightarrow NaOH + H_3BO_3 + 4H_2 \uparrow$$

$$(NaH_2BO_3 + H_2O)$$

反應所需水可由燃料電池生成水供給，理論上可構成閉路循環。由於這類金屬氫化物中的金屬為輕金屬，而且產物中有一些氫來自水分子中的氫，所以對同樣質量的金屬氫化物，它的放氫量遠高於可逆金屬氫化物的放氫量。這種製氫方法特別適於為小型可移動 PEMFC 電池提供氫源。

D. Browning 等[52] 對上述幾種貯氫方法，每千瓦裝置的貯能量作了對比，為便於比較，同時列出了 Ni-Cd 和 Li 離子電池，結果如圖 4-135 所示。由圖可知，採用複合材料容器高壓貯氫的 PEMFC 電池所提供

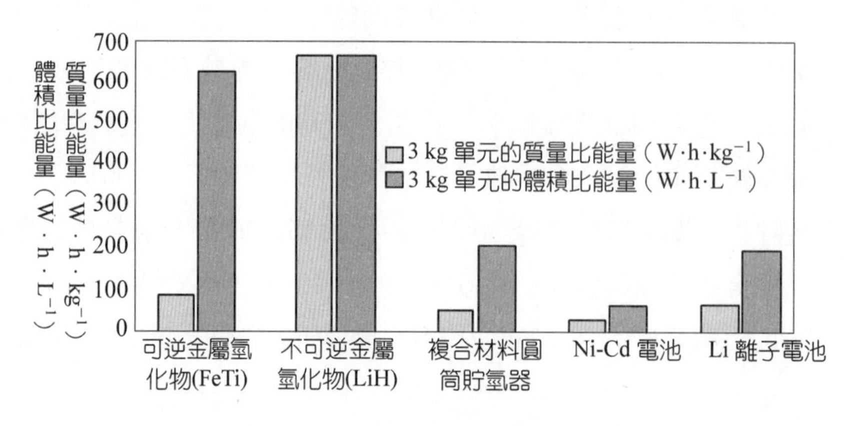

圖 4-135 各種貯氫方法的比較

的能量與Li離子電池相近，優於Ni-Cd電池，而採用不可逆金屬氫化物 LiH 貯氫，質量與體積比能量均遠優於 Li 離子電池。因此採用複合材料容器高壓貯氫和不可逆金屬氫化物貯氫是可移動的小型動力源首選方案。

◎現場製氫（**On site hydrogen production**）

至今上述各種貯氫技術均存在不足之處，有待技術進步，如正在開發的碳奈米管貯氫。為燃料電池提供氫源的另一種方式是現場利用碳氫化合物重組製氫，製得的氫直接供給燃料電池。

對地面定點使用的燃料電池電站或備用電源、家庭分散電源，由於對製氫分系統的體積和質量無嚴格限制，可移植工業上成功的蒸氣重組製氫與淨化技術，研究開發的重點在於：①解決當燃料電池輸出功率變化時，製氫分系統的響應問題；②系統集成優化問題，即將燃料電池與製氫分系統統一考慮，如利用燃料電池尾氣為重組反應氣供熱、利用燃料電池廢熱為燃料（如CH_3OH）升溫與氣化供熱等，提高系統的效率。

目前世界各國研究的焦點是利用醇類或碳氫化合物重組反應為各種作為移動動力源〔如中等功率（幾十千瓦至幾百千瓦）PEMFC〕提供氫源。蒸汽重組反應為吸熱反應，反應器需外部供熱（如由燃燒部分醇類或碳氫化物），所以它的啟動時間長，響應慢，難以適應汽車、潛艇對快速啟動與功率變化頻繁的需求。研究重點為自熱式的部分氧化重組（Partial Oxidation Reform, POR），即在醇類或碳氫化合物與水蒸氣混合氣體中加入一定的空氣或氧氣，在部分氧化重組器內，氧與醇或烴反應，產生熱量以維持反應溫度恆定。在啟動時，使反應器快速升溫至反應器設定溫度，縮短啟動時間。

POX 反應器由燃料脫硫、部分重組氧化、低溫變換和CO的選擇消除等四個主要部分組合而成。CO 的消除可用甲烷化法（即 CO 加氫為甲烷）或氧化法（即在反應體系加入定量的空氣或氧），使 CO 選擇氧化為 CO_2。CO 的消除程度與燃料電池陽極電催化劑抗 CO 能力和電池工作溫度密切相關。目前 PEMFC 工作溫度低於 100℃，一般為室溫至 80℃，希望 CO 能夠淨化到小於 10×10^{-6}，採用性能良好的抗CO電催化劑（如Pt-Ru/C電催化劑），最好採用雙層結構的電極，CO 可淨化到$(50\sim100)\times10^{-6}$，燃料電池的性能稍有下降，但能穩定工作。對採用 CH_3OH 作原料、POX 製氫時，由於部分氧化重組和低溫變換反應器工作溫度均較低（僅 200～250℃），不宜採用甲烷化消除 CO，適於採用選擇氧化法淨化 CO。

DC 公司開發的 Necar 5 電動轎車，採用 CH_3OH 車載製氫作為 PEMFC 的燃料，這臺車已完成從美國東海岸到西海岸的行駛，成為燃料電池電汽車開發過程中的里程碑。

圖 4-136 為中國科學院大連化學物理研究所開發的為 30 kW PEMFC 供氣的甲醇部分氧化重組製氫分系統的照片。圖 4-137 為中國科學院大連化學物理研究所開發的為 5 kW PEMFC 供氫的甲醇部分氧化重組製氫系統與電池聯合試驗結果。

圖 4-136　30 kW 甲醇製氫 PEMFC 氫源系統

除醇類部分氧化重組製氫外，國內外正在研製開發車用汽油部分氧化重組製氫，作為PEMFC驅動電汽車的氫源。這樣一來，可利用已有汽油供應設施。圖 4-138 為美國 IFC（國際燃料電池公司）開發的為 50kW PEMFC 供氫的汽油部分氧化重組製氫試驗裝置圖[53]。

儘管車載甲醇和汽油部分氧化重組反應器已取得很好進展，並已裝車試運行取得成功，但已發展的管形反應器或平板式的反應器的體積與質量仍難於適應車載要求。利用各國科學家正在開發的輕便的微通道反應器和換熱器組裝車載烴類或醇類部分氧化製氫反應器是研究的方向[54]。

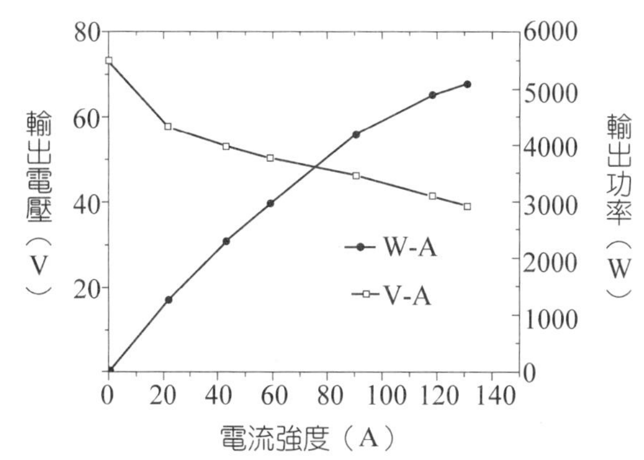

H_2 ：43.5%, CO：2×10^{-6}；p_{H_2}/p_{O_2} = 0.20 MPa/0.23 MPa，
T_{cell} = 64℃，H_2 利用率：64%

圖 4-137　重組氣為燃料的電池組的伏－安曲線和功率曲線

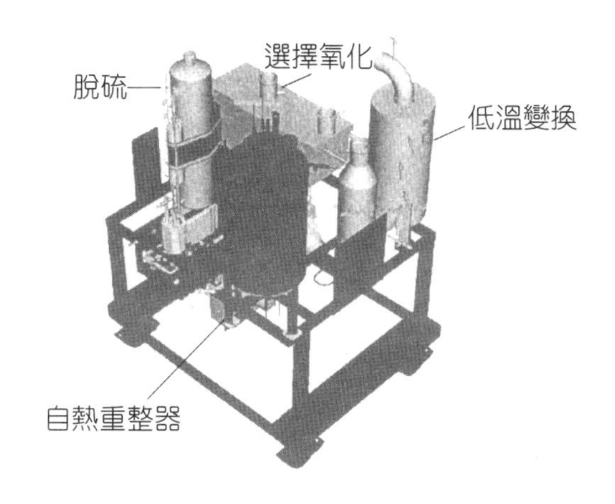

圖 4-138　50 kW PEMFC 汽油部分氧化重組製氫試驗裝置

2 氧化劑供給

對PEMFC廣泛採用的氧化劑是氧。對太空和水下應用的PEMFC，採用純氧作氧化劑，純氧可由電解水或空氣分餾製備。為減少純氧供給分系統的質量與體積，對 PEMFC 功率大於 1 kW 的動力系統，一般採用液氧，液氧也儲存在類似杜瓦（Dewar）瓶結構的液氧容器內。對功率小於 1 kW 的 PEMFC 也可採用高壓氣瓶儲存氣態氧。

空氣中含有 21%（摩爾分數）的氧，所以對地面應用 PEMFC 均選用空氣作氧化劑。當採用空氣作氧化劑時，空氣的供給方式有兩種，一種是採用風機或風扇（適用於小功率電池組）供氣，此時PEMFC反應氣工作壓力接近常壓。採用常壓供氣的優點是風機或風扇功耗低，大幅度降低了電池系統的內耗；同時風機與風扇製造簡單、售價低，可降低電池系統的成本。其主要缺點是電池組氧陰極極化大於採用加壓空氣的極化，即電池組性能下降，空氣在電池組內各節單電池間分配不如採用加壓空氣時均勻，即電池組內各節單電池間工作電壓差別增大。更重要的是當採用常壓空氣供氣時，進入電池前空氣增濕的相對濕度要高，否則會導致電池組內膜電極「三合一」組件的失水，大幅度降低電池性能。因此至今世界各國開發的大功率、地面應用的 PEMFC 電池系統（如車用 PEMFC 發動機）均選用加壓空氣供氣。低成本、低功耗、低質量體積比的空壓機開發已成為研究的熱點。

美國能源部為適應電動汽車用燃料電池發動機的需要，已與 Honeywell Engines & Systems 等公司簽訂合約，開發適於 50 kW PEMFC 使用的透平、渦輪式壓縮機。試製已證明當壓縮比為 3 時，供應 50 kW PEMFC 所需加壓空氣的空壓機功耗為 5 kW 左右，即占電池組發電能力的 10%左右。

當空氣通過 PEMFC 電池組時，壓力降一般僅有 0.02～0.03 MPa，為減少空壓機的功耗，可用燃料電池出口的空氣帶動膨脹機與空壓機電動機聯合為空壓機提供動力，進一步降低空壓機的功耗。

3 電池系統的控制

燃料電池是一種能量轉換裝置，PEMFC 是目前主要用作可移動的供電裝置。一臺自動運行的 PEMFC 系統相當於一個自動運行的化工廠。它的控制主要分三個方面：①電池系統的啟動與停工；②維持電池系統穩定運行的各操作參數的控制；③對電池運行狀態進行監測、判斷，發現電池系統可能出現各種故障的前兆，並依據系統特性進行處理，使電池系統恢復穩定運行；若無法恢復到穩定狀態，應及時停機，防止損壞電池組或電池系統的零元件，並發出停機報警信號，通知用戶。

燃料電池系統控制方案和控制邏輯的制定與燃料電池組的工作特性、各輔助元件（如空壓機、增濕器、閥件與傳感器等）的技術水準與特性、用戶的需求等密切相關。在制定控制方案之前對各種操作參數對電池性能的影響、各主要輔助元件的工作特性與電池組在運行中可能出現的各種故障診斷與補救措施等均需進行大量實驗，甚至進行模型（modelling）與仿真（simulation）研究，在此基礎上再制定控制方案與控制邏輯。

◎操作參數的控制

PEMFC 操作參數控制主要是指反應氣工作壓力與尾氣排放量的控制、反應氣相對濕度控制與電池工作溫度控制。

(1)反應氣工作壓力與尾氣排放量控制

當採用純氫、純氧作反應氣時，可採用減壓穩壓器控制反應氣工作壓力，此時尾氣排放有兩種方式。一為連續排放，即在電池出口氣水分離器後加一個阻力限制器，確保電池出口反應氣壓力在預定值（一般比入口低 0.01～0.02 MPa），並有一穩定排氣量，這一數值與反應氣純度和電池組內各節單電池間阻力均勻性密切相關。採用尾氣連續排放方法的優點是電池組內反應工作壓力穩定；缺點是反應氣利用率低，因為排放量小時易導致反應氣中惰性氣體在電池組內阻力高的單電池內累積。另一種方法為脈衝排氣，即在尾氣氣水分離後加一常閉電磁閥，靠閥的開啟頻率與開啟時間控制排氣量。一般為定時排放，為提高反應氣利用率，也可依據電池工作電流調整閥的開啟頻率或每次開啟時間。這種尾氣排放控制方法的優點是反應氣利用率高，並能緩解由電池組內各節單電池阻力不均導致的惰性氣體在阻力大的單電池內累積；其主要缺點是在脈衝排氣時會導致電池反應氣工作壓力波動，尤其是電池組出口工作壓力的波動。這種波動一是有可能損傷 MEA，二是可導致電池出口 MEA 中的水分閃蒸，嚴重時導致 MEA 失水。

當採用風機供氣時，電池組以常壓空氣作氧化劑，則應依據電池預置空氣利用率和電池組工作電流密度控制風機的產氣量，一般採用變頻控制風機馬達，達到控制風機轉速，進而控制風機產氣量。若有空氣流量傳感器，應在空氣增濕器前置流量傳感器，測定空氣流量。對採用常壓空氣作氧化劑的電池，尾氣無需控制，過量氧氣與氮氣一起排入大氣即可。

採用空壓機供氣時，當空氣壓力達到預定值（如 0.2 MPa）後，應依據實驗確定的空氣利用率及電池組的工作電流，對空壓機透過變頻控制其產氣量，透過電動調節閥控制尾氣排放量。當空壓機帶膨脹機時，尾氣送入膨脹機回收能量。若有空氣流量傳感器，應在空氣進增濕器前加置流量傳感器，監測空氣流量。

用在線重組氣作燃料時，如在線甲醇部分氧化重組氣作燃料，應依據實驗測定的氫氣利用率和重組氣與電池總體效率最優原則，確定尾氣排氣量，排放尾氣送回重組器，為重組過程提供能量。

(2)反應氣增濕控制

對採用純氫、純氧作反應氣的 PEMFC，一般用氣源壓力作動力，採用噴射泵，用尾氣循環方法使進入電池的反應氣達到一定的相對濕度。回流比（指噴射泵回流的尾氣量與電池消耗的反應氣量之比）控制在 0.3～2.0 之間，最優為 0.5～1.0，此時電池進口處反應氣的相對濕度可達0.25～0.50。當採用尾氣回流對電池進口反應氣進行增濕時，宜採用氫、氧反應氣逆流操作。

對採用空氣作氧化劑的電池組，可採用中空纖維型增濕器對空氣進行增濕。為提高電池氣態排水份額，一般電池進口空氣的相對濕度控制在 0.3～0.5 之間，這樣也可減少增濕器的體積與負荷，此時宜採用反應氣（空氣與氫氣）逆流操作。若採用增濕器使空氣進電池的相對濕度達到 0.7～1.0，也可採用並流操作。

(3)電池組的工作溫度控制

首先要依據電池系統預置的操作參數〔如反應氣的增濕程度、反應氣工作壓力、尾氣排放量（尤其是空氣作氧化劑時）等〕確定電池組的工作溫度上限，即電池反應生成水全部以氣態排出時的電池工作溫度。考慮到電池組溫度分佈和控制參數（如進口反應氣增濕達到的相對濕度）的波動，一般控制的電池工作溫度上限要低於這一溫度，否則一旦操作參數有波動，很可能導致 MEA 失水、膜電阻上升，嚴重時導致電池組損壞。

目前絕大部分電池組採用超純水冷卻，為改進電極各處的電流密度分佈，進出電池組冷卻劑（如純水）的溫差一般應小於 5℃，有時可達到 10℃。

因 PEMFC 採用固體電解質，電化學反應生成水可以液態排出，在室溫就可以快速啟動，所以對電池組溫度控制的要求不像 AFC 那樣嚴格，在室溫至電池工作溫度上限之間可以浮動。但考慮到電池生成水氣態排水比例不太高時影響氧的質傳、增加濃差極化，尤其是當以空氣為氧化劑時，故最優方案為控制冷劑（如純水）流量，將電池工作溫度控制在如（75±5）℃的範圍內。

將電池組工作溫度控制在最佳值有兩種方式。最優方式為隨電池組輸出功率的變化，改變冷卻劑的流量，將電池組工作溫度固定在預置的區間內；另一種方式是固定冷卻劑的流量，控制進出電池組冷卻劑的溫差變化。當採用此種方式時，應依據電池組在最大輸出功率時的效率，計算冷卻劑進出電池組的最大允許溫差（如 15℃）下冷卻劑的最小流量，選用的冷卻劑流量應大於這一值。

◎預測控制與安全控制

⑴預測控制

PEMFC 電池系統各操作參數的變化均反映在電池組內各節單電池工作電壓上，因此各種故障可能引起的電池組不能正常運行的前兆也首先反映在電池組內某節單電池的工作電壓變化上。同時在電池系統運行時，監測電池組各節單電池工作電壓，依據電池組在穩定功率輸出時，某節單電池工作電壓的變化和可能引起這種變化的原因，在電池組事故發生前採用某些措施，排除故障，使電池組恢復到正常運行狀態。如某節單電池電壓突然下降，有可能是液態水在此節單電池出口累積，導致惰性氣體在此節單電池氣腔累積，此時可採用短時間脈衝排氣，將此節單電池出口累積的液態水排出，電池組可恢復正常運行。

⑵安全控制

對 PEMFC 電池系統的安全控制包括兩方面內容，一是氫的安全，二是保護電池組盡可能在事故中不損壞。

①保護電池組

正如 4-7 第 5 小節電池組失效原因所述，各種失效原因最終均導致氧化劑與還原劑在某節單電池氣腔內混合，此時這一節單電池電壓會降至 0，因此當檢測到電池組某節單電池工作電壓低至 0.1～0.0 V 時，應立即切斷負載，同時切斷反應氣的供應。此時若電池組某節單電池電壓突降由反極引起，電池組並不會損壞，若由膜破裂引起，損壞單電池的節數也最少。當電池工作溫度超過設定的上限值，反應氣體工作壓力超過預定的上限或低於預定值的下限，均應停機，對電池冷卻系統和反應氣供給系統進行檢修。

②氫安全

PEMFC系統在運行中，由於電池組密封件的變形、振動等均可導致反應氣外漏，氫漏入空間，是事故的隱患，尤其是在密閉空間使用的電池系統。因此除改進電池組與管路的密封以防萬一外，應在電池系統空間加置氫傳感器對空間氫濃度進行檢測，當氫濃度達到預定值（如 0.5～1%）時，應停機檢修。對採用水冷卻的電池系統，尤其應檢測貯水罐上部氣腔內的氫濃度，一是因為氫可能由電池組燃料腔滲漏到冷卻水腔，由冷卻水帶入水罐；二是一旦水的電導升高（由於電池或冷卻管路的污染），在冷卻水流經電池的共用管道內可能發生水電解反應，生成的氫、氧氣可隨冷卻水帶入水罐中。

4 電的管理[55]

燃料電池適於低電壓、大電流輸出，其原因一是燃料電池工作電流密度可達 $1A/cm^2$；二是增大電極工作面積，對同等功率輸出電池組來說，可減少電池組單電池的個數，有利於反應氣在電池組內的分配，改善單電池電壓分佈的均勻性。

燃料電池內阻比較大，動態內阻一般為毫歐姆級。通常，一臺燃料電池組在峰值功率輸出的工作電壓僅為其「0」輸出，即開路電壓的 1/2 左右。而且由於氧的電化學還原反應的交換電流密度低，在輸出的化學極化控制區，隨著工作電流的增加，電壓的下降幅度較大，也就是說，在部分負荷工作時，電池工作電壓也僅為電池開路時電壓的 2/3～3/4。也由於燃料電池內阻大，它對電機啟動時功率脈衝適應能力差。

部分用戶需要電壓穩定的直流電〔如（28±2）V〕，而大部分用戶需要性能良好的交流電（如 220 V，50 Hz）。考慮到 PEMFC 特點與用戶的需求，必須對電池電輸出進行管理。一般電池直流輸出接直流升壓穩壓器（DC/DC），將燃料電池輸出直流電穩定在用戶需要的範圍內，不隨電池輸出功率的變化而變化。對交流用戶，需再接一個直流交流轉換器（DC/AC），將直流電變為一定頻率的單相或三相交流電，如約 220 V、50 Hz、約 380 V、50 Hz 等。為適應像電機啟動峰值功率這樣的要求，還可與燃料電池輸出並接一組蓄電池，如 Pb-H_2SO_4、Ni-MH、Li 離子電池或超電容，在峰值脈衝功率時供電，同時可再加置一個功率與蓄電池匹配的DC/DC，在燃料電池正常輸出時為蓄電池充電。圖 4-139 為其原理方塊圖。

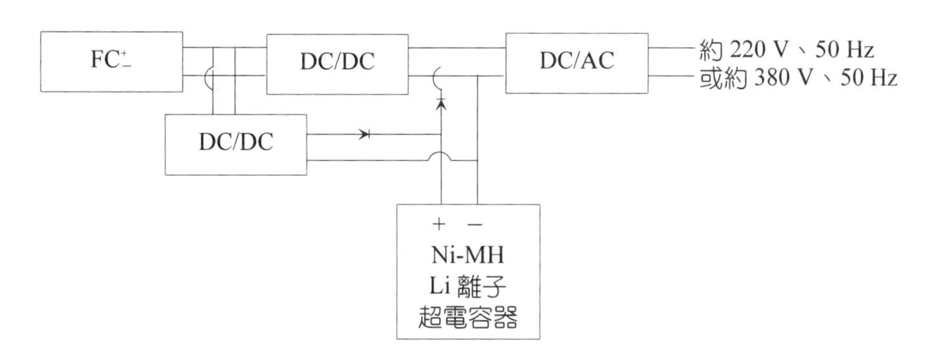

圖 4-139　燃料電池和蓄電池並聯供電原理圖

5 電池系統的效率

當以純氫為燃料、空氣為氧化劑時，電池系統或燃料電池發動機效率有兩種測定和計算方法：一是測定電池系統的淨輸出功率和電池組輸出功率，同時用氫質量流量計測定電池系統的單位時間耗氫量，進而計算與之相應的氫的低熱值（生成氣態水）或高熱值（生成液態水），分別除以電池系統淨輸出功率或電池組輸出功率，即可獲得電池組或電池系統的低熱值或高熱值的能量轉化效率。二是測定電池組的輸出電壓，並除以電池組的單節電池數，求出電池組平均單電池工作電壓 $\bar{V}$，同時測定電池系統的尾氣的排氫量，將其除以電池系統的進氫量，得電池系統的氫的利用率 f_{H_2}，並定義電池系統的輔助系統效率為：

$$f_{aux} = \frac{V_{cell} - W_{aus}}{W_{cell}} \tag{4-11}$$

式中，W_{cell} 為電池組輸出功率；W_{aus} 為電池系統輔助系統（如空壓機、排熱水泵及控制系統）的總耗功，即內耗的總功率。這樣一來電池系統的低熱值效率 f_L 為：

$$f_L = \frac{\overline{V}}{1.25} \cdot f_{H_2} \cdot f_{aus} \qquad (4\text{-}12)$$

高熱值效率f_h為：

$$f_h = \frac{\overline{V}}{1.48} \cdot f_{H_2} \cdot f_{aus} \qquad (4\text{-}13)$$

圖 4-140 為圖 4-132 燃料電池發動機的電池堆效率、輔助系統效率和發動機效率與發動機工作電流的關係。因為發動機空壓機內耗高（功耗最大達 13 kW），儘管電池堆效率在 55～60%之間，發動機效率也僅 35%左右。因此，為了提高發動機效率，必須開發高效、低功耗的空壓機。

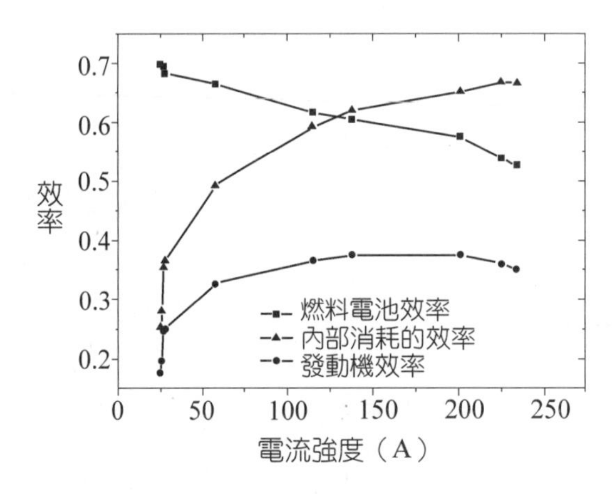

圖 4-140　燃料電池發動機效率與工作電流的關係

4-9　質子交換膜燃料電池模型研究[56]

借助 PEMFC 數學模型，可以從理論上分析電池內部的質傳、傳熱和電化學反應過程，為電極結構的優化、流場的選擇、操作條件的優化提供指導；另外，PEMFC 數學模型是大功率電池系統模擬和優化的核心。

PEMFC數學模型分為機理模型和經驗模型兩種；按研究的PEMFC部位側重點不同，分為質子交換膜水傳遞模型、催化層數學模型、擴散層數學模型、氣體分配管與流場模型和描述 PEMFC 單電池與電池組的模型。

機理模型一般建立在比較合理的假設基礎上，運用基本的傳遞和電化學反應方程，能夠描述電池內部各部位的特徵，模型需要多個方程的聯立求解，其複雜程度隨考察參量的增加而增加。經驗模型相對來講比較簡單，不考慮電池內部的結構參數，依據表觀的伏一安曲線擬合出方程，方程中的參數盡可能具有一定的物理學意義，針對具體 $V-I$ 曲線求出這些參數，對改進電池有一定的指導作用，而且還可有效地用於商業化電池組的性能模擬，為電池系統的模擬、優化提供基本方程。

1 機理模型概述

在PEMFC中，質量傳遞在陽極流場（氣室）、陽極擴散層、陽極催化層、質子交換膜、陰極催化層、陰極擴散層、陰極流場 7 個區域中進行。圖 4-141 為 PEMFC 中傳遞區域示意圖。在陽極，氫氣擴散進入陽極電催化反應區發生電化學反應生成氫離子和電子；在陰極，氧氣擴散進入陰極電催化反應區發生電化學反應生成水：

$$H_2 \longrightarrow 2H^+ + 2e^-$$

$$\frac{1}{2}O_2 + 2H^+ + 2e^- \longrightarrow H_2O$$

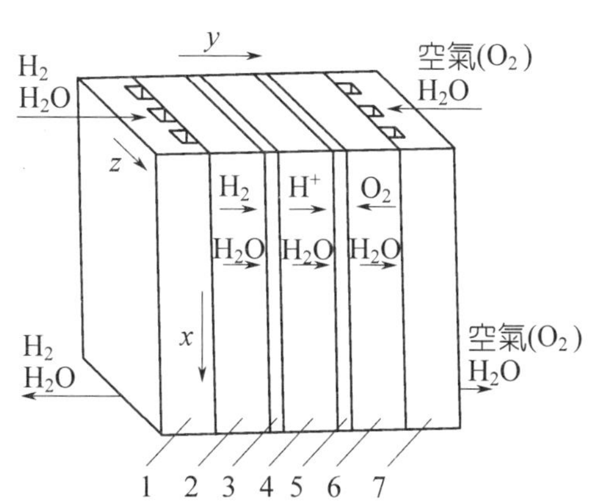

1—陽極流場；2—陽極擴散層；3—陽極催化層；4—質子交換膜；
5—陰極催化層；6—陰極擴散層；7—陰極流場

圖 4-141　PEMFC 中傳遞區域示意圖

◎質子交換膜水傳遞模型

由於電遷移的作用，電池工作時膜中陽極側的水向陰極遷移，導致在大電流密度時陽極側水含量減少，膜電阻增加。目前從文獻報導的膜中水傳遞模型有：擴散模型（diffusion model）[57]、對流模型（convective model）[58]、塵—流模型（dusty-f luid model）[59]、統計力學模型（statistical mechanical model）[60]。

⑴**擴散模型**

擴散模型是基於溶解擴散理論。假設質子交換膜是均相的、無孔的介質，溶解於膜中的水分子是由於電遷移的作用和電化學反應在陰極產生的水，導致濃度梯度而反相擴散，反向擴散方程採用Fick定律。在擴散模型方程中，擴散係數是水含量的函數，膜中水含量越大，擴散係數越大。如果陰極、陽極有壓力差，水在質子膜內的傳遞還有壓力遷移的作用。擴散模型中的膜的物化參數容易測量，因此容易求解水在膜中的分佈曲線。擴散模型的缺點是沒有考慮膜毛細力的作用。

⑵**對流模型**

對流模型中假設質子交換膜是多孔介質，水的傳遞與膜的孔結構有關。 Eikerling建立的對流傳遞模型綜合考慮了膜參數的相互作用，認為電遷移導致膜中水含量的不均勻分佈，毛細壓力是局部水含量的函數，將膜的結構性質與電流密度—電壓曲線的特徵結合起來，解釋了極限電流、歐姆控制區等。

⑶**塵—流模型**

Thampan採用塵—流模型來研究質子交換膜內的對流傳遞過程，膜的聚合物基體和磺酸基團被認為是微塵，膜中的極性分子（如水）與磺酸基團解離的H^+形成H_3O^+，膜中水的傳遞過程包括對流和擴散，模型應用了膜的一些物化參數，在可變的操作條件（如相對濕度、溫度）下，可計算出膜的傳導性。

⑷**統計力學模型**

統計力學模型假設膜中孔是圓柱形的，孔中充有N個水分子，每個水分子的偶極動量為μ，模型的關鍵立論是考察了充有水的膜孔中水合氫離子與非均一電荷分佈的孔壁之間的有效摩擦係數，由此導出質子的擴散係數。Paddison 的研究表明，採用統計力學模型研究膜內水和質子傳遞過程，理論計算結果與實驗結果相符合。這一模型的缺點是單獨地研究膜內水和質子傳遞過程，而沒有和 PEMFC 的具體條件結合起來。

◎催化層數學模型

PEMFC 催化層數學模型可分為兩類：一類是微觀模型（microscopic model）[61]，考慮微孔內的傳遞現象；一類是宏觀模型（macroscopic model），把催化層看成是一個整體[62~64]。

(1) PEMFC 催化層微觀模型

Bultel 建立的PEMFC 催化層微觀模型描述了催化劑和載體（碳顆粒、固體電解質）中幾個顆粒大小水準的質量傳遞和離子傳遞過程，催化劑及載體在空間上被認為是完全分離、孤立的物質[61]。雖然微觀模型能夠在微孔水準上詳細描述傳遞機理，但由於對計算的要求非常苛刻，不能用於整個 PEMFC 模型。

(2) PEMFC 催化層宏觀模型

宏觀模型將催化層看成是連續體，沿用控制方程來描述多孔介質中不同相之間的傳遞過程，通常一些參數被整合以求解方程。宏觀模型分為兩種主要的形式：宏觀均相模型（macro-homogeneous model）和聚集塊模型（agglomerate model），在這兩種模型中，用歐姆定律來描述質子傳遞過程，Bulter-Volmer 方程或它的簡化形式被用於描述電化學反應速率，兩種模型的區別在於應用的質量傳遞方程形式不同。

①宏觀均相模型

宏觀均相模型也叫擬均相模型（pseudo-homogeneous model），把多孔介質看成了均相，為分析求解催化層中的質量傳遞方程，假設催化層中的歐姆損失忽略不計，擴散—反應方程可簡化為如下的形式：

$$D^{\text{eff}}\nabla^2 c=\frac{1}{nF}ai_0\exp\left(2\frac{F}{RT}\eta\right)c \tag{4-14}$$

式中，D 為擴散係數；c 為反應物濃度；a 為常數；η 為過電位；F 為 Faraday 常數；n 為電子轉移數。宏觀均相模型能夠很好地描述 PEMFC 催化層的性能。

②聚集塊模型

在聚集塊模型中，認為催化劑和載體構成具有規則幾何尺寸的聚集塊，Chan[64]在 PEMFC 陰極催化層聚集塊模型中假設如下：（i）催化劑（碳一鉑顆粒）形成了聚集塊，聚集塊之間是氧氣能夠擴散通過的微孔；（ii）每一個聚集塊被固體電解質薄層包覆；（iii）聚集塊有均一的長度和幾何形狀；（iv）微孔足夠大，氧氣在孔中的濃度均一。透過合理的假設，可以數值求解擴散一反應方程。

PEMFC 陰極催化層宏觀均相模型與聚集塊模型的比較表明：用聚集塊模型得到在大電流密度區（>1A/cm²）電位快速下降；而用宏觀均相模型得到在大電流密度區（>1A/cm²）沒有出現電位快速下降的情況，即電位沒有偏離線性區。圖 4-142 為由聚集塊模型與宏觀均相模型計算得到的極化曲線。Broka[63]的研究還顯示：由宏觀均相模型得到的陰極催化層的電位明顯高於實驗值。掃描式電子顯微鏡（SEM）研究表明，催化層是多孔的，有用於氣體擴散的孔道，聚集塊模型更能描述催化層結構，認為聚集塊模型優於宏觀均相模型。

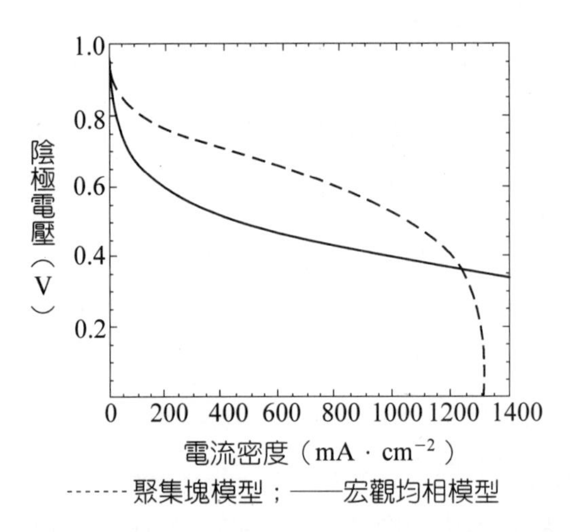

圖 4-142　由聚集塊模型與宏觀均相模型計算得到的極化曲線

催化層結構與電極製備技術密切相關，採用何種模型能精確地描述電極性能與具體的電極有關。Chan[64]和Broka[63]的模型均單一地研究電極催化層，沒有考慮膜電導和電極擴散層質量傳遞的影響。

◎擴散層數學模型

PEMFC 中擴散層一般有比較大的孔隙率和一定的排水性以傳遞反應氣和電化學反應產物水，由於陽極擴散層中質量傳遞過程比較簡單，擴散層的模型研究主要是在陰極。

電極擴散層中質量傳遞過程與流場的結構有關，Yi[65]假定電極擴散層是均相的，建立的數學模型能夠描述在具有交指狀流場的電極擴散層中的質量傳遞現象，認為在電極擴散層中質量傳遞方式是強制對流。該模型的缺點是假定水僅以水蒸氣的形式存在。

因為在反應氣中有液相水的存在使多孔陰極中的質量傳遞變得非常複雜，許多研究人員對這一過程進行了簡化。Nguyen假定陰極產生的液態水以小液滴的形式存在，並忽略了水的體積，認為水在擴散層中的傳遞方式是擴散[66]。Springer 認為液態水改變了氧氣傳遞的有效擴散係數[67]。Bernardi 認為擴散層中氣相孔道和液相孔道是分開的，液體和氣體相互沒有影響[62]。Wang 認為在擴散層氣、液兩相區，水的傳遞方式是毛細力的作用[68]。

◎單電池模型

為了模擬 PEMFC 的電流密度－電壓關係及電池內部的傳遞、反應現象，人們提出了許多不同的全面描述 PEMFC 的數學模型，按空間維數的不同有一維模型[57,62]、二維模型[65,66,68]、三維模型[69~71]，透過解析求解或數值求解，與實驗結果相對比，用來優化 PEMFC 的設計工作。

◎電池組模型

Thirumalai建立了結合單電池模型、流場模型和氣體分配管道模型的PEMFC電池組模型[72]，模型應用了三維Navier-Stocks方程描述分配管道中的流動，邊界條件由電池組的幾何形狀與單電池的電化學反應確定，採用簡單的層流流動描述流場中的流動，給出了反應氣的消耗量、氣體流速對壓力降的影響。為了求解模型，Thirumalai 對模型進行了簡化，忽略了電池組內的溫度分佈。

2 機理模型

◎模型中基本的數學方程

描述陰極、陽極擴散層中多組分氣相擴散的方程是 Stefan-Maxwell 方程：

$$\nabla x_i = \sum_{j=1}^{n} \frac{RT}{pD_{ij}^{\text{eff}}}(x_i N_j - x_j N_i) \qquad (4\text{-}15)$$

式中，x_i是組分i的摩爾分率；D_{ij}^{eff}是組分i和j的有效擴散係數；N_i是組分i的質傳通量。描述質子在膜內的傳遞採用 Nernst-Plack 方程：

$$N_i = -z_i \frac{F}{RT} D_i c_i \nabla \phi - D_i \nabla c_i + c_i v_m \tag{4-16}$$

式中，ϕ是電位；v_m是膜中水的流動速率。描述多孔介質內的流體流動採用修正的 Schlogl 方程：

$$v = \frac{k_\phi}{\mu} z_f c_f F \nabla \phi - \frac{k_p}{\mu} \nabla p \tag{4-17}$$

式中，k_ϕ是電滲透係數。催化層內的質量傳遞方程主要有亨利定律、Fick 定律，描述流道中氣體流動採用 Navier-Stokes 方程：

$$\begin{aligned}
u\frac{\partial(\rho u)}{\partial x}+\upsilon\frac{\partial(\rho u)}{\partial y}+\omega\frac{\partial(\rho u)}{\partial z} &= -\frac{\partial P}{\partial x}+\frac{\partial}{\partial x}\left(\mu\frac{\partial u}{\partial x}\right)+\frac{\partial}{\partial y}\left(\mu\frac{\partial u}{\partial y}\right)+\\
&\quad \frac{\partial}{\partial z}\left(\mu\frac{\partial u}{\partial z}\right)+S_{px}\\
u\frac{\partial(\rho \upsilon)}{\partial x}+\upsilon\frac{\partial(\rho \upsilon)}{\partial y}+\omega\frac{\partial(\rho \upsilon)}{\partial z} &= -\frac{\partial P}{\partial y}+\frac{\partial}{\partial x}\left(\mu\frac{\partial \upsilon}{\partial x}\right)+\frac{\partial}{\partial y}\left(\mu\frac{\partial \upsilon}{\partial y}\right)+\\
&\quad \frac{\partial}{\partial z}\left(\mu\frac{\partial \upsilon}{\partial z}\right)+S_{py}\\
u\frac{\partial(\rho \omega)}{\partial x}+\upsilon\frac{\partial(\rho \omega)}{\partial y}+\omega\frac{\partial(\rho \omega)}{\partial z} &= -\frac{\partial P}{\partial z}+\frac{\partial}{\partial x}\left(\mu\frac{\partial \omega}{\partial x}\right)+\frac{\partial}{\partial y}\left(\mu\frac{\partial \omega}{\partial y}\right)+\\
&\quad \frac{\partial}{\partial z}\left(\mu\frac{\partial \omega}{\partial z}\right)+S_{pz}
\end{aligned} \tag{4-18}$$

式中，u、υ、ω分別是x、y、z方x向的速率；ρ為密度；μ為動力黏度；S是參數（$S_{px}=\mu u/\beta_x$，$S_{py}=\mu\upsilon/\beta_y$，$S_{pz}=\mu\omega/\beta_z$）；$\beta$是滲透係數。描述電化學反應有 Bulter-Volmer 方程：

$$\nabla \cdot i = a i_0 \{\exp[\alpha_a f(\phi_{solic}-\phi)] - \exp[-\alpha_c f(\phi_{solic}-\phi)]\} \tag{4-19}$$

式中，a是催化層單位體積的有效面積；f是定義的常數$[F/(RT)]$；α_a、α_c分別為陽極、陰極傳遞係數。描述電池的傳熱過程和能量平衡方程為：

$$\begin{aligned}
\mathrm{d}M_i \Delta H_i(T) &= \Sigma M_i(x) c_{p,i}(T)\,\mathrm{d}T + E_{\text{cell}}\, i(x)\, h\mathrm{d}x\\
&= q(T-T_{\text{cell}})\, h\mathrm{d}x
\end{aligned} \tag{4-20}$$

式中，M是摩爾流率；ΔH是焓；c_p是比熱容；q是熱交換係數；h是流道寬度。

◎一維數學模型

Bernardi於較早時期應用Nernst-Plack方程、Schogl方程、Bulter-Volmer方程和 Stefan-Maxwell 方程建立了 PEMFC 一維模型，假定膜是均一的薄膜，僅考慮氣相傳遞過程，得到了保持電池水平衡的最佳工作條件。模型的缺點是忽略了膜中水的傳遞現象。他在後來改進的模型中考慮了液相水[57, 62]，由於模型是一維的，得到 PEMFC 在較大的電流密度範圍內無需外增濕的結論。

美國 Los Alamos 國家實驗室 Spinger 實驗測定了水蒸氣活度與 Nafion 117 膜水含量的關係[73]，並測定了水的遷移數和擴散係數與膜中水含量的關係，建立的等溫一維模型指出：在典型的操作條件下，水由陽極向陰極傳遞量是 0.2 H_2O/H^+，膜電阻隨電流密度的增加而增加，採用薄的膜可以降低膜電阻。在後來的模型研究中，認為陰極電位損失是由下列因素產生的[67]：①Pt／離子聚合物表面的界面動力學；②催化層內的氣體傳遞和質子電導限制；③擴散層的氣體傳遞限制。模型的一個重要結論是：電極催化層厚度的非均勻分佈能夠增加有效傳導和滲透，對電池的性能產生有利的影響。

為了防止PEMFC中質子交換膜脫水，一般要對燃料氣或氧化劑進行增濕；為防止 PEMFC 溫度過高，要採用適當的冷卻劑對電池冷卻。水管理和熱管理是 PEMFC 研究的兩個重要方面，保持電池內水—熱平衡是電池能夠穩定操作的關鍵[74]。以空氣作氧化劑時，電池電壓—電流密度曲線線性區斜率增大的原因是催化層的質量傳遞限制，水滴或水膜造成擴散層內氧的有效擴散係數下降。

PEMFC一維模型的求解比較容易，但由於一維模型僅考慮y方向的傳遞現象，不能模擬工作面積較大的單電池或電池組。

◎二維數學模型

PEMFC 二維模型考慮x、y兩個方向的傳遞，忽略z方向的傳遞。反應氣組成、膜中水含量、電流密度、膜中水遷移量是x的函數。電池溫度一般是x的函數。對氣體在流道內流動方式的假設主要有活塞流[66]、層流[75]、多級全混流[68]。

PEMFC 水管理是模型研究的一個方面，Nguyen 的模型研究結果顯示[66]：大電流密度（$>1\ A/cm^2$）時，膜的歐姆損失是電池電壓損失的主要部分。膜中從陰極側向陽極側擴散的水不足以維持膜的充分潤濕，當用空氣代替純氧作氧化劑時，陰極氣體也必須增濕以減少歐姆損失。在 PEMFC 操作過程中，特別是在大電流密度時，陰極出口段可能產生液態水導致氣、液兩相流，因此存在單相傳遞區和兩相傳遞區。Wang 的模型能夠計算出空氣陰極單相區和兩相區的位置，給出了單相區和兩相區的極化曲線、氧氣的濃度分佈，研究表明在親水結構的兩相區中，毛細力的作用是主要的水傳遞方式[68]。液態水的存在使流體流動和質傳變得非常複雜，Hsing 假設整個電池的電流密度相同，研究反應氣不增濕時的電池操作情況[76]，採用濃溶液理論模擬膜內傳遞現象，這一模型能夠模擬流道內的流線和水含量分佈及膜中水含量分佈。

PEMFC 熱控制是電池性能穩定的一個關鍵因素，Fuller 提出的兩維模型考察了水管理、熱管理和甲醇重組氣燃料的利用率對電池性能的影響[77]，說明了熱管理和水平衡的關係。Yi[78]建立的 PEMFC 沿流道二維模型採用反應氣並流模式，考慮了膜中壓力梯度引起的對流傳遞、沿流道的溫度分佈，考察了自然對流、逆流和並流熱交換排熱過程。結果顯示，陽極增濕和陰極對陽極的壓力差有利於提高電池性能，對於電池排熱，逆流熱交換的效果好。Yi[65]後來對模型進行了改善，分析了陰極的流體力學，並考慮了液態水的影響。Dannenberg 假設電池溫度僅沿流道方向變化，採用 Stefan-Maxwell 方程和簡化的 Bulter-Volmer 方程，建立了沿流道質量與熱量傳遞二維模型[79]，模型描述了陰極和陽極的流道（氣室）、擴散層、催化層和質子交換膜共 7 個區域中的質量傳遞現象，陰極催化層採用聚集塊模型，模擬了不同的入口氣體增濕程度、化學計量比、冷卻介質的影響，結果顯示在接近等溫狀態電池性能最好，模型沒有考慮液相水的影響。

葛善海等關於 PEMFC 二維穩態等溫水遷移的模型研究表明：電池溫度、陰極與陽極壓力差、增濕程度、質子膜厚度等條件對膜中水分佈、水傳遞和電流密度有影響[49]，反應氣組成和膜中水含量沿 x 方向（反應氣流道方向）的變化導致電流密度和膜中水遷移量的非均勻分佈。圖 4-143 是陽極增濕程度不同時電流密度沿 x 方向的分佈圖，電池電壓恆定為 0.7 V，當增濕程度較小時，電池氣體進口段電流密度較小，這主要原因是膜中水含量低，膜電壓降升高，當陽極增濕飽和度小於 0.4 時，在 $x<0.01$ m 段電流密度很小，這部分電極幾乎不起作用。陰極高於陽極的壓力差能夠很好地改善膜中水的分佈，使得陽極側不致於失水；當 $\Delta p = 0.3$ MPa 時，電流密度達到 1.0 A · cm^{-2}，陽極側失水也不嚴重，因此電池在陰極高於陽極的壓力差條件下操作良好。提高電池溫度可改善

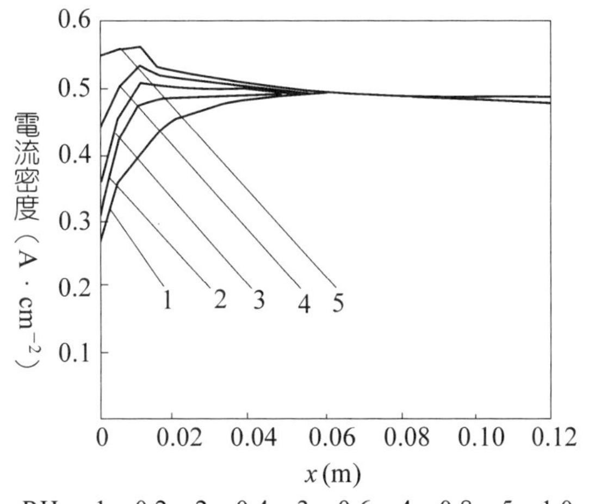

圖 4-143 陽極增濕程度與電流密度分佈的關係

膜中水的分佈，膜的平均水含量增加，這對H^+的傳遞非常有利。膜的厚度對膜中水含量的影響很大，薄的膜在相同的操作條件下水含量提高，膜的電導率大，從而提高電池性能。Futerko[80]提出的基於流體流動、質量傳遞和電化學反應的二維模型研究同樣表明在氣體並流操作時，電流密度和膜中水遷移量是非均勻分佈的，在過飽和增濕條件下，氣體出口段電流密度較小，原因是出口段氧氣的傳遞阻力大。

葛善海[56]進一步考慮了反應氣並流與逆流兩種流動方式對電池性能的影響。模型計算的結果表明，當反應氣不增濕或低增濕時，反應氣逆流操作優於並流操作，逆流操作可改善 MEA 中膜的水分佈和電流密度分佈；而當反應氣飽和增濕或具有高的相對濕度時，對於反應氣的逆流或並流兩種操作方式，電池電流密度分佈與電池性能差別不大。

胡軍[81]等用二維等溫模型研究了平行溝槽流場參數對電池性能的影響。圖 4-144 為建模區域示意圖。圖 4-145(a)和圖 4-145(b)分別為陰極擴散層不同厚度處的氧濃度和水濃度分佈。由圖 4-145(a)可知，由於擴散層內無對流流動，流場的臺部分（即脊部）明顯阻礙氧向電極催化層的遷移，使得臺部分氧濃度低。圖 4-146 為流場幾何參數對電池極化曲線的影響。由圖可知，流場細密化後，電池性能提高，極限電流密度增大。因為流場加密，不影響電極擴散層與流場脊部的接觸面積，因此接觸電阻不變，但流場加密使相鄰兩流道間距變短，改善氧氣與產物水在脊部區域的分佈，提高 MEA 有效利用率。

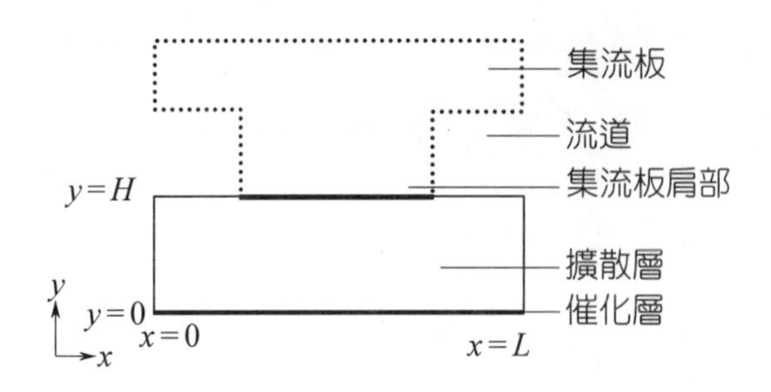

圖 4-144　建模區域示意圖

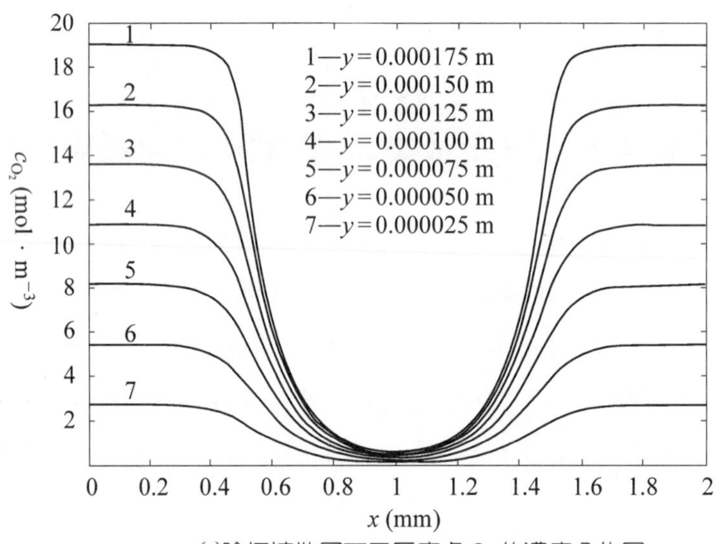

(a)陰極擴散層不同厚度處 O_2 的濃度分佈圖

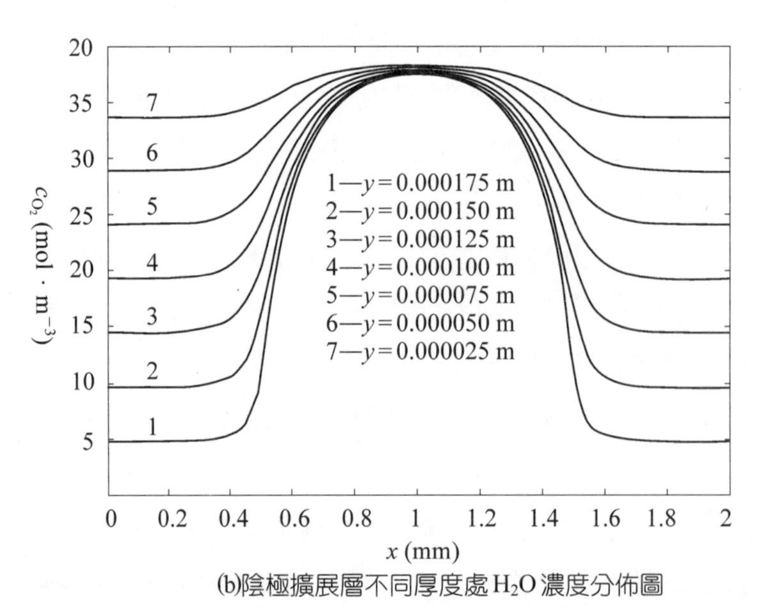

(b)陰極擴展層不同厚度處 H_2O 濃度分佈圖

圖 4-145　陰極擴散層不同厚度處的氧濃度和水濃度分佈

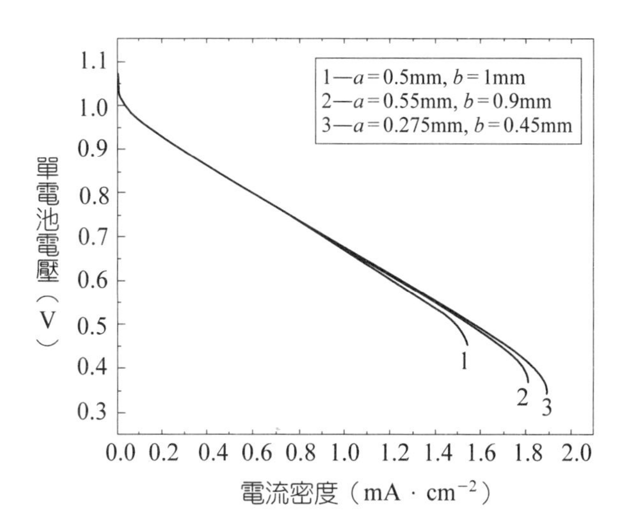

圖 4-146 流場幾何參數對電池極化曲線的影響

Um[70]假設流道內物料為層流，建立了非穩態二維有限體積流體力學模型。該模型揭示了以重組氣為原料氣時陽極氫氣擴散的影響，由於氫氣被稀釋，導致陽極質量傳遞過電位，降低了電池性能，圖 4-147 為模型計算與實驗測定的極化曲線的比較，模型與實驗結果的擬合較好。Um 的非穩態模型能描述電池電壓階躍性改變後電流密度響應曲線，對燃料電池組的實際非穩態操作具有重要的指導意義。

二維數學模型的求解計算量較小，計算結果能夠很好地模擬電池性能和水、熱傳遞現象，發展得比較成熟。

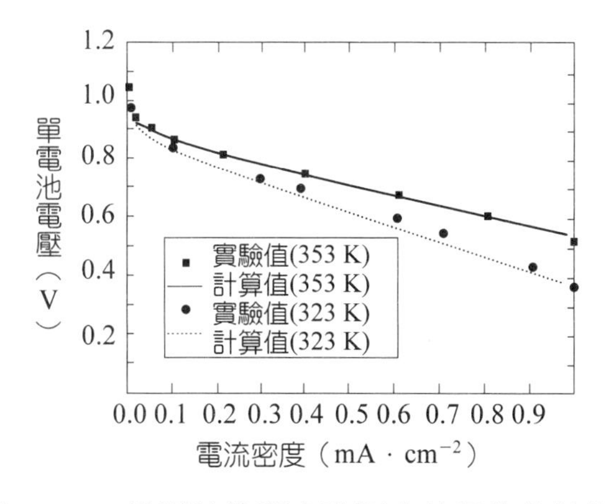

圖 4-147 模型計算與實驗測定的極化曲線的比較

◎三維數學模型

PEMFC 三維數學模型全面考慮 x、y 和 z 方向的傳遞現象，能夠考察流道內及流道與擴散層之間的質傳過程。

Dutta[69] 應用三維 Navier-Stokes 方程描述平行流道中的流體流動構造的三維 PEMFC 模型研究表明：膜的厚度、電池電壓對電流密度和淨的水傳遞在軸向的分佈有很大的影響；電極擴散層具有很重要的作用，擴散層反應氣的傳遞方式是對流和擴散，擴散層空隙率即使很低，對流傳遞的影響也不可忽略。對具有交指狀流場的 PEMFC 三維數學模型研究表明[70]：因為交指狀（interdigitated）流場的強制對流改善了氧的傳遞和水從反應區的排出，與蛇型流場相比，交指狀流場能提高電池性能；在大電流密度時，PEMFC 陰極生成液態水，需要考慮氣-液兩相流和傳遞。Costamagna[71] 建立的PEMFC三維數學模型全面考察了電池內的質量傳遞、能量傳遞、動量傳遞和電化學反應過程，模型能描述電池內的溫度分佈、陰極和陽極氣體相對濕度分佈、電流密度分佈、膜中水含量分佈和水傳遞量分佈，這一複雜模型能夠很好地擬合實驗數據，可用來優化電池結構和操作參數。

三維數學模型的求解需要應用計算流體力學，計算量大，簡化了催化層結構和膜中傳遞過程，研究的重點是流體的分佈。

3 經驗模型

在鉑催化劑上，氫的氧化速率比氧的還原速率快得多，因此，在 PEMFC 中，氫的過電位可以忽略不計，在電流密度較小忽略質傳的影響時，電池電壓和電流密度的關係為[82]：

$$E = E_0 - b\log i - Ri \tag{4-21}$$

$$E_0 = E_r - b\log i_0 \tag{4-22}$$

式中，E_r 是電池的可逆電動勢；b 是氧的電化學還原反應 Tafel 斜率；i_0 是氧的電化學還原反應的交換電流密度；R 是歐姆電阻，包括質子交換膜的電阻、氫氧電極反應電子轉移電阻、電極和極板等的電子電阻、質量傳遞電阻等。R 與膜的結構、水含量、厚度有關。Ticianelli 的研究表明[47]，R 與氧化劑有關，採用空氣作氧化劑時的 R 大於純氧作氧化劑時的值。

Kim 的研究表明在電流密度中、小區域，上述經驗方程能夠很好地描述電池的性能[83]，由該方程計算得到的相關係數大於 0.99。大電流密度（>0.6 A/cm^2）時由該方程計算得到的電池電壓明顯大於實驗值，發現計算值與實驗值的差值ΔE與電流密度的指數函數成正比，ΔE可表示為：

$$\Delta E = m\exp(ni) \tag{4-23}$$

式中，m、n為常數。電壓與電流密度的關係式修正為：

$$E = E_0 - b\log i - Ri - m\exp(ni) \tag{4-24}$$

圖 4-148 為用式（4-24）模擬的$E-i$曲線，這一經驗方程能夠很好地描述整個電流密度區域的電池性能；m、n用以表徵質量傳遞的影響，m值既影響$E-i$曲線線性區的斜率，也影響偏離線性區（大電流密度區）的電池電壓，而n對$E-i$曲線線性區的影響很小，主要影響偏離線性區的電池電壓。

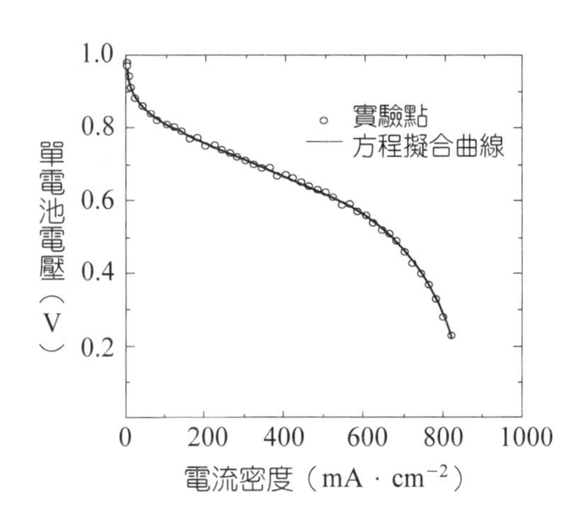

圖 4-148 用方程（4-24）模擬的E-i曲線

Lee 採用的燃料電池組經驗模型考慮了壓力參數的影響[84, 85]，電池電壓與電流密度的關係為：

$$E = E_0 - b\log i - Ri - m\exp(ni) - b\log(p/p_{O_2}) \tag{4-25}$$

式中，p是總的壓力；p_{O_2}是氧分壓；E、E_0、b、R、m、n是T、p、p_{O_2}和反應氣增濕的相對濕度 RH 的函數。這一經驗模型作為系統模型的一部分，可以考察電池溫度、氣體壓力和增濕程度等操作條件對電池性能的影響。Lee 的模型同樣沒有解釋參數m、n的物理化學意義，參數m、n必須隨操作條件的改變而改變。

對於大功率 PEMFC 電池組，電池內部質傳、傳熱等過程非常複雜。Amphlett 以機理模型為基礎，與經驗方程線性迴歸技術相結合，擬合了 Ballard Mark Ⅳ型電池組的性能[86]，電極活化過電位（η_{act}）和電池內阻（R_{in}）採用如下的經驗方程：

$$\eta_{act}=a_1+a_2T+a_3T\log c_{O_2}^*+a_4T\log i \quad (4\text{-}26)$$

$$R_{in}=b_1+b_2T+b_3i+b_4Ti+b_5T^2+b_6i^2 \quad (4\text{-}27)$$

式中，$c_{O_2}^*$是氧氣濃度。活化過電位能被精確地擬合為溫度、電流密度和氧氣濃度的函數，電池內阻能被精確地擬合為溫度和電流密度的函數，在很寬的操作條件（電流密度為 0～508 mA/cm^2，溫度為 328～358 K，氧氣組分從空氣到純氧，燃料氣中氫氣摩爾分數為 65～100%）下，模型能很好地擬合電池性能。

大功率 PEMFC 電池組的啟動與穩態操作不同，在啟動階段，電池組的溫度和進料組成是變化的，經驗模型經過修正，可以模擬電池組啟動升溫階段性能隨時間的變化關係[87]。

PEMFC 模型主要有利用基本的傳遞和電化學反應方程建立的機理模型和在實驗基礎上建立的經驗模型兩類。經驗模型比較簡單，不涉及複雜的計算，計算值與實驗值擬合較好。但經驗模型所得的參數僅針對某一特定的電池或電池組，並且不能描述單電池或電池組內的傳遞過程。機理模型能夠描述流場、電極和膜中複雜的傳遞現象，但模型中有的參數不易精確測定，模擬極化曲線或水傳遞過程時需要作適當的調整，模型計算特別是三維模型的計算需要應用計算流體力學，計算量大且非常複雜。

在大功率 PEMFC 中，為防止膜進口段失水，燃料氣、空氣（或氧氣）必須增濕，在操作過程中，陰極出口段產生的液態水可導致氣、液兩相流，液態水的存在使流體流動和質傳變得非常複雜，液態水改變了氧氣傳遞的有效擴散係數，並使流動阻力增加；水和氣體在擴散層中的質量傳遞過程還與流場的結構有關。採用模型可對電池結構、流場結構、電極結構、操作條件等進行優化以提高電池的性能。

目前的單電池或電池組模型大部分是穩態的，沒有考慮時間維數的影響，而在PEMFC電池組實際應用操作中，需要經常變換負載大小、進出口氣體量、電池溫度、冷卻劑流量或溫度，並且電池性能隨時間而衰減。因此，建立一個包括質傳、傳熱的非穩態 PEMFC 模型對電池組運行過程進行系統描述，具有實際應用意義。

4-10 質子交換膜燃料電池的應用

1 電動車動力源

隨著汽車工業的發展，汽車尾氣對環境的污染越來越嚴重。特別是發展中國家，由於環境治理的力度不夠，這一問題更為突顯。以中國為例，20 世紀 80 年代以來，由於經濟的迅速發展和城市人口的增加，促進了交通運輸的極大發展。到 1996 年末，全國民用汽車的產量和保有量分別達到 168 萬輛和 1238 萬輛，而且汽車保有量的年增長率高達 13%左右，這就帶來日益嚴重的環境問題。由於汽車主要集中在大城市，汽車尾氣對大城市大氣污染物中一氧化碳、碳氫化合物和氮氧化物的分擔率高達 60～80%，成為大城市中大氣污染物的主要來源。為解決這一問題，近年來中國正在推廣使用無鉛汽油，同時鼓勵採用低污染的天然氣汽車和對現行汽車加裝尾氣淨化器等措施。

為保護環境，減少城市中的大氣污染，適應世界各國越來越嚴格的汽車尾氣排放標準，世界各國政府，尤其是大的汽車公司均投下鉅資發展電動車（electric vehicle）。但目前以各種可充電電池（如鉛酸蓄電池、鎳氫電池和鋰離子電池等）為動力的電動車，存在行駛里程短的問題。例如，採用鉛酸蓄電池的電動車通常行駛 100 km 就需再充電。採用鎳氫電池和鋰離子電池的電動車在行駛 200 km 後亦需充電。所以，它們僅適宜於特殊場合使用，例如專線交通車等。20 世紀 90 年代興起了一種混合動力車，即在市區靠電池推動，在高速公路靠汽油機行駛。很明顯，這僅是一種過渡形式的電動車，不能徹底解決汽車尾氣污染的問題。至今各國政府和專家及大企業集團均看好的是燃料電池電動車。燃料電池電動車的樣車實驗證明，以 PEMFC 為動力的電動車性能完全可與內燃機汽車相媲美。當以純氫為燃料時，它能達到真正的「零」排放。而當以車載甲醇重組器製氫為燃料時，車的尾氣排放也能達到美國加利福尼亞州制定的超低排放標準。因此，20 世紀末國際上已形成了一個燃料電池開發熱潮。除各國政府投以鉅資支持這一研究外，世界各大汽車集團和石油公司也投入鉅資並進行各種形式的聯合來發展這一技術，其競爭的重點是在 21 世紀初將以燃料電池為動力的電動車推向市場。

圖 4-149 是加拿大 Ballard 公司開發的電動汽車用燃料電池發動機的 PEMFC 電堆照片，它以增壓空氣作氧化劑，純氫或在線甲醇重組製氫為燃料。圖 4-150 為中國科學院大連化學物理研究所研製的淨輸出為 50 kW、總功率可達 75 kW 的氫氣—空氣燃料電池發動機。

圖 4-149 Ballard 公司的電動汽車用燃料電池發動機的 PEMFC 電堆

至今世界各國（主要是美國、加拿大、日本）與歐洲已開發了幾十種以 PEMFC 為動力的電動汽車並進行了試驗，車型以城市客車和轎車為主。

「九五」期間中國科學院大連化學物理研究所、中國科學院電工研究所和武漢東風汽車工程研究院合作，開發成功以 30 kW PEMFC 為動力的 19 座中巴士，最高車速可達 60.3 km/h，爬坡度為 16°，0～40 km/h 的加速時間為 22.1 秒。圖 4-151(a)為該車外貌，圖 4-151(b)為 PEMFC 發動機輸出功率曲線。

圖 4-152 為 Evobus 股份有限公司開發的以 PEMFC 發動機為動力的城市巴士。該車由 Mercedes-Benz Citaro 低底板巴士改裝而成，車身長 12 m，三門，設 30 個座位，最多可容納 70 名乘客，續駛里程為 200～250 km，最高車速為 80 km/h，以高壓氫為燃料，貯氫壓力為 35 MPa。PEMFC 發動機由 Ballard 公司製造，最大功率為 200 kW。

圖 4-150　大連化學物理研究所研製的氫（氣）—空（氣）燃料電池發動機

(a)

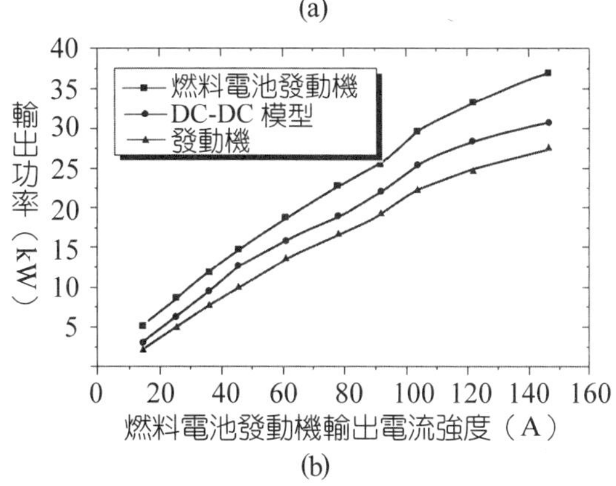

(b)

圖 4-151　30 kW PEMFC 為動力的巴士及發動機輸出功率曲線

由戴姆勒—克萊斯勒（DC）公司開發的以 PEMFC 發動機為動力，車載 CH_3OH 重組製氫為燃料的 Necar 5 轎車，在 2001 年 5 月末完成了橫穿美國（從舊金山金門大橋出發到華盛頓），全程 5203 km 的行駛。採用的 PEMFC 發動機是加拿大 Ballard 公司的 MK900 型燃料電池，功率為 75 kW。該汽車最高時速可達 152～160 km/h，一般行駛車速為 112 km/h，一次加甲醇（208 L）可行駛 640～720 km。

為實現中國汽車行業的跨越式發展，國家科技部在「十五」期間啟動了「863」電動汽車專項，其目標之一是發展以 PEMFC 為動力的城市客車和轎車。

作為美國新能源政策的一部分，美國在 2002 年啟動了「自由汽車」（Freedom Car）計畫，大力推進燃料電池為動力的電汽車的研發，目的是減少美國對進口石油的依賴和減少 CO_2 及汽車尾氣的排放。

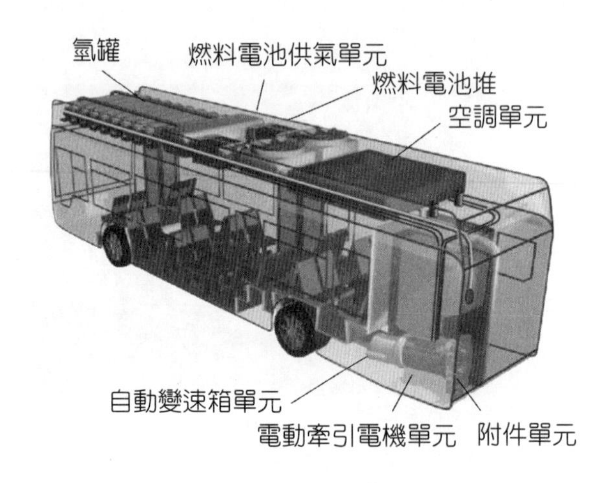

圖 4-152　Citaro 燃料電池巴士

2 燃料電池電動車的樣車簡介

在 20 世紀 90 年代初，加拿大的巴拉德動力公司研製成功第一代 MK5 和 MK513 PEMFC。該電池的特徵見表 4-15。在此基礎上，巴拉德動力公司與德國戴姆勒-奔馳公司利用巴拉德動力公司的MK5 電池組組裝出第一代以PEMFC為動力的電動車，考察以燃料電池為動力的電動車的可行性，其樣車特徵見表 4-16。在上述工作的基礎上，巴拉德動力公司又用 MK513 組裝了 200 kW 電動車發動機，以高壓氫為燃料，裝備出 20 臺試驗樣車。其最高時速和爬坡能力均與柴油發動機一樣，並且其加速性能還優於柴油發動機。這一結果進一步推動了以燃料電池為動力的電動車的發展。

表 4-15　巴拉德動力公司的第一代燃料電池的特徵

名稱	MK5	MK513
輸出功率（kW）	5	10
電壓（V）	61	30
電流（A）	82	330
燃料	純氫	純氫
氧化劑	空氣	空氣
氣體工作壓力（MPa）	0.3	0.4
工作溫度（℃）	70	70
冷卻劑	水	水
電池組質量（kg）	125	100
電池組體積（L）	100	-
膜	Nafion 117	Nafion 115
效率（%）	50	58
單電池數量（節）	100	43
質量比功率（$W \cdot kg^{-1}$）	40	100
體積比功率（$W \cdot L^{-1}$）	50	130

表 4-16　第一代 PEMFC 電動車特徵

項目	巴拉德汽車	戴姆勒—奔馳汽車
燃料電池	MK5	MK5
電池組合	3×8	2×6
系統質量（kg）	2820	840
系統體積（m^3）	約 8	1.3
輸出電壓（V）（直流）	160～280	130～230
燃料電池功率（kW）	104	50
燃料電池淨功率（kW）	75	40
機械推進動力（kW）	約 55	30
電動機	直流電動機	交流電動機
車型	小公汽 30	微型拖車
乘員	20 人	2 人
車速（$km \cdot h^{-1}$）	70	80
行程（km）	165	130
燃料	純氫（20 MPa）	純氫（30 MPa）

世界各大公司宣布的以燃料電池為動力的部分電動車見表 4-17。

表 4-17　燃料電池電動車發展現狀一覽表

生產者	電動車名稱	時間	燃料儲存	燃料供應	混合動力類型
戴姆勒—克來斯勒汽車公司	Necar（Van）	1994	壓縮氫氣	直接	
	Necar2（A-class）	1996	壓縮氫氣	直接	
	Necar3（A-class）	1997	甲醇	重組	
	Necar4（A-class）	1999	液氫	直接	
	Concept		汽油	重組	蓄電池
雷諾汽車公司	Laguna	1997	液氫	直接	
大眾汽車公司	Concept		甲醇	重組	蓄電池（系列）
福特汽車公司	P2000	1999	壓縮氫氣	直接	
通用汽車公司	Concept		汽油	重組	蓄電池
尼桑汽車公司	Concept		甲醇	重組	蓄電池
馬自達汽車公司	Demio	1997	金屬氫化物		超電容
豐田汽車公司	RAV4	1996	金屬氫化物		蓄電池
	RAV4	1997	甲醇	重組	蓄電池

下面以巴拉德動力、福特和戴姆勒-克來斯勒聯盟推出的 P2000[88]和 Necar 4[89]為例對電動轎車作一簡介。

福特推出的 P2000 是 5 乘員燃料電池電動轎車，外貌見圖 4-153，整車特徵見表 4-18。P2000 燃料電池電動轎車動力系統的結構示意見圖 4-154。置於轎

圖 4-153　福特的 P2000 燃料電池電動車

表 4-18 福特的 P2000 的技術參數

平臺	擴展的 5 乘員轎車	平臺	擴展的 5 乘員轎車
車輛總重	1518 kg	驅動馬達	3 相異步交流電機（56 kW）
驅動序列	前輪驅動，單變速比 (10：1)	燃料筒（體積／壓力）	82 L/24.82 MPa
動力轉向裝置	電／液壓		
燃料電池堆	3 × 25 kW（總功率 75 kW）		

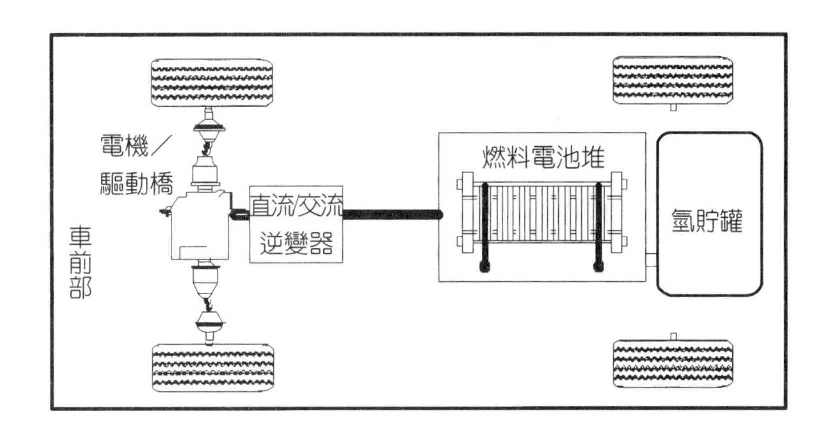

圖 4-154 P2000 燃料電池電動轎車的動力系統

車後部行李箱底層的三臺 Mark700 型 25 kW PEMFC 由聯盟的巴拉德動力公司提供。電池系統由聯盟的第碧畢燃料電池發動機公司提供。電池燃料為高壓（24.82 MPa）純氫，兩個 41 L 由碳纖維增強的氫貯罐置於轎車後部行李箱上層，攜帶的氫氣可確保轎車行駛里程超過 100 km。若需再增加里程則需增加或增大氫貯罐。空氣過濾與增壓部分置於轎車前部。PEMFC 動力系統的流程見圖 4-155，整個系統重 295 kg。轎車採用前輪驅動。電機為 56 kW 三相異步電機。整個驅動部分由電機、逆變器、場矢量控制組成。電機最高轉速可達 1500 r/min，其可達到的最大轉矩為 190 N · m。還配有 DC-DC 變換器，它將 PEMFC 所提供的高直流電壓轉變為直流 12 V，並可提供 1.5 kW 的動力。同時具有為車上 12 V 輔助蓄電池充電的功能。這些元件均置於轎車前部，總重 114 kg。

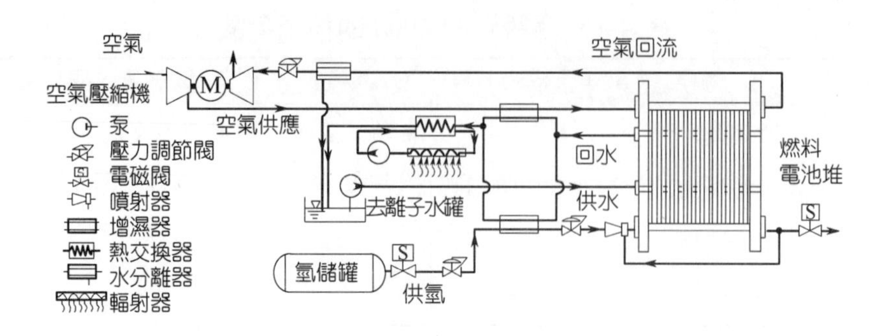

圖 4-155 P2000 燃料電池電動轎車的 PEMFC 動力系統的流程

P2000 轎車的 PEMFC 動力與電驅動系統在車上所安裝的部位見示意圖 4-156。車上置有四個用以完成對氫濃度的檢測與報警的氫傳感器，分別放在行李箱（兩個）、車前蓋下和乘員室內。並置有六個小風扇，承擔車內的通風任務。

P2000 的最高車速大於 80 km/h，從零加速至 30 km/h、60 km/h 分別用 4.2 秒和 12.3 秒，可與內燃機車相媲美並具有高的能量利用效率。車的動態性能優於內燃機汽車，並可與其他類電池驅動的電動車相媲美。

戴姆勒—克來斯勒在 Necar 1～Necar 3 的基礎上，1999 年推出 Necar 4 燃料電池電動車。Necar 4 是 5 乘員轎車，採用前輪驅動。它的設計基於 Mercedes-Benz 的 A-class 車，車身長 3.57 m、寬 1.72 m、高 1.58 m，其外貌見圖 4-157。該車具有雙層或「三明治」底板，它提供了安裝非標準元件的空間，特別適宜於組裝燃料電池電動車。原來安裝內燃機的空間改裝了由該聯盟伊考斯達公司所提供的電驅動系統。電機可提供峰值 55 kW 的動力。兩臺 35 kW 的 PEMFC 由該聯盟的巴拉德動力公司提供，而電池系統則由該聯盟的第碧畢公司製造。整個 PEMFC 的電動力系統安裝在車的雙層底板之間。Necar 4 以液氫為燃料，液氫貯罐由 Linde AG 製備，可儲存 5 kg 液氫，它安裝在汽車後軸的上部，僅占行李箱的很小部分。一次加注的燃料可供 Necar 4 行駛 450 km，因此，Necar 4 是至今一次添加燃料行駛里程最遠的「零」排放電動車。

Necar 4 的 PEMFC 電動力與電驅動系統在車中的安裝佈局如圖 4-158 所示。Necar 4 的主要技術特徵見表 4-19。Necar 4 的試驗車速已達 125 km/h。若電動機允許，最高時速可達 145 km/h。至 1999 年 7 月實驗行車里程已達 4000 km，行駛 180 小時。儘管整車比同類內燃機汽車約重 300 kg，但實驗證明它具有很好的動力性能，行駛平穩，安靜無聲，乘坐舒適。

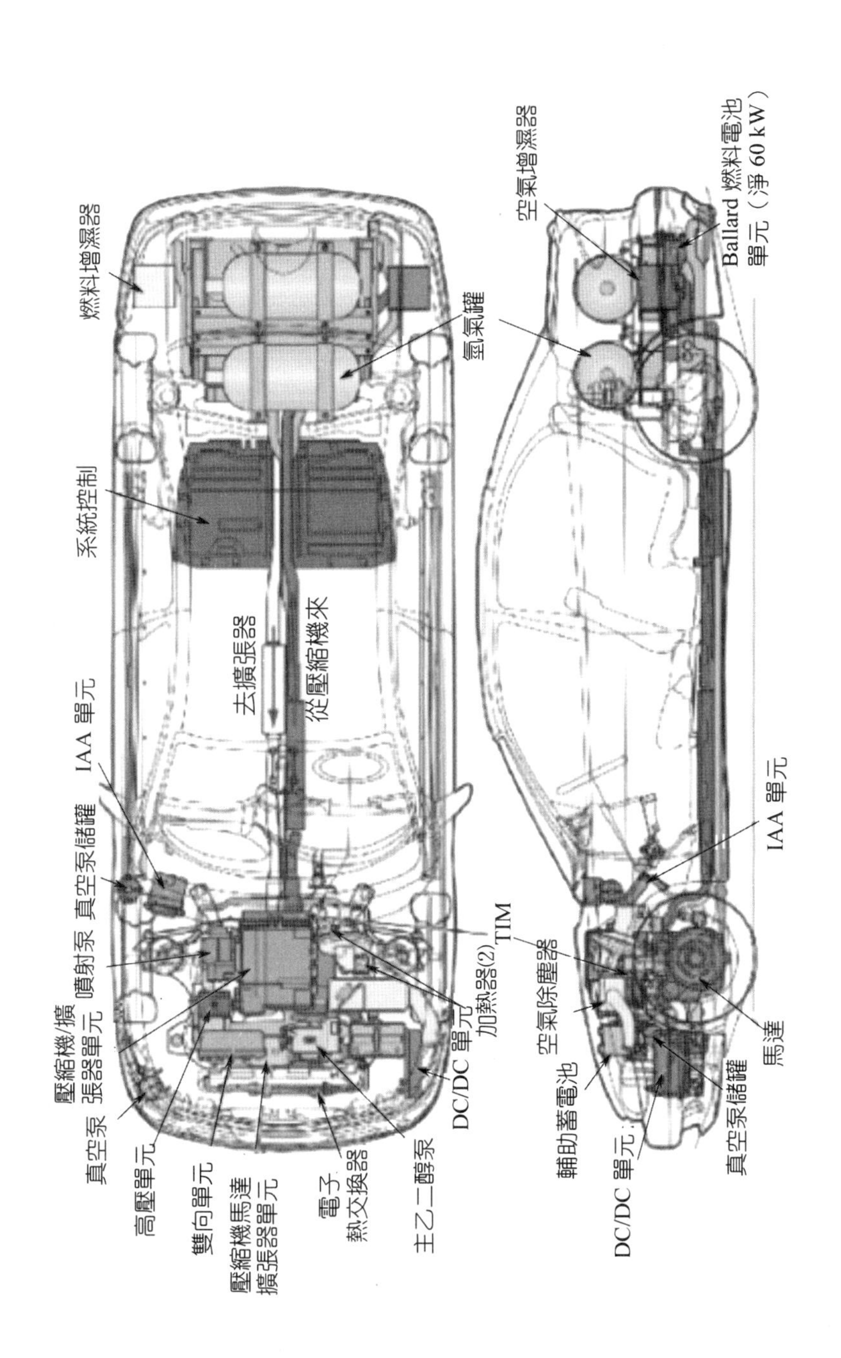

圖 4-156　P2000 轎車燃料電池動力與電驅動系統安裝示意圖

圖 4-157　戴姆勒—克來斯勒的 Necar 4 電動車

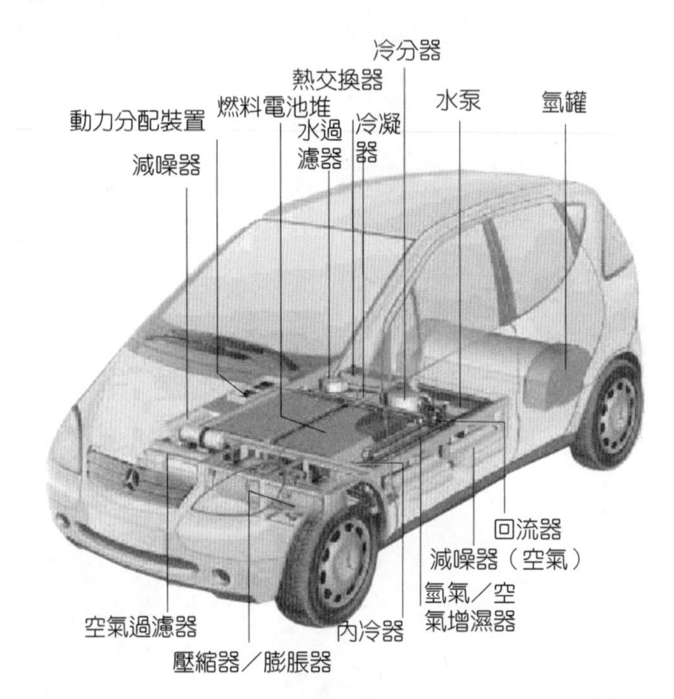

圖 4-158　Necar 4 動力與電驅動系統在車中安裝佈局圖

表 4-19　Necar 4 的主要技術特徵

分系統	項目	指標
燃料電池系統	總功率（2 電池組）（kg）	70
	比功率（W · g^{-1}）	200（5 kg/kW）
	電壓範圍（V）	最大負載時：210 空載時：300

表 4-19　Necar 4 的主要技術特徵（續）

分系統	項目	指標
液氫貯罐	貯量（kg）	5（液氫）
	體積（水容量）（L）	100
	壓力（MPa）	0.9
驅動系列	電驅動（異步電機）（kW）	峰值：55（變速時）
	最大轉速（$r \cdot min^{-1}$）	14000（12000）①
	傳動	10：1：1（不可變）
性能	最大速度（$km \cdot h^{-1}$）	145（125）①
	行駛里程（km）	450
車輛總重（kg）		1750

①當轉速和轉矩受軟體限制時。

實驗證明，Necar 4 平均每行駛 100 km 消耗 1.11 kg 氫，相當於 4.0 L 汽油，或 3.7 L 柴油。而相似類型的內燃機動力車，如 A140 60 kW 汽油車，每行駛 100 kW 平均消耗 7.1 L 汽油；A160（b） 44 kW 柴油車需消耗 4.5 L 柴油才能行駛 100 km。實驗測得 PEMFC 平均效率為 62.2%，即燃料電池將它消耗氫氣所含總能量的 62.2%轉化為電能，其餘的 37.8%以廢熱排出。PEMFC的輔助系統（空氣增壓、冷卻泵與通風等）消耗了總能量的 16.4%。電推進系統的逆變器、電動機和變速系統等無功損耗占總能量的 8.1%。因此，從液氫罐中的液氫所得到的能量有 37.7%傳送到車輪被用於車輛的推進，其能量傳遞過程如圖 4-159 所示。這一效率高於同類以內燃機為動力的汽車。同類以汽油為燃料的汽車總效率為 16～18%，以柴油為燃料的汽車總效率為 22～24%。

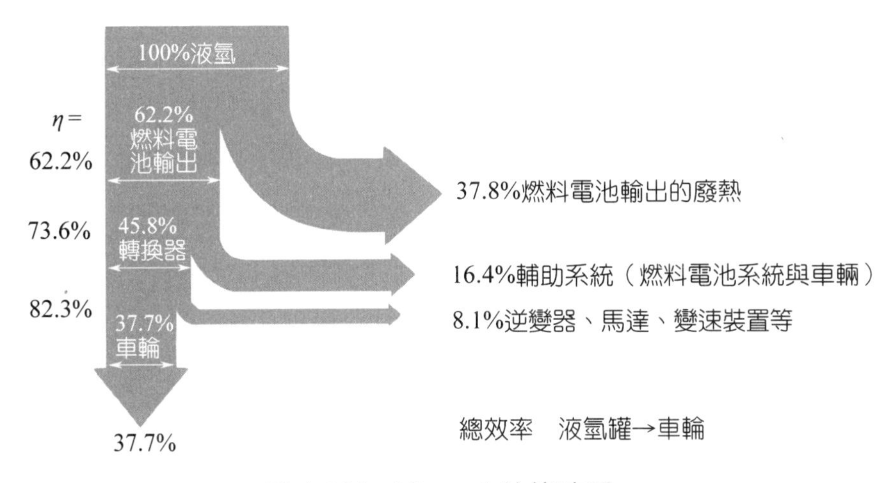

圖 4-159　Necar 4 的能流圖

Necar 4 的加速性能如圖 4-160 所示。由圖可知，Necar 4 車速由零加速到 50 km/h 需 6.0 秒。表 4-20 為 Necar 4 與同類型汽油車、柴油車加速性能對比。考慮到 Necar 4 是未經優化的樣車，應認為已具有很好的動態性能。

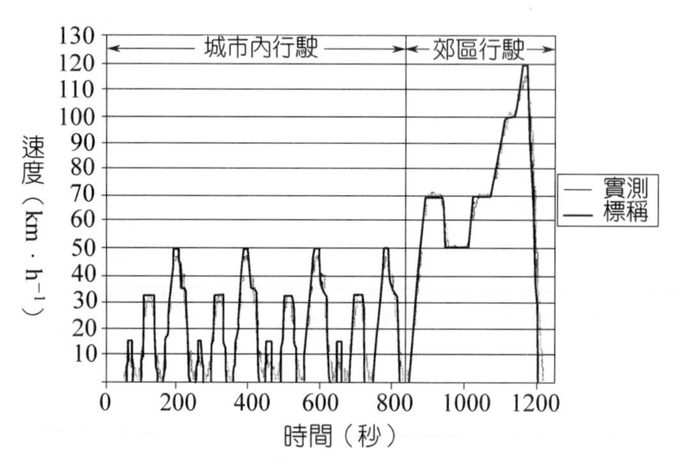

圖 4-160 Necar 4 的加速性能

表 4-20 Necar 4 與同類型汽油車、柴油車加速性能（加速時間（秒））對比

車型 / 加速形式	Necar 4（55 kW，燃料電池）（樣車）	A140（60 kW，汽油）（商業化）	A160 CDI（44 kW，柴油）（商業化）
加速 0～30 km/h	2.8	2.2	2.8
加速 0～50 km/h	6.0	4.0	6.0
加速 0～100 km/h	26.3	12.9	18.0
變速 60～100 km/h	18.1	7.9	11.0

行車的噪音測量表明，乘員室在「零」速時噪音為 49.5 dB；噪音隨車速的提高而增加，當車速達 120 km/h 時噪音為 74.8 dB，這個數值比 A140 汽油車和 A160CDI 柴油車的噪音都低。為測定車外噪音，在路邊 5 m 處安裝一個麥克風，車以 50 km/h 的速度行駛，在離麥克風最近點前 10 m 處該車以全功率加速，這時所測得的噪音隨距離的變化如圖 4-161 所示，其最大噪音為 69.3 dB，在同樣條件下，A140 汽油車的噪音為 72 dB。

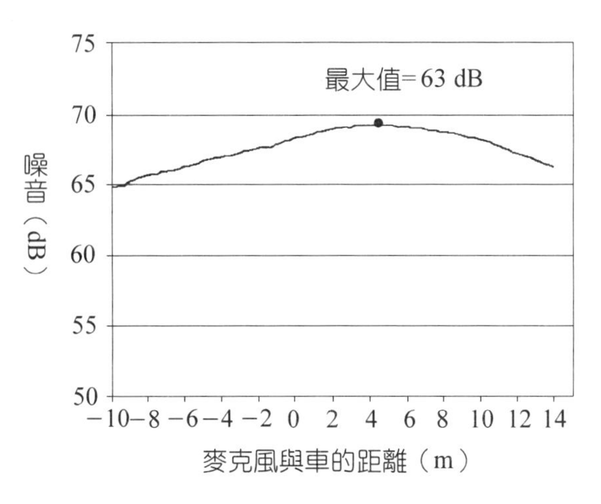

圖 4-161　噪音與車距的關係

3 用作可移動電源、家庭電源與分散電站

由於燃料電池電動車的推動，高度集成的甲醇部分氧化重組製氫系統已日臻成熟，並在燃料電池電動車上進行了實驗。同時，也由於它的推動，目前世界各大石油公司均已介入汽油重組製氫的開發，期望在不改變汽車燃料供應這一公用設施的前提下，以汽油重組製氫作燃料電池電動車的氫源。如前所述，這方面的研究業已取得突破性進展。據此，世界各燃料電池研究集團正在開發 1 kW 至數十千瓦的 PEMFC 可移動動力源，用作部隊、海島、礦山的移動電源。圖 4-162 為中國科學院大連化學物理研究所開發的千瓦級 PEMFC 可移動電源的外貌。圖 4-163 為沃爾茲（Warstz）公司生產的可移動動力源。

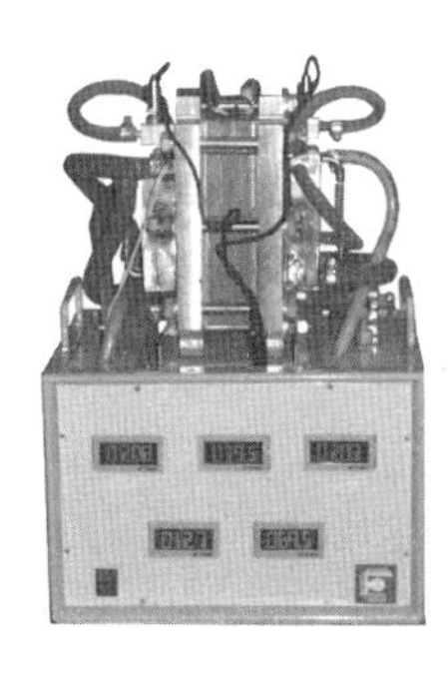

圖 4-162　大連化學物理研究所的千瓦級 PEMFC 可移動電源

圖 4-163　沃爾茲公司生產的可移動動力源

對於數十瓦至百千瓦級的 PEMFC 可移動動力源還可廣泛用貯氫材料貯氫作為氫源。目前各國正在關注的碳奈米管貯氫如果能實現，將大大推進這種小型 PEMFC 電源的商品化。圖 4-164 是大連新源動力股份有限公司開發的燃料電池電動自行車。

圖 4-165 為美國氫動力公司開發的以貯氫材料為氫源的 40 W PEMFC 可移動動力源的電池組與市售的 9 V 層疊電池的體積對比圖。該型號的 PowerPEM™-40 主要特徵參數見表 4-21。該公司還開發了以小型高壓鋼瓶貯氫或氨分解製氫為氫源的 PowerPEM™-HAR30 和 PowerPEM™-YM50 即 30 W 和 50 W 的 PEMFC 系列電源。這一系列產品已進入市場。圖 4-166、圖 4-167 和圖 4-168 分別是這類電源用於筆記型電腦、殘疾人車和攝影機的照片。

圖 4-164 大連新源動力股份有限公司開發的燃料電池電動自行車

圖 4-165 PowerPEM™-40 和 9 V 電池的體積比較

圖 4-166 PowerPEM™-RW35（35 W）用於筆記型電腦

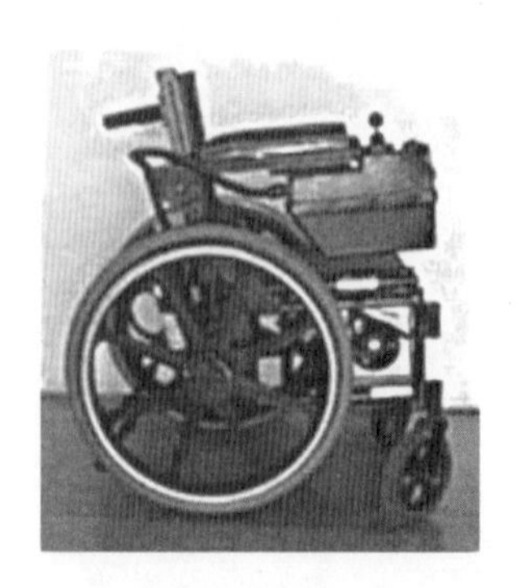

圖 4-167 PowerPEM™-200H（200 W）用於殘疾人車

圖 4-168　PowerPEM^{TM}-VC（35 W）用於攝影機

表 4-21　PowerPEM^{TM}-40 主要特徵參數

燃料電池的參數				貯氫部分參數			整機參數	
外形尺寸（mm）	質量（kg）	輸出功率（W）	輸出電壓（V）	外形尺寸（mm）	質量（kg）	貯能量（W．h）	外形尺寸（mm）	質量（kg）
15 × 64 × 58	0.36	40（直流）	6、9、12.6、16	64 × 178	1.8	250	70 × 70 × 419	3

美國 Plug 公司正在開發 5～7 kW 的 PEMFC 系統以天然氣重組製氫為燃料，作為家庭使用的分散電源，並可同時提供家庭用熱水，這樣可將天然氣的能量利用率提高到 70～80%。該產品目前正處在現場實驗階段。圖 4-169 是普拉格動力（Plug Power）公司 7 kW的家用燃料電池發電系統。圖 4-170 是西北動力（Northwest Power Systems）公司 5 kW 的家用燃料電池發電系統。

圖 4-169　普拉格動力公司 7 kW 家用燃料電池發電系統

圖 4-170　西北動力公司 5 kW 家用燃料電池發電系統

圖 4-171 是中國科學院大連化學物理研究所開發出 5 kW PEMFC 電池系統，可用作行動通訊基站電源。

加拿大的巴拉德動力公司已完成 25 kW 電池系統的試驗並正在進行 250 kW PEMFC 分散電站的實驗，該系統也以天然氣重組製氫為燃料。擬安裝在公寓、旅館的地下室內，實現熱—電聯供以提高燃料的利用率。圖 4-172 為 250 kW 分散電站的外貌。

上述家庭與公寓等的分散供電系統在遇到自然災害或戰爭時，一旦天然氣供應遭到破壞，則可採用以甲醇部分氧化重組製氫為燃料，用於臨時的熱水與電力供應。

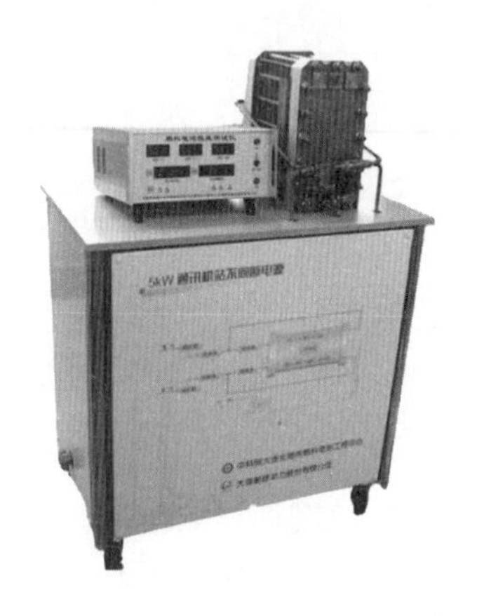

圖 4-171 大連化學物理研究所行動通訊基站後備電源系統

圖 4-172 巴拉德動力公司的 250 kW 分散電站

4 作為水下機器人、潛艇不依賴空氣推進的電源

無纜水下機器人可完成不同深度的水下各種作業，而其活動半徑則受動力源的功率與貯能量的限制。為提高無纜水下機器人的活動半徑和作業時間，各國正在試驗用 PEMFC 作為無纜水下機器人的動力源。美國派瑞（Perry）公司用巴拉德動力公司的 MK5 型 5kW PEMFC 作水下機器人動力的試驗已獲得成功。圖 4-173 為美國 UTC 研製的水下用 10kW PEMFC 動力源樣機。圖 4-174 是中國科學院大連化學物理研究所研製的千瓦級 PEMFC 電池系統，作為水下機器人動力源。

圖 4-173 10 kW 水下用 PEMFC 動力源樣機

圖 4-174 大連化學物理研究所千瓦級電池系統

目前各國裝備海軍潛艇的動力源主要是以柴油發電機和鉛酸蓄電池為動力的傳統潛艇和核動力潛艇。核動力潛艇由於其造價高、退役時核動力設備的處理頗難等一系列問題，因而無法大量建造。而傳統的柴油機和鉛酸電池為動力的潛艇則因為經常要為鉛酸電池充電而必須在通氣管狀態下航行，在反潛技術高度發展的今天，潛艇的隱蔽性與安全等日益受到威脅。因此，在 20 世紀末，世界各國均研究不依賴空氣、可在水下較長時間航行並能完成各種任務的非核動力潛艇。

瑞典已成功開發斯特林（Sterling）發動機，它以液氧為氧化劑，透過熱機過程將化學能轉化為電能，所生成的二氧化碳排入海水中。以這種發動機為動力的潛艇已服役。但由於這種發動機噪音高，排放氣體溫度高達 600～700℃，易被聲納和紅外線探測器發現，對其隱蔽性有一定影響。

PEMFC 由於其工作溫度和噪音均低，能量轉化效率高，是不依賴空氣推進潛艇的理想動力源。在攜帶相同燃料和氧化劑的情況下，以 PEMFC 為動力的潛艇續航力比斯特林發動機大 1 倍，具有發展成為潛艇的單一型動力的潛力。

世界各國發展以 PEMFC 為動力的潛艇設計思維，目前為採用混合動力。在原柴油機、鉛酸蓄電池的動力體系外再加裝以液氧為氧化劑的 300 kW 左右的 PEMFC 發動機。燃料採用兩種技術路線：一是以貯氫材料貯氫；二是採用艇載的甲醇部分氧化重組器製氫。潛艇需隱蔽或作戰時，可以 PEMFC 和鉛酸電池為動力。能在水下續航 10～20 天，大大增強了潛艇的水下續航能力與作戰能力，並提高了安全隱蔽性。當其遠離戰區時，則可用柴油機和鉛酸電池系統驅動，即實現混合驅動。從長遠來看，完全以 PEMFC 為動力的潛艇是極有希望的。

德國在以 100 kW 鹼性氫氧燃料電池為動力的潛艇實驗基礎上，已開始建造四艘以 300 kW PEMFC 為動力的混合驅動型潛艇。據德國西門子公司 1999 年年初宣布，300 kW 重 8 t 的以純氫（採用貯氫材料貯氫）為燃料的 PEMFC 系統已交付造船廠，用作計畫在 2003 年服役的德國海軍新型 212 型潛艇的動力。

參考文獻

1. 衣寶廉。燃料電池——高效、環境友好的發電方式。北京：化學工業出版社，2001。
2. Keith B. Prater. "Polymer Electrolyte Fuel Cell: a review of recent developments." J. Power Sources, 1994, 51: 129.
3. Yi, B. L., Yu, H. M., Hou, Z. J., et al. "Electrocatalysts for Proton Exchange Membrane Fuel Cells in Dalian Institute of Chemical Physics." Chinese Academy of Sciences，貴金屬，2002, 23(3): 1～7.
4. Amine, K., Mizuhata, M., Oguro, K., et al. "Catalytic activity of platinum after exchange with surface active functional groups of carbon blacks." J. Chem Soc Faraday Trans, 1995, 91: 4451.
5. Edson A. Ticianelli, Charles R. Derouin and Supramaniam Srinivasan. "Localization of platinum in low catalyst loading electrodes to attain high power densities in SPE fuel cells." J. Electroanal Chem., 1988, 251: 275.
6. 俞紅梅。「博士後出站報告：質子交換膜燃料電池組的電極優化及氣體分配研究」。中國科學院大連化學物理研究所燃料電池工程中心，2001。
7. Kinoshita, K., "Particle size effects for oxygen reduction on highly dispersed platinum in acid electrolytes." J. Electrochem Soc., 1990, 137: 845.
8. Yi, B. L., Yu, H. M., Hou, Z. J., et al. "Electrocatalysts for Proton Exchange Membrane Fuel Cells in Dalian Institute of Chemical Physics." Chinese Academy of Sciences-Study on the CO Tolerant Electrocatalyst。貴金屬，2002, 23(4): 1～7.
9. 侯中軍，俞紅梅，衣寶廉等。「質子交換膜燃料電池陽極抗 CO 催化劑的研究進展」。電化學，2000(6): 379。
10. 劉衛鋒。Pt/C 及合金催化劑的研究：[學位論文]。大連：中國科學院大連化學物理研究所燃料電池工程中心，2002。
11. Myoung-ki Min, Jihoon Cho, Kyuwoong Cho, et al. "Particle size and alloying effects of Pt-based alloy catalysts for fuel cell applications." Electrochimica Acta, 2000, 45: 4211.
12. Takako Toda, Hiroshi Igarashi, Masahiro Watanabe. "Role of electronic property of Pt and Pt alloys on electrocatalytic reduction of oxygen." J. Electrochem Soc., 1998, 145: 4185.

13. Sanjeev Mukerjee, Supramaniam Srinivasan. "Enhanced electrocatalysis of oxygen reduction on platinum alloys in proton exchange membrane fuel cells." J. Electroanal Chem., 1993, 357: 201.

14. Kyong Tae Kim, Jung Tae Hwang, Young Gul Kim, et al. "Surface and catalytic properties of Iron-Platinum/Carbon electrocatalysts for cathodic oxygen Redu- ction in PAFC." J. Electrochem Soc., 1993, 140: 31.

15. 程曉亮。「博士後出站報告：質子交換膜燃料電池催化劑組成和結構對催化劑利用率和電極性能的影響」。中國科學院大連化學物理研究所燃料電池工程中心，1999。

16. Eseribano, S., Aldebert, P., Pineri, M. "Volumic electrodes of fuel cells with polymer electrolyte membranes: electrochemical performances and structural analysis by thermogravimetry." Electrochim Acta, 1998, 43: 2195～2202.

17. Springer, T. E., Wilson, M. S., Gottesfeld, S. "Modeling and experimental diagnostics in polymer electrolyte fuel cells." J. Electrochem Soc., 1993, 140: 3513.

18. Makoto Uchida, Yuko Aoyama, Nobuo Eda, et al. "Investigation of the microstructure in the catalyst layer and effects of both perfluorosulfonate ionomer and PTFE-loaded carbon on the catalyst layer of polymer electrolyte fuel cells." J. Electrochem Soc., 1995, 142: 4143.

19. 邵志剛。質子交換膜電極三合一組件製備、優化及應用：[學位論文]。大連：中國科學院大連化學物理研究所燃料電池工程中心，2002。

20. Mahlon, S., Wilson, Shimshon Gottesfeld. "High performance catalyzed membranes of ultra-low Pt loadings for polymer electrolyte fuel cells." J. Electrochem Soc., 1992, 139: L28.

21. Wilson, M. S., Gottesfeld, S. "Thin-film catalyst layers for polymer electrolyte fuel cell electrodes." J. Appl Electrochem, 1992, 22: 1.

22. Shinichi Hirano, Junbom Kim, Supramaniam Srinivasan. "High performance proton exchange membrane fuel cells with sputter-deposited Pt layer electrodes." Electrochimica Acta, 1997, 42: 1587.

23. Steven Chalk, JoAnn Milliken, Patrick Davis, et al., "Fuel cells for transportation Program Contractors Annual Progress Report." November 1998. 38.

24. Yu, H. M., Hou, Z. J., Yi, B. L. "Composite Anode for CO Tolerance PEMFC." J. Power Sources, 2002, 105(1): 52～57.

25. 于景榮，邢丹敏，劉富強等。「燃料電池用質子交換膜的研究進展」。電化學，2000，7：385。

26. Savadogo. "Emerging membranes for electrochemical system: (I) solid polymer electrolyte membranes for fuel cell systems." Journal of New materials for ele ctrochemical systems, 1998, 1: 47.

27. 杜學忠。「博士後出站報告：質子交換膜的結構與性能」。中國科學院大連化學物理研究所燃料電池工程中心，2001。

28. James T. Hinatsu, Minoru Mizuhata, Hiroyasu Takenaka. "Water uptake of perfluoros-

ulfonic acid membranes from liquid water and water vapor." J. Electrochem Soc., 1994, 141: 1493.

29. Du, X. Z., Yu, J. R., Yi, B. L., et al. "Performances of proton exchange membrane fuel cells with alternate membranes." Phys Chem Chem Phys, 2001(3): 3175～3179.

30. Liu, F. Q., Yi, B. L., Xing, D. M., et al. "Nafion/PTFE composite membranes for fuel cell applications", J. membrane Science, 2003 (212): 213～223.

31. Yoshitake, M., Tamura, M., Yoshida, N., et al. "Studies of perfluorinated ion exchange membranes for electrolyte fuel cells." Denki Kagaku, 1996, 64: 727～736.

32. Timothy N. Tangredi, Scott G. Ehrenberg, Joseph M. Sepico, et al. "Hydrocarbon PEM/ Electrode Assemblies for Low-Cost Fuel Cells: Development, performance and Market Opportunities." Workshop on Fuel Cell, Technology and Applications. Dalian, P. R. China: September 1998. 10～15.

33. 于景榮，衣寶廉，邢丹敏等。「燃料電池用聚苯乙烯磺酸膜分解機理及其複合膜的初步研究」。高等學校化學學報，2002，23：1792～1796。

34. Tazi. B., Savadogo, O. "Parameters of PEM fuel-cells based on new membranes fabricated from Nafion, silicotungstic acid and thiophene." Electrochimica Acta, 2000, 45: 4329.

35. Weng, D., Wainright, J. S., Landau, U., et al. "Electro-Osmotic Drag Coefficient of water and methanol in polymer electrolytes at elevated Temperatures." J. Electrochem Soc., 1996, 143: 1260.

36. Li Qingfeng, Hans A. Hjuler, Niels J. Bjerrum. "Oxygen reduction on carbon supported platinum catalysts in high temperature polymer electrolytes." Electrochimia Acta, 2000, 45: 4219.

37. Li Qingfeng, Niels J. Bjerrum. "Polymer electrolyte membranes for fuel cells state-of-the-art and recent Progress." Proceedings of 13th World Hydrogen Energy Conference. Beijing China: 2000.6.

38. Hasiotis, C., Qingfeng Li, Deimede, V. "Development and Characterization of acid-doped polybenzimidazole/sulfonated polysulfone blend polymer electrolytes for fuel cells." J. Electrochem Soc., 2001, 148: A513.

39. 侯明。「博士後出站報告：質子交換膜燃料電池流場與水熱管理及應用的研究」。中國科學院大連化學物理研究所燃料電池工程中心，2001。

40. Deanna Busick, Mahlon Wilson. "Development of composite materials for PEFC bipolar plates. New Materials for Batteries and Fuel Cells. Mat Res Soc Symp Proc, 2000, 575: 247.

41. Barbir, F., Braun, J., Neutzler, J. "Effect of Collector Plate Resistance on Fuel Cell Stack Performance." From: http://www. energypartners. org/papers/Effects%20of20%Coll%20plate%20Res. html.

42. Waidhas, M., Datz, A., Gebhardt, U., et al. "Low-Cost PEMFC Development at Siemens-Material Aspect. New Materials for Batteries and Fuel Cells. Mat Res Soc Symp Proc, 2000, 575: 229.

43. Paul Adcock, Damian Davies, Stuart Rowen, et al. "Rapid Fabrication of Bipolar Plates for Solid Polymer Fuel Cell." Proceedings of 13th World Hydrogen Energy Conference. Beijing China: 2000. 6.
44. Philip, L., Hentall, J., Barry Lakeman, Gary O. Mepsted, et al. "New materials for polymer electrolyte membrane fuel cell current collectors." J. Power Sources, 1999, 80: 235.
45. Oliver J. Murphy, Alan Cisar, Eric Clarke. Electrochimica Acta, 1998, 43: 3829.
46. 侯明，吳金鋒，衣寶廉等。「PEM 燃料電池流場板」。電源技術，2001，25：294。
47. Ticianelli, E. A., Derouin, C. R., Srinivasan, S. "Localization of platinum in low catalyst loading electrodes to attain high power densities in SPE fuel cells." J. Electroanal Chem, 1988, 251(2): 275～295.
48. 于景榮。自增濕質子交換膜燃料電池的研究：[學位論文]。大連：中國科學院大連化學物理研究所燃料電池工程中心，2000。
49. 葛善海，衣寶廉，徐洪峰。「質子交換膜燃料電池水傳遞模型」。化工學報，1999，50(1)：39～48。
50. Watanabe, M., Uchida, H., Emori, M., "Analysis of selfhumidification and suppresion of gas crossover in Pt-dispersed polymer electrolyte membranes for fuel cell," J. Electrochem. Soc., 1998, 145: 1137～1142.
51. 劉富強。質子交換膜燃料電池複合膜的研究：[碩士論文]。大連：中國科學院大連化學物理研究所燃料電池工程中心，2002。
52. Browning, D., Jones, P., Packer, K. "An investigation of hydrogen storage methods for fuel cell operation with man-portable equipment." J. Power Sources, 1997, 65:187～195.
53. Alfred P. Meyer. "Development and Evaluation of Multi-Fuel Fuel Cell Power Plant for Transportation Applications, Fuel Cell Technology for Vehicles, Edited by Richard Stobart." Warrendale: Society of Automotive Engineers, Inc., 2001.
54. Robert S. Wegeng, Larry R. Pederson, Ward E. TeGrotenhuis, Greg A. Whyatt. "Compact fuel processors for fuel cell powered automobiles based on microchannel technology." Fuel Cells Bulletin, 2001, 3(28): 8～16.
55. Lesster, L. E. "Fuel cell power electronics: Managing a variable-voltage D C source in a fixed-voltage AC world." Fuel Cells Bulletin, 2000, 3(25): 5～16.
56. 葛善海。「博士後出站報告：質子交換膜燃料電池數學模型及新型儲能電池的研究」。中國科學院大連化學物理研究所燃料電池工程中心，2002。
57. Bernardi, D. M., Verbrugge, M. W. "A mathematical model of the solid-polymer-electrolyte fuel cells." J. Electrochem Soc., 1992, 139(9): 2477～2491.
58. Eikerling, M., Kharkats, Y. I., Kornyshev, A. A., et al. "Phenomenological theory of electro-osmotic effect and water management in polymer electrolyte proton-co nducting membranes." J. Electrochem Soc., 1998, 145(8): 2684.
59. Thampan, T., Malhotra, S., Tang, H., et al. "Modeling of conductive transport in proton-exchange membranes for fuel cells." J. Electrochem Soc., 2000, 147(9): 3242～3250.
60. Paddison, S. J., Paul, R., Zawodzinski, T. A. "A statistical mechanical model of proton

and water transport in a proton exchange membrane." J. Electrochem Soc., 2000, 147(2): 617～626.

61. Bultel, Y., Ozil, P., Durand, R. "Modeling the mode of operation of PEMFC electrodes at the particle level: influence of ohmic drop with the active layer on ele ctrode performance." J. Appl Electrochem, 1998, 28: 269.
62. Bernardi, D. M., Verbrugge, M. W. "Mathematical model of a gas diffusion electrode bonded to a polymer electrolyte." AIChE J., 1991, 37(8): 1151.
63. Broka, K., Ekdunge, P. "Modeling the PEM fuel cell cathode." J. Appl Electroch em, 1997, 27: 281～289.
64. Chan, S. H., Tun, W. A. "Catalyst layer models for proton exchange membrane fuel cells. Chem Eng Technol, 2001, 24(1): 51.
65. Yi, J. S., Nguyen, T. V. "Multicomponent transport in porous electrodes of proton exchange membrane fuel cells using the interdigitated gas distributors." J. Electrochem Soc., 1999, 146(1): 38～45.
66. Nguyen, T. V., White, R. E. "A water and heat management model for proton exchange membrane fuel cells." J. Electrochem Soc., 1993, 140(8): 2178～2186.
67. Springer, T. E., Wilson, M. S., Gottesfeld, S. "Modeling and experimental diagnostics in polymer electrolyte fuel cells." J. Electrochem Soc., 1993, 140(12): 3513～3526.
68. Wang, Z. H., Wang, C. Y., Chen, K. S. "Two-phase flow and transport in the air cathode of proton exchange membrane fuel cells." J. Power Sources, 2001, 94(1): 40.
69. Dutta, S., Shimpalee, S., Van Zee J. W. "Three-dimensional numerical simulation of straight channel PEM fuel cells." J. Appl Electrochem, 2000, 30(2): 135～146.
70. Um, S., Wang, C. Y. "Three dimensional analysis of transport and reaction in proton exchange membrane fuel cells. Proceedings of the ASME Heat Transfer Divisi on-2000, 2000, 1: 19.
71. Costamagna, P. "Transport phenomena in polymeric membrane fuel cells." Chem Eng Sci, 2001, 56(2): 323.
72. Thirumalai, D., White, R. E. "Mathematical modeling of proton-exchange-membrane fuel-cell stacks." J. Electrochem Soc., 1997, 144(5): 1717～1723.
73. Springer, T. E., Zawodzinski, T. A., Gottesfeld, S. "Polymer electrolyte fuel cell model." J. Electrochem Soc., 1991, 138(8): 2334～2341.
74. Mosdale, R., Srinivasan, S. "Analysis of performance and of water and thermal management in proton exchange membrane fuel cells." Electrochimica Acta, 1995, 40(4): 413～421.
75. Um, S., Wang, C. Y., Chen, K. S. "Computational fluid dynamics modeling of proton e xchange membrane fuel cells." J. Electrochem Soc., 2000, 147(12): 4485～4493.
76. Hsing, I. M., Futerko, P. "Two-dimensional simulation of water transport in polymer electrolyte fuel cells." Chem Eng Sci, 2000, 5(20): 4209～4218.
77. Fuller, T. F., Newman, J. "Water and thermal management in solid-polymer-electrolyte fuel cells." J. Electrochem Soc., 1993, 140(5): 1218～1225.

78. Yi, J. S., Nguyen, T. V. “An along-the-channel model for proton exchange membrane fuel cells.” J. Electrochem Soc., 1998, 145(4): 1149～1159.

79. Dannenberg, K., Ekdunge, P., Lindbergh, G. “Mathematical model of the PEMFC.” J. Appl Electrochem, 2000, 30(12): 1377～1387.

80. Futerko, P., Hsing, I. M. “Two-dimensional finite-element method study of the resistance of membranes in polymer electrolyte fuel cells.” Electrochim Acta, 2000, 45(11): 1741～1751.

81.胡軍，衣寶廉，侯中軍等。「採用傳統條形流場的質子交換膜燃料電池陰極數值模擬」。化工學報，已接收待發表。

82. Srinivasan, S., Velev, O. A., Parthasarathy, A., et al. “High energy efficiency and high power density proton exchange membrane fuel cells-electrode kinetics and mass transport.” J. Power Sources, 1991, 36: 299～320.

83. Kim, J., Lee, S. M., Srinivasan, S., et al. “Modeling of proton exchange membrane fuel cell performance with an empirical equation.” J. Electrochem Soc., 1995, 142(8): 2670～2674.

84. Lee, J. H., Lalk, T. R. “Modeling fuel cell stack systems.” J. Power Sources, 1998, 73: 229～241.

85. Lee, J. H., Lalk, T. R. “Modeling electrochemical performance in large scale proton exchange membrane fuel cell stack.” J. Power Sources, 1998, 70: 258～268.

86. Amphlett, J. C., Baumert, R. M., Mann, R. F., et al. “Performance modeling of the Ballard Mark IV solid polymer electrolyte fuel cell, II. Empirical model development.” J. Electrochem Soc., 1995, 142(1): 9～15.

87. Laurencelle, F., Chahine, R., Hamelin, J., Agbossou, K., Fournier, M., Bose, T. K., Laperriere, A. “Characterization of a Ballard MK5-E proton exchange membrane fuel cell stack.” Fuel Cells, 2001, 1(1): 66.

88. Wong-Chal Yong. Ford P2000 Fuel cell Vehicle, EVS16. Beijing.

89. Juergen Friedrich. Necar 4-The first Zero-Emission Vehicle with acceptable Range, EVS16 Beijing.

Chapter 5

直接醇類燃料電池

5-1 概 述

正如第 4 章所述，在 20 世紀 90 年代，PEMFC 在關鍵材料與電池組方面取得了突破性的進展。但在向商業化邁進的過程中，氫源問題異常突顯，氫供應設施建設投資巨大，氫的儲存與運輸技術以及氫的現場製備技術等還遠落後於 PEMFC 的發展，氫源問題成為阻礙 PEMFC 廣泛應用與商業化的重要原因之一。因此在 20 世紀末，以醇類直接為燃料的燃料電池，尤其是直接甲醇燃料電池（Direct Methanol Fuel Cell, DMFC）成為研究與開發的熱點，並取得了長足的進展。

甲醇可由水、煤氣或天然氣合成，是重要的化工原料和燃料，它的主要物化性質如表 5-1 所示。

圖 5-1 為 DMFC 的原理圖。由圖可知，它的陰極反應與 PEMFC 一致，為氧的電化學還原：

表 5-1　CH_3OH 的物理化學性質

相對分子質量	沸點（℃）	冰點（℃）	蒸氣壓（KPa）	相對密度	毒性	低熱值（$kJ\cdot mol^{-1}$）	高熱值（$kJ\cdot mol^{-1}$）
32.04	64.51	−97.49	13.33（21.2℃）	0.7913（20℃）	中等	−640.93	−729.29

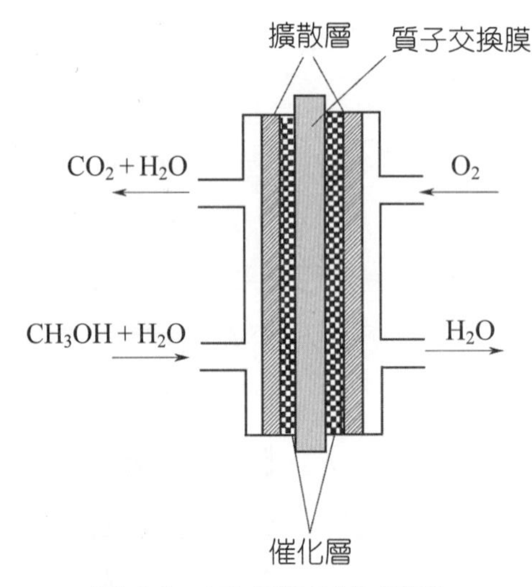

圖 5-1　DMFC 工作原理

$$\frac{3}{2}O_2 + 6H^+ + 6e^- \longrightarrow 3H_2O \qquad \varphi^0 = 1.229\ V$$

而陽極反應則為 CH_3OH 的電化學氧化：

$$CH_3OH + H_2O \longrightarrow CO_2\uparrow + 6H^+ + 6e^- \qquad \varphi^0 = 0.046\ V$$

電池的總反應為甲醇的完全氧化：

$$CH_3OH + \frac{3}{2}O_2 \longrightarrow CO_2\uparrow + 2H_2O \qquad E^0 = 1.183\ V$$

由甲醇陽極電化學氧化方程式可知，該反應機理相當複雜，在完成六個電子轉移的過程中，會生成眾多穩定的或不穩定的中間物；有的中間物會成為電催化劑的毒物，導致電催化劑中毒，嚴重降低電催化劑的電催化活性。因此在 DMFC 開發過程中，CH_3OH 直接氧化電催化劑的研究開發、反應機理等研究至今仍是研究的熱點[1]，它的進展直接關係到 DMFC 的發展。

由 CH_3OH 陽極電化學氧化方程式可知，每消耗 1 mol 的甲醇，同時也需 1 mol的水參與反應。依據甲醇與水的陽極進料方式不同，DMFC 可區分為兩類：

⑴以氣態 CH_3OH 和水蒸氣為燃料

由於水的氣化溫度在常壓下為 100℃，所以這種 DMFC 工作溫度一定要高於 100℃。由於至今實用的質子交換膜（如Nafion膜）傳導H^+均需有液態水存在，所以在電池工作溫度超過 100℃時反應氣工作壓力要高於大氣壓，這樣不但導致電池系統的複雜化，而且當以空氣為氧化劑時，增加空壓機的功耗，降低電池系統的能量轉化效率。至今由於可在 150～200℃下穩定工作，並且無需液態水即能傳導 H^+的質子交換膜尚在研究、探索中，所以採用這種以氣態 CH_3OH 和水蒸氣進料的 DMFC 研究工作相對較少。

⑵ DMFC 採用不同濃度的甲醇水溶液為燃料

採用這種方式運行的 DMFC，在室溫及 100℃之間可以採用常壓進料系統，當電池工作溫度高於 100℃時，為防止水氣化蒸發導致膜失水，也必須採用加壓系統。

圖 5-2(a)為以 1.0 mol的甲醇水溶液作燃料、純氧為氧化劑、Nafion膜

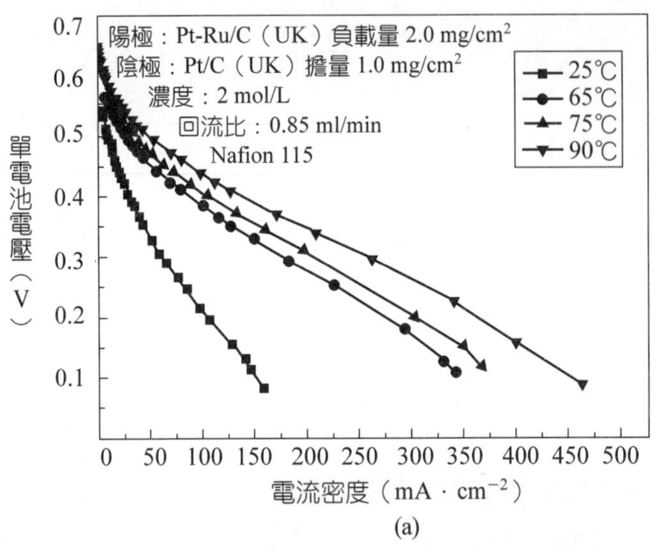

(a)

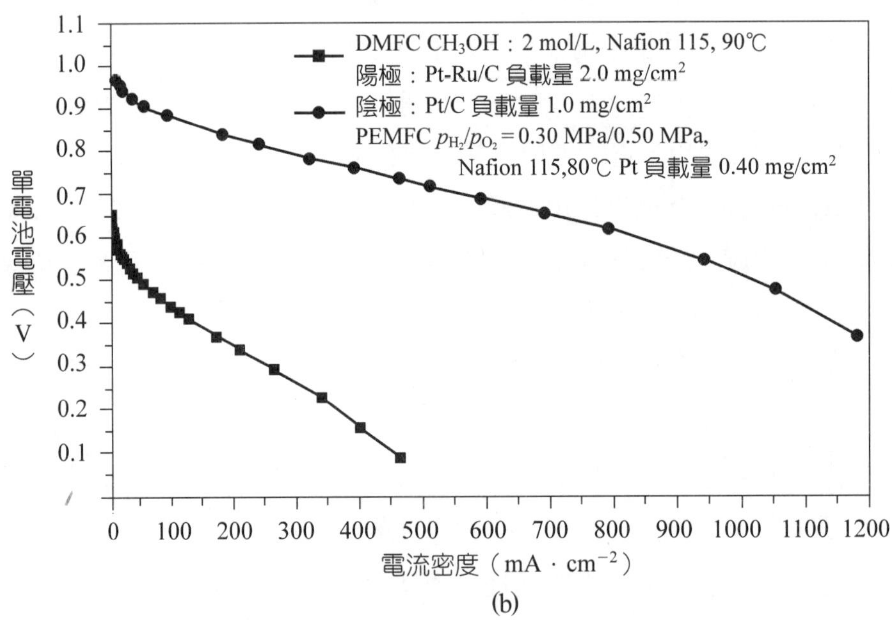

(b)

圖 5-2　DMFC 的電性能及與 PEMFC 的比較

為質子交換膜、Pt-Ru/C 為陽極電催化劑、Pt/C 為陰極電催化劑的 DMFC 單電池在不同工作溫度的伏—安曲線。圖 5-2(b)為 DMFC 性能與 PEMFC（以純氫為燃料）的電池性能的對比，由圖可知，DMFC 單位面積的輸出功率僅為 PEMFC 的 1/10～1/5，其原因主要有下述兩個方面：

①甲醇陽極電化學氧化歷程中生成類似 CO 的中間物，導致 Pt 電催化

劑中毒，嚴重降低了甲醇的電化學氧化速度，增加陽極極化達百毫伏（mV）數量級。而當以氫為燃料時，當電池工作電流密度達 1 A/cm^{2}時，陽極極化也僅幾十毫伏。

②燃料甲醇透過濃差擴散和電遷移由膜的陽極側遷移至陰極側（甲醇滲透），在陰極電位與Pt/C或Pt電催化劑作用下發生電化學氧化，並與氧的電化學還原構成短路電池（local cell action），在陰極產生混合電位，如圖 5-3 所示。圖中 J_{CH_3OH} 為電池開路時單位時間 CH_3OH 經膜由陽極滲透到陰極的流量；M_{CH_3OH} 為甲醇相對分子質量；F 為法拉第常數。甲醇經膜的這一滲透，不但導致氧電極產生混合電位，降低DMFC的開路電壓，而且增加氧陰極極化和降低電池的電流效率。

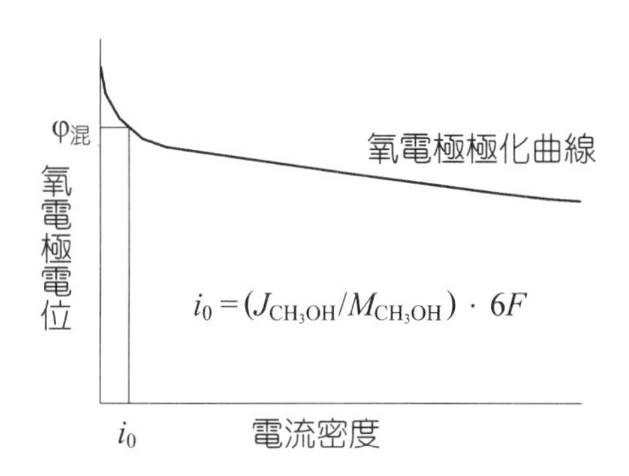

圖 5-3　CH_3OH 滲透導致陰極產生混合電位示意圖

此外當將 DMFC 與 PEMFC 對比分析時，我們還能發現下述兩點顯著不同：

①由甲醇陽極氧化電化學方程式可知，當甲醇陽極氧化時，不但產生 H^+與電子，而且還產生氣體 CO_2，因此儘管反應物 CH_3OH 與 H_2O 均為液體，仍要求電極具有排水孔。而且由水電解工業經驗可知，對析氣電極，尤其是採用多孔氣體擴散電極這類立體電極時，電極構成材料（如 Pt/C 電催化劑）極易在析出的反應氣作用下導致脫落、損失，進而影響電池壽命。因此與 PEMFC 相比，在 DMFC 陽極結構與製備技術優化時，必須考慮 CO_2 析出這一特殊因素。

②當採用甲醇水溶液作燃料時，由於陽極室充滿了液態水，DMFC 質

子交換膜陽極側會始終保持在良好的水飽和狀態下。但與 PEMFC 不同的是，當DMFC工作時不管是電遷移還是濃差擴散，水均是由陽極側遷移至陰極側，也就是說，對以甲醇水溶液為燃料的DMFC，陰極需排出遠大於電化學反應生成的水。因此與 PEMFC 相比，DMFC 陰極側不但排水負荷增大，而且陰極被水淹的情況更嚴重，在設計DMFC陰極結構與選定製備技術時必須考慮這一因素。正因為如此，在至今評價DMFC時，陰極氧化劑（如空氣中的氧）的利用率均很低，其目的是增加陰極流場內氧化劑的流動線速度，以利於向催化層的質傳和水的排出，但這勢必增加DMFC電池系統的內耗，這是研究高效大功率DMFC電池系統時必須解決的技術問題。當採用甲醇水溶液作燃料時，DMFC 的核心元件 MEA 陽極側是浸入甲醇水溶液中的，加上在DMFC工作時，又有CO_2的析出；而陰極側，正如上述，排水量也遠大於電化學反應生成水，不管是氣化蒸發以氣態排出，還是靠毛細力滲透到擴散層外部被氣體吹掃以液態排出，均會對電極與膜之間結合界面產生一定分離作用力。因此在製備 DMFC 的 MEA 時，與 PEMFC 的 MEA 相比，要改進結構與技術，增加 MEA 的電極與膜之間的結合力，防止 MEA 在電池長時間工作時膜與電極分離、增加歐姆極化，大幅度降低電池性能，嚴重時導致電池失效。

5-2 電催化劑（Electrocatalysts）

DMFC 是在 PEMFC 基礎上研究與發展的。至今 DMFC 電極的電催化劑仍是 Pt/C、Pt-Ru/C 或 Pt 黑、純 Pt-Ru 黑。電極也是 PEMFC 中廣泛採用的厚層排水電極或薄層親水電極。因此讀者在閱讀本節前應仔細閱讀第 4 章 PEMFC 相應內容。本節重點是依據概述中提出的DMFC自身特點，結合近年來國內外在 DMFC 用電催化劑與電極結構方面研究與進展加以介紹。

1 陽極電催化劑

甲醇在酸性溶液中電化學氧化時，除CO_2外質譜與色譜均檢測到甲醛與甲酸。因此，可以認為甲醇電化學氧化至少包括以下步驟：

$$CH_3OH(l)\xrightarrow{K_0}CH_3OH(a)$$
$$CH_3OH(a)\xrightarrow{K_1}H_2CO(a)\xrightarrow{K_2}HCOOH(a)\xrightarrow{K_3}CO_2$$

式中，(l)表示溶液相；(a)表示吸附態。至於研究發現甲醇、甲醛、甲酸電氧化的速度的不同，可用控制步驟的不同，即 K_0、K_1、K_2及 K_3等速度常數的不同加以解釋。

眾所周知，甲醇電化學氧化呈現自毒化作用，那麼使電催化劑中毒的中間物是什麼呢？曾提出兩種使 Pt 催化劑中毒的中間物：CHO 與 CO。採用現場光譜測試技術的研究結果證明主要是CO[2]，而可將CHO視為一種中間物[3]。R. Persons 在文獻[1]中提出了如下所示甲醇電化學氧化過程中毒物CO的生成機理：

$$\underset{\text{催化劑}}{H_3C{-}OH}\xrightarrow{-3H}\underset{\text{催化劑}}{HC{-}O}\longrightarrow\underset{\text{催化劑}}{HC{=}O}\underset{+H}{\overset{-H}{\rightleftharpoons}}\underset{\text{催化劑}}{C{=}O}$$

與甲醇電化氧化與自毒化毒物研究一致，至今在DMFC中廣泛應用的電催化劑是 Pt-Ru/C 或 Pt-Ru 黑，Pt 與 Ru 原子比一般為 1：1。並認為在 Pt 上吸附甲基逐步脫氫，產生 Pt-CO，Pt-CO 在 DMFC 工作電位下不能進一步氧化至 CO_2。而Ru氧化H_2O產生Ru-OH，它進一步氧化Pt-CO產生CO_2，如下述反應式所示：

$$Ru+H_2O\longrightarrow Ru\text{-}OH+H^{+}+e^{-}$$
$$Ru\text{-}OH+Pt\text{-}CO\longrightarrow Ru+Pt+CO_2\uparrow+H^{+}+e^{-}$$

其依據為 Ru^0 比 Pt^0 可在更低的電位下催化吸附水的氧化[4]。

J. W. Long 等研究發現[5]，當 Pt-Ru 電催化劑中的 Ru 以 RuO_xH_y 形式存在時，對甲醇陽極氧化的催化活性高。他們研究發現將 Pt-Ru 電催化劑用氫氣進行還原，或經 300℃焙燒均導致催化活性大幅度降低。據此，在製備 Pt-Ru 或 Pt-Ru/C 電催化劑時應儘量擴大奈米級 Pt 與 RuO_xH_y 的接觸界面，而不是實現 Pt-Ru 的合金化，才能獲得高活性電催化劑。

K. A. Friedrich 等[6]在 Pt(111)晶面電化學沉積單原子層 Ru 島基礎研究與採

用標準的亞硫酸鹽法（sulfite method）[7]製備Pt-Ru/C電催化劑研究證明，電催化劑的奈米結構是確保活性的關鍵，對實用的 Pt-Ru/C 電催化劑也是如此；而且 Pt-Ru 合金的生成不是具備高活性的必要條件。

侯中軍等[8]採用先製備 XC-72R 碳與 W、Mo 的複合載體，再共沉積 Pt、Ru的方法，製備出Pt-Ru-H_xWO_3/C與Pt-Ru-H_xMoO_3/C三組分電催化劑。圖 5-4 為Pt-Ru與這些三組分電催化劑的TEM照片和粒徑分佈。圖 5-5 為上述三種電催化劑對 CO 和氫電化學氧化的循環伏一安圖。由圖可知，Pt-Ru-H_xWO_3/C 對 CO 電化學氧化具有最佳活性。

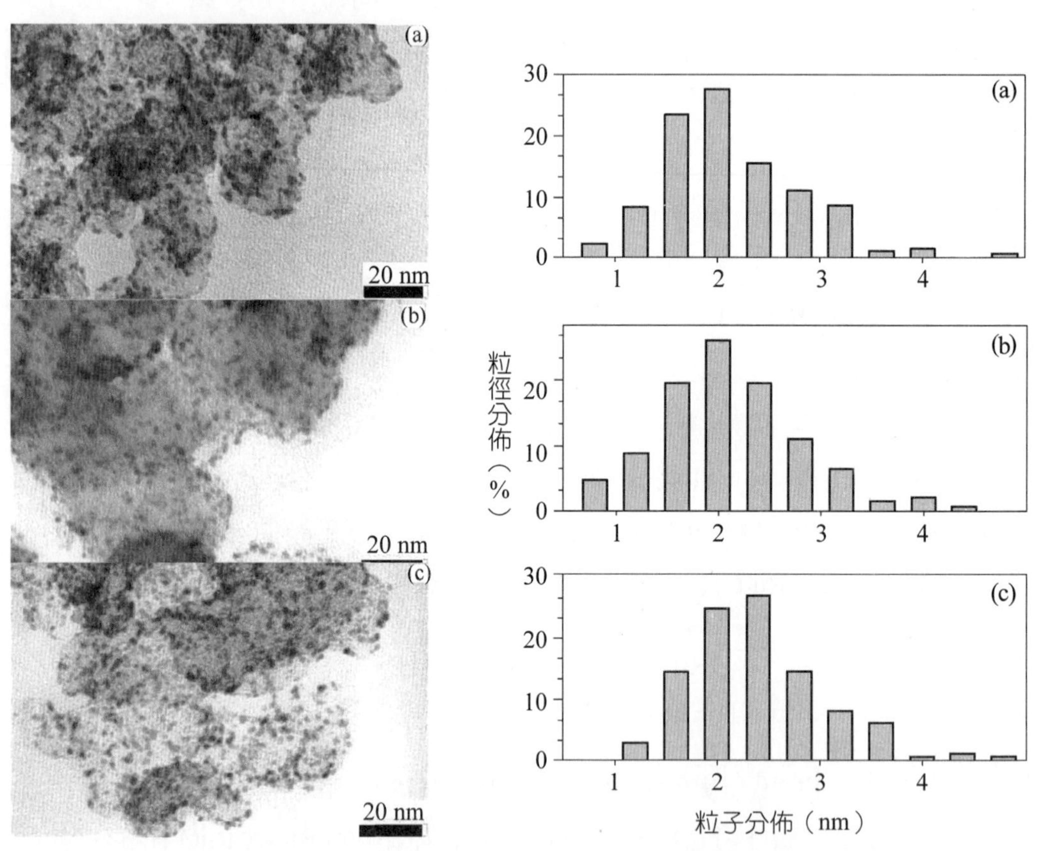

(a)Pt-Ru/C；(b)Pt-Ru-H_xWO_3/C；(c)Pt-Ru-H_xMoO_3/C

圖 5-4　幾種電催化劑的 TEM 照片和粒徑分佈

儘管在甲醇陽極電化氧化電催化劑研究與製備方面已取得了一定進展，但現有的電催化劑（如廣泛使用的 Pt-Ru/C）的活性還較低，不但導致陽極極化高，而且負載量也比在PEMFC中高一個數量級，達到 2～4 mg/cm^2。因此在這

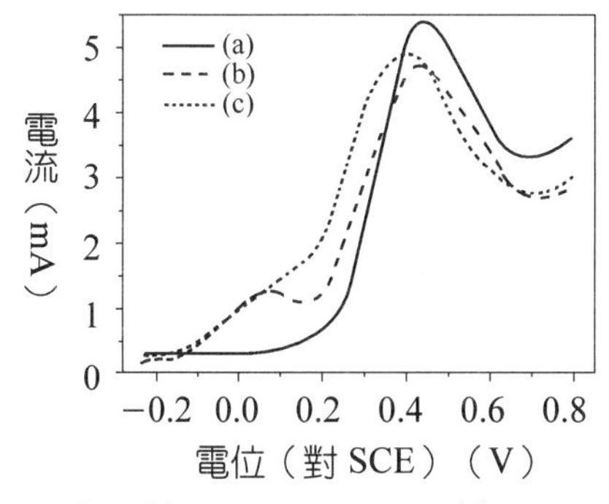

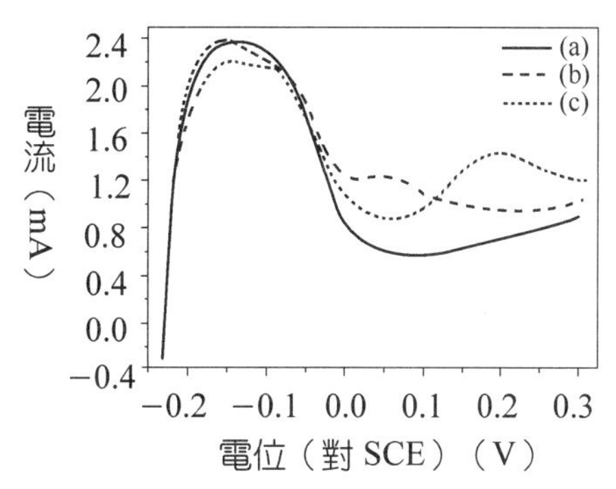

(a)Pt-Ru/C；(b)Pt-Ru-H_xWO_3/C；(c)Pt-Ru-H_xMoO_3/C 0.5 mol/L；H_2SO_4 T=25℃；v=20 mV/s

圖 5-5　三種電催化劑對 CO（左）和氫（右）電化學氧化的循環伏一安圖

方面的突破需付出更大的努力。

2 陰極電催化劑

與 PEMFC 一樣，DMFC 至今仍採用奈米級純 Pt 黑和 Pt/C 作氧電化學還原的電催化劑。

Pt/C 電催化劑製備除採用在 PEMFC 一章中介紹的方法外，還可採用以 $Na_6Pt(SO_3)_4$ 為前驅體的方法製備[9]，即在 H_6PtCl_6 溶液中加入 Na_2CO_3 溶液，調整 pH 值至 7，再加入 $NaHSO_3$ 溶液，將 pH 值降至 3，加熱溶液至無色，再加入 Na_2SO_3，將溶液 pH 值升至 6，可獲得 $Na_6Pt(SO_3)_4$ 沉澱，再用去離子水洗滌至無 Cl^-，並於 80℃乾燥。在製備 Pt/C 電催化劑時，將 $Na_6Pt(SO_3)_4$ 溶於 0.5 mol/L H_2SO_4 中並加入載體碳的水溶漿，攪拌，升溫至 80℃，在恆溫 80℃條件下，滴加 3%的 H_2O_2，並產生氣體析出，析氣結束後加入甲酸或甲醛水溶液還原，沉澱用熱去離子水洗滌，並在 80℃空氣中乾燥。用這種方法製備的 Pt/C 電催化劑 Pt 晶粒大小約為 3 nm。

在 PAFC 和 PEMFC 的研究中已證實，Pt-M/C 電催化劑，其中 M 為過渡金屬（如 Co、Fe、Cr、Mn 等）可提高氧電化學還原的交換電流密度，增加氧電極的活性。李文震[10] 等製備了 Pt-Fe_3/XCN 電催化劑。載體 XCN 是 XC-72R 碳經 2 mol/L HCl 與 5 mol/L HNO_3 處理。催化劑採用鉑氯酸與氯化鐵溶液（Pt：Fe=3：1）預混合，並在惰性氣氛保護下加入載體碳與醇的混合液中，升溫至 150℃，保溫 3 小時，製得 Pt 負載量（質量比）為 20%的 Pt_3Fe/XCN 電催化劑。將製得的電催化劑經 300℃、氫氣氛下熱處理 2 小時，得到電催化劑 Pt_3Fe/

XCN-300H，在氬氣氛下 900℃處理 2 小時，獲得電催化劑 Pt_3Fe/XCN-900Ar。圖 5-6 為這幾種電催化劑的 XRD 譜圖，為了對比，加入了 JM 公司 20%的 Pt/C 電催化劑 XRD 譜圖。用上述研製的電催化劑 Pt_3Fe/XCN-300H、Pt_3Fe/XCN-900Ar 與 JM 公司的 Pt/C 電催化劑，在相同的電極與 MEA 製備技術和一致的 DMFC 單電池運行條件，測定的伏—安曲線如圖 5-7 所示。

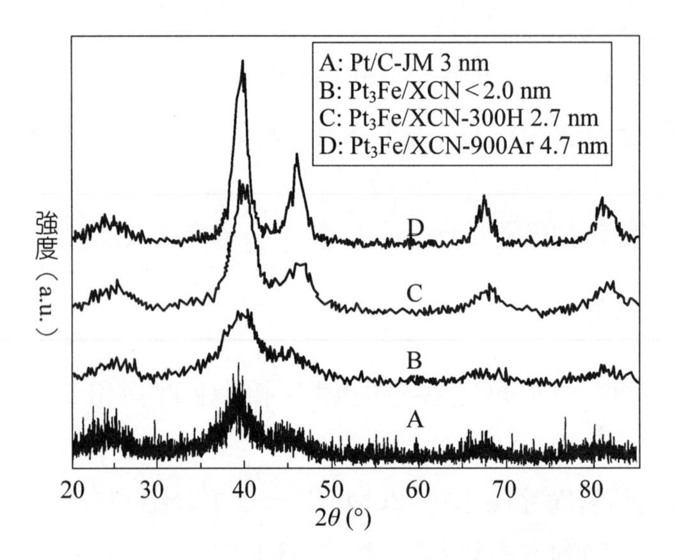

圖 5-6 四種電催化劑的 XRD 譜圖

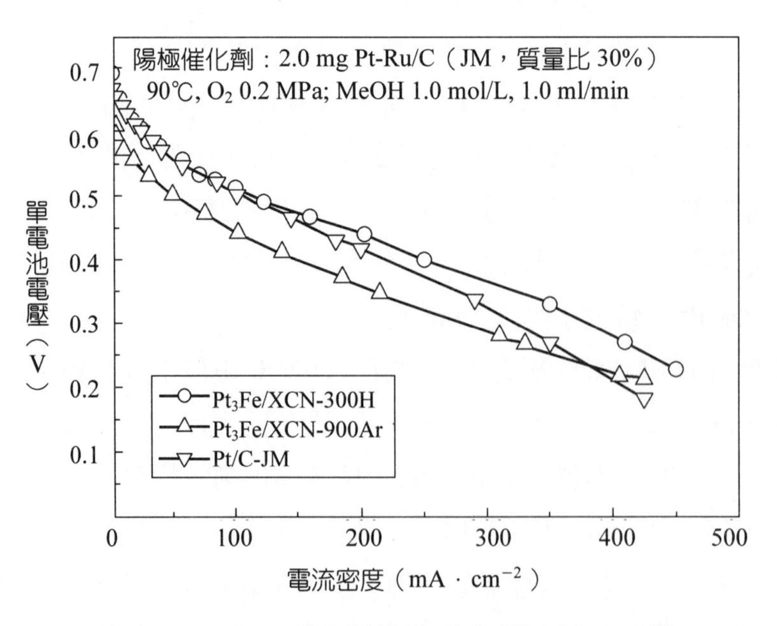

圖 5-7 三種不同的氧電極催化劑的 V-A 曲線

由圖 5-7 可知，Pt_3Fe/XCN-300H 性能最佳。與 Pt/C 電催化劑相比，電池性能明顯提高。

過渡金屬的大環化合物（如 Co、Fe 的酞菁和卟啉錯合物）對氧電化學還原具有活性，而且經過高溫熱解後，作為氧電化學還原電催化劑的活性與穩定性均提高[11]。G. Faubert 等[12]研究了碳載 Fe、Co 四苯基卟啉經不同溫度熱處理後的結構與活性，發現經 500～700℃熱處理後，初活性好，但穩定性差，活性中心起源於金屬與氮鍵；而經高溫 900～1000℃處理後，活性不如 500～700℃熱處理的電催化劑，但穩定。活性中心為石墨塗層包裹的金屬鈷或鐵，在相同金屬負載量（質量比）為 2%條件下，其活性僅相當於 Pt 的 1/2。這是一個值得進一步研究的方向。

至今，DMFC 採用的質子交換膜，均有一定的甲醇滲透過膜，從陽極到達陰極，在陰極產生電化學氧化並與氧還原構成短路電池，形成陰極混合電位，大幅度降低電池的開路電壓，與此同時，甲醇電氧化過程中形成的類似 CO 物種毒化 Pt/C 電催化劑，導致氧還原極化增大。因此對 DMFC，迫切需要開發一類具有選擇催化氧電化學還原，而阻滯甲醇電化學氧化的電催化劑。近年人們開始研究 Chevrel-Phase 材料作為這類氧電化學還原電催化劑。這種材料是八面體金屬簇化合物，通式為 M_6X_8，M 為高價過渡金屬（如鉬等），X 代表週期表硫族元素（如 S、Se、Te 等），在這一金屬簇內，由於電子的退定位化，使其具有高的電子導電能力。採用其他過渡金屬取代中心原子的方法還可優化其電催化性能。

R. W. Reeke 等 [13]研究了碳載 $MO_xRu_yS_z$、MO_xRh_yS、$MO_xOs_yS_z$、$W_xRu_yS_z$ 和 $Re_xRu_yS_z$ 電催化性能。所用碳載體 XC-72R 碳需經 NH_3 或 H_2S 預處理，進行氮化或硫化。如將一定量的 XC-72R 碳置於電爐中，Ar 保護升溫至 800℃，改用 CO_2處理 24 小時，在碳表面生成含氧官能團。再改用 NH_3 處理 24 小時，將含氧官能團轉化為含氮官能團，最後在 Ar 氣中冷卻至室溫。元素分析證明，處理過的碳中含質量比約為 0.7%的氮。碳載體的硫化過程與氮化過程類似，差別是用 H_2S 代替 NH_3，溫度由 800℃降至 600℃，硫化後碳載體元素分析證明含質量比約為 1.4%的硫。將特製的碳載體與硫和相應過渡金屬與貴金屬的羰基化合物 $Ru_3(CO)_{12}$、$W(CO)_6$、$Os_3(CO)_{12}$、$Rh_6(CO)_{16}$、$Re(CO)_5Cl$、$Mo(CO)_6$ 在二甲苯中於氮氣氣氛下回流 20 小時，將產物過濾，用丙酮洗滌，乾燥後於氮氣中 350℃熱處理 2 小時，製備上述電催化劑。

循環伏—安實驗發現，採用Pt/C電催化劑製備的電極在 2.5 mol/L H_2SO_4與 2 mol/L CH_3OH 溶液中在相對於 Hg/1 mol/L Hg_2SO_4（+0.615 V）參考電極的 0.1 V 與 0.35 V 處有明顯的 CH_3OH 氧化峰，而用上述方法製備的 MoRu/C 電催化劑上則無 CH_3OH 氧化峰，證明該電催化劑對 CH_3OH 氧化為惰性。

圖 5-8 為用上述方法在硫化碳載體上製備的$Mo_2Ru_5S_5$電催化劑製備的陰極在 DMFC 單電池中的性能。由圖可知，其性能還不如採用 Pt/C 電催化劑製備的電極，但從氧化劑中回收CH_3OH可提高燃料CH_3OH利用率。研究這一類抗甲醇的高選擇性氧電化學還原電催化劑是解決DMFC甲醇滲透的技術路線之一。

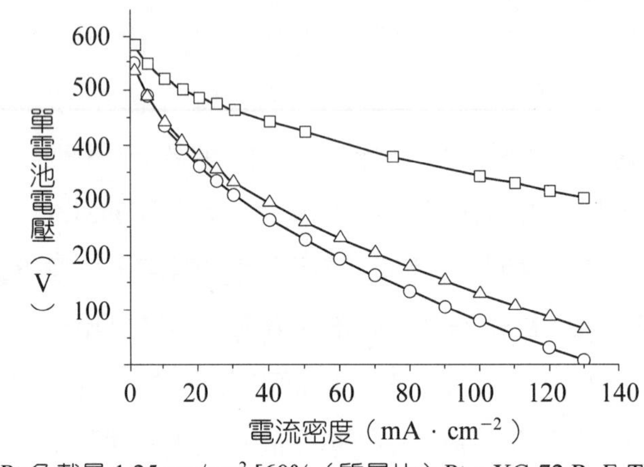

□—Pt 負載量 1.25 mg/cm² [60%（質量比）Pt，XC-72 R, E-TEK]

△—$Mo_2Ru_5S_5$ 負載量 0.75 mg/cm² [60%（質量比），ST XC-72R]

○—$Mo_2Ru_5S_5$負載量 1.25 mg/cm² [60%（質量比），ST XC-72R]

「ST」表示已硫化的碳載體

圖 5-8　$Mo_2Ru_5S_5$電催化劑製備的陰極在 DMFC 單電池中的性能

5-3 電　極

DMFC的電極均為多孔氣體擴散電極，電極的製備技術也與PEMFC相似。至今廣泛採用的電極結構為厚層排水電極、薄層親水電極與雙層結構電極，具體製備技術可查閱第 4 章相關部分。

DMFC 具有下述特點：

① DMFC 採用甲醇水溶液作燃料，因此 MEA 長時間浸泡在此溶液中，若膜與電極結合不好，極易分層；影響電池長時間穩定運行。

②由 CH_3OH 陽極氧化反應 $CH_3OH + H_2O \longrightarrow CO_2\uparrow + 6H^+ + 6e^-$ 可知，每氧化一個 CH_3OH 分子，可產生 6 個電子和 1 個 CO_2 分子，即相當於 3 個氫分子電化學氧化時釋放的電量，因此陽極內反應產物——氣體 CO_2 的傳遞通道，在相同的電流密度下僅為 PEMFC 的 1/3；而 CH_3OH 是以液體傳遞方式到達反應區的，依靠親水通道傳遞。據此用於 DMFC 的陽極催化層組分中應增加 Nafion 含量，有利於傳導 H^+、傳遞 CH_3OH，並增強電極與膜的結合能力。但也應含有少量的 PTFE，有利於 CO_2 的析出，否則不但阻滯 CO_2 析出，而且增加電極—膜分層的危險。而陽極擴散層的 PTFE 含量與 PEMFC 相比也應調低，有利於 CH_3OH 的傳遞，但也要確保產物氣態 CO_2 的順利排出。

③由於採用甲醇水溶液作燃料，水的電遷移與濃差擴散均是由膜的陽極側遷移到陰極側的，所以 DMFC 陰極側的排水量遠大於電化學反應生成水，即遠高於相同電流密度下運行的 PEMFC。若滲透到陰極的甲醇經短路電流也氧化成水和 CO_2，則陰極排水量更大。DMFC 的這一特點導致在選擇 DMFC 操作條件時，一般氧化劑（如氧或空氣）壓力要高於甲醇水溶液壓力，以減少水由陽極向陰極的遷移；同時反應氣的利用率也很低，以增加陰極排水能力。但這些水均要通過陰極催化層、擴散層傳遞到陰極室。因此為了有利於水的排出，DMFC 陰極擴散層內 PTFE 含量低於 PEMFC，而催化層內 Nafion 的含量要高於 PEMFC。這樣做勢必不利於氧氣或空氣中氧向催化反應區的傳遞。但考慮到至今 DMFC 工作電流密度（僅幾百毫安每平方厘米）遠低於 PEMFC，目前還是可行的。

1 擴散層

DMFC 與 PEMFC 一致，一般皆採用碳布、碳紙作為擴散層，擴散層的厚度為 100～300 μm。當採用碳布作擴散層時，用乙炔黑型碳與 PTFE 的均勻混合物將碳布孔填平。而當用碳紙作擴散層時，應對碳紙作排水處理（Hydrophobilization），即用質量比 5%左右的 PTFE 乳液多次浸漬碳紙，使碳紙內的 PTFE 含量達到設定值。對採用上述方法處理的碳紙或碳布，在其塗催化層的一面還需整平，即採用噴塗或刮塗的方法，製備厚度僅幾微米的一層乙炔黑型碳與PTFE薄層作為整平層（文獻中也有人將處理後的碳布或碳紙稱為支撐層，將上述整平層稱為擴散層）。最後製備好的擴散層需經320～340℃熱處理，使PTFE熔融，以增強擴散層的排水性。對於DMFC，一般而言，對陽極擴散層，其PTFE含量控制在10～15%之間，而對陰極擴散層，其PTFE含量控制在質量比20～25%之間，比PEMFC擴散層（質量比約為50%）低，以利於陽極反應物CH_3OH向反應區傳遞和陰極大量水的排出。

2 催化層

DMFC的電極催化層與PEMFC類似，也可分為厚層、薄層與雙層三種結構。由於電催化劑的活性還滿足不了DMFC要求，所以在製備DMFC電極催化層時，為提高電極活性，其電催化劑負載量比PEMFC要高，陽極催化層中貴金屬Pt-Ru的負載量達到2～4 mg/cm^2，而陰極催化層中貴金屬Pt的負載量也高達1～2 mg/cm^2，比PEMFC高幾倍，這勢必導致催化層的厚度增加。催化層厚度的增加不但增加質傳的困難、降低內層電催化劑的利用率，而且導致催化層電阻的增大。為了在增加電催化劑負載量前提下儘量減薄催化層的厚度，應儘量採用高貴金屬負載量的碳載Pt或碳載Pt-Ru電催化劑，有時還可採用奈米級Pt黑或Pt-Ru黑。

◎陽極催化層

DMFC陽極催化層由Pt-Ru/C或奈米級Pt-Ru黑與Nafion製備，有時為了有利於CO_2的排出，適當地加入少量的PTFE。採用這種直接混合法製備之催化層主要的不足是，離子導體不能像液體電解質那樣浸入活性層小孔中，使小孔中的電催化劑Pt無法利用。其改進方法之一是將電催化劑Pt分佈在碳聚團隊的外表面；二是增加碳載體的大孔比例，即對碳載體進行擴孔和減小導電樹脂的微球體積。對由Nafion與Pt/C或Pt-Ru/C電催化劑構成的催化層，還可採用在150～180℃熱處理的方法，使部分Nafion樹脂分解，增加其排水性，來調節催化層的排水性。

劉建國等[14]採用JM公司生產的Pt-Ru/C（Pt質量比為20%，Ru質量比為10%）電催化劑加入到含有乙醇的Nafion溶液中，控制Nafion含量為10%（質量比），超音波震盪成墨汁狀，均勻塗在擴散層上，製備的催化層Pt與Ru負載量為2 mg/cm^2。

M. K. Rauikumar 等[9] 先將乙炔黑型碳與 PTFE 乳液混合，製備 PTFE 含量為 10%（質量比）的含 PTFE 碳，經 350℃熱處理 30 分鐘，再將這種含 PTFE 碳與 Pt-Ru/C 催化劑混合，用水作溶劑，超音波振盪下加入 15%的 Nafion 溶液，將這種均勻混合物塗於擴散層上製備催化層，電極的 Pt 負載量為 5 mg/cm^2。

Xiaoming Ren[15] 等採用 E-TEK 公司生產的 Pt-Ru 黑（Pt：Ru＝1：1）作電催化劑，與 EW 值為 900 g/mol 的 5%（質量比）的 Nafion 溶液混合，控制 Nafion 含量為 15%（質量比），調成墨汁狀，均勻塗在 PTFE 薄片上，控制 Pt-Ru 負載量為 2.2 mg/cm^2，再用轉移法將催化層轉移到質子交換膜上。

魏昭彬等[16] 採用雙催化層結構作為 DMFC 陽極催化層。採用 JM 公司生產的 Pt-Ru/C 作電催化劑（Pt 含量為質量比 20%）。首先按質量比 Pt-Ru/C：Nafion＝3：1，用異丙醇作溶劑，配製墨水，並加適量的$(NH_4)_2C_2O_4$作造孔劑，和少量 PTFE 作排水劑，以利於 CO_2排出。將這一墨汁均勻塗於 PTFE 薄片上，乾燥後再用轉移法將其轉移到 Nafion 膜上，並在擴散層上製備 Nafion 含量為質量比 10%的 Pt-Ru/C 催化層，再用熱壓法將上述兩個催化層熱壓合，製備由雙催化層構成的 DMFC 陽極。

◎陰極催化層

DMFC 的陰極催化層由 Pt/C 電催化劑和 PTFE 製備，再浸入 Nafion 樹脂實現立體化。其製備過程和技術與 PEMFC 一致。主要差別是為有利於排水和考慮到目前 DMFC 工作電流密度低於 PEMFC，對於厚層排水電極催化層內的 PTFE 含量低於 PEMFC，一般在 10～20%（質量比）之間。當採用 Pt 黑作陰極電催化劑時，可採用與 PEMFC 一致的方法，製備厚度小於 5 μm 的含薄層親水催化層的薄層親水電極。但當用 Pt/C 電催化劑作 DMFC 陰極電催化層時，由於 DMFC 陰極的 Pt 負載量一般 ≥ 1 mg/cm^2，若採用 M. S. Wilson[17] 或邵志剛[18] 的改進方法時，由於催化層的增厚和親水性，內催化層的電催化劑利用率降低。為提高內層 Pt/C 電催化劑的利用率，必須在催化層內加入一定的 PTFE，構成排水的反應氣傳遞通道。

當以空氣為氧化劑時，為改進 DMFC 氧電極的質傳特性，可先分別用 PTFE 與乙炔黑型碳、Nafion 樹脂與 Pt/C 電催化劑製備複合粉料，再用複合粉料調製墨水、噴塗或刷塗於擴散層上或膜上製電催化層。此時 PTFE 不能覆蓋電催化劑上的 Pt，而碳與 PTFE 複合粉料中保有大量的乾孔，有利於空氣中氧的質傳與氮的排出。

魏昭彬等[16] 採用雙催化層陰極，用轉移法製備由 Pt-Ru/C 和 Nafion 組成的親水薄層（小於 5 μm）催化層，再與 Pt/C 與 PTFE 製備厚層排水催化層，陰極總的 Pt 負載量為 1 mg/cm^2。採用這種雙層催化層陰極，當 CH_3OH 由陽極室滲透到陰極側時，在陰極高電極電位和 Pt-Ru/C 電催化劑催化下，迅速發生電化學氧化，以減少其對厚層排水電極催化層中 Pt/C 電催化劑活性的影響，提高陰極對氧電化學還原的性能。

5-4 質子交換膜

至今組裝的 DMFC 所用的質子交換膜與 PEMFC 一樣，主要採用全氟磺酸膜（如 Nafion 系列膜）。

Nafion 系列的全氟磺酸膜用於 DMFC 的一個主要缺點是，醇類（如甲醇）經電遷移和擴散由膜的陽極側遷移至陰極側，導致在陰極產生混合電位，降低 DMFC 開路電壓，增加陰極極化和燃料的消耗，降低 DMFC 的能量轉化效率。

為克服全氟磺酸膜的上述缺點、提高 DMFC 的性能，國內外科學家一直在探索、開發各種低透醇膜。與此同時還在研發可在高於 100℃的條件下穩定工作的質子交換膜。當採用這種高溫膜組裝 DMFC 時，不但可提高醇類（如甲醇）在陽極的電化學氧化速度，提高 DMFC 性能，而且由於醇在陽極電化學氧化速度的提高，降低了在陽極與膜界面處的醇濃度，從而減小了醇由膜的陽極側向膜的陰極側的遷移量。

1 低透醇的質子交換膜

◎全氟磺酸樹脂型膜

Du Pont 公司在專利 WO 97/4189 中敘述，由全氟磺酸樹脂製備的膜的透醇量與構成膜的樹脂主鏈的碳原子數與側鏈的離子交換基團的比有關，當這一比值達到 23：1 時，具有明顯的阻醇滲透性能。但這一比值的提高相應於樹脂的 EW 值增大，膜的電導也隨之大幅度降低。因此 Du Pont 公司製備至少有兩層由不同 EW 值樹脂製備的複合膜作為 DMFC 用的質子交換膜。在該專利中，他們用碳與離子交換膜基團比為 23.1：1 的全氟樹脂製備了 25 μm 厚的膜，又用這一比值為 14.7：1 的樹脂製備了 125 μm 厚的膜，進而將這兩張膜壓合，作為 DMFC 用的複合全氟磺酸型質子交換膜。用該膜組裝 DMFC，單電池在 100 mA/cm^2 電流密度下工作時法拉第（電流）效率可達 70～76%，比只用同厚度 Nafion 膜的法拉第效率提高了 10%。

◎**共混聚芳烴型質子交換膜**

為降低質子交換膜的成本，對各種聚芳烴型質子交換膜進行了廣泛研究[19]。其中磺化聚醚酮（如 PEEKK、PEEK 等）在 PEMFC 工作條件下，壽命已達幾千小時，展示了良好的前景。依據小角 X 射線散射（Small Angle X-ray Scattering, SAXS）與脈衝場梯度（pulsed-field-gradient）測定膜中水自擴散係數的數據，提出的Nafion膜與磺化聚醚酮（PEEKK）的微結構如圖 5-9 所示。

由圖 5-9 給出的兩類膜的微結構差別見表 5-2。產生上述差別的根本原因是，磺化聚醚酮膜的骨架與Nafion膜相比具有較小的排水性和吸電子能力，導致這類磺化聚芳烴膜具有較小的排水相和親水相分離和較弱的酸度。

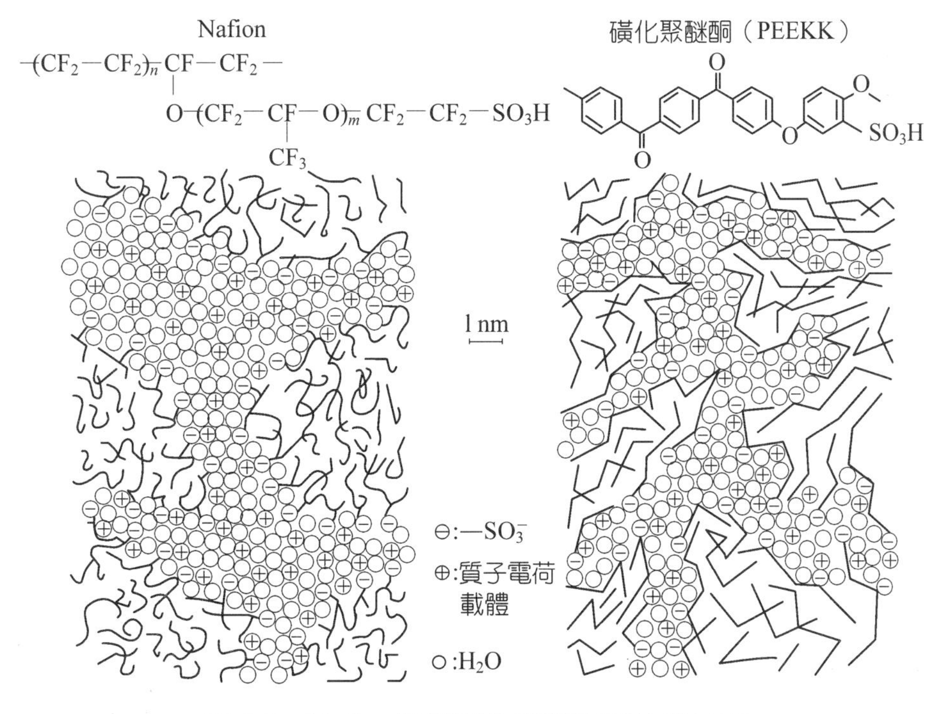

圖 5-9　Nafion 膜與磺化聚醚酮膜的微結構

表 5-2 Nafion 膜與磺化聚醚酮膜的微結構區別

項 目	Nafion 膜	PEEKK 膜
排水相與親水相分離	大	小
導 H^+ 通道	寬	窄
結構分支	小	高
相鄰—SO_3^-間距離	小	大
酸度 pK_a	強（－6）	弱（－1）

由上述磺化聚芳烴膜微結構特點可知，它應比Nafion膜具有低的水電拖動係數和滲透係數，因此這類膜用於 DMFC 時，應比 Nafion 膜具有更好的阻醇滲透能力。

這種膜用於燃料電池的主要缺點之一是乾態很脆，不但不易加工處理，而且在電池內也易破裂而導致電池失效；二是它的最高工作溫度僅 80℃，比 Nafion 膜還低。為此，人們採用與其他聚合物共混的方法來改善這類膜的性能。將磺化 PEEK 與未磺化的聚醚碸（PES）共混製膜，不但乾態時膜很柔軟，而且膜吸收水後溶脹也很小；但飽吸水後，具有很高離子電導，特別適於DMFC應用。將磺化聚醚酮與聚苯咪唑（PBI）共混，因為 PBI 為鹼性聚合物，磺化聚醚酮中部分酸功能團被PBI鹼性胺基團中和，並交聯。這種膜不但吸水溶脹性低，而且具有高的質子傳導能力，也值得在 DMFC 中一試。

于景榮等[20]已研究烴類膜在PEMFC工作條件下的分解機理，認為烴類膜分解主要是陰極氧電化學還原中間產物 H_2O_2 分解產生的 $HO^{\cdot}$、$HO_2^{\cdot}$ 等自由基進攻 α 碳上的叔氫而導致膜的分解。據此，提出烴類膜與全氟膜複合膜的概念。即在烴類質子交換膜陰極側塗覆幾微米由全氟磺酸樹脂製備的全氟膜，使氧電化學還原反應中間物 H_2O_2 不能到達烴類膜。依據這種觀點，可在上述的共混膜的磺化聚醚酮類質子交換膜的陰極側，製備幾微米的全氟膜，將這種複合膜用於DMFC，既減少醇的滲透，又能達到膜在電池中的工作壽命的要求。

2 全氟磺酸樹脂與無機物共混膜

提高 PEMFC、DMFC 工作溫度，可以提高陽極抗 CO 中毒能力、加快 CH_3OH 陽極電化學氧化速度、減小氧陰極極化、增加膜的電導，改善電池性能。但是電池工作溫度提高，水蒸氣分壓也要升高，當以空氣為氧化劑時，會減小氧在反應氣中的濃度，為保持一定的氧分壓，一定要提高反應氣的壓力。更為嚴重的是，以 Nafion 類全氟磺酸質子交換膜為電池隔膜時，電池工作溫度達120～130℃時會導致膜失水，膜的電阻大幅度增加，導致電池不能正常工作。因此近年開發可在120～200℃下能穩定工作的質子交換膜成為研究的熱點[21]。

將具有高吸水能力的無機氧化物（如SiO_2）與Nafion樹脂共混製膜，或採用水解凝膠方法浸入Nafion膜中，不但可提高質子交換膜的工作溫度，而且還能提高膜阻 CH_3OH 滲透能力。

P. L. Antonucci 等[22]採用質量比為 5%的 Nafion 樹脂溶液與質量比為 3%的 SiO_2 超音波混均，鑄膜，80℃烘乾。室溫乾燥 15 小時，並置於兩片 PTFE 板間，熱壓，升溫至 160℃，保溫 10 分鐘，增加複合膜內結晶份額，改進膜機械性能，製得乾膜厚 80 μm 的 SiO_2 和 Nafion 樹脂的複合膜。

以 Pt 負載量為 2 mg/cm^2 的由 Pt/C 電催化劑、Nafion 溶液製備陰極，用 Pt-Ru/C 催化劑製備陽極，並採用該複合膜製備MEA，組裝成單電池，採用 2 mol 甲醇水溶液作燃料，工作壓力為 0.32 MPa（絕對），純氧為氧化劑，工作壓力為 0.54 MPa（絕對），圖 5-10 為測得電池的伏一安曲線。由圖可知，單電池性能隨電池工作溫度升高而改善，電池可在 145℃下工作。電池最大輸出功率密度大於 200mW/cm^2。而且電池開路電壓達到 0.90 V 左右，說明這種複合膜的阻醇能力明顯增強。採用分析陰極尾氣中 CO_2 的方法，確定與之對應的 CH_3OH 滲透量為$(4\pm0.5)\times10^{-6}$ mol/(cm^2・min)。分析溶入水中未反應的 CH_3OH，求得相應的 CH_3OH 滲透量為$(2\pm0.5)\times10^{-7}$ mol/(cm^2・min)。這部分與已反應的 CH_3OH 之摩爾比為 1：20，即由陽極滲透到陰極的 CH_3OH 基本上已氧化至 CO_2 和水。

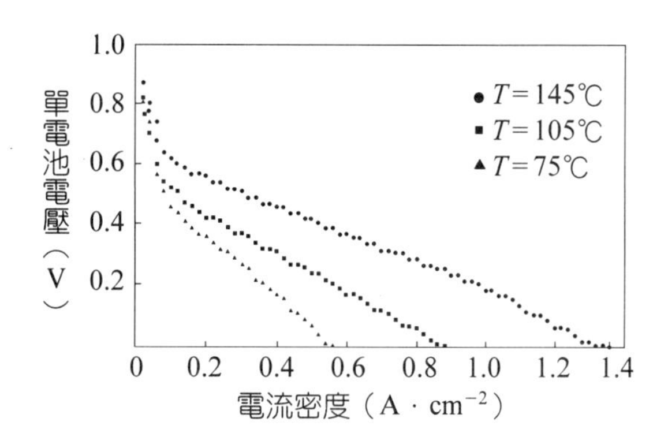

圖 5-10 採用 P. Z. Antonocci 複合膜 DMFC 伏一安曲線

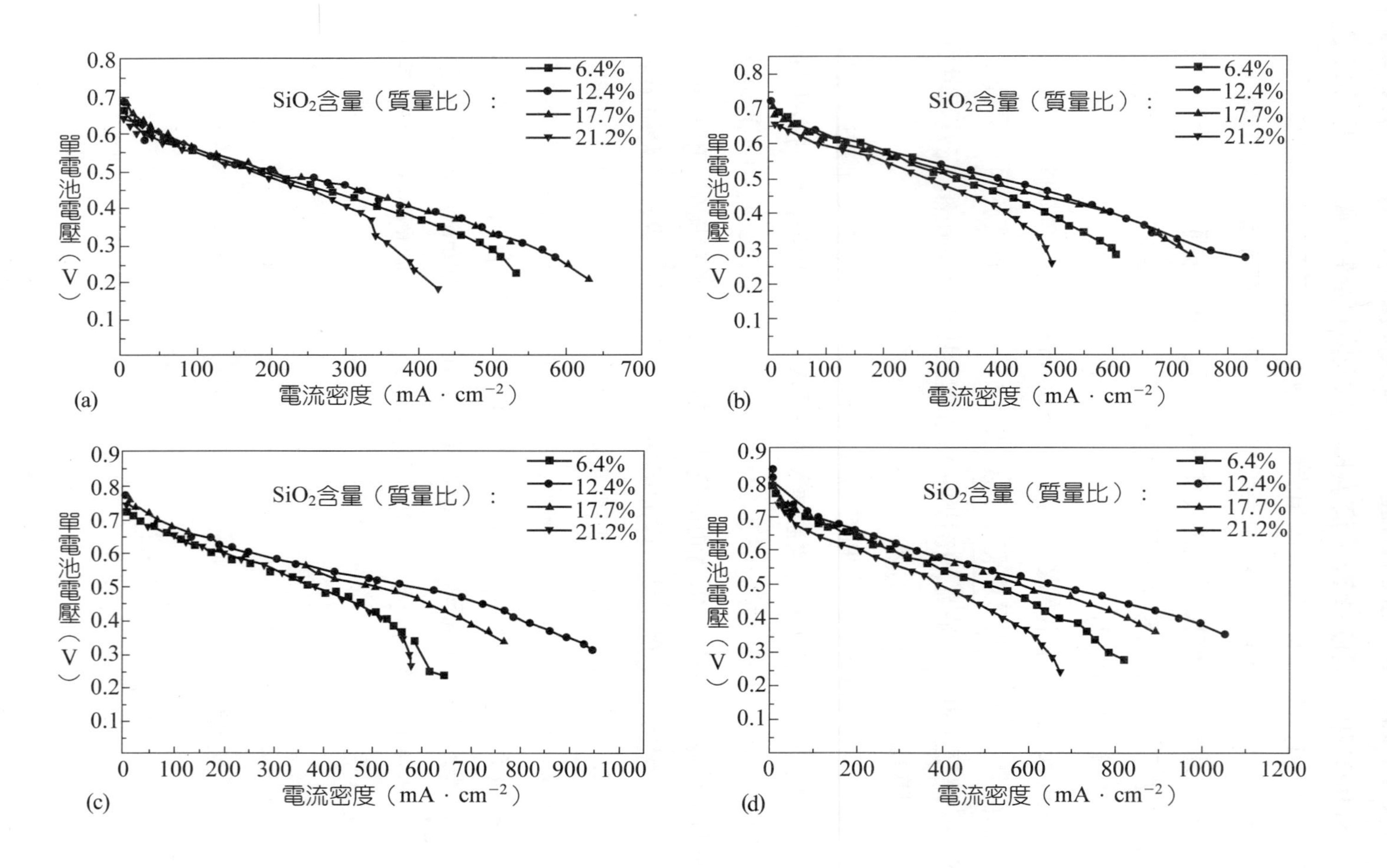

圖 5-11　不同電池工作溫度下測定的伏—安曲線

電池工作溫度：(a)60℃；(b)90℃；(c)110℃；(d)125℃

P. H. Jung 等[23] 採用 Nafion 膜，浸入 2：1（摩爾比）的 CH_3OH 與水的混合液中，在 20～22℃放置 3 小時，使其溶脹並吸收一定的水。取出已吸水溶脹的膜，置於 1：5 的 TEOS（正矽酸乙酯）與甲醇的混合液中，控制浸漬時間，達到控制 Nafion 膜中浸入 SiO_2 含量的目的，膜中 SiO_2 由 TEOS 水解產生。取出膜在 80℃真空乾燥 24 小時，再在 110℃乾燥 2 小時，去除溶劑。

TEOS 在 Nafion 膜的水合離子簇內水解，生成 SiO_2。他們用傅里葉紅外光譜證實膜中含有 Si-O-Si 鍵。這種複合膜的電導與透 CH_3OH 量均隨膜中 SiO_2 含量增加而減小。

以質量比為 60%的 Pt/C 和 Pt-Ru/C 電催化劑與 Nafion 溶液製備催化層（電催化劑負載量分別為陽極 10 mg/cm^2、陰極 5 mg/cm^2），採用上述方法製備的不同 SiO_2 含量的複合膜製備 MEA，組裝成單電池。以 2 mol 的甲醇水溶液為燃料，純氧為氧化劑，陽極反應液工作壓力為 0.1MPa，陰極氧氣工作壓力為 0.16 MPa，在不同電池工作溫度下測定的電池伏一安曲線見圖 5-11。由圖可知，電池開路電壓達到 0.70～0.85 V，證明膜的阻 CH_3OH 滲透性能明顯提高。含 12.4% SiO_2 的複合膜，當電池在 125℃工作時，650 mA/cm^2 電流密度下，工作電壓可高達 0.5 V，性能很好。

3 磷酸摻雜的聚苯咪唑（PBI）膜

李慶鋒等[24] 採用結構如圖 5-12 所示的 PBI 聚合物的粉料（100 目）與二甲基乙醯胺混合，置於高壓釜內，加入質量比為 2%的 LiCl 作穩定劑。用氬氣置換空氣後，在轉式爐內升溫至 250℃，保溫 3 小時，降溫後將製得的 PBI 溶液過濾，並稀釋，用於鑄膜。將鑄得的膜在 80～120℃通風乾燥，並經水洗，去除穩定劑和痕量殘留溶劑，最後再在 190℃乾燥，去除痕量殘留溶劑。與 Nafion 膜類似，再將製得的 PBI 膜經 H_2O_2 和 H_2SO_4 處理後，室溫下浸入不同濃度的 H_3PO_4 中，放置 4～5 天。H_3PO_4 的浸入量用稱重法確定。膜的磷酸摻雜水準用 PBI 高分子每個重複鏈段摻入的磷酸摩爾分數來表徵。浸入 PBI 膜的磷

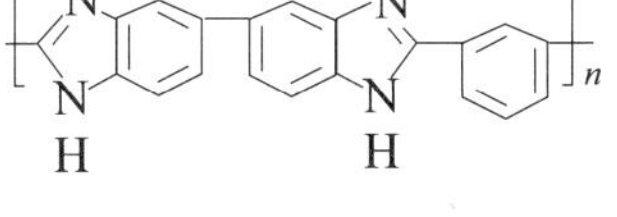

圖 5-12 聚（2，2'—*m*—亞苯基）—5，5''—聯苯咪唑

酸濃度與膜摻雜水準的關係見圖 5-13。由圖可知，用濃度為 9～11 mol/L 的 H_3PO_4 溶液浸泡PBI膜，摻雜水準可達 4.50～5.00% H_3PO_4。磷酸摻雜水準對摻雜的 PBI 膜的電導和拉伸強度的影響如圖 5-14 和圖 5-15 所示。他們還採用氫泵的方法，測定了 Nafion 117 膜與磷酸摻雜 PBI 膜水的電滲拖動係數（electro-smotic drag coefficient），獲得對 Nafion117 膜其值為 3.2，而磷酸摻雜 PBI 膜其值接近「0」。這一點證明了磷酸摻雜的 PBI 膜具有極低的 CH_3OH 滲透係數，適於作為 DMFC 用的質子交換膜。

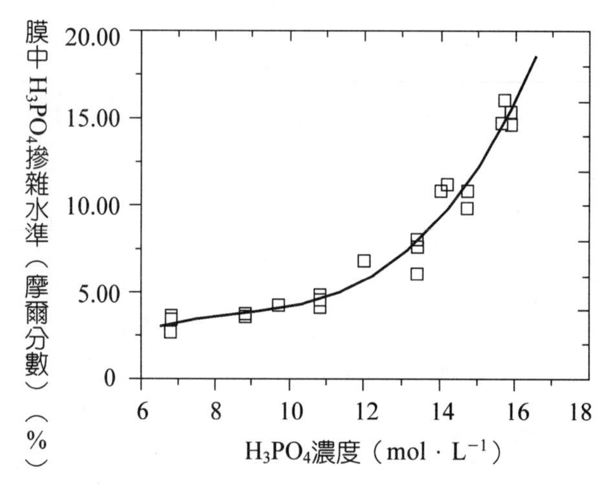

圖 5-13 浸入 PBI 膜的磷酸濃度與膜摻雜水準

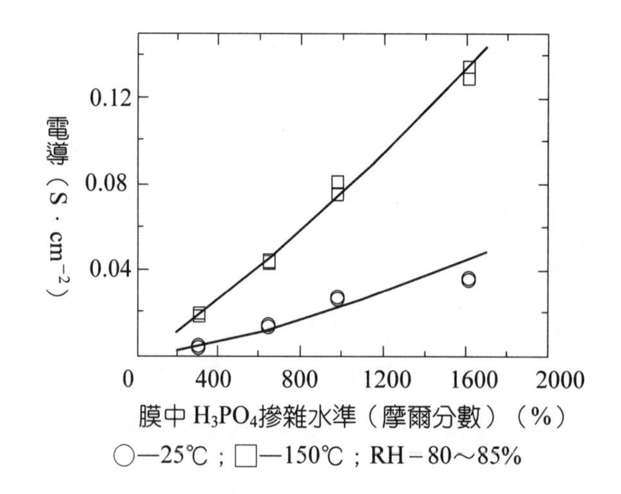

圖 5-14 磷酸摻雜水準對摻雜 PBI 膜電導的影響

J. T. Wang等[25]用鉑黑作陰極電催化劑，Pt-Ru黑作陽極電催化劑，製備Pt與Pt-Ru負載量均為 4 mg/cm^2 的電極，與H_3PO_4 摻雜PBI膜（摩爾分數為 500%

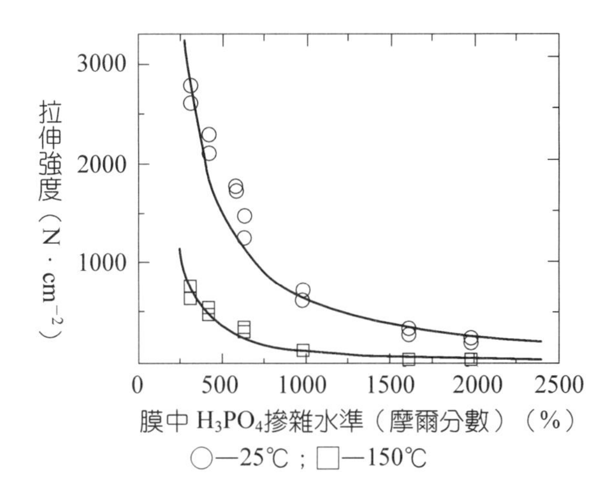

圖 5-15　磷酸摻雜水準對摻雜 PBI 膜拉伸強度的影響

的 H_3PO_4）製備 MEA 並組裝 1 cm^2 面積的單電池。以 CH_3OH 和水混合物經電爐加熱氣化作燃料，並以常壓氧或空氣為氧化劑，測定的單電池伏－安曲線如圖 5-16 所示。水與甲醇的摩爾比對陽極、陰極極化曲線的影響見圖 5-17。由圖可知，增加水與甲醇的摩爾比，即降低反應氣中的 CH_3OH 濃度，增加陽極極化，但降低了陰極極化。

磷酸摻雜的 PBI 膜具可在低水蒸氣分壓下傳導質子、水的電滲拖動係數接近「0」、可在 150～200℃工作等突出優點。它的機械強度差可透過共混加以改進。但是在電池運行過程中 H_3PO_4 的流失和 PBI 在電池工作條件下的穩定性等是這種膜進入實際應用的主要技術難點，必須加以解決。

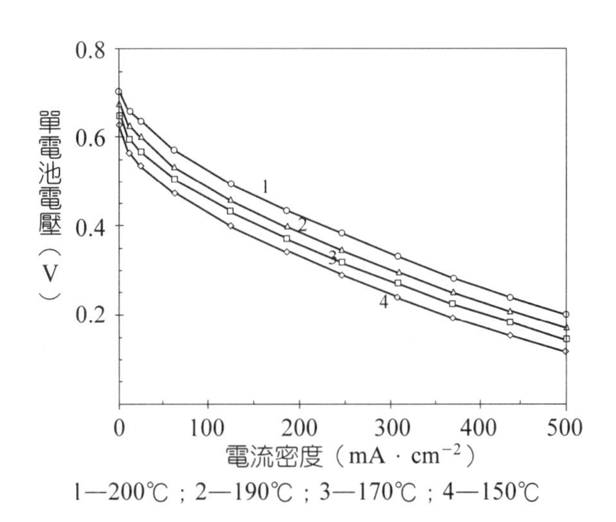

圖 5-16　採用 H_3PO_4 摻雜 PBI 膜 MEA 的電池性能

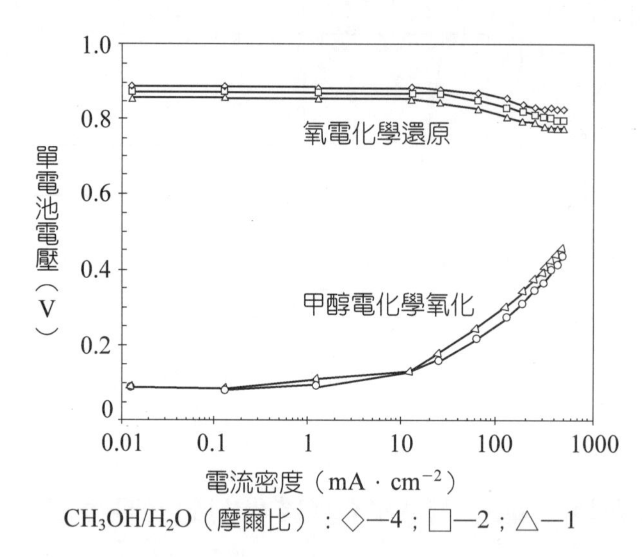

圖 5-17　水與甲醇的摩爾比對陽極、陰極極化曲線的影響

5-5　MEA 製備與雙極板

DMFC 的 MEA 製備技術、雙極板選材及流場結構與 PEMFC 類似。讀者可參閱第 4 章的相關內容。本節僅敘述與 DMFC 特點相適應，在製備 MEA 和設計雙極板結構與流場時應注意的部分。

1 MEA 製備（Membrane Electrode Assembly ／電極模組體）

與 PEMFC 用 MEA 製備技術一樣，一般採用熱壓方法製備 DMFC 用之 MEA。當採用 Nafion 系列質子交換膜時，熱壓溫度在 120～130℃，壓力為幾兆帕，熱壓時間為 1～2 分鐘。由於 DMFC 陽極採用甲醇水溶液為燃料，陰極的排水量大於電化學反應生成水及受膜溶脹因素的影響，採用與 PEMFC 完全一致的方法製備 MEA，在電池運行過程中易導致電池在較長時間運行過程中 MEA 的局部分層，增加歐姆極化，大幅度降低電池性能。為此，當採用厚催化層電極製備 DMFC 的 MEA 時，一般要在催化層表面製備一層微米級（如 1 μm）的 Nafion 層，經熱壓可增強電極與 Nafion 膜的結合強度。當採用雙催化層電極結構時，一般在將親水 <5 μm 的薄催化層與 Nafion 膜熱壓時，應事先將 Nafion 膜和薄催化層內 Nafion 樹脂轉化為 Na^+型，進而在 150～160℃進

行熱壓合，以增強親水催化層與Nafion膜的結合強度。熱壓合後再浸入硫酸溶液中，將其轉化為 H^+，再與由厚層催化層和擴散層構成的電極進行熱壓合。

為改進催化層與質子交換膜的結合強度和簡化MEA的製備技術，近年發展趨勢是直接將電催化劑與 Nafion 樹脂（或 PTFE 乳液）的混合物加入適量的甘油調整黏度，為增加電催化劑與膜的結合強度，還可向混合物中加入一定量能使膜溶脹的異丙醇類有機溶劑，經研磨、超音波混合製成墨汁直接噴塗或刷塗到膜上，再熱壓合。U. Hoffmen 等[26] 提出了採用這種技術製備 MEA 的流程。

2 雙極板與流場

DMFC 雙極板選材與結構均與 PEMFC 類似。目前因 DMFC 處於研發階段，實驗用的雙極板以石墨板或表面改性的金屬雙極板為主。因大部分DMFC均以甲醇水溶液為燃料，燃料液的供給可與電池排熱相結合，所以DMFC雙極板結構比 PEMFC 簡單，可省去 PEMFC 雙極板的排熱腔，由於這一簡化，也避免了由雙極板排熱腔帶來的接觸電阻，有利於減小電池的歐姆極化提高電池性能。

對DMFC雙極板，在流場設計上需注意如下三點：①對陽極流場，因甲醇水溶液兼作電池排熱冷卻液，需達到一定的循環量，因此在流場設計時應儘量減小其阻力，以減小輔助系統的功耗。②對陰極流場，因DMFC陰極的排水量遠大於電化學生成水量，為確保水的排出，在流場設計時應儘量提高氧化劑（如氧或空氣）在流場內的線速，增強對液態水的吹掃能力；否則只有降低氧化劑的單程利用率來增加流場內氧化劑的線速，確保水的排出。③因交指狀流場（interdigitated flow field）中，反應氣強制流過電極的擴散層，不但利於反應氣向催化層的質傳，而且有利於擴散層內水的排出，防止電極被水淹（flooding），所以這種流場應特別適於作 DMFC 陰極流場，Arico[27] 等的實驗結果已證明採用交指狀流場可提高 DMFC 大電流密度工作時的性能。

5-6 單電池

DMFC 單電池開路電位一般為 0.7～0.9 V，比 PEMFC 低 150～200 mV，其主要原因是甲醇從膜的陽極側滲透到膜的陰極側，形成短路電流，使陰極產生混合電位，降低了 DMFC 開路電位。對採用 1 mol/L 甲醇水溶液為燃料的 DMFC，在 90℃左右，當採用 Nafion 117 膜時，這一甲醇滲透在開路時產生的短路電流大於 100 mA/cm^2，而當採用更薄的 Nafion 112 膜時，在開路時這一短路電流高達幾百毫安每平方厘米。

DMFC 工作點一般選在 0.5 V 左右，比 PEMFC 低 200 mV，其原因主要是由慢的甲醇陽極氧化學反應導致高的陽極極化。在 Pt-Ru/C 電催化劑上，依據前述甲醇陽極氧化機理，在 Pt 的活性位上甲醇吸附脫氫過程在稍高於可逆陽極電位下即可進行，但反應產生的類似 CO 毒物占據 Pt 的活性位，使反應無法持續進行，僅當陽極電位升高至 200 mV 左右（相對於 RHE）時，水在 Ru 活性位上產生放電反應：

$$Ru + H_2O \longrightarrow RuOH + H^+ + e^-$$

並生成 Ru-OH，再由 Ru-OH 氧化鄰位的甲醇脫氫產生的類似 CO 中間物，使甲醇陽極電化學氧化反應得以繼續進行。

至今世界各個 DMFC 研究小組報導的小型 DMFC 單電池（5～50 cm^2 電極活性面積）以純氧為氧化劑時，最大輸出功率密度達到 300～450 mW/cm^2；而以空氣為氧化劑時，輸出功率密度達到 200～300 mW/cm^2，是 PEMFC 的 1/5～1/3。而當工作電壓為 0.5 V 時，採用空氣作氧化劑，輸出功率密度為 150～200 mW/cm^2。

由於 DMFC 燃料甲醇水溶液可兼作電池排熱冷卻劑，所以用以組裝 DMFC 電池組的雙極板與 PEMFC 不同，無通冷卻水的水腔，其厚度僅為 2 mm 左右，比 PEMFC 雙極板減薄了 1/3。考慮到這一因素，DMFC 電池組的體積比功率能達到 PEMFC 電池組的 1/2 或更高。

1 單電池結構與評價裝置

單電池結構如圖 5-18 所示。如圖所示，當採用不銹鋼製作雙極板時，為減小極板流場部分與電極擴散層間的接觸電阻，需在其間加金屬網。若不銹鋼雙極板鍍金或採用無孔石墨製作極板，則可不加這層金屬網。圖中所示極板的流場為點狀流場，可依據研究目的的不同，加工其他形式的流場（如蛇形流場、平行溝槽流場等）。

圖 5-19 為 DMFC 單電池評價裝置原理圖。與 PEMFC 差別主要在於：①需加入甲醇水溶液的進料泵，對常壓運行的DMFC可採用蠕動泵，而對燃料有一定壓力的DMFC則需採用恆壓恆流泵（如液相色譜所用的進料泵）；②在電池的氧化劑出口至計量排空前最好加入冷阱，以冷凝電池的生成水並分析水中有無 CH_3OH，確定通過膜滲透到陰極側的 CH_3OH 是否全部氧化。在實驗過程中，若條件具備，最好分析排出氧化劑（氧或空氣）中的 CO_2，用於確定通過膜滲透到陰極側的 CH_3OH 量。

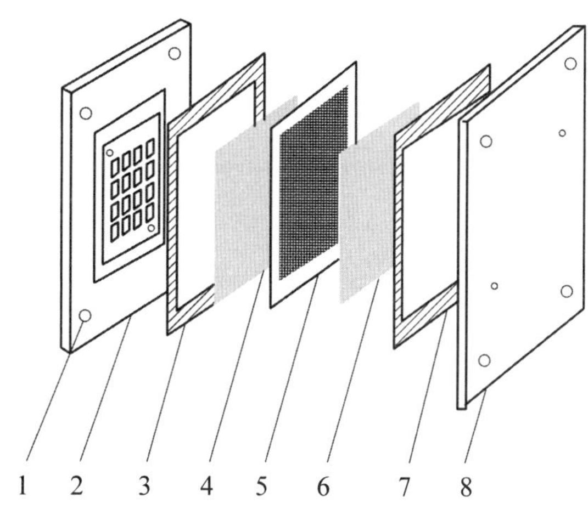

1—定位孔；2，8—不銹鋼極板；3，7—密封框；4，6—集流網；5—膜電極「三合一」組件

圖 5-18　DMFC 單電池結構示意圖

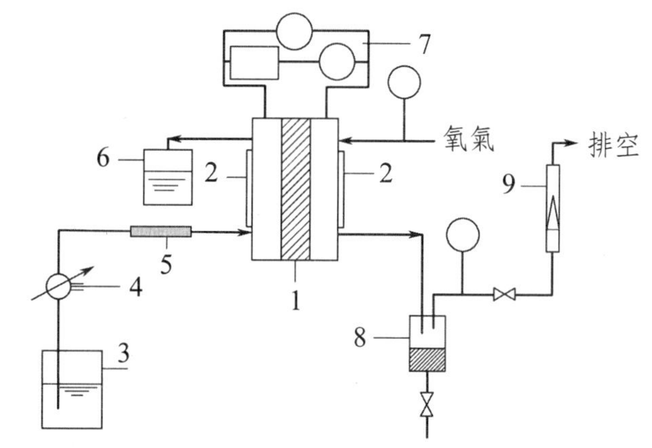

1—燃料電池；2—加熱棒；3—甲醇貯罐；4—恆流泵；5—加熱絲；
6—甲醇回收罐；7—外電路；8—冷阱；9—流量計

圖 5-19　DMFC 單電池評價裝置

2 Nafion 膜厚度對電池性能的影響

劉建國等[14]採用 Pt-Ru/C 電催化劑與 Nafion 製備厚層親水催化層與 PTFE 含量（質量比）為 10%的碳紙擴散層作陽極，Pt-Ru 負載量為 2 mg/cm^2。用 Pt/C 電催化劑與 PTFE 製備厚層排水催化層與 PTFE 含量（質量比）為 30% 碳紙擴散層作陰極，與不同厚度的 Nafion 膜組合，採用熱壓法製備 MEA，考察了膜厚度對 DMFC 性能的影響。電池運行條件為：陽極反應液甲醇濃度為 1.0 mol/L，甲醇流量為 1.0 ml/min；陰極氧氣工作壓力為 0.2 MPa，流量為 50 ml/min；電池工作溫度為 75℃，實驗結果見表 5-3 和圖 5-20。

由圖 5-20 與表 5-3 可知，厚膜 Nafion 117 的開路電壓最高，低電流密度運行時，厚膜電池工作電壓高於薄膜，當電池高電流密度運行時，薄膜 Nafion 112 性能最佳。由圖 5-20 可知，在 150 mA/cm^2 電流密度工作時，採用各種膜組裝電池工作電壓幾近相等。

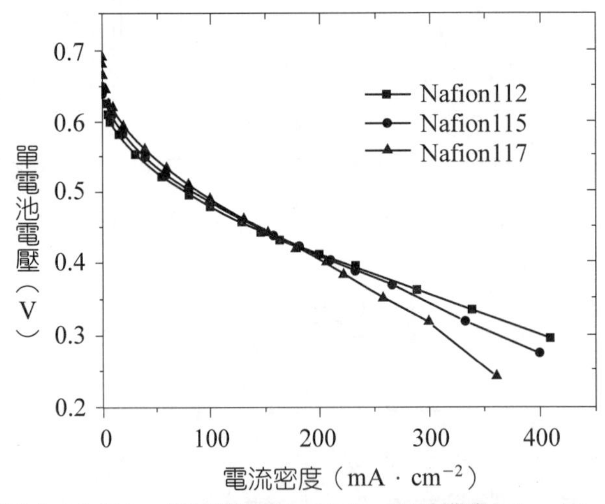

電池溫度 75℃，氧氣壓力 0.2 MPa，氧氣流量 50 ml/min，甲醇濃度 1.0 mol/L，甲醇流量 1.0 ml/min

圖 5-20　使用不同厚度質子交換膜組裝的直接甲醇燃料電池性能

眾所周知，對 PEMFC，對相同電極與 MEA 製備技術，在相同運行條件下，質子交換膜越薄，電池性能越高。DMFC 出現上述與 PEMFC 不同的現象，主要由於 CH_3OH 滲透過膜引起的。甲醇透過質子交換膜有三個途徑：①濃差擴散，甲醇擴散透過量與甲醇在膜陽極、陰極側濃差成正比，與膜厚度成反

表 5-3 三種不同厚度的膜性能比較數據

膜類型	厚度（μm）	電池開路電壓（V）	100 mA/cm^{2}時電池電壓（V）	300 mA/cm^{2}時電池電壓（V）
Nafion112	50	0.635	0.480	0.363
Nafion115	125	0.676	0.485	0.350
Nafion117	175	0.694	0.490	0.317

比；②電遷移，其遷移的甲醇量與電池工作電流密度和膜中 CH_3OH 濃度成正比，而膜中 CH_3OH 濃度在膜的陽極側與其相接觸電極中甲醇濃度呈平衡，即與膜陽極側濃度相關；③由陰極、陽極壓差引起流動，因操作條件選擇一般為氧化劑（如氧）壓力大於燃料（甲醇水溶液）的壓力，膜越薄在相同陰極、陽極壓差下，壓力梯度增大，即應有利於由陽極側滲透到陰極側的甲醇返回到陽極側。但是由陰極高電位滲透到陰極側的甲醇，立即依據短路電流原理被氧化，使甲醇濃度趨近於「0」，所以這一因素對甲醇滲透影響不大，而其作用主要在減小陰極的水負荷。

如上所述，由DMFC電池膜陽極側向陰極側透甲醇的量，主要由膜的陽極側甲醇濃度和膜的厚度決定。當電池開路時，因膜內離子電流為「0」，所以電遷移不起作用。而且膜陽極側 CH_3OH 濃度與燃料液中甲醇濃度相等，所以膜越薄透甲醇量越大，導致厚膜的開路電壓高於薄膜。當 DMFC 進入工作狀態，CH_3OH 在陽極催化層內氧化，所以膜陽極側甲醇濃度下降，電流密度越大，這一濃度越低。由於膜的陽極側甲醇濃度下降，導致向膜的陰極側透過的甲醇量減小。又由於DMFC在工作狀態時，電池已進入歐姆極化控制區，透過膜的甲醇產生的短路電流疊加到電池工作電流上，對陰極氧電化學還原過電位影響已比化學極化區小得多。而膜越厚此時膜的歐姆極化越大，所以當電池工作電流密度達一定值後，薄膜的性能將優於厚膜。

由上述理論分析和實驗結果可知，用 Nafion 類膜組裝電池在低電流密度（如幾十毫安每平方厘米）下工作，即長時間供電的小功率電池組，應採用厚Nafion膜，以提高燃料的利用率和延長電池供電時間；而組裝大電流工作的大功率電池組（如千瓦級電池組）時，應採用薄膜，以提高電池組性能，而且在電池停止運行時，應用水置換陽極室的甲醇水溶液，防止在開路時產生大的短路電流，導致燃料的損失。

3 雙層催化層電極對電池性能的影響

採用雙催化層電極製備 DMFC 的 MEA，即先在 Nafion 類質子交換膜的兩側製備薄層（厚度小於 5 μm）的親水催化層，再與傳統的厚層催化層和擴散層組合形成由雙層催化層電極構成的 MEA。其好處一是由於薄催化層內 Nafion 含量高，有利於電極催化層與膜的結合，MEA 長期浸入甲醇水溶液中不易分層；二是可改變兩層催化層內電催化劑組分，如在氧陰極側，薄催化層內電催化劑可採用 Pt-Ru/C 電催化劑，用以加速由膜的陽極側滲透到陰極側甲醇的氧化，以減少甲醇滲透對傳統厚層陰極催化層的影響，提高DMFC電池的性能。

魏昭彬等[16] 以Pt-Ru/C（20%質量比的Pt，10%質量比的Ru）電催化劑製薄層（厚度小於 5 μm）親水催化層與傳統厚層電極製備由雙層催化層電極與 Nafion 115 膜構成 MEA，與按同樣技術製備的僅由傳統厚層催化層電極構成的MEA，在相同的運行條件下單電池伏—安曲線見圖 5-21。由圖可知，由Pt-Ru/C 電催化劑構成的親水薄層催化層的加入，改進了 DMFC 性能。

溫度對單電池性能影響見圖 5-22。由圖可知，隨著溫度的升高電池性能改善，其原因主要是提高電池工作溫度，增加了甲醇陽極電化氧化速度。

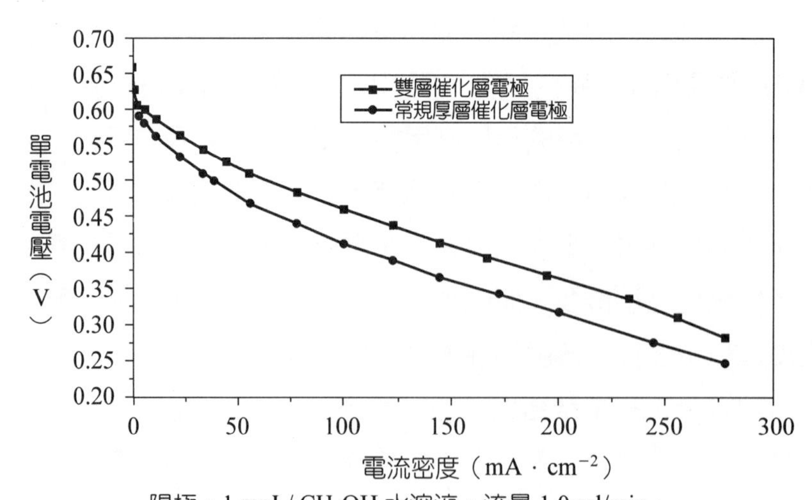

陽極：1 moL/ CH_3OH 水溶液，流量 1.0 ml/min；
陰極：純氧，0.2 MPa；T=75℃　電極表面工作面積 9 cm^2

圖 5-21　採用雙層催化層電極與傳統厚層催化層電極的 DMFC 電池性能比較

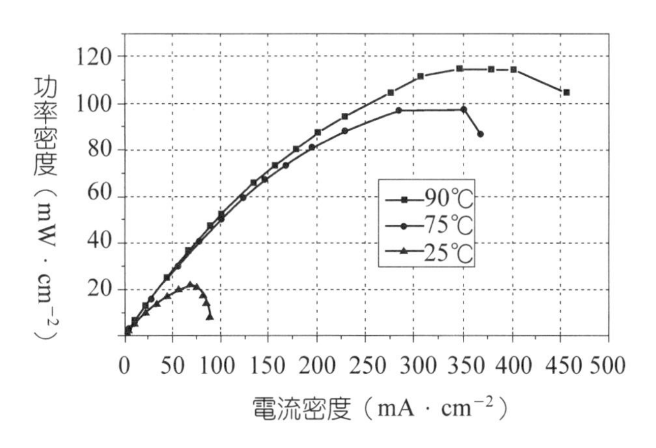

圖 5-22　溫度對單電池性能影響

圖 5-23 為由雙層催化層與傳統厚層催化層電極與 Nafion 115 膜製備 MEA 組裝的單電池短時間連續運行實驗結果。由圖可見，採用雙催化層電極製備 MEA，改進了單電池連續運行的穩定性。

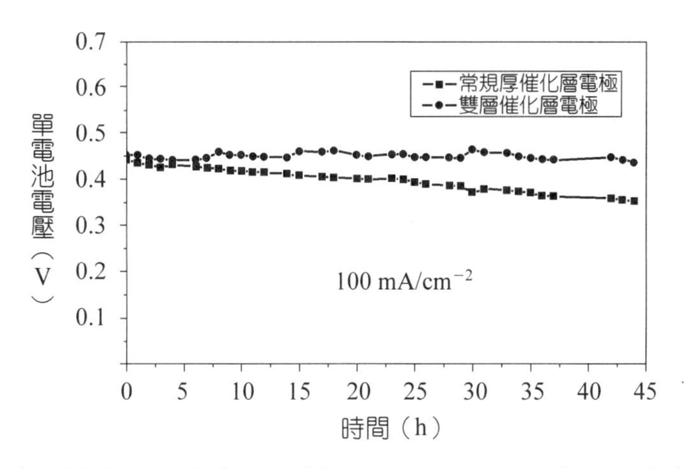

圖 5-23　採用雙層催化層與傳統厚層催化層電極的 DMFC 單電池連續運行實驗結果

4 甲醇濃度與進料方式對電池性能的影響

K. Sundmacher 等[28] 採用浸 PTFE（PTFE 面密度 3 mg/cm^2）的碳布作擴散層，Pt-Ru/C〔Pt：Ru：C（質量比）=25：25：50〕作陽極電催化劑，催化劑負載量為 2.0 mg/cm^2，Pt/C〔Pt：C（質量比）=50：50〕作陰極電催化劑，催化劑負載量也為 2.0 mg/cm^2，與 Nafion 117 膜經熱壓製備 MEA。用此 MEA 與帶平行溝槽流場的石墨極板組裝單電池，電極工作面積為 9 cm^2。採用甲醇水溶液作燃料，常壓，甲醇液進入電池前經預熱器加熱至電池工作溫度，用 0.3 MPa 空氣作氧化劑。圖 5-24 為甲醇水溶液中甲醇濃度對電池性能的影響。由圖可知，若電池在低電流密度（如電流密度＜80 mA/cm²）下運行，採用 0.5 mol/L 甲醇水溶液作燃料，電池性能較好。而當採用高電流密度（如電流密度＞100 mA/cm²）運行時，則採用 2.0 mol/L 甲醇水溶液作燃料，電池性能佳。

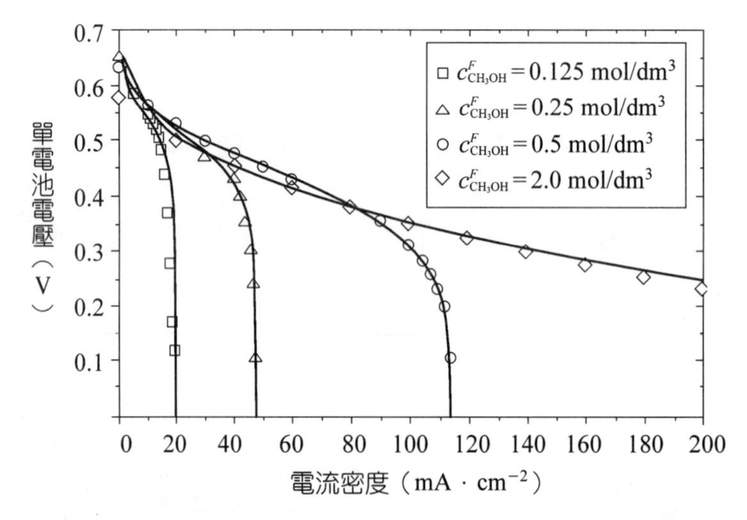

圖 5-24　甲醇水溶液中甲醇濃度對電池性能的影響

他們首先考察了 DMFC 單電池工作電壓對燃料中甲醇濃度階梯變化的影響，如圖 5-25 所示。當以 1.5 mol/L 甲醇水溶液作燃料時，電池性能穩定後，突然將甲醇濃度降為「0」，即用水代替甲醇水溶液，此時觀察到電池工作電壓在一定延遲後，開始升高，達最大值後很快下降。據此，他們採用水和 1.5 mol/L 甲醇水溶液兩種液體週期變化進入電池，實驗結果見圖 5-26。由圖可知，電池總的性能得到提高。其原因是採用這種週期性進料方式，在低濃度（可為 0）甲醇水溶液進料期間，可使陽極催化層電催化劑上的毒物脫附，提高陽極活性，降低陽極極化，也減小了甲醇向陰極的滲透，總的結果導致電池平均性能提高。可依據 MEA 結構和甲醇水溶液中甲醇的濃度，調整兩種反應液進料的時間比，進一步優化電池性能。

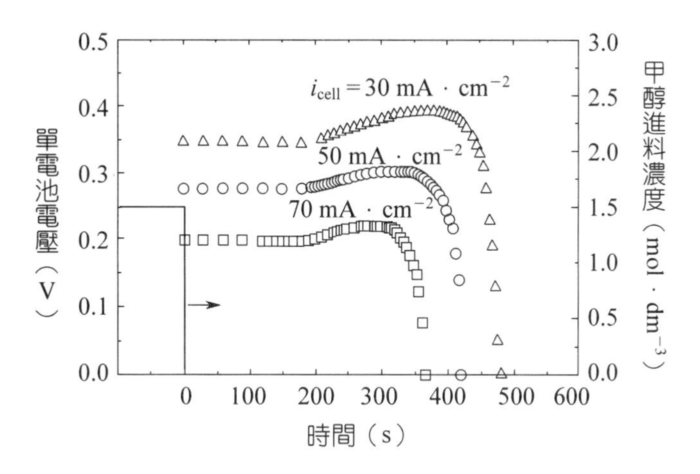

圖 5-25 甲醇濃度變化對單電池工作電壓的影響

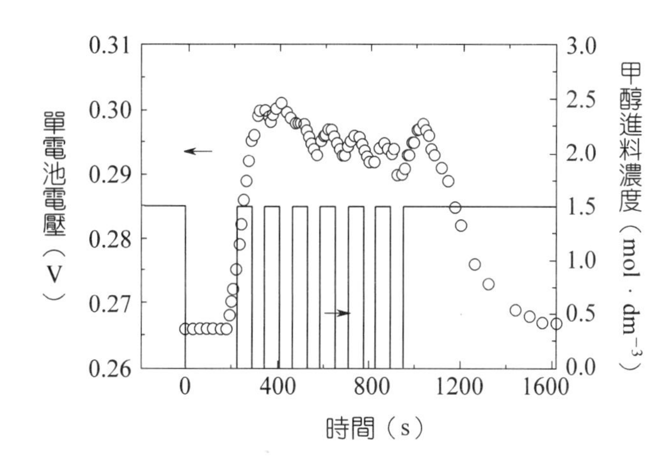

圖 5-26 水和甲醇水溶液週期進料對電池性能的影響

5-7 電池組與電池系統

組裝 DMFC 電池組，至今一般採用 Pt-Ru/C 或 Pt-Ru 黑作陽極電催化劑，Pt/C 或 Pt 黑作陰極電催化劑與 Nafion 樹脂，有時（尤其對陰極）加入一定量的PTFE製備催化層。以PTFE處理的碳紙或碳布作擴散層組合成電極，DMFC的貴金屬負載量在 2～5 mg/cm^2，比 PEMFC 高約一個數量級，並與 Nafion 類全氟磺酸膜經熱壓製備 MEA。雙極板材料用石墨或金屬板製備，流場以蛇形流場或平行溝槽流場為主。與 PEMFC 相比，由於無需構造排熱腔，所以雙極板厚度一般僅為 2 mm 左右，有利於提高電池組的體積比功率。

在設計電池組時，一般取單電池平均工作電壓為 0.5 V，比 PEMFC 低 200 mV 左右，工作電流密度取 100～300 mA/cm^2，僅為 PEMFC 的 1/3～1/2。為減少 CH_3OH 由陽極向陰極的滲透，甲醇水溶液濃度一般約為 1 mol/L。在上述的工作條件下，電池組的法拉第效率可達 80%。為減少水和甲醇由陽極向陰極滲透，一般氧化劑空氣或純氧採用加壓操作，工作壓力為 0.2～0.3 MPa，而確保 MEA 中膜水分佈均勻，最好對陽極燃料甲醇水溶液也採用加壓操作，如工作壓力選定為 0.1 MPa。為在線控制陽極反應液濃度和監測甲醇滲透狀況，最好在線監測甲醇水溶液進入電池前的甲醇濃度與陰極排放尾氣中 CO_2 的濃度。

研究目標為運輸應用（如作為電動車動力源）的大功率 DMFC 電池組與電池系統還處在發展的初期階段。在 2000 年，加拿大的 Ballard 公司與德國的 Daimler-Chrysler 合作，組裝了 3 kW 的 DMFC 系統，用作單人微型汽車的動力源[29]。

1 壓濾機型電池組

這種結構的 DMFC 電池組與已高度發展的 PEMFC 電池組結構類似，但更簡化，因為 DMFC 電池組的排熱可由循環的燃料——甲醇水溶液擔任。

美國 LANL 正在發展 50 W/160 W・h 的 DMFC 電池組，以替代 BA5590 型 Li 原電池，用作軍隊的通訊動力源[30]。

初期 LANL 採用轉移法製備薄親水催化層，後轉用直接在質子交換膜上製備催化層，用 PTFE 處理碳布作擴散層[15]。初期採用機加工蛇型流場的純石墨雙極板，現採用非機加工（可能是模鑄成型）的雙極板，雙極板厚度僅 1.8 mm。圖 5-27 為用這種雙極板組裝、電極工作面積為 45 cm^2、由 5 節單電池構成的用於實驗研究的電池組。採用 1 mol/L 甲醇水溶液作燃料，0.21 MPa 空氣作氧化劑，空氣中氧過量係數控制在 2.5～3.5，電池組於 100℃工作，其性能見圖 5-28。

由圖 5-28 可知，當單節電池平均電壓為 0.5 V，電池工作電流密度高達 350 mA/cm^2（即電池輸出的功率密度達到 175 mW/cm^2），電池組體積功率密度大於 1W/L 時，這種壓濾機型電池組性能已達到或接近 PEMFC 電池組的水準。

圖 5-27　美國 LANL 發展的 DMFC 電池組

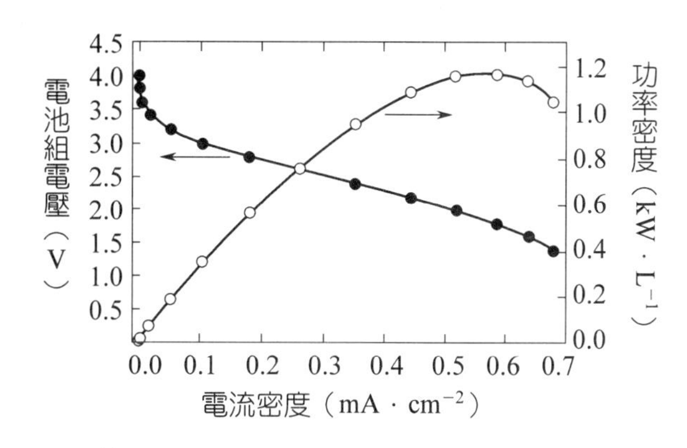

圖 5-28　美國 LANL 發展的 DMFC 電池組的電性能

正如前述，降低燃料甲醇水溶液中甲醇濃度，改進電極與電池結構，提高電池工作電流密度，進而降低膜陽極側甲醇濃度，可降低甲醇由膜的陽極側向陰極側的滲透，提高燃料的利用率和電池的能量轉化效率。圖 5-29 為甲醇滲透速度 J_x（mA/cm^2）與進料甲醇濃度、電池工作電流密度的關係。圖 5-30 為單電池工作電壓與甲醇滲透速度關係的實驗結果。由圖可知，當電流密度為 100 mA/cm^2 時，甲醇滲透導致電池工作電壓下降約為 50 mV；200 mA/cm^2 時降至 20 mV；而當電流密度達到 300 mA/cm^2 時，對電池工作電壓幾乎無影響。正因為如此，當電池組在 200 mA/cm^2 下工作時，甲醇利用率可高達 90%，此電池組單電池平均工作電壓為 0.5 V，電池組能量轉化效率達到 37%。

因為在 0.5～2.5 mol/L 甲醇濃度範圍內，在 Pt-Ru 電催化劑上，甲醇電化氧化過程速度與甲醇濃度無關（「0」級反應），但由於採用稀甲醇水溶液作燃料，隨每個 H^+ 由膜的陽極側遷移到陰極側；若伴有 2.5～3.0 個水分子遷移，

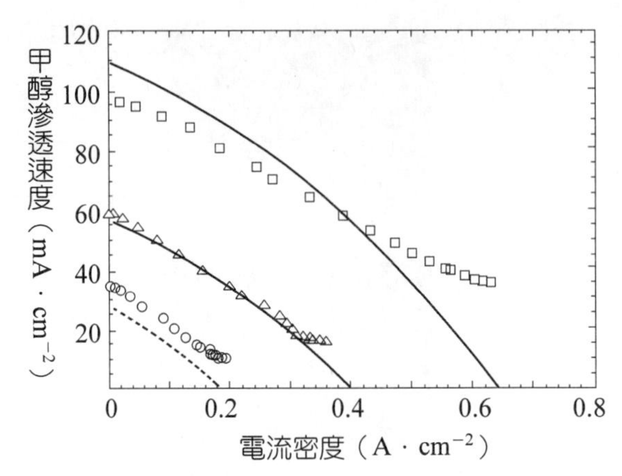

$T_{cell}=80$℃；○—$c_{MeOH}=0.25$ mol/L；△—$c_{MeOH}=0.5$ mol/L；□—$c_{MeOH}=1$ mol/L

圖 5-29　甲醇滲透速度與電池工作電流密度關係

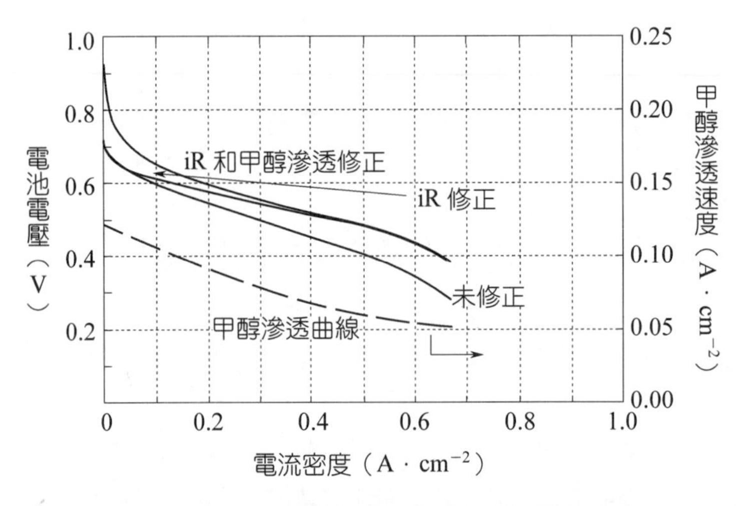

圖 5-30　甲醇滲透速度與電池工作電壓的關係

因此需回收陰極排出水，並返回陽極。為控制陽極反應液濃度，需在反應液進電池前加置甲醇傳感器，測定甲醇濃度，並向反應液中補加純甲醇以保證反應液濃度的恆定。

H. Dohle 等[31] 研發了 500 W DMFC 電池組。圖 5-31 為電池組外貌照片，表 5-4 為電池組的特性參數。

電池組採用 Pt：Ru（原子比）＝1：1 的 Pt-Ru 黑作陽極電催化劑，負載量為 3.9 mg/cm^2。Pt 黑作陰極電催化劑，負載量為 2.3 mg/cm^2。陽極催化層用轉移法製備，陰極催化層則直接製備在 Nafion 膜上，陰極擴散層為 PTFE 處理的碳紙。

圖 5-31 500 W DMFC 電池組

表 5-4 500 W DMFC 電池組參數

單電池數量（節）	71	單電池數量（節）	71
單電池面積	144 cm^2	電壓	24.3 V
單電池厚度	<2 mm	功率	500 W
電池組體積	160 mm × 160 mm × 165 mm（4.2 L）	功率密度	50 mW/cm^2
		「三合一」組件	
工作溫度	70℃	膜	Nafion 115
設計數據		陽極	Pt-Ru 負載量 3.9 mg/cm^2
電流	20.6 A	陰極	Pt 負載量 2.3 mg/cm^2

陽極催化層內Nafion樹脂的含量對電池性能有重大影響。因為增加Nafion含量，提高了催化層的離子電導，但降低了催化層的電子傳導能力並阻滯了甲醇的質傳，因此對特定厚度的陽極催化層，存在最優的Nafion含量。作者考察了質量比為 5～16%的 Nafion 含量對陽極催化層的影響，發現最優 Nafion 含量為 7%（質量比）。陽極的擴散層由碳粉與高分散PTFE加入到碳布孔中製備，負載量控制為 5 mg/cm^2，並經 350℃熱處理。實驗發現，電池性能不與擴散層內的 PTFE 含量直接相關聯，而與其結構（即親水孔與排水孔比例）有關。作者採用試樣浸入水中稱重法測定親水孔體積，採用浸入癸醇中測親水孔和排水孔總體積，發現電池工作電流密度與擴散層排水孔體積相關，如圖 5-32 所示。

電池組採用 0.3 mm 不銹鋼薄板與高效流場構建雙極板，其厚度 ≤ 2 mm。作者採用兩片極板中間夾入擴散層，外加電流並測定電壓降和定位產生熱量（紅外線攝像）方法研究擴散層與極板間接觸電阻，發現不銹鋼表面鍍金後，這一接電阻下降約 2 個數量級。

電池工作溫度對輸出功率密度的影響如圖 5-33 所示。由圖可知，隨著電池工作溫度的升高，輸出功率密度增加，當以常壓空氣作氧化劑時，電池最高工作溫度約為 90℃，電池溫度進一步升高陰極室水蒸氣分壓太高，降低了氧分壓，導致電池無法正常工作。升高氧化劑（如空氣或純氧）工作壓力，不但允許進一步升高電池工作溫度改善陽極電催化劑活性，而且可減少水和甲醇由陽極向陰極側的滲透量，改進陰極性能。圖 5-34 為氧化劑為 0.3 MPa 時電池性能。

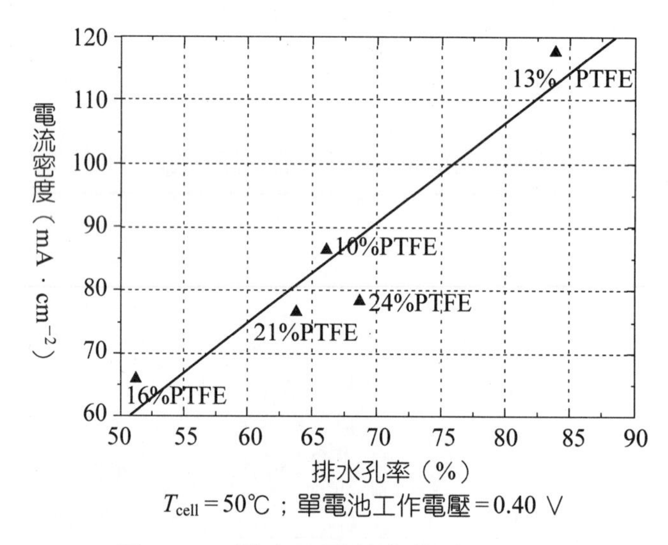

圖 5-32　排水孔體積與電流密度的關係

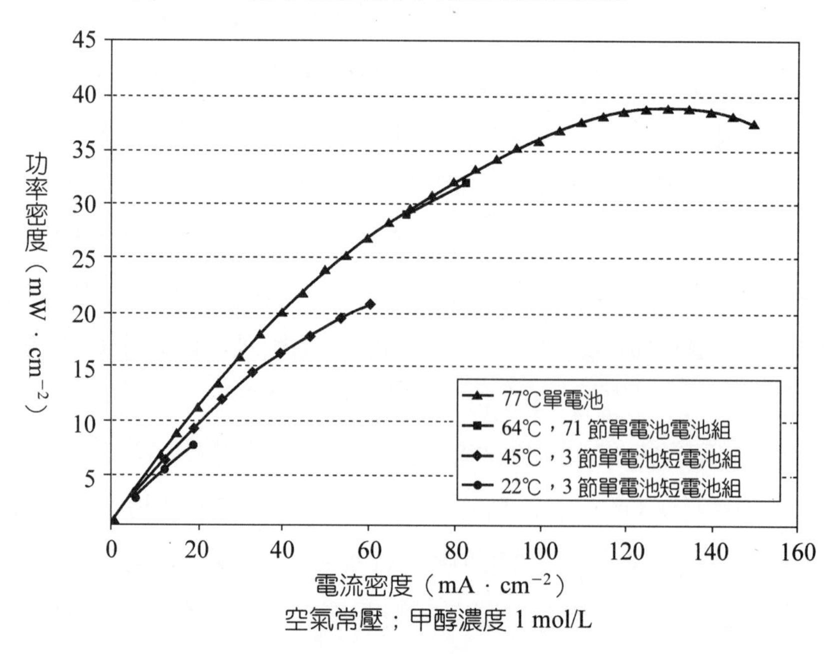

圖 5-33　溫度對電池性能的影響

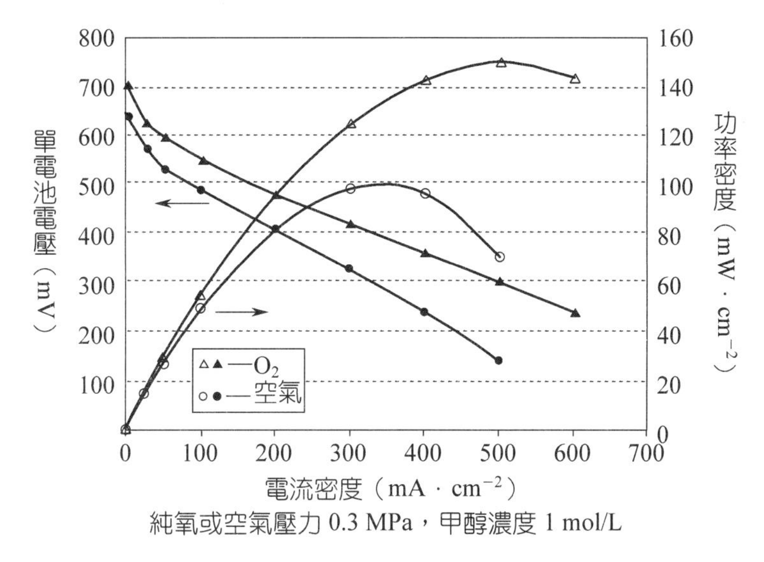

純氧或空氣壓力 0.3 MPa，甲醇濃度 1 mol/L

圖 5-34　較高空氣壓力時的電池性能

2 電池系統

圖 5-35 為以甲醇為燃料源的 DMFC 系統的流程圖[29]。在此流程中，透過甲醇濃度傳感器控制純甲醇進料泵與回收水返回系統的泵達到控制電池進口甲醇濃度恆定在預定值，如 1 mol/L。電池組的廢熱由循環的甲醇水溶液帶出，並經熱交換器與冷卻水或空氣換熱、排出。空氣由風機或空壓機增壓後進入電池，在電池空氣排氣路徑上加置 CO_2 傳感器測定排出空氣中的 CO_2 濃度，監測甲醇由膜的陽極側滲透到陰極側的量。

採用圖 5-35 這種流程的 DMFC 電池系統，陰極電催化劑可採用抗甲醇電催化劑，就是使滲透到陰極側的甲醇在陰極高電位下不氧化，而隨電池生成水和尾氣排出電池，經冷凝回收，返回陽極進料液中再利用。這樣不但能提高燃料甲醇的利用率，而且能減少甲醇在陰極氧化時中間物對陰極氧電化學還原反應的影響，提高陰極的性能。但至今這種抗甲醇的陰極電催化劑開發儘管有進展，但其活性還低於 Pt，不能在 DMFC 電池組中應用。人們期待著這方面工作能有突破性的進展。

對 DMFC 電池系統，與 PEMFC 電池系統類似，定義輔助系統的效率 f_{aux} 為：

$$f_{aux} = \frac{P_{fc} - \Sigma P_{aux}}{p_{fc}}$$

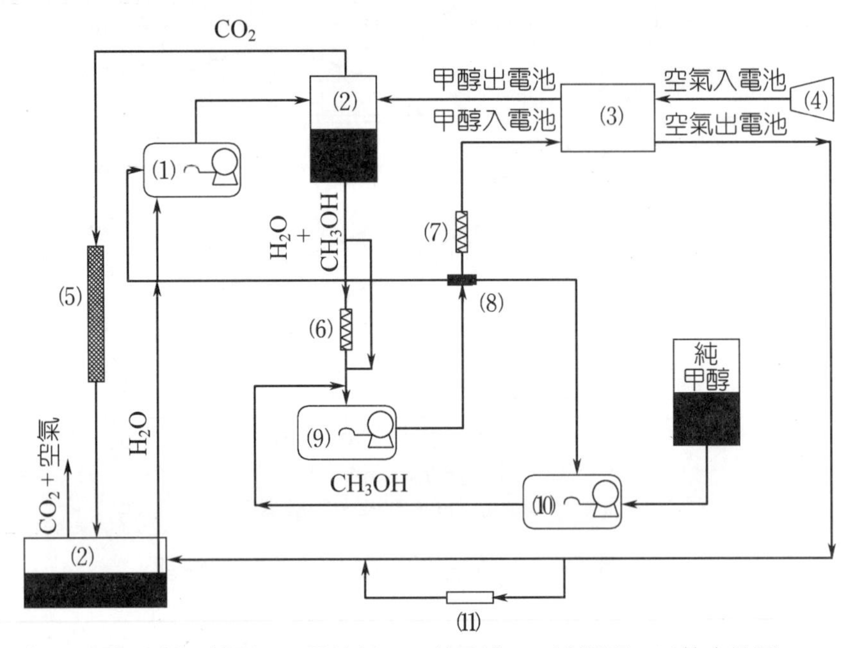

(1)液體泵；(2)氣—液分離器；(3)電池組；(4)鼓風機；(5)冷凝器；(6)熱交換器；(7)甲醇預熱器；(8)甲醇傳感器；(9)循環泵；(10)燃料泵；(11) CO_2傳感器

圖 5-35 DMFC 系統流程圖

式中，P_{fc} 為電池組輸出功率；ΣP_{aux} 為各輔助系統（如空氣泵、水泵、甲醇泵與各種電磁閥）功耗的總和。則電池系統的效率f_{system} 為：

$$f_{system} = f_{fc}\, f_{aux} = f_T f_V f_I f_{aux}$$

式中，$f_T = \dfrac{\Delta G^0}{\Delta H^0}$，是 DMFC 的熱力學效率；$f_V = \dfrac{\overline{V_i}}{E^0}$，為電壓效率；$\overline{V_i}$ 為單電池平均工作電壓；E^0 為電池熱力學電動勢；f_I 為電池法拉第效率，對 DMFC 主要由甲醇由陽極向陰極滲透量決定。如前所述，當採用稀甲醇水溶液（如 1 mol/L）作燃料時，f_I 可達 80～90%。

圖 5-36 為 H. Bohle 等以 3 節單電池、電極工作面積為 144 cm^2 的 DMFC 電池組，以微型風機送入空氣作氧化劑的電池系統效率 η_{system}、電池組效率 η_{fc}、電池輔助系統效率 η_{aux} 與電池組工作電流的關係。

3 集成式微型 DMFC

上述採用壓濾機式結構的DMFC電池組必須與氧化劑（如空氣、純氧）和

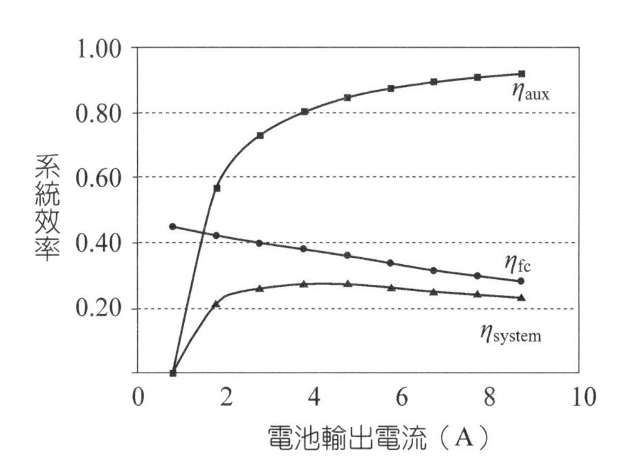

圖 5-36　以微型風機供空氣的 3 節單電池組成的電池組的系統效率

燃料供給等分系統組合，形成一個DMFC系統，才能為用戶提供電動力，它適用於中等功率（如幾百瓦到千瓦級）和大功率（如幾十千瓦）的用戶需求。

為適應幾瓦至幾十瓦用戶（如筆記型電腦、單兵電源等）對微型可攜帶電源的要求，充分發揮甲醇貯能高的優勢，人們開發了集成式或帶式DMFC。這種結構的DMFC採用貯入電池內的甲醇水溶液作燃料，呼吸式由大氣供氧，自然散熱。

圖 5-37 為這種集成式電池的 MEA 陣列結構示意圖。其主要特徵是，在一張質子交換膜上製備多個小的MEA，相鄰兩個小的MEA陽極間距和陰極間距為毫米級，並用與電極厚度相等的塑料片分隔。可用多孔石墨或泡沫金屬（如泡沫鎳）製備與每個小 MEA 陰極、陽極相對應的流場，並用類似印刷線路板的材料（即金屬與塑料複合材料）製備集流板，其導電部分與電極對應，絕緣

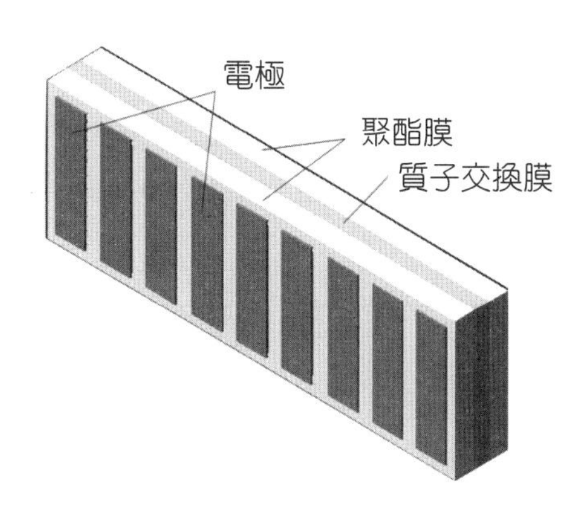

圖 5-37　模組電池結構

部分與分隔電極的塑料片對應。用導線或導電螺釘將前一個電池的正極與下一個電池的負極相連，即將各個 MEA 構成的單電池電路串聯起來。為利於空氣中氧向氧陰極擴散，可在陰極導電板和多孔流場上適當開孔，以利空氣進入，也可在外部再加一個微型風扇，強化空氣的供給。當然也可用兩張這種集成式 MEA 構建微型 DMFC，此時兩張 MEA 的陽極相對，構成貯醇腔；而陰極均與大氣相通。

圖 5-38 為美國 Manhattan Scientifics 公司開發的上述結構的集成式 DMFC。在 2001 年 11 月召開的 Fuel Cell Seminar 上展出了採用這種結構的手機充電器 Power Holster™樣機。

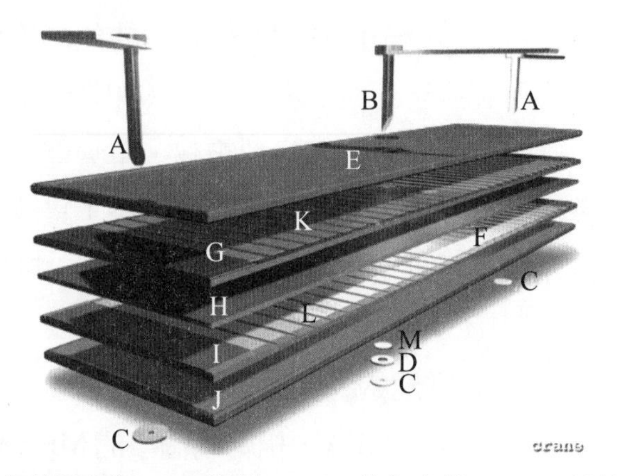

A—空氣電極接觸鉚釘；B—進料口；C—鉚釘末端；D—下部墊圈；
E—上部墊圈；F—內部聯線；G—第一片電極「三合一」陣列；
H—燃料進料；I—第二片電極「三合一」陣列；
J—空氣進料；K—空氣陰極；L—甲醇陽極；M—接觸墊圈

圖 5-38　集成式 DMFC（Microfuelcell™）

Motorola 與 LANL（Los Almos 國家實驗室）合作，也在發展這種結構的 DMFC[29]，他們發展的 MEA 陣列為 4 個單電池，電極工作面積為 5 cm^2，並採用多層陶瓷技術實現向 MEA 的燃料與氧化劑供給。為此，他們將 MEA 置於兩個多孔陶瓷板中間，下部多孔陶瓷板為電池供甲醇，上部供空氣。4 個串接單電池工作電壓大於 1V，再經微型 DC/DC 將其升至 4～5 V，為手機或其他用電設備供電。該電池輸出功率密度已達到 15～22 mW/cm^2。

5-8 DMFC 的應用

甲醇可由水、煤氣合成，並已產業化。甲醇在室溫下為液體，與水互溶，實現這種燃料或其水溶液的攜帶、供給，在今天均比氫容易，這是近年來大力開發 DMFC 的原因之一。

DMFC 潛在的最大用戶是作為各種電動車的動力源。由於 DMFC 電池組結構比 PEMFC 簡單，儘管存在甲醇電化學氧化催化劑活性低、膜滲透甲醇兩大技術難關，但今天壓濾機式 DMFC 電池組的質量比功率與體積比功率已接近 1 kW/kg、1 kW/L，雖稍低於 PEMFC 電池組，但電池系統比 PEMFC 更為簡化。

目前 DMFC 系統作為車用動力源的主要技術難關一是電極貴金屬（如鉑等）電催化劑的用量比 PEMFC 高近一個數量級（order），導致電池成本高，而且從長遠角度看，資源問題比 PEMFC 還嚴重；二是電池組長時間運行的穩定性。其實這兩個問題均是上述甲醇陽極電化學氧化電催化活性不高和膜滲透甲醇技術難題的反映。一旦 DMFC 這兩大技術難關獲得突破，我們相信，以 DMFC 為動力的各種電動汽車和大功率移動動力源會逐步獲得推廣和普及。

由於甲醇具有高的能量儲存密度，所以儘管目前 DMFC 能量轉化效率僅 20～40%，以液體甲醇水溶液為燃料的微型 DMFC 在貯能方面與傳統各種蓄電池相比仍顯示明顯優勢。圖 5-39 為微型 DMFC 與各種二次蓄能電池貯能對比圖。圖中每種電源左上角的數字為電池充電或更換燃料所需時間。一般二次電池充電需幾小時，即使近年發展的快速充電也需要幾十分鐘，而更換燃料（如對 DMFC 甲醇水溶液，對 PEMFC 更換貯氫罐）則僅需幾分鐘甚至幾秒鐘即可完成。

圖 5-40 為 Smart 燃料電池公司開發的一種 DMFC 移動電源，一個甲醇燃料罐可以為一臺筆記型電腦供電一整天，而其甲醇燃料罐的更換可在幾秒鐘內完成。

隨著 DMFC 技術進步，我們相信，集成式的微型 DMFC 將逐步在單兵電源、筆記型電腦電源、攝影機電源等方面逐步獲得應用，並搶占 Li^+ 和 MH-Ni 電池市場。

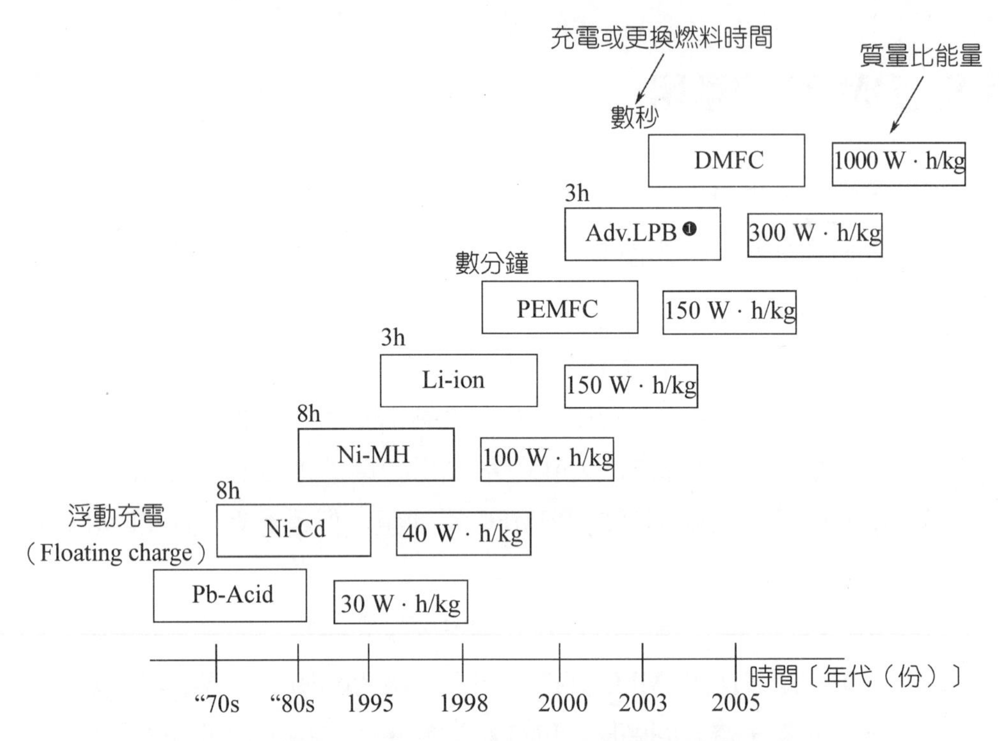

圖 5-39　微型 DMFC 與各種二次蓄能電池貯能對比

圖 5-40　Smart 燃料電池公司開發的一種 DMFC 移動電源

❶ Advanced Lithium Polymer Battery，高性能鋰離子聚合物電池

參考文獻

1. Parsons, R., VanderNoot, T. “The oxidation of small organic molecules: A survey of recent fuel cell related research.” J. Electroanal Chem., 1988, 257: 9~45.
2. Kunimatsu, K., Kita, H. “Infrared spectroscopic study of methanol and formic acid absorbates on a platinum electrode: Part II. Role of the linear $CO_{(a)}$ derived from methanol and formic acid in the electrocatalytic oxidation of CH_3OH and HCOOH.” J. Electroanal Chem., 1987, 218: 155~172.
3. Goodenough, J. B., Hamnett, A., Kennedy, B. J., et al. “XPS investigation of platinized carbon electrodes for the direct methanol air fuel cell.” Electrochim Acta, 1998, 32: 1233~1238.
4. Ticianelli, E., Beery, J. G., Paffett, M. T., et al. “An electrochemical, ellipsometric, and surface science investigation of the PtRu bulk alloy surface.” J. Electroanal Chem., 1989, 258: 61~77.
5. Jeffrey W. Long, Rhonda M. Stroud, Karen E. Swider-Lyons, et al. “How to make electrocatalysts more active for direct methanol oxidation-avoid PtRu bimetallic alloys?” J. Phys Chem. B., 2000, 104: 9772~9776.
6. Friedrich, K. A., Geyzers, K. P., Dickinson, A. J., et al. “Fundamental aspects in electrocatalysis: from the reactivity of single-crystals to fuel cell electrocatalysts.” J. Electroanal Chem., 2002, 524~525: 261~272.
7. Shukla, A. K., Christensen, P. A., Dickinson, A. J., et al. “A liquid-feed solid polymer electrolyte direct methanol fuel cell operating at near-ambient conditions.” J. power sources, 1998, 76: 54~59.
8. Zhongjun Hou, Baolian Yi, Hongmei Yu, et al. “Preparation of multi-component electrocatalysts with a modified catalyst support, Abstract of First Sino-German Workshop on Fuel Cells.” Dalian, China: 2002. 16.
9. Ravikumar, M. K., Shukla, A. K. “Effect of methanol crossover in a liquid-feed polymer electrolyte direct methanol fuel cell.” J. Electrochem Soc., 1996, 143: 2601~2606.
10. Wenzhen Li, Weijiang Zhou. “Pt_3Fe/XCN catalysts for cathode catalyst in DMFCs, Abstract of First Sino-German Workshop on Fuel Cells.” Dalian, China: 2002. 30.
11. 唐倩。有機金屬大環錯合物電催化還原分子氧的研究：[碩士學位論文]。大連：大連化學物理研究所，1999。

12. Faubert, G., Lalande, G., Cote, R., et al. “Heat-treated iron and cobalt tetraphenylporphyrins adsorbed on carbon black: physical characterization and catalytic properties of these materials for the reduction of oxygen in polymer electrolyte fuel cells.” Electrochim Acta,1996, 41: 1689~1701.
13. Reeve, R. W., Christensen, P. A., Hamnett, A., et al. “Methanol tolerant oxygen reduction catalysts based on transition metal sulfides.” J. Electrochem Soc., 1998, 145: 3463~3471.
14. 劉建國，衣寶廉，王素力等。「Nafion膜厚度對直接甲醇燃料電池性能的研究」。電源技術，2002，1：17～19。
15. Ren, X. M., Wilson, M. S., Gottesfeld, S. “High performance direct methanol polymer electrolyte fuel cells.” J. Electrochem Soc., 1996, 143: L12~L15.
16. Wei, Z. B., Wang, S. L., Yi, B. L., et al. “Influence of electrode structure on the performance of a direct methanol fuel cell.” J. power Sources, 2002, 106: 364~369.
17. Wilson, M. S., Gottesfeld, S. “High-performance catalyzed membranes of ultra-low Pt loadings for polymer electrolyte fuel cells.” J. Electrochem Soc., 1992, 139: 28~30.
18. 邵志剛，衣寶廉，韓明等。「質子交換膜燃料電池電極的一種新的製備方法」。電化學，2000，6：317。
19. Kreuer, K. D. “On the development of proton conducting polymer membranes for hydrogen and methanol fuel cells.” J. Membrane Science, 2001, 185: 29~39.
20. 于景榮，衣寶廉，邢丹敏等。「燃料電池用磺化聚苯乙烯膜分解機理及其複合膜的初步研究」。高等學校化學學報，2002，23：1792.
21. Yang, C., Costamagnab, P., Srinivasanb, S., et al. “Approaches and technical challenges to high temperature operation of proton exchange membrane fuel cells.” J. Power Sources, 2001, 103: 1~9.
22. Antonucci, P. L., Arico, A. S., Creti, P., et al. “Investigation of a direct methanol fuel cell based on a composite Nafion-silica electrolyte for high temperature operation.” Solid State Ionics, 1999, 125: 431~437.
23. Jung, D. H., Cho, S. Y., Peck, D. H., et al. “Performance evaluation of a Nafion/silicon oxide hybrid membrane for direct methanol fuel cell.” J. Power Sources, 2002, 106: 173~177.
24. Li, Q. F., Hjuler, H. A., Bjerrum, N. J. “Phosphoric acid doped polybenzimidazole membranes: Physiochemical characterization and fuel cell applications.” Journal of A pplied Electrochemistry, 2001, 31: 773~779.
25. Wang, J. T., Wainright, J. S., Savinell, R. F., et al. “A direct methanol fuel cell using acid-doped polybenzimidazole as polymer electrolyte.” Journal of Applied Electrochemistry, 1996, 26: 751~756.
26. Lindermeir, G., Rosenthal, U. Kunz, et al. “Electrochemical engineering approach for DMFC development and fabrication, Abstract of First Sino-German Workshop on Fuel Cells.” Dalian, China: 2002. O126.
27. Arico, A. S., Creti, P., Baglio, V., et al. “Influence of flow field design on the perform-

ance of a direct methanol fuel cell." J. Power Sources, 2002, 91: 202~209.

28. Sundmacher, K., Schultz, T., Zhou, S., et al. "Dynamics of the direct methanol fuel cell (DMFC): experiments and model-based analysis." Chemical Engineering Sciences, 2002, 56: 333~341.

29. Arico, A. S., Srinivasan, S., Antonucci, V. "DMFCs: from fundamental aspects to technology development, Fuel Cells." 2002, 1: 133~161.

30. Xiaoming Ren, Piotr Zelenay, Sharon Thomas, et al. "Recent advances in direct methanol fuel cells at Los Alamos National Laboratory." J. Power Sources, 2000, 86: 111~116.

31. Dohle, H., Schmitz, H., Bewer, T., et al. "Development of a compact 500 W class direct methanol fuel cell stack." J. Power Sources, 2002, 106: 313~322.

Chapter 6

熔融碳酸鹽燃料電池

6-1 工作原理[1]

熔融碳酸鹽燃料電池（MCFC）的概念最早出現於20世紀40年代。50年代Broes等人演示了世界上第一臺MCFC。80年代，加壓工作的MCFC開始運行。

目前，MCFC的試驗與研究工作主要在兩方面。應用基礎研究集中在解決電池材料的抗熔鹽腐蝕問題，以期延長電池的壽命。在美國、日本與西歐一些國家，MCFC的試驗電廠建設正在全面展開，其規模已達到1～2 MW。

MCFC 的工作溫度約650℃，餘熱利用價值頗高。該電池所用的電催化劑以鎳為主，不使用貴金屬；並且，它可以採用脫硫煤氣或天然氣為燃料。它的電池隔膜與電極均採用帶鑄方法製備，技術成熟，易於大量生產。若應用基礎研究能成功地解決電池關鍵材料的腐蝕等技術難題，使電池使用壽命從現在的1～2萬小時延長到4萬小時，MCFC將很快地實現商品化，MCFC作為分散型電站或中心電站將迅速進入發電設備市場。

MCFC 的工作原理及電池結構如圖6-1和圖6-2所示。由圖6-2可知，構成MCFC的關鍵材料與元件為陽極、陰極、隔膜和集流板或雙極板等。

MCFC的電極反應為：

陰極反應：$\frac{1}{2}O_2+CO_2+2e^- \longrightarrow CO_3^{2-}$

陽極反應：$H_2+CO_3^{2-} \longrightarrow CO_2+H_2O+2e^-$

總反應：$\frac{1}{2}O_2+H_2+CO_2$（陰極）$\longrightarrow 2H_2O+CO_2$（陽極）

由電極反應可知，MCFC 的導電離子為 CO_3^{2-}。與其他類型燃料電池的區別是，在陰極，二氧化碳為反應物；在陽極，二氧化碳為產物。每通過兩個法拉第常數的電量，就有1 mol CO_2從陰極轉移到陽極。為確保電池穩定連續地工作，必須將在陽極產生的二氧化碳返回到陰極。通常採用的辦法是將陽極室所排出的尾氣經燃燒消除其中的氫和一氧化碳後，進行分離除水，然後再將二氧化碳送回到陰極。

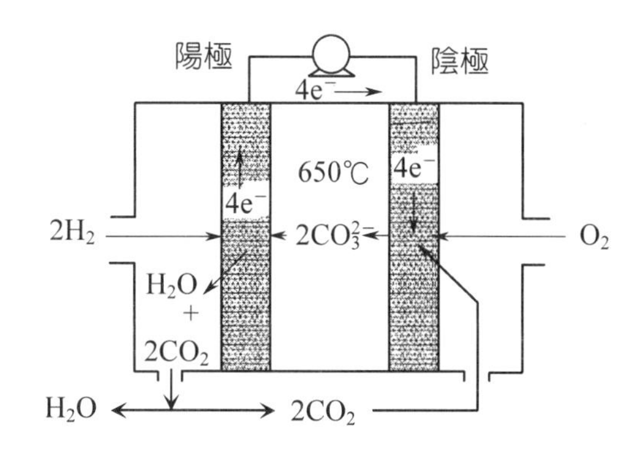

圖 6-1 MCFC 的工作原理

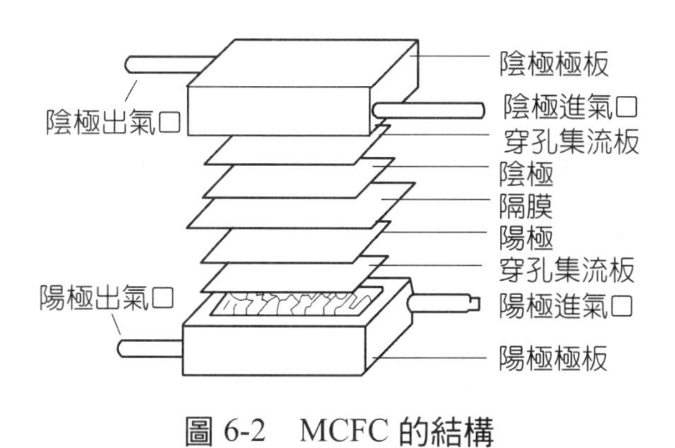

圖 6-2 MCFC 的結構

依據 Nernst 方程，MCFC 的可逆電位 E 為：

$$E = E^0 + \frac{RT}{2F}\ln\frac{p_{H_2}p_{O_2}^{1/2}}{p_{H_2O}} + \frac{RT}{2F}\ln\frac{p_{CO_2}^{c}}{p_{CO_2}^{a}} \qquad (6\text{-}1)$$

式中，上標 c 代表陰極；a 代表陽極。

由式（6-1）可知，若陰極、陽極的 CO_2分壓相等，則 MCFC 電動勢 E 與 p_{CO_2}無關；若不相等，陰極、陽極氣室二氧化碳分壓將影響MCFC的電動勢。

6-2 電池隔膜

隔膜是MCFC的核心元件，它必須具備強度高、耐高溫熔鹽腐蝕、浸入熔鹽電解質後能夠阻擋氣體通過，並且具有良好的離子導電性能。早期的MCFC曾採用氧化鎂製備隔膜。試驗中發現，由於氧化鎂在熔鹽中有微弱的溶解現象，所製備出的隔膜易於破裂。透過對多種材料的篩選，偏鋁酸鋰脫穎而出。研究結果表明，偏鋁酸鋰具有很強的抗碳酸熔鹽腐蝕的能力。目前已普遍採用偏鋁酸鋰來製備 MCFC 的隔膜。

1 偏鋁酸鋰粉料與隔膜概述

偏鋁酸鋰（$LiAlO_2$）有 α、β 和 γ 三種晶型，它們的物理特性與參數見表 6-1。

表 6-1 偏鋁酸鋰的物理特性與參數

晶型	結晶系統	晶體幾何形狀	軸角	晶軸上的單位週期	陽離子配位數	外形	密度（$g \cdot cm^{-3}$）
α-	六方（hexagonal）		$\alpha=\beta=\gamma=90°$	$a=b$ <或> c	6	棒狀	3.400
β-	斜方（orthorhombic）		$\alpha=\beta=\gamma=90°$	a<或>b>或<c	6 或 4	針狀	2.610
γ-	四方（tetragonal）		$\alpha=\beta=90°$ $\gamma=60°$或 $120°$	$a=b$<或>c	4	片狀	2.615

圖 6-3 是 $LiAlO_2$晶相轉變的溫度和壓力圖[2]。從圖 6-3 可知，在一定的溫度和氣壓下，$LiAlO_2$的晶相可以在熱力學上互相轉化。從 400～700℃，在空氣中由 Li 源化合物和 Al 源化合物反應生成 α-$LiAlO_2$。$\Delta H_{700}=-62.9$ KJ · mol^{-1}。水合物 $LiAlO_2 \cdot nH_2O$ 在該溫度範圍內在空氣中失水也可得 α-$LiAlO_2$。

在 700～850℃空氣中，α-$LiAlO_2 \rightarrow \beta$-$LiAlO_2$，在任何溫度和壓力下，$\beta$-$LiAlO_2$都不穩定。

在 900～1100℃空氣中，由 α-$LiAlO_2$（或中間經過不穩定的 β-$LiAlO_2$）→ γ-$LiAlO_2$，$\Delta H=10$ KJ · mol^{-1}。

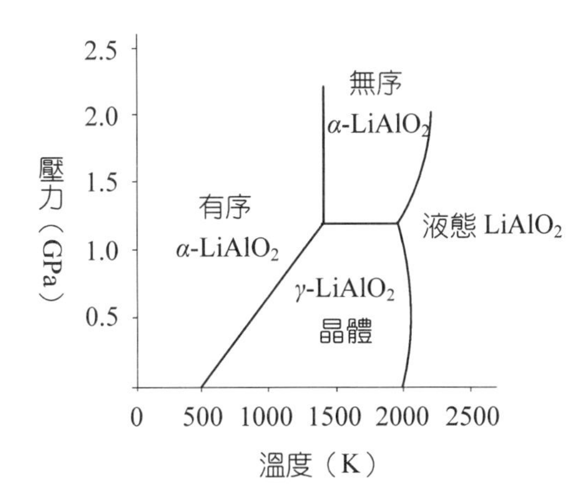

圖 6-3　$LiAlO_2$晶相轉變的溫度和壓力圖

由於γ-$LiAlO_2$生成溫度比前兩者都高，一般認為γ-$LiAlO_2$較前兩者穩定，其實不然。在 MCFC 長期運轉實驗中，在 650℃和熔融碳酸鹽（$0.62Li_2CO_3 + 0.38K_2CO_3$）中，$\gamma$-$LiAlO_2$隔膜中已有相當一部分$\gamma$-$LiAlO_2$轉化成為$\alpha$-$LiAlO_2$，這已由實驗所證實[3]。圖 6-4 是 MCFC γ-$LiAlO_2$隔膜中γ-$LiAlO_2$向α-$LiAlO_2$轉化的 X 光衍射圖。從圖 6-4 可見，在初始階段，隔膜中僅含有一小部分α-$LiAlO_2$（質量比為 0.637%），隨著電池的運行至 5500 小時，在 X 光衍射圖中原來又寬又矮的α-$LiAlO_2$特徵峰逐漸變得又尖又高起來。說明隨著隔膜燒結的延續，隔膜中α-$LiAlO_2$晶相逐步增多了。燒結溫度、電解質中 Li_2CO_3 含量及氣氛中 CO_2 分壓等因素對γ-$LiAlO_2$向α-$LiAlO_2$轉化的速度和α-$LiAlO_2$晶相含量均產生相應的影響[3,4]。

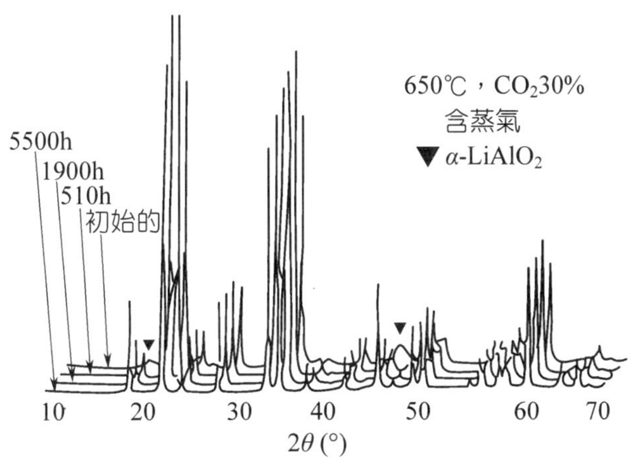

圖 6-4　MCFC γ-$LiAlO_2$隔膜中γ-$LiAlO_2$向α-$LiAlO_2$轉化的 X 光衍射圖

根據Yong-Laplace公式，氣體進入半徑為r的親液毛細管的臨界壓力p_{ex}為：

$$p_{ex}=2\sigma\cos\theta/r \qquad (6\text{-}2)$$

式中，σ和θ分別為固液相之間的界面張力和接觸角。

已知由62%（摩爾分數）Li_2CO_3+38%（摩爾分數）K_2CO_3（490℃）構成的電解質在偏鋁酸鋰上完全浸潤，其θ為0，σ為0.198 N/m。由式（6-2）計算可知：偏鋁酸鋰隔膜欲耐受0.1 MPa 的壓差，其隔膜的孔半徑最大不得超過 3.96 μm。由於隔膜是由偏鋁酸鋰粉料堆積而成，要確保隔膜孔徑不超過3.96μm，偏鋁酸鋰粉料的粒度就應儘量細小，必須將其粒度嚴格控制在一定的範圍內。

2 偏鋁酸鋰粉料的製備[5]

◎ α-$LiAlO_2$粗料製備

偏鋁酸鋰是由Li源化合物與Al源化合物（如Li_2CO_3與α-Al_2O_3）為原料，以等摩爾比配料，經強力磨混合均勻，在高溫下長時間反應製得，其反應式為：

$$Al_2O_3+Li_2CO_3 = 2LiAlO_2+CO_2$$

為了反應完全，Li 源化合物多加 2%（質量比）。混合均勻後，在400～500℃反應5小時，在500～650℃反應10小時，在650～700℃反應10小時。當溫度為450℃時，雖然反應混合物中大部分是Al_2O_3和Li_2CO_3，但反應已經開始。當溫度為600℃時，反應混合物中大部分是α型$LiAlO_2$，另外有少量Al_2O_3和Li_2CO_3，還有少量γ型$LiAlO_2$產生。當溫度升至700℃時，反應混合物中Al_2O_3和Li_2CO_3消失，只剩下大部分α型$LiAlO_2$和少量γ型$LiAlO_2$產物。圖6-5為產物的 X 光衍射圖。如圖6-5所示，全部 X 光衍射峰為α-$LiAlO_2$特徵峰。產物的粒度分佈如圖6-6所示。從圖6-6可見，粒度為2.89μm，粒度範圍為2.7～10.0μm。其BET比表面積為4.5 m^2/g。

◎ γ-$LiAlO_2$粗料製備

α-$LiAlO_2$粗料在900℃焙燒30小時左右，便可得γ-$LiAlO_2$粗料。為了防止燒結，反應中間需進行2～3次強力磨，強力磨介質為乙醇。圖6-7是γ-$LiAlO_2$粗料的X光衍射圖。由圖可見，產物的X光衍射峰均為γ-$LiAlO_2$的特徵峰。圖

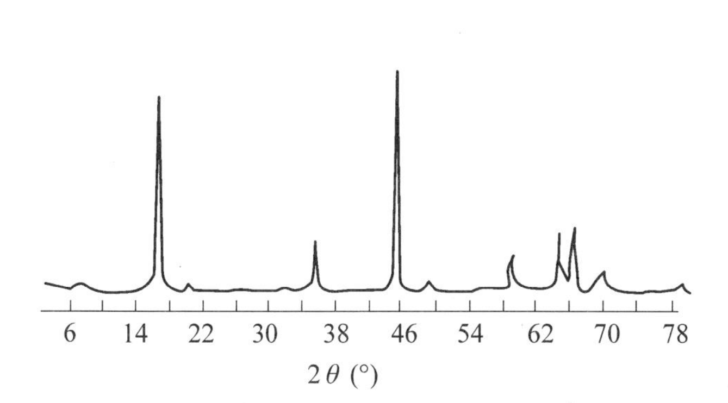

圖 6-5 α-$LiAlO_2$粗料 X 光衍射圖

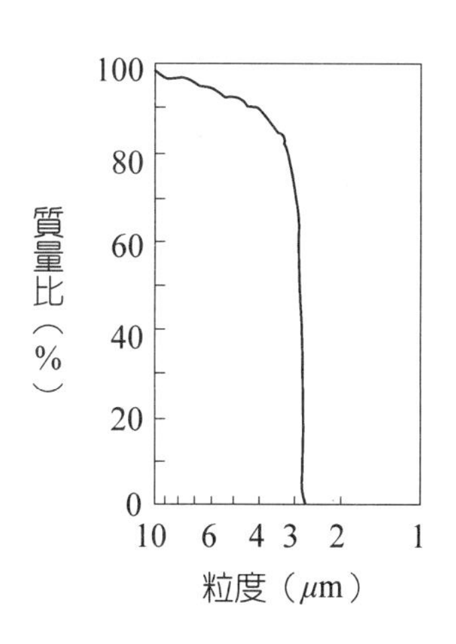

圖 6-6 α-$LiAlO_2$粗料粒度分佈圖

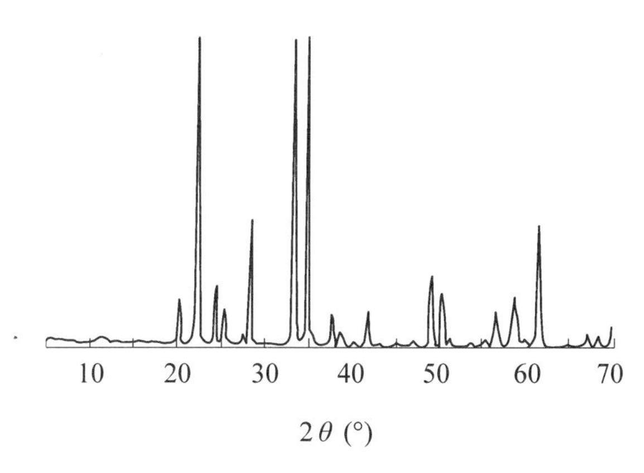

圖 6-7 γ-$LiAlO_2$ 粗料的 X 光衍射圖

6-8 為γ-L $iAlO_2$粗料的粒度分佈圖，產物的粒度為 4.0 μm，其 BET 比表面積為 4.9 m^2/g。

◎「氯化物」法製備 α -**$LiAlO_2$**細料[6]

Li 源化合物與 Al 源化合物〔如 Li_2CO_3 與γ-AlOOH（軟水氧化鋁）〕以 1：2（摩爾比）配料。為了使反應完全，Li_2CO_3 要多加 2%（質量比）。同時又加氯化物（NaCl + KCl，NaCl/KCl 摩爾比 = 1/1），其加量大於總反應物的 50%（如 60%）。總反應物經強力磨混合均勻，乙醇為強力磨介質。

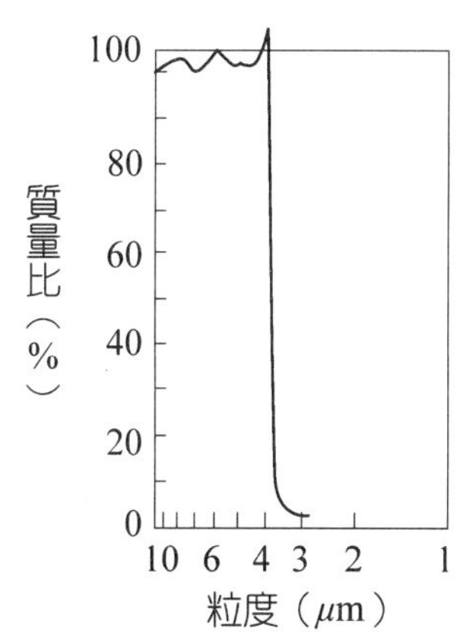

圖 6-8 γ-$LiAlO_2$ 粗料的粒度分佈圖

加熱讓乙醇揮發後，在高溫（450～650℃）反應 1 小時，其反應式為：

$$2AlOOH+Li_2CO_3 = 2LiAlO_2+CO_2+H_2O$$

反應物冷卻後，用去離子水浸泡，加熱和攪拌，過濾並洗滌白色沉澱，直至無氯離子可檢查出來為止。烘乾此白色沉澱，經 X 光分析得知，此白色沉澱為 α-$LiAlO_2$的水合物 $LiAlO_2 \cdot nH_2O$。在 650℃反應 1 小時，$LiAlO_2 \cdot nH_2O$ 失水後即得 α-$LiAlO_2$細料。產物經 X 光分析，可得產物 X 光衍射圖 6-9。從圖可知，全部 X 光衍射峰為 α-$LiAlO_2$的特徵峰。圖 6-10 是它的粒度分佈圖。由圖可知，用反應物料 $Li_2CO_3+\gamma$-AlOOH 製得 α-$LiAlO_2$細料粒度為 0.33 μm，用反應物料 $LiOH \cdot H_2O+\gamma$-AlOOH 製得 α-$LiAlO_2$細料粒度為 0.45 μm。製得 α-$LiAlO_2$細料的 BET 比表面積為 100～140 m^2/g。

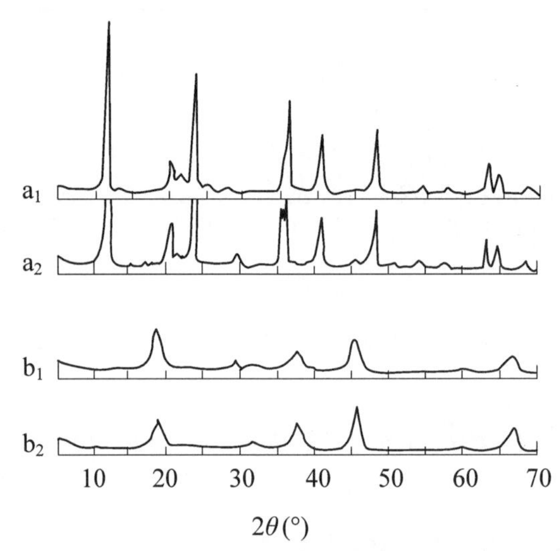

a_1，b_1－$Li_2CO_2+\gamma$-AlOOH 在 650℃「氯化物」法的產物；
a_2，b_2－$LiOH \cdot H_2O+\gamma$-AlOOH 在 550℃「氯化物」法的產物

圖 6-9　α-$LiAlO_2$細料（b_1, b_2）及其水合物（a_1, a_2）X 光衍射圖

◎γ-$LiAlO_2$ 細料製備

α-$LiAlO_2$細料在 900℃反應幾小時便可轉化成 γ-$LiAlO_2$細料。圖 6-11 是 γ-$LiAlO_2$ 細料的X光衍射圖。由圖可見，其晶型轉化過程中有彌散峰存在，說明晶型轉化中間物為無定型 $LiAlO_2$。產物的 X 光衍射峰也均為 γ-$LiAlO_2$ 的特徵峰。圖 6-12 是 γ-$LiAlO_2$ 細料的粒度分佈圖，可見其粒度為 <0.18 μm，其 BET

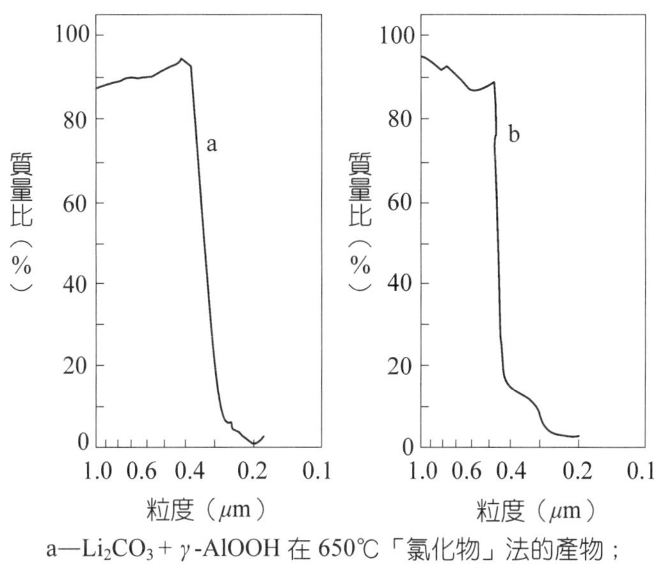

a—Li_2CO_3 + γ-AlOOH 在 650℃「氯化物」法的產物；
b—LiOH · H_2O + γ-AlOOH 在 550℃「氯化物」法的產物

圖 6-10 α-$LiAlO_2$細料的粒度分佈圖

比表面積為 49 m^2/g。

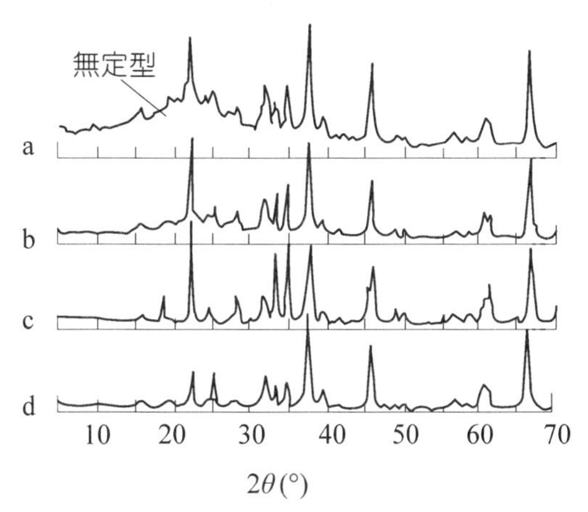

在 900℃焙燒時間：a 為 1 小時；b 為 3 小時；
c 為 6 小時；d 為 10 小時

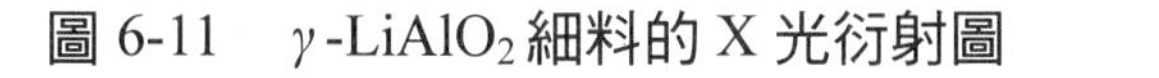

圖 6-11 γ-$LiAlO_2$ 細料的 X 光衍射圖

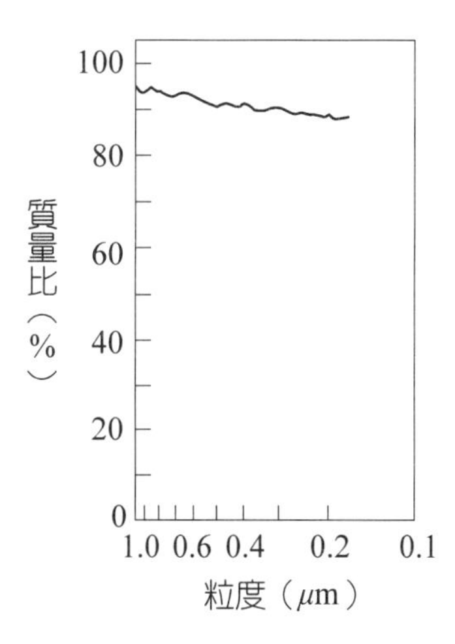

圖 6-12 γ-$LiAlO_2$ 細料粒度分佈圖

3 偏鋁酸鋰隔膜的製備

至今國內外已經發展了偏鋁酸鋰隔膜的多種製備方法，如電沉積法[7]、冷熱滾法[8,9]和帶鑄法[10]等。其中帶鑄法製備的偏鋁酸鋰隔膜不但性能與重複性好，而且還適宜於大量生產。美國能源研究公司（ERC）已開發成功連續生產隔膜和電極的帶鑄機，其外貌如圖 6-13 所示。

圖 6-13　ERC 開發的連續帶鑄機[1]

◎帶鑄法製膜[10]

帶鑄法製膜技術如圖 6-14 所示。圖 6-14(a)是帶鑄法製膜技術流程圖，圖 6-14(b)是帶鑄法製膜技術示意圖。在製膜中使用的黏合劑為聚乙烯醇縮丁醛（PVB），溶劑為醇類，增塑劑為鄰苯二甲酸二正辛酯等。

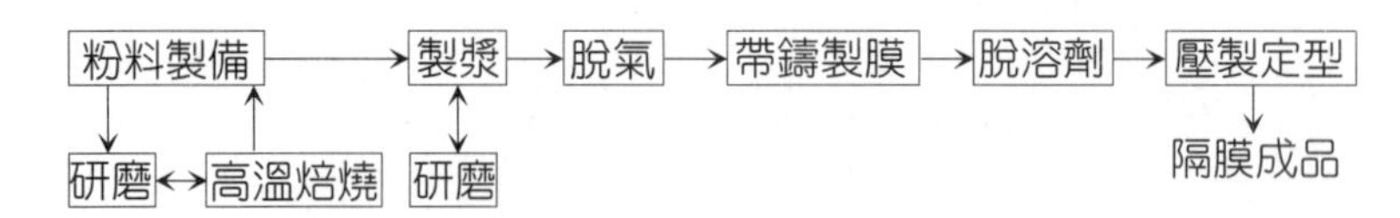

(a)帶鑄法製膜技術流程圖

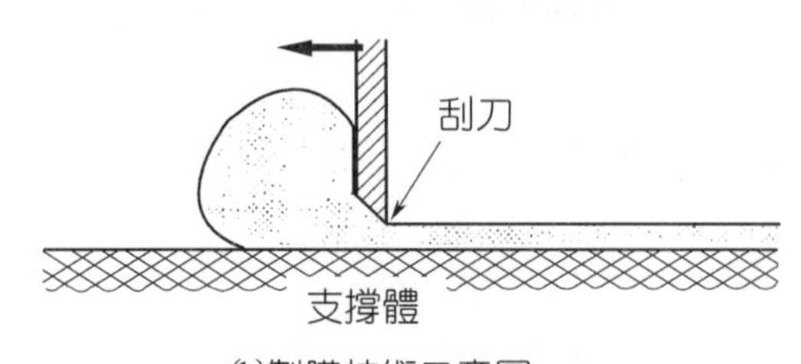

(b)製膜技術示意圖

圖 6-14　帶鑄法製膜技術

用帶鑄法製備隔膜的物料配比實例如下：

α-$LiAlO_2$：240～280 g　消泡劑：3～6 g

PVB： 40～50 g　溶劑量：為α-$LiAlO_2$（或γ-$LiAlO_2$）的2～3倍

增塑劑：20～35 g

分散劑：10～15 g

把以上配料球磨機磨成漿料，再把無氣泡的漿料帶鑄於水準滌綸薄膜上。控制溶劑揮發速度，使膜快速乾燥而又不裂，並經燈光檢查無氣泡。將多張膜熱壓即成為電池隔膜。熱壓的條件：溫度 100～150℃，壓力 1～3 MPa，時間 2～5 分鐘。電池隔膜的堆密度為 1.6～2.0 g/cm^3。

為了把製膜過程對環境污染減少到最低程度，美國 ERC 在專利（US，5997794）和印度Pores、S. Joseph等[11]提出在製膜中用水作溶劑，具體的物料如下：

α-$LiAlO_2$（印度 Pores、S. Joseph 等人用γ-$LiAlO_2$）　溶劑：水和乙醇

黏合劑：水溶性聚合物（如聚乙烯醇等）　增塑劑：甘油

分散劑：檸檬酸等

還加入消泡劑和其他表面活性劑等，用來改善漿料與底膜之間的親和力。

◎流鑄法製膜

中國科學院大連化學物理研究所研究開發出流鑄法的製膜技術[12]。用該技術製膜，漿料配方與帶鑄法類同，但需加入較大量的溶劑，以配製出具有較大流動性的漿料。其具體過程為：製備好的漿料先行脫氣，直至其中無氣泡。將其均勻鋪攤於一定面積的水平玻璃板上。玻璃板四周應環圍玻璃條，以防漿料流失。在飽和溶劑的蒸氣氛圍中，控制膜中溶劑的揮發速度，讓膜快速乾燥。然後將這種膜數張疊合熱壓成厚度為 0.5～1.0 mm 的電池用膜。熱壓的壓力為 1～3 MPa，熱壓的溫度為 100～150℃，膜的堆密度為 1.75～1.85 g/cm^3。

4 $LiAlO_2$隔膜的性能與表徵[12]

◎**隔膜的熱失重（DTG）曲線**

隔膜熱失重曲線測定十分有意義，從中不僅可知隔膜總有機物的含量，而且更為重要的是可知這些有機物在相應各溫度段的揮發速度，為確定電池首次

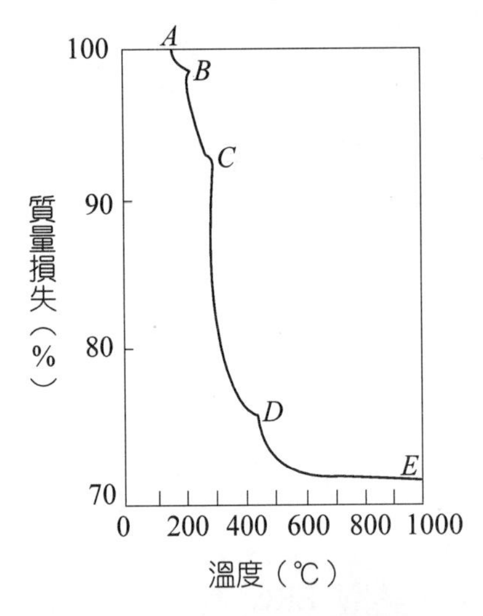

圖 6-15 α-$LiAlO_2$隔膜的熱失重（DTG）曲線

啟動中隔膜燃燒升溫速度提供依據。圖 6-15 是α-$LiAlO_2$隔膜的熱失重曲線。曲線由 4 段線段組成。*AB* 段失重僅 1～2%，是隔膜中少量溶劑揮發所致。*BC* 段失重可能由增塑劑揮發所致。*CD* 和 *DE* 段可能分別由分散劑揮發 PVB 燃燒和殘留物燃燒所致。從 180～400℃，隔膜中有機物大部分已揮發和燒除，在這溫度範圍內共失重 25.1%，占總失重 27.8%的 90%。從 400～450℃，失重很少，這是極少量殘留物燃燒所致。

◎隔膜燃燒後表面及斷面型態

圖 6-16 是掃描電鏡觀察隔膜燃燒後的表面及斷面型態。由圖可見，隔膜燃燒後在其表面和斷面有許多微孔，呈蜂窩狀，蜂窩的骨架為 $LiAlO_2$。平均孔徑為 0.3～0.4 μm。

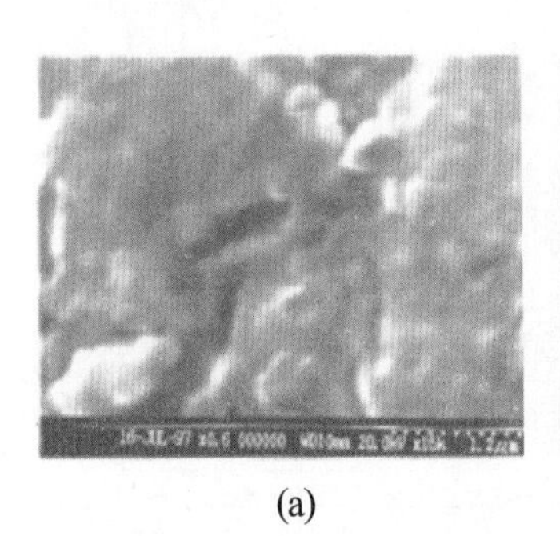

(a)

(b)

(a) α-$LiAlO_2$隔膜的表面型態；(b) α-$LiAlO_2$隔膜的斷面型態

圖 6-16 掃描電鏡觀察隔膜燃燒後的表面及斷面型態

◎隔膜的最大孔徑測試

用氣體穿透法可測得隔膜的最大孔徑。可以採用類似單電池結構的測試池，測試介質為無水乙醇（20℃，$\sigma_{乙醇} = 0.02239\ N \cdot m^{-1}$）。依據式（6-2）把一定面積的隔膜燃燒後作為測試樣品，在常溫下在測試池中測得最小穿透壓[12]，可算得最大孔徑，結果如表 6-2 所示，最大孔徑平均值為 0.964 μm。

表 6-2 在測試池中測得隔膜的最大孔徑①

測試用氣體	p (MPa)	D (μm)
N_2	>0.1	0.914
Ar	>0.09	1.014

① 膜厚 0.4 mm；測試介質：乙醇。

◎隔膜平均孔徑和孔分佈

隔膜平均孔徑和孔分佈可用壓汞法測得。為了使隔膜在燒結後不會破碎得太厲害而不能測試，在$LiAlO_2$粉料中加入5%的電解質製成測試用隔膜。圖6-17是隔膜的孔分佈圖。可得出平均孔徑為0.36 μm，與以上電鏡觀察的結果一致。孔隙率為55～60%。

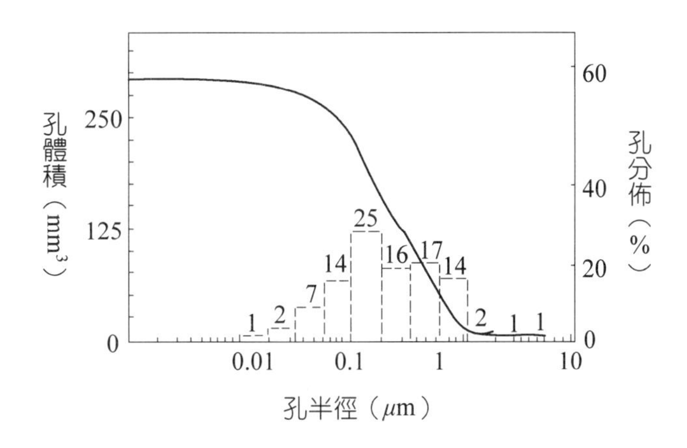

圖 6-17 α-$LiAlO_2$隔膜的孔分佈

◎隔膜的改進

MCFC隔膜在高溫和電解質中長期燒結，隔膜粉料的BET比表面積下降，粒子變粗；隔膜孔徑變粗，孔隙率下降，保持電解質能力下降。但可以透過隔膜組分的改性和操作條件的控制，延緩隔膜的燒結作用。圖6-18是γ-$LiAlO_2$隔膜添加ZrO_2和$SrTiO_3$對隔膜燒結的影響[12]。從圖6-18可以看出，分別經10000小時和近9000小時的燒結，隔膜中加50%的$SrTiO_3$，尤其是加50%的ZrO_2的隔膜比表面積改變很小，說明添加第二組分明顯地延緩了隔膜的燒結作用。

在電解質（$0.62Li_2CO_3+0.38K_2CO_3$或 $0.53\ Li_2CO_3+0.47\ Na_2CO_3$）中，這些粉料有很強的抗腐蝕性能。在隔膜中有機物〔如PVB（聚己烯醇縮丁醛）〕

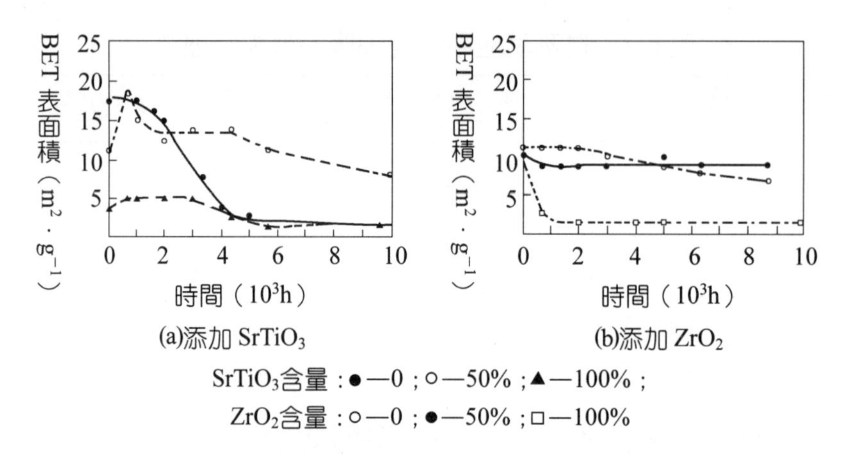

圖 6-18　γ-$LiAlO_2$隔膜添加 ZrO_2和 $SrTiO_3$對其燒結的影響

燒除後，隔膜變為多孔體。電池溫度升至 490℃左右，電解質開始熔融。在毛細力作用下，熔融碳酸鹽浸漬到隔膜的多孔體中。由於它的毛細力作用大於電極，使電解質在隔膜和電極之間有一合理的分配，即在電池運行期間，隔膜自始至終一直處於被電解質完全浸滿狀態，隔膜變為阻氣離子導電層，隔膜的電阻率應$<2.31\ \Omega \cdot cm$，阻氣壓差應>0.1 MPa。如果隔膜中局部之處缺少電解質或隔膜中出現較大的孔，隔膜阻氣壓差<0.1 MPa，這時反應氣壓力的波動可能導致 H_2和 O_2互竄，嚴重時導致電池失效。根據以上要求，在 MCFC 中，隔膜應達到表 6-3 中所列的物性和幾何參數。

表 6-3　在 MCFC 中α-$LiAlO_2$或γ-$LiALO_2$隔膜所採用的物性和幾何參數

物性和幾何參數	厚度（mm）	孔隙率（%）	平均孔徑（μm）
參數範圍	0.5～0.8	50～60	0.3～0.8

6-3 電　極

在陰極和陽極上分別進行氧陰極還原反應和氫陽極氧化反應，由於反應溫度為 650℃，反應有電解質（CO_3^{2-}）參與，電極材料要有很高的耐腐蝕性能和較高的電導。陰極上氧化劑和陽極上燃料氣均為混合氣，尤其是陰極的空氣和 CO_2 混合氣在電極反應中濃差極化較大，因此電極均為多孔氣體擴散電極結構。

而且要確保電解液在隔膜與陰極、陽極間良好的分配，增大電化學反應面積，減小電池的活化與濃差極化。

1 陰極

在MCFC中，電極反應溫度為高溫，電極催化活性比較高，所以電極材質採用非貴金屬。陰極採用 NiO，在 650℃於電解質中 Li 化（Lithiated）後的電導率為 33（Ω · cm）$^{-1}$[14]。交換電流密度為 3.4 mA/cm^2[15]。為了比較，它和Ni陽極的物性和幾何參數同列於表 6-4 中。

表 6-4　NiO 陰極和 Ni 陽極物性及幾何參數

電極	材質	電解質—電極接觸角（°）	孔徑（μm）	孔隙率（%）	電解質充滿率（%）	厚度（mm）
陰極	NiO	0	5～10	70～80	15～30	0.4～0.6
陽極	Ni	30	～5	50～70	50～60	0.8～1.0

從表 6-4 可見，NiO陰極孔徑、孔隙率都比Ni陽極大，而電極厚度卻比Ni陽極薄，所有這些都是為了克服氧陰極電極反應濃差極化大而設計的。但在高溫長期運行中，NiO陰極在電解質中易產生溶解，導致電極性能下降。圖 6-19 是NiO在 1023 K於碳酸鹽電解質中的溶解度與CO_2分壓p_{CO_2}的關係[1]。可見隨著 CO_2分壓p_{CO_2}增加，NiO 溶解先後經歷了「鹼性溶解」機理和「酸性溶解」機理。在一般情況下，CO_2分壓$p_{CO_2} > 5$ kpa，NiO 陰極以「酸性溶解」機理進行溶解。

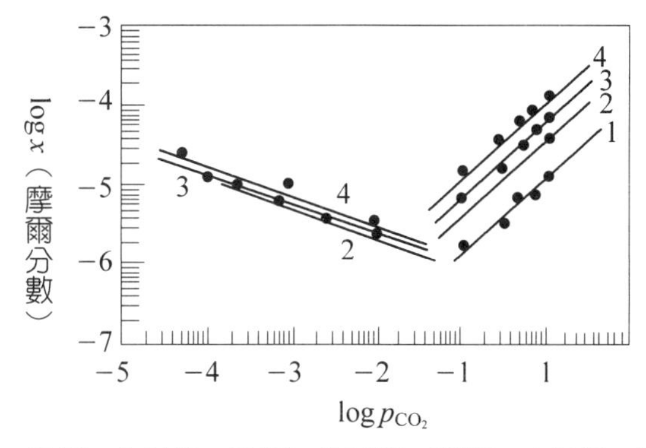

1-Li/Na = 52/48；2-Li/K = 62/38；3-Li/K = 50/50；4-Li/K = 42.7/57.3

圖 6-19　NiO 陰極在 1023 K 於碳酸鹽電解質中的溶解度與p_{CO_2}的關係

「酸性溶解」機理反應為：

$$NiO + CO_2 \longrightarrow Ni^{2+} + CO_3^{2-}$$

這些 Ni^{2+} 進入隔膜，並到達陽極附近，被溶解氫還原成金屬 Ni 微粒，其反應為：

$$Ni^{2+} + CO_3^{2+} + H_2 \longrightarrow Ni + H_2O + CO_2$$

這些 Ni 微粒相互連接成為 Ni 橋，最後導致陰極與陽極之間短路。目前使用的幾種陰極在高溫電解質中的溶解速率和交換電流密度等列於表 6-5 中[14,15]。如表 6-5 所示，$LiCoO_2$ 陰極在高溫電解質中溶解速率是 NiO 陰極的 0.1～0.5 倍，但其電導率只是 NiO 陰極的 0.1～0.5 倍，因此它不是非常理想的陰極材料。經過半導體摻雜 Mg[16]，又進一步摻雜 La 和 Ce 等稀土元素[17]，增加電導，才有可能作為陰極材料。$LiFeO_2$ 陰極在高溫電解質中雖然有很低的溶解速率，但它的交換電流密度和電導率均較低，電極性能也較低。摻雜其他元素，提高其電導，電極性能可能會有些改善。

表 6-5 幾種陰極材料在高溫電解質（$0.62Li_2CO_3 + 0.38K_2CO_3$）中溶解速率和交換電流密度

陰極		NiO	$LiCoO_2$	$LiFeO_2$
溶解速率（$\mu g \cdot cm^{-2} \cdot h^{-1}$）		4～5	0.5～2	0.1～0.5
交換電流密度（$mA \cdot cm^{-2}$）	650℃	3.4	1.0	0.05
	700℃		3.6	0.5
孔徑（μm）		18～26	13	11
孔隙率（%）		60～62	58～68	58～68
電極厚（mm）		0.4	0.4	0.4

圖 6-20 是用 $LiCoO_2$ 陰極／Ni-Cr 陽極及 NiO 陰極／Ni-Cr 陽極分別與 γ-$LiAlO_2$ 隔膜組裝起來的兩個單電池的 I-V 特性曲線。$LiCoO_2$ 陰極是經半導體摻雜 Mg，又進一步摻雜 La 和 Ce 等稀土元素而製得[17]。反應氣壓為 0.9 MPa，氣體利用率為 20%；放電電流密度分別為 200 $mA \cdot cm^{-2}$ 和 300 $mA \cdot cm^{-2}$ 時，

單電池工作電壓分別為 0.944 V 和 0.848 V（372 mA · cm^{-2}時，0.781 V）及 0.918 V和0.820 V；輸出功率密度分別約達 290.5 mW · cm^{-2}和 246 mW · cm^{-2}。

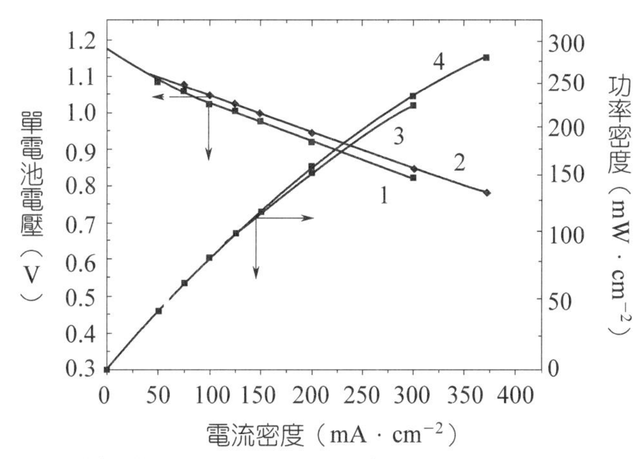

反應氣體利用率：20%；反應氣體壓力：0.9 MPa；
2，4—單電池 A（陰極：$LiCoO_2$，陽極：Ni-Cr）；
1，3—單電池 B（陰極：NiO，陽極：Ni-Cr）；
1，2—*I-V* 特性曲線；3，4—功率密度曲線

圖 6-20　單電池（MCFC）*I-V* 曲線

在兩單電池中，除 $LiCoO_2$和 NiO 陰極外，陽極和其他元件均相同。從圖 6-20 還可見到，以摻雜 $LiCoO_2$為陰極的電池性能高於以 NiO 為陰極的電池，說明$LiCoO_2$經半導體摻雜 Mg 和摻雜 La 和 Ce 等稀土元素是良好的陰極材料，性能優於 NiO。

$LiFeO_2$作陰極在MCFC工作條件下幾乎不溶解，但對常壓MCFC，由於其催化活性低，電極極化大，因此不適用。對加壓MCFC，其活性有提高，摻Co的 $LiFeO_2$值得深入研究。

在MCFC商品化中，為了提高陰極性能和長期穩定性，在國際上普遍採用以下幾種措施：

①在 NiO 陰極中加少量鈷[18]、銀、鍺[19]和氧化鑭[20]等。如陰極 NiO-Ge 03 是 NiO 中添加質量比為 0.3%Ge 而製得，它的溶解速率是 NiO 的 0.1 倍。

②改變操作條件，降低陰極 NiO 溶解速率。如降低反應氣 CO_2分壓p_{CO_2}，就可降低陰極 NiO 溶解速率[21]。又如在電解質中加入鹼土類碳酸鹽 $BaCO_3$、

$SrCO_3$和 $CaCO_3$等，以抑制 NiO 的溶解[22]。

③尋找新型材料，代替 NiO 陰極。如用熔融鹽法和高溫固態反應法製備鈣鈦礦和尖晶石之類的材料[15]，既有較高電導率和交換電流密度，又有較低溶解速率。

2 陽極

在 MCFC 中，陽極早先採用多孔燒結純 Ni 板。但在高溫和電池組裝壓力下，純 Ni 陽極易產生蠕變。所謂陽極蠕變就是在高溫和壓力下，金屬晶體結構產生微型變。蠕變破壞了陽極結構，減少電解質儲存量，導致電極性能衰減。因此需要對純 Ni 陽極進行改性，克服其蠕變應力。在 Ni 中摻雜其他元素（如 Cr, Al 及 Cu 等），在還原氣氛中形成合金陽極[23]。這些元素加入量一般為 10%（摩爾分數）左右，對電極起加固、對蠕變應力起分散作用。目前代替純 Ni 陽極的合金陽極及其物性參數如表 6-6 所示。

表 6-6 目前代替純 Ni 陽極的合金陽極及其物性參數

合金陽極	Ni-Cr	Ni-Cu-Al	Ni/Ni_3Al[24]
摻雜元素量（摩爾分數）	7%	45%Cu＋5%Al	5%Cr＋5% Ni_3Al
孔隙率（%）	62～65	–	62
厚度（mm）	0.4	–	–

用 Ni-Cr 合金陽極，NiO 陰極和 α-$LiAlO_2$隔膜組裝成單電池，其 I-V 特性曲線示於圖 6-21 中。反應氣壓為 0.9 MPa，反應氣利用率為 20%，分別在 200 mA · cm^{-2}和 300 mA · cm^{-2}下放電時，電池工作電壓分別為 0.888 V 和 0.840 V，輸出功率密度約達 252 mW · cm^{-2}。與以上幾個單電池性能比較中可知，Ni-Cr 合金陽極性能較高。

3 電極製備方法[10, 20, 25]

電極用帶鑄法製備，其製備技術與偏鋁酸鋰隔膜相同。將一定粒度分佈的電催化劑粉料（如羰基鎳粉），用高溫反應製備的偏鈷酸鋰（$LiCoO_2$）粉料或用高溫還原法製備的鎳—鉻（Ni-Cr，鉻質量比為 8%）合金粉料與一定比例的

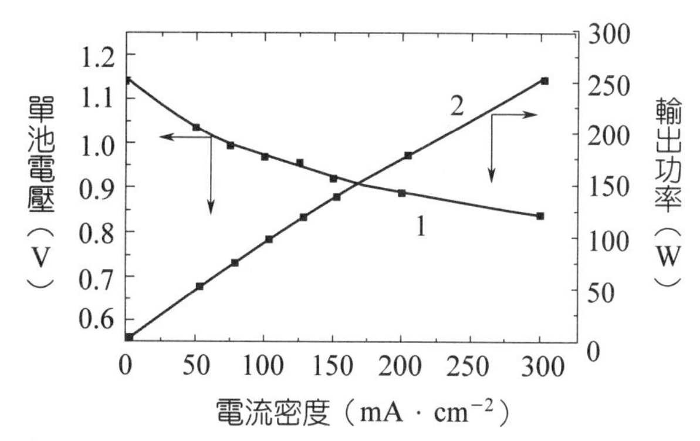

燃料氣和氧化劑的利用率：20%；陰極：NiO；陽極：Ni-Cr；
反應氣壓：0.9 MPa；1—*I-V*特性曲線；2—功率密度曲線

圖 6-21 單電池（MCFC）*I-V*特性曲線

黏合劑、增塑劑和分散劑混合，並用正丁醇和乙醇的混合物作溶劑，配成漿料，用帶鑄法製備。可單獨在焙燒爐按一定升溫程序焙燒，製備多孔電極，也可在電池程序升溫過程中與隔膜一起去除有機物而最終製成多孔氣體擴散電極和膜電極「三合一」組件。

用上述方法製備出的 0.4 mm 厚的鎳電極，平均孔徑為 5 μm，孔隙率為 70%。製備出的 0.4～0.5 mm 厚的鎳一鉻（鉻質量比為 8%）陽極，平均孔徑約 5 μm，孔隙率為 70%。製備出的偏鈷酸鋰陰極，厚 0.40～0.60 mm，孔隙率為 50～70%，平均孔徑為 10 μm。

4 隔膜與電極的孔匹配[1]

MCFC 屬高溫電池，多孔氣體擴散電極中無排水劑，電解質（熔鹽）在隔膜、電極間的分配是依靠毛細力來實現平衡的。該平衡服從以下方程：

$$\sigma_c \cos\theta_c / r_c = \sigma_e \cos\theta_e / r_e = \sigma_a \cos\theta_a / r_a \quad (6\text{-}3)$$

式中，r 為孔半徑；θ 為接觸角；σ 為表面張力；下標 c 代表陰極，e 代表隔膜，a 代表陽極。首先要確保電解質隔膜中充滿電解液，所以它的平均孔半徑 r_e 應最小。為減少陰極極化，促進陰極內氧的質傳，防止陰極被電解液「淹死」，陰極的孔半徑應最大。而陽極的孔半徑則居中。圖 6-22 是 MCFC 電極與隔膜孔徑匹配的關係圖。

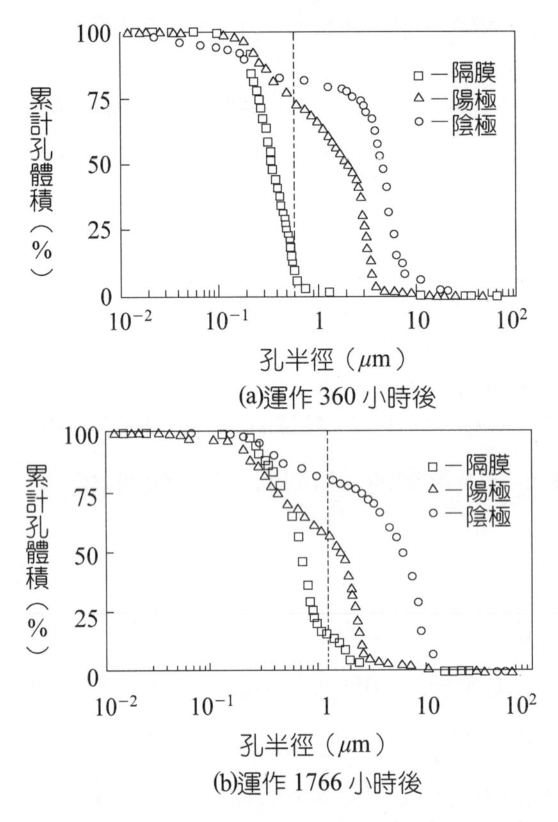

圖 6-22　MCFC 電極與膜孔匹配關係

在MCFC運行過程中，電解質熔鹽會發生一定的流失。在固定填充電解質的條件下，當熔鹽流失太多時，隔膜中的大孔已無法充滿電解質，這時會發生燃料與氧化劑的互竄現象，嚴重時還會導致電池的失效。因此，必須減少電池運行過程中的熔鹽流失，並研究向電池內補充電解質的方法。

6-4　雙極板[1]

雙極板通常用不銹鋼和鎳基合金鋼製成。目前使用最多的還是 316 L 不銹鋼和 310 不銹鋼雙極板。對小型電池組，其雙極板採用機械加工方法進行加工；對大型電池組，其雙極板採用衝壓方法進行加工。圖 6-23 是 MCFC 衝壓成型的雙極板（厚 0.5 mm）。

在高溫電解質的環境中，雙極板產生腐蝕，並遵循以下方程式：

$$y = ct^{0.5} \qquad (6\text{-}4)$$

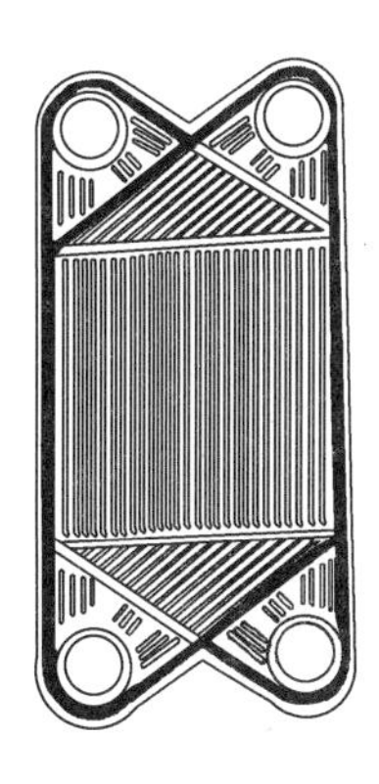

圖 6-23 MCFC 衝壓成型的雙極板（厚 0.5 mm）

式中，y 是腐蝕層的厚度；t 為時間；c 為雙極板材料和電池操作條件確定的常數。腐蝕層的厚度與時間的 0.5 次方成正比。經測定，在電池第一個 2000 小時運行時間內，雙極板腐蝕速率為 8 μm/1000h，在以後的 10000 小時內，腐蝕速率降到 2 μm/1000h。在陽極側腐蝕速率大於陰極側，也同樣遵循式（6-4）。雙極板在高溫電解質中易發生如下腐蝕作用，腐蝕產物主要為 $LiCrO_2$和 $LiFeO_2$：

$$M + \frac{1}{2}Li_2CO_3 + \frac{3}{4}O_2 = LiMO_2 + \frac{1}{2}CO_2 \qquad (M = Fe, Cr)$$

$$Cr + K_2CO_3 + \frac{3}{2}O_2 = K_2CrO_4 + CO_2$$

這種腐蝕作用對電池產生了以下三種影響：

①雙極板的腐蝕，消耗了電解質，同時在密封面的腐蝕易引起電解質外流失。若不及時補充電解質，電池性能加快衰減。

②由於腐蝕作用，雙極板等電導降低，在雙極板上 IR（歐姆極化）降增加。

③雙極板的厚度，一般為 0.5～1.0 mm。由於腐蝕作用，雙極板機械強度降低，這對於電池非等氣壓操作，產生一定的危險。

為了提高雙極板的防腐性能，已採用下述措施：

(1)用更好防腐性能的材料製備雙極板代替目前不銹鋼 316 L 雙極板

如 30%Cr-45%Ni-1%Al-0.03%Y-Fe 合金[26]，這種材料可以代替目前的不銹鋼 316 L，無論在陰極還是在陽極環境都有很好的防腐性能。其防腐機理是：在腐蝕過程中，形成富 Cr 氧化物層，該氧化物層為緻密保護層。它阻止了氧從外向裡、也阻止了 Fe 和 Cr 向外擴散。

另一種比不銹鋼 316 L 有更好耐腐蝕性能的特種鋼[27]，其中含有 Fe、Ni、Cr、Mn 等元素。在高溫和氧氣中形成類似尖晶石結構 $(Fe, Ni, Mn)_x Cr_{3-x}O_4$，不僅有良好的防腐性能，同時也有良好的導電性能。

⑵**不銹鋼 316 L 雙極板的表面防腐處理**

雙極板加工成型後，在陽極側鍍鎳；在密封面鍍鋁等提高防腐性能。在雙極板密封面鍍鋁，在電解質作用下生成緻密的 $LiAlO_2$ 絕緣層。

$$\frac{3}{2}O_2 + 2Al + Li_2CO_3 = 2\,LiAlO_2 + CO_2$$

緻密的 $LiAlO_2$ 絕緣層對雙極板密封面有一定的保護作用。

6-5 電池結構[1]

MCFC 電池組均按壓濾機方式進行組裝，在隔膜兩側分置陰極和陽極，再置雙極板，按此次序重複排列而成。氧化氣體（如空氣）和燃料氣體（如淨化煤氣）進入電池組各節電池孔道。氣體分佈管有兩種方式：一種為內氣體分佈管，如圖 6-24 中的(a)圖；另一種為外氣體分佈管，如圖 6-24 中的(b)圖。對於

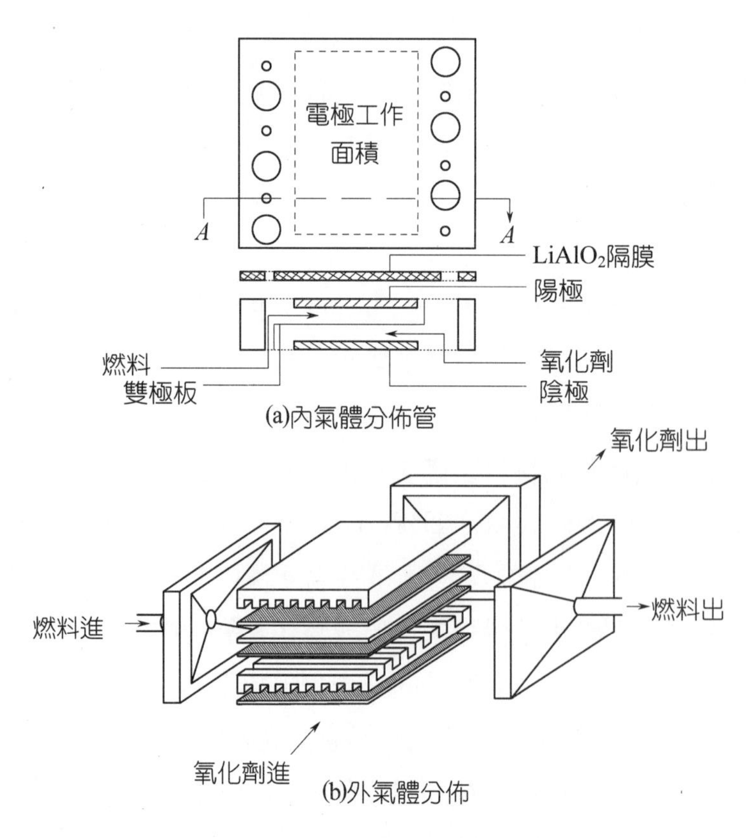

圖 6-24　MCFC 電池組氣體分佈管結構

外分佈管，當電池組裝好後，在電池組與進氣管間要加入由偏鋁酸鋰和氧化鋯製成的密封墊。這種結構由於電池組在工作時發生形變，易導致漏氣。同時，電解質在這層密封墊內還會發生遷移，改變各節電池的電解質組成。因此，近年國外逐漸傾向於採用內氣體分佈管，但這種結構會造成極板有效工作面積的減少。圖 6-25 為改進型的內氣體分佈管電池組結構圖。

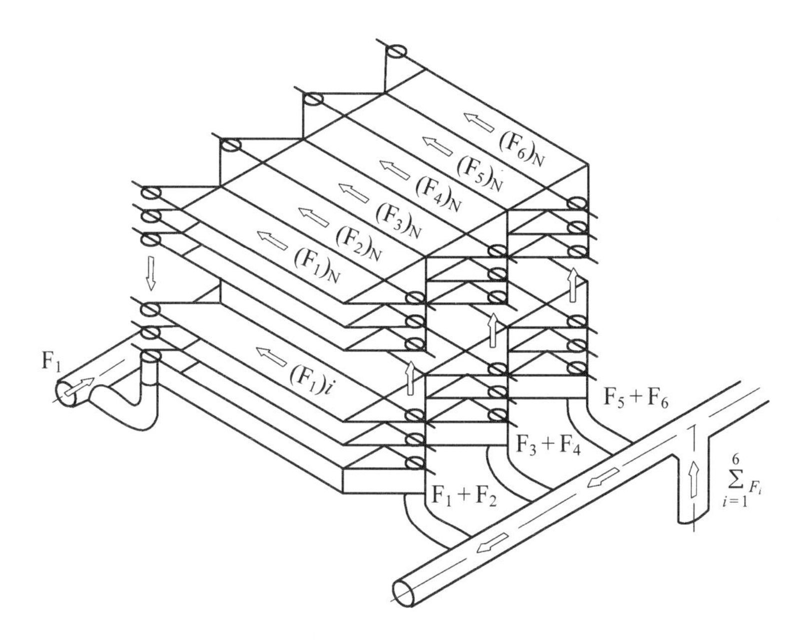

圖 6-25 改進型內氣體分佈管的 MCFC 結構原理圖

氧化劑與燃料在電池內的相互流動有並流、對流和錯流三種方式，大部分 MCFC 採用錯流方式。

當以烴類（如天然氣）為MCFC的燃料時，烴類經重組反應轉化為氫與二氧化碳有三種方式，如圖 6-26 所示。最簡單的形式為外重組，再將由重組反應製得的H_2與 CO 送入 MCFC。採用此種方式，因重組反應為吸熱反應，只能透過各種形式的熱交換或利用 MCFC 尾氣燃燒達到 MCFC 餘熱的綜合利用，重組反應與MCFC電池耦合很小。第二種方式為間接內重組，即將重組反應器置於 MCFC 電池組內，在每節 MCFC 單電池陽極側加置烴類重組反應器。這種結構，可以作到電池餘熱與重組反應的緊密耦合，減少電池的排熱負荷，但電池結構複雜化了。第三種方式為直接內重組，或簡稱內重組，即重組反應在 MCFC單電池陽極室內進行，採用這種方式不僅可作到MCFC餘熱與重組反應

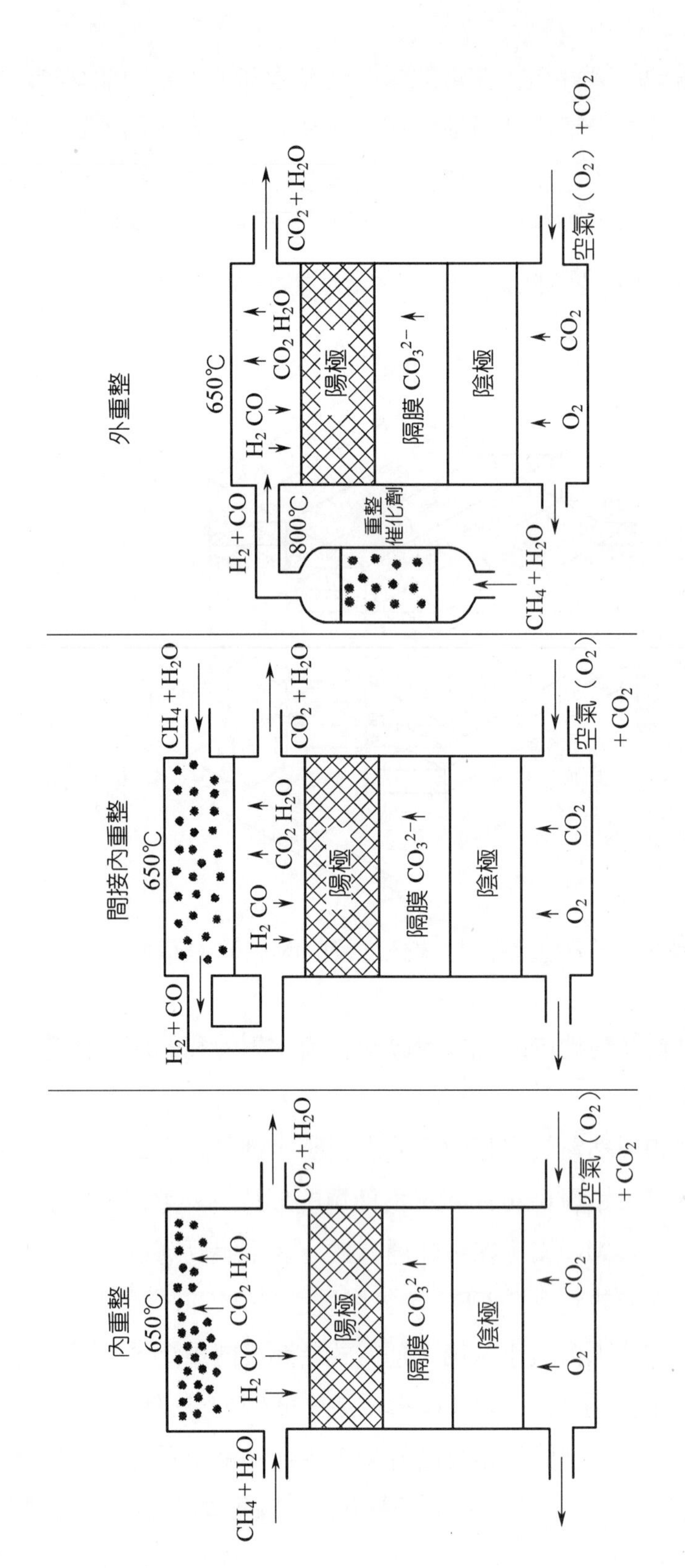

圖 6-26 MCFC 烴類燃料重整轉化為氫與二氧化碳的三種方式

的緊密耦合，減少電池的排熱負荷，而且因為內重組反應生成的氫與 CO 立即在陽極進行電化學氧化，能提高烴類的單程轉化率。但是由於重組反應催化劑置於陽極室，會受到MCFC電解質蒸氣的影響，導致催化活性的衰減。因此必須研製抗碳酸鹽鹽霧的重組反應催化劑。

6-6 電池性能

進行MCFC單電池或電池組測試與性能研究，與前述低溫燃料電池如PEMFC 有明顯的不同，其主要差別是：① MCFC 的隔膜是在電池升溫過程中經燒結最後定型的，因此MCFC首次升溫過程需要嚴格按一定升溫程序進行。②由MCFC的反應可知，CO_2在陰極（氧電極）參與電極反應，而在陽極（氫電極）又生成 CO_2，即為維持 MCFC 穩定運行，CO_2必須在陽極和陰極之間構成一個循環，對大的MCFC電池組，一般從陽極尾氣中分出CO_2如採用變壓吸附，或將陽極尾氣燃燒，使尾氣中的氫與 CO 轉化為水與 CO_2，再返回陰極。而在單對與少數對組合電池評價時，一般採用 CO_2與 O_2或 H_2的配氣方法進行。③ MCFC 電池工作溫度為 650℃，對單電池或少數對組成的電池組進行測試時，一般採用外電加熱方式或置於高溫箱內進行。當將電池置於高溫箱內時，高溫箱內需充氮氣，並加置氫氣報警器，防止可燃氣體與高溫箱內空氣混合，產生爆炸事故。

1 評價裝置

圖 6-27 為MCFC單電池或少數對組合電池的評價裝置流程圖。由圖可知，它與 PEMFC 類低溫電池評價裝置的本質區別一是用外電加熱，保證電池工作溫度恆定，在電池啟動時，靠控制加熱器的功率控制電池的升溫速度。二是用質量流量計控制進入電池的氧化劑（如氧或空氣）和 CO_2的流量，控制氧陰極進口處的反應氣組成。同理，控制燃料（如氫）進入電池時的反應氣組成。

2 電池的首次啟動升溫[28]

MCFC 單電池或電池組首次啟動升溫主要是完成隔膜的燒結過程，因此要依據隔膜的熱失重曲線（DTG）製定嚴格的升溫程序，在陰極室和陽極室均通

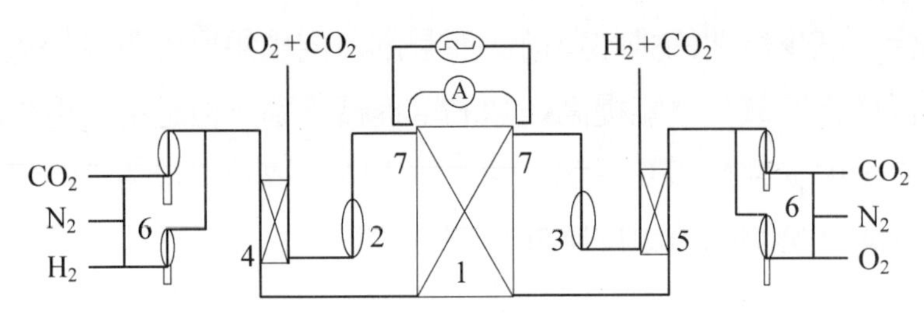

1—電池組；2，3—預熱器；4，5—熱交換器；
6—質量控制裝置；7—保溫與電加熱裝置

圖 6-27 MCFC 單電池或少數對電池組評價裝置流程圖

氧或空氣的條件下緩慢升溫。一是升溫速度要慢，一般<1℃/min，以防止隔膜中的有機物蒸發或燃燒速度太快，破壞隔膜的結構，生成大孔，降低隔膜的穿透壓，嚴重時導致電池或電池組失效；二是在選定的某幾個溫度下恆溫一段時間，一般為幾個小時，確保有機物的蒸發或燃燒過程充分完成。

圖 6-28 為在 MCFC 電池首次升溫即隔膜燒製過程中，測定的陰極、陽極出口氣中氧濃度的變化。由圖可知，氧濃度變化主要發生在 100～400℃之間，最小值出現在 180℃左右，這段區間是隔膜中有機物揮發與燃燒的主要區間。在這一段，隔膜中有機物的揮發與燃燒速度對隔膜的孔結構有重要影響。

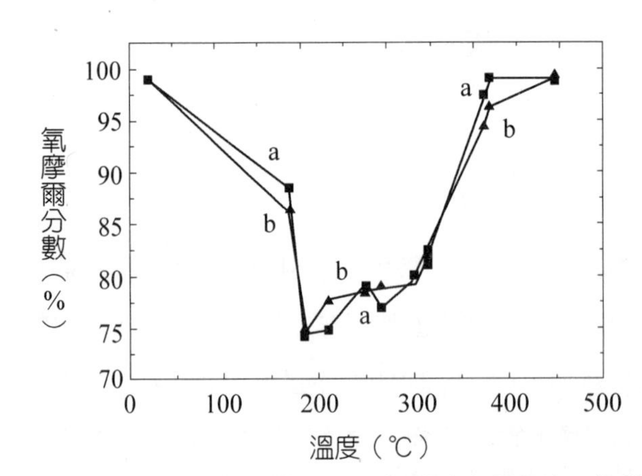

a—氧濃度在陰極出口的變化；b—氧濃度在陽極出口的變化

圖 6-28 隔膜燒製過程中陰極、陽極出口氣中氧濃度隨溫度的變化

當電池升溫至 490℃左右，預先置於陰極室內的碳酸鹽（0.62 Li_2CO_3 + 0.38 K_2CO_3，熔點 488℃）或鹽膜開始熔融，在隔膜毛細力作用下，熔融的碳酸鹽浸漬到隔膜的孔中，並依據電極（陰極和陽極）與隔膜孔匹配，部分浸漬到電極中。浸入電解質的隔膜具有阻氣性能，並且是離子（CO_3^{2-}）的導體；而浸入電解質的電極，形成了電極三相反應界面。電池溫度升至 500～550℃，可用氮氣置換氧氣，並升壓至 0.05 MPa，測定電池的密封；若不漏氣，則放掉電池一個氣室的氮氣，測定電池是否竄氣；若不竄氣，則繼續升溫至 650℃，並用燃料氣（如 80%H_2）與 20%CO_2置換陽極室的N_2，用氧化劑（如 40%O_2）與 60% CO_2置換陰極室的氮氣，並將燃料氣與氧化劑升壓至工作壓力（如 0.3 MPa），測定電池的開路電壓一般可達 1.10 V 左右，即可進行電池性能測試。

3 單電池性能[29]

採用γ-$LiAlO_2$粗料加入 5～15%的γ-$LiAlO_2$細料，與 PVB、增塑劑、分散劑等配製漿料，經球磨機研磨，脫氣後用帶鑄法製膜，隔膜厚度 0.6～0.7 mm，堆密度 1.75～1.85 g/cm^2。燒除有機添加劑後，測定隔膜的最大孔徑≤1.0 μm，平均孔徑≤0.36 μm，孔隙率≥50%，陽極和陰極均為多孔燒結鎳板，厚 0.4 mm，孔徑為 18～26 μm，孔隙率為 60～63%。

用上述材料組裝的 28 cm^2單電池伏—安曲線如圖 6-29 所示。

該電池經八次啟動即從室溫升至 650℃工作，進行性能測試，再降至室溫為一次啟動，電池性能無明顯衰減（如表 6-7 所示），證明製備的隔膜具有良好的抗熱衝擊性能。

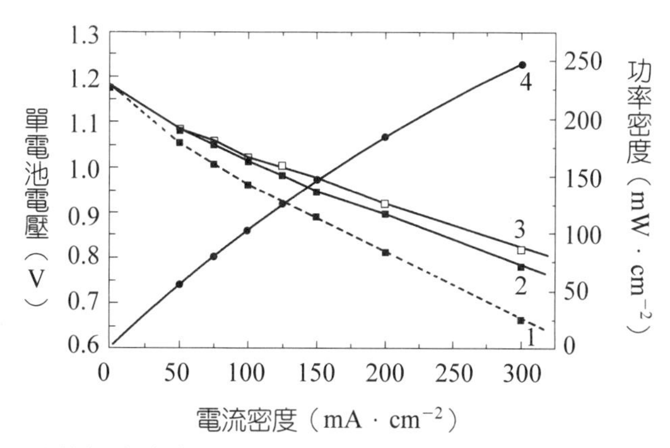

燃料和氧化劑利用率 20%，陰極為 NiO，陽極為 Ni

1—0.1 MPa；2—0.5 MPa；3—0.9 MPa；4—功率密度（0.9 MPa）

圖 6-29 28 cm^2單電池伏—安曲線

表 6-7　MCFC 多次啟動性能測試值

熱循環次數	p (MPa)	電池電壓（V）	
		200 mA/ cm²	300 mA/ cm²
1	0.9	0.868	0.750
2	0.9	0.892	0.762
3	0.9	0.874	0.750
5	0.9	0.896	0.776
6	0.9	0.854	0.735
8	0.9	0.886	0.754

4 電池組性能

◎小功率電池組[30]

採用上述用γ-$LiAlO_2$製備的隔膜，用 0.4 mm 厚的多孔燒結鎳板作陰極，含 10%Cr 的 Ni-Cr 多孔燒結合金板作陽極，用 316 L 不銹鋼製備雙極板，組裝了電極工作面積為 122 cm²的由 3 節單電池構成的帶內共用孔道的電池組，圖 6-30 與圖 6-31 為電池反應工作壓力與溫度對電池性能的影響。由圖可知，電池組性能隨反應氣工作壓力的升高和電池組工作溫度的升高而改善。

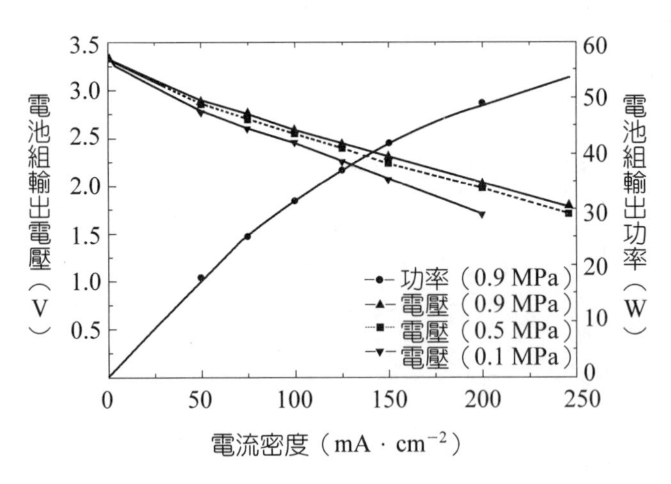

圖 6-30　反應氣工作壓力對電池組性能的影響

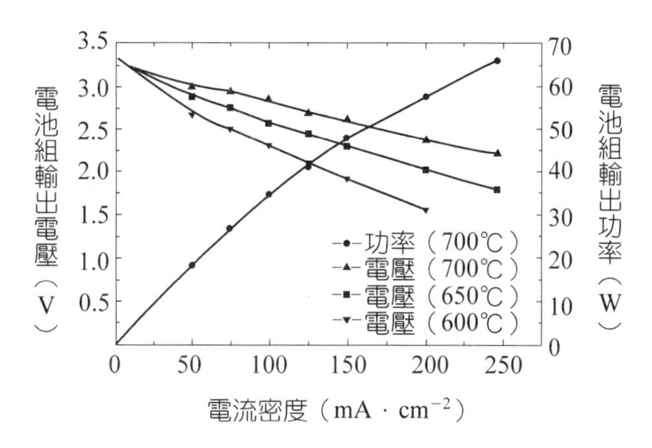

圖 6-31 電池溫度對電池組性能的影響

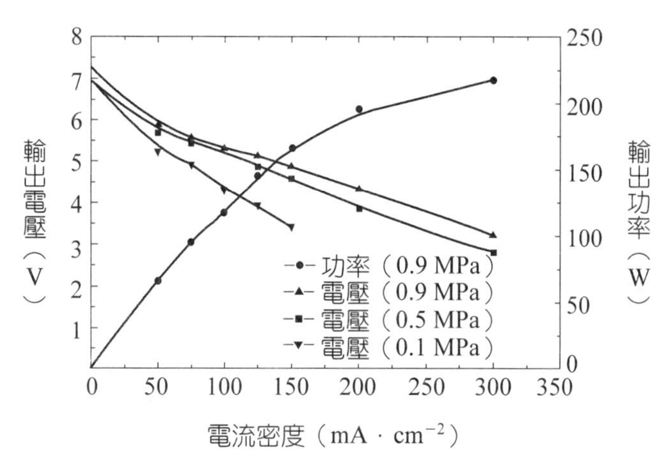

圖 6-32 6 節百瓦級電池組性能

用上述材料組裝的工作面積為 226 cm^{2}的由 6 節單電池構成的電池組，當以 $H_2/CO_2=80/20$（摩爾比）為燃料、$O_2/CO_2=40/60$（摩爾比）為氧化劑、650℃時，電池組性能如圖 6-32 所示。

圖 6-33 為該電池組的壽命實驗結果。如圖所示，在電池連續工作 700 小時內，電池組的性能保持穩定，電池組輸出功率密度達到 150～200 mW/cm^2。文獻[31]對該電池組的熱平衡情況進行了討論。

圖 6-34 為用 6 節單電池相同的材料組裝的由 52 節單電池構成的電池組。如圖 6-35 所示，在 650℃、0.5 MPa 的反應氣工作壓力下，當工作電流為 33.9 A 時，輸出電壓為 30.25 V，輸出功率為 1 kW。此時電池工作電流密度僅為 150 mA/ cm^2，電池組單電池平均工作電壓為 0.6 V，遠低於上述由 3 節單電

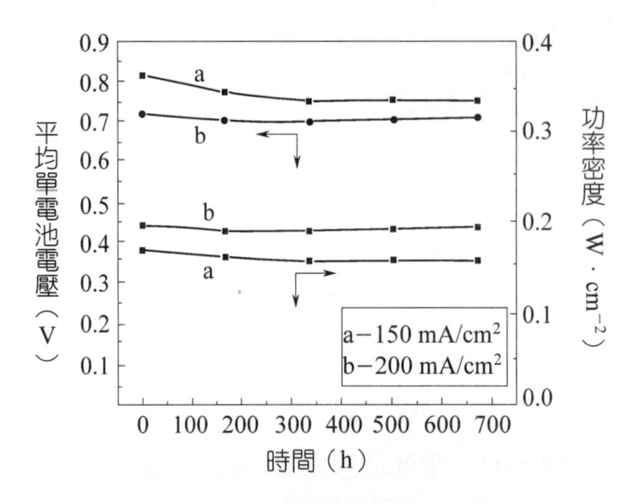

圖 6-33　百瓦級電池組壽命實驗

圖 6-34　52 節電池組

池或 6 節單電池構成的電池組，更低於 28 cm²的單電池性能。反映出在電池組流場設計、反應氣在各單電池間的分配以及熔鹽電解液在電極與隔膜間分配等方面均需深入研究、改進，才能組裝性能優良、放大效應小的 MCFC 大功率電池組。

◎大功率電池組[1]

美國 ERC 公司在 20 世紀 90 年代初組裝了電極工作面積為 4000 cm²、由 54 節單電池構成的 20 kW 電池組，該電池組採用外氣體分佈管供氣，圖 6-36 為電池

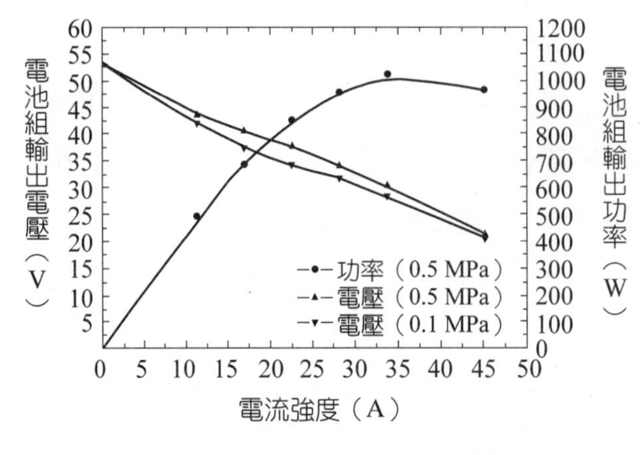

圖 6-35　52 節電池組的電性能

組結構示意圖，圖 6-37 為該電池組伏—安特性曲線。

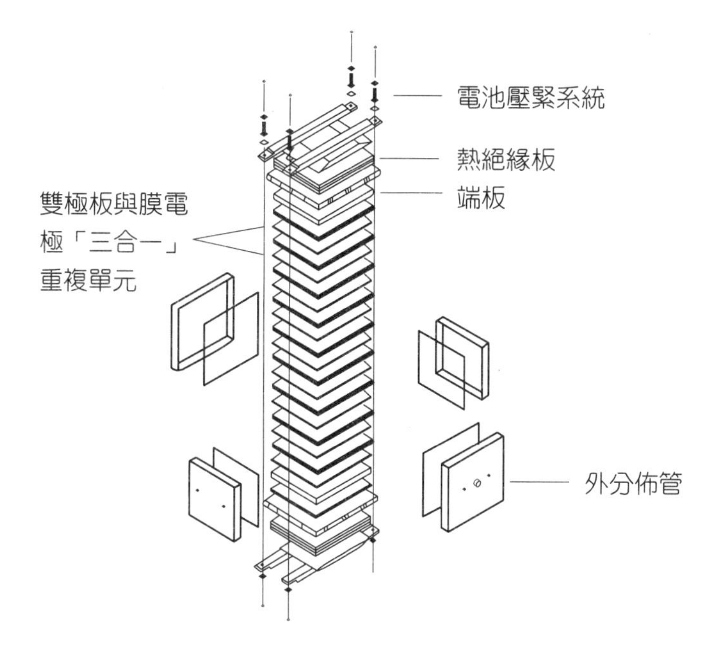

圖 6-36 20 kW 電池組結構示意圖

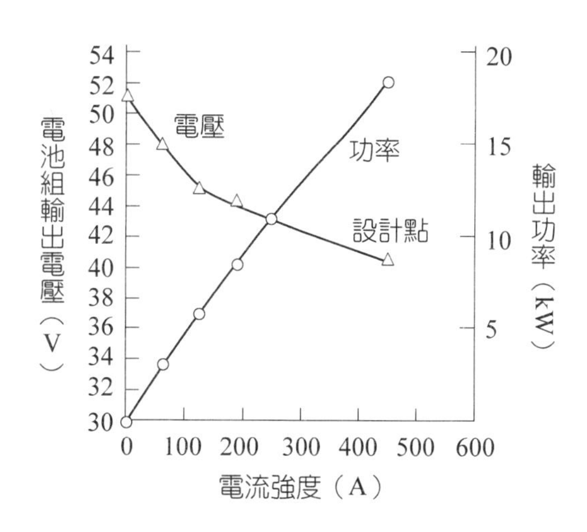

圖 6-37 20 kW 電池組電性能曲線

圖 6-38 為以液化石油氣為燃料的 30 kW 電池系統流程圖。該系統以間接內重組方式將液化石油氣在電池內轉化為氫與 CO，利用變壓吸附分離 CO_2，並將 CO_2返回陰極。

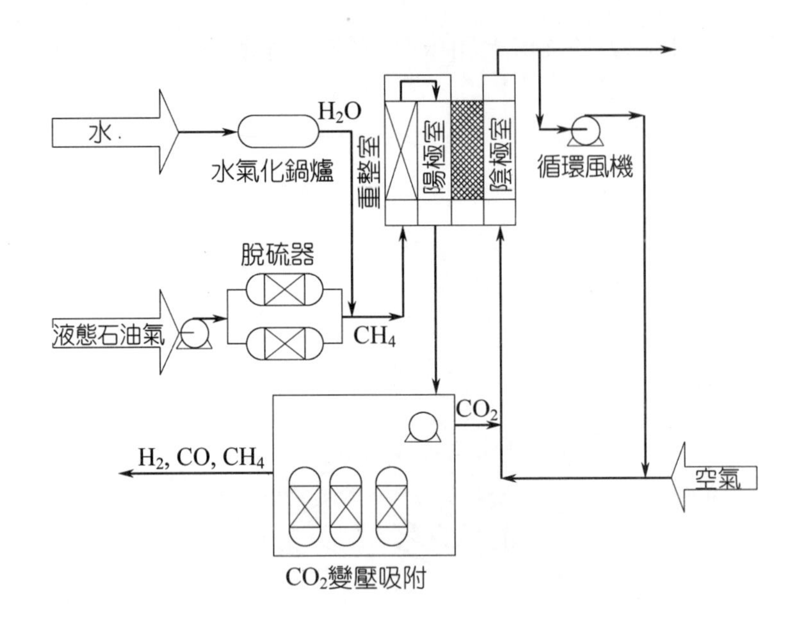

圖 6-38 30 kW 電池系統流程圖

MCFC 排熱可採用陽極氣或陰極氣循環的方法實現。反應氣的循環改進了反應氣在各節單電池間的分配，有利於提高電池內單節電池電壓分佈的均勻性；但大量尾氣循環降低了進口處反應劑（如氫或氧）的濃度，導致電池組平均單電池電壓一定的下降。

5 操作條件對電池性能的影響[32]

◎反應氣工作壓力的影響

MCFC 均採用等壓操作。由 Nernst 方程可知，當陰極、陽極反應氣工作壓力由 p_1 升至 p_2 時，在 650℃熱力學引起的電池電動勢升高 ΔE_p(mV)為：

$$\Delta E_p = 46 \log \frac{p_2}{p_1} \tag{6-5}$$

即反應氣工作壓力升高一個數量級，電池的可逆電勢增加 46 mV。

提高反應氣工作壓力，升高了各反應物（如氫、氧）的分壓，增加反應氣在熔鹽中的溶解，加速質傳，能減小電極反應的化學極化與濃差極化。即從動力學角度考慮，也可以改善電池性能。大量實驗結果證實，提高反應氣工作壓力，電池工作電壓升高值 ΔV_p 與反應氣組成關係不大，主要是總壓力的函數，並服從方程：

$$\Delta V_p\,(\mathrm{mV}) = k\log\frac{p_2}{p_1} \qquad (6\text{-}6)$$

式中，係數 k 與電池具體結構、材料、實驗條件有關，有人取值 84，有人取值為 76.5，具體數值可依據實驗結果確定。

升高 MCFC 電池反應氣工作壓力後，為抑制燃料氣的甲烷化反應和結碳反應，可在燃料氣中加入適量水蒸氣與 CO_2。

◎電池工作溫度的影響

當以重組氣為燃料時，改變電池工作溫度，將根據水氣變換反應：

$$CO + H_2O \rightleftharpoons H_2 + CO_2$$

$$k = \frac{p_{CO} \cdot p_{H_2O}}{p_{H_2} \cdot p_{CO_2}} \qquad (6\text{-}7)$$

改變燃料氣組成，進而影響 MCFC 電池的電動勢。

對以 30%（摩爾分數）O_2、60%（摩爾分數）CO_2、10%（摩爾分數）N_2 為氧化劑，77.5%（摩爾分數）H_2、19.4%（摩爾分數）CO_2、3.1%（摩爾分數）H_2O 為燃料的 MCFC，依據上述水氣變換反應計算的不同溫度下燃料氣組成及電池電動勢見表 6-8。

表 6-8 不同溫度下電池電動勢和燃料氣平衡組成的關係

參數①	溫度（K）		
	800	900	1000
p_{H_2}	0.669	0.649	0.643
p_{CO_2}	0.088	0.068	0.053
p_{CO}	0.106	0.126	0.141
p_{H_2O}	0.137	0.157	0.172
E②（V）	1.155	1.143	1.133
K③	0.2474	0.4538	0.7273

①p 是 0.1 MPa 下進口氣組成（摩爾分數）為 77.5%H_2、19.4%CO_2、3.1%H_2O 時按水氣變換反應計算得到的分壓。

②陰極氣體組成（摩爾分數）為 30%O_2、60%CO_2、10%N_2 時按式（6-1）計算得到的電池可逆電位。

③水氣變換反應的平衡常數。

由表 6-8 可知，燃氣的平衡氣體組成隨電池工作溫度而改變，CO 與 H_2O 分壓隨溫度升高而增加，導致電池電動勢隨溫度增加而下降。

但從動力學角度看，隨著電池工作溫度的升高，電極極化，尤其是陰極極化下降；電池工作溫度升高，熔鹽的電導增大，導致歐姆極化下降。所以總的來看，對 MCFC，隨著電池工作溫度的升高，電池性能改善。可用下述方程描述溫度對 MCFC 電池性能的影響。

$$\begin{aligned} \Delta V_T\,(\mathrm{mV}) &= 2.16(T_2 - T_1) \qquad 575^\circ\mathrm{C} < T < 600^\circ\mathrm{C} \\ \Delta V_T\,(\mathrm{mV}) &= 1.40(T_2 - T_1) \qquad 600^\circ\mathrm{C} < T < 650^\circ\mathrm{C} \\ \Delta V_T\,(\mathrm{mV}) &= 0.25(T_2 - T_1) \qquad 650^\circ\mathrm{C} < T < 700^\circ\mathrm{C} \end{aligned} \tag{6-8}$$

由式（6-8）可知，隨著電池工作溫度的升高，電池性能改善逐漸減小，而且電池工作溫度升高可導致熔鹽蒸發損失增加，材料腐蝕加重，影響電池壽命。所以權衡利弊，一般 MCFC 電池工作溫度選在 650℃左右為佳。

◎**反應氣組成與利用率的影響**

MCFC 的陰極電化學反應為：

$$O_2 + 2CO_2 + 4e^- \longrightarrow 2CO_3^{2-}$$

即每消耗 1 mol 的氧，需 2 mol 的 CO_2參加反應，實驗已證明，陰極反應氣的組成為CO_2：O_2（摩爾比）＝2：1 時，陰極性能最佳。隨著這一比例的下降，陰極極化增加；再進一步降低，將出現極限電流；而當p_{CO_2}為「0」時，將產生電解質 CO_3^{2-}的分解。

隨著氧化劑利用率的提高，在恆定電流密度下電池的工作電壓下降，並服從下述方程：

$$\Delta V_c(\mathrm{mV}) = 250 \log (\bar{p}_{CO_2} \cdot \bar{p}_{O_2}^{1/2})_2 / (\bar{p}_{CO_2} \cdot \bar{p}_{O_2}^{1/2})_1 \qquad (\bar{p}_{CO_2} \cdot \bar{p}_{O_2}^{1/2}) \le 0.11 \tag{6-9a}$$

$$\Delta V_c(\mathrm{mV}) = 99 \log (\bar{p}_{CO_2} \cdot \bar{p}_{O_2}^{1/2})_2 / (\bar{p}_{CO_2} \cdot \bar{p}_{O_2}^{1/2})_1 \qquad (\bar{p}_{CO_2} \cdot \bar{p}_{O_2}^{1/2}) \le 0.38 \tag{6-9b}$$

式中，p_{CO_2}和p_{O_2}代表陰極側平均的 CO_2與 O_2分壓，即電池進口與出口 CO_2與O_2分壓的平均值；下角標 2 與 1 代表兩種不同的氧化劑利用率；至於方程前面的係數，對具體電池或電池組經實驗測定，上述方程中的值僅供參考。

對MCFC陽極，因為同時存在水氣變換反應和蒸汽重組反應，而且可視這兩個反應均處在平衡態，依據燃料的組成和上述兩個反應，計算平衡的燃料氣組成，並依據式（6-1）計算 MCFC 的電動勢。計算與實測結果均證明，隨著$[H_2]$／$[H_2O]$．$[CO_2]$摩爾比值的增加電動勢升高。

隨著燃料利用率的增加，在恆定的電流密度下電池的工作電壓下降，並服從方程：

$$\Delta V_a(\text{mV}) = 173 \log \frac{[\bar{p}_{H_2}/\bar{p}_{CO_2} \cdot \bar{p}_{H_2}]_2}{[\bar{p}_{H_2}/\bar{p}_{CO_2} \cdot \bar{p}_{H_2}]_1} \quad (6\text{-}10)$$

式中，符號的意義與陰極相同。至於方程係數，則應依據具體的電池或電池組實際測定，式中係數 173 僅供參考。

由上述可知，對 MCFC，不管是提高氧化劑或燃料的利用率，均導致電池性能下降，但反應氣利用率過低將增加電池系統的內耗，權衡考慮，一般氧化劑的利用率控制在 50%左右，而燃料的利用率控制在 75～85%之間。

6-7 MCFC 試驗電站[1, 33]

以天然氣、煤氣和各種碳氫化合物（如柴油）為燃料的 MCFC 在建立高效、環境友好的 50～10000 kW 的分散電站方面具有顯著的優勢。它不但可減少 40%以上的二氧化碳排放，而且還可實現熱—電聯供或聯合循環發電，將燃料的有效利用率提高到 70～80%。對於發電能力在 50 kW 左右的小型 MCFC 電站，則可用於地面通訊、氣象臺站等。發電能力為 200～500 kW 的 MCFC 中型電站，可用於水面艦船、機車、醫院、海島和邊防的熱—電聯供。而發電能力在 1000 kW 以上的 MCFC 電站，可與熱機構成聯合循環發電，作為區域性供電電站並可與市電並網。

美國是從事 MCFC 研究最早和技術高度發展的國家之一。從事 MCFC 研究與開發的主要單位為煤氣技術研究所（IGT）。該研究所已於 1987 年組建了 M-C 動力公司（MCP）和能量研究所（ERC）。這兩個單位現在均具有 MCFC 電站的生產能力。

M-C 動力公司採用外重組器製取富氫氣體為燃料，以帶鑄法製備偏鋁酸鋰隔膜和電極，雙極板採用內分配管熱交換器構型的設計（IMHEX®）。20 世紀

90 年代中，M-C 動力公司在加州 Brea 的 Unoca's Fred L. Hartley Research Center 建立了如圖 6-39 所示的 250 kW MCFC 發電廠。以後又在加州的聖地亞哥建造了由 250 節單電池構成的 250 kW MCFC 電站。

圖 6-39　250 kW MCFC 發電廠

美國能量研究所發展的 MCFC 採用外共用管道和內重組方式。當天然氣或碳氫化合物重組反應在電池內部進行時，由於重組反應生成的氫立即被電化學反應消耗掉，所以重組反應的溫度可大大降低。一般天然氣重組製氫需在 800℃進行，而在 MCFC 內部於 600～650℃即可完成。另外，由於重組反應是吸熱過程，當其耦合到電池內部時，不但可利用電池廢熱、減少電池的排熱負荷，而且可使電池的溫度分佈更加均勻。採用內重組方式還省去外重組反應器與換熱器，減少了投資。表 6-9 為能量研究所試驗的部分 MCFC 電站的簡況。

1996 年，能量研究所在加州的 Santa Clara 建成了世界上功率最大的內重組 2000 kW MCFC 電站。該電站每臺電池組的功率為 125 kW，由 258 節單電池組成。每 4 臺電池組構成一個 500 kW 的電池堆（module）。每兩個電池堆構成一個 1000 kW 的電池單元（section）。整個電站包括兩個電池單元，總功率為 2000 kW。圖 6-40 為該電站的簡化示意圖。

該電站以管道天然氣為燃料，最大輸出功率達 1930 kW，總共運行了 5290 小時，輸出電能 2500 MW 時，電站在運行時沒有排放出可檢測到的硫的氧化物與氮的氧化物；僅在其啟動時，於燃燒器的排出氣中可檢測到 2×10^{-6}氮的氧化物。距電站 30 m 處的噪音為 60 dB，達到了城市市區對噪音的要求。該電

表 6-9 ERC 試驗的部分 MCFC 電站簡況

年代	單電池數量（節）	電池堆功率（kW）	燃料	試驗地點	試驗持續時間（h）
1990	54	20	天然氣	PG&E, CA	300
1990	18	7	天然氣	Elkraft, Denmark	3600
1992	234	70	天然氣	PG&E, CA	1400
1993	246	120	天然氣	ERC Danbur	250
1993	246	120	天然氣	ERC Danbur	1800
1993～1994	54	20	天然氣／煤氣	Destec, LA	3900
1994	258	130	天然氣	ERC Danbury	2000
1994	18	8	天然氣	Elkraft, Denmark	6500 19750

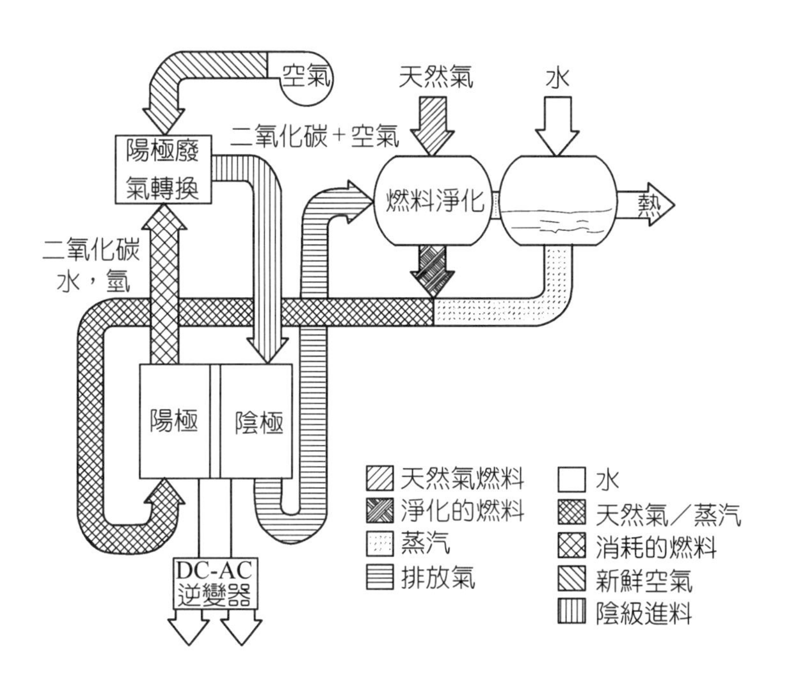

圖 6-40 能源研究公司的 Santa Clara 試驗電站示意圖

站還可與市電並網。該電站的試驗表明，MCFC 電站達到了市內分散電站的要求。

日本從 1981 年開始研究發展 MCFC 技術。在月光計畫和新陽光計畫的框架內，MCFC 研究和開發的進程如表 6-10 所示。在完成 1 kW、10 kW、30 kW

和 100 kW（外重組）MCFC 系統的實驗後，於 1988 年由 23 家公司成立了 MCFC 研究協會，目的是發展 1000 kW 的 MCFC 分散電站。

表 6-10　日本 MCFC 研究和開發的進程

<table>
<tr><td rowspan="3">年代和計畫
項目</td><td>1981～1986</td><td>1987～1992</td><td>1993～1998</td><td>1999</td><td>2000～</td></tr>
<tr><td colspan="2">月光計畫</td><td colspan="2">新陽光計畫</td><td></td></tr>
<tr><td>第一階段</td><td>第二階段第一期</td><td colspan="2">第二階段第二期</td><td></td></tr>
<tr><td>外重組電池堆</td><td rowspan="8">基礎研究</td><td>10 kW，20～50 kW，100 kW</td><td>1000 kW（250 kW×4）</td><td rowspan="3">1000 kW 級試驗廠的運行試驗</td><td rowspan="8">示範廠
分散發電廠
煤為燃料的發電廠</td></tr>
<tr><td>電廠衡算</td><td>1 MW 級電廠衡算基本研究</td><td>中試廠衡算研究</td></tr>
<tr><td>1 MW 級中試廠</td><td colspan="2">基本規範　設計生產</td></tr>
<tr><td>高性能電池堆</td><td colspan="3">高性能技術　長壽命技術</td></tr>
<tr><td>內重組電池堆</td><td colspan="3">5 kW　30 kW　200 kW</td></tr>
<tr><td>新材料技術</td><td>基礎研究</td><td colspan="2">組件技術</td></tr>
<tr><td>全系統</td><td>概念設計</td><td colspan="2">應用預測</td></tr>
<tr><td>煤氣技術</td><td>元件研究</td><td colspan="2">系統研究</td></tr>
</table>

日本 1000 kW 的 MCFC 電站由四臺 250 kW 的電池組構成。電池組的氧化劑空氣和重組氣流動方式有並流和錯流兩種。這兩類電池組的主要元件與特徵見表 6-11。1000 kW MCFC 實驗電站的目標如表 6-12 所示。至今該電站的安裝、調試已全部完成，以液化天然氣外重組為燃料，電池運行動力輸出已達 900 kW，熱電效率為 45%。

表 6-11　250 kW MCFC 電站的特徵

項　目	並　流	錯　流
單電池數量（個單元）	70	25
單元數量（個電池堆）	4	12
電極		
陽極	Ni-Al-Cr	$Ni\text{-}Co\text{-}Al_2O_3$
陰極	改進的 NiO	NiO-Ag
分隔板	SUS316 L	SUS316 L
電解質	Li-K	Li-K

表 6-12 1000 kW MCFC 實驗電站的目標

項 目	目 標	項 目	目 標
功率輸出	1000 kW（交流）	運行時間	5000 小時
能量產生效率	45%（HHV）	衰減速率	1%/1000h
燃料	液化天然氣		

迄今，MCFC 的製備技術已高度發展，試驗電站的運行已累積了豐富的經驗，為MCFC的商業化創造了條件。但實驗也已表明，必須使電池的壽命進一步延長，只有達到4～5萬小時壽命的MCFC電站，才能與現行的發電技術（如火力發電）相競爭，實現商業化。為此，各國科學家正在研究改進 MCFC 的關鍵材料與技術，將電池壽命擴展至 4～5 萬小時，進而實現MCFC電站的商業化。

參考文獻

1. Selman, J. R. "Research, Development, and Demonstration of Molten Carbonate Fuel Cell Systems." Leo J. M. J. Bolmen, Michael N Muyerwa, eds. New York: Plenum Press, 1993. 384.
2. Harlan, J., Byker, Isaac Eliezer, Naomi Eliezer, et al. "Calculation of a p hase diagram for the $LiO_{0.5}$-$AlO_{1.5}$ system." J. Phys Chem., 1979, 83: 2349.
3. Kazuaki Nakagawa, Hideyuki Ohzu, Yoshihiro Akasaka, et al. "Allotropic phase transformation of lithium aluminate in MCFC electrolyte plates." Electrochemis try, 1997, 65: 231.
4. Finn P. A. "The effects of different environments on the thermal stability of powdered samples of $LiAlO_2$." J. Electrochem Soc., 1980, 127: 236.
5. 李乃朝，衣寶廉，林化新。「熔融碳酸鹽燃料電池隔膜用 $LiAlO_2$製備」。無機材料學報，1997，12 (2)：211。
6. 林化新，衣寶廉，李乃朝等。「氯化物法製備 MCFC 隔膜用 α-$LiAlO_2$細料的研究」。矽酸鹽學報，1999，27 (4)：452。
7. Baumgartner, C. E., Decarlo, V. J., Glugla, P. G., et al. "Molten carbonate fuel cell electrolyte structure fabrication using electrophoretic deposition." J. Electrochem Soc., 1985, 132: 57.
8. 李乃朝，衣寶廉，孔蓮英等。「冷滾法製備MCFC用 $LiAlO_2$隔膜」。膜科學與技術，1997，17 (2)：24。
9. Lacovangelo, C. D., Pasco, W. D. "Hot-roll-milled electrolyte structure for molten carbonate fuel cells." J. Electrochem Soc., 1988, 135: 221.
10. Lin, H. X., Yi, B. L., Zhou, L., et al. "A Study on the performance of Matrix Prepared by Tape Cast and Its Molten Carbonate Fuel Cells." Electrochemistry (China), 2001, 6 (4): 109.
11. Pores S. Joseph, Nesoraj A. Samson, Vadivel, P. R., et al. "Preparation of electrolyte matrix structure by aqueous and non-aqueous tape casting method for MCFC." Bull Electrochem, 1999, 15 (9～10): 400.
12. 林化新，衣寶廉，李乃朝等。「用流鑄法製備 MCFC 隔膜的性能研究」。電化學，1998，4 (4)：406。
13. Kazuhito Hatoh, Junji Nikura, Noboru Taniguchi, et al. "Study on electrolyte tile of mol-

ten carbonate fuel cells, particle growth behavior of electrolyte supporting material." Electrochemistry, 1989, 57 (7): 728.

14. Plomp, L., Sitters, E. F., Vessies, C., Eckes, F. C., "Polarization characteristics of novel molten carbonate fuel cell cathodes." J. Electrochem Soc., 1991, 138 (2): 629.

15. Charles E. Baumgartner, Ronald H. Arendt, Charles D. Lacovengelo, et al. "Molten carbonate fuel cell cathode materials study." J. Electrochem Soc., 1984, 131 (10): 2217.

16. Leonardo Giorgi, Maria Carewska, silvera Scaccia, et al. "Investigation on $LiCoO_2$ materials for MCFC alternative cathodes." Electrochemistry, 1996, 64 (6): 482.

17. 林化新，周利，衣寶廉等。「MCFC $LiCoO_2$陰極性能的研究」。電源技術，2002，26：351。

18. Kuk Seung Taek, Song Young Seck, Kim Keon. "Properties of a new type of cathode for molten carbonate fuel cells." J. Power Sources, 1999, 83 (1～2): 50.

19. Daza, L., Rangel, C. M., Baranda, J., et al. "Modified nickel oxide as cathode materials for MCFC." J. Power Sources, 2000, 86: 329.

20. Bohme, O., Leidich, F. U., Salge, H. J., Wendt, H., "Development of materials and production technologies for molten carbonate fuel cells. Int J. Hydrogen Energy, 1994, 19 (4): 349.

21. Takehisa Fukui, Hajime Okawa, Tstomu Tsunooka. "Solubility and deposition of $LiCoO_2$ in a molten carbonate." J. Power Sources, 1998, 71: 239.

22. Kazumi Tanimoto, Yoshinoli Miyazaki, Masahiro Yanagida, et al. "Cell performance of molten carbonate fuel cell with alkali and alkaline-earth carbonate mixtures." J. Power Sources, 1992, 39: 285.

23. In-Hwan Oh, Sung Pil Yoon, Tae Hoon Lim, et al. "Effect of the structural changes of the Ni-Cr anode on the molten carbonate fuel cell performance." Electrochemistry, 1996, 64(6): 497.

24. Yunsung Kim, Kwan young Lee, Hai soo Chun, "Creep characteristics of porous Ni/Ni_3 Al anodes for molten carbonate fuel cells." J. Power Sources, 2001, 99: 26.

25. Ermete Antolini. "A new way of obtaining $Li_xNi_{1-x}O$ cathode for molten carbonate fuel cells." J. Power Sources, 1992, 40: 265.

26. Ibid., Toru Shimada, Takehisa Fukui, Kazuhito Hato, et al. "New materials for molten carbonate fuel cell." Electrochemistry, 1996, 64(6): 53.

27. Biedenkopf, P., Bischoff M. M., Wochner, T. "Corrosion phenomena of alloys and electrode materials in molten carbonate fuel cells." Mater. Corros, 2000, 51 (5): 287.

28. Lin, H. X., Zhou, L., He, C. Q., Kong, L. Y., Zhang, E. J., Yi, B. L. "A Study on the dependence of the micro-pore configurations on the volatilization and the burn processes of the organic compounds in the matrix of molten carbonate fuel cells."Electrochim Acta, 2002, 47: 1451.

29. 林化新，衣寶廉，孔連英等。「MCFC 隔膜用γ-$LiAlO_2$粗細匹配料製備研究」。電化學，2000 (6)：57。

30. 何長青，林化新，周利，衣寶廉。「MCFC 組研究」。電池，2001，31：172。

31.林化新，周利，衣寶廉等。「200 W MCFC電池組的電化學性能及熱平衡計算」。電化學，2002 (8)：275。

32. Fuel Cell Handbook (Fifth edition). EG&G Services, Parsons, Inc., 2000.

33. Toshio Nakayama. "Current Status of the Fuel Cell R&D Programme at NEDO." Fuel Cell Bulletin, March 2000, Number 18: 8.

Chapter 7

固體氧化物燃料電池

7-1 概述

1 固體氧化物燃料電池的工作原理

固體氧化物燃料電池（Solid Oxide Fuel Cells, SOFC）工作原理如圖 7-1 所示。SOFC 採用固體氧化物作為電解質。固體氧化物在高溫下具有傳遞 O^{2-}的能力，在電池中起傳遞O^{2-}和分離空氣、燃料的作用。在陰極（空氣電極）上，氧分子得到電子被還原成氧離子：

$$O_{2c}+4e^-{=\!=}2O_e^{2-}$$

式中，下標 c 和 e 分別表示在陰極中的狀態和在電解質中的狀態。

氧離子在電位差和氧濃度差驅動力的作用下，透過電解質中的氧空位定向躍遷，遷移到陽極（燃料電極）上與燃料發生氧化反應。以H_2為燃料時，陽極反應為：

$$2O_e^{2-}+2H_{2a}\longrightarrow 2H_2O_a+4e^-$$

式中，下標 a 表示在陽極中的狀態。陽極反應所釋放的電子通過外電路流回到陰極。

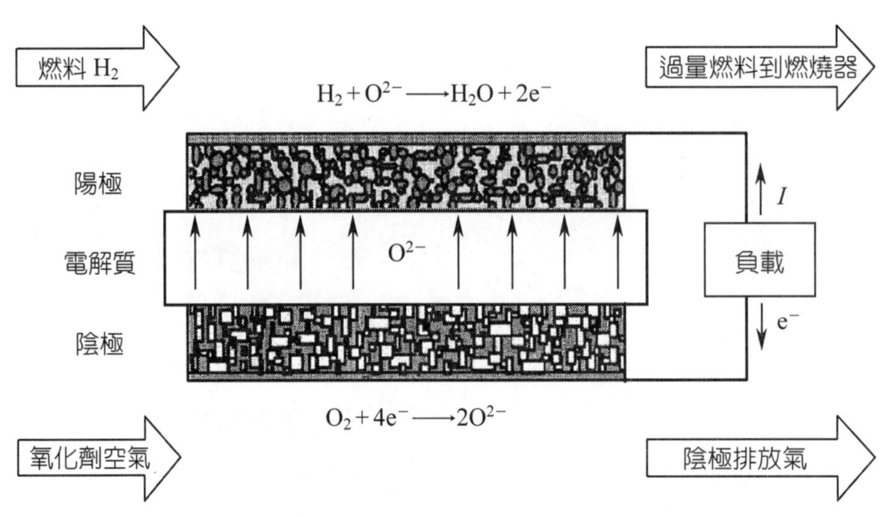

圖 7-1 固體氧化物燃料電池工作原理示意圖

電池的總反應為：

$$2H_{2a}+O_{2c}=2H_2O_a$$

電池的電動勢可由 Nernst 方程求得：

$$E_r=E^0+\frac{RT}{4F}\ln P_{O_{2c}}+\frac{RT}{2F}\ln\frac{P_{H_{2a}}}{P_{H_2O_a}} \quad (7\text{-}1)$$

式中，E^0為標準狀態下的電池電動勢，可用下式計算得到：

$$E^0=\frac{RT}{4F}\ln K_i \quad (7\text{-}2)$$

在標準狀態下E_r等於E^0，並可表示為：

$$E_r=E^0=-\frac{\Delta G^0}{zF}=-\frac{\Delta H^0-T\Delta S^0}{zF} \quad (7\text{-}3)$$

式中，ΔG^0為電池反應的標準 Gibbs 自由能變化值；ΔH^0為電池反應的標準焓變；ΔS^0為電池反應的標準熵變；z 為 1 mol 燃料在電池中發生反應轉移的電子數；F為法拉第常數。

電池電能轉換的熱力學效率為：

$$f_T=\frac{\Delta G}{\Delta H} \quad (7\text{-}4)$$

表 7-1 為 H_2作燃料時 SOFC 電池反應在高溫下的熱力學參數。

表 7-1　H_2作燃料時 SOFC 電池反應在高溫下的熱力學參數

T (K)	ΔG^0 (kJ)	ΔH^0 (kJ)	E^0	f_T
1000	−192.5	−247.3	0.997	0.78
1250	−178.2	−249.8	0.924	0.71

2 SOFC 的結構類型及其特點[1]

SOFC 通常採用的結構類型有管型和平板型兩種。兩種電池結構各自具有不同的特點，因而應用的範圍也不同。

管型 SOFC 電池組由一端封閉的管狀單電池以串聯、並聯方式組裝而成。每個單電池從內到外由多孔支撐管、空氣電極、固體電解質薄膜和金屬陶瓷陽極組成。管型 SOFC 電池組及單電池的結構如圖 7-2 所示。多孔管起支撐作用，並允許空氣自由通過，到達空氣電極。空氣電極支撐管、電解質膜和金屬陶瓷陽極通常分別採用擠壓成型、電化學氣相沉積（EVD）❶、噴塗等方法製備，經高溫燒結而成。在管型 SOFC 中，單電池間的連接體設在還原氣氛一側，這樣就可以使用廉價的金屬材料作電流收集體。單電池採用串聯、並聯方式組合到一起，目的在於當某一單電池損壞時避免電池束或電池組完全失效。在串聯結構中，用鎳氈將一個單電池的陽極與相鄰另一個單電池的連接體相聯結；而在並聯結構中，則用鎳氈將一個單電池的陽極與相鄰另一個單電池的陽極相聯結。採用鎳氈連接單電池，可以減小單電池間的應力。典型的管型 SOFC 束為 6×3 陣列結構。將電池束串聯到一起構成電池模組，將電池模組進一步以串聯、並聯方式組合到一起，構成大功率 SOFC 電池組。管型 SOFC 的主要特點是，電池組裝相對簡單（如不涉及高溫密封這一技術難題），容易藉由電池單元之間並聯和串聯方式組合成大功率的電池組。管型 SOFC 一般在很高的溫度（900～1000℃）下進行操作，主要用於固定電站系統，所以高溫 SOFC 一般採用管型結構。管型結構的缺點是電流通過電池的路徑較長，限制了 SOFC 的性能。

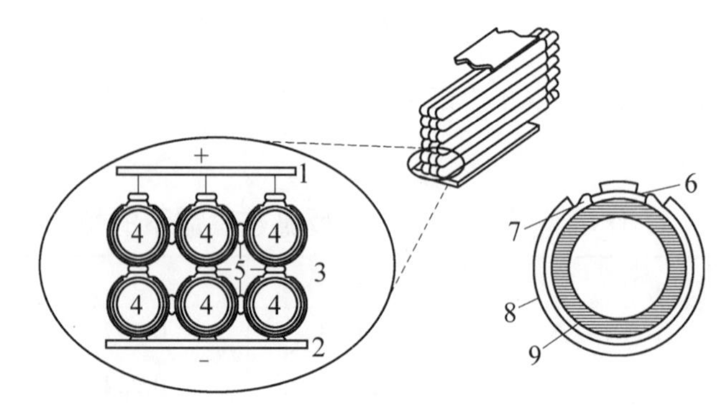

1—陰極母線；2—陽極母線；3—燃料；4—空氣；5—鎳氈；
6—連接體；7—電解質；8—陽極；9—陰極

圖 7-2 管型 SOFC 電池組的結構

❶ EVD (Electrochemical Vapor Deposition)

平板型SOFC的空氣電極／YSZ固體電解質／燃料電極燒結成一體，組成「三合一」結構（Positive Electrolyte Negative Plate, PEN）。PEN間用開設導氣溝槽的雙極板連接，使之相互串聯構成電池組，如圖 7-3 所示。空氣和燃料氣體在PEN的兩側交叉流過。PEN與雙極板間通常採用高溫無機黏合材料密封，以有效地隔離燃料和氧化劑。平板式SOFC的優點是PEN製備技術簡單、造價低。由於電流收集均勻，流經路徑短，致使平板型電池的輸出功率密度也較管式高。平板型SOFC的主要缺點是密封困難、抗熱循環性能差及難以組裝成大功率電池組。但是，當 SOFC 的操作溫度降低到 600～800℃後，可以在很大程度上擴展電池材料的選擇範圍、提高電池運行的穩定性和可靠性，降低電池系統的製造和運行成本。所以，近年來研究與開發的中溫SOFC大都採用平板型結構。

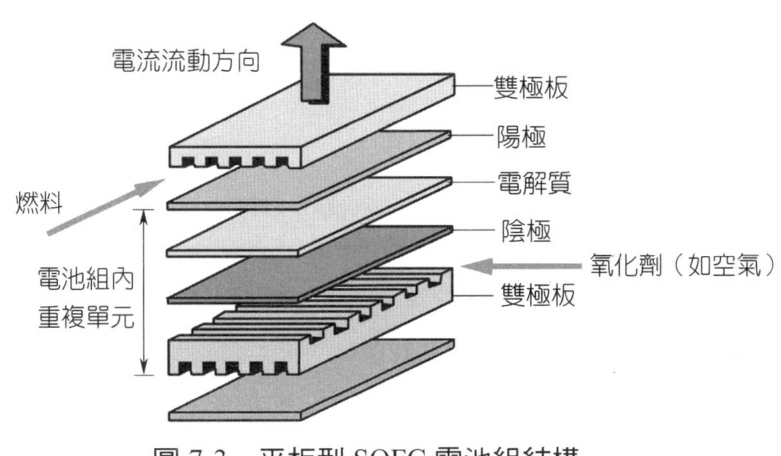

圖 7-3　平板型 SOFC 電池組結構

3 SOFC 的國內外研究與開發現狀[2]

管型SOFC是目前最接近商業化的SOFC發電技術。西門子—西屋（Siemens Westinghouse）動力公司（SWPC）是高溫管式 SOFC 技術的先鋒。該公司已經製造和運行了多套號稱功率至 220 kW 的完整電站系統，並形成了單班每年 4 MW的生產能力。如該公司於 1998 年 3 月生產了置於南加州愛迪生（Edison）電力公司的 25.0 kW 聯合循環 SOFC 發電系統；於 2001 年在荷蘭成功地完成了 100 kW 電站的連續 16612 小時的運行試驗；薄壁多孔支撐管型 SOFC 單電池已經連續試驗運行 7 年以上（> 69000 小時）。目前 SWPC 電池的預期壽命為 10 年，未來商品化 SOFC 發電系統的壽命預計達到 10～20 年。此外，該公司為了降低製造成本和提高電池組的輸出功率密度，已用空氣極支撐結構替代多孔支撐管結構，並將電池製備過程中的三個電化學氣相沉積（EVD）步驟減至一個，目前正努力淘汰最後一個 EVD 步驟。除 SWPC 外，日本的一些公司也在開展管式 SOFC 的研究與開發。Kansai 關西電力公司的電化學反應活性區長度為 150 cm 的管型 SOFC 已經進行了 10529 小時的高電流密度放電試驗，熱循環次數達到 101 次。Ontario Hydro 的空氣電極支撐（Air Electrode Supported, AES）結構管式 SOFC 單電池進行了 1725 小時的試驗，其中 1475 小時在 0.5 MPa 下加壓運行。除了 SWPC 和日本的幾家公司外，國際上 SOFC 的研發主流是中溫 SOFC 電池組的研製與新材料的開發。加拿大的 Global 熱電公司在中溫 SOFC 研發領域具有舉足輕重的地位。Global 的研發方向為中溫平板型 SOFC，主要面向分散供電、家庭熱電聯供市場。目前該公司已經形成 1 MW/a 的生產能力，並開始向市場提供 5 kW 汽車輔助電源。在歐洲，包括德國、法國、荷蘭、英國、西班牙、丹麥等多個國家開展 SOFC 的研究與開發。主要研究進展如表 7-2 所列。

表 7-2 歐洲 SOFC 研究與開發現狀

電池類型	管型	平板型				
	每根管一個單電池	每層平面一個單電池			每層平面多個單電池（矩陣結構）	
雙極板	–	金屬雙極板		陶瓷雙極板	金屬雙極板	陶瓷雙極板
電解質	–	厚膜電解質	薄膜電解質	厚膜電解質	厚膜電解質	薄膜電解質
開發公司	Siemens Westinghouse	Sulzer Hexis	Forshungs Zentrum Juelich	Riso	Siemens	Rolls Royce
研製時間	1991	2000	2000	1995	1998	2000

表 7-2　歐洲 SOFC 研究與開發現狀（續）

電池類型	管型	平板型				
	每根管一個單電池	每層平面一個單電池			每層平面多個單電池（矩陣結構）	
電池主要特徵	100 kW，1152 單管 1000℃ 工作，200 ~ 250 mA/cm^2	1 kW，70 單電池構成電池組，900℃ 工作，270 mA/cm^2，0.175 W/cm^2	1.6 kW，10 個單電池構成電池組，800℃ 工作，610 mA/cm^2	0.5 kW，50 單電池構成電池組，1000℃工作，300 mA/cm^2	7.2 kW， • 50×4×4 單電池構成 2 個電池組，900℃ 工作，400 mA/cm^2 • 每層 16 個單電池，每個電池組為 25 層	1 kW， • 27×20 單電池構成電池組，970℃ 工作，385 mA/cm^2 • 每層 20 個電池，每個電池組 27 層

中國科學院上海矽酸鹽研究所、中國科學院大連化學物理研究所、中國科技大學、吉林大學等正在進行平板型 SOFC 的研發。中國科學院上海矽酸鹽研究所在「九五」期間曾組裝了 800 W 的平板型高溫固體氧化物燃料電池組[3]。

7-2　SOFC 電解質材料

1　概述

在 SOFC 中，電解質材料的主要作用是在陰極與陽極之間傳遞氧離子和對燃料及氧化劑的有效隔離。為此，要求固體氧化物電解質材料在氧化性氣氛和還原性氣氛中均具有足夠的穩定性，能夠製備出具有足夠緻密性的電解質隔膜及在操作溫度下具有足夠高的離子電導率。此外，作為 SOFC 電解質材料的金屬氧化物還必須在高溫下與其他電池材料化學上相容，熱膨脹係數相匹配。SOFC 對電解質材料的具體要求如下[4]：

(1)**穩定性**

在 SOFC 操作溫度下，氧化性氣氛和還原性氣氛中電解質必須具有足夠的化學穩定性、形貌穩定性和尺寸穩定性。

(2)**電導率**

電解質必須在氧化性氣氛和還原性氣氛中均具有足夠高的離子電導率，且氧離子傳遞係數接近於 1。此外，電解質材料的電導率還必須能夠在足夠長的時間內保持穩定。

(3)**相容性**

電解質材料必須與其他電池組件（如電極等）具有良好的化學相容性。與各種電池材料間不僅要在操作溫度下相容，同時也要在電池組件燒製溫度下保持化學相容性。

(4)**熱膨脹係數**

電解質的熱膨脹係數必須與其他電池材料在室溫至操作溫度的範圍內相匹配。

(5)**緻密性**

電解質材料必須易於製備成緻密的薄膜，以有效地隔離燃料與氧化劑（空氣或氧氣）。

此外，SOFC 電解質材料還應具有高強度、高韌性、易加工、低成本等特點。

常用固體氧化物電解質材料的電導率如圖 7-4 所示[5]。螢石結構電解質材料的電導率存在如下關係：δ-Bi_2O_3>CeO_2>ZrO_2>ThO_2>HfO_2。δ-Bi_2O_3具有欠氧螢石型結構，其中 1/4 的陰離子位為空缺，是迄今為止發現的氧離子電導率最高的固體電解質材料。但是這類材料結構不穩定，在低溫下為單斜結構，在高溫下則轉變為具有離子導電性的立方結構。此外，Bi_2O_3基材料在低氧分壓下易被還原，所以不能將其作為 SOFC 的電解質材料。

目前，研究最深入、使用最廣泛的電解質材料是具有立方螢石結構的 Y_2O_3 穩定的 ZrO_2（YSZ❷）。由於 YSZ 的電導率較低，要獲得有商業意義的輸出功率密度，以 YSZ 為電解質的 SOFC 要在很高的溫度（900～1000℃）下工作。過高的操作溫度會引起電極／電解質、電極／雙極板、雙極板／電解質間的相互作用，降低電池的穩定性。要降低 SOFC 操作溫度，通常採用兩種途徑[6,7]：製備厚度為 10 μm 左右的陽極或陰極負載型 YSZ 薄膜，以降低電池的內阻；研製在中溫下具有更高氧離子電導率的新型電解質材料，替代傳統的電解質材料

❷ YSZ (Ytteria-stabilized zrconium oxide)

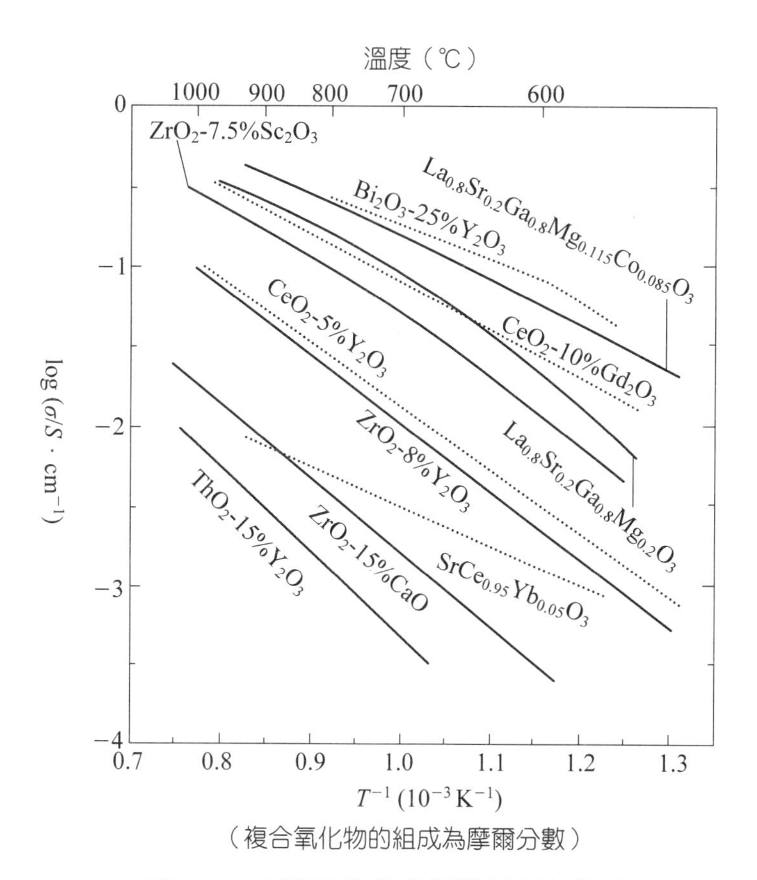

（複合氧化物的組成為摩爾分數）

圖 7-4　固體氧化物電解質材料的電導率

YSZ。採用陽極或陰極負載的厚度為 5～10 μm的YSZ隔膜作電解質，SOFC在600～800℃的溫度範圍內可以獲得很高的輸出功率密度。但是，隨著溫度的進一步降低，YSZ 隔膜產生的 IR 降會迅速增大，使電池的輸出性能降低。

CeO_2基複合氧化物在 600～800℃具有比 YSZ 高近一個數量級的電導率，如在 1073 K 下 Gd 摻雜的 CeO_2（GDC）電導率達到 0.1 S · cm^{-1}[8]。但摻雜的CeO_2在還原氣氛中Ce^{4+}被還原為Ce^{3+}而產生電子電導的問題，從而限制了其在高溫 SOFC 中的應用。雖然 GDC 的離子傳遞係數隨著溫度的降低有所增大，但在 600～800℃溫度範圍內燃料利用效率仍很低。

鈣鈦礦結構新型電解質材料 Sr、Mg 摻雜的 $LaGaO_3$（LSGM）是日本學者石原達己於 1993 年發現的一種新型快離子導體[9]。由於該材料在中溫下具有高離子電導率、高離子傳遞係數及在還原氣氛中不易被還原等特點，因而日益受到 SOFC 研究與開發者的重視。以 LSGM 為電解質的 SOFC 的燃料利用效率可以和以 YSZ 作電解質的 SOFC 相比擬，且其產生最高效率的溫度低於以 YSZ

作電解質的 SOFC[10]。

2 ZrO_2基固體氧化物

ZrO_2有三種晶型：立方結構（*c* 相）、四方結構（*t* 相）和單斜結構（*m* 相）[11]。三種晶相的轉變溫度如下[11, 12]：

$$單斜結構（m）\xrightleftharpoons{1000℃}四方結構（t）\xrightleftharpoons{2370℃}立方結構（c）$$

立方相ZrO_2具有螢石（CaF_2）型結構。Zr^{4+}構成面心立方點陣，O^{2-}占據面心立方點陣的所有 8 個四面體空隙。ZrO_2的物性如表 7-3 所示。

表 7-3　ZrO_2的物性[4]

項　目	物性值
熔點（℃）	2680
熱導率（$W \cdot cm^{-1} \cdot K^{-1}$）	0.02
熱膨脹係數（20～1180℃）（$10^{-6}cm \cdot cm^{-1} \cdot K^{-1}$）	8.12
標準生成焓（25℃）（$kJ \cdot mol^{-1}$）	−1097.5
標準生成熵（25℃）（$J \cdot mol^{-1} \cdot K^{-1}$）	50.4

ZrO_2的單斜／四方晶型轉變在熱力學上是可逆的。當c-ZrO_2轉變為t-ZrO_2時，c軸拉長（$a=b<c$）。當t-ZrO_2 轉變為m-ZrO_2時，$a \neq b \neq c$，$\alpha=\gamma=90° \neq \beta$。三種晶型的密度分別為：$m$相 5.65 g/cm^3，$t$相 6.10 g/cm^3，$c$相 6.27 g/cm^3。純 ZrO_2冷卻時發生的$t \rightarrow m$ 相變為無擴散相變，並伴隨有約 7%的體積膨脹。相反，純 ZrO_2加熱時發生的$m \rightarrow t$ 相變會引起體積的收縮。摻雜一定量的異價態氧化物可以在室溫至熔點範圍內將 ZrO_2穩定在立方螢石結構。常用的用於穩定 ZrO_2的氧化物包括 CaO、Y_2O_3、MgO、Sc_2O_3和其他一些稀土氧化物。這些氧化物在ZrO_2中有很高的溶解度並與 ZrO_2形成固體溶液，從而使 ZrO_2的立方螢石結構在較寬的組成與溫度範圍內得到穩定。研究比較深入，並在 SOFC 的研究與開發領域廣泛應用的是 Y_2O_3穩定的 ZrO_2（YSZ）。Y^{3+}的離子半徑為 0.1068 nm，較 Zr^{4+}大。ZrO_2-Y_2O_3 體系的晶胞參數（摩爾分數）在 0～35%範圍內隨 Y_2O_3的摻入濃度線性增大，表明在此濃度範圍內 Y_2O_3與 ZrO_2能夠形成固溶體。異價態陽離子的引入，在 ZrO_2的晶格中引入較高濃度的氧空位，使之成為氧離子導體。

◎Y_2O_3穩定的 ZrO_2（YSZ）[4]

⑴ YSZ 粉料的合成

製備YSZ粉體的方法有多種，常用的有共沉澱法、水解法、醇鹽水解法、熱解法、溶膠—凝膠法、水熱法等[4]。不同方法製備的粉體具有不同的特性。表 7-4 為幾種方法製備的YSZ粉料的特徵比較。目前，高活性、組成均勻、不同細度的 YSZ 粉體市場上均有銷售。

表 7-4　幾種方法製備的 YSZ 粉料特徵比較[4]

製備方法	煅燒溫度（℃）	顆粒度（μm）	堆密度（理論密度）（%）	比表面積（$m^2 \cdot g^{-1}$）
熱煤油法	600	2～20	18	4
檸檬酸法	650		5	58
Sol-gel 法	650	1～20	26	32
過氧化物法	600	≦50	38	82
丙酮—甲苯法	650	≦100	32	16
醇鹽法	650		12	90
氯化物法	650		10	123

以$ZrOCl_2 \cdot 8H_2O$和Y_2O_3為原料水解共沉澱法製備YSZ超細粉的過程如下[12]：Y_2O_3用鹽酸溶解得到YCl_3，然後$ZrOCl_2 \cdot 8H_2O$和YCl_3配製符合化學計量比的一定濃度的混合溶液，在混合溶液中加入NH_4OH，以促進 $Zr(OH)_4$和 $Y(OH)_3$沉澱的緩慢生成。反應式如下：

$$ZrOCl_2+2NH_4OH+H_2O = Zr(OH)_4+2NH_4Cl$$
$$YCl_3+3NH_4OH = Y(OH)_3+3NH_4Cl$$

氯化物的殘留會提高YSZ粉末的緻密化燒結溫度，因此要對水解產物進行清洗除氯。共沉澱物在 800℃煅燒，得到的YSZ超細粉平均粒度為 0.5 μm，比表面積達到 5.30 m^2/g。

⑵ YSZ 緻密薄膜的製備

在 SOFC 中，YSZ 的最重要的用途是製備成緻密的薄膜，用於傳導氧離子和分隔燃料與氧化劑。因此，YSZ 薄膜製備技術在 SOFC 研發中具有舉足輕重的作用。

SOFC 陰極—電解質—陽極「三合一」組件有兩種基本結構：電解質支撐型和電極支撐型。兩種不同結構「三合一」組件的電解質薄膜厚度不同。電解質支撐型「三合一」組件的YSZ薄膜厚度一般在0.2 mm以上，而電極支撐型「三合一」組件的 YSZ 薄膜厚度一般在 5～20 μm 之間。不同厚度的YSZ薄膜採用的製備方法不同。YSZ 薄膜的製備方法可分為兩類：一類是基於 YSZ 粉體的製備方法；另一類是沉積法。

基於粉體的緻密 YSZ 製備技術包括 YSZ 粉料的成型和高溫燒結緻密化兩個步驟。高溫下YSZ薄膜的燒結緻密化受材料和燒製過程因素的影響，如粉料特性（反應活性、純度、顆粒形貌）、顆粒壓實度（生坯密度）和燒製條件（溫度、時間、氣氛）等。高粒度（大比表面積）、窄粒度分佈的球形顆粒有很高的燒結活性，並能獲得很高的壓實度，因此可以提高在較低溫度下YSZ薄膜的燒結緻密度。用奈米粒度粉末製成的 YSZ 薄膜生坯密度達到 50%的理論密度，並在 1125℃燒結後可以達到 95%的理論密度。微波燒結被證明同樣可以降低YSZ的緻密化燒結溫度和縮短燒結時間。在 SOFC 研究與開發中，普遍採用的從粉體製備緻密 YSZ 薄膜的方法有流延法和軋膜法。

在陽極基底上製備緻密的 YSZ 薄膜可採用濕化學法，張義煌等[13]將超細 YSZ 粉加入溶劑製備成乳膠液，超音波振盪，使 YSZ 粉分散均勻。取一定量乳液沉積於 NiO-YSZ 基膜的表面，自然乾燥，再置於馬弗爐中，空氣氣氛下 1400℃焙燒 2 小時，可製備 10 μm 厚緻密、均勻、無氣孔的 YSZ 薄膜。

Dr. R, H. Henne[14]給出了用等離子沉積方法（plasma deposition methode）製備 20～30 μm 厚 YSZ 薄膜的等離子噴塗儀器結構與製備程序。

◎YSZ 的結構與物性參數

YSZ 中氧空位的形成過程可以用 Kröger-Vink 符號式表示[15]：

$$Y_2O_3+2\ Zr_{Zr}^{x}+O_O^{x}=2Y_{Zr}'+V_O''+2\ ZrO_2$$

從上式可以看出，在 ZrO_2 晶格中，每引入兩個 Y^{3+}，就有一個氧空位產生。YSZ 的晶胞結構如圖 7-5 所示。

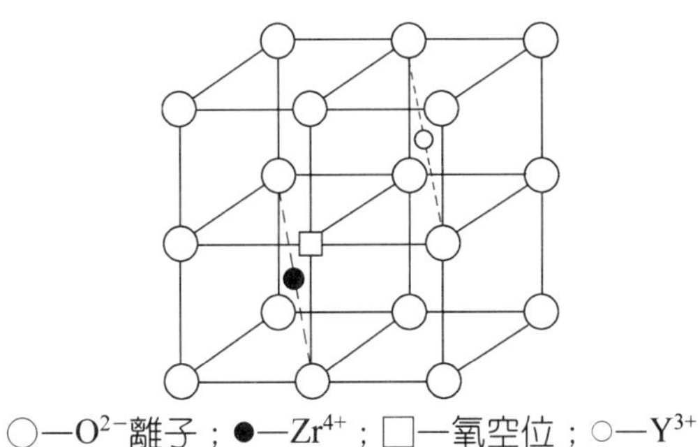

圖 7-5 Y_2O_3 穩定的 ZrO_2的晶胞結構

圖 7-6(a)所示為 $ZrO_2-Y_2O_3$體系的平衡相圖[16]，圖 7-6(b)所示為低 Y_2O_3濃度區該體系的平衡相圖[17]。從圖 7-6 可以看出，在 ZrO_2中摻入 Y_2O_3可以降低四方相／單斜相的轉變溫度，並且隨著 Y_2O_3摻雜量的增加（摩爾分數在 0～2.5% Y_2O_3範圍內），轉變溫度降低。在此濃度範圍內，冷卻時四方相的固態溶液會轉變為單斜相。在更高的 Y_2O_3濃度區域，出現沒有轉變的四方相和立方相。進一步提高 Y_2O_3的摻雜量，可以形成均一的立方相固態溶液。在 1000℃將 ZrO_2完全穩定於立方相所需要的最小 Y_2O_3摻入量（摩爾分數）是 8～10%。

YSZ 的物性參數如表 7-5 所示。

表 7-5 YSZ①的物性參數[4]

參　數	參數值
密度（$g \cdot cm^{-3}$）	
YSZ (8% Y_2O_3)	5.56
電導率（$\Omega^{-1} \cdot cm^{-1}$）	
YSZ(9% Y_2O_3)(1000℃)	0.12
YSZ(9% Y_2O_3)(600℃)	0.006
熱膨脹係數（$10^{-6}cm \cdot cm^{-1} \cdot K^{-1}$）	
YSZ(8% Y_2O_3)(100～1000℃)	10.8
彎曲強度（MPa）	
YSZ(8% Y_2O_3)(25℃)	300
YSZ(8% Y_2O_3)(1000℃)	225
斷裂韌性（25℃）（$MPa \cdot m^{1/2}$）	
YSZ	3

① Y_2O_3的摻雜量以摩爾分數計。

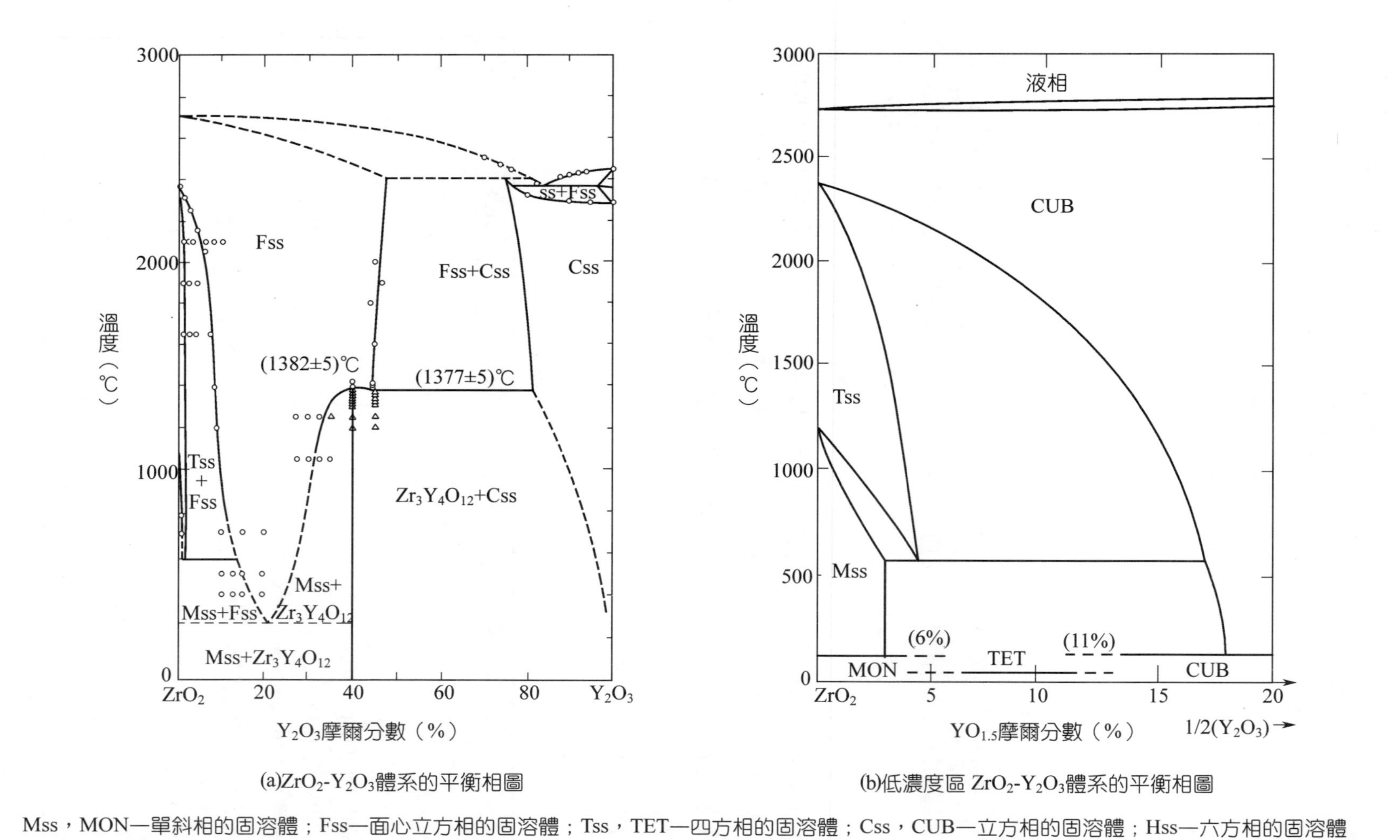

(a)ZrO_2-Y_2O_3體系的平衡相圖

(b)低濃度區 ZrO_2-Y_2O_3體系的平衡相圖

Mss，MON—單斜相的固溶體；Fss—面心立方相的固溶體；Tss，TET—四方相的固溶體；Css，CUB—立方相的固溶體；Hss—六方相的固溶體

圖 7-6 ZrO_2-Y_2O_3體系的平衡相圖

◎YSZ 的導電性

在 YSZ 中氧離子的傳導是透過氧離子在氧空位中的遷移而實現的。YSZ 的離子導電行為受多種因素影響，這些因素包括摻雜濃度、溫度、氣氛和晶界等。

⑴穩定劑摻雜量的影響

ZrO_2-Y_2O_3體系的電導率與組成、溫度的關係如圖 7-7 所示。可以看出，ZrO_2-9%（摩爾分數）Y_2O_3的電導率最高。體系的最高電導率組成靠近立方相區的低限側，即能夠使ZrO_2立方螢石相得到完全穩定的摻雜劑濃度最小的體系。但Y_2O_3摻雜量很低時，缺陷複合體（單重缺陷複合體）間的平均距離過大，每一個氧空位均被束縛在缺陷複合體中，遷移比較困難，從而造成這些材料低的離子導電性。隨著Y_2O_3摻雜量的增加，缺陷複合體互相交疊，載流子的有效濃度和躍遷路徑增加，從而使材料電導率逐漸增大。進一步增加Y_2O_3的摻雜濃度，會引起缺陷的二重複合，使有效載流子濃度降低，氧離子的有效遷移路徑減少，從而造成電導率的下降。因此 YSZ 的電導率隨摻雜濃度的變化出現最大值。

⑵溫度的影響

Y_2O_3全穩定的ZrO_2的電導率隨溫度的變化規律符合 Arrhenius 方程：

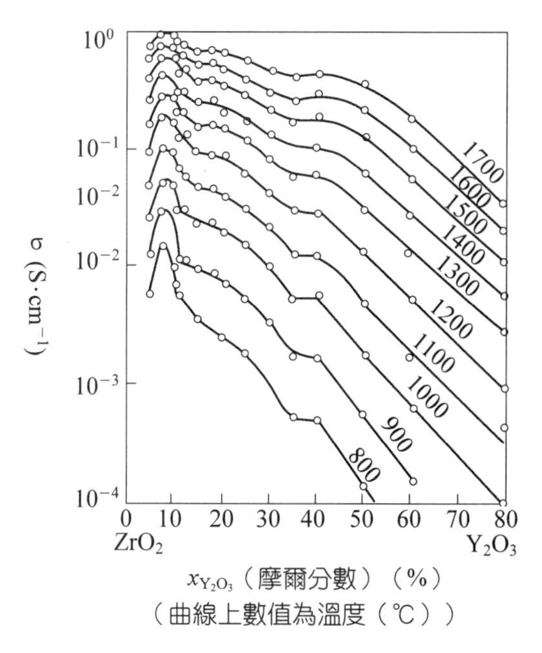

圖 7-7　ZrO_2-Y_2O_3體系的電導率與組成、溫度的關係

$$\sigma T = A_0 \exp\left[\frac{-(\alpha+\beta T^{-1})}{\kappa T}\right] \tag{7-5}$$

式中，σ 為電導率；T為溫度；κ為 Boltzmann 常數；A_0 為指前因子；α、β 為常數。式（7-5）對單晶 YSZ 和多晶 YSZ 均適用。在一定的溫度範圍內，$\alpha+\beta T^{-1}$可近似為電導活化能 E_a，則式（7-5）可簡化為最常用形式的 Arrhenius 方程：

$$\sigma T = A_0 \exp\left(\frac{-E_a}{\kappa T}\right) \tag{7-6}$$

圖 7-8 所示為不同 Y_2O_3摻雜量 YSZ 的電導率的 Arrhenius 圖。YSZ 的 Arrhenius 圖通常可分為斜率不同的兩部分：高溫段和低溫段。Arrhenius 圖斜率的變化歸因於摻雜劑陽離子／空位複合體的形成。

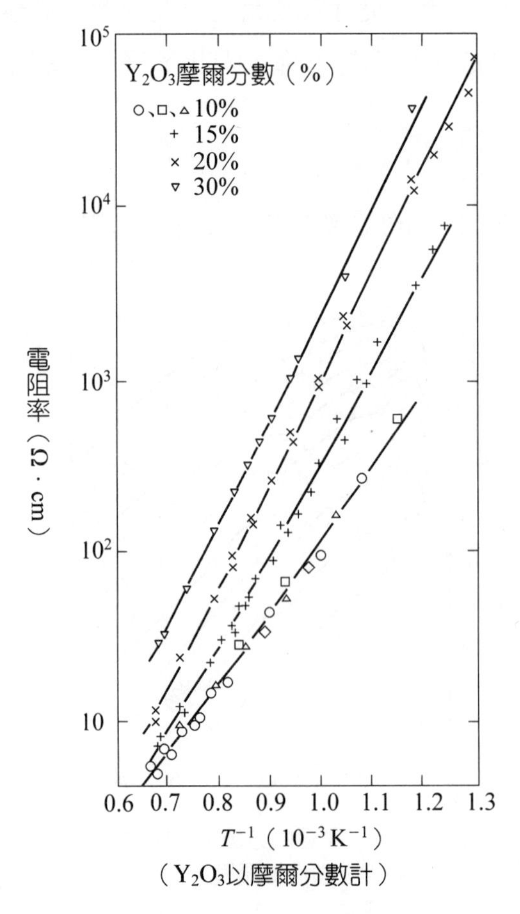

圖 7-8　不同 Y_2O_3摻雜量 YSZ 的電導率的 Arrhenius 曲線

⑶氣相氧分壓的影響

YSZ在很寬的氧分壓範圍內離子電導率與氣相氧分壓無關，且離子傳遞係數接近於1（電子電導可以忽略）。圖7-9所示為10%（摩爾分數）Y_2O_3穩定的ZrO_2的電導率與氣相氧分壓的關係。事實上，離子導體的電子電導率不可能絕對為零。在一定的溫度、一定的氧分壓範圍內，離子電導率σ_i、電子電導率σ_e、空穴電導率σ_h可分別由下列經驗式計算得到[18]：

$$\sigma_i(\Omega^{-1}\cdot\mathrm{cm}^{-1})=1.63\times10^2\exp\left[\frac{-0.79(\mathrm{eV})}{\kappa T}\right] \quad (7\text{-}7a)$$

$$\sigma_e(\Omega^{-1}\cdot\mathrm{cm}^{-1})=1.31\times10^7\exp\left[\frac{-3.88(\mathrm{eV})}{\kappa T}\right]p_{O_2}^{-1/4} \quad (7\text{-}7b)$$

$$\sigma_h(\Omega^{-1}\cdot\mathrm{cm}^{-1})=2.35\times10^2\exp\left[\frac{-1.67(\mathrm{eV})}{\kappa T}\right]p_{O_2}^{1/4} \quad (7\text{-}7c)$$

式中，$1\ \mathrm{eV}=1.6021\times10^{-19}\ \mathrm{J}$。從上式計算結果可知，在SOFC操作的氧分壓範圍內，YSZ的電子電導率和離子電導率相比可以忽略不計。在更低的氧分壓環境下，YSZ 的電子電導率變得更加顯著，並使得YSZ的總電導率隨著氧分壓的降低而增大。在高還原氣氛下，增加的主要是晶粒的體相電導，而晶界電導幾乎不受氣氛氧分壓的影響。

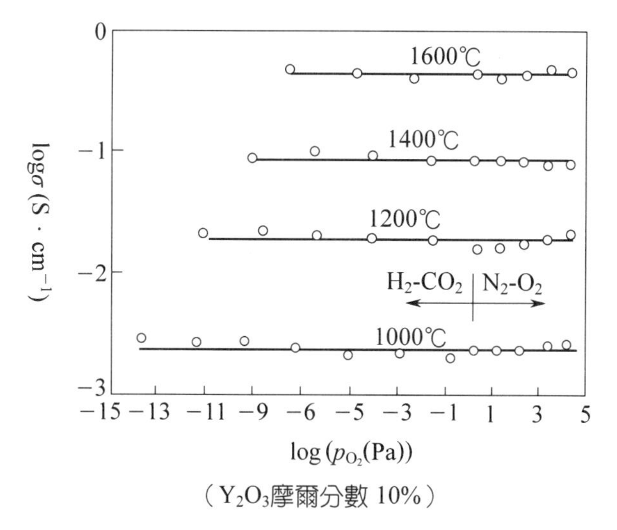

圖 7-9 Y_2O_3穩定的 ZrO_2的電導率與氣相氧分壓的關係

⑷晶界的影響

多晶YSZ的電導由體相電導和晶界電導構成。晶界電導的產生與原料中或製備過程中引入的雜質或第二相有關。此外，晶粒的表面組成與晶粒內部不同，且更加無序化，使得晶界電導受晶粒尺寸、雜質濃度等的影響較大。對小晶粒 YSZ 陶瓷（粒徑<2～4 μm），其晶界電導率不受晶粒尺寸大小的影響，但其晶界電導率僅為體相電導率的1%。對大晶粒YSZ陶瓷，晶界電導率隨晶粒尺寸的增加而下降。另外，晶界電導率還隨雜質濃度的增大而升高。對高緻密度、高純度的多晶YSZ，晶界電導的貢獻較小。在中低溫下，晶界電導的影響變大；而在高溫下，當雜質或摻加劑的含量較低時，晶界電導的影響較小。

◎YSZ 的化學穩定性與熱膨脹係數

在 SOFC 的操作溫度範圍內，YSZ 不與其他電池材料〔如 Sr 摻雜的 $LaMnO_3$（LSM）陰極、Ni-YSZ 金屬陶瓷陽極及 $LaCrO_3$連接材料〕發生化學反應。在高溫（>1100℃）下，YSZ與LSM發生反應，在界面處生成不導電相$La_2Zr_2O_7$。必須將這種反應降至最低，以免由此造成電池性能的下降。

未摻雜的 ZrO_2在 20～1180℃溫度範圍內的熱膨脹係數為 8.12×10^{-6} cm/(cm・K)。摻雜的ZrO_2通常具有較高的熱膨脹係數。如質量比為 4%的 CaO 穩定的 ZrO_2晶體的熱膨脹係數為 10.08×10^{-6} cm/(cm・K)。表 7-6 為不同 Y_2O_3

表 7-6 YSZ 的熱膨脹係數[4]

Y_2O_3摻雜量	溫度（℃）	熱膨脹係數（$10^{-6}\cdot cm\cdot cm^{-1}\cdot K^{-1}$）
單晶（質量比）		
5%	20～1500	10.99
8%	20～1500	10.92
12%	20～1500	10.23
20%	20～1500	11.08
多晶（摩爾分數）		
3%	1000	10.5
6%	1000	10.2
7.5%	25～1000	10.0
8%	100～1000	10.8
9%	960	9.8

摻雜量的 YSZ 的熱膨脹係數。YSZ 熱膨脹係數隨溫度變化的情況如圖 7-10 所示。在 SOFC 中一般首先選定的是電解質材料，然後再選取與電解質材料化學相容、熱膨脹係數相匹配的電極及其他電池材料。圖 7-11 所示為 YSZ 及幾種鈣鈦礦結構陰極材料的熱膨脹曲線。由圖可以看出，幾種常用的陰極材料的熱膨脹係數並不能與 YSZ 很好地相匹配。透過改變摻雜元素種類及摻雜比例或在陰極材料中摻入一定量的 YSZ 可以調變電極材料的熱膨脹係數，使之與電解質相匹配。對 Ni-YSZ 金屬陶瓷陽極，其熱膨脹係數可以透過改變電解質的摻入量或加入添加劑來調整。

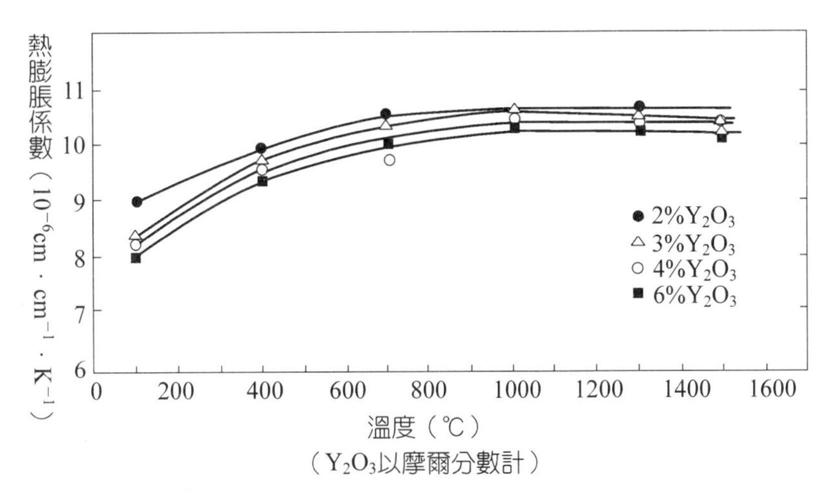

圖 7-10　YSZ 熱膨脹係數隨溫度的變化

◎YSZ 的機械性能

YSZ 在室溫下的彎曲強度（MOR）為 300～400 MPa，斷裂韌性約為 3 MPa．$m^{1/2}$。YSZ 的機械性能隨製膜前驅粉性質及製備方法、製備條件的不同而有較大的差異。特別是 YSZ 粉料的顆粒度、粒度分佈、團聚程度等對製備的 YSZ 薄膜的機械強度等有較大的影響。用團聚度大、團聚強度高的 YSZ 粉製備的電解質膜缺陷較多，機械強度較低。用軋膜法製備的 YSZ 薄膜機械性能較高，其平均強度較流延法製備的電解質高約 15%。有關高溫下 YSZ 的機械性能的數據較少。YSZ 在 900℃的平均強度為 280 MPa，而作為對比，其在常溫下的強度為 368 MPa。有報導稱 YSZ 在 1000℃下的彎曲強度為 225 MPa。

在 SOFC 的研究與開發過程中，迫切需要提高電解質材料的強度和韌性，以利於電池組的組裝和提高電池組運行的可靠性。科研人員已經開發出多種用

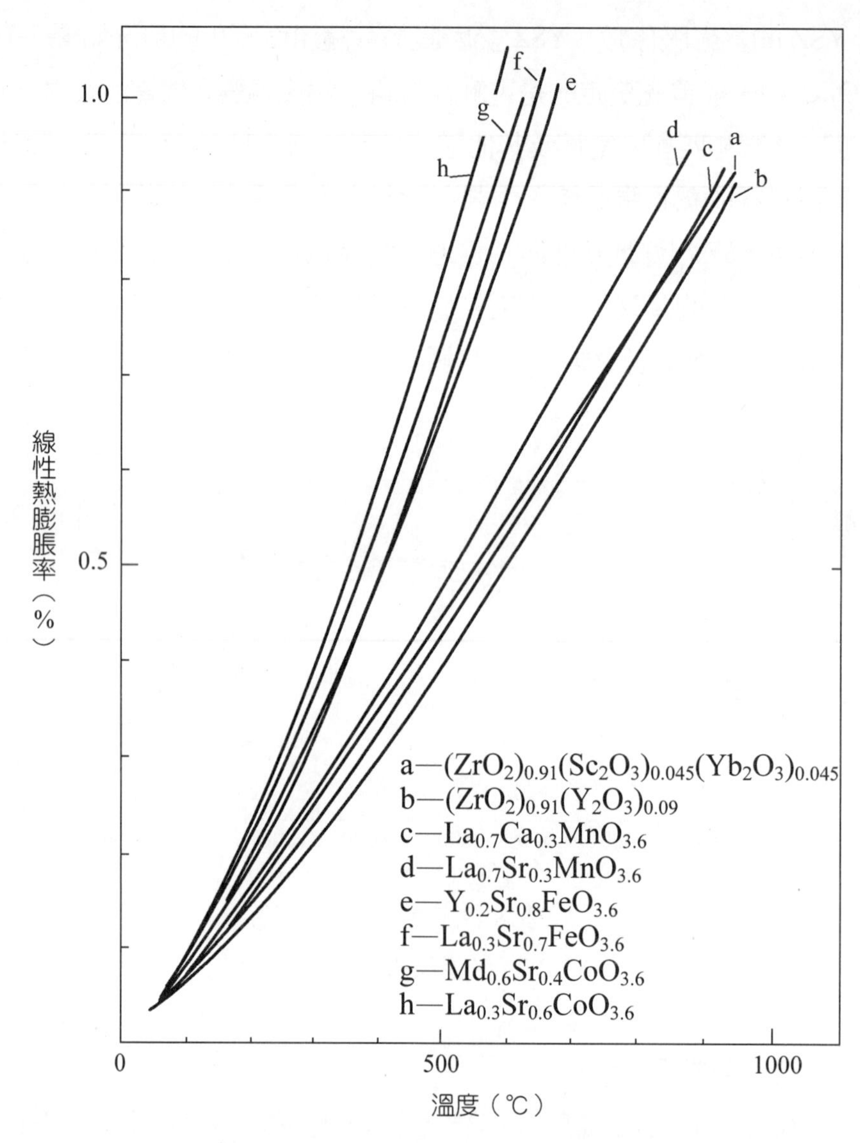

圖 7-11 YSZ 及幾種鈣鈦礦結構陰極材料的熱膨脹變化率與溫度關係

於 YSZ 增強增韌的方法，其中採用最多的方法是在 YSZ 中摻入一種或幾種其他氧化物。摻入部分穩定的 ZrO_2超細粉、Al_2O_3和 MgO 等均可提高 YSZ 的強度和韌性，且不使材料的電導率下降過大。如在 YSZ 中摻入 30%的部分穩定的 ZrO_2，形成的複合材料的斷裂韌性達到 2.95 MPa · $m^{1/2}$，比在相同條件下製備的 YSZ 高 200%。在 YSZ 中摻入 20%的 Al_2O_3，形成的複合材料的彎曲強度達到 323 MPa，而相同條件下製備的 YSZ 僅為 235 MPa。但摻入 20% Al_2O_3使材料在 1000℃下的氧離子電導率從純 YSZ 的 0.12 Ω^{-1} · cm^{-1}下降到 0.10 Ω^{-1} · cm^{-1}。

◎其他 ZrO_2基固體氧化物

除了 Y_2O_3外，ZrO_2還可以和多種稀土氧化物形成固溶體。表 7-7 所示為不同稀土氧化物穩定的 ZrO_2 的電導率數據。這些電解質材料中，Sc_2O_3穩定的 ZrO_2 具有最高的氧離子電導率，其在 1000℃的電導率達到 0.25 $\Omega^{-1} \cdot cm^{-1}$；$Yb_2O_3$穩定的 ZrO_2的電導率也較 YSZ 高。但 Sc_2O_3穩定的 ZrO_2存在燒結緻密化溫度過高、原材料價格過高等問題，限制了其在 SOFC 研究與開發中的應用。Yb_2O_3的價格也較 Y_2O_3高得多。YSZ 是高溫 SOFC 中最普遍採用的電解質材料，其在中溫 SOFC 中透過薄膜化同樣得到了較為成功地應用。為了獲得在中溫範圍內具有比 YSZ 更高電導率的新型電解質材料，國內外的專家學者在對 ZrO_2基材料的修飾改性方面做了大量的工作。但是，至今還沒有研製出在性能和價格上可以和 YSZ 相媲美的新型 ZrO_2基電解質材料。

表 7-7 不同稀土氧化物穩定的 ZrO_2的電導率數據[19]

穩定劑（M_2O_3）	摻雜量（M_2O_3）摩爾分數（%）	電導率（1000℃）（$10^{-2}\Omega^{-1} \cdot cm^{-1}$）	活化能（$kJ \cdot mol^{-1}$）
Nd_2O_3	15	1.4	104
Sm_2O_3	10	5.8	92
Y_2O_3	8	10.0	96
Yb_2O_3	10	11.0	82
Sc_2O_3	10	25.0	62

3 鈣鈦礦型複合金屬氧化物

典型的鈣鈦礦型氧化物（ABO_3）具有氧離子、電子混合導電性。但是，自從日本大分大學的石原達己博士發現摻雜的 $LaGaO_3$這種新型氧離子導電材料後，人們對鈣鈦礦型複合氧化物材料的認識發生了根本性的改變。摻雜 $LaGaO_3$的電導率與A位摻雜的鹼土金屬離子的種類密切相關，其電導率按下列順序變化：Sr>Ba>Ca，因此 Sr 最適合作為 $LaGaO_3$的摻雜劑。近來，有報導稱 Ba 摻雜的 $LaGaO_3$具有較高的離子導電性，作為 SOFC 的電解質材料具有一定的前景。除了 A 位摻雜外，還可用低價態的陽離子對 B 位進行摻雜，以增大材料中的氧空位濃度。在考察的幾種 B 位的摻雜元素中，以 Mg 的摻雜對提高材料的離子電導率最為有效。在 B 位的 Mg 摻雜濃度（摩爾分數）達到 20%時，材料的電導率最大。因為 Mg 的離子半徑比 Ga 大，在 B 位摻雜 Mg 後，會使 $LaGaO_3$ 的晶胞參數有所增大。Sr 在 $LaGaO_3$中的溶解度在無 Mg 存在時為 10%（摩爾分數），但當在 B 位摻雜 Mg 後，Sr 的溶解度增加到 20%（摩爾分數）。總之，摻雜的 $LaGaO_3$在中溫下具有較高的離子電導率和離子傳遞係數，適於作為 SOFC 的電解質材料。

◎Sr、Mg 摻雜的 $LaGaO_3$（LSGM）的合成

LSGM 電解質材料的合成通常採用高溫固相反應法[9]。按化學計量比將 La_2O_3、Ga_2O_3和摻雜劑 $SrCO_3$、MgO 混合均勻，在 1000℃焙燒 360 分鐘，將得到的粉料重新研磨，將粉料在 1500℃下焙燒 900 分鐘，獲得 LSGM 燒結體；將燒結體在研缽內加入乙醇研磨 120 分鐘，即可獲得LSGM粉料。採用固相反應法，要獲得符合化學計量比的LSGM，關鍵因素之一是要準確計量摻入MgO的量。由於 MgO 適量相對較小，很小的稱量誤差就會造成合成產物的化學計量比的較大偏離。另外，MgO 在空氣中極易吸收水分和二氧化碳，生成 $Mg(OH)_2$和 $MgCO_3$。如果直接使用這種商品氧化鎂進行配料，勢必造成最終產物中 Mg 的缺位，進而需要大的陽離子缺位加以補償。因此，商品 MgO 要在 1000℃焙燒除去碳酸鹽和氫氧化物後才能使用。

LSGM的合成還可採用「氨基乙酸—硝酸鹽」燃燒法[20]。首先將幾種金屬離子的硝酸鹽溶液按化學計量比進行混合，然後加入氨基乙酸，攪拌使之溶解。加入的氨基乙酸作為燃料和錯合劑。燃料的摻入量取決於所需要的燃燒環境。「化學計量比」燃燒法添加氨基乙酸的量可根據完全消耗硝酸鹽前驅物中過剩氧所需的燃料量加以確定（假設燃燒反應的氣態產物為 H_2O、CO_2和 N_2）。在貧燃燒法或富燃燒法中，所加入的燃料量少於或多於按化學計量比計算所得到的燃料需求量。如在貧燃燒法中，可加入按化學計量比確定燃料量的一半；而在富燃燒法中，則可加入 2 倍於按化學計量比確定燃料量的氨基乙酸。加熱逐漸除去水分至膠體燃燒，形成灰狀前驅物。將前驅物在 650℃下焙燒，除去殘留的有機物，然後再將得到的粉料在 1400℃焙燒 120 分鐘，即可得到接近純相的鈣鈦礦結構的LSGM。採用硝酸鹽法製備的LSGM具有化學計量比準確、成相溫度低、比表面積高等特點。

為合成出具有高燒結活性的 LSGM 超細粉，還可以採用檸檬酸法，又稱

Pechini法，是Pechini於1967年所發明的一種合成陶瓷粉體的方法[21]。檸檬酸法的特點是，在金屬離子與至少含有一個羧基的α－羥基羧酸〔如檸檬酸 $HOC(CH_2COOH)_2 \cdot COOH$ 和乙醇酸 $HOCH_2COOH$〕之間形成多元螯合物。該螯合物在加熱過程中與有多功能團的醇（如乙二醇 $HOCH_2CH_2OH$）發生聚酯化反應。進一步加熱生成黏性樹脂，然後是透明的剛性玻璃狀凝膠，最後生成超細氧化物粉體。Pechini法的優點是能夠製備成分複雜的粉體，並且在溶液中透過在分子尺度混合保證了均勻性，能夠控制化學計量比。但是，由於檸檬酸的錯合能力較低，當金屬離子的濃度較高時，如果溶液的 pH 值控制不當，在加熱濃縮過程中容易產生金屬離子的水解析出。此外，製備出的複合氧化物的晶粒尺寸雖然較小（若控制得當，在 100 nm 以下），但由晶粒構成的粉料顆粒尺寸較大，且顆粒間團聚（包括軟團聚和硬團聚）嚴重。

為了避免金屬離子的水解析出，提高合成粉料的組成均勻性，國內外學者提出了許多對檸檬酸法的改進方法。主要包括對檸檬酸加入量的調整、加熱溫度及加熱速度的調整等，也有關於改變有機試劑種類的報導。比較有代表性的對檸檬酸法的改進是，首先往混合溶液中加入一定量的乙二胺四乙酸（EDTA），使金屬離子與 EDTA 形成穩定的螯合物，然後再加入檸檬酸。80℃循環水浴加熱，隨著水分的不斷蒸發，最後得到黏稠的膠體。將膠體置於烘箱中 150～200℃流動空氣氣氛下預處理 10～24 小時，得到初次粉體。將初次粉體在馬弗爐中焙燒，得到所需的複合氧化物粉體[11, 12]。該合成方法和經典的 Pechini 法相比，具有過程易於控制、合成粉體比表面積較高等特點，可以使陶瓷粉料的成相溫度進一步降低。該方法的缺點是合成出粉體的團聚比較嚴重，粒度也較大。

EDTA-檸檬酸法也可以用於製備 LSGM 的超細粉[20]。該方法對檸檬酸法的改進主要在於首先用乙二胺四乙酸（EDTA）的氨水溶液將混合硝酸鹽溶液中的金屬離子錯合，然後加入檸檬酸作燃料。在溶液濃縮前還要加入一定量的 NH_4NO_3，作為發泡劑和燃燒反應的引發劑。當混合溶液加熱濃縮至自燃時，會發生劇烈的類似硝銨炸藥爆炸的燃燒反應，生成超細前驅粉。將得到的前驅粉在一定溫度下焙燒，即可得到超細LSGM粉料。採用這種方法，可將LSGM的成相溫度從固相法的1500℃降至1100℃左右。合成的 LSGM 的顆粒度小於 100 nm。圖 7-12 為此法的製備流程。

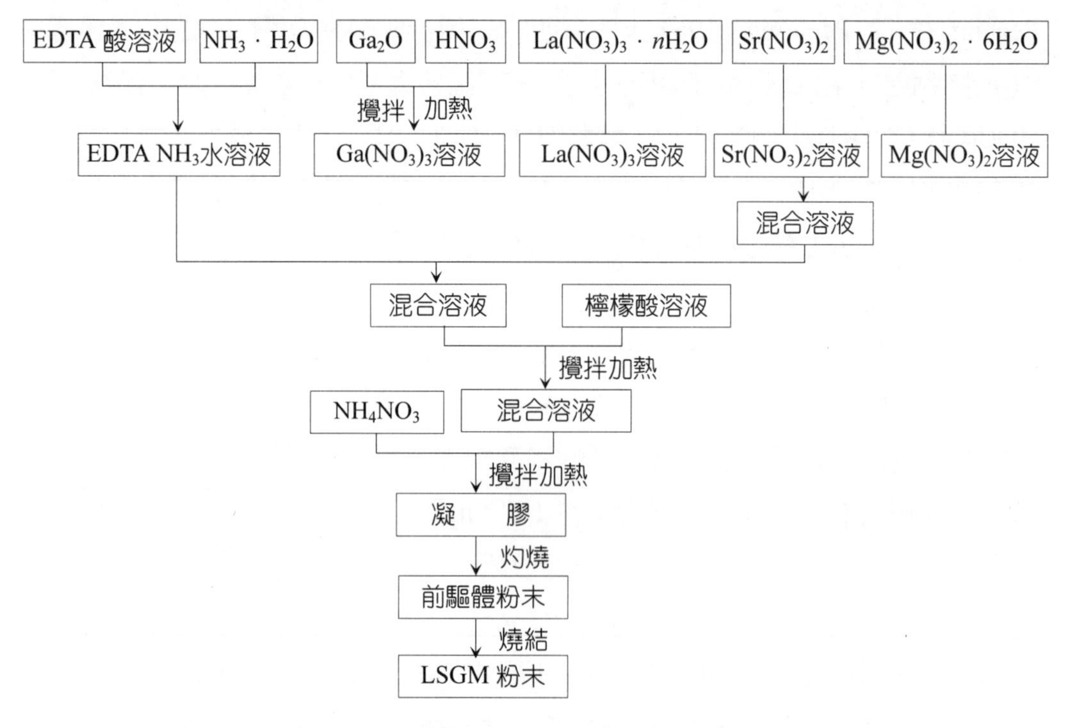

圖 7-12　改進的檸檬酸法合成 LSGM 超細粉的製備流程

◎**LSGM 的結構**[23, 24, 25]

$LaGaO_3$具有扭曲的鈣鈦礦結構，傾斜的 GaO_6八面體位於正六面體的八個頂點上，La 位於正六面體的中心，組成正交結構的晶胞。而 $La_{0.9}Sr_{0.1}Ga_{0.8}Mg_{0.2}O_{2.85}$具有單斜結構，如圖 7-13 所示[23]。兩個體系晶胞對理想鈣鈦礦結構的扭曲均來自於 GaO_6八面體的傾斜。而對稱性的改變對這種傾斜具有直接的影響。GaO_6八面體具有兩個傾斜方向：分別為繞鈣鈦礦結構晶胞$[001]_p$和$[110]_p$兩主軸的傾斜。對於正交空間群，GaO_6八面體在繞 *b* 軸（$[110]_p$）和 *c* 軸（$[001]_p$）

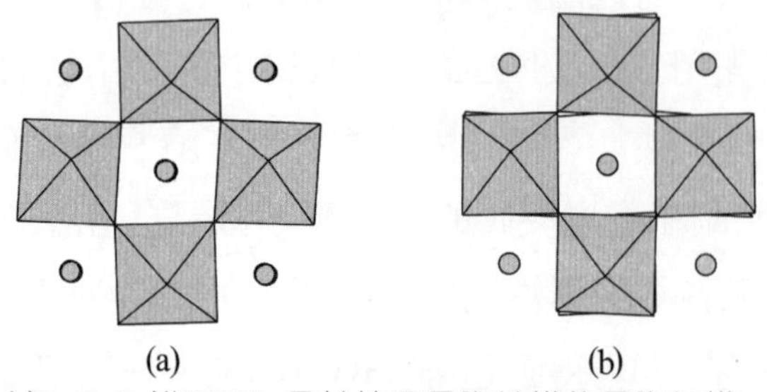

(a)$LaGaO_3$沿$[001]_p$晶軸俯視晶胞結構的晶胞結構；
(b)$La_{0.9}Sr_{0.1}Ga_{0.8}Mg_{0.2}O_{2.85}$沿$[001]_p$晶軸俯視晶胞結構的晶胞結構

圖 7-13　$LaGaO_3$的結構

的方向產生傾斜，可表示為 $a^0b^+c^+$，表明沿同軸的鄰近的八面體傾斜是同相位的。而對於單斜空間群，GaO_6八面體則在繞 c 軸（$[110]_p$）和 a 軸（$[001]_p$）的方向產生傾斜，可表示為$a^{-1}b^0c^+$，表明沿同軸的鄰近的八面體傾斜是反相位的。摻雜對 GaO_6八面體的傾斜程度具有一定的影響，如$[001]_p$的傾斜從 $LaGaO_3$的 9.6°降低到 $La_{0.9}Sr_{0.1}Ga_{0.8}Mg_{0.2}O_{2.85}$的 6.8°，同時$[110]_p$的傾斜程度有小幅度的降低（從 11°降低到 10°）。此外，摻雜還對 GaO_6本身具有一定的影響。在 $LaGaO_3$中，所有的 Ga－O 鍵鍵長相近，而對 $La_{0.9}Sr_{0.1}Ga_{0.8}Mg_{0.2}O_{2.85}$，$GaO_6$八面體則有較大的扭曲。正是因為這種結構上的差異，造成摻雜 $LaGaO_3$ 的高離子導電性。

在 $La_{1-x}Sr_xGa_{1-y}Mg_yO_{3-\delta}$中，增大 x 或提高溫度均可增大 ABO_3型鈣鈦礦材料的容限因子 $t=(r_A+r_O)/\sqrt{2}(r_B+r_O)$，進而降低 $Ga_{1-y}Mg_yO_{3-0.5(x+y)}$骨架上的擠壓應力。這種應力對晶體對稱性從立方向正交的扭曲具有一定的作用。圖 7-14 所

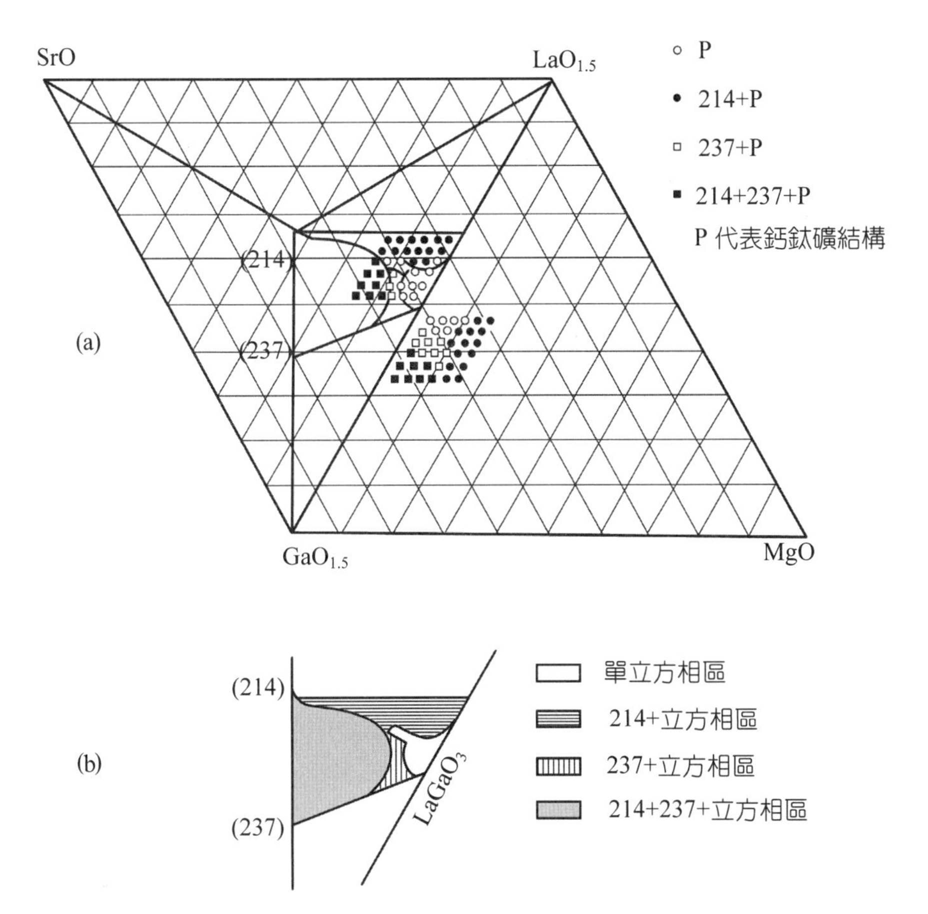

圖 7-14　$LaO_{1.5}$-SrO-$GaO_{1.5}$-MgO 四元相圖的 Schreinemakers 投影圖

示為用 Schreinemakers 投影方法製備的 $LaO_{1.5}$-SrO-$GaO_{1.5}$-MgO 四元相圖[22]。從相圖上可以看出，在該體系中，存在單相區、兩相區和三相區，但不存在含有 Mg 的雜相，說明 Mg 在鈣鈦礦結構的氧化物中的溶解度很高。隨著 Mg 摻雜量的增大，摻雜 $LaGaO_3$的熔點降低，直至 MgO 從主相中分離析出。

一些摻雜 $LaGaO_3$複合物的結構參數如表 7-8 所示。

表 7-8 摻雜 $LaGaO_3$複合物的結構參數[23]

組 成	對稱性	晶胞常數（nm）			單胞體積（nm^3）
		A	*B*	*C*	
$LaGaO_3$	正交晶系	0.5487	0.5520	0.7752	0.23479
$La_{0.9}Sr_{0.1}GaO_{2.95}$	正交晶系	0.54897	0.55266	0.77709	0.23576
$La_{0.9}Sr_{0.1}Ga_{0.8}Mg_{0.2}O_{2.85}$	正交晶系	0.55193	0.55397	0.78315	0.23945
$La_{0.9}Sr_{0.1}Ga_{0.75}Mg_{0.25}O_{2.825}$	立方晶系	0.39157			0.06004
$La_{0.85}Sr_{0.15}Ga_{0.8}Mg_{0.2}O_{2.825}$	立方晶系	0.39116			0.05985
$La_{0.8}Sr_{0.2}Ga_{0.85}Mg_{0.15}O_{2.825}$	立方晶系	0.39092			0.05974

◎LSGM 的導電性能[20, 25]

LSGM 的電導率隨溫度的升高而增大。A、B 位摻雜量的改變對 LSGM 電導率也有較大的影響。$La_{1-x}Sr_xGa_{1-y}Mg_yO_{3-\delta}$的電導率隨著 Sr、Mg 摻雜量的增加而增大，表明氧空位是由於低價態的 Sr 和 Mg 對鈣鈦礦結構中的 A 位 La 及 B 位的 Ga 進行取代而產生的，

$$Sr = Sr'_{La} + \frac{1}{2}V_O^{\cdot\cdot}$$
$$Mg = Mg'_{Ga} + \frac{1}{2}V_O^{\cdot\cdot}$$

Sr 和 Mg 對電導活化能有不同的影響，增加 Sr 的摻雜量會降低電導活化能。與此相反，增加 Mg 的摻雜量會使電導活化能增大。這種差異與兩種離子的離子半徑／電荷比的不同有關。表 7-9 為不同摻雜濃度的 LSGM 在不同溫度下的電導率數據。

◎LSGM 與其他電池材料的化學相容性[26, 27]

當 LSGM 用作 SOFC 的電解質材料時，對 LSGM 與各種電池材料的化學相容性及材料本身在氧化還原氣氛中的穩定性必須予以重視。Ni 是 SOFC 中

表 7-9 不同摻雜濃度的 LSGM 的電導率及電導率活化能[23]

$La_{1-x}Sr_xGa_{1-y}Mg_yO_{3-\delta}$		σ_{600} (S · cm^{-1})	σ_{800} (S · cm^{-1})	E_a (eV)
x	y			
0.1	0	8.97×10^{-3}	2.65×10^{-2}	0.81
	0.05	2.20×10^{-2}	8.85×10^{-2}	0.87
	0.1	2.53×10^{-2}	0.107	1.02
	0.15	2.20×10^{-2}	0.117	1.06
	0.2	1.98×10^{-2}	0.121	1.13
	0.25	0.92×10^{-2}	0.126	1.17
0.15	0.05	1.93×10^{-2}	8.11×10^{-2}	0.918
	0.1	2.80×10^{-2}	0.121	0.98
	0.15	2.59×10^{-2}	0.131	1.03
	0.2	2.11×10^{-2}	0.124	1.09
0.2	0.05	2.12×10^{-2}	9.13×10^{-2}	0.874
	0.1	2.92×10^{-2}	0.128	0.950
	0.15	2.85×10^{-2}	0.140	1.06
	0.2	2.21×10^{-2}	0.137	1.15
0.25	0.1	1.72×10^{-2}	4.48×10^{-2}	1.02
	0.15	1.91×10^{-2}	0.104	1.12

最普遍採用的陽極材料，因此 LSGM 與 Ni 或 NiO 的化學相容性就顯得尤為重要。

電子探針研究表明，LSGM 和 Ni 之間的化學相容性存在著嚴重的問題。在 1350℃焙燒的 LSGM/NiO 界面上，距界面 5 μm 的 LSGM 相中 NiO 的含量達到 2%（質量比）以上，在距界面 15 μm 處 NiO 的濃度迅速降為約 0.25%；在距電解質表面 30 μm 處仍能檢測到 NiO 的存在。在陽極側幾個微米的距離內就很難檢測到 La、Sr、Ga 和 Mg。在 $La_{0.8}Sr_{0.2}Ga_{0.85}Mg_{0.15}O_{3-\delta}$與 NiO 的界面處，Ni 與其他幾種元素間按不同的比例可以形成以下幾種物相 $La_{0.8}Sr_{0.2}Ga_{0.85-x}Ni_xO_{3-\delta}$（LSGN）、$La_{0.8}Sr_{0.2}Ga_{0.85-x}Ni_xMg_{0.15}O_{3-\delta}$（LSGNM）和 $La_{0.8}Sr_{0.2}Ga_{0.85}Mg_{0.15-x}Ni_xO_{3-\delta}$（LSGMN）。在 LSGNM 中 Ni 對 Ga 的替代比例可以達到 x=0.05 而使材料保持單相，Ni 對 Sr 的替代比例則可達到 x=0.08。在 x=0～0.05 的範圍內，形成穩定的鈣鈦礦型固態溶液，材料的電導率隨 Ni 對 Ga 替代比例的增大而降低。在 x=0.05～0.2 的範圍內，在晶界處生成導電性很差的 LaSrGa

$(Ni)O_{4-\delta}$新相，材料的電導率因 Ni^{3+}/Ni^{2+}缺陷的產生引入了空穴導電而增大。當 $x>0.2$ 時，生成的新相構成連續導電通道，NiO 也開始析出，從而使材料的空穴電導率迅速增大。研究表明，在 1300℃以上，LSGM 即與 NiO 開始發生相互作用。這種相互作用不但會降低陽極的電化學活性，增加陽極與電解質的接觸電阻，更重要的是會在LSGM 電解質材料中引入電子電導，造成 SOFC 開路電位的降低，進而降低 SOFC 的燃料利用率。

◎LSGM 的熱膨脹係數[28]

LSGM 的熱膨脹係數隨著摻雜量的增大而增大，增大程度與其中的氧空位濃度成正比。圖 7-15 所示為不同組成 LSGM 熱膨脹係數隨溫度變化的曲線。$LaGaO_3$因在 421℃發生正交到斜方晶系的物相結構轉變而產生大的收縮。透過摻雜Sr和Mg，可將收縮降至很低，並使收縮峰寬化。對$La_{1-x}Sr_xGa_{1-y}Mg_yO_{3-\delta}$（$x$=0, 0.1, 0.2）系列材料，相轉變溫度隨 Mg 摻雜量的增大而提高。Sr 摻雜量的影響是，對每一系列的$La_{1-x}Sr_xGa_{1-y}Mg_yO_{3-\delta}$（$y$=0, 0.1, 0.2），相轉變溫度隨 Sr 摻雜量的增加而降低。

LSGM的平均熱膨脹係數由於測量的溫度範圍不同而存在一定的差異，表 7-10 所列為不同文獻報導的不同溫度範圍、不同組成的 LSGM 的平均熱膨脹係數。

表 7-10 中，$LaGaO_3$在 12～413 K 屬正交晶系，在 573～1353 K 屬斜方晶

表 7-10　LSGM 的平均熱膨脹係數

組　成	溫度範圍（K）	平均熱膨脹係數（10^{-6} cm · cm^{-1} · K^{-1}）
$La_{0.9}Sr_{0.1}Ga_{0.8}Mg_{0.2}O_{2.85}$	373～1073	10.0
$La_{0.9}Sr_{0.1}Ga_{0.8}Mg_{0.2}O_{2.85}$	298～12731	1.0
$La_{0.9}Sr_{0.1}Ga_{0.8}Mg_{0.2}O_{2.85}$	293～1123	11.5
$La_{0.9}Sr_{0.1}Ga_{0.8}Mg_{0.2}O_{2.85}$	293～1473	11.5
$La_{0.9}Sr_{0.1}Ga_{0.8}Mg_{0.2}O_{2.85}$	723～1273	11.6
$La_{0.9}Sr_{0.1}Ga_{0.8}Mg_{0.2}O_{2.85}$	886～1123	12.47
$La_{0.8}Sr_{0.2}Ga_{0.9}Mg_{0.1}O_{2.85}$	298～1473	11.5
$La_{0.8}Sr_{0.2}Ga_{0.8}Mg_{0.2}O_{2.8}$	298～1273	11.55
$La_{0.8}Sr_{0.2}Ga_{0.8}Mg_{0.2}O_{2.8}$	298～1473	12.2
$LaGaO_3$	12～413	11.0
$LaGaO_3$	573～1353	13.2

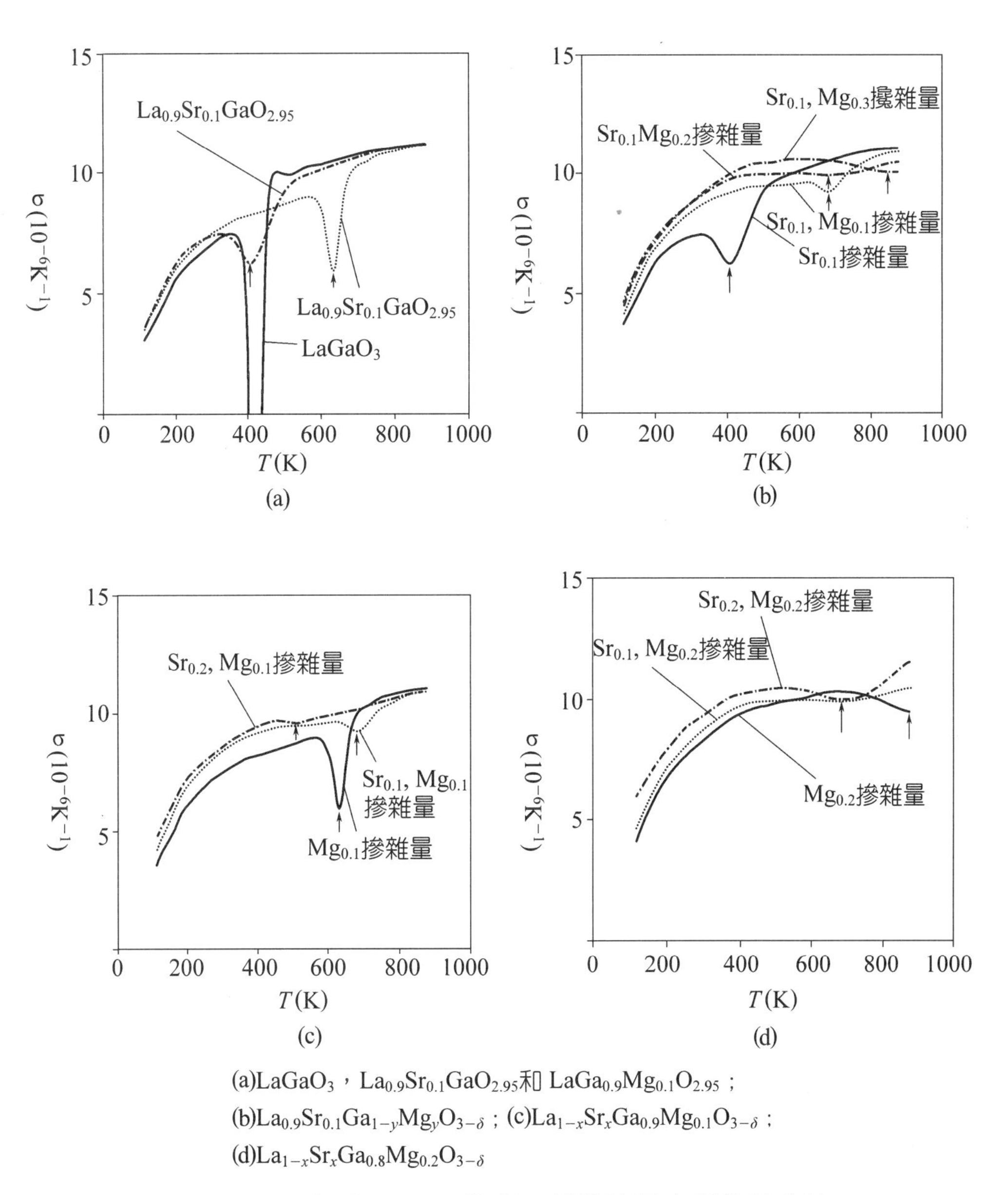

(a)$LaGaO_3$，$La_{0.9}Sr_{0.1}GaO_{2.95}$和 $LaGa_{0.9}Mg_{0.1}O_{2.95}$；
(b)$La_{0.9}Sr_{0.1}Ga_{1-y}Mg_yO_{3-\delta}$；(c)$La_{1-x}Sr_xGa_{0.9}Mg_{0.1}O_{3-\delta}$；
(d)$La_{1-x}Sr_xGa_{0.8}Mg_{0.2}O_{3-\delta}$

圖 7-15 不同組成 LSGM 熱膨脹係數隨溫度變化的曲線

系。可以看出，不同結構的 $LaGaO_3$的平均熱膨脹係數存在較大的差異。

◎**LSGM 的機械性能**[29]

室溫下，$La_{0.8}Sr_{0.2}Ga_{1-y}Mg_yO_{3-\delta}$（$y=0.1\sim0.2$）的彎曲強度（MOR）隨 Mg 摻雜量的增大而降低。$La_{0.8}Sr_{0.2}Ga_{0.9}Mg_{0.1}O_{3-\delta}$的 MOR 為 (157±15) MPa，而 $La_{0.8}Sr_{0.2}Ga_{0.8}Mg_{0.2}O_{3-\delta}$的 MOR 則降為 (113±8) MPa。在$y=0.1\sim0.2$ 範圍內的 MOR 降低可歸因於隨著 B 位摻雜濃度的提高晶格應力的增大。$LaGaO_3$在室

溫下具有正交結構。隨著 Mg 摻雜濃度的增加，儘管 *b* 軸方向的晶格參數幾乎保持恆定，*a* 軸和 *c* 軸方向的晶格常數均有所增加。因為 Mg^{2+}的離子半徑為 0.086 nm，而 Ga^{3+}的離子半徑僅為 0.076 nm，這種離子半徑差異會導致晶胞參數的增大，進而造成材料機械強度的下降。因此，當將 LSGM 用作 SOFC 的電解質材料時，必須重點考慮 B 位離子的摻雜濃度。在 LSGM 體系中，具有最高離子電導率的組成是$La_{0.8}Sr_{0.2}Ga_{0.85}Mg_{0.15}O_{3-\delta}$，其 MOR 僅為 (139±17) MPa。

Mg 的摻雜濃度對 $La_{0.8}Sr_{0.2}Ga_{1-y}Mg_yO_{3-\delta}$ 的楊氏模量無顯著影響。LSGM 的斷裂韌性 K_c 在 y=0.15～0.2 的摻雜濃度範圍內不發生顯著變化；但是在 y=0.1～0.15 範圍內，斷裂韌性變化較為顯著。y=0.1 的 LSGM 的斷裂韌性為 1.63 MPa · $m^{1/2}$，而 y=0.15 的 LSGM 的斷裂韌性則僅為 1.16 MPa · $m^{1/2}$。LSGM 的斷裂韌性約為 Y_2O_3穩定 ZrO_2的一半。YSZ 在室溫下的斷裂韌性至少為 3 MPa · $m^{1/2}$。$La_{0.8}Sr_{0.2}Ga_{1-y}Mg_yO_{3-\delta}$的室溫 MOR 和 K_c均較傳統的 SOFC 材料低，因此當 LSGM 在 SOFC 中作為荷載元件時，有必要透過改進製備方法或對材料進行修飾改性等措施提高材料的強度。

◎其他 $LaGaO_3$基固體氧化物電解質材料[30, 31]

按照傳統的觀點，摻雜過渡金屬（如 Co、Ni 和 Fe 等）陽離子會增加材料的電子和空穴導電性，因此對於氧離子導電電解質材料一般不希望過渡金屬陽離子的引入。但是研究發現，在 LSGM 中摻雜 Co，只要 Co 的摻雜量低於 10%（摩爾分數），不但不會造成氧離子傳遞係數的明顯降低，而且可以增大材料的氧離子導電能力。圖 7-16 所示為幾種過渡金屬陽離子摻雜的 LSGM 電導率的 Arrhenius 曲線。可以看出，摻雜 Co 和 Fe 可以提高材料的電導率，而摻雜 Cu 和 Mn 則使材料的電導率降低。摻雜 Ni，在 800℃以下能夠改善材料的導電性能，但是在 700℃以上，材料的電導率卻隨著溫度的升高而降低。這與 NiO 在高溫下被還原產生電子電導有關。透過電導率與氧分壓的關係可知，摻雜 Mn 和 Ni 可以較大幅度地增加材料的 n-型導電性，Cu 的摻雜可增大材料的 p-型導電性。與此相反，摻雜 Fe 及 Co 的 LSGM 的電導率幾乎不隨氧分壓發生變化。

圖 7-17 所示為 1000℃、p_{O_2}=1 Pa 條件下，Co 摻雜的 LSGM 的電導率和氧離子傳遞係數隨 Co 摻雜量變化的關係。如圖所示，材料的電導率隨 Co 摻雜量的增加而增大，而氧離子傳遞係數則隨著 Co 摻雜量的增加而降低。圖中所示的氧離子電導率是由總電導率和氧離子傳遞係數計算得到的。

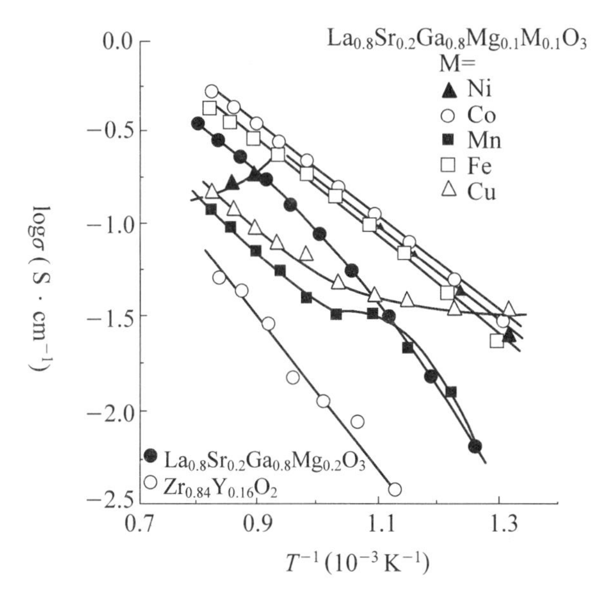

圖 7-16 幾種過渡金屬陽離子摻雜的 LSGM 電導率的 Arrhenius 曲線

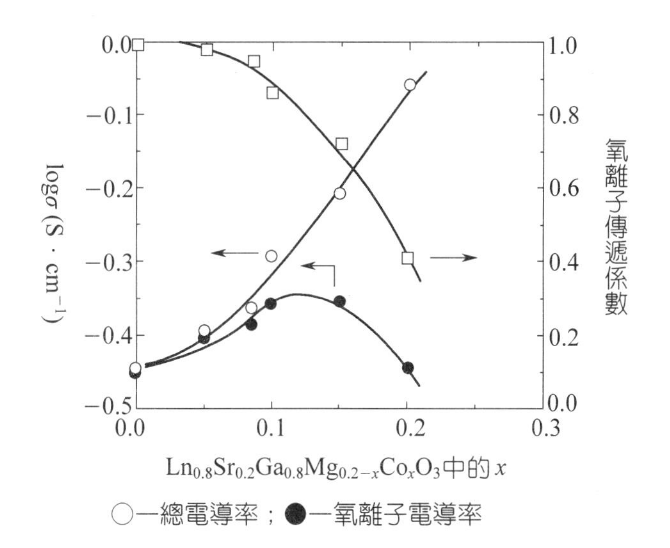

圖 7-17 1000℃，$p_{O_2}=1$ Pa 條件下，Co 摻雜的 LSGM 的電導率和氧離子傳遞係數隨 Co 摻雜量變化的關係

4 CeO_2基固體氧化物

CeO_2具有立方螢石型結構，晶胞常數為 0.540 nm，物性參數如表 7-11 所示。CeO_2燒結體在 273.15～1073.25 K 溫度範圍內的熱膨脹係數為 8.6×10^{-6} cm/(cm · K)。

表 7-11 CeO_2的物性參數[32]

物　性	參數值	物　性	參數值
密度（$g \cdot cm^{-3}$）	7.22	熱導率（$W \cdot m^{-1} \cdot K^{-1}$）	12
熔點（K）	2750	楊氏模量（$N \cdot m^{-2}$）	165×10^9
比熱容（$J \cdot kg^{-1} \cdot K^{-1}$）	460	硬度	5～6

純淨的 CeO_2為 n-型半導體，離子電導率可以忽略不計。在 CeO_2中摻雜少量的二價或三價鹼土金屬氧化物 RO 或稀土金屬氧化物 Ln_2O_3，能夠生成具有一定濃度氧空位的螢石型固溶體，即成為氧離子導體。

◎CeO_2基複合氧化物與膜的製備

高溫固相反應法、溶膠—凝膠法等經典陶瓷製備方法均可以用於製備CeO_2基電解質粉料。根據不同的用途，應採用不同的合成方法。帶鑄法具有廉價、易於實現大規模工業生產等優點。為了降低帶鑄法製備電解質膜片的燒製溫度，通常需要使用超細電解質粉料。滿足帶鑄法要求的摻雜CeO_2的粉料可以採用草酸鹽共沉澱法進行合成[33]。Y_2O_3摻雜的 CeO_2（YDC）的合成過程如下：配製 Y 和 Ce 的硝酸鹽濃溶液（濃度約 1 mol/L），並用 EDTA 錯合滴定法準確測定各溶液的金屬離子濃度。將已知準確濃度的 Ce 和 Y 的硝酸鹽溶液按所需的化學計量比混合後，用滴定管以 10 ml/min 的速度邊攪拌邊滴加到濃度為 0.05 mol/L 的稀草酸溶液中，並用氨水將溶液的 pH 值調至 6.7。將得到的共沉澱產物真空過濾，用 H_2O 反覆清洗，再用乙醇進行清洗。沉澱產物在 50℃乾燥數小時，然後在 700℃焙燒，即得到可用於帶鑄法製備摻雜 CeO_2膜片的氧化物粉料。

另一種製備 YDC 的方法是共沸點蒸餾法[34]。首先按化學計量比的要求配製 Y+Ce 總濃度為 1 mol/L 的混合溶液，然後邊攪動邊滴加氨水，將溶液的 pH 值調至 10 以上。共沉澱完成後，用去離子水對膠體水洗和真空過濾 5 次以上，以除去殘餘的硝酸銨。將得到的濾餅在強機械攪拌下與正丁醇混合製成懸浮的膠體。將膠體轉入圓底燒瓶進行共沸蒸餾。加熱至 93℃，達到水—正丁醇共沸點後，膠體中的水以共沸物的形式被蒸出。在水分被完全蒸出後，將溫度升至正丁醇的沸點 117℃，使正丁醇大部分蒸發掉後，再將膠體在 50℃乾燥 24 小時。採用此法合成的膠體在 500℃開始結晶化，700℃形成具有立方螢石結構的

YDC 超細粉。500℃、700℃和 900℃燒成的 YDC 的平均粒度為 8 nm、25 nm 和 60 nm。

摻雜 CeO_2超細粉還可以用氯化物作原料進行製備[35]。首先將濃度為 0.8 mol/L 的 $CeCl_3$-0.2 mol/L 的 MCl_2混合水溶液（M^{2+}=Mg^{2+}、Sr^{2+}、Ba^{2+}、Zn^{2+}）和 3 mol/L 的 NaOH 同時滴入 40℃的去離子水中，然後加入 H_2O_2。必要時用稀 NaOH 或稀 HCl 調整溶液的 pH 值。最後將得到的沉澱用去離子水和甲醇清洗後，在 120℃乾燥。生成的鈰基氧化物的粒徑隨摻雜元素種類不同而有較大的變化。合成 20%（摩爾分數） CaO 穩定的 CeO_2時，如果在中和過程和氧化階段均將溶液的 pH 值調至 8 以上，得到的沉積產物的粒徑為 2～4 nm，BET 比表面積為 67 m^2/g。在 1000℃焙燒 1 小時，MgO 和 CaO 摻雜的樣品得到立方螢石結構的純物相，而 SrO 和 BaO 摻雜的 CeO_2在相同條件下則不能形成純物相，說明 SrO 和 BaO 在 CeO_2中溶解度低於 20%。

CeO_2基複合氧化物用於 SOFC 的電解質材料有多種途徑。一種途徑是首先製備電解質粉料，然後採用乾壓、軋製、帶鑄等方法製備厚度在幾百微米數量級的 CeO_2基複合氧化物膜片，最後在兩側分別燒製陽極和陰極，構成 SOFC 單電池。途徑二是在 CeO_2基複合氧化物中加入溶劑、分散劑等製成漿料，然後再用流延等方法在陽極或陰極基底上製備厚度為幾微米至幾十微米的負載型電解質薄膜，最後在電解質隔膜上製備陰極或陽極，構成 SOFC 單體電池。另一類用於製備 CeO_2基複合氧化物薄膜的方法是電化學氣相沉積、電化學鍍等。

帶鑄法製備 YDC 電解質薄膜的步驟是[33]：將 YDC 超細粉球磨後，加入聚乙烯醇叔丁醛（PVB）黏合劑、二－*n*－鄰苯二甲醛酸丁酯增塑劑（DBP）、TritonX 均化劑、魚油分散劑和有機溶劑。各種試劑的摻入量為：每 100 g YDC 粉末加入 9～14 g 的 PVB、9～14 ml 的 DBP、2 ml 的 TritonX、2 ml 的魚油和 90～120 ml 的溶劑（異丙醇—甲苯 2：1 混合液）。DBP 的加入量要與 PVB 黏合劑的用量成比例。YDC 粉末首先與均化劑、分散劑、溶劑等在 ZrO_2球磨罐中研磨 4～8 小時，然後加入黏合劑和增塑劑繼續研磨數小時，即可得到用於帶鑄的漿料。帶鑄成型後，按適當的升溫保溫程序進行燒結，即可得到摻雜 CeO_2的緻密電解質薄膜。

此外，還可以用電沉積法在 Ni 或 Ni-YSZ 基底上用恆電流陰極沉積法製備摻雜 CeO_2或 CeO_2薄膜[34]。沉積前，首先要將基底用去離子水清洗乾淨，然後再在無水乙醇中用超音波進行清洗。用$CeCl_3$和$GdCl_3 \cdot 6H_2O$配製電解用溶液，鈰鹽的濃度控制在 0.5～10 mol/L，電解時間為 20 分鐘。將沉積後的基底清洗乾燥，在 500℃焙燒後即可得到陽極負載型的摻雜 CeO_2電解質薄膜。

◎CeO_2基複合氧化物的結構

摻雜的CeO_2一般仍保持立方螢石型結構。在CeO_2(RO) 體系中，對R=Be、Mg、Ca、Sr、Ba 的研究結果表明，形成的螢石結構固溶體的氧離子電導率均較高。在 CeO_2-Ln_2O_3體系中（Ln = La、Nd、Sm、Eu、Gd、Dy、Ho、Er、Yb、Y、Sc），除 CeO_2-Sc_2O_3不形成固溶體外，其他稀土金屬氧化物與 CeO_2皆形成立方螢石型的固溶體 $Ce_{1-x}Ln_xO_{2-x/2}$，固溶體形成的範圍為 $x<0.5$。隨著Ln離子半徑的增大，固溶體的晶格常數減小。當材料中摻雜兩種稀土金屬離子時，固溶體的晶格常數符合加法規則。

◎CeO_2基複合氧化物的導電性能[5, 32]

純度在 99.99%以上的 CeO_{2-x}是混合導體，其離子、電子和空穴電導率近似相等。但是，在還原氣氛下，CeO_2會發生還原反應而在材料中產生一定量的氧空位：

$$O_O+2Ce_{Ce}=\!=\frac{1}{2}O_2(g)+V_O^{\cdot\cdot}+2Ce_{Ce}$$

對純度為 99.9%的 CeO_{2-x}，Na_2O、SrO、MgO 和 BaO 等低價態雜原子的引入會使材料的離子電導率明顯增大。如在 CeO_2中溶入 Ca 或 Gd 後，會發生如下反應，而在材料中引入大量的氧空位：

$$CaO=\!=Ca_{Ce}''+V_O^{\cdot\cdot}+O_O$$
$$Gd_2O_3=\!=2Gd_{Ce}'+V_O^{\cdot\cdot}+3O_O$$

相反地，在CeO_2中摻雜高價態的陽離子，則會將材料中的氧空位複合：

$$Nb_2O_5+V_O''=\!=2Nb_{Ce}^{\cdot}+4O$$

CaO、SrO、MgO 和 BaO 等鹼土氧化物摻雜的 CeO_2的電導率如圖 7-18 所示。從圖示結果可知，摻雜CaO、SrO 可以提高CeO_2的電導率，降低電導活化能。但是，摻雜 MgO 和 BaO 使 CeO_2的電導率增加較少。Sm_2O_3、Gd_2O_3、Y_2O_3摻雜的 CeO_2的電導率如圖 7-19 所示。可以看出，$Ce_{0.8}Sm_{0.2}O_{1.9}$在 CeO_2基

氧化物中具有最高的電導率。La_2O_3摻雜的 CeO_2較 $Ce_{0.8}Gd_{0.2}O_{1.9}$略低。

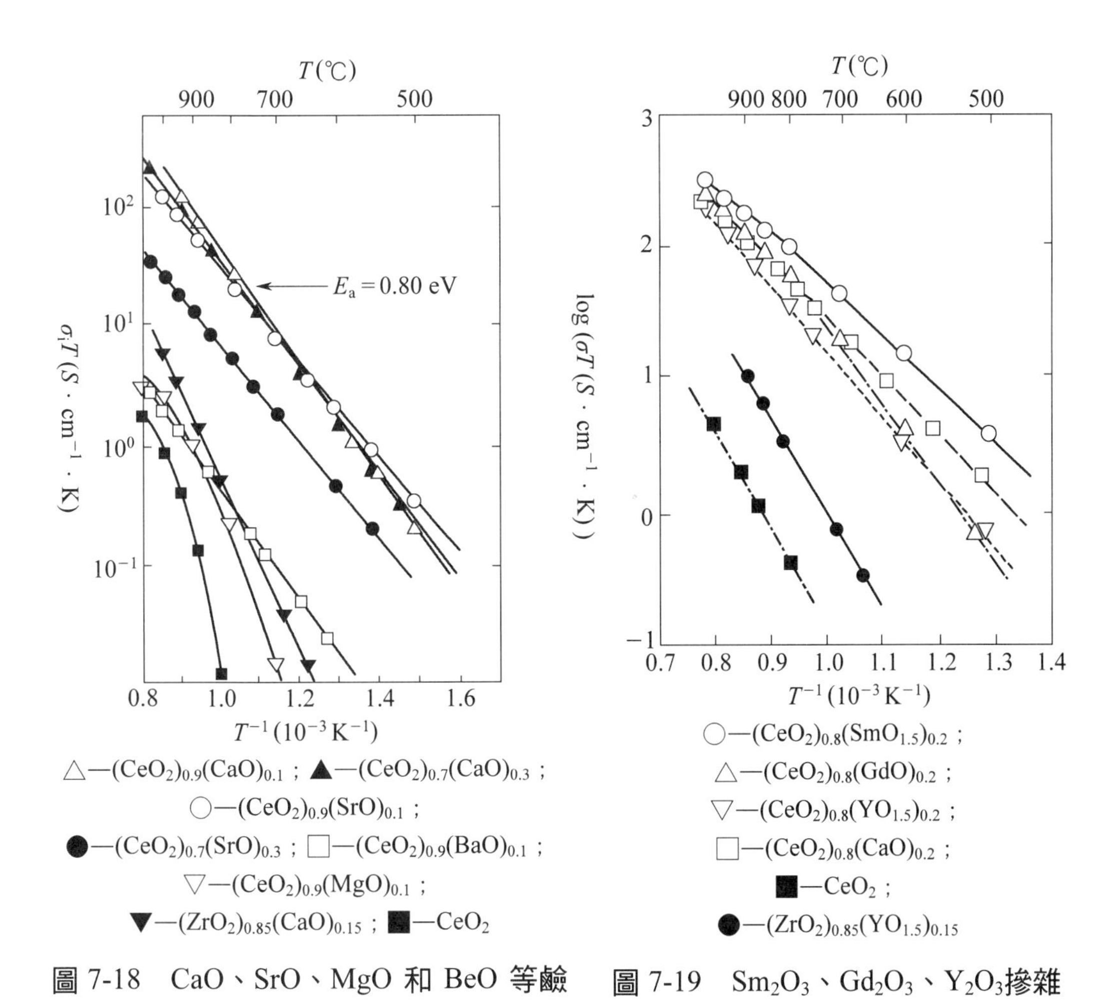

圖 7-18 CaO、SrO、MgO 和 BeO 等鹼土氧化物摻雜的 CeO_2的電導率

圖 7-19 Sm_2O_3、Gd_2O_3、Y_2O_3摻雜的 CeO_2的電導率

稀土氧化物（M_2O_3）及鹼土氧化物摻雜的 CeO_2的電導率和摻雜離子的半徑密切相關，圖 7-20 所示為 10%（摩爾分數）稀土氧化物（M_2O_3）和鹼土氧化物（MO）摻雜 CeO_2的電導率隨摻雜元素離子半徑的變化規律。離子半徑為 0.11 nm 的 Sm_2O_3摻雜的 CeO_2在稀土氧化物摻雜的 CeO_2中具有最大的離子電導率，同樣離子半徑為 0.11 nm 的 CaO 摻雜的 CeO_2在鹼土氧化物摻雜的 CeO_2中具有最大的離子電導率。最大離子電導率的產生可歸因於這兩種摻雜元素的離子半徑與晶格中的主離子相接近，導致摻雜離子與氧空位的結合焓最低。摻雜 MgO 和 BaO 的 CeO_2 的電導率反常偏低，可歸因於這兩種氧化物在 CeO_2中的溶解能力不足。

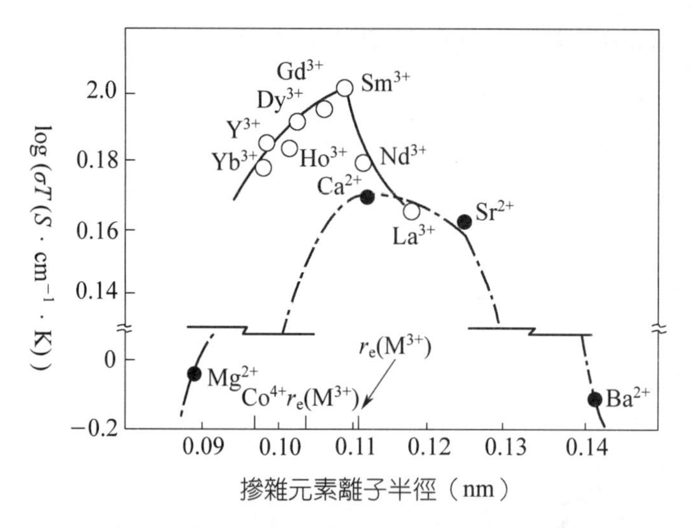

圖 7-20 10%（摩爾分數）稀土氧化物（M_2O_3）和鹼土氧化物（MO）摻雜 CeO_2 的電導率隨摻雜元素離子半徑的變化規律

鹼土氧化物、Sm_2O_3和 Y_2O_3摻雜的 CeO_2的電導率隨摻雜濃度變化的規律如圖 7-21 所示。不同氧化物摻雜的CeO_2的最大電導率出現在不同的摻雜濃度：對於鹼土氧化物和Sm_2O_3，產生最大電導率的摻雜濃度為 10%（摩爾分數）；對 Y_2O_3，產生最大電導率的摻雜濃度為 4%（摩爾分數）。幾種不同元素摻雜的 CeO_2的電導活化能隨摻雜組分濃度變化的關係如圖 7-22 所示。可以看出，對幾種不同元素摻雜CeO_2的電導活化能在一定的摻雜濃度下均出現最低值。研究表明，摻雜離子和氧空位間存在一定的相互作用，對不同的摻雜劑氧空位濃度與摻雜濃度間的關係不同。因為指前因子同樣受摻雜濃度的影響，所以材料的最大電導率及最小活化能並不總與相同的摻雜濃度相關聯。

電解質材料的電導由晶界電導、晶粒體相電導兩部分組成。對CaO摻雜的CeO_2，其晶界電阻隨摻雜濃度的提高而降低，而晶界和晶粒體相電導活化能E_a均隨著摻雜濃度的增大而降低。CaO 的摻雜濃度（摩爾分數）從 0.6%增加到 11%，使晶界活化能從 1.2 eV 降至 0.96 eV，晶粒體相活化能則從 1.15 eV 降至 0.85 eV。研究發現，在晶界處有 Ca 的富集。

在低氧分壓下，摻雜的 CeO_2材料中 Ce^{4+}會部分被還原為 Ce^{3+}，在材料中引入電子導電性，同時引起材料體積的膨脹。圖 7-23 所示為兩種不同摻雜濃度 $(CeO_2)_{1-x}(SrO)_x$ 在不同溫度下電導率隨氧分壓變化的情況。在較低氧分壓下電導率的迅速增大是由於 Ce^{4+}被還原所引起的。

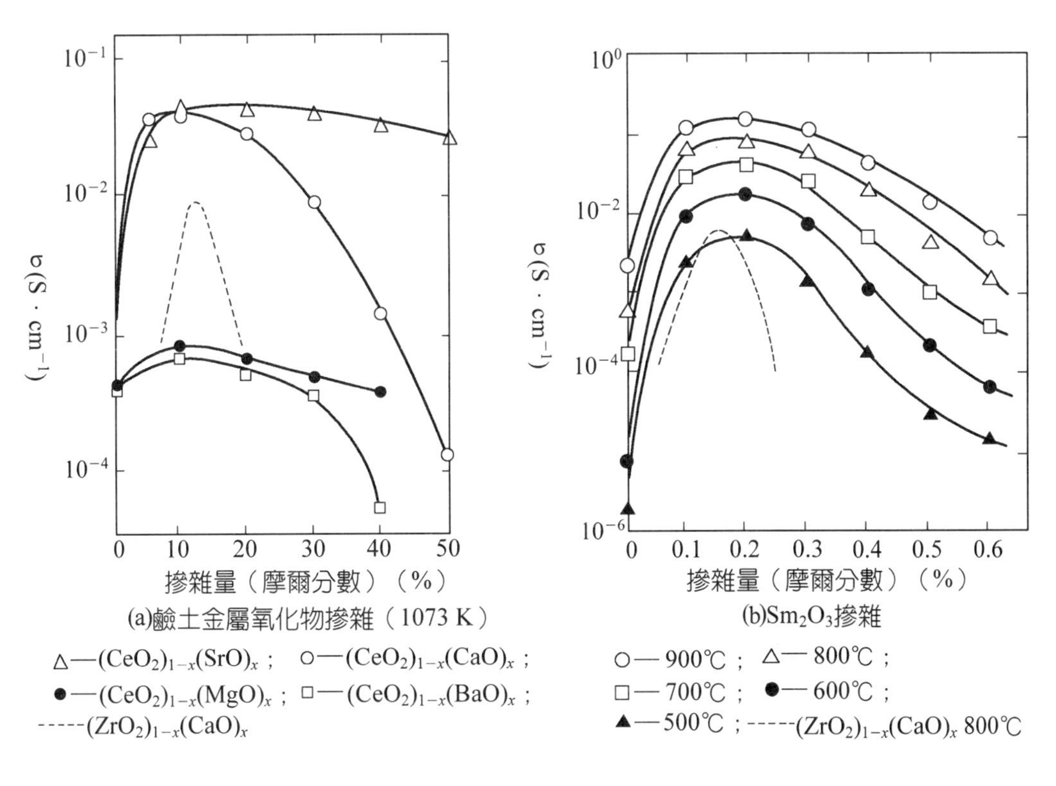

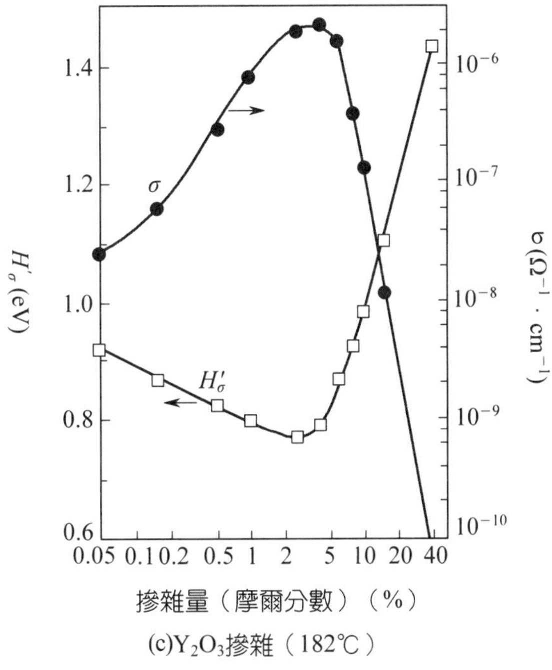

圖 7-21 摻雜的 CeO_2的電導率 σ 和低溫活化焓 H'_σ 隨摻雜濃度的變化規律

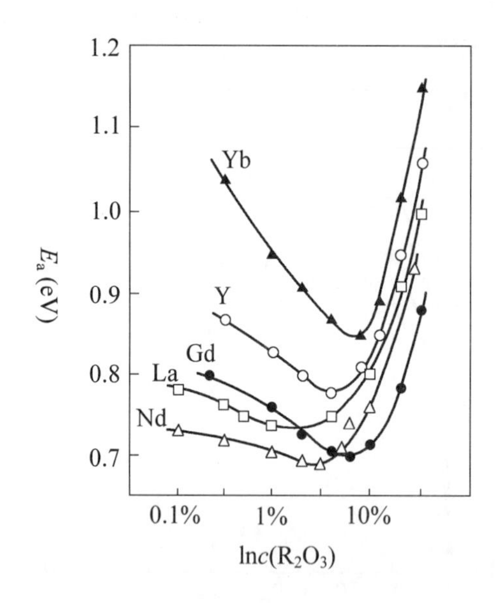

圖 7-22 幾種不同元素摻雜的CeO_2的電導活化能隨摻雜組分濃度變化的關係

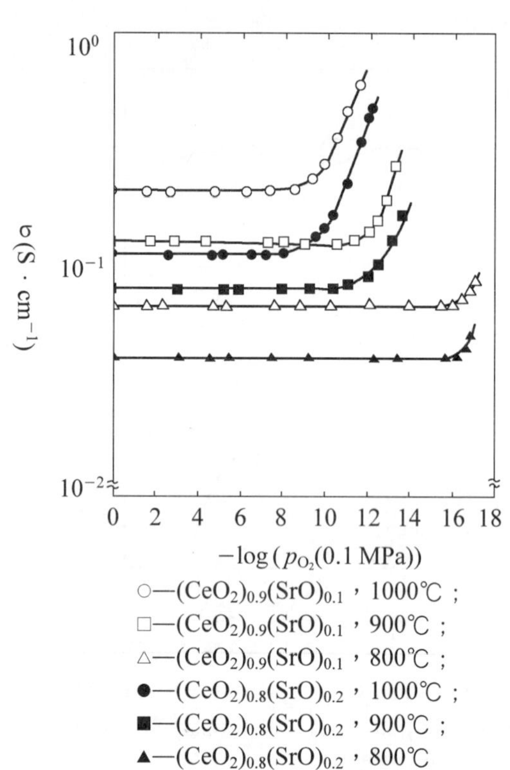

圖 7-23 兩種不同摻雜濃度$(CeO_2)_{1-x}(SrO)_x$的電導率隨氧分壓變化的情況

用摻雜的氧化鈰作 SOFC 的電解質材料，會因為電解質的部分被還原而造成單電池的開路電位低於理論值。在燃料側製備YSZ薄層保護膜，可以有效地避免 CeO_2基電解質被還原，提高 SOFC 的輸出性能。另外，在 YSZ 電解質上製備摻雜的 CeO_2薄膜，可以將一些高活性但與 YSZ 存在化學相容性問題的電極材料如 $LaCoO_3$基陰極材料加以應用，以提高 YSZ 為電解質 SOFC 的輸出性能。CeO_2基電解質材料夾層不但可以避免高溫下電解質與電極間的相互作用，還可以改善電解質與電極間的接觸，降低電極反應的極化過電位。

此外，還可以將摻雜的 CeO_2代替 YSZ 摻入 Ni 等常用 SOFC 的陽極材料中，製成金屬陶瓷，以擴展電極反應活性區的三相界。

◎CeO_2基複合氧化物與其他 SOFC 材料的化學相容性[32]

CeO_2基複合氧化物與 YSZ 在 SOFC 的操作溫度範圍內（<1000℃）具有較高的化學相容性，如 $Ce_{1-x}Gd_xO_{2-\delta}$（CGO）與 YSZ 幾乎不發生化學反應。但

是，在 1300℃以上，CGO 會與 YSZ 發生相互作用，在界面處生成厚度達 20 μm的具有立方結構的新相。這種新相的電導率很低，會造成CGO-YSZ複合電解質電導率的下降。1300℃在電解質 CGO 上燒製Ni-YSZ陽極時，會在電解質與電極界面發生反應，生成 $Gd_2Zr_2O_7$和 Gd_2NiO_4。這些電阻率很高的反應產物的生成會造成電池輸出性能的降低。CeO_2基複合氧化物還存在著與（La, Sr）CrO_3等連接材料的化學相容性問題。將（La, Sr）CrO_3與$Ce_{0.8}Gd_{0.2}O_{1.9}$在 1600℃下焙燒 10 小時，二者之間沒有發生化學反應。但是，在相同的條件下，$SrCrO_4$與 CGO 透過 Sr-Cr-O 液相發生反應，在界面和晶界處生成有 Ce、Sr、Gd 和 Cr 組成的結構未知的新相。$CaCrO_3$透過 Ca-Cr-O 液相與 CGO 發生反應，將 CGO 轉變為未知的物相。在空氣中 1400℃以下 Cr_2O_3與 CGO 在化學上相容。

◎**CeO_2基複合氧化物的機械性能**[32]

室溫下，立方相 CeO_2的彎曲強度<100 MPa，斷裂韌性約為 1.5 MPa · $m^{1/2}$。$(CeO_2)_{0.8}(GdO_{1.5})_{0.2}$在室溫下的彎曲強度為 (143±10) MPa，在 800℃下的彎曲強度為(115±12) MPa，斷裂韌性為2.48 MPa · $m^{1/2}$。不同製備方法製備的樣品，具有不同的彎曲強度、韌性等指標。以上數據是在從共沉澱粉料採用粉末壓製法製備的試樣上獲得的。用擠壓法製備的 $(CeO_2)_{0.8}(GdO_{1.5})_{0.2}$薄壁管和棒材，在 1600℃焙燒 10 小時後，其彎曲強度可以達到 220 MPa。表 7-12 為CeO_2及摻雜 CeO_2的機械性能數據。

表 7-12 CeO_2及摻雜 CeO_2的機械性能

材 料	製備方法	溫度（℃）	彎曲強度MOR（四點試驗）（MPa）	斷裂韌性（MPa · $m^{1/2}$）
CeO_2		室溫	<100	1.5
$Ce_{0.8}Gd_{0.2}O_{1.9}$	用共沉澱	室溫	143±10	2.1±0.3
	粉末壓製	800	115±12	
$Ce_{0.8}Gd_{0.2}O_{1.9}$	擠壓法			
	1600℃焙燒 10 小時	室溫	220	2.5±0.4
	1400℃焙燒 10 小時	室溫	180	1.0±0.1

7-3 SOFC 電極材料

1 陽極材料

SOFC 陽極的主要作用是為燃料的電化學氧化提供反應場所，所以 SOFC 陽極材料必須在還原氣氛中穩定，並具有足夠高的電子電導率和對燃料氧化反應的催化活性。對於直接甲烷 SOFC，其陽極還必須能夠催化甲烷的重組反應或直接氧化反應，並有效地避免積碳的產生。由於 SOFC 在中溫、高溫下操作，陽極材料還必須與其他電池材料在室溫至操作溫度乃至更高的製備溫度範圍內化學上相容、熱膨脹係數相匹配。對 SOFC 陽極材料及陽極有如下的基本要求[4]：

⑴穩定性

在燃料氣氛中，陽極必須在化學、形貌和尺度上保持穩定。此外，陽極材料不能在室溫至製備溫度的範圍內產生引起較大摩爾體積變化的相變。

⑵電導率

陽極材料在還原氣氛中要具有足夠高的電子電導率，以降低陽極的歐姆極化，同時還具備高的氧離子電導率，以實現電極立體化。

⑶相容性

陽極材料與相接觸的其他電池材料必須在室溫至製備溫度範圍內化學上相容。

⑷熱膨脹係數

陽極材料必須與其他電池材料熱膨脹係數相匹配，以避免在電池製備、操作和熱循環過程中發生碎裂或剝離。

⑸孔隙率

陽極必須具有足夠高的孔隙率，以確保燃料的供應及反應產物的排出。孔隙率的下限可根據電極上發生的質傳過程予以確定，上限則必須考慮電極的強度。

⑹**催化活性**

陽極材料必須對燃料的電化學氧化反應具有足夠高的催化活性，即低的電化學極化過電位，並對燃料中的雜質具有一定的允許限度。對於以甲烷或其他烴類為燃料的 SOFC，還要求陽極材料對燃料的重組反應具有高的催化活性和抗積碳能力。

除了以上基本要求外，SOFC 陽極還必須具有強度高、韌性好、加工容易、成本低的特點。

在中溫、高溫 SOFC 中，適合作為陽極催化劑的材料主要有金屬、電子導電陶瓷和混合導體氧化物等。常用的陽極催化劑有 Ni、Co 和貴金屬材料。其中金屬 Ni 由於其具有高活性、低價格的特點，應用最為廣泛。在 SOFC 中，通常將 Ni 分散於 YSZ 或 SDC 等電解質材料中，製成複合金屬陶瓷陽極。

◎**Ni-YSZ 金屬陶瓷陽極**

⑴ **Ni-YSZ 金屬陶瓷陽極的製備**

製備 Ni-YSZ 金屬陶瓷陽極的方法有多種，包括傳統的陶瓷成型技術（流延法、軋膜法）、塗膜技術（絲網印刷、漿料塗覆）和沉積技術（化學氣相沉積、等離子體濺射）。管式 SOFC 通常採用化學氣相沉積—漿料塗覆法製備 Ni-YSZ 陽極；電解質自支撐平板型 SOFC 的陽極製備可採用絲網印刷、濺射、噴塗等多種方法，而電極負載型平板型 SOFC 的陽極製備一般採用軋膜、流延等方法。

⑵ **Ni-YSZ 金屬陶瓷陽極的物理性質**

Ni 由於其價格低、活性高而成為 SOFC 最常用的陽極催化劑。在 Ni 中加入 YSZ 的目的是使發生電化學反應的三相界向空間擴展，即實現電極的立體化，並在 SOFC 操作溫度下保持陽極的多孔結構及調整電極的熱膨脹係數使之與其他電池組件相匹配。在這種金屬陶瓷複合陽極中，YSZ 作為金屬 Ni 的載體，可有效地防止在 SOFC 操作過程中金屬粒子的粗化。Ni-YSZ 金屬陶瓷的物理性質參數如表 7-13 所示。

⑶**金屬陶瓷陽極的穩定性**[4]

Ni 和 YSZ 在還原氣氛中均具有較高的化學穩定性，且在室溫至 SOFC 操作溫度範圍內無相變產生。Ni-YSZ 在 1000℃以下幾乎不與電解質 YSZ 及連接材料 $LaCrO_3$ 發生化學反應。但是，在更高的溫度下 NiO

表 7-13　還原氣氛中 Ni-YSZ 金屬陶瓷①的物理性質參數[4]

物理性質	參數值
熔點（Ni 的熔點）（℃）	1453
密度（$g \cdot cm^{-3}$）	6.87
1000℃下電導率（$\Omega^{-1} \cdot cm^{-1}$）	約 500
熱膨脹係數（10^{-6} $cm \cdot cm^{-1} \cdot K^{-1}$）	約 12.5
25℃下強度（MPa）	約 100

① Ni 的體積分數為 30%，30%孔隙率。

會與 $LaCrO_3$發生反應，生成 $NiCrO_4$等導電性差的物質。當 NiO-YSZ 與$LaCrO_3$連接材料共焙燒時，$LaCrO_3$中的液相物質會向陽極層遷移，在電極／連接材料界面形成反應產物層。如當 NiO-YSZ 與 Ca、Co 摻雜的 $LaCrO_3$在 1400℃共焙燒 60 分鐘，在界面處生成富 Ca、Cr 的緻密反應區，其中 Ca、Cr 向多孔電極的擴散深度達到 100 μm。目前尚無有效防止共焙燒陽極與連接材料時液相從連接材料向陽極中遷移的措施。

此外，Ni-YSZ 陽極存在高溫下長期運行電極尺寸改變、Ni 顆粒燒結等問題，對由 NiO 和 YSZ 混合物焙燒製備的陽極，這種改變尤為顯著。如果 YSZ 不能形成連續的骨架以負載 Ni 顆粒，在 NiO 還原後經過長時間的運行，Ni-YSZ 陽極的尺寸和結構就會發生明顯的改變。能否形成連續的 YSZ 骨架取決於電極的製備方法、起始原料的性質等。如絲網印刷法製備的 Ni-YSZ 陽極由於 YSZ 形成的骨架質量較差，在高溫下會隨著時間而發生可測量的體積變化。要在 Ni-YSZ 金屬陶瓷陽極中形成連續的YSZ骨架，YSZ的比例要高於 50%（質量比）。

由於Ni-YSZ金屬陶瓷陽極中的Ni顆粒具有很高的比表面積，有粒子長大、比表面能降低的傾向。Ni粒子的燒結粗化會導致電極活性表面的減少和電導率的下降，從而降低電池的性能。Ni粒子的燒結行為與 Ni 在 YSZ 上的潤濕程度密切相關。此外，Ni-YSZ 金屬陶瓷陽極的燒結速率與 Ni 顆粒分佈密切相關，其中 Ni 顆粒尺寸分佈越寬，電極的燒結速度越快。高Ni含量的陽極較低Ni含量的陽極燒結退化速度快。

(4) **Ni-YSZ 金屬陶瓷陽極的導電性**[4, 37]

Ni-YSZ 金屬陶瓷陽極的電導率與其中的 Ni 的含量密切相關。Ni-YSZ 的電導率隨 Ni 含量變化的曲線呈 S 形（如圖 7-24 所示），這一現象可以用滲透理論加以解釋。在金屬陶瓷中，存在兩種不同的導電機制：通過金屬 Ni 相的電子導電通道和通過 YSZ 相的離子導電通道。當 Ni 的比例低於 30%（體積分數）時，Ni－YSZ 金屬陶瓷的導電性能與 YSZ 相似，說明此時通過 YSZ 相的離子導電占主導地位；但當 Ni 的含量高於 30%（體積分數）時，由於 Ni 粒子互相連接構成電子導電通道，使 Ni－YSZ 複合物的電導率增大三個數量級以上，且其電導率隨溫度升高而降低，電導活化能與金屬 Ni 相近（5.38 kJ/mol），說明此時 Ni 金屬的電子電導在整個複合物電導中占主導地位。對 Ni 含量高於 30%（體積分數）的 Ni－YSZ 金屬陶瓷陽極，其電導率還與電極的微觀結構密切相關。在低比表面積 YSZ 骨架上，Ni 可以得到很好的分散，從而有利於 Ni 顆粒間的接觸，提高金屬陶瓷陽極的電導率。

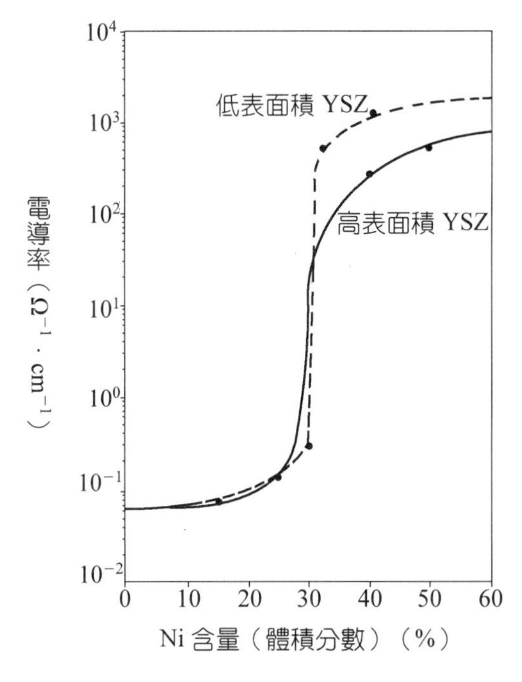

圖 7-24 Ni-YSZ 的電導率隨 Ni 含量變化的 S 形曲線

高溫下金屬陶瓷陽極中的 NiO 在 H_2中會很快被還原而形成金屬連續相，使其電導率迅速增至最大，然後隨著還原反應的進行，Ni顆粒開始長大，使Ni粒子間的接觸程度逐漸降低，進而造成Ni-YSZ金屬陶瓷電導率的緩慢下降，直至達到一穩定值。

(5) **Ni-YSZ 複合金屬陶瓷陽極的熱膨脹**[4]

Ni-YSZ 陽極的熱膨脹係數隨組成不同而發生改變。圖 7-25 所示為金屬陶瓷陽極的平均熱膨脹係數（從室溫至 1200℃）隨 NiO 體積分數變化的關係。可以看出，隨著 Ni 含量的增加，Ni-YSZ 陽極的熱膨脹係數增大。通常情況下，Ni-YSZ陽極的熱膨脹係數較電解質材料YSZ和其他電池材料大。這種嚴重的熱膨脹係數不匹配會在電池內部引起較大的應力，造成電池組件的碎裂或分層剝離。可以透過在電解質中摻入添加劑的方法來提高電解質對因膨脹係數不匹配而產生應力的抵抗能力。調整電解質—電極「三合一」組件各功能層的厚度，可以降低不同材料間的熱膨脹係數不匹配程度。控制電池組件的製備缺陷同樣可以提高其對熱膨脹應力的承受能力。

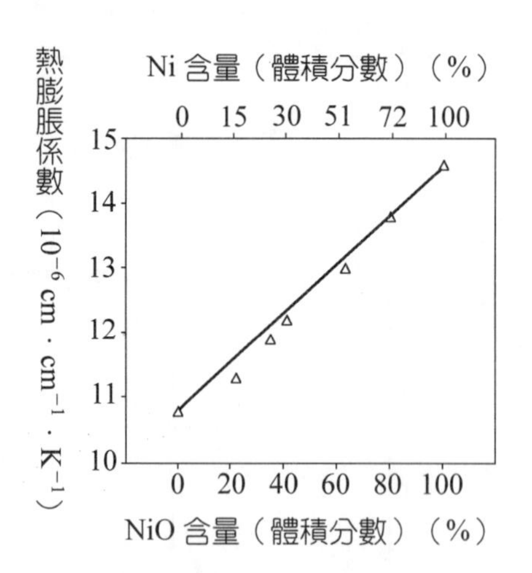

圖 7-25 金屬陶瓷陽極的平均熱膨脹係數（從室溫至 1200℃）隨 NiO 體積分數變化的關係

◎**Ni-SDC 金屬陶瓷陽極**[38, 39]

在中溫 SOFC 中，常用的陽極材料除了 Ni-YSZ 外，還有 Ni-Sm_2O_3摻雜的 CeO_2（SDC）和Ni-Gd_2O_3摻雜的CeO_2（GDC）等，其中研究較多的是Ni-SDC

金屬陶瓷陽極。和 YSZ 相比，由於 SDC、GDC 具有較高的離子電導率，且在還原氣氛下會產生一定的電子電導，因此，將SDC等摻入到陽極催化劑Ni中，可以使電極上發生電化學反應的三相界得以向電極內部擴展，從而提高電極的反應活性。

NiO-SDC 複合材料的製備可以採用機械混合法，即將 NiO 和 SDC 粉料混合後進行球磨，用量少時可用瑪瑙研鉢進行研磨。採用熱解法可以得到性能更好的 NiO-SDC 複合電極材料。熱解法製備 NiO-SDC$[(CeO_2)_{0.8}(SmO_{1.5})_{0.2}]$複合粉料的步驟是：將 $Ni(CH_3COO)_2 \cdot 4H_2O$、$Ce(NO_3)_3 \cdot 7.5\ H_2O$ 和 Sm_2O_3溶解製成水溶液，按比例混合後用超音波在 1.7 MHz 下進行混合。將混合液用流速為 3 L/min 的載氣送入反應爐內。反應爐分四個獨立控溫的加熱區，溫度分別控制在 200℃、400℃、800℃和 1000℃，熱解得到的產物用電收塵器進行收集。用熱解法製備的 Ni-SDC 的粉料在 LSGM 電解質薄膜上製備的陽極具有較高的活性。電極的極化過電位隨電極中 Ni 體積分數的不同而改變。圖 7-26 所示為在電流密度為 300 mA/cm^{2}下的極化過電位與 Ni 體積分數的關係。可以看出，在 Ni 體積分數為 50%左右時 Ni-SDC 陽極具有最低的極化過電位。

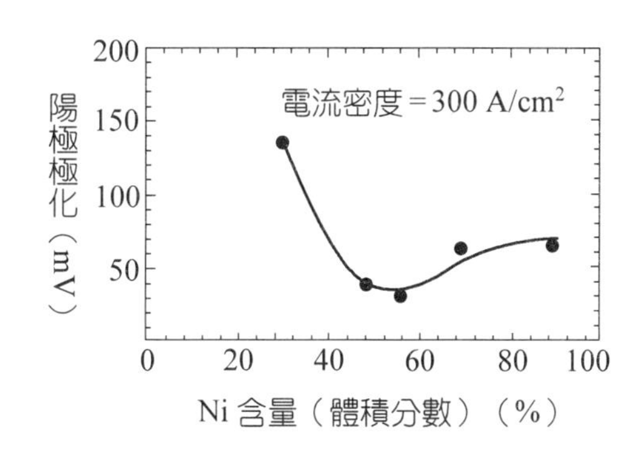

圖 7－26 在電流密度為 300 mA/cm^{2}下的極化過電位與 Ni 體積分數的關係

此外，焙燒溫度對在 LSGM 電解質上製備的 Ni-SDC 金屬陶瓷陽極的活性具有很大影響。在 1350℃焙燒的陽極性能損失很大，這與Ni-SDC陽極中的Ni擴散到 LSGM 電解質中並發生反應有關。在此溫度下 Ni-SDC 晶粒的長大對電極性能的下降也有一定的貢獻。綜合考慮電極的極化過電位和IR降，在 1250℃焙燒得到的 Ni-SDC 陽極具有最高活性。

◎SOFC 陽極抗積碳催化劑[40~44]

甲烷等烴類用作 SOFC 的燃料，有以下幾種主要途徑：①在外重組器中將甲烷轉變為 H_2和 CO，然後將重組產物送入 SOFC 作燃料；②將甲烷和水蒸氣送入 SOFC 的陽極，在陽極上發生內重組反應，並將重組產物進一步氧化，將化學能轉變為電能；③在 SOFC 陽極上直接將甲烷完全氧化；④將甲烷在 SOFC 陽極上部分氧化，發電的同時生產化工產品。

在 Ni-YSZ、Ni-SDC 等金屬陶瓷陽極上，嚴格控制 CH_4/H_2O 比，可以有效地催化甲烷的內重組反應，並避免積碳的產生。但是，內重組反應會造成電解質隔膜—電極「三合一」組件上溫度分佈的嚴重不均，進而造成電極的剝離或「三合一」組件的碎裂，對 SOFC 的安全穩定運行造成威脅。

直接使用甲烷作為以 Ni-YSZ 為陽極 SOFC 的燃料，所遇到的最大技術障礙是在陽極上所發生的積碳反應。積碳不但會使電極的活性迅速降低，造成電池輸出性能的衰減，而且會堵塞電池的燃料氣通道，使電池系統不能正常運行。但是，在以 $(Y_2O_3)_{0.15}$ $(CeO_2)_{0.85}$ (YDC)/NiO-YSZ 為陽極、Sr 摻雜的 $LaMnO_3$(LSM) 為陰極、厚度為 8 μm 的 YSZ 薄膜為電解質的 SOFC 中，卻可以實現甲烷的直接氧化。其在 650℃的最大輸出功率密度達到 0.37 W/cm^2，550℃的最大輸出功率密度達到 0.13 W/cm^2。在這種直接甲烷 SOFC 中，YDC 夾層可以將陽極與電解質薄膜的接觸電阻約降低至原來的 1/6。YDC 夾層還可以提高陽極的甲烷氧化活性，因為在燃料的還原氣氛中，YDC 變為離子—電子混合導電材料，擴展電極活性區；YDC 的離子電導率高於 YSZ，YDC 夾層的存在有利於氧離子從電解質向陽極的傳遞；CeO_2易於儲存和傳遞氧，能在較低的溫度下實現甲烷的完全氧化，可以有效地避免甲烷裂解反應的發生。

Cu-CeO_2和 Cu-SDC 複合陽極對於多種烴類（甲烷、乙烷、1－丁烯、正丁烷和甲苯）的電化學氧化具有較高的催化活性。如以正丁烷為燃料，700℃的最大輸出功率達到 0.17 W/cm^2。電池反應的產物為 CO_2和 H_2O。

此外，一些金屬複合氧化物對甲烷的水蒸氣重組反應及部分氧化反應也具有較高的催化活性。如 $La_{1.8}Al_{0.2}O_3$作 SOFC 的陽極，能夠催化甲烷的部分電化學氧化反應，在輸出電能的同時，生產乙烷和乙烯。以 Sm_2O_3作陽極、甲烷作燃料的 SOFC 在 760℃操作，其電極反應的主要產物是 C_2H_6，並有少量的 C_2H_4和 C_2H_2生成。傳統的高溫 SOFC 陰極材料 LSM 用作以甲烷為燃料的 SOFC 的陽極，具有一定的電極反應活性。在$La_{0.8}Sr_{0.2}Cr_{0.95}O_3$的陽極上，以甲烷（含百分之幾的水蒸氣）作燃料時，陽極的極化過電位與氫作燃料相當，且沒有積碳現象產生。

2 陰極材料

陰極的作用是為氧化劑的電化學還原提供場所。因此陰極材料必須在氧化氣氛下保持穩定，並在 SOFC 操作條件下具有足夠高的電子電導率和對氧電化學還原反應的催化活性。由於 SOFC 在中溫、高溫（600～1000℃）下操作，陰極材料必須在室溫至電池工作溫度，乃至更高的製備溫度範圍內與其他電池材料化學上相容、熱膨脹係數相匹配。在 SOFC 中，對陰極材料有如下基本的要求[4]：

⑴穩定性

在氧化氣氛中，陰極材料必須具有足夠的化學穩定性，且其形貌、微觀結構、尺寸等在電池長期運行過程中不能發生明顯變化。

⑵電導率

陰極材料必須具有足夠高的電子電導率，以降低在 SOFC 操作過程中陰極的歐姆極化；此外，陰極還必須具有一定的離子導電能力，以利於氧還原產物（氧離子）向電解質隔膜的傳遞。

⑶催化活性

陰極材料必須在 SOFC 操作溫度下，對氧電化學還原反應具有足夠高的催化活性，以降低陰極上電化學活化極化過電位，提高電池的輸出性能。

⑷相容性

陰極材料必須在 SOFC 製備與操作溫度下與電解質材料、連接材料或雙極板材料與密封材料化學上相容，即在不同的材料間不能發生元素的相互擴散與化學反應。

⑸熱膨脹係數

陰極必須在室溫至 SOFC 操作溫度，乃至更高的製備溫度範圍內與其他電池材料，特別是與電解質材料的熱膨脹係數相匹配，以避免在電池操作及熱循環過程中發生碎裂或剝離現象。

(6)多孔性

和對陽極的要求類似，SOFC 的陰極必須具有足夠的孔隙率，以確保反應活性位上氧氣的供應。陰極的孔隙率越高，對降低在電極上的擴散影響越有利，但必須考慮電極的強度，過高的孔隙率會造成電極強度與尺寸穩定性的嚴重下降。

除了以上基本要求外，SOFC 的陰極材料還必須滿足強度高、易加工、低成本的要求。

由於 SOFC 在較高溫度下操作，能夠用於 SOFC 陰極的材料除了貴金屬外，還有離子電子混合導電的鈣鈦礦型複合氧化物材料。貴金屬材料因儲量有限、價格昂貴等原因不能大量應用。中國擁有豐富的稀土資源，採用以稀土元素為主要成分的鈣鈦礦型複合氧化物作 SOFC 的陰極材料，既能夠降低電池系統的開發成本，又能夠帶動中國稀土產業的發展。目前，在高溫 SOFC 的研究與開發中使用最廣泛的陰極材料是 Sr 摻雜的 $LaMnO_3$（LSM）。為了增加氧電化學還原反應的活性位—電極材料—電解質材料—反應氣體三相界，及調整 LSM 的熱膨脹係數，通常在 LSM 中摻入一定量的 YSZ 或其他電解質材料，製成 LSM—電解質複合陰極使用。對中溫 SOFC，通常採用 Sr、Fe 摻雜的 $LaCoO_3$ (LSCF)、$SrCoFeO_{3-x}$ (SCF)、Sr 摻雜的 $SmCoO_3$ (SSC) 等離子—電子混合導電材料作陰極。這些材料在中溫下均具有較高的電導率和對氧電化學還原反應的催化活性，但大多存在與電解質及其他電池材料的化學相容性、長期操作電極催化活性、微觀結構、形貌尺寸穩定性較差等問題。

◎Sr 摻雜的 $LaMnO_3$（LSM）

LSM 具有在氧化氣氛中電子電導率高、與 YSZ 化學相容性好等特點，透過修飾可以調整其熱膨脹係數，使之與其他電池材料相匹配。在高溫 SOFC 的研究與開發領域，LSM 是最經典的陰極材料。在 LSM 的合成與結構、物理性質方面人們做了大量工作，累積了豐富的實驗數據。

(1) **LSM 粉體的合成**

傳統的製備陶瓷粉末的方法大多數能夠用於 LSM 的合成。這些方法可分為兩大類：固相反應法和液相法。固相反應法的過程是，首先將各種氧化物按化學計量比混合均勻，然後在高溫下焙燒足夠的時間，研磨後製得 LSM 粉末。為了確保成相完全，有時需要反覆研磨與焙燒。這種方法製備的 LSM 顆粒較大，比表面積較低。採用液相法，可以將LSM的成相溫度大幅度降低，獲得高比表面的LSM超細粉。比較經典的液相法是 Pechini 法，即檸檬酸法，具體過程包括：首先按化學計量比配製 $La(NO_3)_3 \cdot 6H_2O$、$Sr(NO_3)_2$ 和 $Mn(NO_3)_2$ 的混合溶液，然後在混合溶液中加入檸檬酸和聚乙烯醇；將溶液中的水分逐漸蒸發至形成透明的無定形的樹脂；繼續加熱使樹脂分解即可製成複合氧化物 LSM 的前驅物；將前驅物在一定的溫度下焙燒，即可製得具有鈣鈦礦結構的LSM超細粉。由這種方法製備的LSM具有很高的比表面積和精確的化學計量比。

近年來，對製備金屬複合氧化物的 Pechini 法提出了多種改進措施，如改變檸檬酸／聚乙烯醇比例等。其中一種比較有特點的改進檸檬酸法的具體過程如下[22]：首先配製各種金屬元素的硝酸鹽的水溶液，然後按化學計量比混合。加入適量的乙二胺四乙酸的氨水溶液，將各種金屬離子予以充分錯合後，再在溶液中加入檸檬酸的氨水溶液。檸檬酸此時既起到輔助錯合劑的作用，又起到成膠劑和燃料的作用。此後，還要在溶液中加入足量的 NH_4NO_3，以起到發泡劑和助燃劑的作用。將溶液濃縮後，放入陶瓷容器中加熱至燃燒反應被引發，生成細而蓬鬆的前驅粉。將前驅粉在 800℃焙燒即可製得具有鈣鈦礦結構的LSM 超細粉。

除了檸檬酸法外，可用於 LSM 粉末製備的方法還有冷凍乾燥法、濺射熱解法、溶膠—凝膠法和甘氨酸／硝酸鹽燃燒法等。

⑵ **LSM 的結構、相組成和一般物性參數**[4]

$LaMnO_3$具有立方鈣鈦礦結構，如圖 7-27 所示。Mn 和 O 離子構成 MnO_6八面體結構，而八個MnO_6透過共用O離子分佈於立方體的八個頂點上。La離子位於立方體的中心。立方結構的$LaMnO_3$會因產生原子位置的扭曲而轉變為正交或菱形結構。

La_2O_3-Mn_2O_3 體系的相圖如圖 7-28 所示。符合化學計量比的 $LaMnO_3$在室溫下具有正交結構，在約 600℃發生正交／菱形晶相轉變，這種相轉變可歸因於一些Mn^{3+}被氧化為Mn^{4+}。氧化學計量比的不同會引起此轉變溫度的明顯變化。在高氧過量和 Mn^{4+}的情況下，$LaMnO_3$在室溫下仍保持菱形結構。在

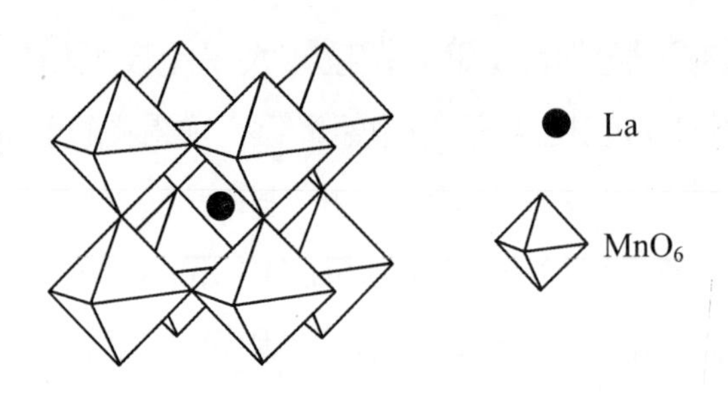

圖 7-27　$LaMnO_3$的立方鈣鈦礦型結構

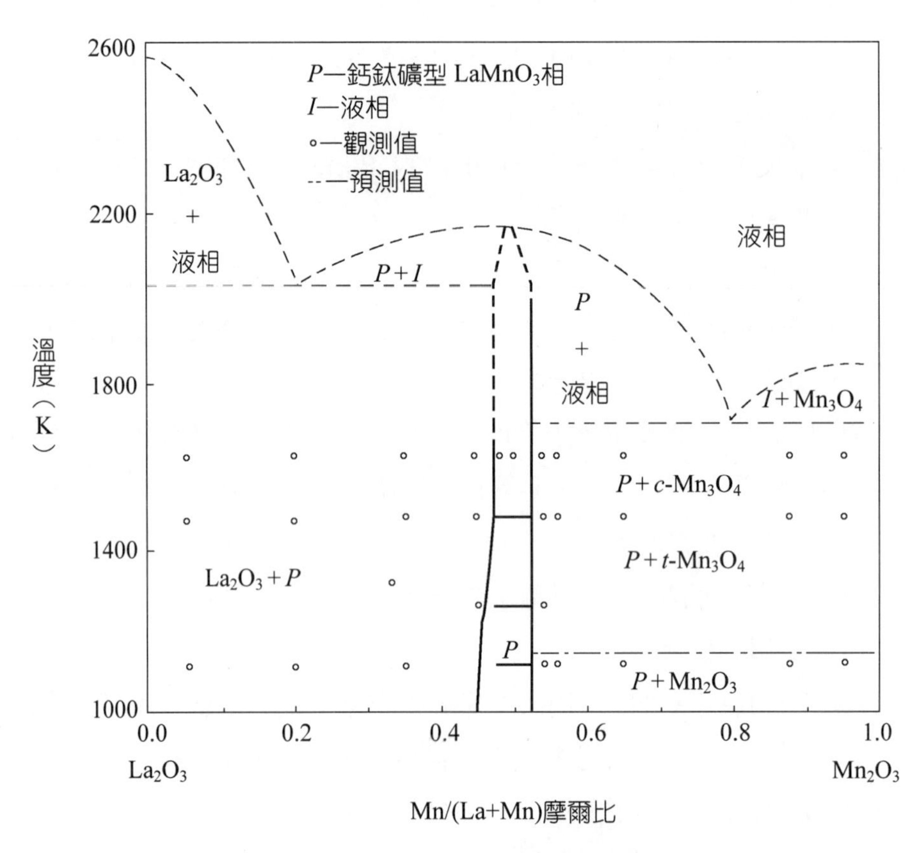

圖 7-28　La_2O_3-Mn_2O_3體系的相圖

$LaMnO_3$的 A 位和 B 位掺雜低價態的金屬陽離子，可以增加 Mn^{4+}的濃度，進而改變正交／菱形晶相轉變的溫度。如 Sr 或 Ca 掺雜的 $LaMnO_3$在室溫下就可發生正交相向菱形相的轉變。此外，由於焙燒氣氛、溫度和時間的不同，會造成 $LaMnO_3$中 O、La 的過剩或缺位。這種氧化學計量比的改變會引起化合物體積的變化，在 SOFC 應用中必須設法予以克服。表 7-14 所列為 $LaMnO_3$的一般物性參數。

表 7-14 $LaMnO_3$的物性參數[4]

項 目	參數值
熔點（℃）	1880
密度（$g \cdot cm^{-3}$）	6.57
熱導率（$W \cdot cm^{-1} \cdot K^{-1}$）	0.04
熱膨脹係數（25～1100℃）（$10^{-6}\ cm \cdot cm^{-1} \cdot K^{-1}$）	11.2
標準生成焓（$kJ \cdot mol^{-1}$）	−168
標準生成熵（起始化合物 $La_2O_3(s)$，$MnO(s)$和 $O_2(g)$，溫度 1064～1308 K）（$J \cdot mol^{-1} \cdot K^{-1}$）	−65
強度（孔隙率為 30%，25℃）（MPa）	25

⑶ **LSM 的導電性能**[4]

$LaMnO_3$為本徵 p-型半導體，電導率很低。如在室溫下 $LaMnO_3$ 的電導率為 $10^{-4}\ \Omega^{-1} \cdot cm^{-1}$，在 700℃時為 $0.1\ \Omega^{-1} \cdot cm^{-1}$。但是，在 $LaMnO_3$ 的 A 位和 B 位摻雜低價態的金屬陽離子，會使材料的電導率得到大幅度提高。可用於摻雜 $LaMnO_3$的陽離子包括 Sr、Ca、Mg、Co、Cr、Ti、Na、Ba、Cu、Pb、Ni、Yi 等。其中 Sr 摻雜 $LaMnO_3$（LSM）因其在氧化氣氛下電導率高、結構穩定、熱膨脹係數與常用的電解質材料接近而在高溫 SOFC 得到廣泛應用。

在 $LaMnO_3$中摻雜 SrO，Sr^{2+}會替代 La^{3+}而增加 Mn^{4+}的含量，從而大幅度提高材料的電子電導率。

$$LaMnO_3 \xrightarrow{xSrO} La^{3+}_{1-x}Sr^{2+}_{x}Mn^{3+}_{1-x}Mn^{4+}_{x}O_3$$

LSM 的電導率和溫度之間的關係符合 Arrhenius 關係：

$$\sigma = (A/T)\exp(-E_a/RT) \qquad (7\text{-}8)$$

式中，A是指前因子；E_a為電導活化能；R為理想氣體常數；T為絕對溫度。LSM 的電導率及電導活化能隨 Sr 摻雜量的變化如表 7-15 所示。當 LSM 中 Sr 的摻雜量低於 20%（摩爾分數）時，在 1000℃以下其電導率隨溫度的提高而增大。但當溫度超過 1000℃後，LSM 的電導率就幾乎不再隨溫度而發生變化，即在 1000℃時 LSM 的導電機制發生了半導體／金屬轉變。當 Sr 的摻雜量（摩爾分數）在 20～30% 之間時，在整個溫度範圍內LSM均表現出金屬導電的性質。在SOFC 的操作溫度範圍內（600～1000℃），Sr 摻雜量（摩爾分數）為 55% 的 LSM 的電導率最大。

表 7-15 LSM 的電導率數據[4]

Sr 的摻雜量（摩爾分數）（%）	電導率（1000℃）（$\Omega^{-1} \cdot cm^{-1}$）	活化能（$kJ \cdot mol^{-1}$）
5		18.3
10	130	15.4
20	175	8.7
50	290	4.5

(4) **LSM 與 YSZ 等其他電池材料的化學相容性**[4, 45]

由於 SOFC 在高溫下製備與使用，因此必須重視各種電池材料間的化學相容性和熱膨脹係數相匹配的問題。為了調節LSM的熱膨脹係數，通常將 LSM 與 YSZ 混合製成 LSM-YSZ 複合陰極使用，此外陰極還要直接燒製在電解質隔膜上，因此 LSM 與 YSZ 的化學相容性問題顯得尤為重要。LSM 中的 Mn 在高溫下非常易於遷移。Mn 向電解質的擴散不但會改變電解質和電極的導電能力，而且還會引起電極和電解質的結構改變。

在 1100～1200℃以下時，LSM 與 YSZ 間不會發生明顯的相互作用。但是，當溫度高於 1200℃時，LSM 與 YSZ 在界面處發生反應，生成一些導電性很差的新相。這些新物相包括燒綠石型的$La_2Zr_2O_7$(LZO)、鈣鈦礦型的 $SrZrO_3$ (SZO) 等。LZO 的生成量隨著 Sr 摻雜量的增加而減少，隨著焙燒溫度的提高、焙燒時間的延長而增加。高摻雜量的 $La_{1-x}Sr_xMnO_3$ ($x \geq 0.3$) 與 YSZ 在高溫下發生相互作用而生成 SZO。採用 A 位缺位的 $(La, Sr)_{1-y}MnO_3$代替符合化學計量比的 LSM，可以有效地降低或避免鋯酸鹽的生成。作為 LSM 中主要成分的 Mn 在高溫下非常易於遷移。1400℃ 下 Mn 在$(ZrO_2)_{0.8}(YO_{1.5})_{0.2}$單晶中的擴散係數為 10^{-13}～10^{-12} $cm^2 \cdot s^{-1}$，而 Mn 在 YSZ 多晶中的擴散係數要高 2 個數量級。這種差別主要來自於 Mn 在晶界的擴散要比在晶粒內部快。Mn 從 LSM 向 YSZ 的遷移，造成 LSM 中 Mn 的消耗，進一步導致 La_2O_3 的析出。析出的 La_2O_3 具有很高的反應活性，會在界面處與 YSZ 發生反應，生成 LZO。Mn 的偏析程度是 LZO 生成反應的控制因素。與 Mn 相反，La 在 YSZ 中的擴散和溶解度極低，Sr 在 YSZ 中的擴散和溶解幾乎可以忽略不計。Zr 和 Y 向鈣鈦礦結構的 LSM 中有一定的遷移。在 LSM 與 YSZ 的界面處生成 LZO 等新相，會造成電極的極化過電位迅速增大，而這種增大可歸因於 LZO 層的形成增大了陰極的歐姆電阻。

在平板型 SOFC 中當採用不銹鋼等金屬材料作雙極板時， Cr 物種沉積會對電池的性能產生較大的影響。因為氣相中高揮發性的 Cr 物種（如 CrO_3 和 $Cr(OH)_2O_2$ 等）會與 LSM 陰極發生化學相互作用。

(5) **LSM 與其他電池材料的熱膨脹係數的匹配性**

未摻雜的 $LaMnO_3$ 在 25～1100℃溫度範圍內的熱膨脹係數為 $(11.2\pm0.6)\times10^{-6}$ cm/(cm · K)。不同元素的摻雜對 $LaMnO_3$ 的熱膨脹係數有不同的影響，表 7-16 列出了幾種摻雜 $LaMnO_3$ 的熱膨脹係數。

表 7-16　幾種摻雜 $LaMnO_3$ 的熱膨脹係數

組　成	熱膨脹係數 (10^{-6} cm · cm^{-1} · K^{-1})	組　成	熱膨脹係數 (10^{-6} cm · cm^{-1} · K^{-1})
$La_{0.9}Sr_{0.1}MnO_3$	12.0	$La_{0.4}Y_{0.1}Sr_{0.5}MnO_3$	10.5
$La_{0.5}Sr_{0.5}MnO_3$	13.2	$La_{0.7}Sr_{0.3}Mn_{0.7}Cr_{0.3}O_3$	14.5
$La_{0.9}Ca_{0.1}MnO_3$	10.1	$La_{0.8}Sr_{0.2}Mn_{0.7}Co_{0.3}O_3$	15.0
$La_{0.5}Ca_{0.5}MnO_3$	11.4		

摻雜 Sr 可以增加 $LaMnO_3$ 的熱膨脹係數，且隨著摻雜量的增加，LSM 熱膨脹係數增大，如表 7-17 所示。用較小的陽離子替代 La，可以降低 $LaMnO_3$ 的熱膨脹係數。如 $La_{0.9}Ca_{0.1}MnO_3$ 從室溫至 1000℃的熱膨脹係數僅為 10.1×10^{-6} cm/(cm · K)。

表 7-17　$La_{1-x}Sr_xMnO_3$的熱膨脹係數（25～1100℃）

組　成	熱膨脹係數（10^{-6} cm · cm^{-1} · K^{-1}）	組　成	熱膨脹係數（10^{-6} cm · cm^{-1} · K^{-1}）
$La_{0.99}MnO_3$	11.2	$La_{0.79}Sr_{0.20}MnO_3$	12.4
$La_{0.94}Sr_{0.05}MnO_3$	11.7	$La_{0.69}Sr_{0.30}MnO_3$	12.8
$La_{0.89}Sr_{0.10}MnO_3$	12.0		

◎其他陰極材料[46]

除了 LSM 外，人們還研究開發出許多具有電子—離子複合導電性的 SOFC 陰極材料。這些材料大多數具有鈣鈦礦結構，如 $Ln_{1-x}Sr_xFe_{1-y}Co_yO_{3-\delta}$（Ln=La, Sm, Nd, Gd, Dy）、$Ln_{1-x}A_xM_{1-y}Mn_yO_{3-\delta}$（Ln=La, Nd, Pr； A=Ca, Sr； M 為過渡金屬元素）等。

$La_{1-x}Sr_xCoO_{3-\delta}$（LSC）既具有很高的離子導電性，又具有足夠高的電子導電性，很有希望作為中溫 SOFC 的陰極材料。LSC 在以 $Ce_{0.8}Sm_{0.2}O_{1.9}$（SDC）及 $Ce_{0.8}Gd_{0.2}O_{1.9}$（CGO）為電解質的 SOFC 中作陰極材料，具有很高的活性。但是，LSC 由於其在高溫下會與 YSZ 發生反應而不能作為以 YSZ 為電解質 SOFC 的陰極。室溫下，LSC 在 x～0.25 時發生金屬—絕緣體轉變。對 x=0.3 的 LSC 在 p_{O_2}=100 Pa 時為絕緣體，但是在 p_{O_2}=200 Pa 時轉變為具有金屬導電性的材料，並在整個考察溫度範圍內始終保持金屬導電性。在 LSC 和電解質材料間製備 CGO 或 Y_2O_3 摻雜的 CeO_2 夾層，可以在很大程度上提高電池的整體輸出性能。

為了獲得比 LSC 穩定的陰極材料，用 Gd、Sm 或 Dy 等元素替代 LSC 中的 La，取得了不同的效果。$Gd_{1-x}Sr_xCoO_3$的電導率較 LSC 低，但仍能夠滿足作為 SOFC 陰極材料的要求。該材料同樣會與 YSZ 發生反應。未摻雜的 $GdCoO_3$ 在界面處不與電解質材料發生反應，作為 SOFC 的陰極材料具有一定的前景。低 Sr 含量的 $Sm_{1-x}Sr_xCoO_3$在考察的整個溫度範圍內不與 YSZ 發生相互作用。隨著 Sr 摻雜量的增大，在 900℃以上 $Sm_{1-x}Sr_xCoO_3$會與 YSZ 發生反應生成 $SrZrO_3$。在操作溫度為 500℃的 SOFC 中，$Sm_{1-x}Sr_xCoO_3$作陰極材料獲得了很好的效果。對 $Dy_{1-x}Sr_xCoO_3$（DSC），其鈣鈦礦結構穩定存在的組成範圍是 x>0.6。各種組成的 $Sm_{1-x}Sr_xCoO_3$（SSC）的電導率均大於 100 S · cm^{-1}，峰值達到 1820 S · cm^{-1}。在 298～1273 K 的溫度範圍內材料的熱膨脹係數達到 (16～24)×10^{-6} cm/(cm · K)，遠遠高於 YSZ 的熱膨脹係數。SSC 的熱膨脹係數不隨 Sr 摻雜量發生改變，但 DSC 的熱膨脹係數則隨 Sr 的摻雜量不同而有明顯的變化。

$La_{1-x}Sr_xCo_{1-y}Fe_yO_3$（LSCF）是另一類比較有代表性的 SOFC 陰極材料。LSCF 的電導率隨 Fe 摻雜量的增大而下降，電導率峰值產生的溫度也從 200℃ 升高到 920℃。La：Sr 的比例對材料的性能也有較大的影響。x=0.4 時 LSCF 的峰值電導率達到 350 S · cm^{-1}，而對x=0.2 的材料，其電導率的峰值為 160 S · cm^{-1}。$La_{0.6}Sr_{0.4}Co_{0.8}Fe_{0.2}O_3$的電導率的峰值出現在 550℃，表明其有可能用作中溫 SOFC 的陰極材料。Fe：Co 的比例對 $La_{0.84}Sr_{0.16}Co_{1-x}Fe_xO_3$ 的性能有較大的影響。該材料的優化組成為 Co：Fe（摩爾比）為 0.7：0.3，其在 800℃的電導率達到 643 S · cm^{-1}。

$Pr_{0.7}Sr_{0.3}MnO_3$和 $Nd_{0.7}Sr_{0.3}MnO_3$是兩種具有應用前景的 SOFC 陰極材料。$Nd_{0.7}Sr_{0.3}MnO_3$和 CGO 在高溫下具有很高的化學相容性。$Pr_{0.7}Sr_{0.3}MnO_3$在 500℃的電導率達到 226 S · cm^{-1}。而用 Ca 代替 Sr 作摻雜劑，生成的 $Pr_{0.7}Ca_{0.3}MnO_3$ 在高溫下不與電解質發生反應，且電導率達到 266 S · cm^{-1}，作為 SOFC 陰極材料具有一定的前景。

7-4 SOFC 雙極連接材料

在 SOFC 電池組中，雙極連接材料的主要作用是連接相鄰單電池的陽極與陰極，分隔相鄰單電池氧化劑與燃料。對管型 SOFC，如圖 7-2 所示，雙極連接材料稱為連接體。它必須具有足夠高的電子電導率以減小串聯單電池的歐姆降，並在室溫至 SOFC 工作溫度，甚至製備溫度下與 SOFC 單電池陰極、陽極等材料化學上相容，並具有相匹配的熱膨脹係數，在氧化與還原氣氛中，在 SOFC 工作電位下保持穩定，並具有足夠高的緻密度，防止燃料與氧化劑透過連接體互竄。對平板型SOFC，如圖 7-3 所示，雙極連接材料稱雙極板。SOFC 雙極板也必須具有足夠高的電子導電率，減小單電池間歐姆降，並與 SOFC 陽極、陰極及密封材料等化學上相容，緻密無孔防止燃料與氧化劑透過雙極板互竄。與平板型SOFC的膜電極「三合一」組件（PEN）具有相近的熱膨脹係數，但不像管型 SOFC 的連接體要求那樣嚴格，熱膨脹係數小的差異可在陽極室加入多孔金屬如泡沫鎳進行調整。但要求雙極板材料易於加工和低成本。

至今在管型 SOFC 應用最成功的連接材料為 $LaCrO_3$，而對平板型 SOFC，則研究主要集中於抗氧化的合金材料。

1 鉻酸鑭（$LaCrO_3$）

◎$LaCrO_3$的製備

$LaCrO_3$的合成一般採用溶液法。用溶液法合成的$LaCrO_3$具有純度高、組成均勻、化學計量比精確、超細易燒結等特點。製備$LaCrO_3$最常用的溶液法是檸檬酸法（Pechini 法）和改進的檸檬酸法。對 Pechini 法的改進主要是檸檬酸／乙二醇的摩爾比（經典的檸檬酸法採用的檸檬酸／乙二醇摩爾比是 20/80）。在製備過程中，檸檬酸、乙二醇應與金屬離子形成無定形的泡沫狀凝膠前驅體。在較低的溫度下熱解就可以將前驅體轉變為高比表面積的氧化物粉體。

甘氨酸／硝酸鹽燃燒法也可以用於製備$LaCrO_3$超細粉。具體方法是：將甘氨酸和金屬硝酸鹽溶於水形成水溶液，然後加熱將水蒸發濃縮至黏稠，在此過程中，甘氨酸與金屬離子形成錯合物以增加在溶液中水蒸發過程中金屬離子的溶解度，避免其選擇性沉澱析出，自燃後生成氧化物灰燼。此外，甘氨酸還在膠體燃燒過程中作燃料。得到的氧化物灰燼由粒度為 25～100 nm 互相連接成鏈的超細粒子組成。此法製備的$LaCrO_3$基複合氧化物具有很高的比表面積和組分的均勻性，殘碳量也很低。

製備$LaCrO_3$基複合氧化物粉體的方法還有共沉澱法（coprecipitation）、噴霧熱解（spray pyrolysis）、滴液熱解（drip pyrolysis）。共沉澱法的關鍵步驟是金屬離子從硝酸鹽溶液中以草酸鹽及碳酸鹽形式析出。在噴霧熱解法製備$LaCrO_3$過程中要使用金屬鹽類和碳水化合物。滴液熱解法採用硝酸鹽和乙酸鹽作原料，葡萄糖作燃料。

對管型 SOFC，$LaCrO_3$連接體最成功的製備方法為電化學氣相沉積，但此法不但原料利用率低，而且成本高。正在發展等離子噴塗等廉價方法製備管型 SOFC 的連接體。

◎$LaCrO_3$的物理性質和晶相結構[4]

$LaCrO_3$是具有很高耐火性能的鈣鈦礦型氧化物。La^{3+}占據 A 位，與氧離子形成 12 配位，占據 B 位的 Cr^{3+}為 8 配位，一般物理性能如表 7-18 所示；相圖如圖 7-29 所示。

表 7-18　$LaCrO_3$的物理性質[4]

項　目	性能數據	項　目	性能數據
熔點（℃）	2510	標準生成焓（從 La_2O_3 和 Cr_2O_3）（$kJ \cdot mol^{-1}$）	−67.7
密度（$g \cdot cm^{-3}$）	6.74		
熱導率（$W \cdot cm^{-1} \cdot K^{-1}$）		標準生成熵（從 La_2O_3 和 Cr_2O_3）（$J \cdot mol^{-1} \cdot K^{-1}$）	10
200℃	0.05		
1000℃	0.04	彎曲強度（MPa）	
熱膨脹係數（10^{-6} $cm \cdot cm^{-1} \cdot K^{-1}$）		25℃	200
25～240℃	6.7	1000℃	100
240～1000℃	9.2		

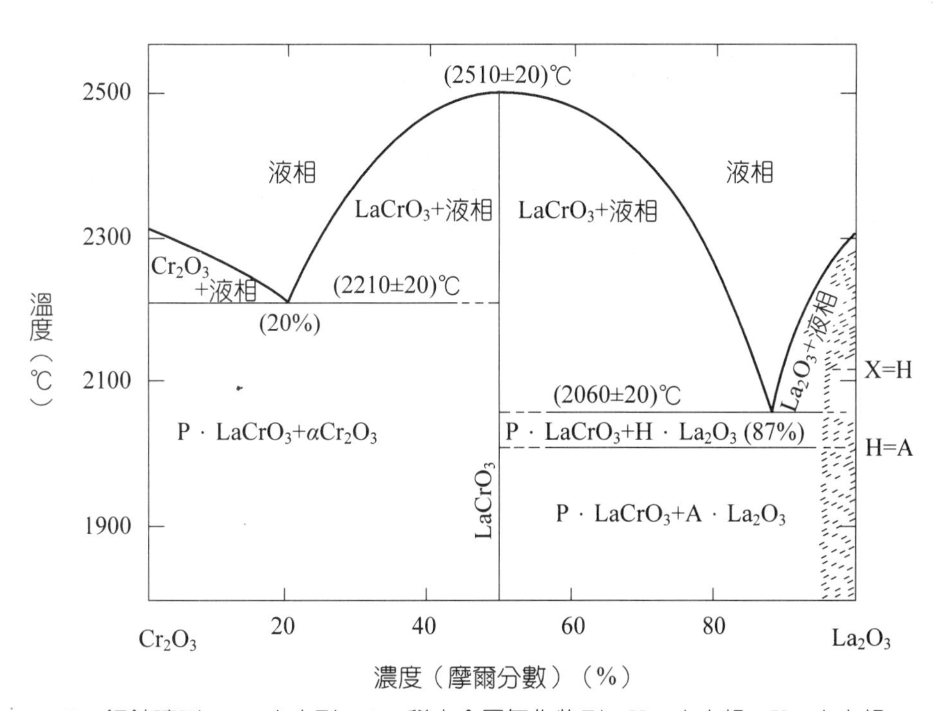

P—鈣鈦礦型；α—六方形；A—稀土金屬氧化物型；H—六方相；X—立方相

圖 7-29　Cr_2O_3-La_2O_3體系的相圖

$LaCrO_3$在室溫下屬正交晶系，在240～290℃間發生正交晶系/菱形晶系的晶型轉變。在約1000℃氧化物的菱形結構轉變為六方結構。進一步提高溫度到1650℃發生向立方相的轉變。總體上看，$LaCrO_3$的單胞體積隨溫度的升高而增大。從正交相到六方相再到立方相體積熱膨脹係數逐漸增大。此外，$LaCrO_3$的相變還伴隨著電導率等其他性質的變化。

化學計量比的改變和摻雜均會對$LaCrO_3$的相轉變過程產生影響。鑭/鉻比的增大可以提高正交相／菱形相的轉變溫度。用Sr替換$LaCrO_3$中的La，可以降低晶相轉變溫度。摻雜摩爾分數為10%的Sr，就可以將菱形相穩定至室溫。鋁和鈷的摻雜同樣可以降低相變溫度。鎳、鎂、鈣的摻入使相變溫度升高。20%（摩爾分數）的Ni摻雜可以將正交相／菱形相的轉變溫度提高75℃。

◎$LaCrO_3$在氧化和還原氣氛中的穩定性

$LaCrO_3$在氧化性、還原性氣氛中均具有較高的化學穩定性。但是在SOFC操作溫度下，會產生不可忽視的Cr揮發。在1600℃的高溫、氧化氣氛中，氣化速度達到54 μg/（cm^2・h）。高揮發度造成了$LaCrO_3$在高氧分壓氣氛中燒結性能的下降。摻雜Al、Sr和Ca等可以降低$LaCrO_3$的揮發程度。圖7-30所示為Sr摻雜的$LaCrO_3$的相對尺度變化與氧分壓的關係。在H_2等還原氣氛下，$LaCrO_3$因晶格失氧產生體積膨脹。摻雜的$LaCrO_3$在氫中膨脹係數隨摻雜組分而變化。在相同的p_{O_2}條件下，Mg摻雜的$LaCrO_3$的膨脹量是Sr摻雜的$LaCrO_3$的

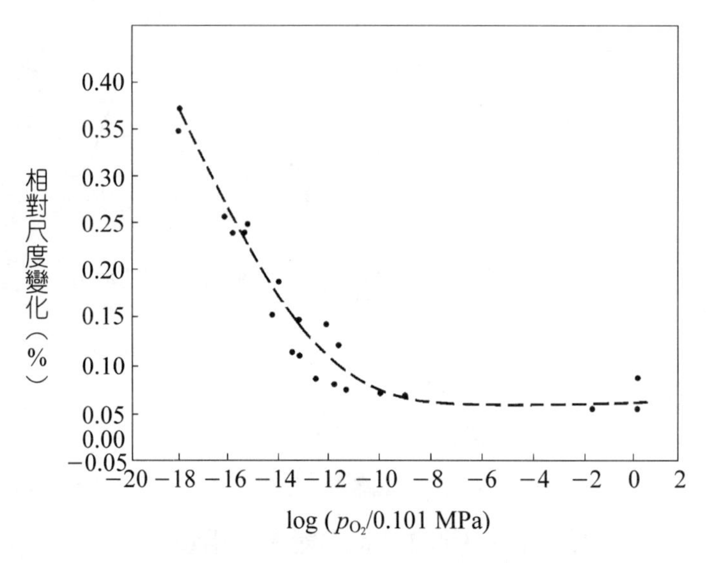

圖7-30 Sr摻雜的$LaCrO_3$的相對尺度變化與氧分壓的關係

1/4（0.1%對 0.4%）。在SOFC的應用中，$LaCrO_3$連接體膨脹要小於一定的值，以確保不引起過大的機械應力，造成電池組件斷裂或剝離。

摻雜和添加燒結助劑對$LaCrO_3$在還原氣氛中的機械強度有顯著影響。研究發現，含 H_2或 CO_2的氣體會使 $LaCrO_3$材料變脆。在 H_2中，Ca、Co 摻雜的 $LaCrO_3$中的 Co 會以 CoO 形式沉澱析出，引起材料斷裂強度的急劇下降。此外，燒結助劑還會造成連接體表面的化學退化。在SOFC操作條件下，Sr和Ca摻雜 $LaCrO_3$中會產生 $Ca_m(CrO_4)_n$和 $SrCrO_4$，並遷移至連接體表面。鉻酸鹽在燃料側發生分解反應。

◎**$LaCrO_3$的導電性能**[4]

$LaCrO_3$為p-型半導體，靠Cr離子中3d能帶上的空穴導電。以其他離子取代$LaCrO_3$中的La和Cr離子，會對材料的導電性能產生很大影響。可用於摻雜或替代的元素有 Sr 和 Ca（La 位）、Mg、Co、Zn、Cu、Fe、Ti、Al、Ni、Nb、Mn（Cr位）。表7-19所列為摻雜不同元素$LaCrO_3$的電導率及其活化能。

在氧化性氣氛下，用低價態離子替代$LaCrO_3$中的La或Cr，由電荷平衡引起 Cr^{3+}向 Cr^{4+}的轉變，使材料的電子導電性得到增強。在還原性氣氛下，電荷平衡透過形成氧空位來實現，不會引起電子電導的增加。為了獲得作為 SOFC 連接體所必需的更高的電子導電率，常用二價離子對$LaCrO_3$進行摻雜。最常用的摻雜元素有Sr、Ca和Mg。Sr、Ca和Mg，在$LaCrO_3$中的溶解限度（摩爾分數）分別為50%、50%和15%。

表7-19 空氣中摻雜的 $LaCrO_3$的電導率數據[4]

摻雜氧化物（MO）	組成（摩爾分數）（%）	電導率（1000℃）（$\Omega^{-1}\cdot cm^{-1}$）	活化能（$kJ\cdot mol^{-1}$）
無	0	1	18
MgO	10	3	19
SrO	10	14	12
CaO	10	20	12
CoO	20	15	43
MnO	20	0.2	46
SrO，MnO	10，20	1	50
CaO，CoO	10，20	30	19

摻雜 $LaCrO_3$的電導率與環境平衡氣氛密切相關。在還原性氣氛中達到平衡（如 H_2），會造成材料電導率的顯著下降。如 Mg 摻雜的 $LaCrO_3$在 H_2中的電導率較在空氣中低一個數量級。在氫中失氧造成載流子濃度的下降，使材料的電導率降低。圖 7-31 所示為 Sr 摻雜 $LaCrO_3$在氧化性與還原性氣氛中電導率的對比。由於在 SOFC 中使用的 $LaCrO_3$連接體在雙氣氛中工作（一側為燃料，另一層為氧化劑），在連接體的斷面會產生電導率梯度。但是，$LaCrO_3$的總電導率能夠滿足高溫SOFC對連接體材料的要求。10%（摩爾分數）Mg摻雜的 $LaCrO_3$在高溫SOFC操作條件下的電導率為 $2\ \Omega^{-1}\cdot cm^{-1}$，超過對電導率的要求。

◎$LaCrO_3$和其他材料的化學相容性[4]

在 SOFC 的操作溫度（≤1000℃）下，$LaCrO_3$不與其他電池材料（YSZ、摻雜的 $LaMnO_3$、NiO-YSZ）發生相互作用。在 $LaCrO_3$-$LaMnO_3$系統中測得的Cr和Mn內擴散係數表明，在 1000℃，這兩種化合物間不存在顯著的反應。但操作 5000 小時後二者之間形成厚度小於 2 μm 的擴散層。La-Cr-Zr-O 體系的化學位圖表明，在 1000℃，$LaCrO_3$和 ZrO_2 間不存在化學反應。在更高溫度（>1300℃）下，$LaCrO_3$和 NiO/YSZ 反應生成 $NiCrO_4$，$LaCrO_3$和 $LaMnO_3$形成固態溶液，而 $LaCrO_3$與 YSZ 的相互作用程度與 $LaCrO_3$的摻雜（包括摻雜元素的種類和摻雜量）及燒結條件密切相關。

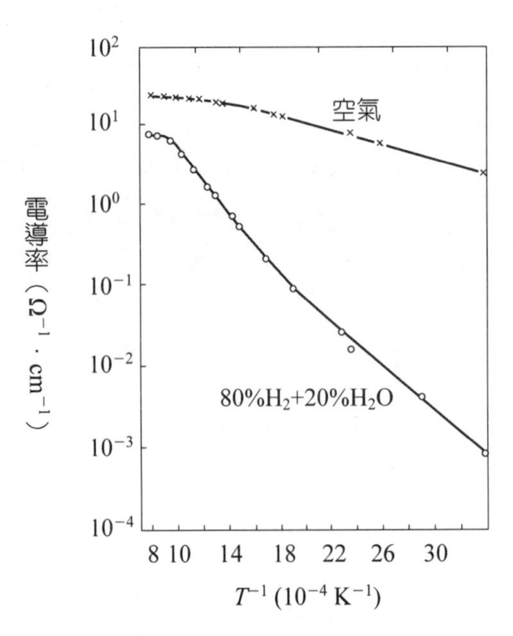

圖 7-31 Sr 摻雜 $LaCrO_3$在氧化性與還原性氣氛中電導率的對比

當 $LaCrO_3$ 連接體與其他電池組件相互接觸共燒結時，會發生較為嚴重的化學反應。在共燒結過程中，發生的最嚴重反應是 $LaCrO_3$ 連接體中的液相向其他材料中的遷移。當 CaO 摻雜的 $LaCrO_3$ 與 NiO/YSZ 陽極共燒結時，連接體中產生的 $Ca_m(CrO_4)_n$ 液相會向多孔陽極中遷移，在界面處生成含有 $CaZrO_3$、$NiCr_2O_4$ 等物相的導電性極差的緻密相互作用層。當 $LaCrO_3$ 與 $LaMnO_3$ 共燒結時，由於液相的遷移，在界面處會產生 Cr、Ca 和 Mn 的相互擴散。Mn 通過晶界向 $LaCrO_3$ 遷移形成 $(La, Ca)_3Mn_2O_7$ 新物相。由於液相的流失，使得 $LaCrO_3$ 在相同的焙燒條件下難以緻密化。當 $LaCrO_3$ 與 YSZ 共燒結時，$LaCrO_3$ 中產生的 $Ca_m(CrO_4)_n$ 液相會溶解在 YSZ 晶界處，形成新的化合物 (Ca, Y) ZrO_3。

◎**$LaCrO_3$ 的熱膨脹性能**[4]

圖 7-32 為 $LaCrO_3$ 的熱膨脹隨溫度變化的情況。在 240～290℃ 發生正交／菱形相轉變，未摻雜 $LaCrO_3$ 的熱膨脹係數約為 6.7×10^{-6} cm/(cm・K)。菱形晶系 $LaCrO_3$ 的熱膨脹係數約為 9.5×10^{-6} cm/(cm・K)。化學計量比在一定範圍（±10%摩爾分數的 La）內的改變對未摻雜 $LaCrO_3$ 的熱膨脹係數影響很小。但透過在晶格中摻雜其他離子可以調整 $LaCrO_3$ 的熱膨脹係數。用鋁離子替代鉻離子可以提高材料的熱膨脹係數，Ca、Sr、Ni、Co、Mn 的摻雜同樣可提高 $LaCrO_3$ 的熱膨脹係數。摩爾分數為 13%的 Sr 摻雜可以將 $LaCrO_3$ 的熱膨脹係數調整至與 YSZ 相接近。Fe 和 Ca 的摻雜可降低 $LaCrO_3$ 的熱膨脹係數。此外，$LaCrO_3$ 的熱膨脹係數還與摻雜量有關。表 7-20 為未摻雜和摻雜 $LaCrO_3$ 的熱膨脹係數。表 7-21 列出了 Sr 摻雜 $LaCrO_3$ 熱膨脹係數隨摻雜量的變化情況。

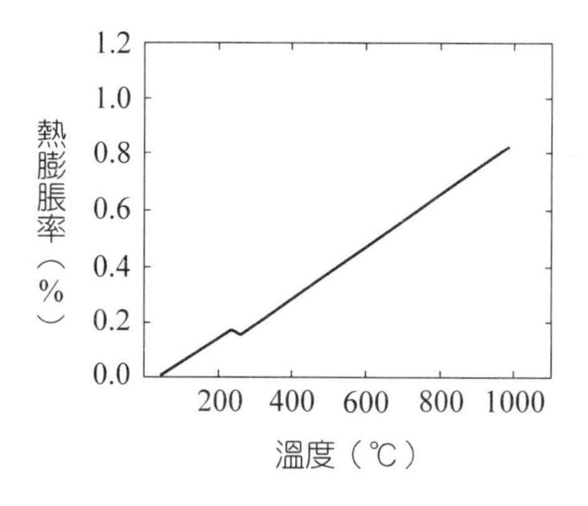

圖 7-32　$LaCrO_3$ 的熱膨脹隨溫度變化的情況

表 7-20　未摻雜與摻雜的 $LaCrO_3$ 的熱膨脹係數[4]

材料組成	熱膨脹係數（10^{-6} cm · cm^{-1} · K^{-1}）	材料組成	熱膨脹係數（10^{-6} cm · cm^{-1} · K^{-1}）
$LaCrO_3$	9.5	$LaCr_{0.9}Co_{0.1}O_3$	13.1
$La_{0.9}Sr_{0.1}CrO_3$	10.7	$LaCr_{0.9}Ni_{0.1}O_3$	10.1
$La_{0.8}Ca_{0.2}CrO_3$	10.0	$LaCr_{0.7}Mg_{0.05}Al_{0.25}O_3$	9.8
$LaCr_{0.9}Mg_{0.1}O_3$	9.5	$La_{0.8}Ca_{0.2}Cr_{0.9}Co_{0.1}O_3$	11.1

表 7-21　Sr 摻雜的 $LaCrO_3$ 熱膨脹係數隨摻雜量變化情況[4]

材料組成	熱膨脹係數（10^{-6} cm · cm^{-1} · K^{-1}）	材料組成	熱膨脹係數（10^{-6} cm · cm^{-1} · K^{-1}）
$LaCrO_3$	9.5	$La_{0.9}Sr_{0.1}CrO_3$	10.7
$La_{0.98}Sr_{0.02}CrO_3$	10.2	$La_{0.85}Sr_{0.15}CrO_3$	10.8
$La_{0.95}Sr_{0.05}CrO_3$	10.9	$La_{0.80}Sr_{0.20}CrO_3$	11.1

2 金屬雙極板材料[47, 48]

中溫工作 SOFC 的研發已取得重要進展。透過降低電解質隔膜厚度或採用高離子導電性的電解質材料，在 800℃就可以獲得高溫 SOFC 在 1000℃才能達到的輸出功率密度。SOFC 工作溫度的降低使得採用耐高溫、抗氧化合金材料製備雙極板成為可能。和陶瓷材料相比，金屬合金具有許多優點：熱導率高，雙極板溫度分佈均勻；機械穩定性較陶瓷雙極板高；不存在氣體滲透問題；電子電導率高。此外，金屬雙極板還具有成本低、易於加工的優點。

高溫抗氧化合金被認為是最有前景的雙極板材料之一。這些合金中通常摻入 Cr 和／或 Al 作為合金化添加劑。在氧化氣氛中，由於 Cr 優先被氧化為氧化鉻，Al 被氧化為氧化鋁而在合金的表面形成一層很薄的緻密保護膜。含 Al 合金儘管其氧化膜的增長速度較 Cr_2O_3 的生成速度降至原來的 1/10，但因其表面生成的氧化薄膜的電導率很低，不能用於製備 SOFC 的雙極板。含 Cr 和 Ni 的合金在高溫氧化氣氛中會形成 Cr_2O_3 保護膜，綜合考慮其氧化膜的生長速度和導電能力，這類材料有可能用於 SOFC 雙極板的製備。

對金屬雙極板尚需解決的問題有以下兩項：

⑴**與 YSZ 電解質的熱膨脹係數不匹配**

解決這一問題的途徑之一是研製開發和 YSZ 具有相近熱膨脹係數的新型合金材料，如 Siemens/Plansee 自行研製與開發出 Cr-5Fe-1Y_2O_3合金材料。另一個途徑是選用與電解質熱膨脹係數盡可能相近的商品合金材料，並在金屬雙極板與電池「三合一」組件間加入彈性多孔材料，可以有效地降低由於材料熱膨脹係數存在差異而在不同電池組件間產生的應力。

⑵**陰極的 Cr 中毒**

將含 Cr 的合金用於 SOFC 的雙極板，高價態 Cr 化合物的揮發是需要重點考慮的問題之一。如在陰極側的氧化氣氛下，特別是有水蒸氣存在時，Cr 基合金容易生成高揮發性的 CrO_3（g）和 Cr 的水合物，如 $Cr(OH)_2O_2$ 等。Cr 的揮發不但會加速氧化皮的生長，而且會造成 Cr 向多孔陰極的擴散。當有電流通過時，在陰極／電解質界面處高價態的 Cr 化合物會被還原為 Cr_2O_3（s）。界面上低導電性 Cr_2O_3（s）的生成會降低 SOFC 的輸出性能。解決 Cr 中毒問題的方法之一是在雙極板表面製備氧化物保護膜，以降低金屬中的 Cr_2O_3的揮發。另外，在陽極側同樣需要製備氧化物保護膜，以防高溫合金的氫脆或碳化。

和 Ni-基合金及 Cr-基合金相比，用 Fe 基合金（如 Fe-16Cr）作 SOFC 的雙極板材料具有獨特的優勢，特別是對汽車用平板型 SOFC 意義更為重大。Fe-Cr 合金具有以下優點：

①化學穩定性高：高溫下，在空氣、氧氣、H_2-H_2O 氣體混合物中，在 Fe-Cr 合金的表面能夠形成一層保護膜；

②和其他電池材料的熱膨脹係數相接近：如 YSZ 的熱膨脹係數為 10×10^{-6} cm/(cm・K)，Fe-Cr 合金的熱膨脹係數為 $(9\sim12)\times10^{-6}$ cm/(cm・K)；

③和 Ni-基合金及 Cr-基合金相比，Fe-Cr 合金的製備費用低；

④易於加工和放大，氣密性好。

典型的 Fe-Cr 合金的組成如表 7-22 所示。

Fe-16Cr（SUS 430）合金的氧化在 1023～1173 K 和氧分壓 5.2×10^{-17}～0.21×10^5 Pa的範圍內遵循拋物線速度定律，表明氧化皮中離子缺陷的擴散為

表 7-22　SUS 430 合金的化學組成

元素	Fe	Cr	Mn	Si	Ni	Al	C	P	S
質量比（%）	82.9	16.31	0.21	0.35	0.12	0.11	0.048	0.023	0.0006

速度控制步驟。氧化皮主要成分為 Cr_2O_3，在表面還有一薄層尖晶石 $MnCr_2O_4$。拋物線速度常數在 1073 K，5.2×10^{-17}～0.21×10^5 Pa的範圍內不隨氧分壓變化發生變化。氧化皮在空氣和氧氣中的增長速度與在 H_2-H_2O 混合物中的速度相接近。在 Fe-16Cr 的表面噴鍍 $La_{0.6}Sr_{0.4}CoO_3$可以保持其恆定的電阻率。噴塗後的 Fe-16Cr 在 1073 K 空氣中平均面電阻為 45 mΩ · cm^2，H_2-H_2O 混合物中的平均面電阻為 20 mΩ · cm^2。在 Fe−16Cr 表面噴鍍 (La, Sr) CrO_3 化合物，用作 SOFC 的雙極板具有很好的前景。

7-5　SOFC 密封材料[49~52]

在平板型 SOFC 中，密封材料除了要保證能夠對燃料氣室和氧化劑氣室間進行有效的隔離及各種氣體對環境的密封性外，還要保證電池組具有一定的機械強度。平板型 SOFC 一般工作在 800℃左右，使用壽命在 5 年以上，因此 SOFC 的密封材料還應滿足以下要求：在氧化氣氛和濕還原氣氛中與相鄰的電池組件間不發生化學反應並保持結構、形貌和尺寸的穩定；在熔接溫度下的黏度達到 10^5 Pa · s，在操作溫度下>10^9 Pa · s（如 800℃）；與其他電池組件僅存在很小的熱膨脹係數差異（熱膨脹係數TEC=11×10^{-6} cm · cm^{-1} · K^{-1}）；在被黏合件上的潤濕角度>90°，對其他電池組件不潤濕；氣密性要好；具有良好的絕緣性能，一般要求面電阻>2 kΩ · cm^2。此外，對一些特殊結構的SOFC還要求密封材料具有特殊的時間—黏度特性，即在比操作溫度高的封結溫度下將電池組件黏合在一起後，適當降溫後密封料仍應保持一定的塑性以允許電池組件產生較小的位移。

對於採用金屬雙極板的平板型SOFC，通常選用低熔點的玻璃作密封材料。玻璃中除了Si外，含有大量的鹼金屬和鹼土金屬氧化物，這些組分易於在電池組內遷移並與其他電池組件發生反應。對平板型 SOFC，在開發與其他電池組件相匹配密封材料方面，科研人員做了大量的工作。研究工作主要集中在鹼金屬矽酸鹽、鹼土金屬矽酸鹽、鹼金屬硼矽酸鹽基玻璃或玻璃陶瓷，如 Pyrex 玻璃、磷酸鋁等。但是，各種材料多存在諸如熱膨脹係數不匹配、長期操作穩定性差等缺點。

摻加 MgO 的商品 BAS（BaO · Al_2O_3 · SiO_2）玻璃能夠滿足 SOFC 組件的黏合與電池組的密封要求，特別是對於 SOFC 製備過程中需要黏合材料緩慢晶化的場合尤為適用。

BAS 的典型組成如表 7-23 所示。

AF45 玻璃的晶化過程為表面驅動，因此體相的晶化可藉由使用玻璃粉來實現。摻入晶粒細小的 MgO 可以提高 AF45 的晶化速度，但沒能觀測到含 Mg 的晶體化合物。因此，細晶粒 MgO 的摻入可以加速成核過程，有利於晶體的生長。經過 200 小時，AF45 達到最終的結晶態，並伴隨著方石英—石英轉變的開始。在 SOFC 操作溫度下，石英是熱力學上的穩定態。而 200℃方石英晶體結構的改變會引起 8%的體積變化，因此在熱循環過程中，方石英會起破壞作用。已經證明六鋇長石比較穩定。AF45+10MgO 在 950℃開始產生晶化，晶化一直持續到 850℃。總之，透過摻入MgO可以在很寬的範圍內調整密封玻璃的晶化速度，且在冷卻至室溫的過程中僅產生中等的電池組件可以承受的擠壓應力。

可應用於 800～850℃平板型 SOFC 的另一種密封材料是組成為 BaO-Al_2O_3-La_2O_3-B_2O_3-SiO_2的玻璃。其中 B_2O_3和 SiO_2為玻璃形成組分（B_2O_3/SiO_2保持恆定，其數值範圍為 0.33～0.71），BaO組分用以提高熱膨脹係數，Al_2O_3用於提高玻璃的表面張力和避免在熱處理過程中玻璃的快速晶化，La_2O_3的作用是調節玻璃的黏度。由於鹼金屬易於擴散到電池組件中產生有害的界面反應或增大電解質隔膜的電子導電性，在玻璃中沒有加入鹼金屬。玻璃材料的三個重要指標為轉變溫度（T_g）、軟化溫度（T_s）和熱膨脹係數（TEC）。由實驗顯示，

表 7-23 BAS 的典型組成（質量比（%））

玻璃	Al_2O_3	BaO	SiO_2	B_2O_3	As_2O_3	MgO
AF45	11.0	24.0	50.0	14.0	0.5	0
AF45	11.1	24.1	50.2	14.1	0	0
AF45+5MgO	10.4	22.8	47.5	13.3	0.5	5.0
AF45+10MgO	9.8	21.6	45	12.6	0.5	10.0

在恆定B_2O_3：SiO_2的情況下，T_g和T_s幾乎不隨BaO含量的變化而改變。但是，T_g和T_s受B_2O_3：SiO_2比的影響卻很大。玻璃的TEC隨BaO含量及B_2O_3：SiO_2的增大而增大。組成為 $35BaO-10Al_2O_3-5La_2O_3-16.7B_2O_3-33.3SiO_2$的玻璃，其$B_2O_3$：$SiO_2$為1：2。在低於$T_g$（～670℃）的溫度下，與YSZ的熱膨脹係數不匹配程度最小。此外，該密封材料還具有較好的抗熱循環能力。

7-6 平板型 SOFC

平板型SOFC因其核心元件膜電極「三合一」組件（PEN）製備技術相對簡單，電池功率密度高而引起人們重視。但是由於SOFC的工作溫度高達1000℃，電池密封與雙極板一直是這種類型電池的技術難題。人們為緩解這些技術難題，將電池工作溫度降低，如降至 600～800℃，文獻稱之為中溫SOFC，已成為國內外研究的熱點。

1 電解質膜支撐型平板 SOFC

Tinglian Wen[3]等採用帶鑄法製備基膜，再經壓實，提高基膜的緻密度。基膜經1550℃焙燒，製備厚度≤150 μm的YSZ膜，該膜的密度可達理論密度的96%，詳細製備過程可參閱中國專利ZL98 122879.8。

他們用絲網印刷方法，在上述 YSZ 電解質膜的兩側製備 $Pr_{1-x}Sr_xMnO_3$（x=0.3）多孔陰極和 Ni+YSZ 陶瓷陽極。陰極經1300℃焙燒，以提高多孔陰極與YSZ膜的結合強度。陽極經1350～1400℃焙燒，陶瓷陽極中NiO含量為60%（質量比）。陰極、陽極厚度均為40～60 μm。

雙極板採用鉻基合金。為防止雙極板氧化，在雙極板的陰極側，採用等離子噴塗技術，製備$La_{0.8}Sr_{0.2}MnO_3$導電保護層，在雙極板的陽極側同樣採用等離子噴塗技術，製備 Ni 塗層。雙極板的上述塗層既能防止它的氧化，又能在一定程度上阻止鉻基合金中鉻的氧化物高溫下蒸發毒化電極的作用。

在陽極側用多孔Ni作流場，並用它解決雙極板與PEN間的熱膨脹係數不匹配問題，消除熱應力。電池採用預成型的$SiO_2-Al_2O_3-CaO$三元玻璃陶瓷作密封件，它於650℃軟化，大於900℃轉化為陶瓷。高於900℃時，它與 YSZ 和鉻基合金具有很好的黏合力。

採用上述的 100 mm×100 mm 的 80 片 PEN 和雙極板及密封件按圖 7-33 所示結構，組裝了內氣體分佈管道、氧化劑與燃料錯流的 SOFC 電池組。

當採用氫氣為燃料、純氧為氧化劑時，電池組的開路電壓達到 85.3 V，說明電池組密封狀態良好，無氫氣、氧氣互竄現象發生。電池組性能如圖 7-34 所示。

德國西門子公司從 1990 年開始研究發展 YSZ 電解質膜支撐型的平板型 SOFC，1994 年組裝 1 kW 電池組，1995 年組裝了 10 kW 電池組，1996 年組裝、試驗了由 2 臺 10 kW 平板型 SOFC 電池組構成的 20 kW 電池系統[53]。

西門子公司平板型 SOFC 是由金屬與陶瓷材料聯合構成的，含有金屬端板、雙極板和陶瓷的膜電極「三合一」組件。金屬雙極板材料為 plansee 合金（$CrFe5Y_2O_31$），它不但具有很好的抗腐蝕能力，而且有良好的導熱能力與熱穩定性。但第一臺 10 kW 電池運行 1400 小時後，性能衰減 19%。分析發現，

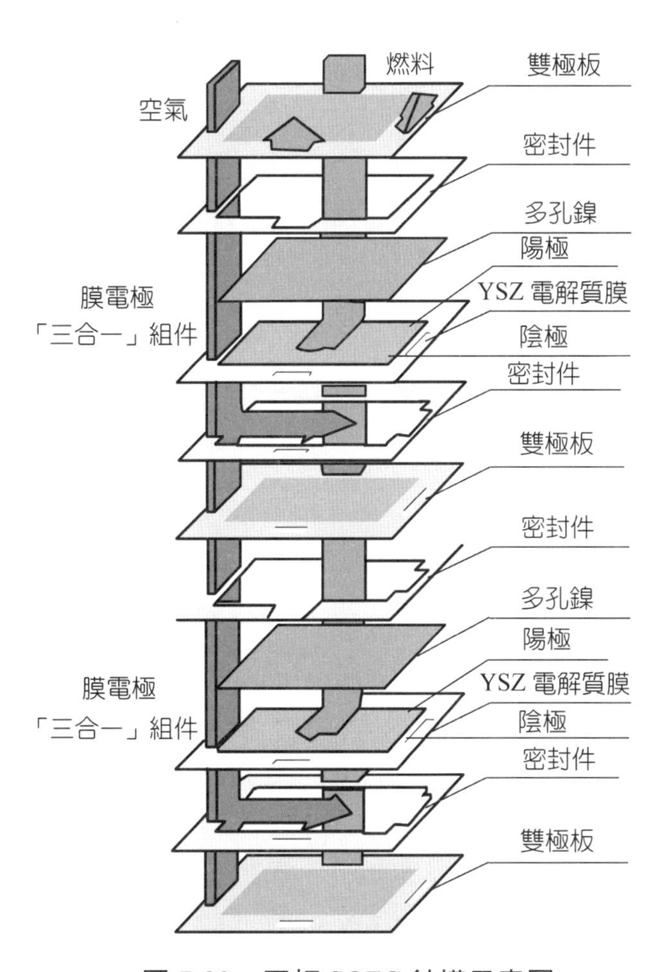

圖 7-33　平板 SOFC 結構示意圖

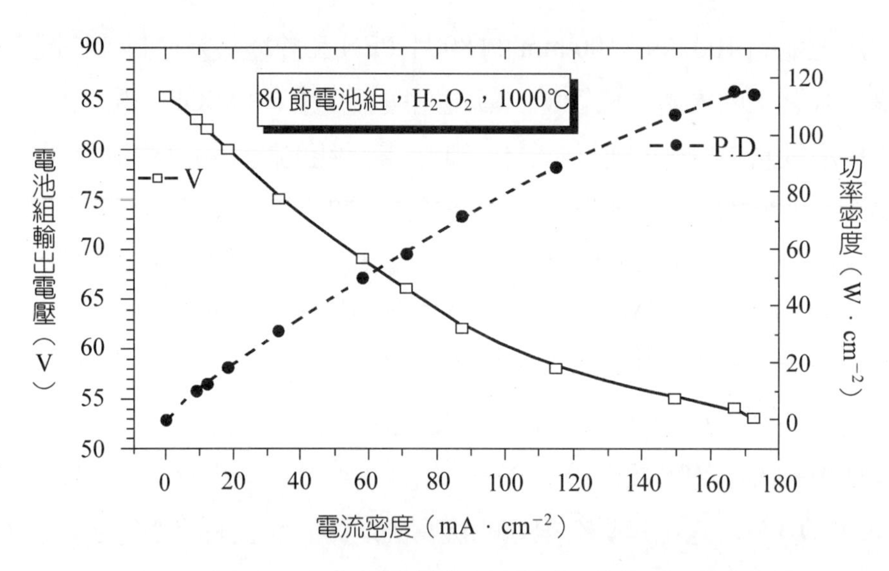

圖 7-34　平板型 SOFC 的電性能（1000℃時 80 節電池組）

這是雙極板中三氧化二鉻（Cr_2O_3）的揮發導致陰極中毒所致。因此，為防止雙極板中三氧化二鉻的揮發，在其表面採用真空等離子噴塗方法製備一層鉻酸鑭鍶（$LaSrCrO_3$）的保護膜。

為減少陰極用空氣作氧化劑時的質傳阻力，降低濃差極化，西門子公司發展了變孔結構的雙層陰極。

由於陶瓷材料的脆性，難以製得整體大面積的電解質薄膜；而要組裝出大功率的電池，又必須增大電池的面積。為解決這一矛盾，西門子公司採用了多電池矩陣的結構，即將陶瓷的膜電極「三合一」排列在由雙極板構成的框架中，再密封組成多個並聯的小電池。西門子公司發展的第一臺 10 kW 電池組，一層中放置 16 個 5 cm×5 cm 陶瓷膜電極「三合一」組件，共有 80 層，按壓濾機方式組合，每層並聯單電池面積為 256 cm^2，電池組膜電極「三合一」組件總面積為 2 m^2。

西門子公司第一臺 10 kW 平板式 SOFC 電池組的開路電壓為 104 V，平均每層（單電池）電壓為 1.3 V。這表明，在矩陣結構的單層中，陶瓷膜電極「三合一」組件與雙極板間的氣密性良好。即採用的由高溫密封膠黏合的密封結構可行。在 950℃當氣體利用率為 50%時，電池組的輸出功率為 10.7 kW，當用空氣作氧化劑時，輸出功率為 5.4 kW，溫度降至 850℃時，輸出功率降至 4 kW。圖 7-35 為該電池組的電壓—電流輸出特性曲線。

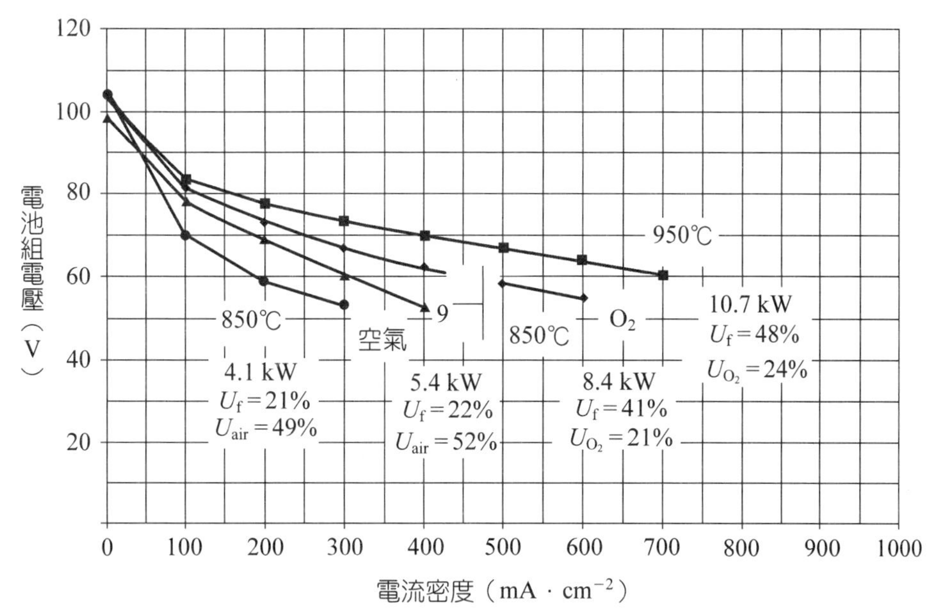

U_{air}—空氣中氧的利用率；U_r—燃料利用率；U_{O_2}—純氧利用率

圖 7-35　平板型固體氧化物燃料電池伏—安特性曲線

西門子公司為實施 20 kW 電池系統試驗，又組裝了由 50 層（單電池）構成的兩臺 10 kW 電池組。兩臺電池組的單電池開路平均電壓為 1.25 V，證明密封結構良好。這兩臺電池組平均單電池伏—安特性曲線見圖 7-36。

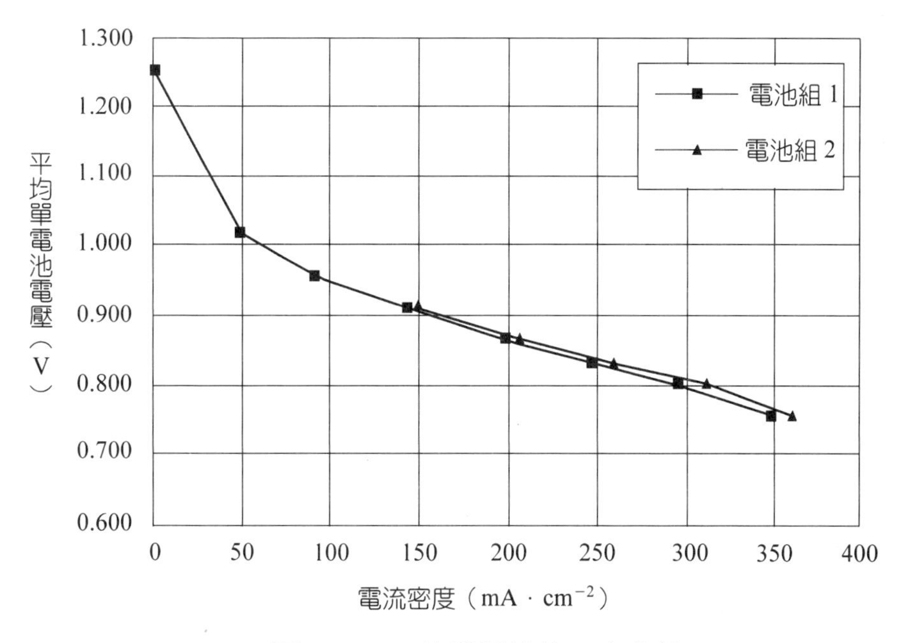

圖 7-36　平均單電池伏—安曲線

當SOFC在1000℃下運行時，所發生的電極／電解質，電極／雙極板，電極、雙極板與高溫密封膠界面反應以及電極在高溫下的燒結退化等均會降低電池的效率與穩定性。同時，也使電池關鍵材料——電極、雙極板和電解質的選擇受到極大限制。若能將電池工作溫度降到800℃以下，既能保持 SOFC 的優點，又能避免或緩解上述問題，如可用廉價的不銹鋼作為電池的雙極板材料等。

開發中溫SOFC的關鍵技術之一是降低固體氧化物電解質膜的電阻，提高固體氧化物電解質材料的離子導電率。

Keqin Huang[54]採用$La_{0.8}Sr_{0.2}Ga_{0.83}Mg_{0.17}O_{2.815}$（LSGM）粉料製備厚度大於500 μm 電解質膜，經1450℃ 24小時焙燒，獲得緻密度大於99%的電解質膜，並將電解質膜用金剛石砂輪磨平，再採用絲網印刷方法，在電解質膜的兩側製備陰極、中間層和陽極。

他們採用Pechini法（即檸檬酸法）或改進的EDTA法製備中間層與陰極、陽極粉料，他們製備的中間層與陰極、陽極粉料及其焙燒條件等見表7-24。

為考察材料之間的化學相容性，他們將SDC20〔20%（摩爾分數）Sm_2O_3摻雜的CeO_2〕與LSGM粉料充分混合，經1400℃焙燒10小時，用XRD檢測有無新相生成，結果如圖7-37所示。由圖可知，生成了高電阻新相 $LaSrGa_3O_7$。其原因是La在SDC20與LSGM中化學位不同，導致LSGM內的La向SDC20擴散，這一擴散不但導致$LaSrGa_3O_7$的生成，而且引起LSGM中La缺陷。即

表7-24　電極與中間層粉料的製備條件

組　成	符　號	用　途	合成方法	分解溫度（℃）	燒結溫度（℃）	結　構
$La_{0.6}Sr_{0.4}CoO_{3-\delta}$	LSCo40	陰極	Pechini	750	1250	菱形
$La_{0.8}Sr_{0.2}Co_{0.8}Ni_{0.2}O_{3-\delta}$	LSCN	陰極	Pechini	750	1300	菱形
$La_{0.7}Sr_{0.3}Fe_{0.8}Ni_{0.2}O_{3-\delta}$	LSFN	陰極	Pechini	750	1400	菱形
$SrCo_{0.8}Fe_{0.2}O_{3-\delta}$	SCF	陰極	EDTA	750	1000	立方
$La_{0.85}Sr_{0.15}MnO_3$	LSM15	陰極	Pechini	750	1400	斜方
$Ce_{0.8}Sm_{0.2}O_{1.9}$	SDC20	中間層	Pechini	750	1450	立方螢石
$Ce_{0.6}La_{0.4}O_{1.8}$	LDC40	中間層	Pechini	750	1450	立方螢石
$Ce_{0.8}Sm_{0.2}O_{1.9}$+NiO	SDC20+NiO	陽極	Pechini	750	1400	雙立方相
$Ce_{0.6}La_{0.4}O_{1.8}$+NiO	LDC20+NiO	陽極	Pechini	750	1350	雙立方相

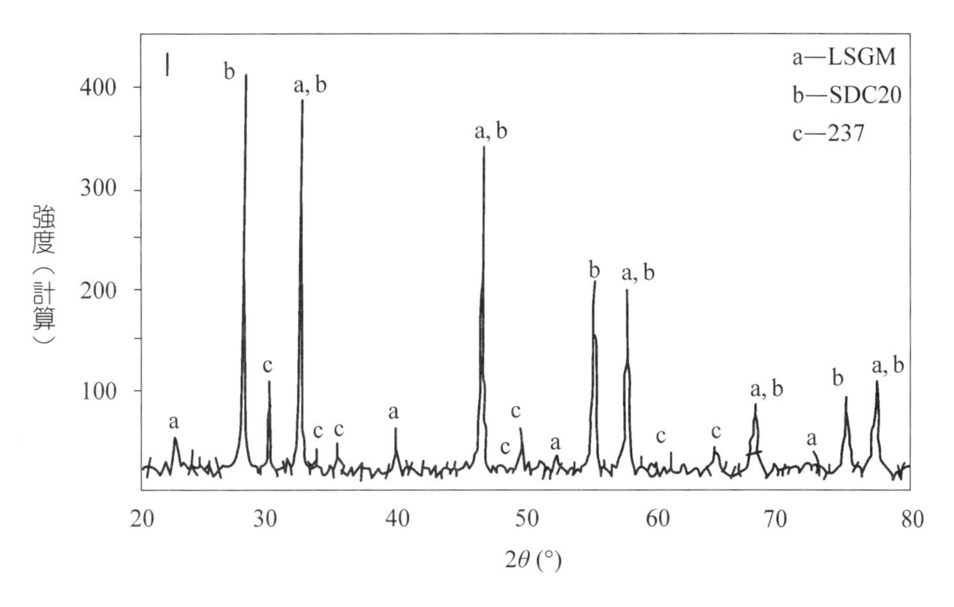

圖 7-37　SDC20 與 LSGM 經焙燒後 XRD 譜圖

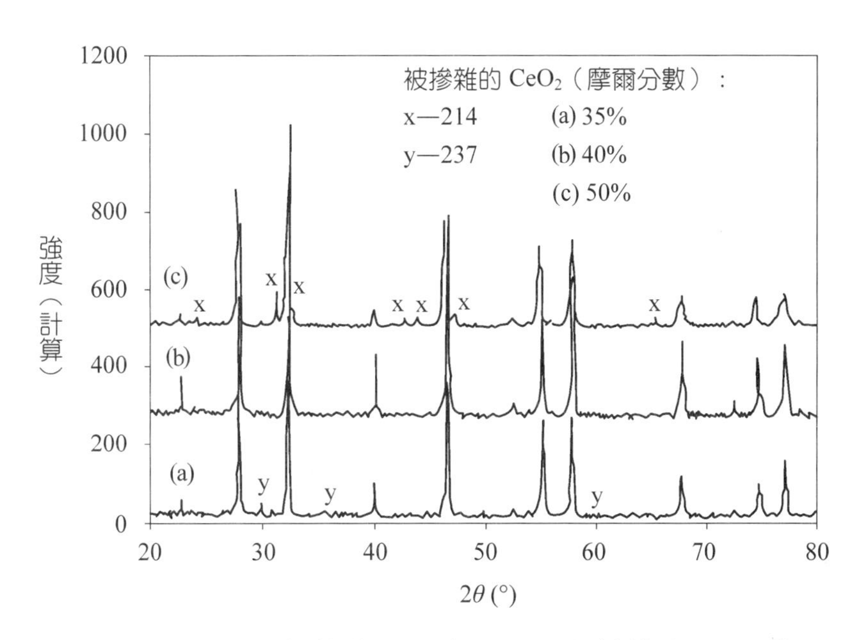

圖 7-38　La_2O_3摻雜的 CeO_2與 LSGM 經焙燒後 XRD 譜圖

上述實驗證實 LSGM 與 SDC20 在 PEN 製備過程中發生了反應，化學上不相容。他們用 La 代替 Sm，製備 La_2O_3摻雜的 CeO_2，將其粉料與 LSGM 充分混合，經 1350℃焙燒 5 小時，XRD 測試結果如圖 7-38 所示。由圖可知，當 La 摻雜量為 40%（摩爾分數）（LDC40）時，LSGM 與 LDC40 中的 La 的化學位相等，無 La 擴散發生，不生成高電阻的新相即 LDC40 與 LSGM 化學上相容。

據此，他們採用 600 μm 厚的 LSGM 作電解質膜，LDC40 作中間層，用 LDC40 與 NiO 作陽極，SCF 作陰極，以空氣為氧化劑，含 3% H_2O 的 H_2氣為燃料，單電池伏—安曲線與輸出功率密度如圖 7-39 所示。由圖可知，以LSGM 厚膜為電解質膜的 SOFC，在 800℃輸出功率密度高達 900 mW/cm^2，有極好的發展前途。

2 陽極支撐型的平板 SOFC

減薄電解質薄膜厚度可降低電池內阻，減小歐姆極化，提高電池性能。而且可以降低 SOFC 工作溫度，緩解平板型 SOFC 密封與雙極板材料選擇等技術難題。

Jai-Who Kim[55]等採用商品 NiO 與 YSZ 粉，一般各取 1/2（體積比），溶於乙醇中，混合均勻後蒸發掉溶劑乙醇，置於模具中，加壓（直至 200 MPa）壓製直徑為 32 mm，厚約 700～800 μm 的陽極支撐體。

將 YSZ 粉置於乙醇中，製備溶漿，將這種溶漿塗在陽極支撐體一面，經 1400℃焙燒 1 小時，製得約 10 μm 厚的緻密 YSZ 薄膜電解質層。

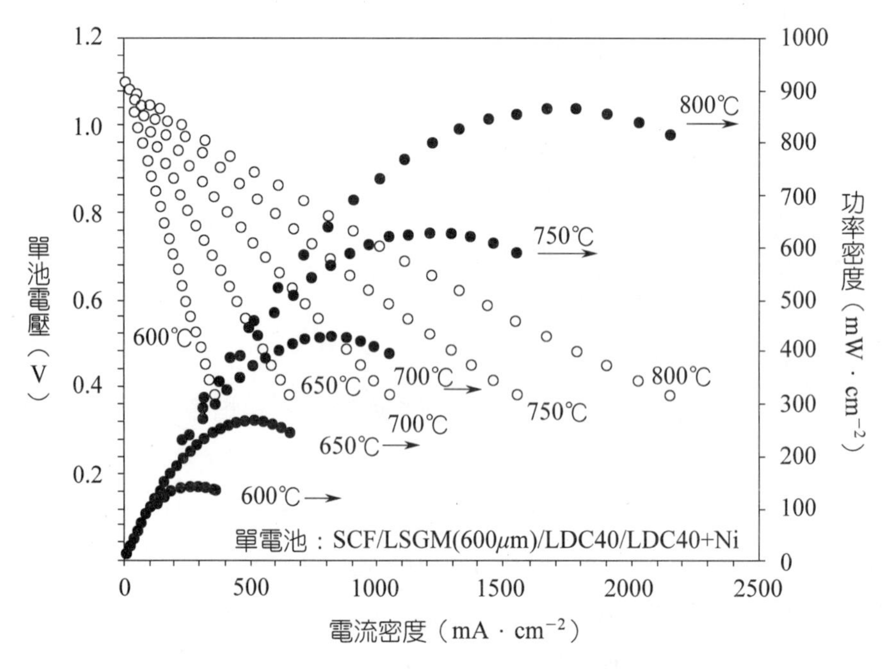

圖 7-39　單電池伏—安曲線與功率密度曲線

採用固相反應法合成陰極電催化劑LSM（$La_{0.8}Sr_{0.2}MnO_{3-\delta}$）並與質量比為50%YSZ 混合，置於有機溶劑中製備溶漿，將其塗在 YSZ 緻密膜上，400℃去除溶劑，反覆多次，製備 50～70 μm 陰極層，最後經 1250℃焙燒 1 小時，增強多孔的 LSM-YSZ 陰極與 YSZ 電解質膜的結合強度。但焙燒溫度不能再升高，時間不能過長，防止生成高阻相 $La_2Zr_2O_7$，導致 PEN 性能下降。

上述 PEN 單電池性能見表 7-25 和圖 7-40。由圖和表可知，單電池在 800℃最大輸出功率密度可達 1.8 W/cm²，650℃時達到 0.82 W/cm²，性能很好。

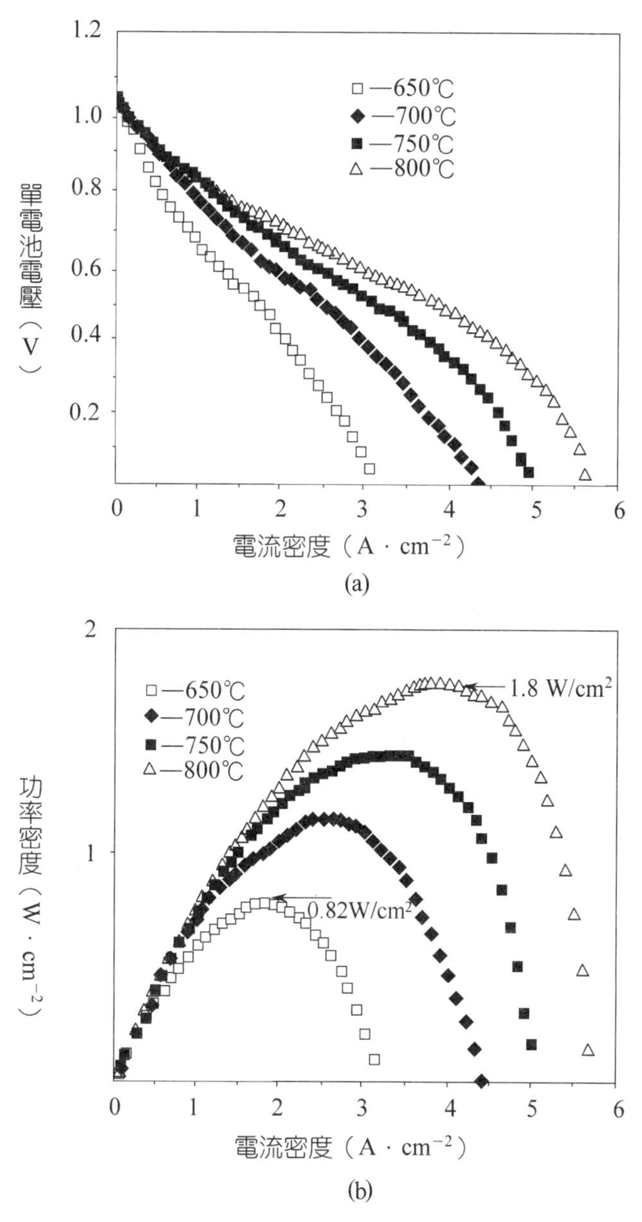

圖 7-40 四個不同溫度下的陽極支撐型 SOFC 單電池性能曲線

表 7-25 最大功率密度（W · cm^{-2}）

T（℃）	單電池 1	單電池 2	單電池 3
650	0.77	0.82	0.86
700	1.08	1.18	1.08
750	1.31	1.47	1.39
800	1.58	1.80	1.64

程漢傑等[56]採用 $Ni(NO_3)_2 \cdot 6H_2O$ 熱分解法製備微米級 NiO 粉，與 YSZ 粉混合，加入有機溶劑與黏合劑研磨，帶鑄法製備厚度約為 1 mm 的陽極支撐體。

採用超細的 YSZ 粉、黏合劑與溶劑製備 YSZ 溶漿，用塗層方法在陽極支撐體上製備 10 μm 的 YSZ 薄膜，經 1400℃焙燒，增強 YSZ 薄膜與陽極基膜的結合強度。

採用檸檬酸法製備陰極電催化劑 LSM，用 LSM 與 YSZ 粉和有機溶劑製備溶漿，用絲網印刷方法在 YSZ 薄膜上製備陰極塗層。

上述 PEN 的單電池性能如圖 7-41 所示。

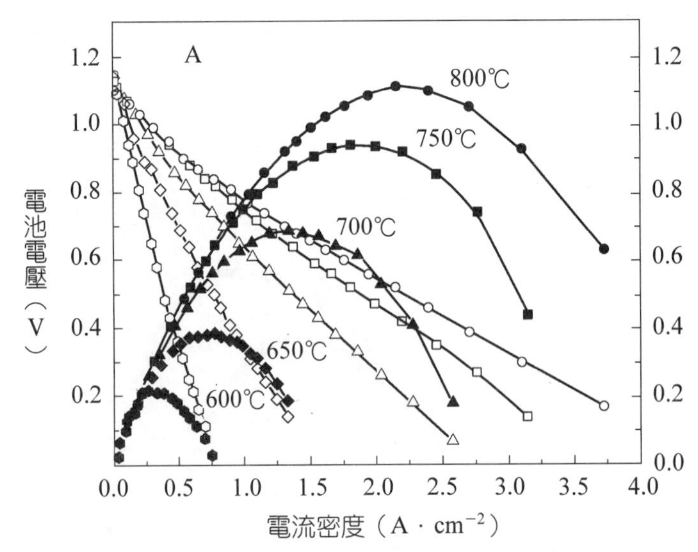

空心符號—電壓曲線；實心符號—功率曲線；

●，○—800℃；■，□—750℃；▲，△—700℃；◆，◇—650℃；⬢，⬡—600℃

圖 7-41 單電池性能曲線

由上述介紹可知，陽極支撐、薄膜電解質型 SOFC 的 LSM/YSZ/NiO-YSZ 體系具有極佳的電性能，應進一步解決好PEN製備放大技術，做好電池組的結構與密封設計，選擇好密封材料和雙極板材料，有可能組裝出性能優良的中溫 SOFC 平板型電池組。

閻景旺[57]對 LSGM 薄膜型 SOFC 進行了詳細研究。他的實驗證明，採用 SDC 中間層的方法不能完全阻斷在 PEN 製備過程中 LSGM 與 NiO 之間的化學反應，由於新相 $LaNiO_3$或 $LaSrGaNiO_{4-\delta}$的生成，不但導致帶 SDC 夾層 SOFC 單電池輸出功率密度低，而且開路電壓也低。為解決這一技術難題，他首先製備多孔的 YSZ 基底，再在此基底上製備緻密的 LSGM 電解質薄膜，然後再用浸漬法將 NiO 引入到多孔的 YSZ 基底中。具體制備方法如下：將 YSZ 粉與一定量的造孔劑石墨粉混勻，壓製成直徑 25 mm、厚 1.5 mm 的膜片，經 1000～1100℃焙燒除去造孔劑，製備具有一定強度的YSZ基底。最佳造孔劑加入的量（質量比）為 30～40%，YSZ基底孔隙率控制在 60%以上。採用改進的檸檬酸法合成LSGM超細粉，加入有機溶劑中，再加入少量分散劑，混合均勻獲得乳狀 LSGM 懸浮液；再將乳狀 LSGM 懸浮液定量地沉積到 YSZ 基底上，1400℃焙燒 6 小時，即可獲得 YSZ基底負載的LSGM緻密膜，一般控制LSGM 膜厚為 15～20 μm。陽極採用浸漬法製備，首先配製 $Ni(NO_3)_2$ 水溶液，將其浸入帶 LSGM 緻密電解質膜的多孔 YSZ 基底中，乾燥，700℃焙燒使 $Ni(NO_3)_2$分解為 NiO。此過程反覆多次，使多孔 YSZ 基底中浸入 NiO 量（質量比）達到 56%，之後將樣品在 1000℃下焙燒 3 小時，以增強 NiO 與 YSZ 基底的結合強度。最後用絲網印刷方法在 LSGM 薄膜表面製備 LSM-YSZ 陰極，陰極厚度控制在 20 μm 左右，並於 1250℃焙燒 1 小時。

將用上方法製備的 LSGM 薄膜型 SOFC 的 PEN 置於如圖 7-42 所示的小單電池評價裝置中進行性能測試，實驗結果如圖 7-43 所示。由圖可知，800℃時單電池最大功率密度達到 850 mW/cm^2，與厚膜 LSGM 單電池接近，而且開路電壓為 0.95 V，低於此溫度下 SOFC 電池電動勢，均說明技術仍需進一步改進，如改用其他鈣鈦礦型陰極材料（如前述SFC）、在LSGM薄膜與多孔YSZ 基底間加入 LDC-40 中間層等。

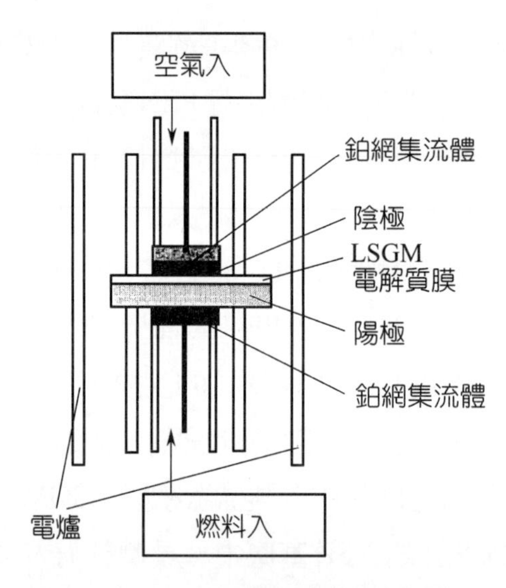

圖 7-42 SOFC 單電池測試裝置

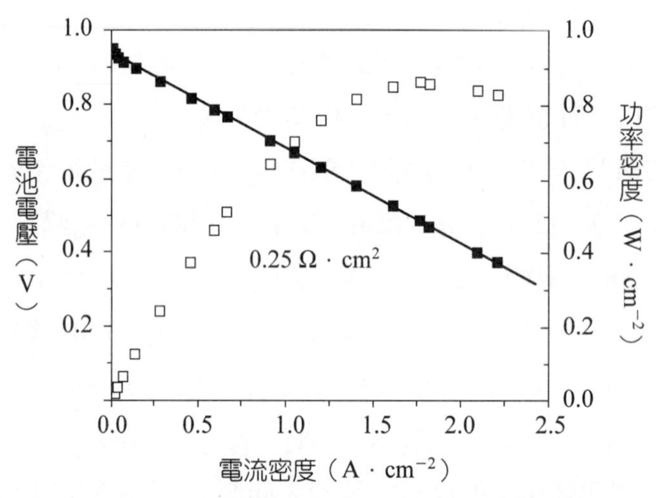

（800℃，H_2流量 200 ml/min，空氣流量 300 ml/min）■—單電池電壓；□—功率密度

圖 7-43 LSGM 薄膜型 SOFC（浸漬法製備 Ni 陽極，LSM-YSZ 作陰極）的輸出性能

3 以醇或甲烷為燃料的平板 SOFC

甲醇可由水煤氣合成，乙醇可由生物質發酵製備。醇室溫下為液體，適於運輸和儲存。正如前述，DMFC 正在發展中，阻甲醇滲透膜和低溫下醇電化氧化高效催化劑兩大技術難題解決尚需各國科技工作者努力。但醇類適於作為中溫 SOFC 的燃料。江義等[58]研究了以 CH_3OH 和 C_2H_5OH 水溶液為燃料的 SOFC

單電池性能。他們將商品 NiO 和 YSZ 粉按一定比例混合，加入乙醇後球磨，乾燥，並過 150 目篩，用模具壓製成約 1.25 mm 厚、直徑為 3 cm 的圓盤，並於 1000℃焙燒 1 小時。用NiO與YSZ粉配製溶漿，將其塗到上述陽極基底上，製得厚度為 20 μm的中間層，並在中間層上塗一層由YSZ粉和有機溶劑配製的溶漿，控制塗載量，使其厚度在 10 μm 左右。將由上述三層構成的圓盤於1400℃焙燒 2 小時，生成緻密YSZ薄膜並增加各層之間的結合強度。在緻密的YSZ 薄膜上用 LSM（$La_{0.8}Sr_{0.2}MnO_{3-\delta}$）與 YSZ 有機溶漿製備 20 μm 陰極中間層，在此層上製備純 LSM 的陰極層，厚度為 80 μm，將其置於馬弗爐內焙燒 1 小時。將用上述方法製備的由五層構成的 SOFC PEN 按圖 7-42 所示構成單電池並進行性能測試。在測試前，陽極先於 800℃用氫將 NiO 還原為 Ni。CH_3OH 或$C_2H_5OH+H_2O$用微型泵恆流進料，在進入電池陽極前先氣化，以循環空氣為氧化劑。800℃以純氫、甲醇和等體積乙醇與水的混合物為燃料的電池性能如圖 7-44 所示。由圖可知，在 800℃對CH_3OH最大功率密度達 1.3 W/cm^2，對乙醇與水等體積混合物最大功率密度達到 0.8 W/cm^2，但仍比純氫的 1.7 W/cm^2 低得多，可能的原因是醇類燃料高的濃差極化和活化極化。不同溫度下，以CH_3OH 為燃料時，電池性能如圖 7-45 所示。由圖可知，以 CH_3OH 為燃料，650℃時最大功率密度為 0.6 W/cm^2，550℃時仍可達 0.2 W/cm^2，儘管與 800℃相比有明顯下降，但仍能滿足實用要求。上述實驗結果指出，組裝以醇類為燃

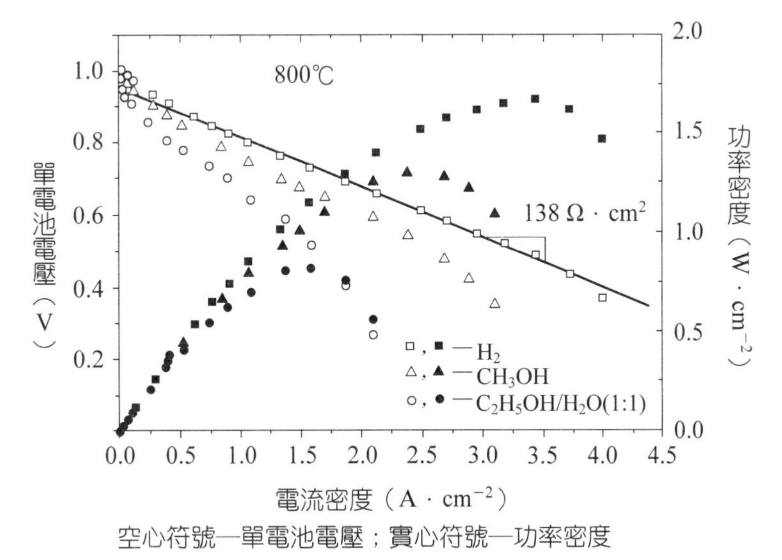

空心符號—單電池電壓；實心符號—功率密度

圖 7-44　800℃時的電池性能

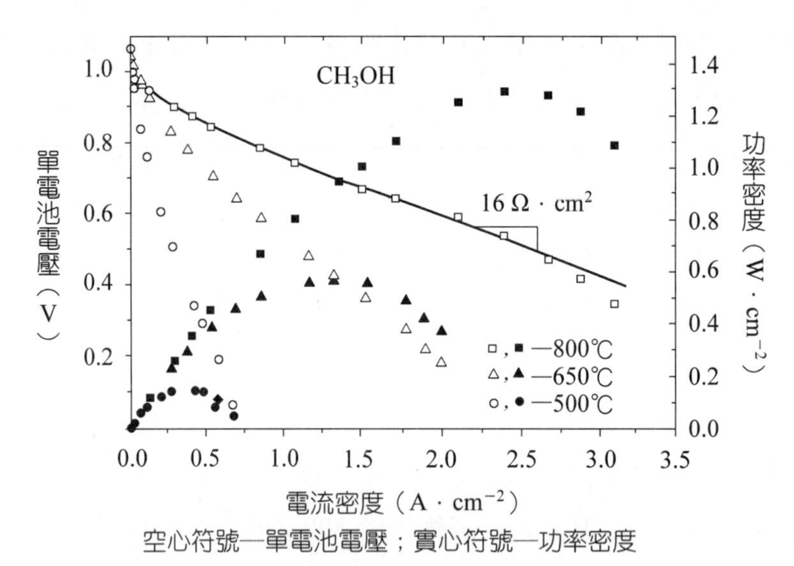

空心符號—單電池電壓；實心符號—功率密度

圖 7-45　甲醇為燃料不同溫度下的 SOFC 性能

料的實用型中溫 SOFC 是可行的。

烴類（如 CH_4）可以作為 SOFC 的燃料，但一般以內重組方式進行，即烴類在SOFC陽極室進行重組反應，轉化為H_2和CO，H_2和CO再進行陽極氧化。但因重組反應是高吸熱反應，很可能導致電極各處溫度分佈不均，而且為防止結碳反應的發生，水／碳比一般要大於 3。因此，近年來人們開始重視烴類如CH_4的直接陽極氧化。

Seungdoo Park 等[59]採用銅陶瓷陽極對CH_4直接陽極氧化取得較好結果。因為銅是電的良導體，對烴類裂化反應活性很低，因此採用銅陶瓷陽極以烴（如 CH_4）為燃料時，可防止陽極結碳反應的發生，而且可增加陽極的電導，減少極化。

他們用帶鑄法製備厚度為 230～130 μm 的 YSZ 電解質膜，並經 1400℃焙燒使其緻密化。陰極為 YSZ 與 LSM 的 1：1 混合物，並經 1250℃焙燒。陽極為Cu/YSZ陶瓷，每克陽極陶瓷擔載 0.2 g CeO_2。圖 7-46 為採用上述PEN（YSZ 電解質膜厚 130 μm）組裝的單電池以氫和乾CH_4為燃料時的電池性能。由圖可知，當採用乾 CH_4為燃料時，電池最大輸出功率密度達 0.1 W/cm^2。而且電池經 3 天連續運行後在CeO_2/Cu/YSZ陽極上未檢測出碳沉積，證明該電極當以乾CH_4為燃料時能穩定工作。圖 7-47 為 CH_4的轉化率與電池工作電流密度的關係。由圖可知，CH_4的轉化率與電流密度呈線性關係，而且直線過原點，證明

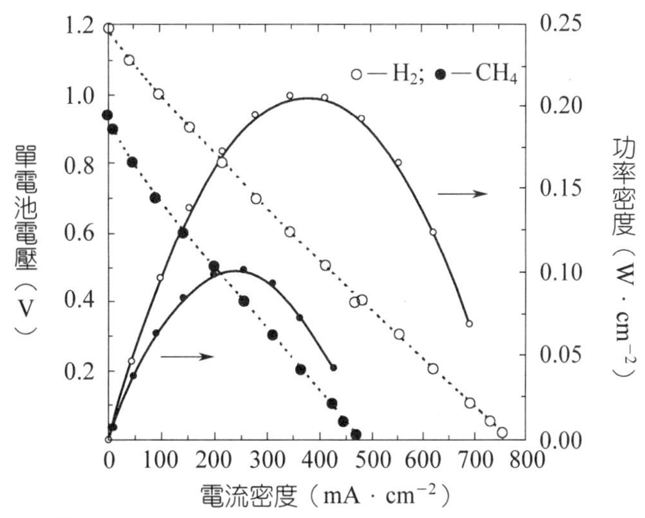

大圈符號—單電池電壓；小圈符號—功率密度

圖 7-46 以氫和乾 CH_4為燃料的單電池性能

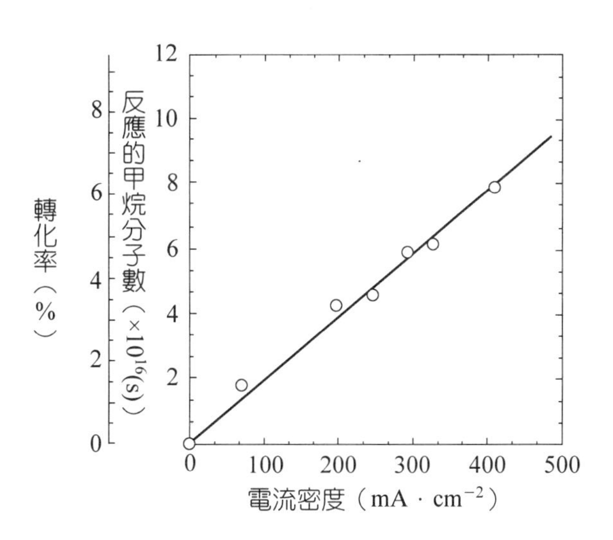

圖 7-47 CH_4轉化率與電流密度的關係

CH_4按下述反應在陽極直接氧化：

$$CH_4+4O^{2-} \longrightarrow CO_2+2H_2O+8e^-$$

對CeO_2/Cu/YSZ陶瓷陽極，從功能上分析，銅起傳導電子的作用，YSZ起氧離子傳導即實現電極立體化和調整陶瓷陽極熱膨脹係數作用，CeO_2則起著CH_4直接氧化電催化劑的作用。無論從電極的組分功能還是從結構角度看，乾CH_4直接氧化的陽極均有改進的必要，進而提高以乾 CH_4為燃料的 SOFC 電池性能。

另外他們採用的PEN結構為電解質膜支撐型，即YSZ電解膜厚度達到 130 μm，要採用陽極支撐型，將 YSZ 電解質膜厚度減至 10～20 μm，上述電池性能會有一個大幅度提高。

7-7 管型 SOFC[60]

與平板型 SOFC 相比，管型 SOFC 無高溫密封難題，單管與單管間易於按並聯、串聯方式組成管束（電池組），管束之間再並聯、串聯，可組裝出大功率電池組，特別適於建立高效分散電站。它的存在問題一是在電極內電流路徑長，導致電池工作電流密度低；二是單管YSZ電解質膜製備採用電化學氣相沉積（EVD），原料利用率低，生產費用高。

1 管型 SOFC 結構與製備

管型 SOFC 結構如圖 7-2 所示。在管型電池內反應氣的流動路徑如圖 7-48 所示。

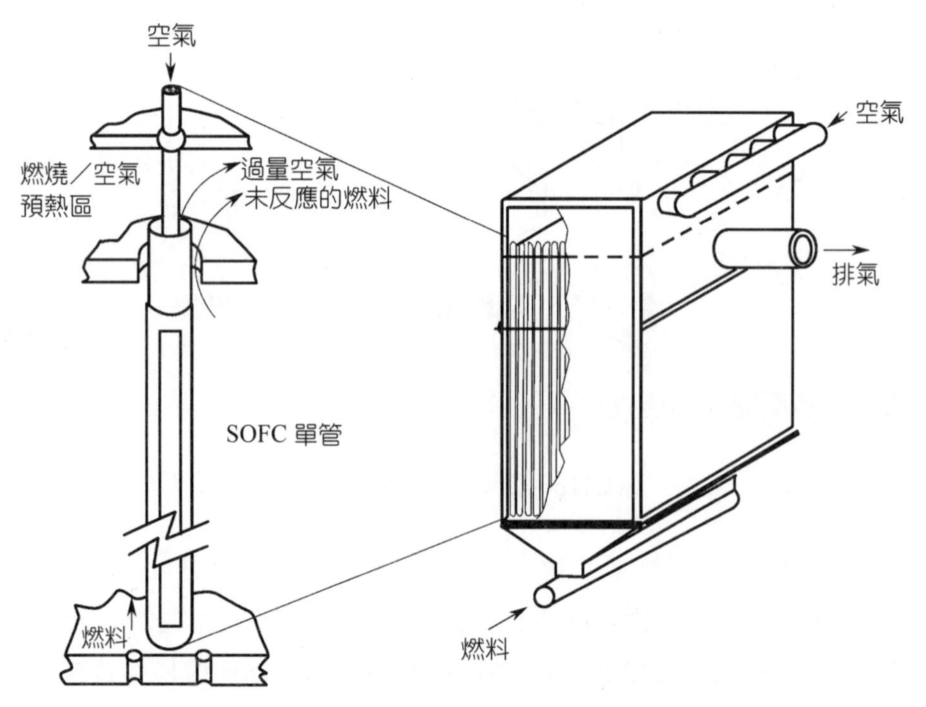

圖 7-48　管型 SOFC 的氣路設計示意圖

早期美國西屋公司（Westinghouse Corporation）發展管型 SOFC 採用擠壓成型方法製備由氧化鈣穩定的氧化鋯（CSZ）多孔支撐管，在其上製備LSM空氣陰極、YSZ 固體電解質膜和 YSZ-Ni 陶瓷陽極。之後，為簡化電池結構與提高性能，去掉CSZ 支撐管，改用由LSM與YSZ構成的陰極自身支撐，即空氣電極自身作支撐管（Air Electrode Supporter, AES），也採用擠壓成型方法製備。採用電化學氣相沉積方法在 AES 上製備 YSZ 電解質薄膜和 Ni-YSZ 陶瓷陽極與摻雜的鉻酸鑭連接體。為進一步降低電池單管製造成本，現已將Ni-YSZ陶瓷陽極和鉻酸鑭連接體改用溶漿沉積後燒結或電漿噴塗方法製備。單管SOFC支撐管由 CSZ 改為 AES，不但簡化了電池結構，而且單管輸出功率也由原來的 24 W 提高到 210 W，極大地改善了管型 SOFC 性能。

電化學氣相沉積法製備緻密金屬氧化物薄膜方法是在管的一側通入金屬氯化物蒸氣，而管的另一側通 O_2/H_2O 氣體混合物，管兩側的氣氛構成原電池，並依下述方程進行反應：

$$MeCl_y+\frac{1}{2}yO^{2-}\longrightarrow MeO_{y/2}+\frac{y}{2}Cl_2+ye^-$$

$$\frac{1}{2}O_2+2e^-\longrightarrow O^{2-}$$

$$H_2O+2e^-\longrightarrow H_2+O^{2-}$$

在管子通金屬氯化物蒸氣側表面生成緻密氧化物薄膜。表 7-26 為 AES 型管型電池基本組件結構參數。

表 7-26　AES 型管型電池基本組件結構參數

項　目	陽　極	陰　極	電解質膜	聯結體
材料	Ni-YSZ	Sr 摻雜錳酸鑭（LSM）	8%（摩爾分數）Y_2O_3 穩定的氧化鋯（YSZ）	摻雜鉻酸鑭
製法	溶漿沉積後燒結	擠壓成型並燒結	電化學氣相沉積	電漿噴塗
熱膨脹係數①（$cm \cdot cm^{-1} \cdot ℃^{-1}$）	12.5×10^{-6}	11×10^{-6}	10.5×10^{-6}	10×10^{-6}
厚度	約 150 μm	2 mm	30～40 μm	100 μm
孔隙率（%）	20～40	30～40	緻密	緻密

① 室溫約 1000℃。

2 操作參數對電池性能的影響

由於管型 SOFC 在 900～1000℃工作，活化極化低，電池電壓損失主要由電池元件歐姆極化控制。表 7-27 為管型SOFC主要元件歐姆電壓損失實例。雖然陰極的電阻率很低，但由於電流路徑長，所以陰極歐姆極化占管型 SOFC 歐姆損失的一半弱。

表 7-27　管型 SOFC 歐姆電壓損失

項　目	陰　極	陽　極	電解質	聯結體
厚度（mm）	2.2	0.1	0.04	0.085
電阻率（Ωm）	0.00013	3×10^{-8}	0.1	0.01
歐姆損失（%）	45	18	12	25

◎反應氣工作壓力的影響

與其他類型燃料電池一樣，管型SOFC電池性能隨反應氣工作壓力升高而改善。圖 7-49 為 Siemens Westinghouse 公司生產的直徑 2.2 cm、電極長度為 150 cm 的陰極自支撐管型 SOFC 在 5 種反應氣工作壓力下的性能。

在 1000℃，反應氣工作壓力對管型 SOFC 電池性能影響可以用下式進行計算：

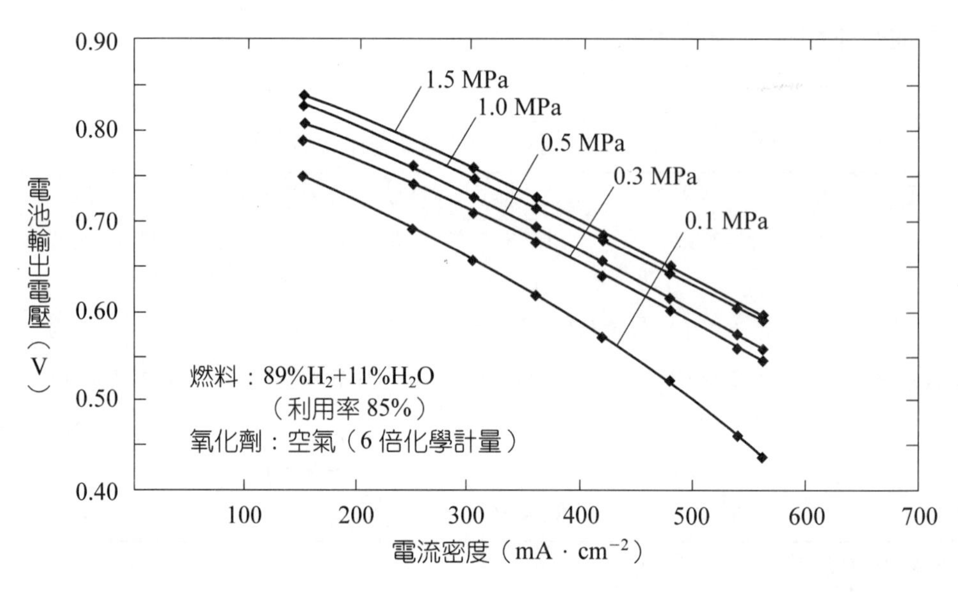

圖 7-49　反應氣工作壓力對 AES 型 SOFC 電池性能的影響

$$\Delta V(\mathrm{mV}) = k\log(p_2/p_1) \tag{7-9}$$

式中，p_2和p_1為不同反應氣工作壓力；k為常數，與電池結構、製備技術有關，參考值可取$k=59$。

◎電池工作溫度的影響

溫度對由兩個單管構成的管型SOFC電池組性能的影響如圖 7-50 所示。由圖可知與其他類型燃料電池相似，隨著電池工作溫度的升高，電池性能改善。但是由於管型SOFC採用固體氧化物圖電解質，當溫度低於 900℃時 YSZ 電導率大幅度下降，所以當電池工作溫度從 900℃降至 800℃時電池性能下降較快。由圖還可知，隨著電池工作電流密度的增加，溫度對電池性能影響更加顯著。一般用下述公式估算溫度對管型 SOFC 性能的影響：

$$\Delta V_T(\mathrm{mV}) = k(T_2 - T_1)\times i \tag{7-10}$$

式中，i 為電流密度，單位為 mA/cm^2；k值與管型電池製備技術和操作條件有關，但以空氣為氧化劑，摩爾分數為 67%H_2、22%CO、11%H_2O作燃料時，不同作者已獲得表 7-28 所列的k值，僅供讀者參考。

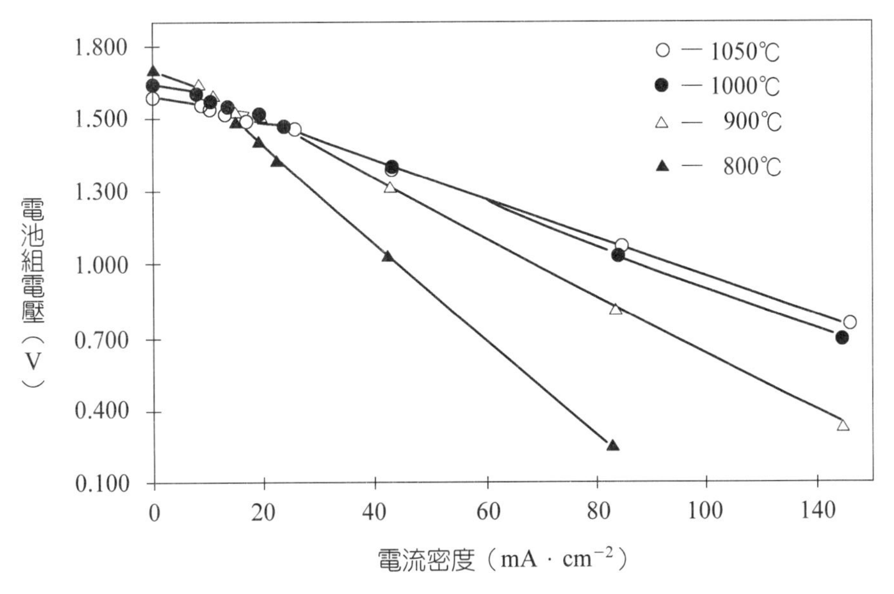

圖 7-50　溫度對管型 SOFC（兩管串聯）性能的影響

表 7-28　ΔV_T方程中的k值

T（℃）	1000	1000～1050	900～1000	800～900	900～1000
k	0.008	0.006	0.014	0.068	0.003

◎反應氣組成的影響

⑴氧化劑的影響

與其他類型燃料電池一樣，隨著氧化劑中氧分壓的升高，管型SOFC性能改善。圖 7-51 為分別採用純氧和空氣為氧化劑（氧的利用率均為 25%）時電池性能的對比。燃料組成（摩爾分數）為：67%H_2、22%CO、11%H_2O。圖中虛線表示曲線外推與縱軸的交點為電池的理論電動勢。

在管型SOFC設計的工作電流密度 160 mA/cm^2，採用純氧作氧化劑比採用空氣作氧化劑時電池的工作電壓升高 55 mV 左右。

氧化劑中氧分壓對管型 SOFC 工作電壓的影響可採用下式進行估算：

$$\Delta V_{陰極} = k\log\frac{(\overline{p_{O_2}})_2}{(\overline{p_{O_2}})_1} \qquad (7\text{-}11)$$

式中，$\overline{p_{O_2}}$為氧化劑平均分壓；k值與管型電極製備技術和操作條件有關，參考值 $k = 92$。

⑵燃料的影響

因為在 SOFC 陽極可進行重組反應，所以當採用烴與水蒸氣作燃料或

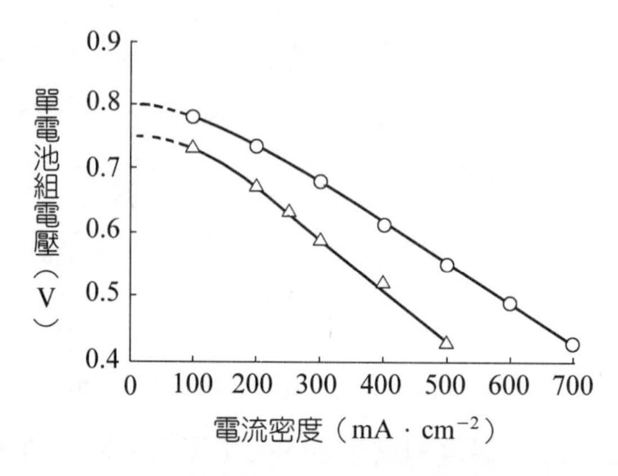

圖 7-51　純氧（○）和空氣（△）作氧化劑對電池性能的影響

採用重組氣為燃料時，它的燃料氣組成由原料氣中氧／碳（O/C）和氫／碳（H/C）原子比確定。若燃料中不存在 H_2，則 H/C=0；若燃料為純 CO，則 O/C=1；若為純 CO_2，則 O/C=2，此時電池電動勢從約 1 V 降至 0.6 V 左右。若燃料中有 H_2存在，電勢升高。原料氣中 H/C 原子比對管型 SOFC 開路電壓的影響見圖 7-52。對於由 15 根單管構成的電池組，在 1000℃以空氣為氧化劑，當固定電池的電壓效率為 80%時，不同燃料氣組成對應的電池工作電流密度見表 7-29。

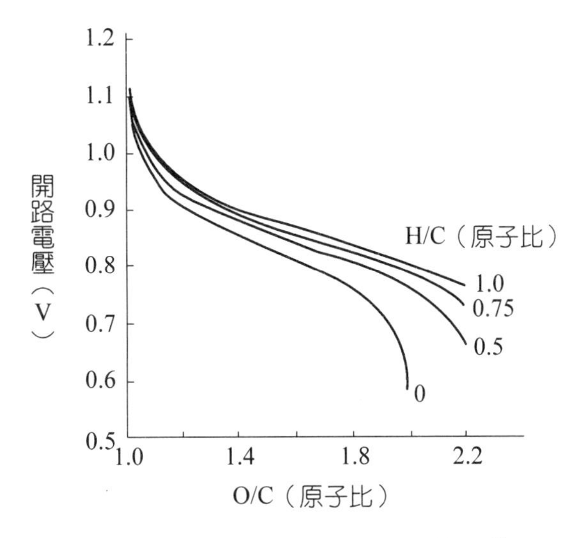

圖 7-52 燃料組成對 SOFC 開路電壓的影響

表 7-29 燃料氣組成對 SOFC 電池性能的影響

燃料氣組成（摩爾分數）（%）				電流密度（$mA \cdot cm^{-2}$）
H_2	CO	H_2O	CO_2	
97	0	3	0	200
0	97	3	0	170
1.5	3	20	75.5	100

基於上述實驗數據，當以空氣為氧化劑、電池於 1000℃工作時，燃料氣組成改變導致電池工作電壓的變化可用下式表示：

$$\Delta V_{陽極} = k\log\frac{(p_{H_2}/p_{H_2O})_2}{(p_{H_2}/p_{H_2O})_1} \quad (7\text{-}12)$$

式中，$\overline{p_{H_2}}$與$\overline{p_{H_2O}}$為燃料氣中平均的氫分壓與水的分壓；k的參考值為 172。

3 管型 SOFC 分散電站

西屋公司已經開發出數套 25 kW 級的管式 SOFC 系統，並進行了數千小時的運行。試驗證明，輸出的最大功率為 27 kW。1000 小時運行的性能衰減率降低到 0.2%以下。多次啟動、關機循環試驗對電池的性能也幾乎沒有影響。最近，西門子—西屋公司已完成了管型的以天然氣為燃料，內重組的 100 kW 級現場試驗發電系統。該系統由 1152 個管型單電池，按集束管式排列構成，並進行了 4000 多小時的試驗運行，電池輸出功率達 127 kW，電池電效率為 53%，以熱水方式回收高溫餘熱，回收效率為 25%，總能量效率為 75%，熱、電總功率為 165 kW。雖然管式電池的功率密度為 0.15 W/cm^2，比平板電池低，但管式電池的衰減率、熱循環穩定性等均比平板電池好得多。單電池最長壽命實驗達 7 萬小時，遠遠超過固定電站要求的 4 萬小時的目標。管式 SOFC 可帶壓運行，可以和燃氣渦輪機（gas turbine）或蒸汽輪機集成一體，形成聯合發電技術，其總效率可高達 80%，甚至更高。這種聯合發電技術將管式 SOFC 連接在燃氣渦輪機的上游，壓縮空氣被送進燃料電池，利用電池的廢熱將空氣升溫後再送給燃氣渦輪機。這樣可以從燃料電池和燃氣渦輪機同時得到電能。這是最理想的聯合發電方式，效率極高。西門子—西屋公司正在建造總功率 220 kW 的試驗電站，其中管型 SOFC 提供 170 kW，氣體透平提供 50 kW。該系統以天然氣為燃料，燃料至電的總效率預期可達 60%。

管式 SOFC 的商業化主要困難是造價太高，每千瓦造價是傳統火力發電技術的幾倍。造成管式 SOFC 造價高的主要原因是，製備過程中需採用多步電化學氣相沉積方法（EVD）來製備 YSZ 膜與鉻酸鑭（$LaCrO_3$）連接體。目前，電化學沉積過程已減到了一步，即 YSZ 膜的 EVD 製備，造價已大幅度降低。西門子—西屋公司仍努力尋找有效的方法取代惟一的電化學沉積步驟——YSZ 薄膜電解質的製備，進一步降低製作成本。其次，管式 SOFC 中的空氣電極自身支撐管占總質量的 90%以上，西門子—西屋公司已成功地以廉價的含釹（Nd）、鐠（Pr）、鈰（Ce）等雜質的三氧化二鑭（La_2O_3）為原料代替高純的三氧化二鑭，製備的 AES 管的性能比用純的三氧化二鑭製備的自支撐 AES 管降低 8%，完全達到價格性能比的要求。因此，空氣電極的材料費用降低了

70%。西門子—西屋公司的經濟分析表明，按目前的技術水準，如果管型SOFC年生產規模達到 3 MW，管型SOFC 系統的每千瓦造價可達到 1000 美元，價格上完全可以與目前火力發電的技術競爭。管式 SOFC 技術相對成熟，商業化可望能早於其他類型的 SOFC。

參考文獻

1. 衣寶廉。燃料電池——高效、環境友好的發電方式。北京：化學工業出版社，2000。
2. 江義，李文釗，王世忠。「高溫固體氧化物燃料電池進展」。化學進展，1997，9(4)：387～396。
3. Wen, T. L., Wang, D. Q., Lu, Z. Y., et al. 800W-class planar solid oxide fuel cell stack, Program and Book of Abstracts-First Sino-German workshop on fuel cells.Dalian, China: 2002. O-152.
4. Minh, N. Q., Takahashi, T. Science and technology of ceramic fuel cells. Elsevier, 1995.
5. Hideaki Inaba, Hiroaki Tagawa. "Ceria-based solid electrolyte.", Solid State Ionics, 1996, 83: 1～16.
6. Choy, K., Bai, W., Charojrochkul, S., et al. "The development of intermediate temperature solid oxide fuel cells for the next millennium.", J. Power Sources, 1998, 71: 361～369.
7. Huijsmans, J. P. P., van Berkel F. P. F., Christie, G. M. "Intermediate temperature SOFC-a promise for 21st century.", J. Power Sources, 1998, 71: 107～110.
8. Mogens Mogensen, Nigel M. Sammes, Geoff. A Tompsett. "Physical, chemical and electrochemical properties of pure and doped ceria.", Solid State Ionics, 2000, 129: 63～94.
9. Tastsumi Ishihara, Hideaki Matsuda, Yusaku Takita. "Doped $LaGaO_3$ perovskite type oxide as a new oxide ionic conductor.", J. Am. Chem. Soc., 1994, 116: 3801～3803.
10. Harumi Yokokawa, Natsuko Sakai, Teruhisa Horita, et al. "Recent developments in solid oxide fuel cell materials.", Fuel cells, 2000, 1(2): 117～131.
11. 王零森。「二氧化鋯陶瓷㈠」。陶瓷工程，1997，31(1)： 40～44。
12. 王零森。「二氧化鋯陶瓷㈡」。陶瓷工程，1997，31(2)：43～50。
13. 張義煌，江義，盧自桂等。「陽極負載型 SOFC 陽極基底厚度對性能的影響」。電化學，2000，6(3)：284～290。
14. Rudolf H. Henne. Program and Book of Abstracts-First Sino-German workshop on fuel cells. Dalian, China: 2002. O-136.
15. 王常珍。固體電解質和化學傳感器。北京：冶金工業出版社，2000。
16. Somiya, S., Yamamoto, N., Yanagida, H. Science and technology of Zirconia, American

ceramic society. Westerville, OH 1998.

17. Scott, H. G. "Phase relationships in the zirconia-yttria system.", J. Mater. Sci., 1975, 10: 1527.

18. Park, J. H., Blumenthal, R. N. "Electronic Transport in 8 Mole Percent Y_2O_3-ZrO_2.", J. Electrochem. Soc., 1989, 136(10): 2867～2876.

19. Etsell, T. H., Flengas, S. N. "Electrical properties of solid oxide electrolytes.", Chem. Rev., 1970, 70(3): 339～376.

20. Stevenson, J. W., Armstrong, T. R., McCready, D. E., et al. "Processing and Electrical Properties of Alkaline Earth-Doped Lanthanum Gallate.", J. Electrochem. Soc., 1997, 144(10): 3613～3620.

21. Richard J. Brook (edited). "Material science and technology 17A.", Processing of Ceramics, 1995, 82: 82.

22. Yan, J. W., Dong, Y. L., Yu, C. Y., et al. Solid Oxide Fuel Cells Ⅶ. The Electrochemical Society, INC., 2001. 358～367.

23. Slater, P. R., Irvine, J. T. S., Ishihara, T., Takita, Y. "The Structure of the oxide ion conductor $La_{0.9}Sr_{0.1}Ga_{0.8}Mg_{0.2}O_{2.83}$ by powder neutron diffraction.", Solid State Ionics, 1998, 107: 319～323.

24. Huang, K. Q., Tichy, R. S., Goodenough, J. B. "Superior perovskite oxide-ion conductor; Strontium-and Magnesium-doped $LaGaO_3$: I Phase relationships and electrical properties.", J. Am. Ceram. Soc., 1998, 81(10): 2565～2575.

25. Huang, P. N., Petric, A. "Superoxygen ion conductivity of lanthanum gallate doped with strontium and magnesium.", J. Electrochem. Soc., 1996, 143(5): 1644～1648.

26. Yamaji, K., Horita, T., Ishikawa, M., et al. "Compatibility of $La_{0.9}Sr_{0.1}Ga_{0.8}Mg_{0.2}O_{2.85}$ as the electrolyte for SOFCs.", Solid State Ionics, 1998, 108(1～4): 415～421.

27. Huang, P. N., Horky, A, Petric, A. "Interfacial reaction between nickel oxide and lanthanum gallate during sintering and its effect on conductivity.", J. Am. Ceram. Soc., 1999, 82(9): 2402～2406.

28. Hayashi, H., Suzuki, M., Inaba, H. "Thermal expansion of Sr-and Mg-doped $LaGaO_3$.", Solid State Ionics, 2000, 128: 131～139.

29. Sammes, N. M., Keppeler, F. M., Näfe, H., Aldinger F. "Mechanical properties of solid-state-synthesized strontium-and magnesium-doped lanthanum Gallate.", J. Am. Ceram. Soc., 1998, 81(12): 3104～3108.

30. Stevenson, J. W., Hasinska, K., Canfield, N. L., et al. "Influence of Cobalt and Iron Additions on the Electrical and Thermal Properties of $(La,Sr)(Ga,Mg)O_{3-\delta}$.", J. Electrochem. Soc., 2000, 147(9): 3213～3218.

31. Ishihara, T., Honda, M., Takita, Y. "Fast oxide ion conductor of doubly doped $LnGaO_3$ (Ln= La, Pr, Nd) perovskite type oxide.", Recent Res Devel Electrochem, 1999, 2: 15～19.

32. Mogensen, M., Sammes, N. M., Tompsett, G. A. "Physical, chemical and electrochemical properties of pure and doped ceria.", Solid State Ionics, 2000, 129: 63～94.

33. Herle, J. V., Horita, T., Kawada, T., et al. "Oxalate coprecipitation of doped ceria powder

for tape casting.", Ceramics International, 1998, 24(3): 229～241.
34. Zha, S. W., Fu, Q. X., Lang, Y., et al. "Novel azeotropic distillation process for synthesizing nanoscale powders of yttria doped ceria electrolyte.", Materials letters, 2001, 47 (6): 351～355.
35. Yabe, S., Yamashita, M., Momose, S., et al. "Synthesis and UV-shielding properties of metal oxide doped ceria via soft solution chemical processes.", Int. J. Inorg. Matt. 2001, 3: 1003～1008.
36. Zhitomirsky, I., Petric, A. "Electrochemical deposition of ceria and doped ceria films.", Ceramics International, 2001, 27: 149～155.
37. Dees, D. W., Claar, T. D., Easler, T. E, et al. "Conductivity of porous Ni/ZrO_2-Y_2O_3 cermets.", J. Electrochem. Soc., 1987, 134(9): 2141～2146.
38. Ohara, S., Maric, R., Zhang, X., et al. "High performance electrodes for reduced temperature solid oxide fuel cells with doped lanthanum gallate electrode, I. Ni-SDC cermet anode.", J. Power Sources, 2000, 86: 455～458.
39. Zhang, X. G., Ohara, S., Maric, R., et al. "Ni-SDC cermet anode for medium-temperature solid oxide fuel cell with lanthanum gallate electrolyte." J. Power Sources, 1999, 83 (1～2): 170～177.
40. Zhang, X. G., Ohara, S., Chen, H., et al. "Conversion of methane to syngas in a solid oxide fuel cell with Ni-SDC anode and LSGM electrolyte.", Fuel, 2002, 81: 989～996.
41. Nakagawa, N., Sagara, H., Kato, K. "Catalytic activity of Ni-YSZ-CeO_2 anode for the steam reforming of methane in a direct internal-reforming solid oxide fuel cell.", J. Power Sources, 2001, 92(1～2): 88～94.
42. Kim, H., Lu, C., Worrell, W. L., et al. "Cu-Ni cermet anodes for direct oxidation of methane in solid oxde fuel cells.", J. Electrochem. Soc., 2002, 149(3): A247～A250.
43. Park, S., Vohs, J. M., Gorte, R. J. "Direct oxidation of hydrocarbons in a solid-oxide fuel cell.", Nature, 2000, 404: 265～267.
44. Murray, E. P., Tsai, T., Barnett, S. A. "A direct-methane fuel cell with a ceria-based anode.", Nature, 1999, 400: 649～651.
45. Mitterdorfer, A., Gauckler, L. J. "$La_2Zr_2O_7$ formation and oxygen reduction kinetics of the $La_{0.8}Sr_{0.15}MnO_3$, $O_2(g)|YSZ$ system.", Solid State Ionics, 1998, 111: 185～218.
46. Skinner, S. J. Recent advances in Perovskite-type materials for solid oxide fuel cell cathodes. International J. of Inorg Mat., 2001, 3(2): 113～121.
47. Huang, K. Q., Hou, P. Y., Goodenough, J. B. "Characterization of iron-based alloy interconnects for reduced temperature solid oxide fuel cells.", Solid State Ionics, 2000, 129 (1～4): 237～250.
48. Brylewski, T., Nanko, M., Maruyama, T., et al. "Application of Fe-16Cr ferritic alloy to interconnector for a solid oxide fuel cell.", Solid State Ionics, 2001, 143(2): 131～150.
49. Taniguchi, S., Kadowaki, M., Yasuo, T., et al. "Improvement of thermal cycle characteristics of a planar-type solid oxide fuel cell by using ceramic fiber as sealing material.", J. Power Sources, 2000, 90(2): 163～169.

50. Eichler, K., Solow, G., Otschik, P., et al. "BAS (BaO center dot Al_2O_3 center dot SiO_2) glasses for high temperature applications.", J. of the European Ceramic Society, 1999, 19(6～7): 1101～1104.

51. Lahl, N., Bahadur, D., Singh, K., et al. "Chemical Interactions Between Aluminosilicate Base Sealants and the Components on the Anode Side of Solid Oxide Fuel Cells.", J. Electrochem. Soc., 2002, 149(5): A607～A614.

52. Sohn, S. B., Choi, S. Y., Kim, G. H., et al. "Stable sealing glass for planar solid oxide fuel cell.", J. of Non-Crystalline Solids, 2002, 297(2～3): 103～112.

53. Beie, H. J., Blum, L., Drenckhahn, W., et al. SOFC development in Siemens, Solid Oxide Fuel Cells V. The Electrochemical Society, Inc., 1997.

54. Keqin Huang, Jen-Hau Wan, John, B. "Goodenough, Increasing Power Density of LSGM-Based Solid Oxide Fuel Cells Using New Anode Materials.", J. Electrochem. Soc., 2001, 148(7): A788～A794.

55. Jai-Woh Kim, Anil V. Virkar, Kuan-Zong Fung, et al. "Polarization Effects in Intermediate Temperature, Anode-Supported Solid Oxide Fuel Cells.", J. Electrochem. Soc, 1999, 146(1): 69～78.

56. 程謨傑。Research and Development of IT-SOFCs at DICP，Program and Book of Abstracts-First Sino-German workshop on fuel cells，Dalian，China：2002。O-144。

57. 閻景旺。中溫固體氧化物燃料電池的研製與電極過程的研究：[學位論文]。中國科學院研究生院，2002。

58. Yi Jiang, Anil V. Virker. "A high performance, anode-supported solid oxide fuel cell operating on direct alcohol.", J. Electrochem. Soc., 2001, 148(7): A706～A709.

59. Seungdoo Park, Radu Craciun, John M. Vohs, et al. "Direct oxidation of hydrocarbons in a solid oxide fuel cell, I. Methane oxidation.", J. Electrochem. Soc., 1999, 146(10): 3603～3605.

60. Mark, C. Williams, ed. Fuel cell handbook. Fifth edition. EG&GServices Parsons, Inc., 2002.

回顧與展望

燃料電池是一個自動運行的發電廠。它的誕生、發展是以電化學、電催化、電極過程動力學、材料科學、化工過程和自動化等學科為基礎的。

回顧燃料電池發展的歷史，從 1839 年格羅夫發表世界上第一篇關於燃料電池的報告至今已有 160 餘年的歷程。從技術上看，我們體會到新概念的產生、發展與完善是燃料電池發展的關鍵。如燃料電池以氣體為氧化劑和燃料，但是氣體在液體電解質中的溶解度很小，導致電池的工作電流密度極低。為此科學家提出了多孔氣體擴散電極和電化學反應三相界面的概念。正是多孔氣體擴散電極的出現，才使燃料電池具備了走向實用化的必備條件。為穩定三相界面，開始採用雙孔結構電極，進而出現向電極中加入具有排水性能的材料（如聚四氟乙烯等）以製備黏合型排水電極。對以固體電解質作隔膜的燃料電池（如質子交換膜燃料電池和固體氧化物燃料電池）為在電極內建立三相界面，則向電催化劑中混入離子交換樹脂或固體氧化物電解質材料，以期實現電極的立體化。

回顧歷史我們還發現，材料科學是燃料電池發展的基礎。一種新的性能優良的材料的發現和在燃料電池中的應用，會促進一種燃料電池的飛速發展。如石棉膜的研製及其在鹼性電池中的成功應用，確保了石棉膜鹼性氫氧燃料電池成功地用於太空飛行器；在熔融碳酸鹽中穩定的偏鋁酸鋰隔膜的研製成功，加速了熔融碳酸鹽燃料電池兆瓦級實驗電站的建設；氧化釔穩定的氧化鋯固體電解質隔膜的發展，使固體氧化物燃料電池成為未來燃料電池分散電站的研究重點；全氟磺酸型質子交換膜的出現，又促使質子交換膜燃料電池的研究得到復興，進而迅猛發展。至今質子交換膜燃料電池已被看做電動車和不依賴空氣推進的潛艇的最佳候選電源，成為世界各國競爭的重點。

縱觀任何一臺燃料電池，與化學電池不同，它更類似於一個自動運行的化工廠。只有依靠化工過程的原理，才能正確解決電池電極工作面積的放大、電池組內的氣—液傳遞與分配等諸項技術難題，使燃料電池走向實用化。時至今日，進一步提高燃料電池的質量比功率和體積比功率、提高電池的可靠性等，化學工程學科仍將起著舉足輕重的作用。如目前的電極面積僅為幾平方釐米的小電池，輸出功率密度可達 1～2 W/cm^2。而當電極面積放大到數百平方釐米至數千平方釐米時，由於電流密度分佈不均，輸出功率密度僅有 0.3～0.5 W/cm^2。確保電極各處均能得到充足的反應氣供應和工作溫度均勻是解決這一問題的關鍵。引導反應氣走向分佈和排熱冷劑分佈的流場板的設計與具體的加工方法等已成為專利技術或高度保密的專有技術。同時，由於每個實用的燃料電池組均由多節單電池按壓濾機方式組裝而成，在電池組各節單電池間反應劑與產物的均勻分配和排出、電池工作溫度的均勻分佈等已成為改善電池組內各節單電池工作電壓的均勻性、提高電池組的可靠性的核心技術，對此，世界各國研製燃料電池的公司等均高度保密。依靠化工過程的原理對上述問題進行模型和實驗研究，進行各種參數的敏感度分析，直至輔助設計軟體的研究已成為燃料電池研究的重點。

各種微型化的溫度、壓力、濕度等傳感元件及可靠的電磁閥、減壓穩壓閥等執行元件的完善和發展，先進的控制程序及其軟體的開發等已成為提高燃料電池系統可靠性的關鍵。

回顧燃料電池發展的歷史我們還可以發現，在 20 世紀 60 年代以前，由於水力發電、火力發電和化學電池的高速發展與進步，燃料電池一直處於理論與應用基礎的研究階段，主要是關於概念、材料與原理方面的研究。燃料電池的突破主要靠科學家的努力，典型的代表為培根在中溫鹼性燃料電池研究方面的成就。進入 20 世紀 60 年代，由於載人太空船對於大功率、高比功率與高比能量電池的迫切需求，燃料電池才引起一些國家與軍工部門的高度重視。正是在這樣的背景下，美國引進培根的技術，研製成功阿波羅登月飛船上的主電源——培根型中溫氫氧燃料電池。20 世紀 70～80 年代，在出現世界性的能源危機之時，燃料電池在航太領域中成功地應用及其高的能量轉化效率，促使世界上以美國為首的工業國家大力支持民用燃料電池的開發，進而使磷酸型燃料電池及熔融碳酸鹽型燃料電池發展到兆瓦級試驗電站的階段，至今已有數百臺 PC25

（200 kW）磷酸型燃料電池電站在世界各地運行。進入20世紀90年代以來，出於追求可持續發展、保護地球、造福子孫後代等目的，人類日益關注環境保護。基於質子交換膜燃料電池的高速進步，各種以其為動力的電動車已問世，除了造價高以外，其性能已可與內燃機車相媲美，因此燃料電池電動車已成為美國政府和大汽車公司關注與競爭的重點。從投資上看，在此以前發展燃料電池的投資主要靠政府，而至今公司已成為發展燃料電池，尤其是燃料電池電動車的投資主體。世界上所有的大汽車公司與石油公司均已介入燃料電池電汽車的開發，短短幾年的時間，投入約 80 億美元，研製成功的燃料電池汽車達到 41 種，其中轎車／旅行車 24 種、城市間巴士 9 種、輕載卡車 3 種。2003 年美國又宣佈了一個投資25億美元的發展燃料電池電汽車的計畫（Freedom Car），其中國家撥款 15 億美元，三大汽車公司投資 10 億美元。

科學曼哈頓公司投資組建、由霍卡代領導的微型燃料電池研究小組在 1998 年 12 月獲得突破，他們發明的直接甲醇燃料電池可使一部行動電話連續工作達 24 小時，預示著燃料電池將很快進入通訊與微電子領域。

現今各國政府均高度重視和資助燃料電池的研究與開發。如美國總統辦公廳科技政策辦公室於 1995 年公佈了第三個雙年度美國國家關鍵技術報告。此報告列舉了對美國經濟發展和國家安全至為關鍵的七大類技術，即能源、環境質量、信息與通訊、生命系統、製造、材料與運輸，它們共包括 27 個關鍵技術領域、90 個子領域、290 個專項技術，其中燃料電池是 27 個關鍵技術領域之一。又如加拿大政府已決定將燃料電池產業作為國家知識經濟的支柱產業之一加以發展。巴拉德公司生產電動車用質子交換膜燃料電池組（Mark 900）的工廠已動工興建。

企業界尤其是各大汽車公司看到燃料電池巨大的市場潛力，紛紛投巨資組成聯盟進行燃料電池的研究、試驗與生產。如德國的戴姆勒—克來斯勒公司、美國的福特公司和加拿大的巴拉德公司組成聯盟，投資 10 億加元成立分別控股的巴拉德動力公司、第碧畢公司和伊考斯達公司，分別負責開發燃料電池電動車用燃料電池組、電池系統與電推進分系統，並宣佈 2004 年以燃料電池為動力的電動車將商品化，進入市場。戴姆勒—克來斯勒公司宣稱，預計屆時小汽車的售價將降至約 18,100 美元／臺。日本的豐田與美國通用公司聯合開發燃料電池電動車。豐田公司在 1999 年 12 月「第三屆豐田環境研討會」上宣佈，該公司開發出的 70 kW 質子交換膜燃料電池為 70 kg，其質量比功率已接近美國能源部制定的 1 kW/kg 的指標。他們開發出的車載甲醇重組製氫裝置重 20 kg、體積 40 L，每臺裝置每分鐘可提供 750 L 氫，所製得的粗氫中一氧化碳的含量低於 5×10^{-6}（體積分數)。日本的本田與德國大眾聯手參加美國加利福尼亞州開展的燃料電池電動車（FCEV）商業化合作團體（California Fuel Cell Partnership），並制定出 2003 年將使燃料電池電動車商業化的計畫。

世界各大石油公司（如美國 Arco 公司、殼牌公司、Texaco 公司)均已投資開發汽油車甚至柴油車的車載製氫裝置，參與燃料電池電動車的開發。

各國的大電力公司也紛紛投資開發家用電源和分散電站的燃料電池系統。

美國《時代周刊》1995 年 10 月刊登的社會調查結果中，將「零」排放的燃料電池電動車列為 21 世紀十大高新技術之首。美國能源部長佩耶 1998 年接受《紐約時報》的採訪時預測，燃料電池進入家庭、汽車和其他領域的步伐將比人們的想像要快得多。

索 引

A

B

C

D

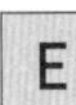

E

G

H

M

N

O

P

R

S

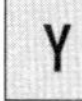

Y

國家圖書館出版品預行編目資料

燕料電池：原理與應用／衣寶廉編著.
—初版.—臺北市：五南, 2005［民94］
面； 公分
含索引
ISBN 978-957-11-3871-8（平裝）
1.電池
337.429 94001778

5B92

燃料電池—原理與應用

Fuel Cells：The Principles and Applications

編 著 — 衣寶廉
校 訂 — 黃朝榮 林修正
發 行 人 — 楊榮川
主 編 — 穆文娟
責任編輯 — 蔣和平
出 版 者 — 五南圖書出版股份有限公司
地 址：106台北市大安區和平東路二段339號4樓
電 話：(02)2705-5066 傳 真：(02)2706-6100
網 址：http://www.wunan.com.tw
電子郵件：wunan@wunan.com.tw
劃撥帳號：01068953
戶 名：五南圖書出版股份有限公司

台中市駐區辦公室/台中市中區中山路6號
電 話：(04)2223-0891 傳 真：(04)2223-3549
高雄市駐區辦公室/高雄市新興區中山一路290號
電 話：(07)2358-702 傳 真：(07)2350-236

法律顧問 元貞聯合法律事務所 張澤平律師

出版日期 2005年3月初版一刷
2009年9月初版三刷

定 價 新臺幣650元

凝煉知識 品味閱讀